住房城乡建设部土建类学科专业"十三五"规划教材

浙江省"十四五"普通高等教育本科规划教材

钢 结 构 原 理

（第二版）

姚 谦 夏志斌 编著

中国建筑工业出版社

U0730164

图书在版编目（CIP）数据

钢结构原理 / 姚谏，夏志斌编著. -- 2 版. -- 北京：
中国建筑工业出版社，2025. 8. --（住房城乡建设部土
建类学科专业"十三五"规划教材）（浙江省"十四五"
普通高等教育本科规划教材）. -- ISBN 978-7-112
-31308-2

Ⅰ. TU391

中国国家版本馆 CIP 数据核字第 2025R1P139 号

本书为住房城乡建设部土建类学科专业"十三五"规划教材、浙江省"十四五"普通高等教育本科规划教材。由 2020 年版《钢结构原理》全面修订而成。全书共分 7 章，包括：绪论、钢结构的材料及其性能、钢结构的焊缝连接、钢结构的紧固件连接、轴心受力构件、受弯构件（梁）、拉弯构件和压弯构件等。书中列举较多的计算和设计例题、章末附有复习思考题和习题等。书末附录列出计算和设计需用表格供查用。全书按现行《钢结构设计标准》GB 50017—2017、《建筑结构可靠性设计统一标准》GB 50068—2018、《工程结构通用规范》GB 55001—2021、《钢结构通用规范》GB 55006—2021 等相关国家标准编写，除介绍设计标准有关规定外，更着重介绍钢结构的基本知识和基本理论，理论与实际并重。

本书可供高等院校土木工程专业本科用作《钢结构原理》课程的教材，经过一定的取舍，也可用作大学专科的教材，还可供相关工程技术人员参考阅读。

* * *

责任编辑：刘婷婷
责任校对：张　颖

住房城乡建设部土建类学科专业"十三五"规划教材
浙江省"十四五"普通高等教育本科规划教材
钢结构原理
（第二版）

姚　谏　夏志斌　编著

*

中国建筑工业出版社出版、发行（北京海淀三里河路 9 号）
各地新华书店、建筑书店经销
北京红光制版公司制版
人卫印务（北京）有限公司印刷

*

开本：787 毫米×1092 毫米　1/16　印张：25½　字数：633 千字
2025 年 7 月第二版　　2025 年 7 月第一次印刷
定价：**72.00** 元
ISBN 978-7-112-31308-2
（44866）

版权所有　翻印必究

如有内容及印装质量问题，请与本社读者服务中心联系
电话：(010) 58337283　QQ：2885381756
（地址：北京海淀三里河路 9 号中国建筑工业出版社 604 室　邮政编码：100037）

第二版前言

本书第一版是由已出版发行二十多年的《钢结构》(浙江大学出版社 1996 年 5 月出版)和《钢结构—原理与设计》(中国建筑工业出版社 2004 年 7 月出版)改编而成，2019年初夏开始拟定大纲，2020 年初春完成交稿，2020 年 5 月出版。

本书第一版出版以后，有多部与钢结构设计、钢材力学性能测试、连接材料检测等相关的国家标准颁布实施或开始实施修订后的新标准，如《钢结构通用规范》GB 55006—2021、《工程结构通用规范》GB 55001—2021、《建筑结构用钢板》GB/T 19879—2023、《建筑用热轧 H 型钢和剖分 T 型钢》JG/T 581—2023、《金属材料 夏比摆锤冲击试验方法》GB/T 229—2020、《金属材料 拉伸试验 第 1 部分：室温试验方法》GB/T 228.1—2021、《金属材料 弯曲试验方法》GB/T 232—2024、《焊缝无损检测 超声检测 技术、检测等级和评定》GB/T 11345—2023、《厚度方向性能钢板》GB/T 5313—2023 等。此外，本书第一版附录中的热轧型钢（角钢、工字钢、槽钢）规格及截面特性，依据的是 1988年版的国家标准，而非现行国家标准《热轧型钢》GB/T 706—2016。

为使本书内容符合国家现行相关标准的规定，适应社会发展的需要，特对本书进行修订。修订工作主要包括：

1. 依据国家现行相关标准，对本书进行全面修订，包括对钢材力学性能试验方法、焊接材料的型号及性能指标、热轧型钢的规格及截面特性等内容进行更新、补充、完善。

2. 新增钢材可焊性、热处理对钢材性能的影响、与国际接轨的现行钢材系列标准《结构钢》GB/T 34560.1~6 简介、偏心受力连接和剪拉连接中螺栓数目的估算方法、框架梁支座处下翼缘的稳定性计算等内容。

3. 修改完善了国内高层建筑现状、工字形与箱形截面轴心受压构件腹板屈曲后强度的计算等内容，对 14 个例题进行了调整，并补充了 3 个例题；对我国现行标准未规定的计算方法/公式，加注说明或引用参考资料，使相关内容完善、依据充分。

4. 对《钢结构设计标准》GB 50017—2017 中存疑的规定或数据，做了简要分析，给出了建议，供读者参考。例如，焊缝计算长度超过 $60h_f$ 的角焊缝承载力设计值计算规定、框架梁支座处下翼缘的稳定性计算规定、焊接 Q420 与 Q460 钢材用的焊条型号及其焊缝强度指标等。

修订中，为简化表述，本书将《钢结构设计标准》GB 50017—2017 简称为《钢标》；将《钢结构设计规范》GB 50017—2003 称为《原规范》；同时对《钢标》中未提及的内容，本书仍沿用《原规范》的规定。

限于作者水平，修订中难免存在错漏处，敬请读者批评指正。

姚 谏

2025 年 2 月于浙大求是园

第一版前言

钢结构是土木工程专业学生必修的专业知识,包括钢结构原理和钢结构设计两部分内容,在普通高等院校的培养计划中一般分成两门课进行教学。本书介绍钢结构设计的基本原理,由作者编著的高等教育土建学科专业"十二五"规划教材——《钢结构—原理与设计(第二版)》(中国建筑工业出版社 2011 年 8 月出版)改编而成。全书按新近颁布的国家标准《钢结构设计标准》GB 50017—2017 和《建筑结构可靠性设计统一标准》GB 50068—2018、《低合金高强度结构钢》GB/T 1591—2018 等相关的最新国家标准编写,以适应课堂教学和工程应用的需要,供高等院校土木工程专业作教材使用,也可供工程技术人员参考。

本书内容主要包括钢结构的材料、两大连接体系和三大基本构件,分 7 章。第 1 章绪论,讲述钢结构的特点、应用和设计方法,其中讲述钢结构的极限状态及其分项系数设计表达式时,遵循 2019 年 4 月 1 日实施的《建筑结构可靠性设计统一标准》GB 50068—2018 的规定(例如一般情况下永久荷载分项系数取 1.3、可变荷载分项系数取 1.5 等)。第 2 章钢结构的材料及其性能,主要介绍钢结构所用钢材的力学性能、影响钢材性能的主要因素以及钢结构设计对钢材性能的要求,从而达到能正确选用钢材牌号,实现安全、经济和适用的目标,特别是防止在某些情况下构件出现脆性破坏的危险。在介绍设计标准推荐钢材的牌号、性能时,均依据钢材的最新国家标准。第 3 章钢结构的焊缝连接和第 4 章钢结构的紧固件连接,着重介绍各种连接的传力方式、计算方法和构造要求。第 5 章轴心受力构件、第 6 章受弯构件(梁)和第 7 章拉弯构件和压弯构件,分别讲述这三类钢结构基本构件的性能和计算,详细介绍有关的基本知识和基本理论,并着重介绍影响构件承载能力的稳定问题,包括如何计算整体稳定和局部稳定,这是钢结构设计中必须予以重视的问题。

本书讲述的是钢结构的基本原理,是土木工程专业各个方向的学生都必须学习并掌握的基本知识。有关钢结构设计的内容,包括柱头、柱脚、梁梁连接等连接节点设计,桁架设计,疲劳计算和吊车梁设计,门式刚架轻型房屋钢结构设计,钢结构的防火与防腐蚀设计等内容,将在作者的后续教材《钢结构设计》中介绍。

上面是对本书内容及其重点的简要介绍,下面将对作者在编著本书时的一些想法以及提出的建议作简单说明。

为了适应各类学校对本课程的不同教学要求和同一班级各类学生的不同学习要求,本书内容取材较广,可供选择。例如在理论部分对大多数公式加以推导,在连接计算中对同一连接常介绍不同的计算方法,对有别于我国设计标准规定的主要国外标准的规定加以探讨和说明等,目的是帮助学生加深理解和扩大思路,把知识学活。在使用本教材时,教师可以根据不同要求对讲授内容加以取舍,并对学生提出最低要求,以便学生复习。

例题是使学生运用已学理论和方法解决工程实际问题的最好练习,因而本书中列举了较多的例题。例题内容偏重设计，少量为验算。设计题一题可有几种解答，但有优劣之分，可从比较中得到满意的结果；而验算只能有一种结果。例题主要供学生自学之用，不宜在课堂上讲授。学生在阅读例题的解答之前，最好能先思考一下解题思路，然后与书中的解答比较。

各章最后设复习思考题和习题。复习思考题供总结一章主要内容用，而习题则用以练习解题方法和进行各种计算及构造布置。两者并用，可收到较好的学习效果。

本书编写过程中，在介绍《钢结构设计标准》GB 50017—2017 的有关规定时，对个别表述、规定疑是笔误或疏忽的内容做了修改，譬如端弯矩和横向荷载同时作用时的弯矩作用平面内的等效弯矩 β_{mx} 取值表述、受压翼缘扭转未受到约束而需配置纵向加劲肋的腹板高厚比限值规定等。对设计标准中没有而原《钢结构设计规范》GB 50017—2003 中有的规定，本书推荐采用原规范的规定，譬如单边连接的单角钢按轴心受力计算连接时的强度折减系数、T 形截面压弯构件的局部稳定要求等。

本书除可用作大学本科土木工程专业《钢结构原理》教材外，也可供大学专科的相同专业使用，但对内容需适当精简。同时本书也可供工程技术人员参考。

本书第 3 章第 3.2 节中的电渣焊和螺柱焊焊接方法，由浙江大地钢结构有限公司张海燕工程师编写，其余各章节由姚谏编写。编著者对书中引用的参考资料尽量注明其来源以供读者深入学习时查阅。这里谨向被本书引用的参考资料的作者致以衷心的感谢。最后，对浙江树人大学城建学院的金晖工程师为本书新增插图的绘制也表示衷心谢意。

姚　谏
2020 年 2 月

目　　录

第1章　绪论 ··· 1

1.1　钢结构的特点和应用 ··· 1

1.2　钢结构设计、设计标准和设计方法 ······························ 4

1.3　钢结构课程的内容和要求 ··· 8

复习思考题 ··· 9

第2章　钢结构的材料及其性能 ································· 10

2.1　钢材的力学性能和可焊性 ··· 10

2.2　影响钢材性能的主要因素 ··· 15

2.3　复杂应力状态下钢材的屈服条件 ································· 22

2.4　钢材的脆性断裂（冷脆） ··· 24

2.5　钢材的层状撕裂 ··· 26

2.6　钢材的牌号和选用 ·· 27

2.7　钢板及型钢 ·· 35

复习思考题 ··· 38

第3章　钢结构的焊缝连接 ······································· 39

3.1　钢结构的连接方法 ·· 39

3.2　钢结构中所使用的焊接方法简介 ································· 39

3.3　焊接结构的特性和焊缝连接 ·· 43

3.4　焊缝代号（或焊缝符号） ··· 49

3.5　对接焊缝的计算和构造 ·· 52

3.6　直角角焊缝的受力性能 ·· 58

3.7　直角角焊缝的强度计算 ·· 60

3.8　角焊缝的尺寸限制和构造要求 ····································· 64

3.9　直角角焊缝连接的计算 ·· 68

3.10　斜角角焊缝连接的计算 ··· 87

3.11　部分熔透的对接焊缝连接的计算 ································· 89

3.12　焊缝的质量等级 ··· 90

3.13　焊接残余应力和残余变形 ·· 91

3.14　国外设计标准中的某些规定 ······································· 95

复习思考题 ··· 97

习题 ·· 97

第4章　钢结构的紧固件连接 ··································· 100

4.1　概述 ·· 100

4.2　螺栓的排列 ·· 103

4.3　普通螺栓连接和高强度螺栓承压型连接的工作性能 ·········· 106

4.4　普通螺栓连接和高强度螺栓承压型连接的计算 ··············· 108

4.5　高强度螺栓摩擦型连接的计算 ……………………………………………………… 134

4.6　国外设计标准对螺栓连接计算的某些规定 …………………………………………… 141

复习思考题 ……………………………………………………………………………………… 144

习题 ……………………………………………………………………………………………… 144

第5章　轴心受力构件 …………………………………………………………………… 147

5.1　概述 ………………………………………………………………………………………… 147

5.2　轴心受拉构件的受力性能和计算 ……………………………………………………… 149

5.3　轴心受压构件的受力性能 ……………………………………………………………… 153

5.4　理想轴心受压构件的整体稳定性 ……………………………………………………… 155

5.5　初弯曲和初偏心对轴心受压构件弹性稳定的影响 …………………………………… 162

5.6　残余应力对受压构件稳定的影响 ……………………………………………………… 164

5.7　实腹式轴心受压构件弯曲屈曲时的整体稳定性计算 ………………………………… 171

5.8　实腹式轴心受压构件弯扭屈曲时的整体稳定性计算 ………………………………… 176

5.9　轴心受压构件的局部稳定性 …………………………………………………………… 182

5.10　实腹式轴心受压构件的截面设计 ……………………………………………………… 190

5.11　格构式轴心受压构件的计算 …………………………………………………………… 202

复习思考题 ……………………………………………………………………………………… 219

习题 ……………………………………………………………………………………………… 219

第6章　受弯构件（梁） ………………………………………………………………… 221

6.1　受弯构件的应用及类型 ………………………………………………………………… 221

6.2　受弯构件的计算内容 …………………………………………………………………… 222

6.3　受弯构件的强度 ………………………………………………………………………… 223

6.4　梁的扭转 ………………………………………………………………………………… 230

6.5　梁的整体稳定性 ………………………………………………………………………… 235

6.6　《钢结构设计标准》GB 50017—2017 中关于钢梁稳定性验算的一些规定 ………… 241

6.7　型钢梁的截面设计 ……………………………………………………………………… 261

6.8　钢板梁的截面设计 ……………………………………………………………………… 267

6.9　板梁截面沿跨度方向的改变 …………………………………………………………… 273

6.10　板梁的翼缘板与腹板的连接 …………………………………………………………… 279

6.11　板梁的局部稳定性 ……………………………………………………………………… 282

6.12　梁腹板加劲肋的设计 …………………………………………………………………… 292

6.13　工字形板梁腹板考虑屈曲后强度的设计 ……………………………………………… 301

复习思考题 ……………………………………………………………………………………… 311

习题 ……………………………………………………………………………………………… 311

第7章　拉弯构件和压弯构件 …………………………………………………………… 313

7.1　概述 ………………………………………………………………………………………… 313

7.2　拉弯构件和压弯构件的强度计算 ……………………………………………………… 314

7.3　实腹式单向压弯构件在弯矩作用平面内的稳定性计算 ……………………………… 316

7.4　实腹式单向压弯构件在弯矩作用平面外的稳定性计算 ……………………………… 325

7.5　实腹式双向压弯构件的稳定性计算 …………………………………………………… 327

7.6　实腹式压弯构件的局部稳定性计算 …………………………………………………… 327

7.7　实腹式压弯构件的截面设计 …………………………………………………………… 332

7.8　格构式压弯构件的稳定性计算 ······························· 336

7.9　格构式压弯构件的截面设计 ································· 338

7.10　压弯构件和框架柱的计算长度 ····························· 342

复习思考题 ··· 348

习题 ··· 349

附录1　《钢结构设计标准》GB 50017—2017 有关表格摘编 ········· 351

附表1.1　钢材的设计用强度指标(N/mm²) ······················· 351

附表1.2　焊缝的强度指标(N/mm²) ··························· 352

附表1.3　螺栓连接的强度指标(N/mm²) ······················· 353

附表1.4　螺栓的有效面积 ······························· 353

附表1.5　钢材和钢铸件的物理性能指标 ······················· 354

附表1.6　受弯构件的挠度容许值 ··························· 354

附表1.7　压弯和受弯构件的截面板件宽厚比等级及限值 ··············· 355

附表1.8　H型钢或等截面工字形简支梁不需计算整体稳定性的最大 l_1/b_1 值 ····· 356

附表1.9　H型钢和等截面工字形简支梁的整体稳定等效弯矩系数 β_b ········· 356

附表1.10　热轧工字钢简支梁的整体稳定系数 φ_b ··················· 357

附表1.11　双轴对称工字形等截面(含H型钢)悬臂梁的整体稳定等效弯矩系数 β_b ··· 358

附表1.12　轴心受压构件的截面分类(板厚 $t<40mm$) ················ 358

附表1.13　轴心受压构件的截面分类(板厚 $t\geqslant40mm$) ·············· 359

附表1.14　截面塑性发展系数 γ_x、γ_y ······················· 360

附表1.15　桁架弦杆和单系腹杆的计算长度 l_0 ····················· 361

附表1.16　受压构件的长细比容许值 ························· 361

附表1.17　受拉构件的容许长细比 ··························· 361

附表1.18　a类截面轴心受压构件的稳定系数 φ ··················· 362

附表1.19　b类截面轴心受压构件的稳定系数 φ ··················· 362

附表1.20　c类截面轴心受压构件的稳定系数 φ ··················· 363

附表1.21　d类截面轴心受压构件的稳定系数 φ ··················· 364

附表1.22　附表1.21注中公式的系数 α_1、α_2、α_3 ··············· 365

附表1.23　无侧移框架柱的计算长度系数 μ ····················· 365

附表1.24　有侧移框架柱的计算长度系数 μ ····················· 366

附录2　型钢规格及截面特性 ································· 367

附表2.1　热轧等边角钢的规格及截面特性(依据《热轧型钢》GB/T 706—2016计算) ··· 367

附表2.2　热轧不等边角钢的规格及截面特性(依据《热轧型钢》GB/T 706—2016计算) ··· 372

附表2.3　两个热轧不等边角钢的组合截面特性(依据《热轧型钢》

　　　　GB/T 706—2016计算) ··························· 375

附表2.4　热轧工字钢的规格及截面特性(依据《热轧型钢》GB/T 706—2016计算) ··· 379

附表2.5　热轧槽钢的规格及截面特性(依据《热轧型钢》GB/T 706—2016计算) ··· 381

附表2.6　建筑用热轧H型钢截面尺寸和截面特性(摘自《建筑用热轧H型钢和

　　　　剖分T型钢》JG/T 581—2023) ······················· 384

附表2.7　热轧H型钢截面尺寸和截面特性(部分)(摘自《热轧H型钢和剖分T型钢》

　　　　GB/T 11263—2024) ··························· 386

附表2.8　几种常用截面的回转半径近似值 ······················· 395

主要参考资料 ··· 396

第1章 绪 论

1.1 钢结构的特点和应用

用 H 型钢、工字钢、槽钢、角钢、钢管等热轧型钢和钢板组成的以及用冷弯薄壁型钢制成的承重构件或承重结构统称为钢结构，如钢梁、钢柱、钢屋架、钢框架、钢塔架、钢网架、钢网壳等都是最常见的钢结构。

与应用最为广泛的混凝土结构相比，钢结构具有如下一些主要特点：

(1) 强度高，重量轻。钢材的质量密度虽是钢筋混凝土的 3 倍多，但其抗压强度却较混凝土大十几倍甚至二十几倍（其抗拉强度较混凝土则大上百倍）。因此在相同承载力下，以钢构件的截面为小，重量为轻。例如，在跨度和荷载相同的条件下，普通钢屋架的重量约为钢筋混凝土屋架的 1/4～1/3。由此带来的优点是：便于构件的运输和吊装，基础和地基处理的工程量减少，因而相应的各种费用大大降低。

(2) 安全可靠。钢材的质地均匀、各向同性，且弹性模量大，结构在荷载作用下的变形较小。这些性质符合结构计算时通常所作的假定，因而钢结构的计算结果与其实际情况最为相符，计算可靠。钢材有良好的塑性性能，可自动调节构件中可能出现的局部应力高峰，且结构在破坏前一般都会产生显著的变形，事先有预告，可及时防患；钢材还具有良好的韧性，对承受动力荷载适应性强。因此钢结构抗震性能好。

(3) 施工质量好，且工期短。钢结构一般都在专业工厂采用机械化生产制造，而后运至工地现场安装，工业化生产程度高，质量容易监控和保证；施工周期仅为混凝土结构施工时间的 30%～40%，工期短，效益好。

(4) 密闭性好。钢材质地致密，不渗漏，适用于制造高压容器、气柜、管道和油罐等。

(5) 可装拆。用螺栓连接的钢结构，便于装拆，适用于移动性结构。

(6) 绿色环保。无现场湿作业，环境污染少；材料可回收再生；施工现场占地面积小，适于都市市区建造。

另外，由于钢结构轻质高强，构件截面小（梁窄、柱细、墙薄），钢结构住宅的得房率较混凝土住宅高 5% 或以上。

由于以上特点，钢结构的应用范围极广，有些情况下无法用其他建筑材料的结构代替。在建筑结构领域中，钢结构主要用于：

(1) 重型工业厂房。例如，大型冶金企业、火力发电厂和重型机械制造厂等的部分车间，由于厂房跨度和柱距大、高度大、车间内设有工作繁忙和起重量大的起重运输设备以及有强大振动的生产设备，因而常必须采用由钢屋架、钢柱和钢吊车梁等组成的全钢结构。

(2) 高层房屋钢结构。房屋高度越大，所受侧向水平荷载如风荷载及地震作用的影响也越大，所需柱截面也必然加大。采用钢结构可减小柱截面而增大建筑物的使用面积和提高房屋抗震性能。根据1990年11月第四届国际高层建筑会议资料，当时已建成的世界最高90幢高层建筑中[1]，采用钢结构的有51幢，采用钢-钢筋混凝土结构的25幢，采用钢筋混凝土结构的14幢；其中80层以上（含80层）的共6幢，全部为钢结构。我国改革开放以来，特别是近三十年，高层建筑如雨后春笋般出现在全国各地，200m以上摩天大楼数量已有近1600座，超越美国，成为全球第一。其中代表性的摩天大楼有：上海中心大厦127层，高632m（我国第一高楼）；深圳平安金融中心，118层（北楼），高600m；广州周大福金融中心（东塔），112层，高530m；北京中信大厦（中国尊），108层，高528m；台北101大楼，101层，高508m；香港环球贸易广场，118层，高484m；重庆陆海国际中心（重庆100），100层，高458m；长沙九龙仓国际金融中心，93层，高452m；南京紫峰大厦（第一座完全由中国投资、中国建设的超级摩天大楼），89层，高450m；苏州九龙仓国际金融中心，92层，高450m。这些都是当地第一高楼，为国人所知。但我国目前已建成的高层建筑中，由于全钢结构造价偏高，虽说它有许多优越性，但应用还不是最多。随着科技的进展，相信全钢结构的高层建筑在我国必然会越来越多。

（3）大跨度结构。由于受弯构件在均布荷载下的弯矩M与跨度L的平方成正比，当跨度增大到一定程度时，为了减轻结构的自重，就需要采用自重较轻的钢结构。一般情况下，跨度等于或大于60m的结构称为大跨度结构，在我国主要应用于体育场馆、会展中心、演出场馆、飞机库、航空站和火力发电厂的大型煤库等。结构形式包含网架、网壳、悬索、索膜结构等空间结构和桁架、刚架、拱等平面结构。新中国成立以来，特别是改革开放后，国内这种建筑已建造很多，而且随着时间的进展，结构的规模、形式和技术要求等都越来越高。例如广州国际会议展览中心，其中心展览大厅钢结构屋盖就由30榀跨度为126.6m的钢桁架组成，东西长448m，建筑高度达40m，规模之大可想而知[2]。

（4）高耸结构。塔桅、电视塔和烟囱等高耸结构同样由于风荷载和地震作用随高度的增加而加大，需要采用钢结构。同时，建造在软土地基上的高耸结构，为了减少地基处理费用，在一定高度时也宜采用钢结构。建于1977年的北京市环境气象塔为由钢管组成的三边形格构式桅杆，高325m，为当时国内最高的构筑物。

（5）因运输条件不利，或施工期要求尽量缩短，或施工现场场地受到限制等原因也常需采用钢结构，如电力工业中的高压输电塔等。

（6）密闭性要求较高的板壳结构，如高压容器、煤气柜、贮油罐、高炉和高压输水管等。

（7）需经常装拆和移动的各类起重运输设备和钻探设备，如塔式起重机和采油井架等。

此外，如交通运输业中的大跨度桥梁结构、水工结构中的闸门、各种工业设备的支架如锅炉支架等，也都需采用钢结构。

---

❶ 胡世德据1990年11月的第四届国际高层建筑会议资料节译：目前世界上最高的90幢高层建筑. 钢结构，1992（3）：70-71。

❷ 王幼松，曾瑞眉. 广州国际会议展览中心大厅钢结构施工管理的研究. 钢结构与建筑业，第3卷第1期，2003。

综上所述，可见钢结构在建筑业和其他各行各业都有广泛的应用。但在新中国建立之初，由于当时钢材缺乏，采用限制使用钢结构的政策，我国建筑钢结构业很长时间未得到发展，直到改革开放以后才得到改观，其中以大跨度空间钢结构❶和轻钢结构❷发展为最快，其他各类钢结构的应用也得到了重视。轻钢结构是区别于传统建筑钢结构的一种新型结构。改革开放以来，国外一些新的钢结构理念传入我国，由于镀锌薄板和彩色钢板等轻型屋面材料的生产工艺和生产流水线的引进，我国钢材产量的快速增长，国家实施合理利用钢材和积极采用钢结构政策的实施，高效的热轧 H 型钢在我国的投产，以及社会主义市场经济要求加快各类房屋的建造周期等因素，促进了轻钢结构在我国的发展。轻钢结构主要是指使用轻质屋面和轻质墙体、采用新的结构形式和高效钢材，从而使单位面积用钢量相对较少、施工建造期短的钢结构，主要用于荷载不是很大的单层和多层房屋。轻质屋面常采用冷弯 C 型钢或 Z 型钢檩条、压型钢板或轻质复合板材建造；轻质墙体采用冷弯薄壁型钢作墙梁，以彩色钢板等薄板作墙面。结构用材采用热轧 H 型钢、冷弯薄壁型钢和低合金高强度结构钢等高效钢材。目前我国应用最广的轻钢结构是门式刚架，今后将加快发展多层房屋轻钢结构，使其可用于住宅、学生宿舍和办公楼等民用建筑，发展空间会很大。轻钢结构的蓬勃发展，大大扩展了钢结构的应用范围，也改变了过去一直认为钢结构只适用于重型结构的设计理念。

上面主要介绍了钢结构的特点及钢结构的应用。下面将介绍在选用钢结构后要注意的几个方面：

（1）钢材的耐腐蚀性较差，需采取防腐措施；对于在有腐蚀性环境中使用的钢结构，还必须对其作定期检查，因而维护费用大于钢筋混凝土结构。钢结构的防腐设计应遵循我国现行《钢结构设计标准》GB 50017—2017（简称《钢标》）第 18 章第 2 节的规定。

（2）钢结构有一定的耐热性但不防火，当其温度达到 450～650℃时，强度下降极快，在 600℃时已不能承重，只有在 200℃以下时钢材的性质变化不大。因此钢结构当表面长期受辐射热（温度≥150℃）或在短期内可能受到火焰作用时，应采取有效的防护措施。钢结构的防火应按《钢标》第 18 章第 1 节的规定进行设计。

（3）由于钢材强度大、构件截面小、厚度小，因而在压力和弯矩等作用下会带来构件甚至整个结构的稳定问题。在设计中考虑如何防止结构或构件失稳，是钢结构设计的一个重要特点。在后续章节学习各基本构件的受力性能时，对构件稳定性的验算要给予足够的重视。

（4）前面介绍钢结构的特点中曾言及钢材具有良好的塑性性能，但要注意这只是一个方面。当钢材处于复杂受力状态且为承受三向或二向同号应力时，或者，当钢材处于低温工作条件下或存在较大应力集中时，钢材均会由塑性转变为脆性，产生突然的脆性破坏，这是很危险的。因此设计钢结构时如何防止钢材的脆性破坏又是一个必须重视的问题。在下一章叙述钢材的性能时，对此问题作了专门介绍并提出了防止钢材脆断的一些措施。

提出上面的 4 点，主要是为了引起重视。引起重视后采取必要的措施，问题就不会发生。

---

❶ 严慧. 我国大跨空间钢结构应用发展的主要特点. 全国现代结构工程学术研讨会，2002。

❷ 王元清，等. 现代轻钢结构建筑及其在我国的应用. 建筑结构学报，2002（1）：3-9。

1.2 钢结构设计、设计标准和设计方法

一、钢结构设计

一个具体的钢结构，首先应安全地承受施加于结构的各种荷载，并把所受荷载以明确和直接的路线传递给结构的基础，最后传至支承基础的地基，同时应满足建成后的各项使用要求。

结构设计是在建筑物的方案设计之后进行的。方案设计中根据建筑物的使用要求和具体条件等确定建筑物的形状、平面尺寸、层次、高度、建筑面积、室内交通运输设备（如车间内的起重机、民用建筑中的楼梯和电梯等设备）、采光和通风措施以及选用的结构形式等。在确定了选用钢结构后，结构设计主要包括下列内容：

(1) 根据建筑物的使用要求、具体条件和方案设计中已确定的内容，进行结构选型和结构布置，做到技术先进、经济合理、安全适用和确保质量。

今以图 1.1 所示单层单跨工业厂房为例说明。图 1.1 (a) 为某柱网布置，图 1.1 (b)、(c) 为可供选用的横向承重刚架形式。当厂房内无起重机等起重设备或有轻量级的桥式起重机时可选用图 1.1 (b) 所示山形门式刚架，无桥式起重机时柱脚可用固定铰支座，有桥式起重机时柱脚宜为固定端并在柱身设置牛腿以支承吊车梁。当厂房内有起重量

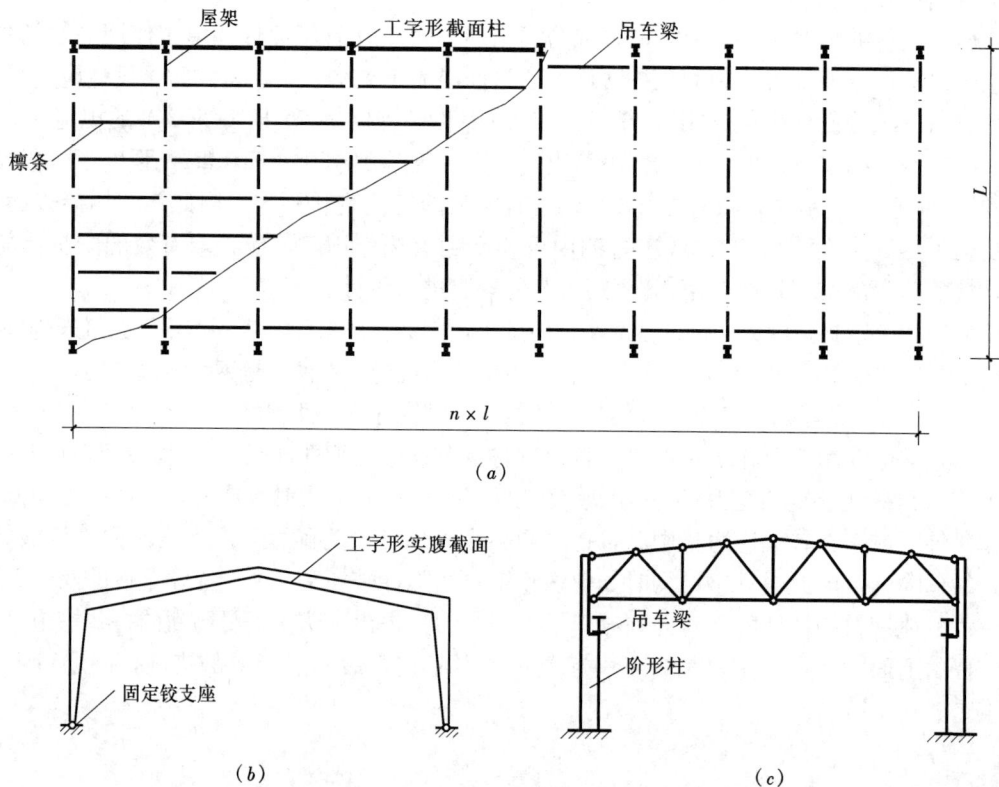

图 1.1 单层单跨厂房平面及横向承重刚架图
(a) 屋面檩条及柱网布置；(b) 山形门式刚架（轻型刚架）；(c) 桁架与柱刚接的横向刚架

级较大的桥式起重机时宜选用图 1.1 (c) 所示桁架与柱刚接的横向承重刚架，柱脚应为固定端。屋面坡度应根据采用的屋面材料和排水要求确定。当选用图 1.1 (c) 所示形式时，应根据屋架跨度和室内净空要求选用屋架下弦杆为直线的梯形屋架或下弦杆为折线的平行弦屋架，并根据屋面材料尺寸划分屋架节间长度和布置腹杆。屋架下弦的标高和柱的高度按起重机需要净空确定。这些内容都是在结构设计前应初步确定的。

在结构布置时，特别要注意平面图上的柱网布置。车间的跨度及长度在方案设计时已经根据使用要求确定，但纵向柱距为多少则需在结构布置时确定。柱距也就是吊车梁、檩条等纵向构件的跨度。柱距加大，这些纵向构件的截面就将相应加大，但在一定的车间长度下，所需横向框架数就可减少，因此柱及柱基础的数目也可减少。这里就涉及一个总的造价问题。此外，还应考虑工字钢、槽钢或角钢等型钢的交货定尺长度，使纵向构件的钢材损耗量为最小等。

在结构布置中，对支撑系统的布置又是另一个重要问题。图 1.1 所示横向刚架在刚架平面内具有良好的稳定性和刚度，但在刚架平面外的稳定性则要依靠纵向构件和各种支撑来保证。此外，厂房所受纵向荷载，如作用在厂房山墙面上的风荷载和起重机行走时的纵向水平荷载等，也要依靠各种支撑来传递。支撑布置不当将影响整个车间的质量（如刚度不足等）。

总之，结构选型和布置是一个影响整个结构设计是否经济合理的问题，需运用材料力学、结构力学和钢结构等知识及过去积累的设计经验，才能作出一个好的决定。必要时，对重要结构还需进行比较方案设计或优化选择。

（2）确定选用的钢材牌号（参阅第 2 章）。

（3）建立结构的计算简图，确定其所受的各类荷载。荷载的取值及组合应根据国家标准《建筑结构可靠性设计统一标准》GB 50068—2018、《建筑结构荷载规范》GB 50009—2012、《工程结构通用规范》GB 55001—2021 及建设单位的具体要求确定。

（4）按不同荷载分别进行结构内力分析及内力组合，确定各构件在最不利组合下产生的最大内力（当刚架内力采用二阶弹性分析和采用塑性设计时，均应先进行荷载组合而后按各荷载组合进行内力分析）。

（5）各构件的截面设计。

（6）构件相互间的连接设计。

（7）绘制施工详图，编制材料表。

二、设计标准

为做好结构设计，必须有一个设计的依据，这个依据就是"设计标准"。我国的设计标准主要由政府主管部门（中华人民共和国住房和城乡建设部）颁布。关于建筑钢结构设计方面的标准主要有两本。其一是《钢标》，是我国进行房屋建筑和一般构筑物钢结构设计必须遵循的现行国家标准，适用于采用热轧钢材建造的钢结构。《钢标》中对钢结构的设计原则、所采用的钢材要求、各种设计指标、三大基本构件的计算内容和要求、连接计算方法、各种节点设计、钢与混凝土组合构件计算内容和要求、疲劳计算、钢结构抗震性能化设计和钢结构防护等都作了明确的规定，供设计人员遵照执行。但必须指出的是：因钢结构类型繁多，《钢标》中的有关规定只能是对各种结构共同适用的，在某些特殊情况下不可能做到面面俱到。因而为了正确使用《钢标》，设计人员首先应对其规定的背景材料和各种构件及连接的工作性能等有所了解。本书以后各章的内容主要介绍钢结构设计的基本原理和基本方法，继而才介绍《钢标》中的有关规定，就是出于此目的。其二是《冷弯型钢结构技术标准》GB/T 50018—2025，适用于冷成型（cold-formed）的钢结构，本书因限于篇幅，不作介绍，仅在需要时偶尔涉及。

《钢结构工程施工质量验收标准》GB 50205—2020 是有关钢结构的另一本国家标准。设计钢结构时须考虑到易于制造和方便安装，因而对施工质量验收标准的内容，设计人员也必须熟悉。

《钢结构通用规范》GB 55006—2021（简称《钢通规》），是继上述《钢标》和《钢结构工程施工质量验收标准》之后颁布并于 2022 年 1 月 1 日起实施的**强制性钢结构工程建设规范**，全部条文必须严格执行。**需特别注意的是**：《钢通规》废止了上述这两本现行国家标准中相关的强制性条文，且这两本现行标准中有关规定与《钢通规》不一致的，必须以《钢通规》的规定为准。

除了上述标准以外，我国还有一些适用于某种特定的钢结构的国家标准或行业标准，例如，《门式刚架轻型房屋钢结构技术规范》GB 51022—2015，《高层民用建筑钢结构技术规程》JGJ 99—2015 和《空间网格结构技术规程》JGJ 7—2010 等，其他还有适用于铁路、公路、桥梁、水工闸门、输电塔架设计的专门规范或规程，此处不多作介绍。

各个国家都有自己的设计标准。例如，有关房屋建筑钢结构设计方面的标准，在美国是由美国钢结构学会（AISC）制定的，在日本由日本建筑学会制定，而在英国则由英国标准学会（BSI）制定。国际标准化组织（ISO）第 167 技术委员会第 1 分委员会也制定了一本钢结构设计标准，名为《钢结构—材料与设计》，供各会员国参考。此外，还需一提的是，在英国、法国和德国等 18 个欧洲国家的标准机构参与下，由欧洲标准化委员会（CEN）起草的《欧洲标准 3：钢结构设计》ENV 1993，是一本"跨国"标准。各国的设计标准都各有特点，在必要时可参考。本书以后各章中对某些国外设计标准的规定，特别是与我国《钢标》的规定明显不同的将作简要介绍，以拓展我们的思路和视野。

三、设计方法

《钢标》规定，除疲劳计算和抗震设计（抗震设计不是本课程内容，因此下文不再提及）外，应采用以概率理论为基础的极限状态设计方法，用分项系数设计表达式进行计算。

（一）两种极限状态

钢结构应按承载能力极限状态和正常使用极限状态进行设计。

（1）承载能力极限状态——结构或构件达到最大承载能力或达到不适于继续承载的变形时的状态。

这里包括的内容较多，如构件和连接的强度破坏，脆性断裂❶，因过度变形而不适于继续承载，结构或构件丧失稳定，结构转变为机动体系和结构倾覆等。

（2）正常使用极限状态——结构或构件达到正常使用的某项规定限值时的状态。包括：影响结构、构件、非结构构件正常使用或外观的变形，影响正常使用的振动，影响正

---

❶ 其中，对疲劳破坏的极限状态及其影响参数，我国研究得还不充分，因此目前疲劳计算仍按容许应力幅进行。国外设计标准对疲劳计算则也已按极限状态进行。

常使用或耐久性能的局部损坏等。例如，在受弯构件的设计中，限制其挠度在正常使用情况下不能超过某一容许值；在有振动的结构中，限制其不至产生不舒服的振动等。

要注意的是，同是限制变形，承载能力极限状态是指不产生$\overset{\cdots}{不}\overset{\cdots}{适}\overset{\cdots}{于}\overset{\cdots}{继}\overset{\cdots}{续}\overset{\cdots}{承}\overset{\cdots}{载}$的变形，而正常使用极限状态则指不至产生影响正常使用的变形，两者是有区别的。

一般来讲，按承载能力极限状态计算是保证结构的安全性，而按正常使用极限状态计算是为了保证结构的适用性和耐久性。

（二）分项系数设计表达式

下面将根据《工程结构通用规范》GB 55001—2021、《建筑结构可靠性设计统一标准》GB 50068—2018、《钢结构设计标准》GB 50017—2017 和《建筑结构荷载规范》GB 50009—2012 中规定的极限状态表达式作简要介绍，当四者规定不一致时，遵循《工程结构通用规范》GB 55001—2021。

1. 对于承载能力极限状态

按承载能力极限状态设计钢结构时，应考虑荷载效应的基本组合，其设计表达式取下式中的最不利值[1]：

$$\gamma_0\left(\sum_{i\geqslant1}\gamma_{Gi}S_{Gik}+\gamma_{Q1}\gamma_{L1}S_{Q1k}+\sum_{j>1}\gamma_{Qj}\psi_{cj}\gamma_{Lj}S_{Qjk}\right)\leqslant R \tag{1.1}$$

式中　γ_0——结构重要性系数，对持久设计状况和短暂设计状况[2]：安全等级为一级的结构构件不应小于 1.1；安全等级为二级的结构构件不应小于 1.0；安全等级为三级的结构构件不应小于 0.9；

γ_{Gi}——第 i 个永久荷载的分项系数，当荷载效应对承载力不利时取 1.3，对承载力有利时取≤1.0；

γ_{Qj}——第 j 个可变荷载的分项系数（其中 γ_{Q1} 为主导可变荷载标准值 Q_{1k} 的分项系数），当荷载效应对承载力不利时取 1.5，对承载力有利时取 0；

γ_{Lj}——第 j 个可变荷载考虑结构设计使用年限的调整系数（其中 γ_{L1} 为主导可变荷载标准值 Q_{1k} 考虑设计使用年限的调整系数），对结构的设计使用年限为 5 年、50 年和 100 年，分别取 0.9、1.0 和 1.1；对设计使用年限为 25 年的结构构件，应按各种材料结构设计标准的规定取用；

S_{Gik}——按第 i 个永久荷载标准值 G_{ik} 计算的荷载效应值；

S_{Qjk}——按第 j 个可变荷载标准值 Q_{jk} 计算的荷载效应值，其中 S_{Q1k} 为诸可变荷载效应中起控制作用者（按主导可变荷载标准值 Q_{1k} 计算）；

ψ_{cj}——第 j 个可变荷载 Q_j 的组合值系数，可参阅《建筑结构荷载规范》GB 50009—2012 第 5 章的规定，此处不予摘录；

R——结构或结构构件的抗力设计值。当不等号左边的荷载组合的效应设计值为应力时，R 为相应应力的强度设计值，譬如荷载组合的效应设计值为剪应力，则 $R=f_v$，为抗剪强度设计值。

---

[1]　本书不涉及预应力，故式（1.1）中没有考虑预应力作用。

[2]　持久设计状况，是指在结构使用过程中一定出现，且持续期很长的设计状况，其持续期一般与设计使用年限为同一数量级；短暂设计状况，是指在结构施工和使用过程中出现概率较大，而与设计使用年限相比，其持续期很短的设计状况。

当对 S_{Q1k} 无法明显判断时，可轮次以各可变荷载效应为 S_{Q1k}，选其中最不利的荷载效应组合。

要注意的是：式（1.1）仅适用于荷载与荷载效应为线性的情况，亦即结构分析采用一阶弹性分析时才适用。当采用二阶弹性分析，荷载与荷载效应呈非线性关系时，应先进行荷载组合。

对承载能力极限状态，除考虑荷载效应的基本组合外，必要时尚应考虑荷载效应的偶然组合。偶然组合中的偶然荷载在结构使用期间不一定出现，但一旦出现，其值很大且持续时间较短，例如爆炸力、撞击力等都属于偶然荷载。对于偶然组合的效应设计值，应按下列规定确定：（1）偶然荷载采用代表值（即标准值）A_d；（2）永久荷载采用标准值；（3）与偶然荷载同时出现的可变荷载采用标准值，其中主导可变荷载标准值 Q_{1k} 乘以相应的频遇值系数 ψ_{f1} 或准永久值系数 ψ_{q1}，其他可变荷载标准值 Q_{jk} 乘以相应的准永久值系数 ψ_{qj}。

荷载效应的偶然组合设计表达式取下式中的最不利值：

$$\gamma_0 \left(\sum_{i \geqslant 1} S_{Gik} + S_{A_d} + (\psi_{f1} \text{ 或 } \psi_{q1}) S_{Q1k} + \sum_{j>1} \psi_{qj} S_{Qjk} \right) \leqslant R \tag{1.2}$$

式中　S_{A_d}——按偶然荷载代表值 A_d 计算的荷载效应值。

要注意的是：与永久荷载和可变荷载不同，偶然荷载没有充分的统计信息，因此偶然荷载的代表值（标准值）需要根据结构设计使用特点确定（见《工程结构通用规范》GB 55001—2021 条文说明第 2.4.1 条）。

2. 对于正常使用极限状态

宜根据不同情况采用荷载的标准组合、频遇组合或准永久组合，并按下列设计表达式进行设计：

$$S \leqslant C \tag{1.3}$$

式中　S——荷载组合的效应设计值；

　　　C——结构或结构构件达到正常使用要求的规定限值，例如变形、裂缝等的限值，应按各有关的结构设计标准的规定采用。

式（1.3）左边的 S 与式（1.1）的左边相同，但取结构重要性系数 $\gamma_0 = 1.0$，各种荷载的分项系数 γ_G、γ_Q 等也一律取作 1.0。在钢结构设计中，使用最多的是标准组合，这时的效应设计值 S 常指结构由荷载标准值所产生的变形如挠度等，因而这时式（1.3）右边的 C 则代表《钢标》中所规定的各种变形如挠度等的容许值。

对钢与混凝土组合梁，除标准组合外，使用阶段的挠度还应按荷载的准永久组合计算（《钢标》第 14.4.1 条）。

1.3　钢结构课程的内容和要求

钢结构是土木工程专业学生必修的一门专业课。限于教学时数，本书基本内容将主要包括：

（1）钢结构的特点、应用范围及设计方法。

（2）结构钢材的基本性能及影响性能的主要因素，钢材发生脆性破坏的原因及预防措施，钢材牌号的正确选用。

（3）各种连接方法及其计算规定。

（4）钢结构各类基本构件的截面形式、破坏特征、工作性能、构造要求及计算方法等。

通过上述内容的学习，要求了解钢结构的特点、设计原理，能正确选用钢材，掌握两大连接体系、三大基本构件的工作性能和设计方法。学习时应先懂得各种构件和连接的可能破坏方式和工作性能，然后掌握《钢标》规定的计算方法。

本书着重介绍钢结构设计的基本原理，有关钢结构各构件间的连接构造及计算（包括柱头、柱脚、梁与梁的连接、梁与柱的连接等），钢结构的疲劳计算和吊车梁的设计，钢屋架的设计，门式刚架的设计，钢管结构设计，钢结构的防火与防腐蚀设计等内容将在另一本教材《钢结构设计》中介绍。

复 习 思 考 题

1.1 在设计某些重型结构（如重工业厂房的车间、高层建筑结构和某些大跨度结构等）时常考虑选用钢结构，原因何在？

1.2 在设计某些轻型建筑（如一些标准厂房等）时也常考虑选用钢结构，原因又何在？

1.3 当某车间采用如上文中图 1.1 所示门式刚架作为主要承重结构时，作用在厂房端部山墙上的风荷载如何才能安全地传至地基基础？除厂房的门式刚架外，尚应设置哪些构件方能达到这个目的？

1.4 什么是结构设计的目的？应如何达到这个目的？

第2章　钢结构的材料及其性能

2.1　钢材的力学性能和可焊性

一、力学性能

钢结构所用钢材的力学性能应由下列试验得到，试件的制作和试验方法等都必须按照各个试验有关的国家现行标准的规定进行。

（一）拉伸试验[❶]

拉伸试验是试件在常温下受到一次单向均匀拉伸，在拉力试验机或万能试验机上进行，由零开始缓慢加荷直到试件被拉断。由试验读数可绘制应力-应变曲线（$\sigma\varepsilon$ 曲线），如图 2.1（a）所示。当荷载加到图中直线段 OA 的终点 A 时，A 点以下的 σ 与 ε 成比例，符合虎克定律，A 点的应力称为比例极限，记作 f_p。A 点以后曲线开始偏离直线，当到达图中的 B 点时，荷载不增加而变形持续加大，即发生了塑性流动，此时 $\sigma\varepsilon$ 曲线接近一

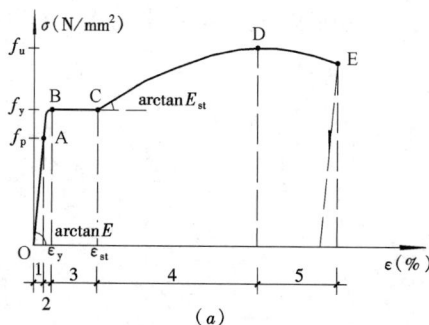

1—弹性变形阶段；2—弹塑性变形阶段；3—塑性变形阶段；
4—应变硬化阶段；5—颈缩阶段

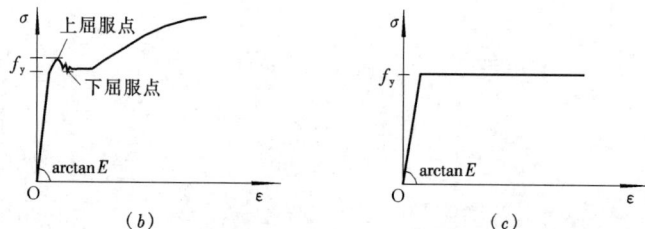

图 2.1　钢材拉伸试验所得 $\sigma\varepsilon$ 曲线（未按比例画出）
（a）钢材 $\sigma\varepsilon$ 曲线；（b）屈服点附近 $\sigma\varepsilon$ 曲线放大图；（c）理想弹塑性体的 $\sigma\varepsilon$ 曲线

---

❶ 《金属材料 拉伸试验 第 1 部分：室温试验方法》GB/T 228.1—2021。

水平线，B点的应力称为屈服点，记作f_y❶。当到达图中 C 点时，曲线继续上升，即在增加应力σ情况下应变ε继续加大，但其斜率逐渐减小。当到达图中 D 点时，试件发生颈缩现象［参见图 2.2（b）］，$\sigma\text{-}\varepsilon$曲线开始下降，直到图 2.1（a）中的 E 点时，试件被拉断。D 点的应力称为抗拉强度或强度极限，记作f_u。

在$\sigma\text{-}\varepsilon$曲线的 A 点以上附近，还有一点称为弹性极限。当应力在弹性极限以下时如卸去荷载，则应变将恢复为零。由于弹性极限与比例极限极为相近，且试验时弹性极限不易准确求得，因而常把比例极限看作弹性极限。这样，比例极限以下即图 2.1（a）所示的阶段 1 称为弹性变形阶段。过了比例极限，如卸去荷载，应变不能恢复为零，产生残余应变。AB 间的曲线称为弹塑性变形阶段，其中的弹性变形在卸荷后恢复为零，而塑性变形则不能恢复，成为残余应变，即图 2.1（a）中的阶段 2。过了屈服点后，$\sigma\text{-}\varepsilon$曲线发生抖动，如图 2.1（b）所示，抖动区首次出现的最高点称为上屈服点，最低点（不计初始瞬时效应）称为下屈服点。图 2.1（a）中的 BC 段称为塑性变形阶段，CD 段称为应变硬化阶段。到了曲线上的 D 点，应变硬化结束，试件开始发生颈缩，DE 段称为颈缩阶段。

由于一般结构钢比例极限处的应变ε_p约为 0.1%，开始屈服时的应变ε_y约为 0.15%，ε_p与ε_y极为相近，而开始应变硬化时的应变ε_{st}约为 2.5%，约为ε_y的 17 倍，因而可把钢材应变硬化阶段以前的$\sigma\text{-}\varepsilon$曲线简化，如图 2.1（c）所示，简化曲线由两条线段组成。这样就相当于把钢材看作理想的弹塑性体，在屈服点前为弹性体，在到达屈服点后立即转为理想的塑性体。这样的简化在今后作理论推导时或说明构件的工作性能时将经常采用。ε_{st}与ε_y的比值称为延性系数，用以表示钢材延性的大小，其值随不同钢材而变，约为 10～25。

含碳量较高的钢材，拉伸试验时常不出现如图 2.1 所示的塑性流动，亦即无明显的屈服点。此时常取产生残余应变为 0.2% 时的应力作为名义上的屈服点，记作$f_{0.2}$。为了与f_y相区别，称$f_{0.2}$为钢材的屈服强度。为了简化，本书后文对此不加以区别，统称为屈服点或屈服强度。

从钢材的拉伸试验曲线，除上面已提到的可说明受拉试件在拉断前几个明确的变形阶段外，还可得到钢材的一些极为有用的力学性能指标：

（1）屈服点f_y　这是衡量结构的承载能力和确定强度设计值的重要指标。在弹性设计时，常以纤维应力到达屈服点作为强度计算时的限值。屈服点的数值由试件开始屈服时的荷载 N 除以试件未变形前的原有截面面积A_0得到。

（2）抗拉强度f_u　这是衡量钢材抵抗拉断的性能指标，不仅是表示钢材强度的另一个指标，而且直接反映钢材内部组织的优劣。f_u是$\sigma\text{-}\varepsilon$曲线上最高点的应力，即由试件拉伸时的最大荷载除以试件未变形前的截面面积A_0而得。当以纤维应力到达屈服点作为强度计算的限值时，f_u与f_y的差值可作为构件的强度储备。

---

❶ 我国《碳素结构钢》GB/T 700—2006、《低合金高强度结构钢》GB/T 1591—2018、《建筑结构用钢板》GB/T 19879—2023 及现行《结构钢》GB/T 34560.1～6（系列）等钢材标准中，屈服强度（屈服点）、抗拉强度和断后伸长率分别用符号R_{eH}（或R_{eL}）、R_m和 A 表示，本书沿用工程习惯并与《钢标》一致，仍分别用f_y、f_u和δ表示。

（3）弹性模量 E[1]　即弹性阶段应力 σ 与应变 ε 的比值。图 2.1 (a) 所示 $\sigma\varepsilon$ 曲线上弹性阶段直线段 OA 的倾角为 $\arctan E$，由倾角的大小可求得弹性模量 E。对钢材而言，E 值变化不大，计算时不论钢种，通常均可取 $E=206\times10^3\,\text{N/mm}^2$。

此外，在钢材 $\sigma\varepsilon$ 曲线 C 点处的切线模量称为应变硬化模量，记作 E_{st}，在拉伸试验中也可同时得到。

（4）断后伸长率 δ　由下式求取（图 2.2）：

$$\delta=\frac{l-l_0}{l_0}\times100\%\tag{2.1}$$

式中　l_0，l——分别为试件拉伸前和拉断后的标距。

断后伸长率是衡量钢材塑性性能的一个指标，用以表示钢材断裂前发生塑性变形的能力，δ 值愈大，塑性性能愈好。由于钢材具有良好的塑性，可使有应力集中的构件的应力高峰得到调整，也可使构件破坏前有较大的变形而发出警告，从而可及时补救。

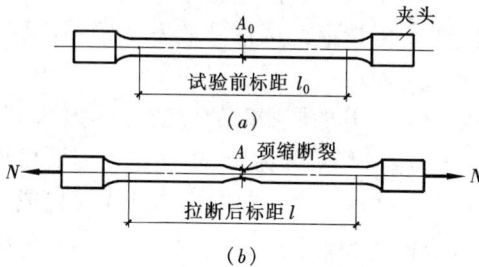

图 2.2　拉伸试验试件及拉断时的颈缩现象
(a) 拉伸试验试件；(b) 拉断时的颈缩现象

必须注意：拉伸试件有长短之分，国家标准中规定的长试件是 $l_0=10d$（d 为圆形截面试件的直径）或 $l_0=10\sqrt{4A_0/\pi}$（A_0 为矩形截面试件的截面面积）；短试件是 $l_0=5d$ 或 $l_0=5\sqrt{4A_0/\pi}$，其断后伸长率分别记作 δ_{10} 和 δ_5。拉伸试验时在到达抗拉强度前，试件沿标距产生均匀拉伸变形。在颈缩阶段，均匀拉伸变形停止而代之以颈缩变形。颈缩变形在长试件和短试件中是相同的，因而同一钢材由短试件求得的 δ_5 将大于长试件求得的 δ_{10}。

钢材压缩试验所得的 $\sigma\varepsilon$ 曲线常与拉伸试验时的基本相同，因而拉伸时的屈服点 f_y 也就是压缩时的屈服点，两者是相同的。做了钢材的拉伸试验后，就不需要再做压缩试验。

（二）冷弯试验[2]

冷弯试验用于试验钢材的弯曲变形性能和抗分层的性能。试验时，将厚度为 a 的试件置于图 2.3 (a) 所示支座上，在常温时加压使其弯曲，对钢材试件要求弯曲 $180°$，即试件绕着弯心弯到两表面平行，如图 2.3 (b) 所示。试验在压力机上或万能试验机上进行。弯曲后检查试件弯曲外表面（不使用放大辅助设备观察），如无目视可见裂纹，即评定为冷弯试验合格。弯曲压头直径 D（弯心直径 d）随试验的钢材种类及其厚度不同而异，应按钢材相关标准的规定采用，如取 D 为 $1.5a$、$2a$ 和 $3a$ 等。支辊间距离 l 应按下式确定〔图 2.3 (a)〕：

$$l=(D+3a)\pm\frac{a}{2}\tag{2.2}$$

试件长度 L 应根据试件厚度 a、支辊间距离 l 和所使用的试验设备确定。

---

[1]　《金属材料 弹性模量和泊松比试验方法》GB/T 22315—2008。

[2]　《金属材料 弯曲试验方法》GB/T 232—2024。

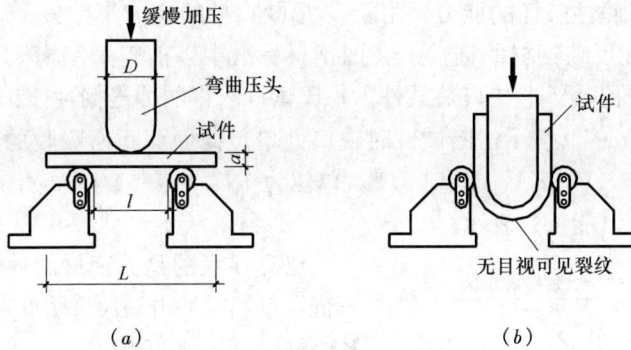

图 2.3　钢材的冷弯试验

(a) 弯曲前；(b) 弯曲后

冷弯试验合格是评估钢材质量优劣的一个综合性指标，它不仅要求钢材具有必要的塑性，还要求钢材中没有或极少有冶炼过程中产生的缺陷，如非金属夹杂、裂纹、分层和偏析（化学成分不均匀）等。因此，《钢标》（第 4.3.2 条）和《钢通规》（第 3.0.2 条）规定，对焊接承重结构以及重要的非焊接承重结构，采用的钢材应具有冷弯试验合格的证明。此外，结构在制作中和安装过程中常需进行冷加工，特别是焊接结构的焊后变形需要进行调直和调平等，都需要钢材具有较好的冷弯性能。

（三）冲击韧性●

冲击韧性也叫作缺口韧性（或冲击吸收能量、冲击吸收功），表示带缺口的钢材标准试件（图 2.4）在摆锤冲击试验机上被摆锤击断时所能吸收的机械能。吸收的能量大，钢材在冲击荷载作用下抵抗变形和断裂的能力就强。对直接承受动力荷载的钢结构，其钢材需做冲击韧性试验。根据标准试件上缺口形状的不同，冲击韧性试验的试件有梅氏（Mesnager）试件和夏比（Charpy）试件两种。前者缺口为 U 形，后者缺口为 V 形，分别如图 2.4（b）、(c) 所示。由于试件上有缺口，因此受力后在缺口处有应力集中使该处出现三向同号应力，材质变脆（参阅第 2.3 节）。击断有缺口试件所需的机械能大小实际

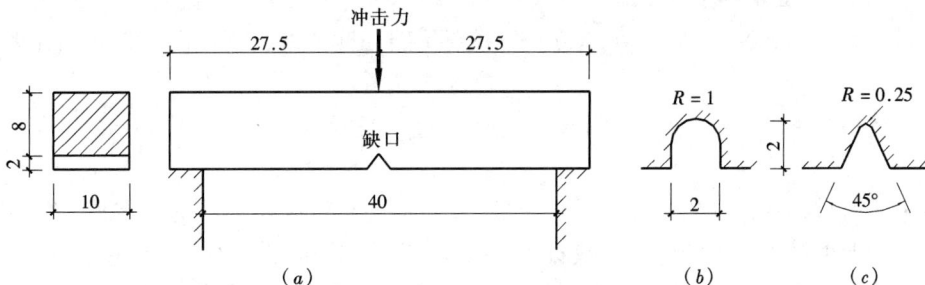

图 2.4　冲击韧性试验

(a) 冲击韧性试验；(b) 梅氏试件 U 形缺口；(c) 夏比试件 V 形缺口

● 《金属材料 夏比摆锤冲击试验方法》GB/T 229—2020。

上就表示了试件抵抗脆性破坏的能力。由于 V 形缺口处的应力集中较 U 形缺口严重，因此 V 形缺口试件更能反映钢材的韧性。我国钢材标准中以前曾采用梅氏试件做冲击韧性试验，而今已改用夏比（V 形缺口）试件。梅氏试件求得的冲击韧性值记作 KU（KU_2 或 KU_8），单位为"J/cm^2"，表示击断试件时缺口处单位截面面积所吸收的能量。夏比试件所得冲击韧性值记作 KV（KV_2 或 KV_8）[1]，单位为"J"（$1J=1N\cdot m$），即冲击韧性用击断标准试件所需之功（能量）表示。

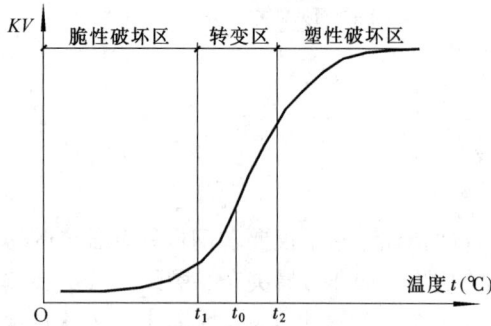

图 2.5　缺口韧性随温度的变化曲线

必须注意的是：钢材的冲击韧性随温度而不同，低温时冲击韧性将明显降低。图 2.5 表示 KV 和温度 t 之间的关系，此曲线可由试验得出。

一般来讲，温度小于 t_1 时，KV 值较低，此曲线较平缓，钢材将呈脆性破坏；温度大于 t_2 时，KV 值较大，此曲线也较平缓，钢材将呈塑性破坏。鉴于钢材的脆性破坏除决定于温度外，还与应力集中程度和应变速率等有关，当应力集中程度严重和应变速率加大时，则脆性破坏

的可能性就大。因而图 2.5 所示从塑性破坏到脆性破坏的转变温度将是一个区，此温度区称为"韧脆转变温度区"。转变区内曲线最陡处的温度 t_0 称为转变温度。在结构设计中要求避免脆性破坏，结构所处温度应大于 t_1（即对应于 t_1 的 KV 应满足设计要求）。对寒冷地区直接承受较大动力荷载的钢结构，除应有常温冲击韧性的保证外，尚应视使用环境温度而定，使其具有 0℃、−20℃ 或 −40℃ 的冲击韧性保证。

二、可焊性

钢材在一定的焊接工艺条件下焊接后，如焊缝金属和近焊缝区的钢材不产生裂纹，焊缝的力学性能不低于钢材的力学性能，则这种钢材的焊接性能良好，或简称可焊性良好。为保证焊接钢结构的钢材具有良好的可焊性，选用的钢材应具有碳或碳当量的合格保证。

基于熔炼分析的碳当量 CEV 应按下式计算：

$$CEV = C + Mn/6 + (Cr + Mo + V)/5 + (Ni + Cu)/15 \tag{2.3}$$

式中　C、Mn、Cr、Mo、V、Ni、Cu——分别是碳、锰、铬、钼、钒、镍和铜元素的质量分数（%）；

　　　　　　　　　　CEV——碳当量，是英文 Carbon Equivalent Value 的缩写。

为保证钢材具有良好的可焊性，碳当量 CEV 不能超过国家标准的规定值，此值的大小主要取决于钢材的钢级和厚度（或直径）。《钢标》中推荐用钢材的碳当量应符合表 2.1 的规定，其中表 2.1a、表 2.1b 给出的 CEV 是《低合金高强度结构钢》GB/T 1591—2018 和《结构钢　第 2 部分：一般用途结构钢交货技术条件》GB/T 34560.2—2017 规定的限

---

[1]　KU_2 和 KU_8 表示梅氏试件分别使用 2mm 和 8mm 摆锤锤刃半径测得的冲击吸收能量；KV_2 和 KV_8 表示夏比试件分别使用 2mm 和 8mm 摆锤锤刃半径测得的冲击吸收能量。摆锤锤刃半径的选择应符合相关钢材标准的规定（钢结构用钢材标准通常选用 2mm 摆锤锤刃半径）。

值，表 2.1c 给出的 CEV 是《建筑结构用钢板》GB/T 19879—2023 规定的限值。

基于熔炼分析的碳当量限值（一） 表 2.1a

钢级	质量等级	碳当量 CEV（质量分数)[a]（%）不大于				
		公称厚度（或直径）(mm)				
		≤30	>30~40	>40~150	>150~250	>250~400
Q235*	B	0.40				
	C	0.35	0.35	0.38	0.40	—
	D					0.40
Q355	B	0.45	0.47	0.47	0.49[b]	—
	C					
	D					0.49

a 当需对 Q355 中 Si 含量控制时（例如热浸镀锌涂层），为了满足抗拉强度要求，需增加其他元素，如碳和锰，此时表中最大 CEV 的值增加应符合以下规定：
硅含量不大于 0.030% 时，CEV 可提高 0.02%；
硅含量不大于 0.25% 时，CEV 可提高 0.01%。
b 对于型钢和棒材，最大 CEV 允许值为 0.54%。
* 表中 Q235 钢的 CEV 值，是《结构钢 第 2 部分：一般用途结构钢交货技术条件》GB/T 34560.2—2017 规定的，《碳素结构钢》GB/T 700—2006 中没有给出 CEV 值。

基于熔炼分析的碳当量限值（二） 表 2.1b

钢级	碳当量 CEV（质量分数）（%）不大于		
	公称厚度（或直径）(mm)		
	≤30	>30~63	>63~150
Q390	0.45	0.45（0.47)[a]	0.48
Q420[b]	0.45	0.47	0.48
Q460[b]	0.47	0.49	0.49

a 括弧内数值为《低合金高强度结构钢》GB/T 1591—2018 中给出的 CEV 值，与《结构钢 第 2 部分：一般用途结构钢交货技术条件》GB/T 34560.2—2017 给出的有差异；表内其他 CEV 值，两本国家标准无差异。
b 仅适用于棒材。

基于熔炼分析的碳当量限值（三） 表 2.1c

钢级	碳当量 CEV（质量分数）（%）不大于			
	公称厚度（或直径）(mm)			
	≤50	>50~100	>100~150	>150~200
Q355GJ	0.43	0.45	0.46	0.47

2.2 影响钢材性能的主要因素

钢的种类极多，依照用途不同而有不同的性能。用以建造钢结构的称为结构钢，它必须同时具有较高的强度、塑性、韧性和良好的加工性能；对焊接结构，如上所述，还应保证其具有良好的可焊性。强度高，可减小结构的截面面积而节省钢材。塑性、韧性好可保证结构的安全，降低结构发生脆断的危险性。结构钢主要有两类，一类是碳素结构钢中的低碳钢，另一类是低合金高强度结构钢（合金成分低于 5% 时称为低合金钢）。这两类钢对应的现行国家标准分别是《碳素结构钢》GB/T 700—2006 和《低合金高强度结构钢》GB/T 1591—2018。《钢标》除了推荐这两类结构钢外，对重要承重结构的受拉板材，推荐采用《建筑结构用钢板》GB/T 19879—2023。

影响钢材性能的因素较多，主要是钢的化学成分的影响、生产过程的影响、热处理的影响和冷加工的影响。

一、化学成分对钢材性能的影响

（1）碳素钢主要是铁和碳的合金。钢因碳（C）的含量不同而区分为低碳钢（$C<0.25\%$）、中碳钢（$C=0.25\%\sim0.60\%$）和高碳钢（$C=0.60\%\sim1.7\%$）。碳的含量愈高，钢的强度也愈高，但其塑性、韧性和可焊性却显著降低，因而用作建造钢结构材料的只能是低碳钢，要求 $C\leqslant0.22\%$。对焊接承重结构，为了使其有良好的可焊性，须限制碳的含量（$C\leqslant0.20\%$）或碳当量 CEV（CEV 限值见表 2.1）。国家标准《碳素结构钢》GB/T 700—2006 中对碳素钢根据其屈服点的不同有 Q195、Q215、Q235 和 Q275 四种牌号（字母 Q 为屈服点的"屈"字汉语拼音的第一个字母，Q 后面的数字表示厚度 $t\leqslant16\text{mm}$ 钢板的屈服点数值，单位为 N/mm^2）。用于钢结构时，《钢标》推荐采用 Q235 钢，其平均碳含量为 0.19%，屈服点 $f_y=235N/\text{mm}^2$，符合同时具有较大的强度、塑性和韧性的要求，可焊性也良好。Q215 钢及以下的牌号由于强度较低、Q275 钢则由于碳含量较高而均不适宜用以建造钢结构。

（2）为了得到较 Q235 钢更高的强度，可在低碳钢的基础上冶炼时加入为提高钢材强度的合金元素如锰、钒等，得到低合金钢。加入适量的合金成分后，可使钢水在冷却时得到细而均匀的晶粒，从而既提高了强度又不损害塑性与韧性。这与碳素钢依靠增加碳的含量而提高强度完全不同。《钢标》中推荐采用的低合金钢是《低合金高强度结构钢》GB/T 1591—2018 中的 Q355、Q390、Q420 和 Q460 钢四种，推荐采用的高性能建筑结构用钢是《建筑结构用钢板》GB/T 19879—2023 中的 Q355GJ 钢。

（3）钢中除铁与碳及有意加入的合金元素之外，尚含有少量的其他元素如锰、硅、硫及磷等，此外，还可能存在钢冶炼过程中不易除尽的氧、氮和氢等。见表 2.2。

锰对钢是有益元素，是钢液的弱脱氧剂。锰能消除钢液中所含的氧，又能与硫化合，消除硫对钢的热脆（高温时使钢产生裂纹）影响。含适量的锰，可提高钢的强度同时又不影响钢的塑性和冲击韧性。但含量过高，则又会降低钢的可焊性，故在碳素钢中其含量应予以限制，《碳素结构钢》GB/T 700—2006 中给出的锰含量为 $0.5\%\sim1.5\%$。在低合金钢中，锰作为合金成分，其含量为 $1.6\%\sim1.8\%$（热轧钢）。

硅对钢也是一种有益元素，是钢液的强脱氧剂。硅还能使钢中铁的晶粒变细而均匀，改善钢的质量。钢中含适量的硅，可提高钢的强度而不影响其塑性、韧性和可焊性。但含量过高（约超过 1%），对钢的塑性、韧性、可焊性和抗锈性也将有影响。在碳素钢中其含量应不大于 0.35%，在低合金钢中应不大于 0.55%（热轧钢）。

碳素结构钢的化学成分　　　　　　　　　表 2.2a

牌　号		化学成分（%）不大于				
钢级	质量等级	C	Mn	Si	S	P
Q235	A	0.22	1.40	0.35	0.050	0.045
	B	0.20			0.045	0.045
	C	0.17			0.040	0.040
	D	0.17			0.035	0.035

注：1. 经需方同意，Q235B 的碳含量可不大于 0.22%。
　　2. 本表规定的化学成分适用于钢锭（包括连铸坯）、钢坯及其制品。

低合金高强度结构钢的牌号及化学成分（热轧钢）　　表 2.2b

钢级	质量等级	Cᵃ 公称厚度或直径 ≤40mmᵇ	Cᵃ 公称厚度或直径 >40mm	Mn	Si	Pᶜ	Sᶜ	Nbᵈ	Vᵉ	Tiᵉ	Cr	Ni	Cu	Mo	Nᶠ
Q355	B	0.24		1.60	0.55	0.035	0.035	—	—	—	0.30	0.30	0.40	—	0.12
	C	0.20	0.22			0.030	0.030								
	D	0.20	0.22			0.025	0.025								—
Q390	B	0.20		1.70	0.55	0.035	0.035	0.05	0.13	0.05	0.30	0.50	0.40	0.10	0.015
	C					0.030	0.030								
	D					0.025	0.025								
Q420ᵍ	B	0.20		1.70	0.55	0.035	0.035	0.05	0.13	0.05	0.30	0.80	0.40	0.20	0.015
	C					0.030	0.030								
Q460ᵍ	C	0.20		1.80	0.55	0.030	0.030	0.05	0.13	0.05	0.30	0.80	0.40	0.40	0.015

a 公称厚度大于 100mm 的型钢，碳含量可由供需双方协商确定。
b 公称厚度大于 30mm 的钢材，碳含量不大于 0.22%。
c 对于型钢和棒材，其磷和硫含量上限值可提高 0.005%。
d Q390、Q420 最高可到 0.07%，Q460 最高可到 0.11%。
e 最高可到 0.20%。
f 如果钢中酸溶铝（Als）含量不小于 0.015% 或全铝（Alt）含量不小于 0.020%，或添加了其他固氮合金元素，氮元素含量不作限制，固氮元素应在质量证明书中注明。
g 仅适用于型钢和棒材。

建筑结构用钢板的化学成分　　表 2.2c

钢级	质量等级	C ≤	Si ≤	Mn ≤	P ≤	S ≤	Vᵇ ≤	Nbᵇ ≤	Tiᵇ ≤	Alsᵃ ≥	Cr ≤	Cu ≤	Ni ≤	Mo ≤
Q355GJ	B、C	0.20	0.55	1.60	0.025	0.015	0.15	0.07	0.035	0.015	0.30	0.30	0.30	0.20
	D、E	0.18			0.020	0.010								

a 允许用全铝（Alt）含量来代替酸溶铝（Als），此时全铝含量应不小于 0.020%；如果钢中单独或组合加入 Al、V、Nb 或 Ti 元素时，应保证合金元素含量不低于 0.015%，最小铝含量不适用。
b 当 V、Nb、Ti 三种元素组合加入时，三者含量之和不能超过 0.15%。

　　硫和磷都是钢中的有害杂质。硫与铁能生成易于熔化的硫化铁。含硫量增大，会降低钢的塑性、冲击韧性、疲劳强度和抗锈性等。硫化铁的熔化温度为 1170～1185℃，比钢的熔点低得多，其与铁形成的共晶体，熔点更低，约为 985℃。当对钢材进行轧制等热加工或电焊时，硫化铁即行熔化使钢内形成微小裂纹，称为"热脆"。磷的存在虽可提高钢的强度和抗锈性，但会降低钢的塑性、冲击韧性、冷弯性能和可焊性等。特别是磷能使钢材在低温时变脆，称为"冷脆"。因此，《钢标》中规定所有承重结构的钢材均应具有硫和磷含量的合格保证。见表 2.2。

　　氧、氮和氢也都是有害杂质。氧在炼钢过程中可能以氧化铁残留于钢液中，氮和氢则可能从空气进入高温的钢液中。氧和氮都会使钢的晶粒粗细不匀，氧与硫一样还会使钢热脆，氮则与磷相似会使钢冷脆。氢能使钢产生裂纹。因此对这些有害杂质都必须使其在炼钢过程中从钢液析出或防止其从空气中进入钢液。

表 2.2 给出了 Q235、Q355、Q390、Q420、Q460 和 Q355GJ 钢等的主要化学成分，均摘自有关钢种的国家标准。

二、生产过程对钢材性能的影响

生产过程的影响包括冶炼时的炉种、浇注前的脱氧和热轧等的影响。

1. 钢的冶炼

炼钢主要是将生铁或铁水中的碳和其他杂质如锰、硅、硫、磷等元素氧化成炉气和炉渣后而得到符合要求的钢液的过程。目前炼钢时采用的炉种主要有电炉和转炉两种。电炉钢质量最佳，但耗电量很大，费用较贵。转炉钢在我国过去主要采用碱性侧吹转炉冶炼。碱性是指炉壁由碱性材料砌筑；侧吹是指冶炼时将高压空气由炉子的侧壁送风口吹入，把铁水中的碳、硅、锰、硫、磷等元素氧化而使铁水变成钢液。用这种冶炼方法所得的钢液含杂质较多，质量较差，目前在钢结构中已不使用。取而代之的是氧气转炉钢，冶炼时将高压氧气（纯度在 99.50% 以上）吹入炉内使杂质氧化而成。氧气转炉钢所含有害元素及夹杂物少，钢材的质量和加工性能好，且生产效率高、成本低，可用于制造各种结构。因此，国家标准中明确规定：钢由氧气转炉或电炉冶炼。除非需方有特殊要求并在合同中注明，冶炼方法一般由供方自行选择。

2. 钢的脱氧

钢液中残留氧，将使钢材晶粒粗细不匀并发生热脆。因此浇注钢锭时，在炉中或盛钢桶中加入脱氧剂（与氧的亲和力比铁高的化学元素）以消除氧，可大大改善钢材的质量。因脱氧程度不同，钢可分成沸腾钢、半镇静钢、镇静钢和特殊镇静钢四类，其中半镇静钢已不生产。

如采用锰作为脱氧剂，由于锰是弱脱氧剂，脱氧不完全，浇注后钢液中仍残留较多的氧化铁，它与钢液中的碳相互作用生成一氧化碳气体，气体从钢液中逸出时使钢液在钢锭模中产生"沸腾"，故名沸腾钢。沸腾钢生产周期短，消耗的脱氧剂少，冷却凝固后钢锭顶面无缩孔，轧制钢材时钢锭的切头率（切除钢锭头部质量较差的钢材的百分率）小，为 5%~8%，钢材成品率较高，为 92%~95%。这些因素使钢材成本降低而价格便宜。但因钢液冷却较快，部分气体无法从钢锭中逸出，冷却后钢内形成许多小气泡，组织不够致密，并有较多的氧化铁夹杂，化学成分不够均匀（称为偏析），这些都是沸腾钢的缺陷。由于组织不致密和小气泡在轧制时通过辊轧可以压合，因而沸腾钢的强度和塑性（例如，屈服点和伸长率）并不比镇静钢低多少（特别是薄钢板），但其他缺陷会导致沸腾钢的冲击韧性较低和脆性转变温度较高，抵抗冷脆性能差，抗疲劳性能也较镇静钢为差。

除用锰外，如另增加一定数量的硅作为脱氧剂，由于硅是较强的脱氧剂，脱氧充分。硅与氧化铁起作用时，产生较多的热量，因而在钢锭模中的钢液冷却较慢，大部分气体可以析出。钢液是在平静状态下凝固，故名镇静钢。镇静钢的化学成分较均匀，晶粒细而匀，组织密实，含气泡和有害氧化物等夹杂物少，因而冲击韧性较高，特别是低温时的韧性大大高于沸腾钢，抗低温冷脆能力和抗疲劳性能都较强，是质量较好的钢材。但缓慢冷却时钢锭顶部因体积收缩而有缩孔，这部分钢锭因氧化程度较高在轧制钢材时需切除，切头率为 15%~20%，成材率只有 80%~85%。加之脱氧剂的成本较沸腾钢高，造成镇静钢的价格高于沸腾钢。

如用硅脱氧后再用更强的脱氧剂铝补充脱氧，则可得特殊镇静钢，其冲击韧性特别是低温冲击韧性较高。

目前，因轧制钢材的钢坯广泛采用连续铸锭法生产，钢材必然为镇静钢。因而镇静钢的应用已大大增多。

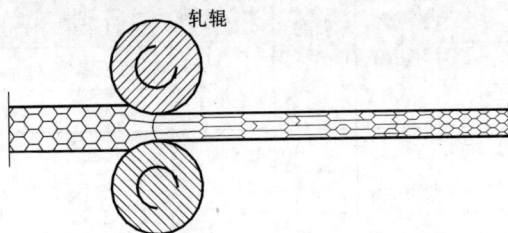

图 2.6　钢的轧制

3. 钢的轧制

我国的钢材大多是热轧型钢和热轧钢板。将钢锭加热至塑性状态（1150～1300℃），通过轧钢机将其轧成钢坯，然后令其通过一系列不同形状和孔径的轧机，最后轧成所需形状和尺寸的钢材，称为热轧。钢材热轧成型的同时，也可细化钢的晶粒使组织紧密，原存在于钢锭内的一些微观缺陷如小气泡和裂纹等经过多次辊轧而弥合，改进了钢的质量，如图 2.6 所示。辊轧次数较多的薄型材和薄钢板，轧制后的压缩比大于辊轧次数较少的厚材，因而薄型材和薄钢板的屈服点和断后伸长率等均大于厚材。表 2.3 给出了 Q235 钢等钢材拉伸试验和冷弯试验应符合的规定值，摘自有关国家标准。由表可见，同是 Q235 钢或同是某低合金钢，其屈服点和断后伸长率随厚度不同而变化。

碳素结构钢的力学性能　　　　表 2.3a

牌号		上屈服强度 f_y（N/mm²）不小于				抗拉强度 f_u（N/mm²）	断后伸长率 δ_5（%）纵向不小于			夏比冲击试验		180°冷弯试验（d—弯心直径；a—试样厚度或直径）	
		厚度或直径（mm）					厚度或直径（mm）			温度（℃）	冲击韧性 KV^a（J）纵向不小于	厚度或直径（mm）	
钢级	质量等级	≤16	>16~40	>40~60	>60~100		≤40	>40~60	>60~100			≤60	>60~100
Q235	A	235	225	215	215	370~500	26	25	24	—	—	纵向： $d=a$ 横向： $d=1.5a$	纵向： $d=2a$ 横向： $d=2.5a$
	B									+20	27		
	C									0			
	D									−20			

a 《碳素结构钢》GB/T 700—2006 中没有规定冲击试验选用的摆锤锤刃半径。

低合金高强度结构钢的力学性能（热轧钢）　　　　表 2.3b

牌号		上屈服强度 f_y（N/mm²）不小于					抗拉强度 f_u（N/mm²）	断后伸长率 δ_5（%）纵向不小于			夏比冲击试验		180°冷弯试验^a（D—弯曲压头直径；a—试样厚度或直径）	
		厚度或直径（mm）						厚度或直径（mm）			温度（℃）	冲击韧性 KV_2（J）纵向不小于	厚度或直径（mm）	
钢级	质量等级	≤16	>16~40	>40~63	>63~80	>80~100		≤40	>40~63	>63~100			≤16	>16~100
Q355	B	355	345	335	325	315	470~630	22	21	20	+20	34	$D=2a$	$D=3a$
	C										0			
	D										−20			
Q390	B	390	380	360	340	240	490~650	21	20	20	+20	34		
	C										0			
	D										−20			
Q420^b	B	420	410	390	370	370	520~680	20	19	19	+20	34		
	C										0			
Q460^b	C	460	450	430	410	410	550~720	18	17	17	0	34		

a 对于公称宽度不小于 600mm 钢板及钢带，取横向试样，其他钢材取纵向试样。

b 仅适用于型钢和棒材。

牌号		上屈服强度 f_y (N/mm²) 不小于		抗拉强度 f_u (N/mm²)		伸长率 δ_5 (%) 不小于	夏比冲击试验		180°冷弯试验 (D—弯曲压头直径; a—试样厚度)	
							温度 (℃)	冲击韧性 KV_2 (J) 纵向 不小于		
钢级	质量 等级	厚度或直径（mm）							钢板厚度（mm）	
		6～100	>100～150	≤100	>100～150				≤16	>16
Q355GJ	B	355	335	490～610	470～600	22	+20	47	D=2a	D=3a
	C						0			
	D						−20			
	E						−40			

三、热处理对钢材性能的影响

钢材热处理是将钢材在固态范围内按一定规则加热、保温和冷却，以改变其组织结构，从而获得所需性能的一种工艺过程。其特点是塑性降低不多，但其强度提高很多，综合性能比较理想。土木工程所用钢材一般在生产厂家进行热处理。在施工现场，有时需对焊接件进行热处理。

常用的热处理工艺有退火、正火、淬火和回火等。

1. 退火

退火是将钢材加热到一定温度，保温后缓慢冷却（随炉冷却）的一种热处理工艺，按加热温度分为低温退火和完全退火。低温退火的加热温度在铁素体等基本组织转变温度以下，完全退火的加热温度在 800～850℃。

退火的目的是减少加工中产生的缺陷、减轻晶格畸变、消除内应力，获得良好的工艺性能和使用性能。例如，碳含量较高的高强度钢筋焊接中容易形成很脆的组织，必须紧接着进行完全退火以消除这一不利的转变，保证焊接质量。

2. 正火

正火是将钢材加热到基本组织转变温度以上 30～50℃，待完全奥氏体化后，再在空气中进行冷却的一种热处理工艺；是退火的一种特例。正火在空气中冷却，冷却速度比退火快一些，工艺简单，耗能少。

正火的目的是细化晶粒，消除组织缺陷等。正火后的钢材，硬度、强度提高，塑性降低，切削性能改善。

3. 淬火

淬火是将钢材加热到基本组织转变温度以上（一般为 900℃以上），保温使组织完全转变，即投入选定的冷却介质（如水或矿物油等）中快速冷却，使之转变为不稳定组织的一种热处理工艺。

淬火的目的是得到高强度、高硬度和耐磨的钢材，但塑性和韧性显著降低。

4. 回火

回火是将钢材加热到基本组织转变温度以下（150～650℃），保温后在空气中冷却的一种热处理工艺。

回火的目的是促进不稳定组织转变为需要的稳定组织，消除淬火产生的内应力，降低脆性，改善机械性能等。

淬火与回火通常是两道相连的热处理过程。轧制后的钢材经先淬火、后高温回火的热处理，可得到强度高、韧性塑性优良的调质钢，包括调质合金钢和调质碳素钢等。

四、冷加工及时效强化对钢材性能的影响

上面简单说明了影响钢材力学性能的主要因素，多只是涉及钢材在出钢厂以前的有关因素。钢材出钢厂以后，在制造和使用时还会有许多因素影响钢的力学性能，下面介绍钢材的冷加工硬化和时效硬化对其性能的影响。

图 2.7 给出了拉伸试验时的应力-应变曲线，此图即第 2.1 节所示钢材在一次拉伸试验时的图 2.1 (a)。这里要讨论的是，当初次加荷超过弹性变形阶段例如到达图中的 B 点或 D 点卸荷后重新加荷对 $\sigma\varepsilon$ 曲线的影响。在第 2.1 节中已述及，当加荷不超过弹性阶段，在此范围内重复卸荷和加荷，不会产生残余应变，$\sigma\varepsilon$ 曲线始终保持原来的直线。如加荷到图中的 B 点再卸荷，曲线将循 BC 下降到 C 点，产生残余应变 OC；重新加荷，曲线将循 CBDF 进行，这相当于将曲线原点 O 移至 C 点，结果是减小了钢的变形能力，亦即降低了钢的塑性性质。又如加荷到图中的 D 点再卸荷，则曲线将循 DE 下降到 E 点，产生残余应变 OE；重新加荷，曲线将循 EDF 进行，相当于把曲线原点由 O 移至 E，结果是变形能力更小，钢的塑性更加降低，但与此同时，钢的屈服点则由 A 点提高到 D 点。钢材经冷拉、冷拔、冷轧、冷弯等冷加工而产生塑性变形，卸荷后重新加荷，可使钢材的屈服点得到提高，但钢材的塑性和韧性却大大降低，这种现象称为冷加工硬化或应变硬化。

产生冷加工硬化的原因是：钢材在冷加工时晶格缺陷增多，晶格畸变，对位错运动的阻力增大，因而屈服强度提高，塑性和韧性降低。由于冷加工时产生内应力，故冷加工钢材的弹性模量有所下降。在钢结构中由于对钢材的塑性和韧性要求较高，因此一般不利用这种现象以提高钢材的屈服点。对锅炉汽包、压力容器等重要结构，常需用热处理方法来消除冷加工硬化的不利影响。重级工作制吊车梁截面的钢板当用到剪切边时，也常需将剪切边刨去 3~5mm 以去掉出现冷加工硬化部分的钢材。但在冷弯型钢结构中，将钢板冷弯成型时，其转角处钢材屈服点提高，这一点在《冷弯型钢结构技术标准》GB 50018—2025 中有所考虑。

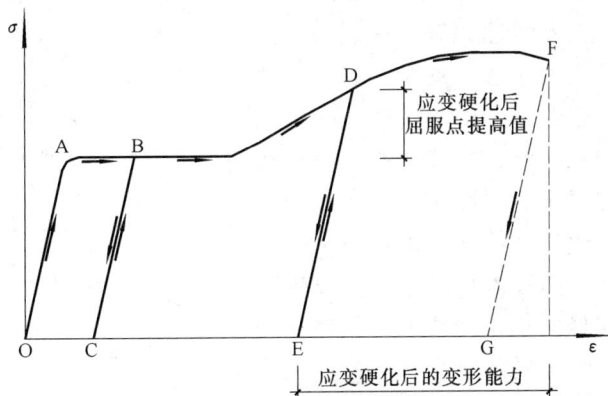

图 2.7 超过弹性变形阶段后的冷加工硬化现象（图未按比例画出）

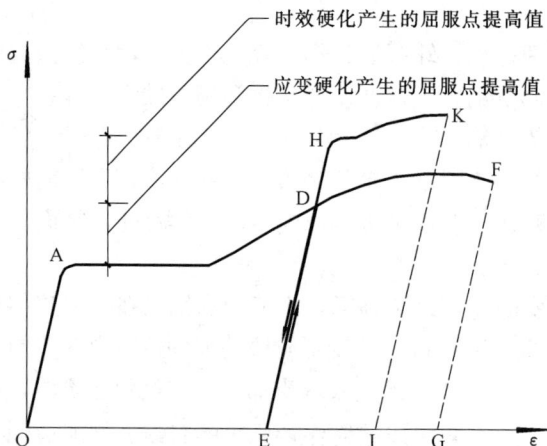

图 2.8　在应变硬化区卸载后的时效
硬化现象（图未按比例画出）

与应变硬化现象相似的，钢材还有一种称为时效硬化的现象，即加荷到应变硬化阶段卸载后隔一定时间，再重新加载，钢材的强度将继续有所提高，如图 2.8 所示。应力-应变曲线将循图中 EDHK 进行，屈服点由 D 点提高到 H 点，恢复一水平的塑性区段后在更高的应力水平上出现一个新的应变硬化区。曲线恢复了原来的形状，但塑性区和应变硬化区的范围则大大缩小。这也是一个对钢结构的不利因素。时效过程可长达几年，但如在塑性变形后对钢材加热到 200～300℃，可使时效在几小时内完成，这称为人工时效。有些重要结构常需进行人工时效，再测定其冲击韧性，以保证选用的钢材长期具有较好的韧性。

因时效而导致性能改变的程度，称为时效敏感性，可用系数 C_s 表示，按式（2.4）确定，C_s 越大则时效敏感性越大。

$$C_s = \frac{KV - KV_s}{KV} \times 100\% \tag{2.4}$$

式中　KV、KV_s——分别为钢材时效前和时效后的冲击韧性（冲击吸收能量）。

时效敏感性越大的钢材，经过时效以后，其冲击韧性和塑性的降低越显著。因此，对于承受动荷载的结构，如吊车梁、桥梁等，应选用时效敏感性较小的钢材[❶]。

2.3　复杂应力状态下钢材的屈服条件

钢材在单向拉应力或单向压应力状态下，可借助于试验得到屈服条件，即当 $\sigma = f_y$ 时，材料开始屈服，进入塑性状态。在复杂应力状态下（如图 2.9 所示应力状态）钢材的屈服条件就不可能由试验得出其普遍适用的表达式，一般只能借助于材料力学中的强度理论得出。对钢材最适用并已由试验所证实的是第四强度理论，亦称畸变能量理论[❷]。该理论认为复杂应力状态时的屈服准则为：若复杂应力状态下单位体积的单元体发生畸变时的应变能与单向拉伸时单位体积的单元体屈服时的畸变应变能相等，则该复杂应力状态的单元体达

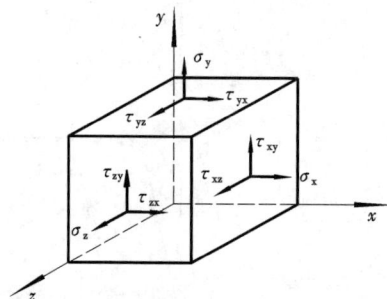

图 2.9　复杂应力状态

❶　见书末主要参考资料［64］第 31 页。
❷　参见：［美］S. 铁摩辛柯. 材料力学. 汪一麟，译. 北京：科学出版社，1979（或其他材料力学书籍）。

到屈服。

由材料力学可导得图 2.9 所示复杂应力状态下单位体积的单元体畸变应变能为：

$$U = \frac{1+\nu}{3E} \left\{ \frac{1}{2} \left[(\sigma_x - \sigma_y)^2 + (\sigma_y - \sigma_z)^2 + (\sigma_z - \sigma_x)^2 \right] + 3(\tau_{xy}^2 + \tau_{yz}^2 + \tau_{zx}^2) \right\} \quad (2.5a)$$

式中　ν——钢材的泊松比；

　　　E——钢材的弹性模量。

单向受力时单位体积的单元体畸变应变能可由式（2.5a）中对除 σ_x 以外的其他应力分量均取为零得出，即：

$$U_1 = \frac{1+\nu}{3E} \sigma_x^2 \quad (2.5b)$$

单向受力下达到屈服时的单元体畸变应变能可由式（2.5b）中取 $\sigma_x = f_y$ 得出，即：

$$U_1 = \frac{1+\nu}{3E} f_y^2 \quad (2.5c)$$

令式（2.5a）等于式（2.5c），得：

$$\frac{1}{2} \left[(\sigma_x - \sigma_y)^2 + (\sigma_y - \sigma_z)^2 + (\sigma_z - \sigma_x)^2 \right] + 3(\tau_{xy}^2 + \tau_{yz}^2 + \tau_{zx}^2) = f_y^2 \quad (2.6)$$

把式（2.6）左边的平方根记作 σ_0 并称之为折算应力，则式（2.6）可写为：

$$\sigma_0 = \sqrt{\frac{1}{2} \left[(\sigma_x - \sigma_y)^2 + (\sigma_y - \sigma_z)^2 + (\sigma_z - \sigma_x)^2 \right] + 3(\tau_{xy}^2 + \tau_{yz}^2 + \tau_{zx}^2)} = f_y \quad (2.7)$$

式（2.6）或式（2.7）就是根据畸变能量理论得出的复杂应力状态下钢的屈服准则。$\sigma_0 < f_y$ 和 $\sigma_0 > f_y$ 分别表示复杂应力状态下钢未屈服和已进入屈服状态。

若改用主应力 σ_1、σ_2 和 σ_3 表示复杂应力状态，则屈服条件为：

$$\sigma_0 = \sqrt{\frac{1}{2} \left[(\sigma_1 - \sigma_2)^2 + (\sigma_2 - \sigma_3)^2 + (\sigma_3 - \sigma_1)^2 \right]} = f_y \quad (2.8)$$

下面根据式（2.7）、式（2.8）对复杂应力状态下钢材的屈服条件作进一步说明。

（1）当钢材处于三向同号主应力作用下，由式（2.8）可知，不论主应力有多大，只要三主应力的相互差值甚小，则 σ_0 值不会太大，因而常是 $\sigma_0 < f_y$，表明钢不易屈服，常处于弹性工作状态，钢材呈脆性。反之，若存在异号应力，则钢材易屈服而进入塑性状态，将呈塑性破坏。

（2）若 $\sigma_z = \tau_{zx} = \tau_{yz} = 0$，则为平面应力状态，由式（2.7）得屈服条件为：

$$\sigma_0 = \sqrt{\sigma_x^2 + \sigma_y^2 - \sigma_x \sigma_y + 3\tau_{xy}^2} = f_y \quad (2.9)$$

此公式在今后讨论梁是否已进入塑性状态时将要用到。

（3）当为平面纯剪切时，$\sigma_x = \sigma_y = 0, \tau_{xy} = \tau$，则得剪切屈服条件为：

$$\sigma_0 = \sqrt{3\tau^2} = f_y$$

即

$$\tau = f_y / \sqrt{3} = 0.58 f_y = f_{vy} \quad (2.10)$$

此时的剪应力记为 f_{vy}，称为剪切屈服点。可见剪切屈服点不必由试验求取，而是利用强度理论得到。《钢标》和大多数国外设计标准中均采用 $f_{vy} = 0.58 f_y$。

最后，必须提请注意，在应用式(2.6)~式(2.9)时，所有应力分量都必须是指发生在钢材同一地点由同一种荷载情况所产生的应力。

2.4 钢材的脆性断裂 （冷脆）

钢材在一般情况下是弹塑性材料，但特殊条件下可以转变为脆性材料，因而钢材的破坏可区分为塑性破坏和脆性破坏两种方式，脆性断裂只发生在承受拉伸时。

钢材拉伸时的塑性破坏特征有：

(1) 破坏前有较大的塑性变形，有明显的颈缩现象，因而易及时发现，危险性小。

(2) 构件断裂发生在应力到达钢材的抗拉强度 f_u 时。

钢材的脆性破坏特征有：

(1) 破坏前的变形很小，破坏系突然发生，事先无警告，因而危险性大。

(2) 破坏时的应力常小于钢材的屈服点 f_y。

(3) 断口平直，呈有光泽的晶粒状。

历史上国内外由于钢材脆性断裂而造成事故的并不是个别情况。资料［37］中列举了世界上一些典型事故，并对其进行了分析。如 1938 年 3 月发生在比利时的哈塞尔特（Hasselt）全焊空腹桁架桥，全长 74.5m，在交付使用 14 个月后突然裂成三段堕入河中。破坏由桥的下弦杆断裂开始，当时气温较低（—20℃），而桥梁只承受较轻的荷载，属脆性断裂。此外，原中国建筑标准设计研究所邱国桦高级工程师曾对我国的一起焊接贮罐的脆性破坏事故进行了分析❶。该贮罐直径 20m，由上至下共 10 圈，厚度由上到下分别为 6～18mm 的钢板焊接而成，总高为 15.76m，可贮蜜 5600t。贮罐建于内蒙古某糖厂，发生破坏时间是 1989 年 1 月 22 日上午 8 时许，时值严冬，气温—11.8℃。破坏时罐内贮量较试用期曾到达的贮量 4520t 少约 290t，罐内钢板应力距钢材的屈服强度甚远，整个破坏事故过程不足 10s。罐体下部第一、二层（圈）母材撕裂，在焊缝开裂处焊口存在严重未焊透。这是发生在国内的一起典型的钢材脆性断裂的例子。上面对国内外脆性断裂事故各举一例，用以说明对钢结构可能发生脆性断裂一事应引起注意。从对国内外事故的分析，可以找到发生钢材脆性断裂的一些原因。如果在设计、制造、安装和使用时予以注意，则脆性断裂事故是可以防止的。

影响钢材脆断的因素主要有：(1) 钢材的质量；(2) 钢板的厚度；(3) 加荷的速度；(4) 应力的性质（拉、弯等）和大小；(5) 最低使用温度；(6) 连接的方法（焊接）；(7) 应力集中程度等。

断裂力学是研究钢材脆断的一门学科，已成功地用于分析高压容器。虽然在建筑结构中断裂力学的引用还有待研究，但有关钢材断裂的一些基本概念则完全可以借鉴❷。

钢材的断裂，来源于早已存在于钢材内的一些微小裂纹。在荷载作用下或在侵蚀性环境中，裂纹最初是缓慢扩展，扩展到一定程度后，便使钢材迅速突然断裂。因此，要防止脆性断裂，就应尽量设法消除或减少钢材中的微裂纹。从事故的分析中还可看到，事故都

---

❶ 邱国桦．一起钢制焊接贮罐破坏事故的分析．建筑结构学报，1991（2）：78-79。

❷ 欧洲规范 EC 3 中有根据断裂力学的防止脆性破坏的设计方法，见书末主要参考资料［48］。

是在低温下发生，温度愈低，钢材愈易脆断，而且大多数是焊接结构。焊接裂纹是钢材中存在微裂纹的重要原因。因此对低温地区的焊接结构要特别注意。

下面列举防止钢材脆断的一些措施。

（1）对低温地区的焊接结构要注意选用钢材的材质。前面第2.2节中已介绍过，钢中成分如硫、磷等超量，将使钢的脆性增加；碳含量高则会降低钢材的可焊性；钢材中的冶金缺陷（如非金属夹杂等）可使钢中出现微裂纹；冷加工会使钢材发生应变硬化；沸腾钢的韧性较镇静钢为低，钢的冲击韧性又随温度的降低而迅速减小等。因此，对低温地区的焊接结构要注意选用质量等级较高的钢材，如选用对冲击韧性有较高要求的镇静钢或特殊镇静钢，对钢的成分特别是碳、硫、磷的含量要严格控制。厚度大的钢材中存在冶金缺陷的概率较薄材大，且其生产时的辊轧次数较少，组织较不密实，材质一般比薄的差。因此不应采用厚度大的钢材。此外，如果对钢材进行冷加工，则应将有冷加工硬化部分的钢材刨去等。

（2）对焊接结构特别是在低温地区，设计时要注意焊缝的正确布置，施焊时要注意焊缝的质量。关于焊缝的布置及缺陷等将在第3章中较详细地介绍。焊缝布置不当可使焊接残余应力增大，也可能在焊缝区产生三向同号应力而使该处材质变脆。焊接时不严格按焊接工艺进行，焊缝中易产生各种缺陷，使焊缝区内形成微裂纹。这些都将导致钢材的脆断。

（3）力求避免应力集中。当构件的截面发生急剧改变，则该处将产生应力高峰，此现象称为应力集中。举例如下：图2.10（a）表示承受均匀拉力的钢板当板中部有一圆孔时板内的应力分布情况。在远离圆孔的截面1-1处，板中应力线基本相互平行，截面上的应力均匀分布，如图2.10（b）所示。在通过圆孔中心的截面2-2处，由于截面受到圆孔的削弱而突然改变，截面上的应力不再均匀分布，孔边缘处出现应力高峰，如图2.10（c）所示。应力高峰σ_{max}的大小与截面突

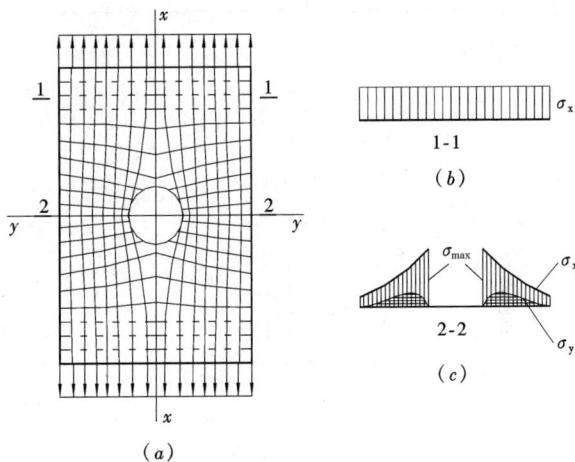

图2.10　钢板上有圆孔时的应力集中

然改变的程度即图中圆孔的相对大小有关，在弹性力学中可以导出此值。这里只拟从概念上作些说明：从图2.10（a）中的应力线分布可知，在截面2-2附近，由于孔的存在，应力线必须"绕道"而过；在孔边缘处，应力线较密集因而应力值就较大，同时又因应力线弯曲，在y方向将产生分力即拉应力σ_y而使孔边缘附近形成同号平面应力或同号三向应力（厚度较大时）。在第2.3节中曾提及，同号平面应力或三向应力将使钢材变脆。因而设计时要注意不使截面有突然的改变，特别是在低温地区更应如此。在常温地区当承受静力荷载时，应力集中并不显著影响构件的强度。当应力高峰处的σ_{max}到达屈服点f_y后，由于该处钢材的塑性变形，截面上的应力将产生重分布而使分布趋向均匀。但当各种不利因素集中在一起，如应力集中程度较高、地处低温地区及材质又较差时，应力集中就将是造成脆性断裂的因素之一。

（4）结构在使用时应避免使其突然受力，要使加荷的速度不致过大。前已述及，钢材的韧性可以衡量其抵抗动力荷载的能力。加荷速度愈大，脆断的可能性也愈大。减小荷载的冲击和降低应力水平，也是防止钢材脆性断裂的有效措施。

2.5 钢材的层状撕裂

钢材的层状撕裂也是一种脆性断裂，主要发生在厚板中，是近 50 多年引起注意的一种钢材破坏形式。钢材在轧制时，在顺轧制方向的材质最强，横轧制方向略次，而在厚度方向为最差（厚板在厚度方向常起层状）。三个方向如图 2.11 所示。当钢材在厚度方向产生应变而变形又不受约束时，将使板弯曲如图 2.12（a）所示；当变形受到约束时如厚板连接，就有可能在厚板中产生层状撕裂，如图 2.12（b）所示。图中沿板厚度方向的应变是由于焊缝冷却时的横向收缩所引起的。

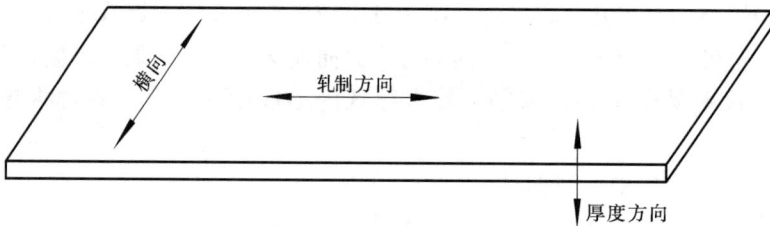

图 2.11 热轧钢材的轧制方向、横向和厚度方向

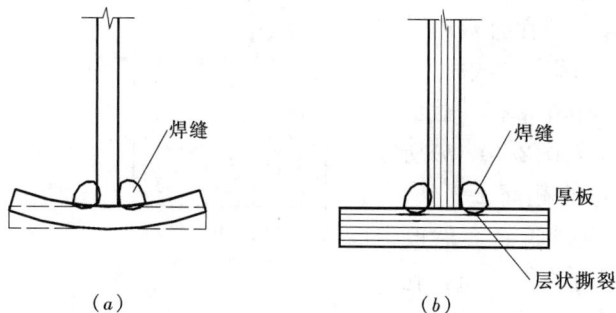

图 2.12 层状撕裂
（a）薄板 T 形节点中焊缝冷却横向收缩时使钢板产生弯曲变形；
（b）厚板 T 形节点中焊缝冷却横向收缩时钢板变形受到约束，可能产生层状撕裂

要避免层状撕裂，焊缝的正确布置极为重要。图 2.13 给出了由两块钢板组成的两个角节点的两种焊缝布置。图 2.13（a）、（c）的布置形式，易使钢板产生层状撕裂，改成图 2.13（b）、（d）所示的形式后就不易产生层状撕裂。

在高层建筑的梁、柱刚性焊接连接中，在负弯矩产生的拉力作用下，在梁上翼缘水平处的 H 形截面柱翼缘厚钢板上将产生沿厚度方向的拉力作用而易发生层状撕裂。在此情况下，当钢板厚度大于 40mm 时，宜采用在厚度方向具有抗层状撕裂性能的 Z 向钢板。这种钢板对应的国家标准是《厚度方向性能钢板》GB/T 5313—2023，适用于厚度为 15～400mm 的镇静钢钢板。钢板的抗层状撕裂性能采用厚度方向的拉伸试验的断面收缩

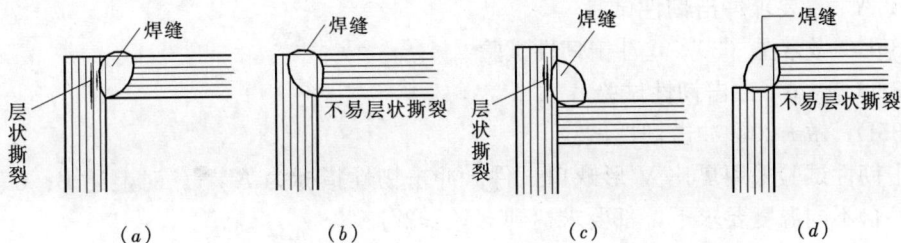

图 2.13　正确布置焊缝可避免厚板中的层状撕裂

率大小来评定，分三个性能级别，即 Z15、Z25 和 Z35（数字是断面收缩率的百分数），其硫含量分别为 0.010％、0.007％和 0.005％，远低于碳素钢和低合金钢。

2.6　钢材的牌号和选用

前面已介绍过，结构用钢主要是碳素结构钢中的低碳钢、低合金高强度结构钢和建筑结构用钢板三类，且各有国家标准对其牌号的表示方法和技术条件等作出规定。本节将首先简介这三类钢材的国家标准中的有关规定，然后介绍《钢标》中对钢材性能的要求并讨论钢材的选用，最后介绍与《钢标》基本上同年发布、同时实施的一系列钢材国家标准《结构钢》GB/T 34560.1～6❶，以及我国标准与主要国外标准的钢材牌号对照。

一、国家标准的有关规定

（一）碳素结构钢

现行的国家标准是《碳素结构钢》GB/T 700—2006，主要参照采用了国际标准化组织的结构钢标准 ISO 630：1995 中的有关规定，自 2007 年 2 月 1 日起施行，代替原国家标准《碳素结构钢》GB/T 700—1988。

（1）牌号由代表屈服强度的字母（Q）、屈服强度数值、质量等级符号、脱氧方法符号四个部分按顺序组成（其中屈服强度数值实际是最小上屈服强度数值），例如：Q235AF 表示屈服强度 f_y＝235N/mm² 的 A 级沸腾钢。

质量等级分 A、B、C、D 四级，其中以 D 级质量最高。脱氧方法符号为 F、Z 和 TZ，分别表示沸腾钢、镇静钢和特殊镇静钢，但在牌号表示方法中，Z 和 TZ 的符号可以省略。

（2）钢材的质量等级不同，其化学成分、脱氧要求和冲击韧性要求将有所不同，但由拉伸试验确定的力学性能（包括屈服点、抗拉强度和断后伸长率）则与质量等级无关。屈服点随钢材厚度分级降低，牌号中的 235N/mm² 是钢板厚度小于或等于 16mm 时的屈服点值（可参阅前文中的表 2.3a）。

A 级和 B 级钢各有 F 和 Z 两种脱氧方法，C 级钢只有镇静钢，D 级钢只有特殊镇静钢。

（3）冲击韧性要求为：

---

❶　见书末主要参考资料［58］～［63］，除 GB/T 34560.3 为 2018 年发布、2019 年实施外，其余 5 本均为 2017年发布、2018 年实施。以后不再说明。

Q235A　不要求冲击韧性试验

Q235B　做常温（20℃）冲击韧性试验

Q235C　做 0℃冲击韧性试验

Q235D　做−20℃冲击韧性试验

冲击韧性试验采用夏比 V 形缺口试件。冲击韧性指标为 KV❶。对上述 B、C、D 级钢在其各自不同温度要求下，都要求达到 $KV \geqslant 27J$。

（4）基本上都要求同时保证力学性能与化学成分，并规定采用氧气转炉或电炉冶炼。

（5）A 级钢除保证力学性能外，其碳、锰、硅含量可不作为交货条件，但应在质量证明书中注明其含量。

（6）用沸腾钢轧制的 B 级钢（Q235BF），其厚度（或直径）不大于 25mm（以免厚度大时质量不易保证）。

（二）低合金高强度结构钢

现行的国家标准是《低合金高强度结构钢》GB/T 1591—2018，自 2019 年 2 月 1 日起施行，代替原国家标准《低合金高强度结构钢》GB/T 1591—2008。这里简要介绍与上述碳素结构钢规定的不同之处。

（1）牌号由代表屈服强度的字母（Q）、最小上屈服强度数值、交货状态代号、质量等级符号四个部分按顺序组成。

交货状态有热轧、正火（或正火轧制）和热机械轧制三种，代号分别为 AR（或 WAR）、N 和 M；交货状态为热轧时，代号 AR 或 WAR 可省。例如：Q355B 表示最小上屈服强度 $f_y = 355N/mm^2$ 的热轧 B 级钢。

不同交货状态钢材的化学成分、力学性能指标是有区别的，《钢标》推荐的是热轧钢。质量等级分 B、C、D、E、F 五级，其中以 F 级质量最高。热轧钢只有 B、C、D 三级（见前面表 2.3b）。

（2）热轧钢的冲击韧性指标 KV_2 大小与质量等级无关，即与碳素结构钢一样。B、C、D 级钢在其各自不同温度要求下都应满足 $KV_2 \geqslant 34J$；其他交货状态钢材的 KV_2 大小随质量等级和试验温度不同而不同。

另外，现行标准《低合金高强度结构钢》GB/T 1591—2018 中以 Q355 钢替代原标准《低合金高强度结构钢》GB/T 1591—2008 中的 Q345 钢。

（三）建筑结构用钢板

现行的国家标准是《建筑结构用钢板》GB/T 19879—2023，自 2024 年 4 月 1 日起施行，代替原国家标准《建筑结构用钢板》GB/T 19879—2015。该标准适用于制造建筑结构、大跨度结构及其他钢结构用高性能热轧钢板。

（1）牌号由代表屈服强度的字母（Q）、规定的最小屈服强度数值❷、高性能建筑用钢的汉语拼音字母缩写（GJ）、质量等级符号（B、C、D、E）四个部分按顺序组成。例如：Q355GJC 表示最小上屈服强度 $f_y = 355N/mm^2$ 的高性能建筑结构用 C 级钢。

（2）对于厚度方向性能钢板，还应在牌号后加上厚度方向性能级别（Z15、Z25 或

---

❶　同表 2.3a 下注。

❷　即最小上屈服强度数值，因为《建筑结构用钢板》GB/T 19879—2023 中只给出了上屈服强度数值。

Z35）。

二、钢材的选用

为了说明钢材的选用，应先了解我国《钢通规》和《钢标》中对钢材材性的要求。可归纳为下述 4 点：

（1）所有承重结构的钢材应具有抗拉强度、断后伸长率、屈服强度和硫、磷含量的合格保证；对焊接结构尚应具有碳或碳当量的合格保证。

（2）焊接承重结构以及重要的非焊接承重结构采用的钢材应具有冷弯试验的合格保证。

（3）对直接承受动力荷载或需验算疲劳的构件，不论是焊接还是非焊接，其钢材都应具有冲击韧性的合格保证。对工作温度不高于 $-20^{\circ}C$ 的受拉构件及承重构件的受拉板材，也需具有冲击韧性的合格保证。在选用钢材的质量等级时应符合表 2.4 的要求。

钢材质量等级的选用　　　　　　　　　　　　　表 2.4

项 目	结构种类	工作温度 t（℃）				
		$t>0$	$-20<t\leqslant0$		$-40<t\leqslant-20$	
需验算疲劳	焊接结构	B	Q235C	Q390D	Q235D	Q390E
			Q355C	Q420D	Q355D	Q420E
			Q355GJC	Q460D	Q355GJD	Q460E
	非焊接结构	B	Q235B	Q390C	Q235C	Q390D
			Q355B	Q420C	Q355C	Q420D
			Q355GJB	Q460C	Q355GJC	Q460D
不需验算疲劳	焊接结构	B	B		受拉构件及承重构件的受拉板材： 1. 板厚或直径$<$40mm，C； 2. 板厚或直径$\geqslant$40mm，D； 3. 重要承重结构的受拉板材宜选建筑结构用钢板	
	非焊接结构	B（容许用 A）				

注：1. 本表摘自《钢标》条文说明第 4.3.3 条、第 4.3.4 条，已按《低合金高强度结构钢》GB/T 1591—2018 用 Q355 钢取代了 Q345 钢，按《建筑结构用钢板》GB/T 19879—2023 用 Q355GJ 钢取代了 Q345GJ 钢；

2. 按《低合金高强度结构钢》GB/T 1591—2018，没有热轧钢 Q390E、Q420D、Q420E、Q460D 和 Q460E（见表 2.3b），可以考虑选用《低合金高强度结构钢》GB/T 1591—2018 中相同牌号的正火、正火轧制钢或热机械轧制钢。

（4）起重机起重量不小于 50t 的中级工作制吊车梁，其钢材质量等级要求应与需要验算疲劳的构件相同。

上述 4 点是设计者在选用钢材牌号时必须满足的材性要求。注意，上述第 3 点要求具有冲击韧性试验合格保证的条件是直接承受动力荷载或需验算疲劳。钢结构构件及其连接由于一般都存在微观裂纹，在多次加载和卸载作用下，裂纹逐渐扩展，在其强度还低于抗拉强度，甚至低于屈服点的情况下突然断裂，称为疲劳破坏。这是危害性很大的一种脆性破坏，不能使之发生。《钢标》规定，直接承受动力荷载重复作用的钢结构构件及其连接，当应力变化的循环次数 $n\geqslant5\times10^4$ 时，应进行疲劳计算。本书的后续教材《钢结构设计》第 3 章中将对疲劳验算进行介绍。冲击韧性是衡量钢材突然断裂时所吸收能量的指标，可用以间接反映钢材抵抗各种原因而引起脆断的能力。《钢标》规定需验算疲劳的结构必须具有各种温度下的冲击韧性合格保证，原因即在于此。

正确选用钢材，是保证结构的安全使用和降低造价所必须做到的。钢材质量等级愈高，钢材的价格也愈高。因此应根据实际需要来选用合适的钢材质量等级。一般情况下，应根据结构的重要性（损坏带来后果的严重性）、荷载特征（静力荷载、动力荷载等）、结构形式、应力状态（拉应力或压应力）、连接方法（焊接或非焊接）、板件厚度和工作环境（低温等）等因素综合考虑，选用合适的钢材牌号和材性要求。下面列举几个具体例子。

（1）焊接结构不应选用 Q235A 级钢，原因是其碳含量不作为交货条件，也无碳当量限值的规定，不符合焊接结构应有碳或碳当量的合格保证的要求。

（2）对重要的焊接结构，当选用碳素结构钢时，宜选用 C 级或 D 级。

（3）当焊接结构需验算疲劳且工作温度 $t<-20℃$，当选用碳素结构钢时，应选用 D 级钢。原因是由表 2.4 可知，此时的 Q235 钢应有 $t<-20℃$ 时冲击韧性的合格保证。若为非焊接结构，则可选用 Q235C 钢，不必用 D 级钢。

（4）关于何时宜用低合金结构钢，则应根据荷载大小等因素确定。低合金结构钢的屈服点较 Q235 钢高，但其弹性模量则与 Q235 钢相同，本书的后续教材《钢结构设计》第 3 章中将介绍的疲劳强度，两者也是相同的。根据这些特点，例如一受弯构件，其截面系由挠度控制，或由疲劳控制，选用低合金钢就不能发挥其强度较高的优点。相反，若内力较大，截面由钢材的强度控制，则选用低合金钢就可以节省钢材。这里只能原则地说明，实际应用时应根据具体情况来确定。

（5）对处于外露环境且对大气腐蚀有特殊要求的，或在腐蚀性气态和固态介质作用下的承重结构，宜采用抗腐蚀性能较强的耐候钢。耐候钢的质量要求应符合国家标准《耐候结构钢》GB/T 4171—2008、《结构钢 第 5 部分：耐大气腐蚀结构钢交货技术条件》GB/T 34560.5—2017 的要求。

（6）对焊接承重结构有防止层状撕裂要求时，宜采用 Z 向钢，其材质应符合国家标准《厚度方向性能钢板》GB/T 5313—2023 的规定。

三、与国际接轨的我国钢材系列标准：《结构钢》GB/T 34560.1～6

为了推进与国际标准接轨，参照国际标准化组织的结构钢标准 ISO 630-1～6（发布年份为 2011 年、2012 年、2014 年），我国修改发布了钢材系列标准《结构钢》GB/T 34560.1～6（除 GB/T 34560.3 自 2019 年 2 月 1 日起实施外，其余均自 2018 年 7 月 1 日起实施），与上述我国其他钢材标准暂时并存。《结构钢》GB/T 34560.1～6 发布的最终目标是取代以《碳素结构钢》GB/T 700 和《低合金高强度结构钢》GB/T 1591 为基础的旧的结构钢标准体系，完成与国际标准的接轨。

按《结构钢》GB/T 34560.1～6，结构钢分一般用途结构钢、细晶粒结构钢、淬火加回火高屈服强度结构钢板、耐大气腐蚀结构钢和抗震型建筑结构钢五类。

一般用途结构钢，是指适用于一般焊接、栓接、铆接工程结构的热轧钢板（带）、宽扁钢、型钢和钢棒（以下简称钢材），有 Q235、Q275、Q355、Q390、Q420、Q450、Q460 共 7 个钢级。

细晶粒结构钢，是指适用于焊接或栓接重载荷，以正火、正火轧制、热机械轧制状态交货的细晶粒结构钢，有 Q275、Q355、Q390、Q420、Q460、Q500、Q550、Q620、

Q690 共 9 个钢级。

淬火加回火高屈服强度结构钢板，是指适用于公称厚度为 3～150mm 的焊接或栓接结构，以淬火加回火状态交货的钢板，有 Q460Q、Q500Q、Q550Q、Q620Q、Q690Q、Q800Q、Q890Q、Q960Q、Q1030Q、Q1100Q、Q1200Q、Q1300Q 共 12 个钢级。

耐大气腐蚀结构钢，通常也称为耐候钢，是指在钢中加入一定数量的合金元素如 P、Cr、Ni、Cu 等，使其在金属基体表面上形成保护层，以提高耐大气腐蚀性能的钢，适用于焊接或栓接且厚度或直径不大于 200mm 的钢材，主要有 Q235W、Q355W、Q355WP 等钢级。

抗震型建筑结构钢，是指适用于厚度为 6～150mm 的钢板、宽扁钢以及翼缘厚度不大于 140mm 的热轧型钢，有 Q235KZ、Q345KZ、Q390KZ、Q420KZ、Q460KZ 共 5 个钢级。

以下简要介绍目前工程中最常用的一般用途结构钢，并主要介绍与上述《碳素结构钢》GB/T 700—2006 和《低合金高强度结构钢》GB/T 1591—2018 规定的不同之处。

（1）牌号由代表屈服强度"屈"字的汉语拼音首字母 Q、规定最小上屈服强度数值、质量等级符号（A、B、C、D）三部分组成；所有等级钢均为镇静钢，D 级钢为完全镇静钢（添加了一定固氮元素的镇静钢）。例如：Q355D 表示规定最小上屈服强度 $f_y = 355$N/mm² 的 D 级钢。

当需方要求钢板具有厚度方向（Z 向）性能时，则在上述规定牌号后加上钢板厚度方向性能级别，例如，Q355DZ25 表示厚度方向性能级别为 Z25、规定最小上屈服强度 $f_y = 355$N/mm² 的 D 级钢；"Z25"中的数字 25，表示钢板厚度方向拉伸试验的断面收缩率（%）。

（2）钢材的质量等级不同，其对化学成分的要求也有所不同，但由拉伸试验确定的力学性能（包括屈服强度、抗拉强度和断后伸长率）与质量等级无关；除 Q235 钢以外的钢材，碳当量和冲击韧性要求也与质量等级无关，见表 2.5～表 2.7。

比较表 2.2 与表 2.5 和表 2.3 与表 2.6、表 2.7 可见，《碳素结构钢》GB/T 700—2006、《低合金高强度结构钢》GB/T 1591—2018 中牌号与《结构钢 第 2 部分：一般用途结构钢交货技术条件》GB/T 34560.2—2017 中完全相同的钢材，其技术要求是有所不同的，应引起注意。

Q235 和 Q275 有 A、B、C、D 四个等级，Q355 和 Q390 有 B、C、D 三个等级，Q420 有 B、C 两个等级，Q450 和 Q460 只有 C 级钢。

一般用途结构钢的牌号及化学成分（一）　　　　　　　　　表 2.5a

牌号		化学成分（%）不大于							
钢级	质量等级	C			Si	Mn	Pᶜ	Sᶜ·ᵈ	N
		公称厚度或直径（mm）							
		≤16	>16～40	>40ᵃ					
Q235	A	0.22	0.22	0.20	—	1.40	0.040	0.040	0.012
	Bᵇ	0.20	0.20				0.035	0.035	
	C	0.17	0.17	0.17			0.030	0.030	
	D						0.025	0.025	—

牌号		化学成分（%）不大于							
钢级	质量等级	C			Si	Mn	P^c	$S^{c,d}$	N
		公称厚度或直径（mm）							
		≤16	>16～40	$>40^a$					
Q275	A	0.24			—	1.50	0.040	0.040	0.012
	B	0.21	0.21	0.22			0.035	0.035	
	C	0.18	0.18	0.18^e			0.030	0.030	
	D	0.18	0.18	0.18^e			0.025	0.025	—
Q355	B	0.24	0.24	0.24	0.55	1.60	0.035	0.035	0.012
	C	0.20	0.20^f	0.22			0.030	0.030	
	D	0.20	0.20^f	0.22			0.025	0.025	—
$Q450^{g,h}$	C	0.20	0.20^f	0.22	0.55	1.70	0.030	0.030	0.025

a 公称厚度大于 100mm 的型钢，碳含量由供需双方协商确定。

b 经供需双方协商，碳含量可不大于 0.22%。

c 型钢和棒材，磷和硫含量可提高 0.005%。

d 型钢和棒材，为改善机加工性能，如对钢进行处理以改变硫化物的形态。经供需双方协商，硫含量最大值可增加 0.015%，钙含量可不小于 0.002%。

e 公称厚度大于 150mm 的钢材，碳含量不大于 0.20%。

f 公称厚度大于 30mm 的钢材，碳含量不大于 0.22%。

g 仅适用于型钢和棒材产品。

h 钢中铌、钒、钛含量分别不大于 0.05%、0.13% 和 0.05%。

一般用途结构钢的牌号及化学成分（二）　　　　　　　　　表 2.5b

牌号		化学成分（%）不大于												
钢级	质量等级	C^a	Si	Mn	P	S	Cr	Ni	Cu	Nb	V	Ti	Mo	N	B
$Q390^b$	B	0.20	0.50	1.70	0.035	0.035	0.30	0.50	0.30	0.07	0.20	0.20	0.10	0.015	—
	C				0.030	0.030									
	D				0.030	0.025									
$Q420^c$	B		0.50	1.70	0.040	0.040	0.30	0.80	0.30	0.07			0.20		—
	C				0.035	0.035									
$Q460^c$	C		0.60	1.80	0.035	0.035	0.30	0.80	0.55	0.11			0.20		0.004

a 厚度大于 100mm 的型钢，碳含量可协议规定。

b Q390 钢级的型材或棒材，磷和硫含量可提高 0.005%。

c 仅适用于型钢和棒材。

一般用途结构钢的上屈服强度和抗拉强度（一）　　　　　表 2.6a

牌号		上屈服强度 f_y[a]（N/mm²）不小于						抗拉强度 f_u[a,b]（N/mm²）		
		公称厚度或直径（mm）								
钢级	质量等级	≤16	>16~40	>40~63	>63~80	>80~100	>100~150	<3	>3~100	>100~150
Q235	A、B、C、D	235	225	215	215	215	195	370~510	370~510	350~500
Q275	A、B、C、D	275	265	255	245	235	225	430~580	410~560	400~540
Q355	B、C、D	355	345	335	325	315	295	470~630	470~630	450~600
Q450[c]	C	450	430	410	390	380	380	—	550~720	530~700

a 限于篇幅，厚度（或直径）大于150mm的上屈服强度 f_y 和抗拉强度 f_u 没有列出。

b 对宽带钢（包括剪切钢板）抗拉强度上限不作要求。

c 仅适用于棒材。

一般用途结构钢的上屈服强度和抗拉强度（二）　　　　　表 2.6b

牌号		上屈服强度 f_y（N/mm²）不小于						抗拉强度 f_u（N/mm²）				
		公称厚度或直径（mm）										
钢级	质量等级	≤16	>16~40	>40~63	>63~80	>80~100	>100~150	≤40	>40~63	>63~80	>80~100	>100~150
Q390	B、C、D	390	370	350	330	330	310	490~650				470~620
Q420[a]	B、C	420	400	380	360	360	340	520~680				500~650
Q460[a]	C	460	440	420	400	390	380	550~720				530~700

a 仅适用于棒材。

一般用途结构钢的断后伸长率与冲击韧性（一）　　　　　表 2.7a

牌号		断后伸长率 δ_5[a]（%）纵向不小于				夏比冲击试验			
						温度（℃）	冲击韧性 KV_2（J）纵向不小于		
		公称厚度或直径（mm）					公称厚度或直径（mm）		
钢级	质量等级	≥3~40	>40~63	>63~100	>100~150		≤150[b,c]	>150~250[c]	>250~400[d]
Q235	B	26	25	24	22	+20	27	27	—
	C					0			—
	D					−20			27
Q275	B	23	22	21	19	+20	27	27	—
	C					0			—
	D					−20			27
Q355	B	22	21	20	18	+20	34	34	—
	C					0			—
	D					−20			34
Q450[e]	C	17				0	34	—	—

a 本表为《结构钢 第2部分：一般用途结构钢交货技术条件》GB/T 34560.2—2017 中相关内容的摘录。

b 公称厚度不大于12mm或者公称直径小于16mm的钢材应符合《结构钢 第1部分：热轧产品一般交货技术条件》GB/T 34560.1—2017 的规定。

c 公称厚度大于100mm的型钢，冲击韧性由供需双方协商确定。

d 适用于扁平材。

e 仅适用于棒材。

牌号		断后伸长率 δ_5[a]（％）纵向不小于			夏比冲击试验	
		公称厚度或直径（mm）			温度（℃）	冲击韧性 KV_2（J）纵向不小于
钢级	质量等级	≤40	>40～100	>100～150		公称厚度或直径：12～150mm
Q390	B	20	19	18	+20	34
	C				0	
	D				—20	
Q420[a]	B	20	19	19	+20	34
	C				0	
Q460[a]	C	18	17	17	0	

a　仅适用于棒材。

（3）除 A 级钢以外的钢材，碳当量（基于熔炼分析）CEV 按前文给出的公式（2.3）计算并应符合表 2.1 的规定。

（4）当需方要求保证厚度方向性能时，其硫含量应符合《厚度方向性能钢板》GB/T 5313—2023 的规定，即 Z15、Z25、Z35 的硫含量应分别小于等于 0.010％、0.007％、0.005％。

四、我国钢材标准与主要国外标准牌号对照

为适应日益扩大的国内外钢结构市场，除了部分进口国外钢材，国内钢厂也开始生产美标、欧标等钢材。表 2.8 给出了我国钢材标准与国际标准化组织、欧洲、日本、美国的钢材标准中相近牌号对照，供学习、应用参考。表 2.8 中的牌号相近以屈服强度为参考依据，即屈服强度数值相差 10N/mm² 内为相近。

《结构钢 第2部分：一般用途结构钢交货技术条件》GB/T 34560.2—2017	《碳素结构钢》GB/T 700—2006 《低合金高强度结构钢》GB/T 1591—2018	国际标准化组织 ISO 630-2：2021	欧洲 EN 10025-2：2004	日本 JIS G3101：2010 JIS G3106：2008	美国 ASTM A283-13 ASTM A36-14
—	Q195	—	S185	—	—
—	SG205 A/B/C/D	—	—	SS330	Gr.C
—	Q215 A/B	—	—	—	—
Q235 A	Q235 A	—	—	—	Gr.D
Q235 B/C/D	Q235 B/C/D	S235 B/C/D	S235 JR/J0/J2	—	—
—	SG250 A/B/C/D	—	—	SS400 SM400 A/B/C	Gr36
Q275 A	Q275 A	—	—	—	—
Q275 B/C/D	Q275 B/C/D	S275 B/C/D	S275 JR/J0/J2	—	—
—	SG285 A/B/C/D	—	E295	SS490 SM A/490B/C	Gr42

注：本表引自《结构钢 第2部分：一般用途结构钢交货技术条件》GB/T 34560.2—2017 附录 D。

《结构钢 第2部分：一般用途结构钢交货技术条件》GB/T 34560.2—2017	《碳素结构钢》GB/T 700—2006《低合金高强度结构钢》GB/T 1591—2018	国际标准化组织 ISO 630-2：2021	欧洲 EN 10025-2：2019	日本 JIS G3101：2020 JIS G3106：2020	美国 ASTM A283-24 ASTM A36-19
—	—	SG345 A/B/C/D	E335	—	—
Q355 B/C/D	Q355 B/C/D	S355 B/C/D	S355 JR/J0/J2/K2	—	Gr50 —
—	—	—	E360	SM1490 YA/YB	—
Q390 B/C/D	Q390 B/C/D	—	—	—	—
Q420 B/C	Q420 B/C	—	—	—	—
Q450	—	S450	S450 J0	—	—
Q460C	Q460C	—	—	—	—

2.7 钢板及型钢

钢结构所用钢材常由钢厂以热轧钢板和热轧型钢供应，再由钢结构制造厂按设计图纸制成结构或扩大的构件，然后运到工地现场拼装和吊装。本节介绍钢板和型钢的种类与规格。

一、热轧钢板

钢结构中常用的热轧厚板，厚度由 5mm 到 60mm 不等。厚钢板可用于制作各种板结构和各种焊接组合工字形或箱形截面的构件，如图 2.15(c)～(e)所示。此外还可用作连接用的节点板、支座底板、加劲肋等，是一种用途极为广泛的钢材。除厚板外尚有热轧特厚板、热轧扁钢和热轧薄板。厚度大于 60mm 的特厚板多用于超高层及大跨度钢结构。扁钢宽度较小（≤200mm），因此在结构中用处较少。薄板厚度为 0.35～4mm，主要用于制作下面将介绍的冷弯薄壁型钢。

钢板的符号是"—厚度×宽度×长度"（也有采用把宽度写在厚度前面的标注方法，两者均可），例如—8×400×3000，单位为 mm，常不加注明。数字前面的短画线表示钢板截面。

二、热轧型钢

我国生产的热轧型钢有如图 2.14 所示的等边角钢、不等边角钢、槽钢、工字钢、圆钢管、H 型钢和剖分 T 型钢。

单个热轧角钢常用作钢塔架的构件和次要的轴心受拉构件。配对成组合截面［图 2.15 (a)］时，可用作各种承重桁架的构件。角钢的符号为"∠边长×厚度"（等边角钢）或"∠长边×短边×厚度"，例如∠110×10 或∠90×56×6，单位 mm 不必注明。

单个槽钢因是单轴对称截面，主要用作次要的受弯构件如檩条等。配对成组合截面［图 2.15 (b)］时，可用作主要的轴心受力构件。槽钢的符号为"［型号"，例如：［22，型号 22 代表槽钢的截面高度为 220mm。截面高度相同而腹板厚度不同时，则分别用 a、b

等予以区别。例如 [32a、[32b 和 [32c 三种截面的高度都是 320mm，但其腹板厚度不同，分别为 8mm、10mm 和 12mm。

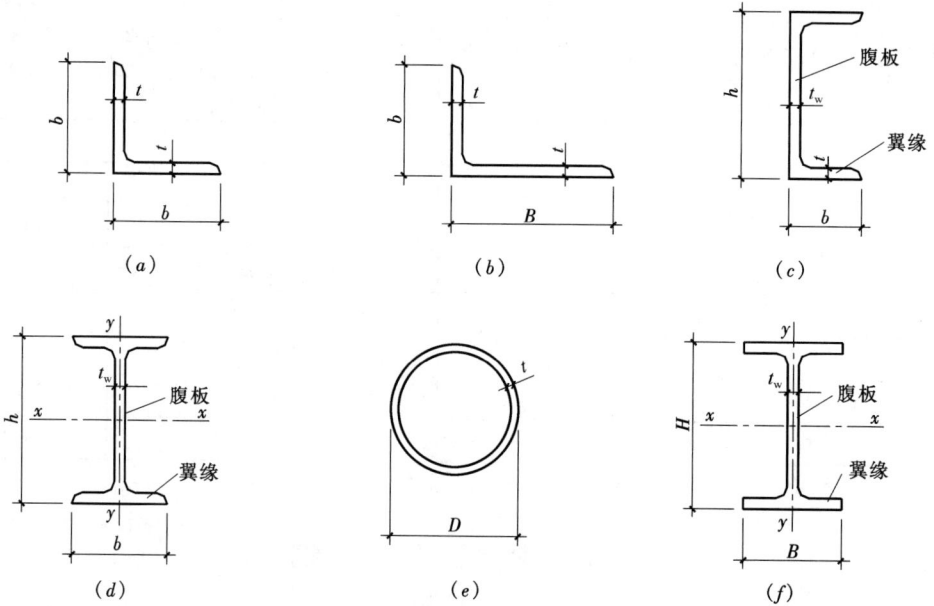

图 2.14　热轧型钢截面

(a) 等边角钢；(b) 不等边角钢；(c) 槽钢；(d) 工字钢；(e) 圆钢管；(f) H 型钢

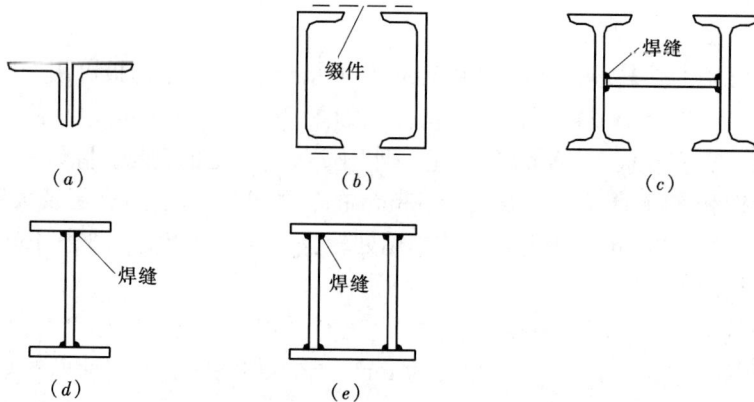

图 2.15　组合截面

工字钢由于翼缘宽度较小，导致其对截面两个主形心轴（x 轴和 y 轴）的惯性矩相差很大（$I_x \gg I_y$），因而单独使用时只能用作一般的受弯构件如工作平台中的次梁等。与槽钢相同，当用作组合截面 [图 2.15 (c)] 时，则可作为主要的受压构件。工字钢的符号为"I 型号"，例如 I63a、I63b 等，型号 63 表示工字钢高度为 630mm，a、b 等表示截面的腹板厚度有所不同。

热轧 H 型钢与工字钢的差别是其翼缘内外表面平行，不似工字钢的翼缘厚度方向有坡度（不是等厚度），便于与其他构件相连接，其应用远超工字钢。H 型钢的翼缘宽度 B 和截面高度 H 之比值 $B/H = 0.29 \sim 1.04$，适宜作为柱截面、梁截面。按照目前，我国现行的热轧 H 型钢标准有两本，一本是行业标准《建筑用热轧 H 型钢和剖分 T 型钢》JG/T 581—2023，另一本是国家标准《热轧 H 型钢和剖分 T 型钢》GB/T 11263—2024，这两本标准形成互补关系❶。在建筑工程领域，当技术指标存在差异时应优先执行本行业标准，其他领域仍适用通用国家标准。这种标准体系设计既保障了建筑工程的专用技术要求，又保持了与通用标准的衔接。热轧 H 型钢的规格标记（表示方法）见表 2.9，可见，行业标准对 H 型钢不分类，而通用国家标准则分通用型和扩展型两类；两本标准的规格标记（表示方法）相同，都是由代号与截面型号（高度 H 值×宽度 B 值×腹板厚度 t_1 值×翼缘厚度 t_2 值）两部分组成。注意，截面型号中的高度 H 值与宽度 B 值是名义值，代表型号，并非截面尺寸（见本书附表 2.6、附表 2.7）。

热轧 H 型钢的规格标记（表示方法）　　　　表 2.9

标准编号	H 型钢的分类、代号	H 型钢的规格标记（表示方法）	示例
JG/T 581—2023	JH	代号与高度 H 值×宽度 B 值×腹板厚度 t_1 值×翼缘厚度 t_2 值	JH350×175×6×14
GB/T 11263—2024	通用型 H，扩展型 HK		H350×175×6×9

剖分 T 型钢是由上述 H 型钢在腹板中部一剖为二而成（图 2.14 中未画出）。常用作桁架的弦杆，此时桁架的腹杆可直接焊接在 T 型钢的腹板上，省去节点板。T 型钢的标注方法与 H 型钢相同，只要把 H 换成 T 即可。

除上面所述主要热轧型钢外，还有钢管，包括圆管［图 2.14（e）］和方（矩）形管（图 2.14 中未画出），也是经常采用的截面，前者广泛用作网架、网壳结构的构件，后者则多用作桁架构件。此外，钢管混凝土结构中也离不开钢管。钢管分热轧的无缝钢管和由钢板焊接而成的电焊钢管，前者的价格高于后者。圆管的符号为"ϕ外径×厚度"，例如 ϕ95×5，表示钢管外部直径为 95mm，壁厚为 5mm。方（矩）形管的符号为"□高×宽×厚度"，例如□150×100×6，表示矩形管截面高 150mmm、宽 100mm、壁厚为 6mm。

有关我国国家标准制定的热轧型钢规格及截面特性，见本书附录 2。

三、冷弯型钢

冷弯型钢按壁厚（t）可分为超薄壁（$t=0.6\sim2$mm）、薄壁（$t=2\sim6$mm）和厚壁（$t=6\sim20$mm）三类，是由钢板经冷加工而成的型材，采用冷弯型钢机成型、压力机上模压成型或在弯曲机上弯曲成型。薄壁截面种类较多，有角钢、槽钢、Z 型钢、帽型钢、钢管等，其中前三种又可带卷边或不带卷边，如图 2.16 所示。这些型钢可单独使用，也可组合成组合截面［图（2.16）j］。因厚度较小，可使截面的刚度增大而得到更经济的截面。此外，还有通过将涂层板或镀层板经辊压冷弯成型的彩色压型钢板［截面形式多为波形，如图 2.16（k）所示］，除应用于建筑领域（用作墙面、屋面等）外，在桥梁建设、隧道工程、大型场馆等大型建筑项目中均应用广泛。

---

❶　例如，《建筑用热轧 H 型钢和剖分 T 型钢》JG/T 581—2023 给出了 67 种 H 型钢截面尺寸，《热轧 H 型钢和剖分 T 型钢》GB/T 11263—2024 则给出了 431 种 H 型钢截面尺寸，但后者仅包含了前者的 48%（32 种 H 型钢截面尺寸）。

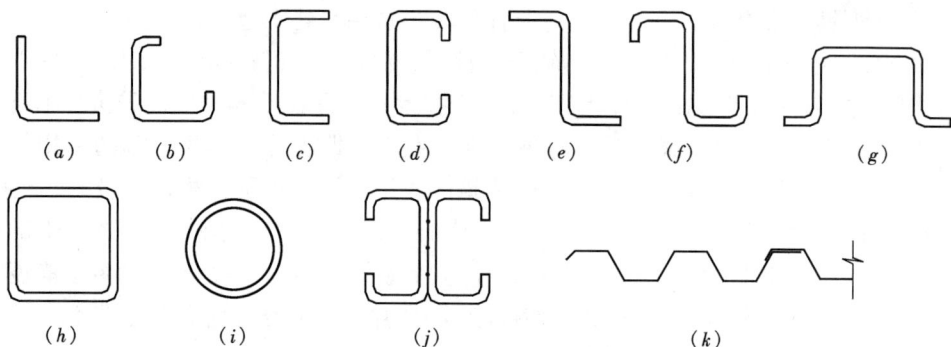

图 2.16　冷弯薄壁型钢截面

(a) 角钢；(b) 带卷边角钢；(c) 槽钢；(d) 带卷边槽钢；(e) Z 型钢；(f) 带卷边 Z 型钢；
(g) 帽型钢；(h) 焊接方管；(i) 焊接圆管；(j) 组合截面；(k) 压型钢板

冷弯薄壁型钢的截面尺寸可参照《冷弯型钢结构技术标准》GB/T 50018—2025 的附录 D、《建筑结构用冷弯薄壁型钢》JG/T 380—2012 的附录 A 或生产厂家提供的产品目录。

由于薄壁型钢有其特殊性，如型材厚度较小，受压时易失去局部稳定而需按有效截面计算，且整个构件易扭转失稳等，因此有关冷弯薄壁型钢的钢结构设计需另由上述专门的设计标准作出规定。目前冷弯薄壁型钢在我国的轻型建筑钢结构中应用广泛。

复 习 思 考 题

2.1　对钢材的力学性能，有时需要三项合格保证，有时需要四项或五项保证。这些所需的合格保证的项目是什么？其意义又是什么？各适用于什么条件下？

2.2　对承重结构所用钢材必须有硫、磷含量合格的保证，何故？对焊接结构还需有碳含量（碳当量）的合格保证，又是何故？

2.3　影响钢材性能的因素有哪些？

2.4　影响钢材脆性断裂的因素有哪些？设计时如何防止钢材发生脆性断裂？

2.5　如何确定钢材的剪切屈服强度？

2.6　结构设计时如何合理选用钢材牌号？应考虑哪些因素？

2.7　钢材在单向拉伸时如何确定其屈服点？在复杂应力状态下，又如何确定其屈服条件？

2.8　钢材层状撕裂发生在什么情况下？如何防止钢材发生层状撕裂？

2.9　《钢标》推荐用于普通钢结构的钢材是哪几种？说明这几种钢材的质量应符合的国家标准名称及编号。

2.10　为与国际接轨，我国发布了与《碳素结构钢》GB/T 700—2006、《低合金高强度结构钢》GB/T 1591—2018 等其他钢材标准暂时并存的钢材系列标准。请问该系列标准的名称和编号是？

第 3 章 钢结构的焊缝连接

3.1 钢结构的连接方法

采用组合截面的钢构件需用连接将其组成部分即钢板或型钢连成一体。整个钢结构需在节点处用连接将构件拼装成整体。钢结构连接设计的好坏将直接影响钢结构的质量和经济性。

钢结构的连接有的是在钢结构制造厂完成的，称为工厂连接；有的是在建造现场工地上完成的，称为工地连接。

钢结构的连接方法，历史上曾用过销轴（俗称销钉、销子）、螺栓、铆钉和焊缝等。其中，传统铆钉连接因构造复杂、费钢费工，已不在新建结构中使用；销轴连接曾近乎摒弃，目前应用逐渐增多；焊缝连接和螺栓连接是目前工程应用最多的两种连接方法。

钢结构的焊缝连接方法甚多，目前应用最多的是手工电弧焊、自动（或半自动）埋弧焊和气体保护焊，此外还有电渣焊、螺柱焊等。它们都是利用电弧（或电阻）产生的热能使连接处的焊件钢材局部熔化，并加添焊接时由焊条或焊丝熔化的钢液，冷却后共同形成焊缝而使两焊件连成一体，因而钢结构的焊缝连接是钢材熔化后经冶金反应而形成焊件钢材分子间的接合。上述焊接方法都属熔化焊。

3.2 钢结构中所使用的焊接方法简介

一、手工电弧焊

图 3.1 为手工电弧焊的示意图，图 3.2 为电弧处的示意图。其基本设备是一台电焊机，电焊机的一个电极用导线连接于焊件，另一个电极连接于焊把，焊把夹住焊条上端未涂焊药的头部。施焊时将焊条一端与焊件稍为接触形成"短路"后又马上移开（俗称打火），焊条末端与焊件间遂发生电子放射而产生电弧。电弧温度甚高，可把焊件钢材局部熔化形成熔池，同时由于电弧的喷射作用把熔化的焊条金属吹入熔池，冷却后即形成焊缝金属。

电焊机可以是交流或直流。当为直流电焊机时，电弧的两极释放的热量不等（正极的热量略高于负极）。如将正极接于焊件、负极接于焊条时，称为"正接"，反之则为"反接"。根据接法的不同，可调节焊件钢材与焊条的熔化情况。焊件厚度较大时，一般宜用正接，使在焊件上有适当的熔化深度。

焊条的钢丝芯子的作用既是作为电极，又是作为形成焊缝的添加金属。

焊条外必须涂以各种药皮。药皮的主要作用是：（1）施焊时随着药皮的熔化，在电弧外围产生大量气体和在焊缝外面形成焊渣，这些气体和焊渣可使高温的焊缝金属与空气隔离，以免空气中的氧、氮等有害气体进入焊缝而使焊缝变脆；（2）可补充焊件母材中因高温和冶金反应而损失的有益成分。因此正确选用焊条型号是保证焊缝质量的条件之一。

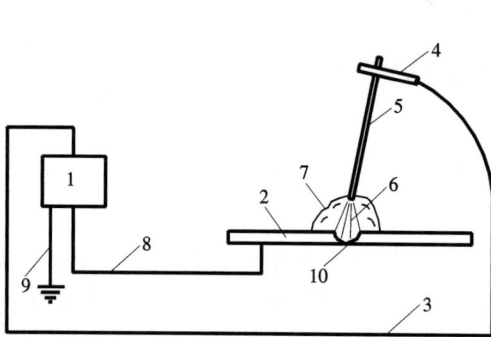

1—电焊机；2—焊件；3—接焊条导线；4—焊把；
5—焊条；6—电弧；7—气体；8—接焊件导线；
9—接地线；10—焊缝
图 3.1　手工电弧焊示意图

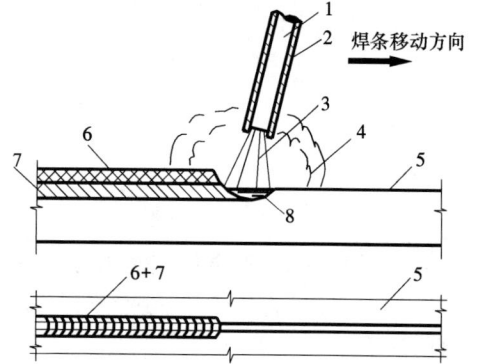

1—焊条；2—焊条药皮；3—电弧；4—保护气体；
5—焊件；6—焊渣；7—焊缝金属；8—熔池
图 3.2　电弧处的示意图

《钢标》规定焊条的性能应与主体金属相适应，亦即采用的焊条型号应与焊件母材的牌号相匹配。按照现行国家标准《非合金钢及细晶粒钢焊条》GB/T 5117—2012，用于焊接 Q235 钢的焊条型号为 E43××，焊接 Q355 钢的焊条型号为 E50××，焊接 Q345GJ 钢和 Q390 钢的焊条型号为 E50×× 或 E55××，焊接 Q420 钢和 Q460 钢的焊条型号为 E55×× 或 E57××❶。这就是前文所指的两相匹配。当两个不同强度的钢材相焊接时，可采用与较低强度钢材相适应的焊接材料。一方面，试验证明用与较高强度钢材相适应的焊条米焊接，其焊缝强度并不比用与较低强度钢材相适应的焊条焊接时高出多少，计算时仍只能取较低强度焊条施焊时的强度设计值。另一方面，用与较低强度钢材相适应的焊条施焊，其焊缝的塑性性能与冲击韧性反而更好。因此《钢标》第 11.1.5 条第 6 款中特作此规定。

上述焊条型号的表示方法为：E 代表焊条（Electrode），E 后面的数字如 43、50、55 和 57 表示熔敷金属的抗拉强度的最小值分别为 $430N/mm^2$、$490N/mm^2$、$550N/mm^2$ 和 $570N/mm^2$。数字后的两个×也是数字，表示焊条所用药皮类型、适用的施焊位置（见第 3.3 节）以及适用的焊接电源为交流、直流正接或直流反接等。例如型号为 E4315 的焊条代表药皮类型为碱性、可用于全位置焊接、电源为直流反接。焊条型号的选择必须以足够的施焊经验为依据，结构设计人员如确实有困难可在图纸上只注明采用 E43 型和 E50 型焊条，其具体药皮类型可由制造厂的焊接技术人员确定。对 Q235 钢的重要结构如重级工作制吊车梁和类似结构，以及处于低温工作的结构，《钢标》规定宜采用低氢型焊条，如 E4315、E4316 或铁粉低氢型的 E4328 等。关于适用于焊接钢结构的各种焊条型号，详见上述国家标准或书末主要参考资料［49］中的附表 C4～C7 或资料［15］中的第 75～87 页。

---

❶　疑《钢标》中推荐采用"E60"为依据原国家标准《低合金钢焊条》GB/T 5118—1995。

二、自动（或半自动）埋弧焊

图 3.3 为自动埋弧焊的示意图。通电后电弧发生在由转盘转下的裸焊丝与焊件母材之间，因电弧不外露，是埋在焊剂层内发生的，故名埋弧焊。焊机的前方有一装有颗粒状焊剂的漏斗，沿焊接方向不断在母材拟焊接处铺上焊剂，部分焊剂在焊后熔化为焊渣，多余的焊剂由吸管吸回再用。由于焊渣较轻，浮在焊缝金属的表面，可使焊缝不与空气接触，同时焊剂又可对焊缝金属补充必要的合金成分，以改善焊缝的质量。自动电焊机以一定的速度向前移动，同时焊丝也以一定的速度随着焊丝的熔化从转盘自动补给。自动焊与半自动焊的差

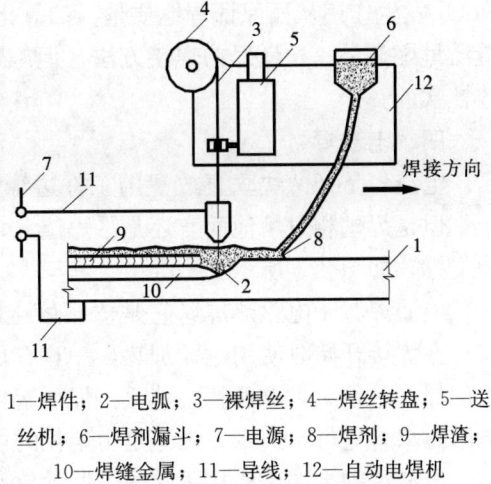

1—焊件；2—电弧；3—裸焊丝；4—焊丝转盘；5—送丝机；6—焊剂漏斗；7—电源；8—焊剂；9—焊渣；
10—焊缝金属；11—导线；12—自动电焊机

图 3.3 自动埋弧焊示意图

别，只在于前者焊机的移动是自动的，而后者是靠人工。关于焊丝熔化后的补给（送丝），两者都是自动的。

自动（半自动）埋弧焊用的焊丝和焊剂，也应与焊件的主体金属相适应，即应符合现行国家标准《埋弧焊用非合金钢及细晶粒钢实心焊丝、药芯焊丝和焊丝-焊剂组合分类要求》GB/T 5293—2018 的规定。一般情况下主体金属为 Q235 钢时，可采用 H08、H08A 等焊丝配合高锰型焊剂，也可用 H08Mn 焊丝配合低锰型或无锰型焊剂（前两种焊丝中锰的含量较低，为 $0.25\%\sim0.65\%$；后一种焊丝中锰的含量较高，为 $0.80\%\sim1.10\%$，因而前者用高锰型焊剂，而后者用低锰型焊剂）。主体金属为低合金钢时可选用 H10Mn$_2$ 或 H10MnSi 等焊丝再配以适当的焊剂。

自动（半自动）埋弧焊使用的电流大，母材的熔化深度大，生产效率高，特别是焊缝质量较手工焊的均匀，其韧性和塑性也较好，故有条件时应采用。但自动（半自动）埋弧焊的焊丝熔化后主要靠重力进入焊缝，适用于焊接位置为平焊和水平角焊缝，因此主要用于工厂焊缝。同时，为了提高施焊效率，它又只适用于长而直的焊缝，而手工电弧焊可用于各种焊接位置，特别是可用于结构安装中难以到达的部位，因而虽然自动（半自动）埋弧焊有许多优点，但手工电弧焊仍得到广泛应用。

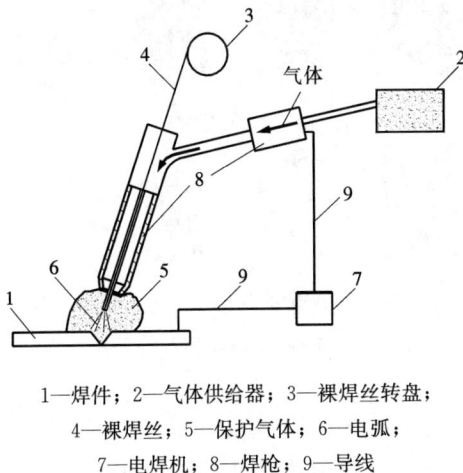

1—焊件；2—气体供给器；3—裸焊丝转盘；
4—裸焊丝；5—保护气体；6—电弧；
7—电焊机；8—焊枪；9—导线

图 3.4 气体保护焊示意图

三、气体保护焊

气体保护焊的原理与前述相同，只是采用裸焊丝后改用从焊枪中喷出气体以保护施焊过程中的电弧、熔池和高温焊缝金属，亦即用保护气体代替了焊剂。图 3.4 是气体保护焊的示意图。钢结构焊接中采用二氧化碳作为保护气体，称为二氧化碳保护焊。由于二氧化碳在高温时易分解为 CO 和 O$_2$，因此所用焊丝中应含较多与氧亲和力较强的 Mn 和 Si，以便与 CO

和 O_2 发生作用从而保证焊缝质量。二氧化碳保护焊的焊接效率高，金属熔化深度大，焊缝质量好，是一种良好的焊接方法，但施焊时周围的风速要小（在 2m/s 以下），以免气体被吹散。

四、电渣焊

电渣焊是把两块垂直放置的工件边缘连接起来，焊接过程是从底部到上部、垂直向上，但是焊丝相对熔池而言还是平焊位置。在焊接过程中，熔化的金属靠两侧的水冷铜滑块支撑，如图 3.5 所示。

电渣焊属于电阻热焊，它是依靠熔化的焊剂所产生的电阻热量来熔化母材和填充材料。在焊接开始时使用电弧加热，一旦有足够的熔化焊剂可以提供电阻热来维持沿接头向上的焊接过程时，电弧就会熄灭。焊剂熔化后形成渣池，电流通过焊丝使渣池产生足够的电阻热来熔化母材边缘。焊缝是由熔化的填充焊丝和母材边缘组成。

电渣焊的主要优势在于它的高熔敷效率，适用于大厚度材料的焊接，特别是箱体构件内隔板的焊接。电渣焊的主要缺点是需要花大量工时调整工件和导电嘴的相对位置。另外，由于焊接热输入量大，会引起焊缝金属的晶粒粗大，从而导致焊缝的力学性能下降。

五、螺柱焊

螺柱焊是通过焊枪将螺柱焊接到金属母材表面上。

螺柱焊是一种电弧焊工艺，焊接热量是由螺柱和母材之间的电弧产生的。螺柱焊的焊接过程如图 3.6 所示：焊枪带有螺柱和磁环就位〔图 3.6（a）〕→螺柱和磁环与母材表面接触定位〔图 3.6（b）〕→启动焊枪，得到初始电流，接着焊枪提起螺柱以维持电弧〔图 3.6（c）〕→电弧快速熔化螺柱的端头和位于螺柱下方的母材的一个区域〔图 3.6（d）〕→切断电流，通过焊枪中的弹簧将螺柱插入熔池〔图 3.6（e）〕→完成焊接的螺柱〔图 3.6（f）〕。

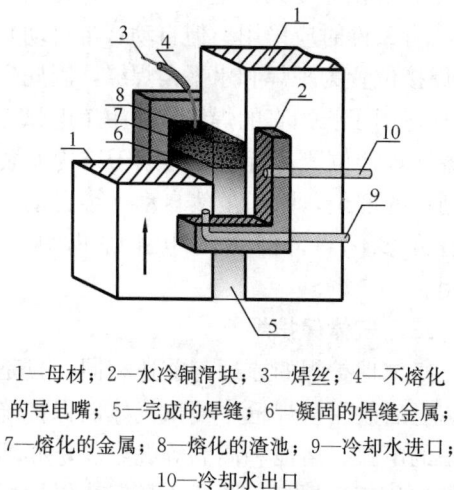

1—母材；2—水冷铜滑块；3—焊丝；4—不熔化的导电嘴；5—完成的焊缝；6—凝固的焊缝金属；7—熔化的金属；8—熔化的渣池；9—冷却水进口；10—冷却水出口

图 3.5　电渣焊示意图

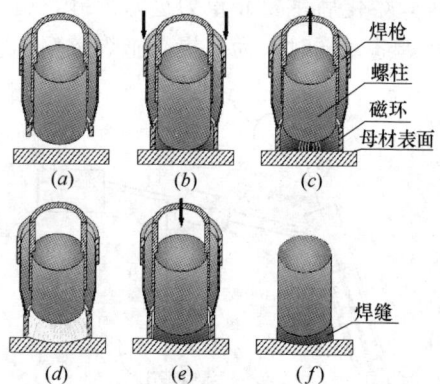

图 3.6　螺柱焊焊接过程示意图

建筑和桥梁工程中广泛地使用螺柱焊，用于钢结构的抗剪连接件，与浇筑的混凝土形成机械连接，从而增强了结构的承载能力和刚度。

3.3 焊接结构的特性和焊缝连接

一、焊接结构的特性

与螺栓连接相比，焊接结构具有以下优点：

（1）比较图 3.7 所示钢板的螺栓连接和焊缝连接，可见焊缝连接不需要钻孔，截面无削弱；不需要额外的连接件，构造简单。因此，焊缝连接可省工省料，具有较经济的效果。这些可谓是它的最大的优点。

（2）焊接结构的密闭性好，刚度和整体性都较高。

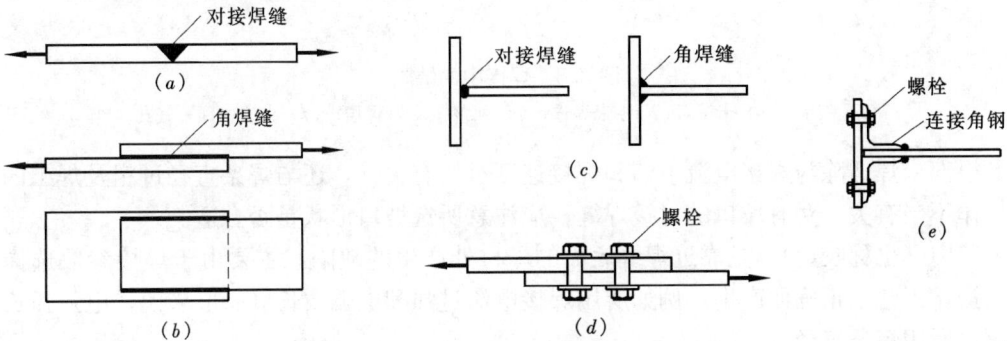

图 3.7 钢板的焊缝连接与螺栓连接
（*a*）焊缝对接连接；（*b*）焊缝搭接连接；（*c*）焊缝 T 形连接；（*d*）螺栓搭接连接；（*e*）螺栓 T 形连接

此外，有些节点如钢管与钢管的 Y 形连接和 T 形连接等，除焊缝连接外是较难采用螺栓连接或其他连接的。

但是，也必须看到焊缝连接还存在以下不足之处：

（1）受焊接时的高温影响，焊缝附近的主体金属中存在所谓"热影响区"，这个区的宽度随采用的焊接方法、材料、焊接速度和焊接电流强度的不同而有所变化，电弧焊的热影响区宽度一般为 1～5mm。热影响区内随着各部分温度的不同，其金相组织及性能也发生变化，有些部分的晶粒变粗、硬度加大而塑性与韧性降低，易导致材质变脆。

（2）除非正确选用钢材和焊接工艺，否则焊缝易存在各种缺陷，如发生裂纹、边缘未熔合、根部未焊透、咬肉、焊瘤、夹渣和气孔等，如图 3.8 所示。

产生裂纹的主要原因是钢材的化学成分不当，如在第 2 章中已言及，钢材含硫量高会导致热裂纹，含磷量高会导致冷裂纹等。此外，不合适的焊接工艺（指采用的焊接方法、焊接电压、焊接电流及焊接速度等）和不合适的焊接程序等也将导致裂纹的产生。裂纹可以是纵向的也可以是横向的；可以存在于焊缝内也可以存在于焊缝附近的主体金属内。上一节中提到的对承受动力荷载的重要结构应采用低氢型焊条，就是为了减少氢对裂纹产生的影响。

边缘未熔合、根部未焊透、咬肉和焊瘤等缺陷都直接与焊接工艺和焊工的操作技术有关。

边缘未熔合与焊前钢材表面的清理不彻底有关，也与焊接电流过小和焊接速度过快以致母材金属未达到熔化状态有关。

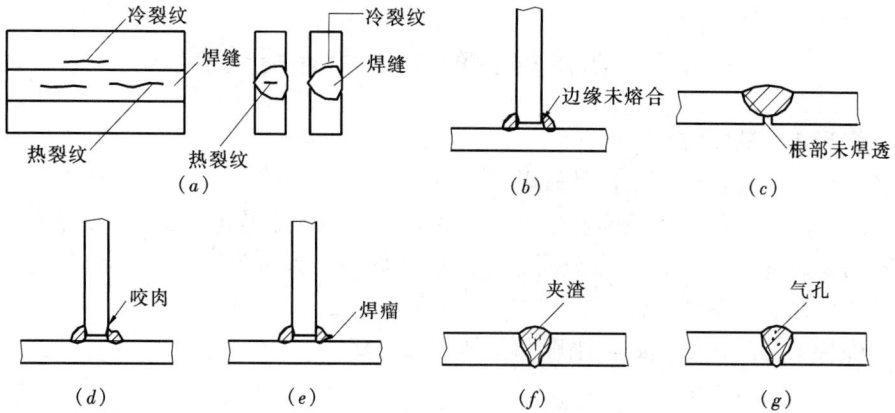

图 3.8　焊接中的缺陷

(a) 裂纹；(b) 未熔合；(c) 未焊透；(d) 咬肉；(e) 焊瘤；(f) 夹渣；(g) 气孔

　　根部未焊透除与焊接电流不够和焊接速度过快有关外，还与焊条直径过粗及焊工的其他操作不当有关。对有坡口的对接焊缝，应注意所选坡口形状是否合适。

　　咬肉（也称咬边），是靠近焊缝表面的母材处产生的缺陷，主要由于焊接参数选择不当或操作工艺不正确而产生，例如所用焊接电流过强和电弧太长（一般来说，电弧弧长不应超过所用焊条直径）。

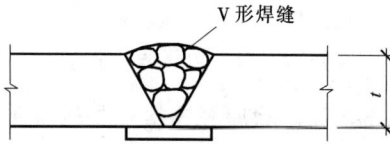

图 3.9　多层焊（多道焊）的 V 形焊缝

　　焊瘤是在焊接过程中，熔化的金属流淌到焊缝以外未熔化的母材上所形成的金属瘤。

　　夹渣是微粒焊渣在焊缝金属凝固时来不及浮至金属表面而存在于焊缝内的一种缺陷。不使焊缝冷却过快，可以避免夹渣的产生。当为多层焊（熔敷多层焊缝金属而完成的焊接，如图 3.9 所示）时，在焊后一层焊缝前，应把前一层已焊好的焊缝表面的焊渣清除干净，也是避免夹渣的重要措施。

　　气孔是在焊接过程中由于焊条药皮受潮，熔化时产生的气体侵入焊缝内而形成。

　　所有这些缺陷，有的可能在焊后外观检查时就能发现而加以补救，有的则需用仪器检查方能发现，如用 X 光探伤和超声波探伤等。

　　缺陷的危害性当视缺陷的大小、性质及所处部位等而不同。一般来讲，裂纹、未熔合、未焊透和咬肉等都是严重缺陷。存在于构件受拉区的缺陷，其危害性较存在于构件受压区的严重。

　　缺陷的存在常导致构件内产生应力集中而使裂纹扩大。

　　(3) 由于焊接结构的刚度大，个别存在的局部裂纹易扩展到整体。

　　第 2 章第 2.4 节中曾提及焊接结构尤其容易发生低温冷脆现象，就是这个原因。

　　(4) 焊接后，由于冷却时的不均匀收缩，构件内将存在焊接残余应力，导致构件受荷时部分截面提前进入塑性，降低受压时构件的稳定临界应力。

　　(5) 焊接后，由于不均匀胀缩而导致构件产生焊接残余变形，如使原为平面的钢板发生凹凸变形等。

　　关于焊接残余应力和残余变形，在第 3.13 节中还将进行叙述。

44

由于焊缝连接存在以上不足之处，因此设计、制造和安装时应尽量采取措施，避免或减少其不利影响。

（1）设计时对焊接结构应正确选用钢材的牌号。第2章在介绍钢材时曾指出，对钢材的化学成分尤其是对碳、硫和磷的合适含量和钢材的力学性能都要提出相应的要求。这里再强调一下，焊接结构的钢材必须具有良好的可焊性。所谓可焊性好，在第2章中已有说明，即在一定的焊接工艺条件下施焊，焊缝及其附近的主体金属不会因焊接而产生裂纹；焊接后，结构的力学性能不低于原来主体金属。为了保证钢材具有良好的可焊性，碳素结构钢中碳的含量应不大于 0.20%，这只是最简单的一种规定。《低合金高强度结构钢》GB/T 1591—2018、《建筑结构用钢板》GB/T 19879—2023 和现行钢材系列标准《结构钢》GB/T 34560.1～6 中对钢材可焊性的评定采用包含其他化学成分影响在内的"碳当量（CEV）"或"焊接裂纹敏感性指数（Pcm）"，规定 CEV 或 Pcm 小于某个百分数者为合格。对重要的焊接结构，为了保证其具有好的可焊性，有时尚需进行工艺试验[1]。此外，制造厂对来料要有负责的验收和科学的管理制度。

（2）要正确设计焊接节点，注意尽量减少应力集中和焊接残余应力、残余变形的产生。这在今后各章中都将分别提到，并提出相应的注意点。

（3）制造时要选择正确的焊接参数，严格按已制定的焊接工艺实施操作。对首次采用的钢材、焊接材料、焊接方法和焊后热处理等，必须进行焊接工艺评定，并根据评定报告重新编制工艺[2]。

（4）要注意对焊工的定期考核。

（5）必须按照国家标准《钢结构工程施工质量验收标准》GB 50205—2020 中对焊缝质量的规定进行检查和验收。

由上述可见，若对材料选用、焊缝设计、焊接工艺、焊工技术和加强焊缝检验等五方面的工作予以注意，焊缝脆断的事故是可以避免的。

二、焊接接头的形式和焊缝的类别

图 3.7 中已表示了焊缝连接最常用的三种接头形式，即对接接头、搭接接头和 T 形接头。除此之外，还有角形接头和十字形接头如图 3.10 所示，其中角形接头主要用于箱形截面的四角，十字形接头则可看成两个 T 形接头。

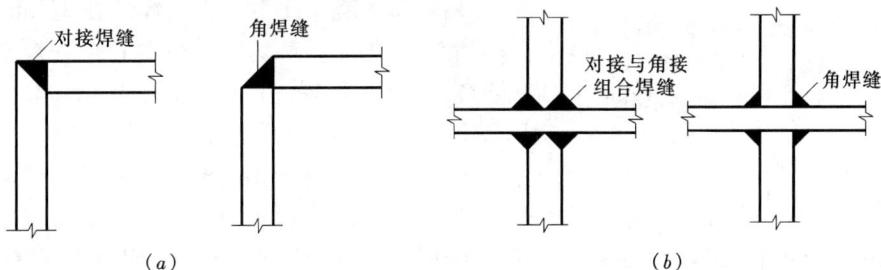

图 3.10　角形接头和十字形接头

（a）角形接头；（b）十字形接头

---

[1] 书末主要参考资料［37］第19～24页。

[2] 书末主要参考资料［4］第5.2.3条。

下面将介绍构成焊缝连接的两种主要焊缝：对接焊缝和角焊缝。

1. 对接焊缝

由图3.7和图3.10可见，对接焊缝可用于上述五种焊缝接头中除搭接接头以外的其他四种接头。当用于对接和T形接头［图3.7（a）、（c）］时，对接焊缝传力最为直接，焊缝受力明确，且基本不产生应力集中，构造也最简单。随着板厚的增加，为了能焊透焊缝和节省焊缝金属（即减少焊条消耗），对焊件的边缘需进行加工，如图3.11和图3.12

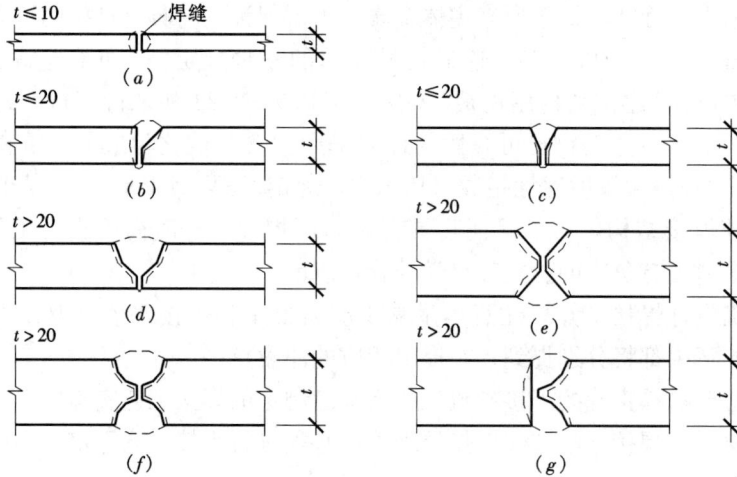

图3.11 对接焊缝的坡口形式

（a）I形焊缝；（b）单边V形焊缝；（c）V形焊缝；（d）U形焊缝；
（e）X形焊缝；（f）双边U形焊缝；（g）K形焊缝

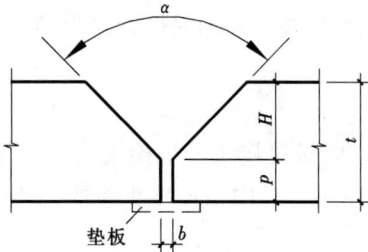

a—坡口角度；b—根部间隙；
p—钝边；H—坡口深度

图3.12 V形焊缝坡口的各部分尺寸

所示。边缘加工的坡口角度α、根部间隙b和钝边p等可按照现行国家标准《钢结构焊接规范》GB 50661—2011的规定采用。采用对接焊缝不仅增加了边缘加工的工序，而且对整个板材断料长度的精度有严格要求。这些都给对接焊缝的应用带来一定的限制。因对接焊缝焊件的边缘需进行坡口加工，故这种焊缝又名坡口焊缝。通常当钢材厚度在10mm及以下时，边缘不需加工，称为I形焊缝；当板厚在20mm以下时常采用V形焊缝；板厚大于20mm时，则常采用U形、X形或K形焊缝，均见图3.11。当为单面施焊时［图3.11（a）～（d）］，为了保证焊透，在一侧施焊完毕后，常需翻过来在反面清除根部后进行一次补焊（称为封底焊）。如无条件进行封底焊，则应在正面施焊时在焊缝的根部加设临时垫板，如图3.12中的虚线所示。焊缝各种坡口之所以均需要有图3.12所示那样的坡口角度、根部间隙和钝边，目的是在施焊时既能保证焊透又要避免焊液烧漏。

2. 角焊缝

如图3.13所示的搭接接头中的角焊缝，焊缝均位于板件的边缘处。焊缝轴线与板件受力方向一致时称为侧面角焊缝，焊缝轴线与板件受力方向相垂直时称为正面角焊缝。角

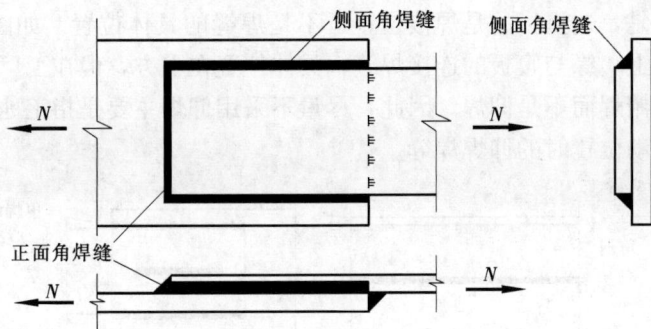

图 3.13 搭接接头中的角焊缝

焊缝除用于搭接接头外，还可用于 T 形接头、角形接头和十字形接头。角焊缝的截面形状如图 3.14 所示，两焊脚间的夹角为直角时称为直角角焊缝，因多数如此，故可简称角焊缝。绝大多数角焊缝的两焊脚尺寸相等，均为 h_f，焊缝表面略凸如图 3.14（a）所示；少数可为焊脚尺寸不等或为凹面，如图 3.14（b）和（c）所示，其应用将在以后提及。角焊缝的受力较复杂，不如对接焊缝明确，其传力也没有对接焊缝直接，但由于角焊缝连接不需对焊件边缘进行加工，对板件断料尺寸的精度要求也没有对接焊缝高，因而角焊缝在钢结构中的应用远多于对接焊缝。

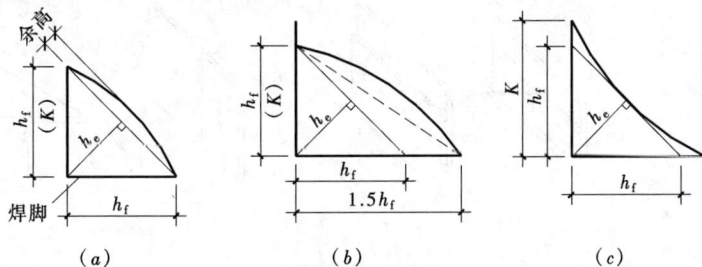

图 3.14　直角角焊缝的截面形状、焊脚尺寸 h_f、
焊角尺寸 K 和计算厚度 h_e
（a）等焊脚直角角焊缝；（b）不等焊脚直角角焊缝；（c）凹面直角角焊缝

除上述直角角焊缝外，少数情况还需应用斜角角焊缝，如图 3.15 所示，此时焊缝两焊脚间的夹角 α 将不是直角。

除了对接焊缝和角焊缝两种主要焊缝形式外，还有一些次要的焊缝形式，如图 3.16 所示的塞焊缝、槽焊缝和点焊缝（或称电铆钉）。说其是次要，因为设计中不用它们作为主要传力的连接，而是作为除角焊缝外的辅助连接焊缝。

三、焊接位置

施焊时，焊条运行与焊缝的相对位置称为焊接位置。图 3.17 给出了四种焊接位置，其中平焊（也称俯焊）最易操作，因而焊缝质量最易保证，横焊（对角焊缝称水平焊）、立焊（又称竖焊）和仰焊较难操作，特别是仰焊，焊缝的质量最难保证。了解这些，目的是在焊缝设计时尽量避免采

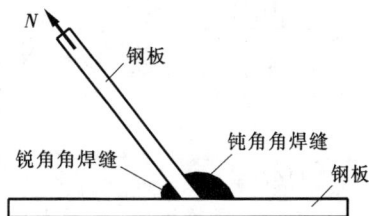

图 3.15　T 形接头中的斜角角焊缝

用仰焊。要注意的是，这里指的是焊接位置，不是焊缝的具体位置。如图 3.18 所示的焊接工字形截面，其上翼缘与腹板的连接焊缝，具体位置在上方，但在工厂制造时，可以把梁翻转，仍可采用俯焊而不是仰焊。因此，尽量不采用仰焊主要是指工地连接的安装焊缝和不可能把焊件转动位置时的仰焊焊缝。

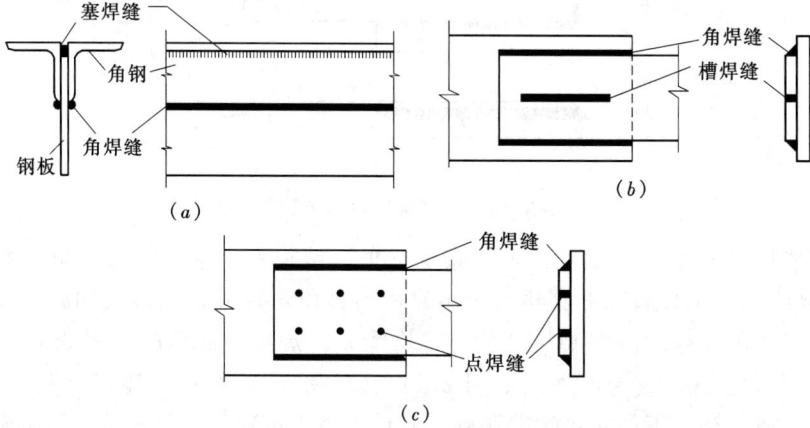

图 3.16　塞焊缝、槽焊缝和点焊缝
(a) 塞焊缝；(b) 槽焊缝；(c) 点焊缝

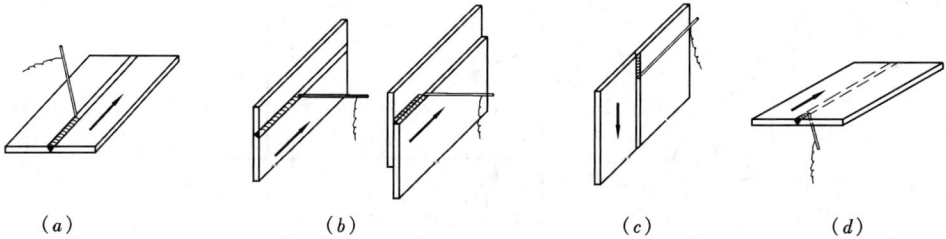

图 3.17　焊接位置
(a) 平焊（俯焊）；(b) 横焊（水平焊）；(c) 立焊（竖焊）；(d) 仰焊

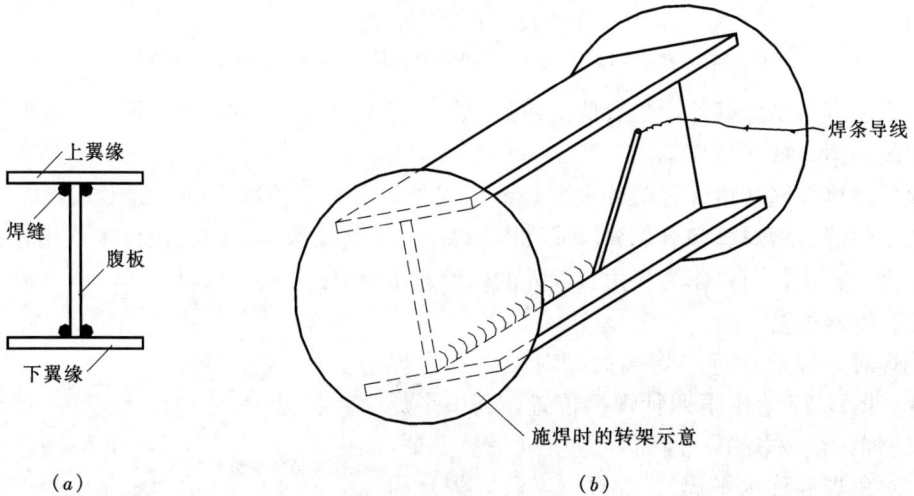

图 3.18　工字形截面梁的翼缘角焊缝
(a) 工字形截面梁；(b) 施焊时的位置

48

3.4 焊缝代号（或焊缝符号）

在钢结构施工图纸上的焊缝应采用焊缝代号表示。有关焊缝代号及标注方法，在现行国家标准《建筑结构制图标准》GB/T 50105—2010 中有详细规定，一般都按此执行。它的主要依据是另一册现行国家标准《焊缝符号表示法》GB/T 324—2008，个别作了简化。

本书今后各插图上的焊缝代号将尽量采用《焊缝符号表示法》GB/T 324—2008 的规定，因此下面对此作简单的介绍，主要点是：

焊缝符号由指引线和表示焊缝截面形状的基本符号组成，必要时还可加上尺寸符号和补充符号。

（1）指引线一般由带有箭头的指引线（简称箭头线）和两条相互平行的基准线所组成。一条基准线为实线，另一条为虚线，均为细线，如图 3.19 所示。虚线的基准线可以画在实线基准线的上侧或下侧。基准线一般应与图纸的底边相平行，但在特殊条件下也可与底边相垂直。为引线的方便，允许箭头线弯折

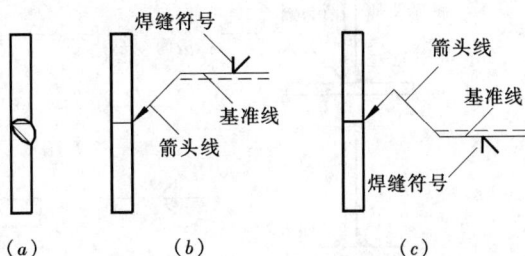

图 3.19 指引线的画法

(a) 焊件上的 V 形对接焊缝；(b) 指引线及焊缝的基本符号，虚线在实线下侧；(c) 同 (b)，但箭头线弯折一次，实线在虚线下侧

一次。图 3.19 (b) 和 (c) 的表示方法是相同的，都代表图 3.19 (a) 所示 V 形对接焊缝。《建筑结构制图标准》GB/T 50105—2010 中将基准线简化为一条实线，即取消了虚线基准线。

（2）基本符号用以表示焊缝的形状，今摘录钢结构中常用的一些基本符号如表 3.1所示。

常用焊缝基本符号摘录　　　　　　　　表 3.1

名称	封底焊缝	对接焊缝					角焊缝	塞焊缝与槽焊缝	点焊缝
		I形焊缝	V形焊缝	单边 V 形焊缝	带钝边的V 形焊缝	带钝边的U 形焊缝			
符号	⌣	‖	V	V	Y	Y	△	⊓	○

注：1. 焊缝符号的线条宜粗于指引线。

　　2. 单边 V 形焊缝与角焊缝符号的竖向边永远画在符号的左边。

基本符号与基准线的相对位置要求：

1）如果焊缝在接头的箭头侧，基本符号应标在基准线的实线侧；当不用虚线基准线时，应标在实线基准线的上方。

2）如果焊缝在接头的非箭头侧，基本符号应标在基准线的虚线侧；当不用虚线基准线时，应标在实线基准线的下方。

3）标双面对称焊缝时，基准线可只画一条实线。

4）当为单面的对接焊缝如 V 形焊缝、U 形焊缝时，箭头线应指向有坡口一侧，如图 3.19 所示。

为了说明上述第 1）～3）点的规定，特举例示于图 3.20。

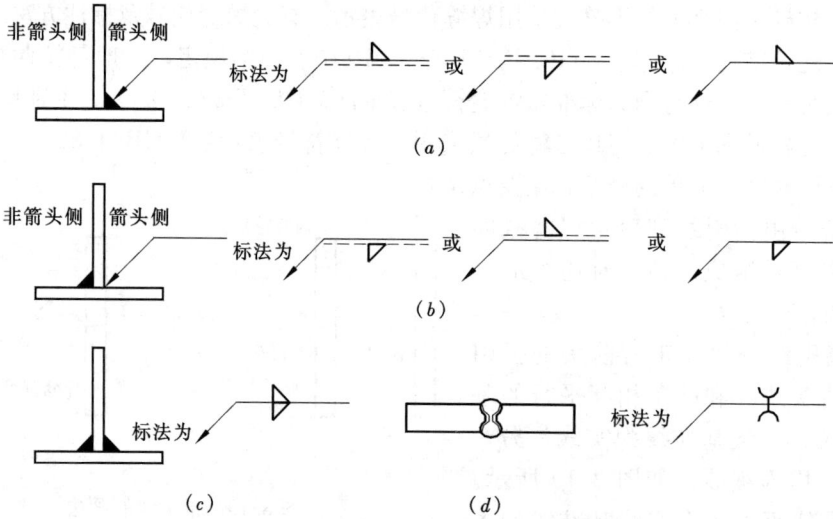

图 3.20　焊缝基本符号与基准线的相对位置
（a）焊缝在箭头侧；（b）焊缝在非箭头侧；（c）双面对称布置的角焊缝；
（d）双面对称 U 形对接焊缝

（3）补充符号是用来补充说明有关焊缝或接头的某些特征的符号，如对接焊缝表面余高部分需加工至与焊件表面齐平，则可在对接焊缝符号上加一短划，此短划即为补充符号，见表 3.2。

钢结构图纸中常用的补充符号摘录示于表 3.2。

焊缝符号中的补充符号　　　　　　　表 3.2

名　称	示　意　图	符　号	示　　例
平面符号		―	
凹面符号		⌣	
三面围焊符号		⊏	

50

名　称	示　意　图	符　号	示　　例
周边焊缝符号		○	
工地现场焊符号[a]			或
焊缝底部有垫板（衬垫）的符号[b]		▭	
尾部符号[c]		<	

a 工地现场焊符号的旗尖指向基准线的尾部。

b 对设计要求焊接完成后拆除的垫板（临时垫板），应在符号框内添加"R"。

c 尾部符号用以标注需说明的相同焊缝编号、焊接方法代号、焊接位置等，每个款项之间应用"/"分开。

（4）焊缝尺寸在基准线上的标注法：

1）有关焊缝横截面的尺寸如角焊缝焊脚尺寸 h_f 等，一律标在焊缝基本符号的左侧。

2）有关焊缝长度方向的尺寸如焊缝长度等，一律标在焊缝基本符号的右侧。

当箭头线的方向改变时，上述原则不变。

3）对接焊缝的坡口角度、根部间隙等尺寸标在焊缝基本符号的上侧或下侧。

需注意的是：上述标注方法只适用于表达两个焊件相互焊接的焊缝。如为三个或三个以上的焊件两两相连，其焊缝符号及尺寸应分别标注。如十字形接头是三个焊件相连，其连接焊缝就应按图 3.21 所示标注。

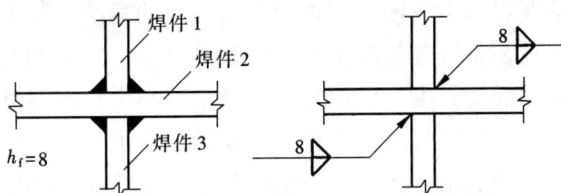

图 3.21　三个焊件两两相连时的焊缝标注方法

（5）对在同一图形上的相同焊缝（焊缝的形式、尺寸和其他要求均相同），可按下列方法表示（《建筑结构制图标准》GB/T 50105—2010 第 4.3.8 条）：

1）只选择一处标注焊缝的基本符号和尺寸符号，并加注"相同焊缝符号"；其他各处（相同焊缝处）只需绘指引线加相同焊缝符号；相同焊缝符号为大半个圆弧，绘在指引线的转折处。

2）当同一图形上有数种相同的焊缝时，可将焊缝分类编号标注；分类编号采用大写的拉丁字母 A、B、C……；对同一类焊缝，按上述（1）方法标注，并用尾部符号标明焊缝类别。

3.5 对接焊缝的计算和构造

对接焊缝可分全熔透（焊透）的对接焊缝和部分熔透的对接焊缝两种形式，前者简称为对接焊缝，后者将在第 3.11 节介绍。

一、对接焊缝的计算

1. 对接焊缝的有效截面

施焊对接焊缝时应在焊缝的两端设置引弧板和引出板（以下一律简称引弧板），如图 3.22 所示，其材质和坡口形式应与焊件相同；引弧和引出的焊缝长度，对埋弧焊应大于 80mm，对手工电弧焊和气体保护焊应大于 25mm❶。焊接完毕，用气割将引弧板切除，并将焊件边缘修磨平整，严禁用锤将其击落。此时对接焊缝的计算长度 l_w 应当与焊件的宽度 b 相同。当焊缝为全熔透时，焊缝的计算厚度也与焊件厚度相同（焊缝表面的余高即凸起部分，常略去不计）。因此，对接焊缝的有效截面等于焊件的截面。当无法使用引弧板施焊时，《钢结构设计规范》GB 50017—2003（以下简称《原规范》）中规定，每条焊缝的计算长度 l_w 在计算时应减去 $2t$（t 为焊件厚度），以考虑焊缝两端在起弧和熄弧时的影响，此时对接焊缝的有效截面与焊件的截面就略有差异。

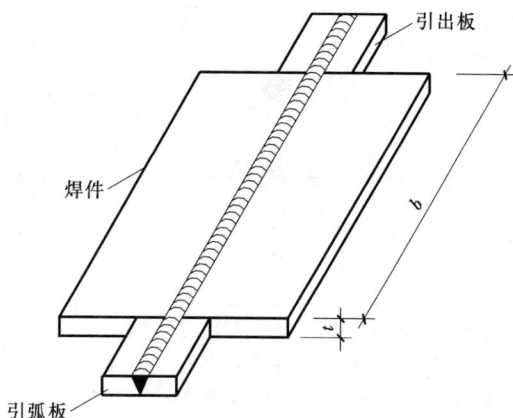

图 3.22　对接焊缝施焊时的引弧板和引出板

2. 对接焊缝的强度设计值

由于焊接技术的进步，根据试验可知对接焊缝接头在垂直于焊缝长度方向受拉时，焊件往往不在焊缝处而是在焊缝附近断裂，说明对接焊缝的强度往往不低于焊件的母材。前已言及焊缝中常有可能存在各种焊接缺陷如气泡和夹渣等，缺陷的存在对焊缝垂直于焊缝长度方向的抗压强度和沿焊缝长度方向的抗剪强度影响不大，但对其抗拉强度将有一定程度的削弱。因此《钢标》对对接焊缝的各种强度设计值作了如下规定（参见本书附录 1 附表 1.2）：对接焊缝的抗压强度设计值 f_c^w、抗剪强度设计值 f_v^w 和焊缝质量等级为一、二级时的抗拉和抗弯强度设计值 f_t^w❷，均取与焊件钢材相同的相应强度设计值；焊缝质量等级为三级的 f_t^w 则取相应焊件钢材强度设计值 f 的 0.85 倍，并取以 5N/mm² 为倍数的

---

❶　《钢结构焊接规范》GB 50661—2011 第 7.8.2 条。

❷　对接焊缝强度设计值的符号意义为：f 代表各种强度设计值，上角标 w 代表焊缝（weld），下角标 c、t 和 v 分别代表抗压（compression）、抗拉（tension）和抗剪（因剪力常以 V 表示）。了解其意义后，就便于记忆。

整数。

关于焊缝质量等级的标准，在《钢结构工程施工质量验收标准》GB 50205—2020 中有明确规定。例如，除对设计要求全熔透的焊缝应做外观缺陷检查外，一级焊缝要求对每条焊缝长度的 100% 进行超声波探伤；二级焊缝要求对每条焊缝长度的 20% 且不小于 200mm 进行超声波探伤[1]；三级焊缝则要求仅做外观检查，不进行超声波检查。又如，外观检查时，一级和二级焊缝不允许存在如表面气孔、夹渣、裂纹、电弧擦伤等各种缺陷，一级焊缝还不应有咬边、未焊满和根部收缩等缺陷；二级和三级焊缝除裂纹一律不允许存在外，对其他缺陷如咬边和未焊满等则规定了其存在的不同程度。因此《钢标》中认为符合一、二级质量等级的焊缝，其缺陷或是不存在或是不严重，因而其 f_t^w 可与焊件母材的 f 相同；而对于三级焊缝，其 f_t^w 应较母材的为低，取 $f_t^w = 0.85f$。

焊缝质量等级应由设计人员根据焊缝的重要性在设计图纸上作出规定，制造厂则按图纸要求进行施焊和质量检查。确定的原则将在下文中专门介绍。

3. 对接焊缝连接的计算

一般情况下，对接焊缝的有效截面与所焊接的构件截面相同，焊缝的受力情况与构件相似，焊缝的强度设计值又与母材相等（一、二级焊缝时），因此当构件已满足强度要求时，对接焊缝的强度就没有必要再进行计算。

当焊缝质量等级为三级时，其抗拉和抗弯曲受拉的强度设计值 $f_t^w = 0.85f$；当对接焊缝无法用引弧板施焊时，每条焊缝的计算长度应较实际长度减小 $2t$；对施工条件较差的高空安装焊缝，由于焊接质量较地面上施焊时难以保证，《钢标》中规定其强度设计值应乘以折减系数 0.9；对无垫板的单面施焊对接焊缝，由于不易焊满，其强度设计值应乘以折减系数 0.85。在上述各种情况下，对接焊缝的强度应予验算。

对接焊缝的强度计算方法与构件截面强度计算相同。构件截面强度的计算除少数情况外都是直接利用材料力学公式，因而焊缝强度也就完全可利用材料力学中的计算公式来进行，这里就不一一提及。下面只作有关的几点说明。

（1）第 6 章中将提到，受弯构件截面的强度计算，当构件不需验算疲劳且截面板件宽厚比等级为 S1~S3 级时，《钢标》中规定容许截面上发展塑性变形，但在受弯对接焊缝的计算中不宜考虑发展塑性变形，即仍利用材料力学公式进行验算：

$$\frac{M_x}{W_x} \leqslant f_t^w \tag{3.1}$$

式中　M_x——对接焊缝截面所受的弯矩设计值；

　　　　W_x——焊缝有效截面的弹性截面模量，$W_x = I_x / y_{max}$，I_x 为焊缝有效截面对其中和轴的惯性矩，y_{max} 为由中和轴至焊缝有效截面上最远纤维的距离。

（2）在对接接头和 T 形接头中，承受弯矩和剪力共同作用的对接焊缝，除对其正应力和剪应力分别按材料力学公式计算外，在同时受有较大正应力和较大剪应力处（例如梁腹板横向对接焊缝的端部），尚应根据第 2 章第 2.3 节在复杂应力状态下钢材的屈服条件，按下式计算折算应力：

$$\sqrt{\sigma^2 + 3\tau^2} \leqslant 1.1 f_t^w \tag{3.2}$$

---

[1]《焊缝无损检测 超声检测 技术、检测等级和评定》GB/T 11345—2023。

式（3.2）不等号后的系数 1.1，是考虑到需验算折算应力的部位只是局部一点，因而把强度设计值予以提高 10%。

（3）当钢板在轴心拉力作用下，对接正焊缝质量等级为三级、强度不能满足要求时，常改用斜焊缝以增加焊缝的长度使斜焊缝与钢板等强，如图 3.23 所示。此时焊缝的强度可分别按下列两式计算：

$$\sigma=\frac{N \cdot \sin\theta}{l_{\mathrm{w}} \cdot t}=\frac{N}{bt}\sin^2\theta \leqslant f_{\mathrm{t}}^{\mathrm{w}}=0.85f \tag{3.3a}$$

$$\tau=\frac{N \cdot \cos\theta}{l_{\mathrm{w}} \cdot t}=\frac{N}{bt}\sin\theta\cos\theta \leqslant f_{\mathrm{v}}^{\mathrm{w}}=0.58f \tag{3.3b}$$

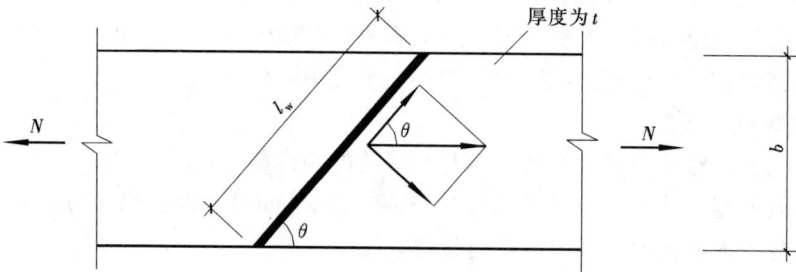

图 3.23　钢板的对接斜焊缝

由式（3.3a）可得，当 $\sin^2\theta \leqslant 0.85$ 时，即 $\theta \leqslant 67.2°$ 时斜焊缝与钢板等强。式（3.3b）可改写为：

$$\frac{N}{bt}\sin2\theta \leqslant 1.16f$$

由于 $\sin2\theta \leqslant 1.0$，即不论 θ 多大，此式必然满足。《钢标》规定：当斜焊缝与作用力 N 间的夹角 θ 符合 $\tan\theta \leqslant 1.5$（即 $\theta \leqslant 56.3°$）时，其强度可不计算。具体设计时通常采用 $\theta=45°$。

利用斜焊缝，需将钢板斜切，当钢板宽度较大时可能使钢板的损耗加大。因此，斜焊缝对接宜用于较狭的钢板，例如可用于焊接工字形截面的翼缘板的拼接，而不宜用于其腹板的拼接。

二、对接焊缝的构造要求

对接焊缝的构造要求主要有：

（1）凡上述对接焊缝都要求焊透（全熔透），因此，焊件边缘应进行加工，已如上述（第 3.3 节）。《钢标》中也容许部分熔透的对接焊缝，但其受力性能与上述不同，将在叙述角焊缝以后另作介绍（第 3.11 节）。

（2）在对接焊缝的拼接处，当两焊件的宽度不同或厚度不同时，应分别在宽度方向或厚度方向从一侧或两侧做成坡度不大于 1：2.5 的斜角，如图 3.24 所示。对直接承受动力荷载且需要进行疲劳验算的结构，斜角坡度宜不大于 1：4。当厚度不同时，焊缝坡口的形式应根据较薄焊件的厚度按相关国家标准取用。

（3）当采用对接焊缝拼接钢板时，纵横两方向的对接焊缝，可采用十字形交叉或 T 形交叉，如图 3.25 所示。当采用 T 形交叉时，交叉点应分散，其间距不得小于 200mm（见《原规范》第 8.2.2 条注）。

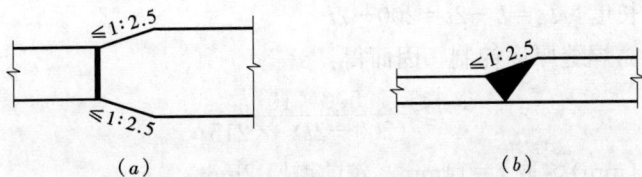

图 3.24 不同宽度或不同厚度钢板拼接
(a) 不同宽度；(b) 不同厚度

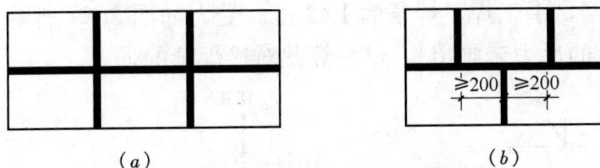

图 3.25 钢板的对接拼接焊缝
(a) 十字形交叉；(b) T形交叉

【例题 3.1】某承受轴心拉力的钢板，采用 Q235 钢，宽度 $b=200mm$，如图 3.26 所示。由永久荷载标准值产生的轴心拉力 $N_{Gk}=40kN$，由可变荷载标准值产生的轴心拉力 $N_{Qk}=300kN$。钢板上有一垂直于钢板轴线的对接焊缝，焊条为 E43 型，手工焊。试求下列两种情况下该钢板所需的厚度 t：

(1) 焊缝质量等级为二级，用引弧板施焊；

(2) 焊缝质量等级为二级，不用引弧板施焊。

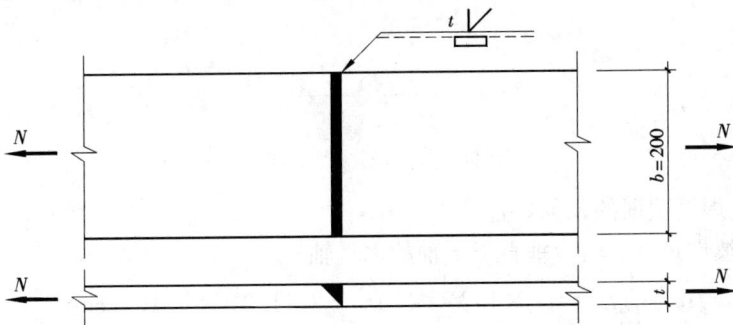

图 3.26 例题 3.1 图

【解】钢板所受轴心拉力设计值为（考虑荷载效应的基本组合）：

$$N=\gamma_G N_{Gk}+\gamma_Q N_{Qk}=1.3\times40+1.5\times300=502 \ (kN)$$

式中 1.3 和 1.5 分别为永久荷载和可变荷载的荷载分项系数。

(1) 焊缝质量等级为二级，用引弧板施焊

查附录 1 中的附表 1.1 和附表 1.2 可得，Q235 钢的 $f=215N/mm^2$，E43 型焊条的 $f_t^w=215N/mm^2$，两者相同，$l_w=b$ 和 $t_w=t$，焊缝与钢板等强。

所需钢板厚度为：

$$t\geqslant\frac{N}{bf}=\frac{502\times10^3}{200\times215}=11.67 \ (mm)，取 \ t=12mm。$$

(2) 焊缝质量等级为二级，不用引弧板施焊

此时焊缝计算长度：$l_w = b - 2t = 200 - 2t$

钢板厚度由所需焊缝厚度控制，因而得：

$$t \geqslant \frac{502 \times 10^3}{(200 - 2t) \times 215}$$

解得 $t \geqslant 13.5$（mm），取 $t = 14$mm，较前增厚 2mm。

两种情况下，均取 V 形焊缝。

【例题 3.2】 两钢板 T 形连接，采用单边 V 形对接焊缝，未用引弧板施焊，焊缝质量等级为二级。Q235 钢，手工焊，焊条为 E43 型。受力如图 3.27 所示（图中的外力 P 已为设计值，翼缘板上的反力未画出）。试验算此对接焊缝的强度。

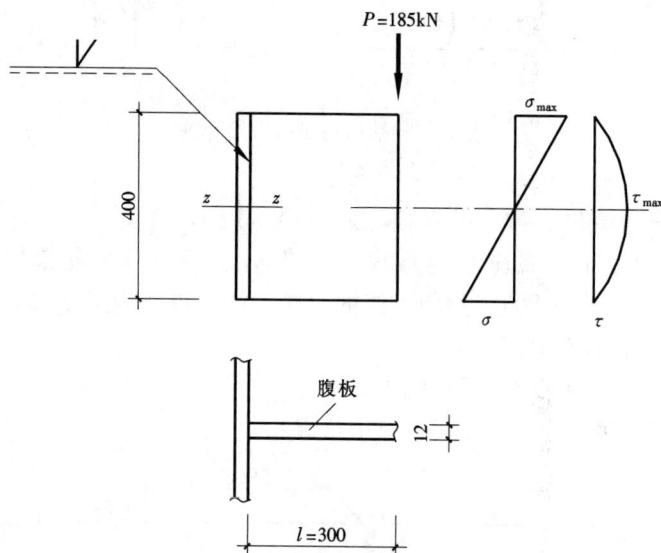

图 3.27　例题 3.2 图

【解】（1）焊缝截面的几何特性

对 x 轴的惯性矩（x 轴为垂直于 z 轴的水平轴）：

$$I_x = \frac{1}{12} t l_w^3 = \frac{1}{12} \times 1.2 \times (40.0 - 2 \times 1.2)^3 = 5316 \text{（cm}^4\text{）}$$

截面模量：

$$W_x = \frac{I_x}{y_{max}} = \frac{5316}{(40 - 2 \times 1.2) / 2} = 282.8 \text{（cm}^3\text{）}$$

中和轴以上焊缝截面对中和轴的面积矩：

$$S_x = \frac{1}{2} t_w l_w \left(\frac{l_w}{4} \right) = \frac{1}{8} \times 1.2 \times (40 - 2 \times 1.2)^2 = 212.1 \text{（cm}^3\text{）}$$

（2）焊缝所受内力设计值

弯矩：　　　　　　　$M = Pl = 185 \times 0.3 = 55.5$（kN·m）

剪力：　　　　　　　$V = P = 185$（kN）

（3）焊缝强度验算

1）抗弯强度（位于焊缝的上端）

$$\sigma_{max} = \frac{M}{W_x} = \frac{55.5 \times 10^6}{282.8 \times 10^3} = 196.3 \text{（N/mm}^2\text{）} < f_t^w = 215 \text{N/mm}^2，可。$$

2）抗剪强度（位于焊缝高度的中点）

$$\tau_{max}=\frac{VS_x}{I_xt}=\frac{185\times10^3\times212.1\times10^3}{5316\times10^4\times12}=61.5\ (N/mm^2)$$

或

$$\tau_{max}=1.5\ \frac{V}{l_wt}=1.5\times\frac{185\times10^3}{376\times12}=61.5\ (N/mm^2)\ <f_v^w=125N/mm^2，可。$$

上述焊缝中的弯曲正应力和剪应力的计算公式均见材料力学。因矩形截面的最大剪应力为平均剪应力的 1.5 倍，上述计算剪应力的两个公式完全一致。由于最大剪应力和最大弯曲正应力不发生在同一点上，因而不必计算折算应力。

【例题 3.3】某简支工作平台钢梁如图 3.28 所示，跨度 $L=12m$，Q355 钢，承受均布永久荷载标准值 $g_k=25kN/m$（包括梁自重），均布可变荷载标准值 $q_k=85kN/m$。跨间有足够侧向支承，不会使梁侧扭屈曲。截面为焊接工字形，尺寸见图 3.28（b），今因腹板长度不够，拟对腹板在离支座为 x 处设置对接焊缝进行拼接。该焊缝为手工焊，E50 型焊条，用引弧板施焊，质量等级定为三级。试求该拼接焊缝的位置 x。

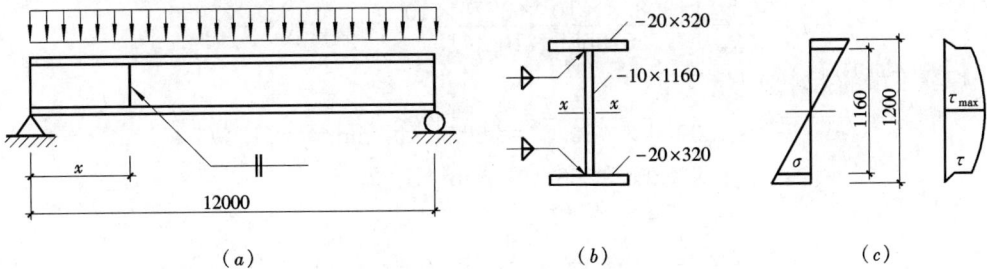

图 3.28　例题 3.3 图

（a）简支工字形截面梁；（b）截面尺寸；（c）弯曲应力和剪应力图

【解】E50 型焊条、Q355 钢、质量等级为三级的对接焊缝强度设计值：$f_t^w=260N/mm^2$、$f_v^w=175N/mm^2$（钢材厚度≤16mm，附录 1 附表 1.2）。

（1）焊缝所在处的截面几何特性

惯性矩：

$$I_x=\frac{1}{12}\ (32\times120^3-31\times116^3)=575685\ (cm^4)$$

一块翼缘板对 x 轴的面积矩：

$$S_{x1}=32\times2\times\left(\frac{116}{2}+1\right)=3776\ (cm^3)$$

半个截面对 x 轴的面积矩：

$$S_x=3776+\frac{1}{2}\times116\times1\times\frac{1}{4}\times116=5458\ (cm^3)$$

（2）荷载及内力

均布荷载设计值（考虑荷载效应的基本组合）：

$$p=1.3g_k+1.5q_k=1.3\times25+1.5\times85=160\ (kN/m)$$

离支座为 x 的截面处的弯矩设计值和剪力设计值：

$$M_x=\frac{1}{2}pLx-\frac{1}{2}px^2=\frac{1}{2}\times160\times12x-\frac{1}{2}\times160x^2=960x-80x^2\ (kN\cdot m)$$

$$V_x=\frac{1}{2}pL-px=\frac{1}{2}\times160\times12-160x=960-160x\ (kN)$$

（3）离支座为 x 处腹板拼接后由焊缝 f_t^w 控制所能抵抗的弯矩设计值

$$M_x = f_t^w \frac{I_x}{y} = 260 \times \frac{575685 \times 10^4}{1160/2} \times 10^{-6} = 2581 \text{（kN·m）}$$

（4）由弯矩与抵抗弯矩相等求 x

使 $$960x - 80x^2 = 2581$$

解得 $$x = 4.07 \text{（m）}$$

即腹板的对接焊缝拼接可位于 $x \leqslant 4.07$m 处。

（5）离支座为 $x = 4.07$m 处截面上的剪应力和折算应力

$$V_x = 960 - 160x = 960 - 160 \times 4.07 = 308.8 \text{（kN）}$$

焊缝高度中点处的剪应力：

$$\tau_{max} = \frac{V_x S_x}{I_x t_w} = \frac{308.8 \times 10^3 \times 5458 \times 10^3}{575685 \times 10^4 \times 10} = 29.3 \text{（N/mm}^2） \ll f_v^w = 175\text{N/mm}^2$$

焊缝下端的剪应力：

$$\tau = \frac{V_x S_{x1}}{I_x t_w} = \frac{308.8 \times 10^3 \times 3776 \times 10^3}{575685 \times 10^4 \times 10} = 20.3 \text{（N/mm}^2）$$

焊缝下端的折算应力：

$$\sqrt{\sigma^2 + 3\tau^2} = \sqrt{260^2 + 3 \times 20.3^2} = 262.4 \text{（N/mm}^2） < 1.1f_t^w$$
$$= 1.1 \times 260 = 286 \text{（N/mm}^2），可。$$

3.6 直角角焊缝的受力性能

角焊缝中应用最多的是两焊脚相等的直角角焊缝，在第 3.3 节中已作简单介绍，今将焊缝截面重绘于图 3.29。

在计算角焊缝时，对熔深和余高均不计及，一般都假定焊缝截面为一直角三角形，并以角焊缝的有效截面为计算依据。有效截面为 $A_e = h_e l_w = 0.7h_f l_w$，式中 h_f 为焊脚尺寸，$0.7h_f$ 为焊缝的计算厚度或称有效厚度，记作 h_e；l_w 为焊缝的计算长度，对每条焊缝取其实际长度减去 $2h_f$，以考虑焊接时起弧和熄弧对焊缝质量的影响。

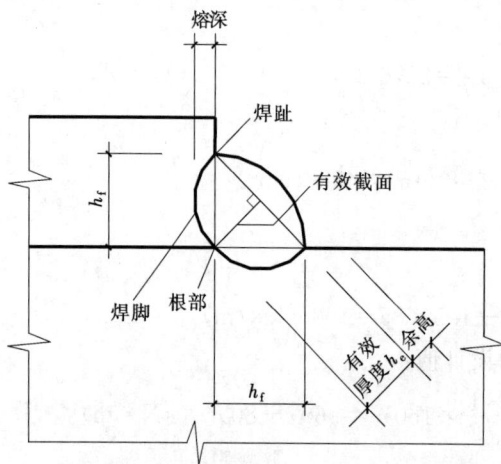

图 3.29 等边直角角焊缝的各部分名称

角焊缝主要用于搭接接头和 T 形接头。图 3.30 给出了焊缝轴线与外力平行的侧面角焊缝搭接接头，接头承受轴心拉力，焊缝则主要承受剪力，因此这种接头的强度较低。由于钢的剪变模量 $G = E/2.6$，远较弹性模量 E 为小，受力时接头的纵向变形较大，但塑性性能好。计算角焊缝时常假定沿焊缝有效截面接头发生破坏，破坏时焊缝的下半部连于图中板件 B，上半部连于板件 A，如图 3.30（b）所示。焊缝有效截面主要承受剪应力，试验证明沿焊缝轴线方向剪应力在有效截面上的分布是不均匀的，如图3.30（a）所示，两端的剪应力较大，中间较小。焊缝愈长，不均匀分布的程度愈高，但由于塑性变形，在破坏前分布可逐渐趋向均匀。在所连接的板件中，远离接头处截面上拉应力的分布是均匀的，但越靠近接头处，板件中的拉应力由于都需通过两条侧面角焊缝传递而越呈不均匀分布。

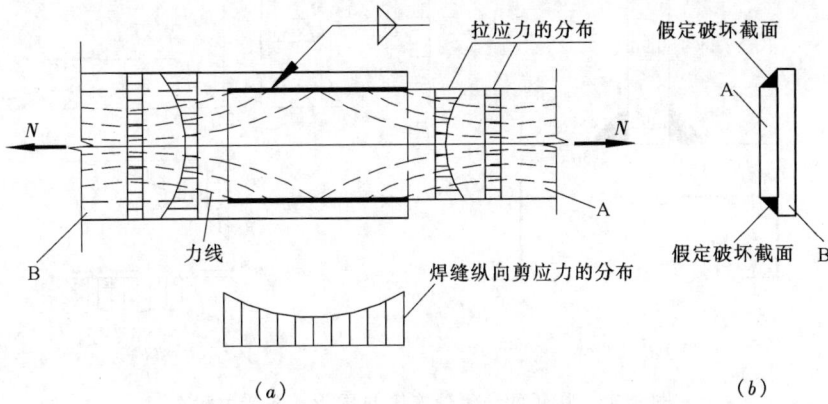

图3.30　用侧面角焊缝连接的搭接接头受力状态
（a）应力分布；（b）假定破坏面

图3.31为焊缝轴线与外力方向相垂直的正面角焊缝连接的搭接接头。正面角焊缝的受力较侧面角焊缝为复杂。在焊缝的竖向焊脚面1—2上主要承受拉应力 σ_x，但拉应力沿焊脚高度分布是不均匀的，根部2处应力较高，由此又引起面上产生竖向剪应力 τ_{xy}。在水平焊脚面2—3上，主要承受剪应力 τ_{yx}；由于焊缝截面有绕点2转动的趋向，面2—3上将出现正应力 σ_y，靠近趾部为拉应力，靠近根部为压应力。在焊缝的有效截面上，也同时承受正应力和剪应力，如图3.31所示。试验证明，正面角焊缝的刚度较大，受力时纵向变形较小。试验还证明，正面角焊缝的强度较侧面角焊缝大，一般可大1/3左右。这主要是由于正面角焊缝的应力沿焊缝长度方向分布较均匀，正面角焊缝的破坏又常不是沿45°方向的有效截面，破坏面的面积较理想的有效截面为大，破坏时的应力状态不是单纯受剪而是处于复杂应力状态。

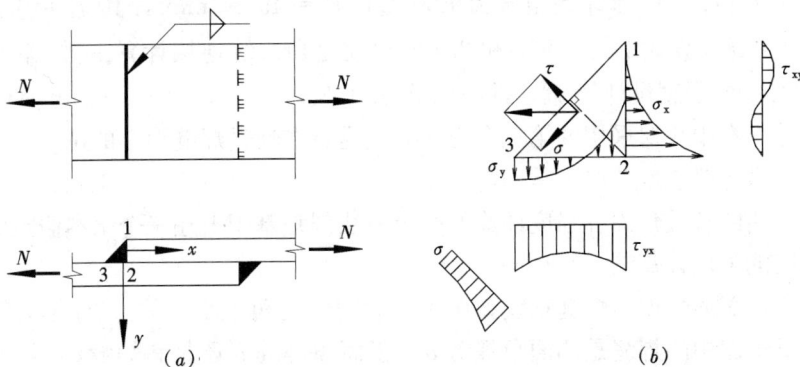

图3.31　用正面角焊缝连接的搭接接头受力状态
（a）搭接接头；（b）应力分布

图 3.32 表示了承受轴心拉力、用正面角焊缝连接的 T 形接头的焊缝受力状态。其受力状态与搭接接头中的正面角焊缝相似。

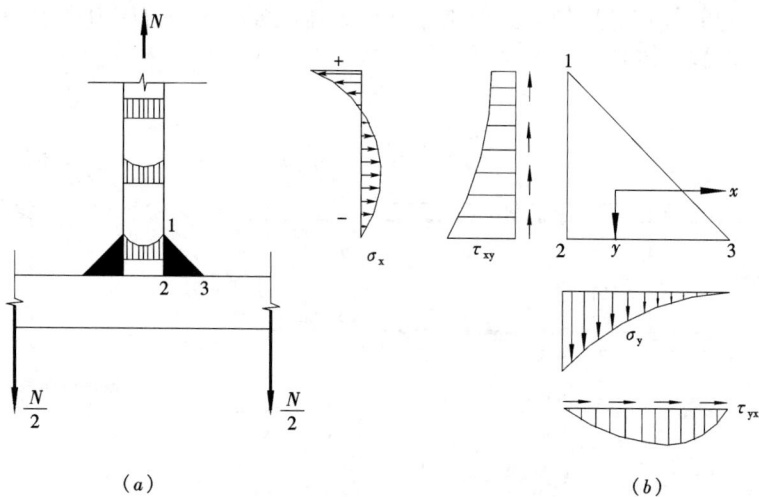

(a)

(b)

图 3.32　用正面角焊缝连接的 T 形接头受力状态

(a) T 形接头；(b) 应力分布

3.7　直角角焊缝的强度计算

一、基本假定

由于角焊缝中的应力分布较复杂，在焊缝的强度计算中必须加以简化。前已言及，各国设计标准中都普遍采用的沿 45°方向的焊缝截面为计算时的破坏面，就是简化假定之一。

关于角焊缝的抗拉、抗压和抗剪强度设计值，《钢标》中取相同数值并记作 f_f^w ❶，这就是简化假定之二。f_f^w 与焊缝熔敷金属的抗拉强度 f_u^w 相关，取为：

$$f_f^w = 0.38 f_u^w = f_u^w / 2.632 \quad \text{（对 Q235 钢）}$$

和
$$f_f^w = 0.41 f_u^w = f_u^w / 2.439 \quad \text{（对 Q355、Q390、Q420 和 Q460 钢）}$$

例如，用于 Q355 钢的焊条型号为 E50 型，$f_u^w = 490\text{N/mm}^2$，其 $f_f^w = 0.41 \times 490 = 200\text{N/mm}^2$。上述计算式中的 2.632 和 2.439 也就是角焊缝连接计算中对 f_u^w 的抗力分项系数 γ_R。角焊缝的强度设计值 f_f^w 见附录 1 附表 1.2。

各国设计标准中普遍采用的第三个简化假定是：在通过焊缝形心的拉力、压力和剪力作用下，假定沿焊缝长度的应力是均匀分布的。

下面将介绍的有关角焊缝强度计算的两个方法都是基于上述三个基本假定的。

二、传统的强度计算法

此法假定焊缝的强度与焊缝轴线和作用外力间的夹角大小无关。以图 3.33 所示搭接接头为例，不论图中的焊缝是侧面角焊缝 a、正面角焊缝 b 还是斜焊缝 c，认为其强度均

---

❶　f_f^w 符号中上角标 w 表示焊缝（weld），下角标 f 表示角焊缝（fillet weld）。

一样。由此可得焊缝强度计算公式为：

$$\frac{N}{0.7h_f \sum l_w} \leqslant f_f^w \qquad (3.4)$$

式中，$\sum l_w$ 为各段焊缝计算长度之和。对图 3.33 (a)，$\sum l_w = 2l_{wa} + l_{wb}$；对图 3.33 (b)，则为 $\sum l_w = 2(l_{wa} + l_{wc}) + l_{wb}$。

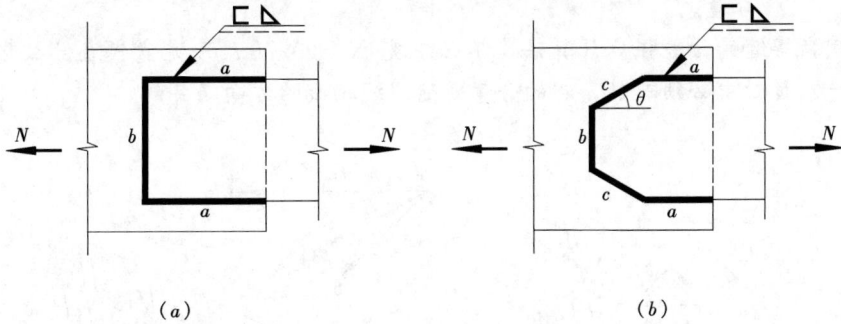

(a) (b)

图 3.33 角焊缝连接的搭接接头

此法对正面角焊缝和斜焊缝的强度高于侧面角焊缝的强度这一现象略去不计，因而可使计算大大简化。过去国内外设计标准大多采用此法。目前许多国家的设计标准已改用新方法。我国前《钢结构设计规范》GBJ 17—88、修订后的《原规范》和现行《钢标》对不是直接承受动力荷载的结构的角焊缝已改用下面将介绍的新方法计算，但对直接承受动力荷载的结构的角焊缝仍然采用此传统计算法。这是因为考虑到正面角焊缝的强度虽然高于侧面角焊缝，但塑性性能低于侧面角焊缝，直接承受动力荷载的结构要求塑性性能好，因而不考虑利用正面角焊缝中提高的强度。

❶关于计算式（3.4）不等号左边的表达式究竟代表何种应力，这将视焊缝轴线与作用力间的夹角而异。当为侧面角焊缝（夹角为零）时，该表达式代表作用于焊缝有效截面上的平均剪应力。当为正面角焊缝（夹角为 90°）时，这个表达式既非焊缝有效截面上的平均剪应力，也非平均正应力，而是焊缝有效截面上 $\sigma_\perp$ 和 $\tau_\perp$ 的合应力，如图 3.34 (a) 所示；此处下角标 $\perp$ 说明其是与焊缝轴线相垂直的。显然：

$$\sigma_\perp = \tau_\perp = 0.7\frac{N}{0.7h_f l_w} = \frac{N}{h_f l_w}$$

当焊缝为图 3.33 (b) 中的斜焊缝时，则应力 $\dfrac{N}{0.7h_f l_w}$ 在有效截面上有三个应力分量，如图 3.34 (b) 所示（图中 $\overline{01}$ 先分解成 $\overline{02}$ 和 $\overline{03}$，$\overline{02}$ 平行于焊缝轴线，$\overline{03}$ 垂直于焊缝轴线；而后 $\overline{03}$ 又分解成 $\overline{04}$ 与 $\overline{05}$，$\overline{04}$ 垂直于有效截面，$\overline{05}$ 平行于有效截面）：

$$\tau_{/\!/} = \frac{N}{0.7h_f l_w}\cos\theta$$

$$\tau_\perp = \left(\frac{N}{0.7h_f l_w}\sin\theta\right)\cos 45° = \frac{N}{h_f l_w}\sin\theta$$

---

❶ 本书中凡用楷体字印刷的均为非必读内容。

$$\sigma_\perp = \left(\frac{N}{0.7h_f l_w}\sin\theta\right)\sin45° = \frac{N}{h_f l_w}\sin\theta$$

式中　θ——斜焊缝轴线与作用力 N 间的夹角；

　　　$\tau_{/\!/}$——与斜焊缝轴线相平行的焊缝有效截面上的剪应力分量；

$\tau_\perp$、$\sigma_\perp$——分别表示与斜焊缝轴线相垂直的焊缝有效截面上的剪应力和正应力分量。

用角焊缝的传统强度计算法，不必深究 $N/(0.7h_f l_w)$ 究竟代表什么应力，但设计人员心中必须有数，它的含意是随焊缝轴线的方向而异的。

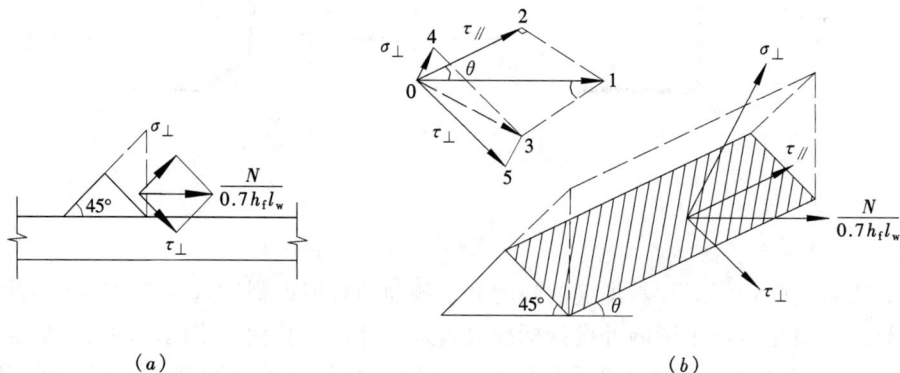

图 3.34　角焊缝有效截面上的应力分量

(a) 正面角焊缝；(b) 焊缝轴线与作用外力 N 成 θ 角的斜焊缝

三、新的强度计算法

为了利用正面角焊缝的强度高于侧面角焊缝这一客观事实，改进传统的角焊缝强度计算方法，国际焊接学会（IIW）曾于 20 世纪 70 年代组织了法国、比利时、荷兰、意大利、加拿大、日本和美国等国家参加角焊缝的强度试验。国际标准化组织（ISO）利用这些试验结果，推荐了角焊缝强度计算的新方法：

$$\left(\frac{\sigma_\perp}{f_u^w}\right)^2 + \left(\frac{\tau_\perp}{0.75f_u^w}\right)^2 + \left(\frac{\tau_{/\!/}}{0.75f_u^w}\right)^2 = 1 \tag{3.5}$$

或　　　　　　　$$\sqrt{\sigma_\perp^2 + 1.8\,(\tau_\perp^2 + \tau_{/\!/}^2)} = f_u^w \tag{3.6}$$

式（3.6）是从式（3.5）取 $1/0.75^2 \approx 1.8$ 后得出的。式中 $\sigma_\perp$、$\tau_\perp$ 和 $\tau_{/\!/}$ 等的含义见图 3.34 (b)。f_u^w 是焊缝熔敷金属的抗拉强度。欧洲钢结构协会（ECCS）则偏于安全地把式（3.6）修改为：

$$\sqrt{\sigma_\perp^2 + 3\,(\tau_\perp^2 + \tau_{/\!/}^2)} \leqslant f_y/\beta \tag{3.7}$$

使与钢结构在复杂应力状态下的强度理论公式即折算应力公式相似，对 Fe430 钢（相应于我国 Q235 钢）取 $\beta = 0.8$。

我国在制订《钢结构设计规范》GBJ 17—88 时，认为式（3.7）中的 $\sigma_\perp$、$\tau_\perp$ 和 $\tau_{/\!/}$ 计算较麻烦，因而对式（3.7）又作了修改。式（3.7）可改写为：

$$\sqrt{\sigma_\perp^2 + 3\,(\tau_\perp^2 + \tau_{/\!/}^2)} \leqslant \sqrt{3}\cdot f_f^w \tag{3.8}$$

式中，角焊缝的强度设计值 f_f^w 实质上是抗剪强度，乘以 $\sqrt{3}$ 后即为抗拉强度设计值。

设角焊缝除承受平行于焊缝轴线的外力而产生 $\tau_{/\!/}$ 外，还承受垂直于焊缝轴线的两个轴心拉力 N_x 和 N_y，并定义：

$$\sigma_{fx}=\frac{N_x}{h_e l_w}, \qquad \sigma_{fy}=\frac{N_y}{h_e l_w}, \qquad \tau_f=\tau_{/\!/} \tag{3.9}$$

式中　σ_{fx}、σ_{fy}——按焊缝有效截面计算、垂直于焊缝长度方向的应力；

　　　　τ_f——按焊缝有效截面计算、沿焊缝长度方向的剪应力。

则由图 3.35，可得：

$$\left.\begin{aligned}
\sigma_\perp &=\sigma_{\perp x}+\sigma_{\perp y}=\frac{1}{\sqrt{2}}\left(\sigma_{fx}+\sigma_{fy}\right)\\
\tau_\perp &=\tau_{\perp x}-\tau_{\perp y}=\frac{1}{\sqrt{2}}\left(\sigma_{fx}-\sigma_{fy}\right)\\
\tau_f &=\tau_{/\!/}
\end{aligned}\right\} \tag{3.10}$$

式中，下角标 x 和 y 分别代表由 N_x 和 N_y 所产生。

把式（3.10）代入式（3.8），得：

$$\sqrt{\frac{\sigma_{fx}^2+\sigma_{fy}^2-\sigma_{fx}\sigma_{fy}}{1.5}+\tau_f^2}\leqslant f_f^w \tag{3.11}$$

这就是《钢标》中所考虑的角焊缝强度计算式（与《钢结构设计规范》GBJ 17—88

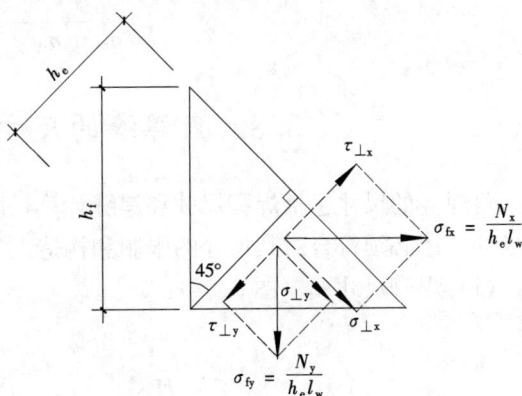

图 3.35　角焊缝有效截面上的应力分量的转化

相同）。式中已不出现 $\sigma_\perp$、$\tau_\perp$ 和 $\tau_{/\!/}$，而只出现 σ_{fx}、σ_{fy} 和 τ_f。要注意的是，式（3.9）所表示的 σ_{fx}、σ_{fy} 和 τ_f，除了 τ_f 是角焊缝有效截面上的平均剪应力外，σ_{fx} 和 σ_{fy} 只是角焊缝有效截面上的一个平均应力，它们不是正应力。σ_{fx} 和 σ_{fy} 与正面角焊缝的有效截面各成 45° 的夹角（图 3.35），即都是垂直于焊脚平面的。

《钢标》中并未给出式（3.11），只考虑了 N_x，并未考虑 N_y 与 N_x 同时作用。据此由式（3.11），《钢标》规定，直角角焊缝的强度应按下列公式计算。

（1）在通过焊缝形心的拉力、压力或剪力作用下：

当力垂直于焊缝长度方向时

$$\sigma_f=\frac{N}{h_e l_w}\leqslant\beta_f f_f^w \tag{3.12}$$

当力平行于焊缝长度方向时

$$\tau_f=\frac{N}{h_e l_w}\leqslant f_f^w \tag{3.13}$$

（2）在各种力综合作用下，σ_f 和 τ_f 共同作用处应满足：

$$\sqrt{\left(\frac{\sigma_f}{\beta_f}\right)^2+\tau_f^2}\leqslant f_f^w \tag{3.14}$$

式中　β_f——正面角焊缝强度设计值增大系数，适用于承受静力荷载和间接动力荷载的结构，$\beta_f=\sqrt{1.5}=1.22$；

　　　　h_e——角焊缝的计算厚度，对直角角焊缝取 $h_e=0.7h_f$（参见图 3.14）；

　　　　l_w——角焊缝的计算长度，对每条连续施焊的焊缝取其实际长度减去 $2h_f$，以考虑起弧和熄弧处焊缝有缺陷的影响；

$f_{\mathrm{f}}^{\mathrm{w}}$——角焊缝的强度设计值，见附录 1 附表 1.2。

式（3.12）～式（3.14）都是由式（3.11）得出，即分别令 $\sigma_{\mathrm{fx}}=\sigma_{\mathrm{f}}$、$\sigma_{\mathrm{fy}}=0$、$\tau_{\mathrm{f}}=0$ 和 $\sigma_{\mathrm{fx}}=\sigma_{\mathrm{fy}}=0$ 即得式（3.12）和式（3.13），令 $\sigma_{\mathrm{fx}}=\sigma_{\mathrm{f}}$、$\sigma_{\mathrm{fy}}=0$ 即得式（3.14）。

前已言及，对直接承受动力荷载的结构的角焊缝，《钢标》仍采用传统的强度计算法，也就是说当利用式（3.12）和式（3.14）时，应取 $\beta_{\mathrm{f}}=1.0$。

【说明】 角焊缝同时承受 τ_{f}、σ_{fx} 和 σ_{fy} 的复杂受力情况，因还研究得不够且工程实践中极少遇到，《钢标》正文中未考虑，但在《钢标》条文说明中建议按下式计算角焊缝强度：

$$\sqrt{\sigma_{\mathrm{fx}}^2 + \sigma_{\mathrm{fy}}^2 + \tau_{\mathrm{f}}^2} \leqslant f_{\mathrm{f}}^{\mathrm{w}} \tag{3.15}$$

3.8 角焊缝的尺寸限制和构造要求

角焊缝的尺寸包括焊脚尺寸和焊缝计算长度等。在设计角焊缝连接时，除应满足强度要求外，还必须符合对其尺寸的限制和构造上的要求。

（1）焊脚尺寸 h_{f}（图 3.36）：

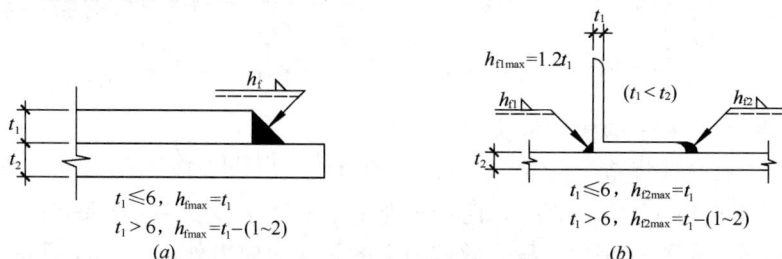

图 3.36 搭接连接和 T 形连接角焊缝的最大焊脚尺寸 h_{fmax}
（a）搭接连接；（b）角钢背为 T 形连接、角钢趾为搭接连接

1）角焊缝的焊脚尺寸相对于母材的厚度不能过小。当过小时，在施焊过程中高温的焊缝热量很快被与其相连的焊件吸收，焊缝冷却过快，相当于冶金反应中的淬火，焊缝易变脆。《钢标》规定，角焊缝最小焊脚尺寸宜按表 3.3 取值，承受动力荷载时角焊缝焊脚尺寸不宜小于 5mm。

角焊缝最小焊脚尺寸（mm）　　　　　　　　　　　表 3.3

母材厚度 t	角焊缝最小焊脚尺寸 h_{f}
$t \leqslant 6$	3
$6 < t \leqslant 12$	5
$12 < t \leqslant 20$	6
$t > 20$	8

注：1. 采用不预热的非低氢焊接方法进行焊接时，t 等于焊接连接部位中较厚件厚度，宜采用单道焊；采用预热的非低氢焊接方法或低氢焊接方法进行焊接时，t 等于焊接连接部位中较薄件厚度。

2. 焊缝尺寸 h_{f} 不要求超过连接部件中较薄件厚度的情况除外❶。

---

❶ 《钢标》局部修订报批稿中拟改为"当焊缝尺寸超过焊接接头中较薄件厚度时，焊缝最小尺寸 h_{f} 取较薄件厚度"或"焊缝尺寸超过焊接接头中较薄件厚度的情况除外"。

2）焊脚尺寸相对于母材的厚度也不能过大。对搭接连接，角焊缝沿母材（厚度为 t_1）棱边的最大焊脚尺寸 h_{fmax} 应符合下列要求以避免母材边缘棱角被烧熔（图 3.36）：

① 当 $t_1 \leqslant 6mm$ 时，$h_{fmax} = t_1$；

② 当 $t_1 > 6mm$ 时，$h_{fmax} = t_1 - （1 \sim 2）mm$。

对 T 形连接角焊缝［图 3.36（b）所示角钢背］，若焊脚尺寸过大，焊接时可能造成母材"过烧"或被烧穿。同时，焊缝过大，冷却时的收缩变形也就加大。因此《原规范》规定，$h_{f1max} = 1.2t_1$，t_1 为较薄母材的厚度。现行《钢标》无此规定。

（2）焊缝计算长度 l_w：

1）角焊缝的计算长度 l_w 不宜过小，如过小则将使焊缝的起弧点与熄弧点过近（起弧点和熄弧点处的焊缝端部易坍落）。《钢标》规定正面角焊缝和侧面角焊缝的计算长度都应满足：

$$l_w \geqslant 8h_f \text{ 和 } l_w \geqslant 40mm$$

2）前面已讲过，传递轴心荷载的侧面角焊缝有效截面上的剪应力沿焊缝长度是不均匀分布的，而且焊缝长度越大，不均匀分布程度越高。为了防止应力分布过分不均匀，侧面角焊缝的计算长度不宜大于 $60h_f$，当大于此数值时，其超过部分在计算中可不予考虑。但因大于 $60h_f$ 的长侧面角焊缝在工程中的应用增多，《钢标》规定可以在计算角焊缝的强度时考虑超过 $60h_f$ 的焊缝计算长度的作用，但全长焊缝的承载力设计值应乘以折减系数 α_f：

$$\alpha_f = 1.5 - \frac{l_w}{120h_f} \geqslant 0.5 \tag{3.16}$$

若内力是沿侧面角焊缝全长分布，则其计算长度不受限制。

【讨论】按式（3.16），焊缝计算长度 $l_w > 60h_f$ 时的焊缝承载力设计值 N 为（以图 3.30 所示角焊缝的搭接接头为例，其焊脚尺寸为 h_f，每条焊缝的计算长度为 l_w）：

（1）$60h_f < l_w \leqslant 120h_f$ 时

$$N = \alpha_f \cdot （2 \times 0.7h_f l_w f_f^w） = 1.4h_f^2 f_f^w \left(1.5 - \frac{1}{120} \frac{l_w}{h_f}\right) \frac{l_w}{h_f}$$

或

$$\bar{N} = \left(1.5 - \frac{1}{120} \frac{l_w}{h_f}\right) \frac{l_w}{h_f}$$

式中，$\bar{N} = N/（1.4h_f^2 f_f^w）$ 为无量纲化的焊缝承载力设计值。

（2）$l_w > 120h_f$ 时

$$N = 0.5（2 \times 0.7h_f l_w f_f^w） = 0.5 \frac{l_w}{h_f}（1.4h_f^2 f_f^w）$$

或

$$\bar{N} = 0.5 \frac{l_w}{h_f}$$

$\bar{N}$-l_w/h_f 的关系曲线如图 3.37 所示。

1）当 $60h_f < l_w \leqslant 120h_f$ 时，开始 $\bar{N}$ 随 l_w/h_f 增加而增加，当 $l_w/h_f = 90$ 时，达到峰值为 $\bar{N}_{max} = 67.5$；随后（$l_w/h_f > 90$），$\bar{N}$ 随 l_w 增加而减小，当 $l_w/h_f = 120$ 时，$\bar{N}_{min} = 60$，较峰值下降 11%。

2）当 $l_w > 120h_f$ 时，$\bar{N}$ 随 l_w 增加而单调增加。当 $l_w/h_f = 135$ 时，$\bar{N} = 67.5$，与 $60h_f < l_w \leqslant 120h_f$ 中的峰值相等。

显见，当 $90h_f < l_w \leqslant 135h_f$ 时，$\bar{N} \leqslant 67.5$，即焊缝计算长度 l_w 由 $90h_f$ 增加 50% 至

$135h_f$，焊缝承载力也不会超过 67.5；而且 l_w 由 $90h_f$ 增加至 $120h_f$ 时，焊缝承载力不增反降，这明显不合理。因此，式（3.16）尚需进一步研究完善。

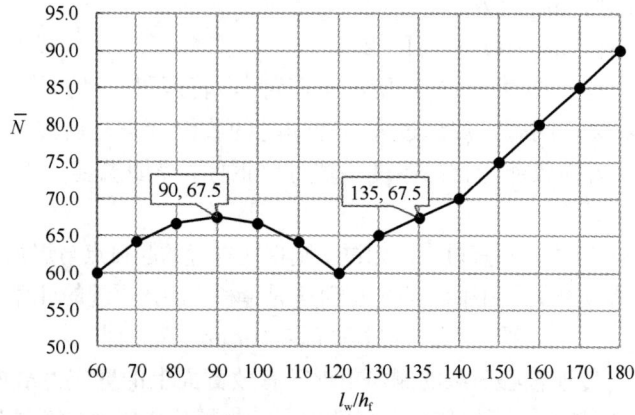

图 3.37　侧面角焊缝承载力设计值与焊缝计算长度的关系

（3）在次要构件或次要焊缝连接中，由于焊缝受力不大，可采用断续角焊缝（图 3.38）。断续角焊缝之间的净距 e 不应大于 $15t$（对受压构件）或 $30t$（对受拉构件），t 为较薄焊件厚度。每段角焊缝的长度 l 不得小于 $10h_f$ 或 $50mm$。断续角焊缝中的应力集中较甚，因此只能用于次要构件和次要连接中。

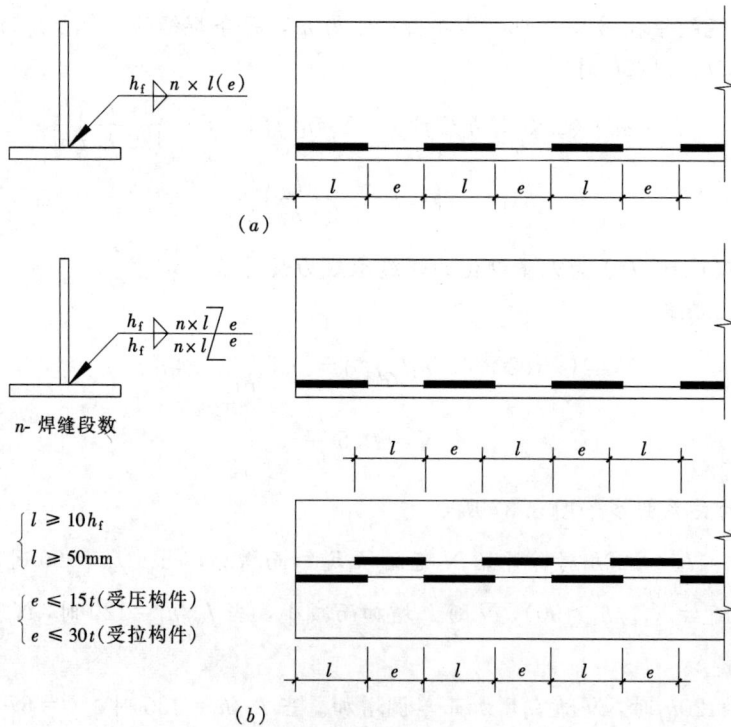

图 3.38　断续角焊缝的尺寸限制

（a）两侧的角焊缝相对时；（b）两侧的角焊缝跳花时

66

（4）当板件的端部仅用两条侧面角焊缝搭接连接时，每条侧面角焊缝的长度 L 不宜小于两侧面角焊缝之间的距离 a，即 $L \geqslant a$，同时应取 $a \leqslant 16t$，t 为较薄焊件的厚度。如图 3.39 所示。

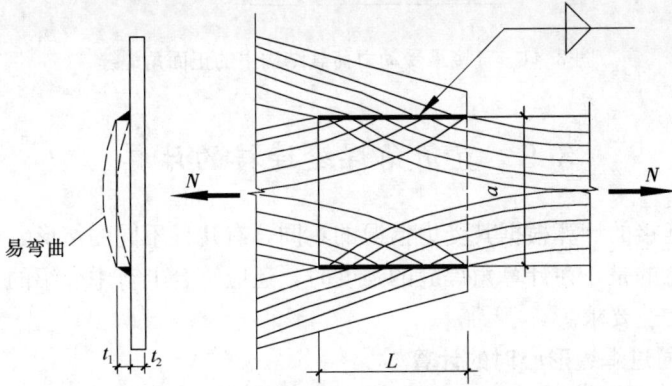

图 3.39　两板件用侧面角焊缝搭接连接的尺寸限制
（$L \geqslant a$；$a \leqslant 16t$；t—较薄焊件厚度）

《钢标》之所以有如上的规定，是考虑到当两条侧面角焊缝间距过大，角焊缝冷却而横向收缩时易使被连接的较薄板件弯曲而拱起；同时，也考虑到板件中的传力路线弯曲过大，将使板件内应力分布不均匀程度加大。

当不满足上述要求时，除设置侧面角焊缝外，还可另加正面角焊缝或用槽焊缝或电铆钉（点焊）将两板辍合。

（5）搭接连接中，搭接长度不得小于焊件较小厚度的 5 倍，并不得小于 25mm。如图 3.40 所示。

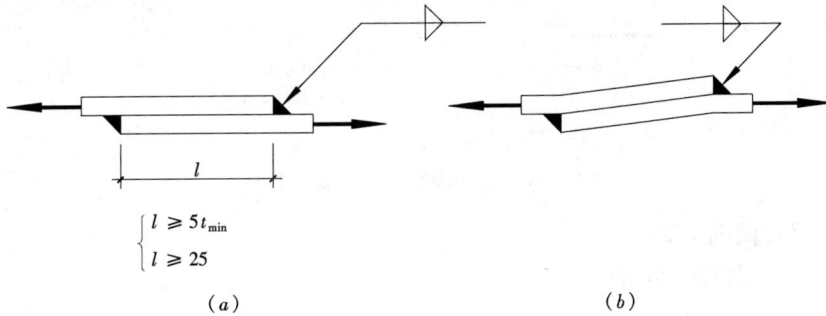

$$\begin{cases} l \geqslant 5t_{\min} \\ l \geqslant 25 \end{cases}$$

（a）　　　　　　　　　　　　（b）

图 3.40　搭接接头的尺寸限制

搭接连接时的两板件不在同一平面，当受力如图 3.40（a）所示时，搭接头将转动如图 3.40（b）所示。限制搭接长度不使其过短，可改善接头性能。

（6）在直接承受动力荷载的结构中，为了传力路线平缓，正面角焊缝宜采用 1∶1.5 的不等焊脚角焊缝，如图 3.41 所示。对侧面角焊缝仍可采用 1∶1 等焊脚角焊缝。为了减小接头处截面上的应力集中程度，角焊缝的表面宜为直线形或凹形[❶]。

---

❶　见书末主要参考资料 [55] 第 81 页。

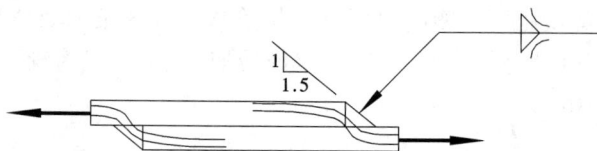

图 3.41 直接承受动力荷载结构中的正面角焊缝

3.9 直角角焊缝连接的计算

直角角焊缝连接的计算根据其受力情况的不同，有几种不同的情形，今分别用例题说明如下。必须注意的是，在计算角焊缝的强度时，还应符合上节中介绍的《钢标》规定的各种尺寸限制和构造要求。

一、外力 N 通过焊缝形心时的计算

【例题 3.4】某桁架的腹杆，截面为 $2\angle140\times10$，Q235BF 钢，采用不预热的非低氢手工焊，E43 型焊条。构件承受静力荷载，由永久荷载标准值产生的 $N_{Gk}=305kN$，由可变荷载标准值产生的 $N_{Qk}=517kN$。构件与 16mm 厚的节点板相连接，如图 3.42 所示。试分别设计下列情况时此节点的连接：（1）当采用三面围焊时；（2）只采用两侧面角焊缝时；（3）采用 L 形围焊时。

【解】参阅图 3.42，记角钢背部为 1，角钢边端为 2 和角钢端部为 3。

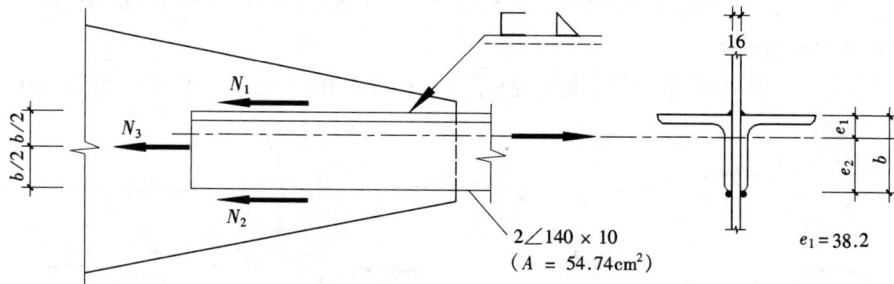

图 3.42 桁架腹杆与节点板的连接

（1）当用三面围焊时

1）角焊缝的焊脚尺寸 h_f：

最小 $h_f=6mm$（表 3.3）

最大 $h_f=t-(1\sim2)=10-(1\sim2)=9\sim8(mm)$

采用 $h_f=8mm$，满足上述要求。

2）轴心力 N 的设计值（考虑荷载效应的基本组合）：

$$N=\gamma_G N_{Gk}+\gamma_Q N_{Qk}=1.3\times305+1.5\times517=1172\ (kN)$$

验算构件截面上的应力：

$$\sigma=\frac{N}{A}=\frac{1172\times10^3}{54.74\times10^2}=214.1\ (N/mm^2)<f=215\ (N/mm^2)，可。$$

3）设计三面围焊时，实质上是把荷载 N 分解成各段焊缝的受力 N_1、N_2 和 N_3（图

3.42），使它们的合力与 N 相平衡。平面平行力系只有两个静力平衡条件，因此必须预先确定 N_3，然后方能求得 N_1 和 N_2。

Q235 钢、E43 型焊条　$f_f^w = 160\text{N/mm}^2$，$l_{w3} = b = 140\text{mm}$，因而：

$$N_3 = 0.7h_f \sum l_{w3} \cdot \beta_f f_f^w = 0.7 \times 8 \times 2 \times 140 \times 1.22 \times 160 \times 10^{-3} = 306.1 \text{（kN）}$$

对角钢背取力矩建立平衡方程，即 $\sum M_1 = 0$，得：

$$N_2 = N\frac{e_1}{b} - \frac{N_3}{2} = 1172 \times \frac{38.2}{140} - \frac{306.1}{2} = 166.7 \text{（kN）}$$

由 $\sum N = 0$，得：

$$N_1 = N - N_2 - N_3 = 1172 - 166.7 - 306.1 = 699.2 \text{（kN）}$$

4）每段焊缝的长度：

角钢背

$$l_{w1} \geq \frac{N_1}{2 \times 0.7 h_f f_f^w} = \frac{699.2 \times 10^3}{2 \times 0.7 \times 8 \times 160} = 390.2 \text{（mm）} < 60h_f = 480 \text{（mm）}，可。$$

取实际焊缝长度 $l_1 = 400\text{mm}$（$390.2 + h_f = 398.2$，取 10mm 的整数；三面围焊时必须连续施焊，看成是一条焊缝）。

角钢边端

$$l_{w2} \geq \frac{N_2}{2 \times 0.7 h_f f_f^w} = \frac{166.7 \times 10^3}{2 \times 0.7 \times 8 \times 160} = 93.0 \text{（mm）} > 8h_f = 64 \text{（mm）}，可。$$

取实际焊缝长度 $l_2 = 100\text{mm}$（$93.0 + h_f = 101 \approx 100$，取 10mm 的整数）。

角钢端部焊缝的实际长度与计算长度相等：

$$l_3 = l_{w3} = b = 140\text{mm}$$

（2）当用两侧面角焊缝时

1）两侧面角焊缝的焊脚尺寸可以不同，即可取 $h_{f1} > h_{f2}$。但是由于焊脚尺寸不同，将导致施焊时需采用焊芯直径大小不同的焊条。为避免这种麻烦，一般情况下宜仍然采用相同的 h_f。本题中，取 $h_f = 8\text{mm}$。

2）为使 N_1 和 N_2 的合力与外力 N 平衡，求 N_1 和 N_2 如下：

由 $\sum M_1 = 0$，得：

$$N_2 = N\frac{e_1}{b} = 1172 \times \frac{38.2}{140} = 319.8 \text{（kN）}$$

由 $\sum N = 0$，得：

$$N_1 = N - N_2 = 1172 - 319.8 = 852.2 \text{（kN）}$$

3）各段焊缝的长度：

角钢背

$$l_{w1} \geq \frac{N_1}{2 \times 0.7 h_f f_f^w} = \frac{852.2 \times 10^3}{2 \times 0.7 \times 8 \times 160} = 475.6 \text{（mm）} < 60h_f = 480 \text{（mm）}，可。$$

取 $l_1 = 490\text{mm}$（$475.6 + 2h_f = 491.6$，取 10mm 的整数）。

角钢边端

$$l_{w2} \geq \frac{N_2}{2 \times 0.7 h_f f_f^w} = \frac{319.8 \times 10^3}{2 \times 0.7 \times 8 \times 160} = 178.5 \text{（mm）} > 8h_f = 64 \text{（mm）}，可。$$

取 $l_2 = 200\text{mm}$（$178.5 + 2h_f = 194.5$，取 10mm 的整数）。

（3）当用 L 形围焊时

1）为使 N_1 和 N_3 的合力与外力 N 平衡，求 N_1 和 N_3 如下：

由 $\sum M_1=0$ 和 $\sum N=0$，得：

$$N_3=2N\frac{e_1}{b}=2\times1172\times\frac{38.2}{140}=639.6\ (\text{kN})$$

$$N_1=N-N_3=1172-639.6=532.4\ (\text{kN})$$

2）角钢端部传递 N_3 所需的正面角焊缝焊脚尺寸：

$$h_{f3}\geqslant\frac{N_3}{2\times0.7l_w\beta_f f_f^w}=\frac{639.6\times10^3}{2\times0.7\times(140-h_{f3})\times1.22\times160}$$

解得　　　　　　　　$h_{f3}=19.4\ (\text{mm})>t=10\ (\text{mm})$，不可。

因而本例不能采用 L 形围焊。

【补充说明】

（1）对桁架的角钢杆件与节点板的连接，我国《原规范》中规定宜采用两面侧焊，也可用三面围焊和 L 形围焊。可见首先是推荐侧面角焊缝，其次才是三面围焊。L 形围焊不是所有情况下都可能采用的，本例题就是一例。当采用围焊时，转角处必须连续施焊。若在转角处熄火或起弧，将会加剧应力集中的影响，这是不希望产生的。

（2）在计算两侧面角焊缝所受内力时，将分别用到角钢形心至两侧面角焊缝的距离与角钢连接边长之比 e_2/b 和 e_1/b，今分别记作 α 和 β。上面例题的计算中，是准确地由型钢表查到 e_1 后得出 β 的。具体设计时，不必要如此精确，设计习惯上取表 3.4 所示 α 和 β 的近似值。

角钢背面与边端侧面角焊缝的内力分配系数　　　　　　　　　表 3.4

截面及连接情况		内力分配系数	
		背面 α	边端 β
等边角钢	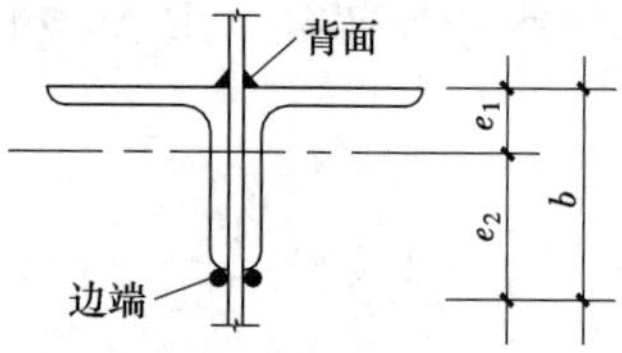	0.70	0.30
不等边角钢短边相连	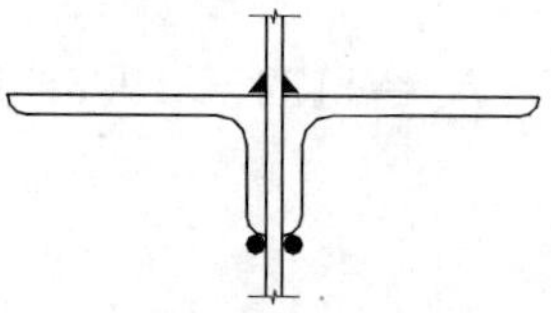	0.75	0.25
不等边角钢长边相连	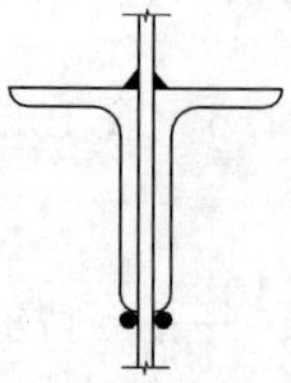	0.65	0.35

注：表中 $\alpha=e_2/b$，$\beta=e_1/b$。

（3）当构件截面为一只角钢时，考虑角钢与节点板单边连接所引起的偏心影响，焊缝的强度设计值应予以适当降低。我国《原规范》规定，此时采用的焊缝强度设计值应乘以折减系数 0.85，即取 $0.85f_f^w$。但《钢标》中没有相应的规定。对此种情况，本书建议遵循《原规范》的规定。

【例题 3.5】某钢板，承受轴心静力荷载，截面为 $16\text{mm}\times180\text{mm}$，与厚 18mm 的节点板搭接如图 3.43 所示，Q235 钢，采用不预热的非低氢手工焊，E43 型焊条。试根据此钢板的强度设计此搭接接头（假定节点板强度已满足，不必考虑）。

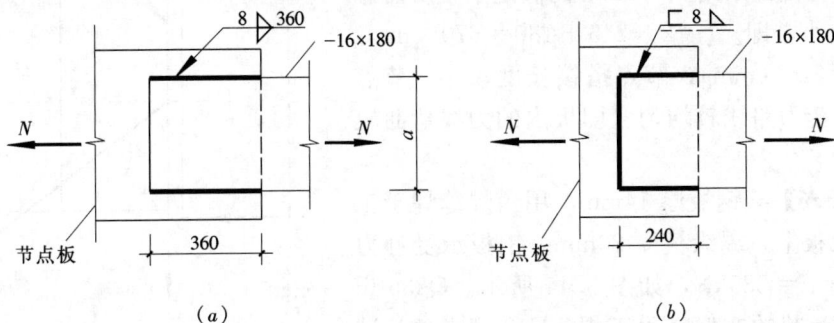

图 3.43　例题 3.5 图——钢板搭接接头
(a) 侧面角焊缝；(b) 三面围焊

【解】根据钢板的强度（厚 16mm 钢板，$f=215\text{N/mm}^2$），该搭接接头承受的轴心静力荷载为：

$$N=Af=16\times180\times215\times10^{-3}=619.2\ (\text{kN})$$

（1）方案一——仅用两条侧面角焊缝

需要焊缝总长度为：

$$\sum l_w\geqslant\frac{N}{0.7h_ff_f^w}$$

按构造要求，最小焊脚尺寸（表 3.3）：$h_f=6\text{mm}$

最大焊脚尺寸：$h_f=t-(1\sim2)=16-(1\sim2)=15\sim14\ (\text{mm})$

h_f 取用过大，冷却时将加大焊接收缩变形，且可能要施焊多道才能实现要求的 h_f。今采用较小的 h_f，取 $h_f=8\text{mm}$。查附表 1.2 可知，E43 型焊条手工焊焊接 Q235 钢时，$f_f^w=160\text{N/mm}^2$。故：

$$\sum l_w\geqslant\frac{N}{0.7h_ff_f^w}=\frac{619.2\times10^3}{0.7\times8\times160}=691\ (\text{mm})$$

需要每条焊缝的计算长度：

$$l_w=\frac{691}{2}=345.5\ (\text{mm})\ <60h_f=480\ (\text{mm}),\ 可。$$

实际长度：$l=l_w+2h_f=345.5+16=361.5\ (\text{mm})$

采用 $l=360\text{mm}>a=180\text{mm}$，可（图 3.39）。

两侧面角焊缝的间距 $a=180\text{mm}<16t=16\times16=256\ (\text{mm})$，可不另设槽焊或点焊。

（2）方案二——采用三面围焊（即用两条侧面角焊缝和一条正面角焊缝）

采用 $h_f = 8\text{mm}$。

需要每条侧焊缝的实际长度为：

$$l \geqslant \frac{N - 0.7h_f a\beta_f f_f^w}{2 \times 0.7h_f f_f^w} + h_f = \frac{619.2 \times 10^3 - 0.7 \times 8 \times 180 \times 1.22 \times 160}{2 \times 0.7 \times 8 \times 160} + 8 = 243.7 \quad (\text{mm})$$

采用 $l = 245\text{mm} < 60h_f + 8 = 488$ （mm），可。

比较两方案，以第二方案即采用三面围焊为好。其优点是：在都是采用 $h_f = 8\text{mm}$ 的假定下，所需总焊缝长度较小，即 $\sum l = 2 \times 245 + 180 = 670$ （mm） $< 2 \times 360 = 720$ （mm）；节点搭接长度较小，节点紧凑；板内传力路线较均匀（即板内的力线弯曲较小）。

【例题 3.6】某钢板厚 14mm，用角焊缝焊于工字钢的翼缘板上，翼缘板厚 20mm。钢板承受静力荷载设计值 $F = 585\text{kN}$，如图 3.44 所示。Q235BF 钢，采用不预热的非低氢手工焊，E43 型焊条。试求此角焊缝的焊脚尺寸 h_f。

【解】对外力 F 而言，两角焊缝为斜向焊缝。今把 F 分解成水平和竖向分力：

$$F_x = \frac{4}{5}F = 0.8 \times 585 = 468 \quad (\text{kN})$$

$$F_y = \frac{3}{5}F = 0.6 \times 585 = 351 \quad (\text{kN})$$

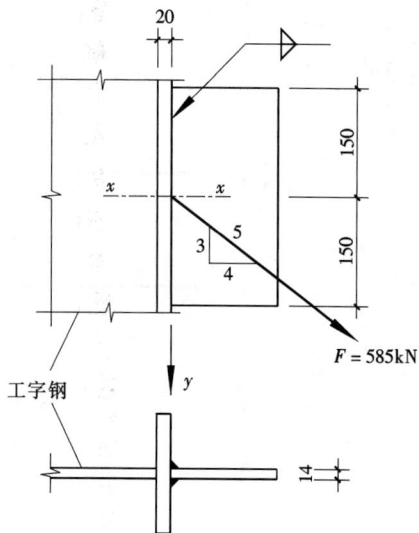

图 3.44 例题 3.6 图

外力通过焊缝形心，故焊缝应力：

$$\sigma_f = \frac{F_x}{2 \times 0.7h_f l_w} = \frac{468 \times 10^3}{2 \times 0.7h_f \times (300 - 2h_f)} = \frac{167.1 \times 10^3}{h_f(150 - h_f)}$$

$$\tau_f = \frac{F_y}{2 \times 0.7h_f l_w} = \frac{351 \times 10^3}{2 \times 0.7h_f \times (300 - 2h_f)} = \frac{125.4 \times 10^3}{h_f(150 - h_f)}$$

代入焊缝的强度条件 [式（3.14）]：

$$\sqrt{\left(\frac{\sigma_f}{\beta_f}\right)^2 + \tau_f^2} \leqslant f_f^w$$

即

$$\frac{10^3}{h_f(150 - h_f)}\sqrt{\left(\frac{167.1}{1.22}\right)^2 + 125.4^2} \leqslant f_f^w = 160 \quad (\text{N/mm}^2)$$

解得 $h_f = 8.19\text{mm}$，采用 $h_f = 9\text{mm}$ 或 10mm，大于 $h_{f\min} = 6\text{mm}$ （表 3.3）且不大于 $1.2t_{\min} = 1.2 \times 14 = 16.8$ （mm），可。

【例题 3.7】某采用菱形拼接板的拼接接头如图 3.45 所示。钢板截面为 -20×400，菱形拼接板为 $2-10 \times 360$，Q235 钢，E43 型焊条，采用不预热的非低氢手工焊，$h_f =$

8mm。试求此接头所能承受的轴心拉力（静力荷载）设计值，以及当轴心拉力的可变荷载与永久荷载标准值之比为3∶1时此接头所能承受的总荷载标准值。

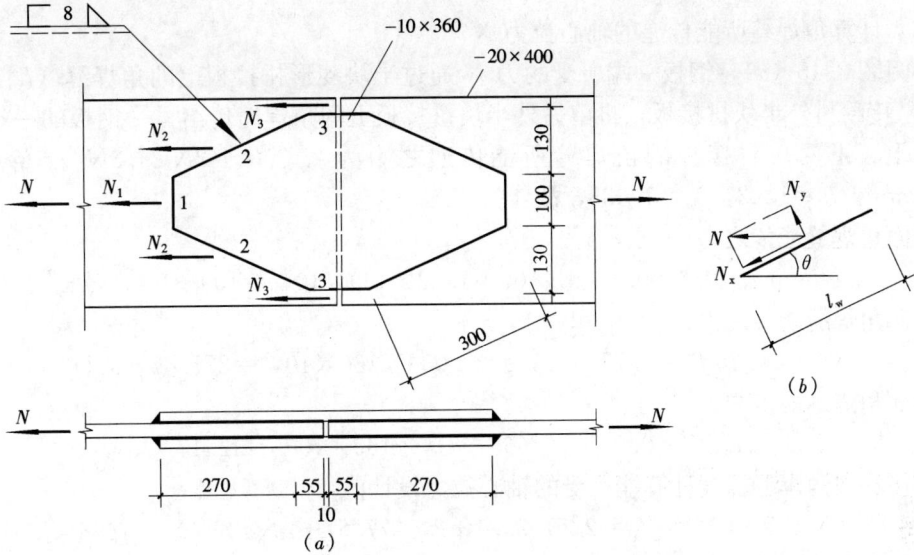

图 3.45　例题 3.7 图——菱形拼接板角焊缝的计算
(a) 菱形拼接板及角焊缝的布置；(b) 斜向焊缝的计算

【解】（1）角焊缝所能承受的外力推导

为解本题，首先参阅图 3.45 (b) 所示计算长度为 l_w 的斜向角焊缝，焊缝轴线与外力 N 之间的夹角为 θ，此时该焊缝所能承受的外力 N 可推导如下：

把 N 分解成：
$$N_x = N\cos\theta \quad \text{和} \quad N_y = N\sin\theta$$

于是得：
$$\sigma_f = \frac{N\sin\theta}{h_e l_w} \quad \text{和} \quad \tau_f = \frac{N\cos\theta}{h_e l_w}$$

代入式（3.14）得：
$$\sqrt{\left(\frac{N\sin\theta}{\beta_f h_e l_w}\right)^2 + \left(\frac{N\cos\theta}{h_e l_w}\right)^2} \leqslant f_f^w$$

即
$$\frac{N}{h_e l_w}\sqrt{\frac{\sin^2\theta}{1.5} + \cos^2\theta} \leqslant f_f^w$$

因 $\cos^2\theta = 1 - \sin^2\theta$，上式可写成：
$$\frac{N}{h_e l_w}\sqrt{1 - \frac{1}{3}\sin^2\theta} \leqslant f_f^w$$

记
$$\frac{1}{\sqrt{1 - \frac{1}{3}\sin^2\theta}} = \beta_{f\theta} \tag{3.17}$$

则得：
$$N = h_e l_w \beta_{f\theta} f_f^w \tag{3.18}$$

式（3.17）中的 $\beta_{f\theta}$ 可称为斜向角焊缝的强度设计值增大系数。

本题中：
$$\sin\theta = \frac{130}{300} = 0.433$$

$$\beta_{f\theta} = \cfrac{1}{\sqrt{1 - \cfrac{1}{3} \times (0.433)^2}} = 1.033$$

（2）计算角焊缝所能传递的轴心拉力 N

参阅图 3.45 （a），钢板一端所受的力 N 通过半块菱形拼接板上的角焊缝（$l_{w1} + 2l_{w2} + 2l_{w3}$）传给另外半块拼接板，再由另外半块拼接板上的角焊缝传给另一钢板的一端。由此可知上、下两块拼接板的角焊缝所能传递之力为 $2（N_1 + 2N_2 + 2N_3）$。今 $f_f^w = 160 \text{N/mm}^2$，$\beta_f = 1.22$，$\beta_{f\theta} = 1.033$，故：

正面角焊缝能传之力：

$$N_1 = h_e l_{w1} \beta_f f_f^w = 0.7 \times 8 \times 100 \times 1.22 \times 160 \times 10^{-3} = 109.31 \text{（kN）}$$

斜向角焊缝能传之力：

$$N_2 = h_e l_{w2} \beta_{f\theta} f_f^w = 0.7 \times 8 \times 300 \times 1.033 \times 160 \times 10^{-3} = 277.67 \text{（kN）}$$

侧面角焊缝能传之力：

$$N_3 = h_e l_{w3} f_f^w = 0.7 \times 8 \times （55 - 8） \times 160 \times 10^{-3} = 42.11 \text{（kN）}$$

该接头按角焊缝强度计算能承受的轴心拉力设计值：

$$N = 2（N_1 + 2N_2 + 2N_3）= 2（109.31 + 2 \times 277.67 + 2 \times 42.11）= 1498 \text{（kN）}$$

（3）计算钢板或拼接板所能承受的轴心拉力 N

钢板截面面积：$\quad\quad\quad\quad A = 2 \times 40 = 80 \text{（cm}^2\text{）}$

两块拼接板的截面面积：$\quad A_s = 2 \times 1 \times 36 = 72 \text{（cm}^2\text{）}$

钢板能承受的轴心拉力设计值：

$$N = Af = 80 \times 10^2 \times 205 \times 10^{-3} = 1640 \text{（kN）} > 1498 \text{kN}$$

式中，钢板厚 20mm > 16mm，$f = 205 \text{N/mm}^2$。

两块拼接板能承受的轴心拉力设计值：

$$N = A_s f = 72 \times 10^2 \times 215 \times 10^{-3} = 1548 \text{（kN）} > 1498 \text{kN}$$

式中，两块拼接板均厚 10mm，$f = 215 \text{N/mm}^2$。

由以上计算可知，此接头所能承受的轴心拉力设计值为 $N = 1498 \text{kN}$，系由角焊缝的强度控制。

（4）计算接头所能承受的总荷载标准值 N_k

可变荷载分项系数 $\gamma_Q = 1.5$，永久荷载分项系数 $\gamma_G = 1.3$。

已知：$N_{Qk} : N_{Gk} = 3 : 1$

总荷载标准值：

$$N_k = N_{Gk} + N_{Qk} = \frac{1}{3} N_{Qk} + N_{Qk} = \frac{4}{3} N_{Qk}$$

今 $\quad\quad\quad\quad\quad N = 1.3 N_{Gk} + 1.5 N_{Qk} = 1498 \text{（kN）}$

即 $\quad\quad\quad\quad 1.3 \times \frac{1}{3} N_{Qk} + 1.5 N_{Qk} = 1498 \text{（kN）}$

$$N_{Qk} = \frac{1}{1.933} \times 1498 = 775.0 \text{（kN）}$$

接头所能承受的总荷载标准值为：

$$N_k = \frac{4}{3} N_{Qk} = \frac{4}{3} \times 775.0 = 1033 \text{（kN）}$$

【补充说明】

（1）用角焊缝和拼接板拼接，将多费钢材，不如用对接焊缝拼接经济，因而如无特殊原因应尽量不采用。

（2）相比用矩形拼接板以两条侧面角焊缝相连，菱形拼接板传力更均匀。

（3）本例题中如不考虑正面角焊缝和斜向角焊缝强度的提高，改用传统的强度计算方法即式（3.4），可得：

$$N = 0.7h_f \sum l_w f_f^w = 0.7 \times 8 \times 2[100 + 2 \times 300 + 2(55 - 8)] \times 160 \times 10^{-3} = 1423(kN)$$

为前面所得设计值 $N = 1498kN$ 的 95%。因此为了简化，对于菱形拼接板的角焊缝，设计习惯上按式（3.4）计算。

（4）若利用本例题中推导的式（3.17）和式（3.18），则例题 3.6 可求解如下：

$$\sin\theta = \frac{4}{5}$$

$$\beta_{f\theta} = \frac{1}{\sqrt{1 - \frac{1}{3}\sin^2\theta}} = \frac{1}{\sqrt{1 - \frac{1}{3}\left(\frac{4}{5}\right)^2}} = 1.127$$

由

$$N \leqslant h_e l_w \beta_{f\theta} f_f^w = 0.7 h_f l_w \beta_{f\theta} f_f^w$$

得

$$h_f \geqslant \frac{N}{0.7 l_w \beta_{f\theta} f_f^w} = \frac{585 \times 10^3}{0.7 \times 2 (300 - 2h_f) \times 1.127 \times 160}$$

解得 $h_f = 8.17mm$，结果与前相同但计算简单。

二、在弯矩、剪力和轴心力单独或共同作用下的 T 形连接计算

前已言及，角焊缝是以作用在角焊缝有效截面上的应力分量 $\sigma_\perp$、$\tau_\perp$ 和 $\tau_{/\!/}$ 来衡量其强度的。为了简化计算，《钢标》把上述应力分量转化作 σ_f 和 τ_f，但其计算仍然是以焊缝有效截面为依据。因此在计算弯矩、剪力和轴心力单独或共同作用下的 T 形连接时，首先应计算角焊缝的有效截面的几何特性如 A_w 和 W_w 等，然后按以下材料力学公式求出 σ_f 和 τ_f。

在轴心力 N 作用下：

$$\sigma_f = \frac{N}{A_w} \leqslant \beta_f f_f^w \tag{3.19}$$

在剪力 V 作用下，假设单由竖向角焊缝承受：

$$\tau_f = \frac{V}{A_{w1}} \leqslant f_f^w \tag{3.20}$$

在弯矩 M 作用下：

$$\sigma_f = \frac{M}{W_w} \leqslant \beta_f f_f^w \tag{3.21}$$

式中　A_w、W_w——分别是全体焊缝有效截面的面积和弹性截面模量；

　　　　A_{w1}——竖向角焊缝的有效截面面积。

在 N、V 和 M 共同作用下，则应再按式（3.14）进行验算。

【例题 3.8】 某角钢牛腿，截面为 $1\angle125 \times 80 \times 12$，短边外伸如图 3.46（$a$）所示，承受静力荷载设计值 $F = 150kN$，作用点与柱翼缘板表面距离 $e = 30mm$，Q235BF 钢，采

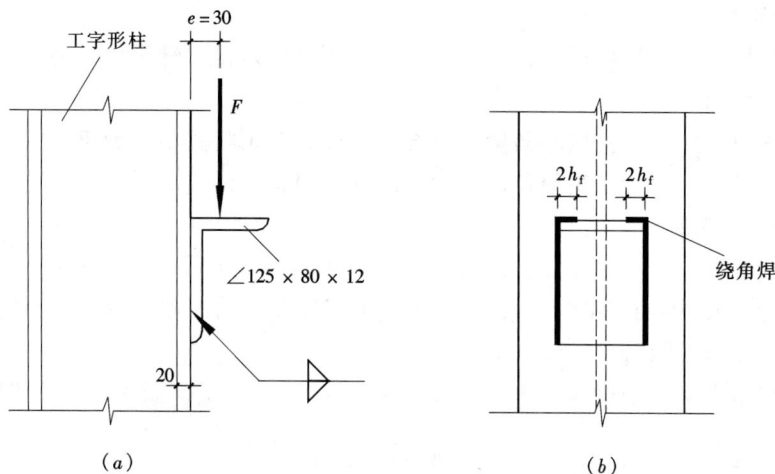

图 3.46 例题 3.8 图——角钢牛腿与柱的连接角焊缝

用不预热的非低氢手工焊，E43 型焊条。试求此牛腿角钢与柱连接角焊缝的焊脚尺寸。

【解】沿角钢两端设竖向角焊缝与柱翼缘板相连。为避免角焊缝上端受拉最大处受焊口的影响，上端绕角回焊 $2h_f$ 如图 3.46（b）所示。转角处必须连续施焊，不得中断。计算焊缝有效截面时，可不将绕角焊计入在内。

（1）角焊缝承受的外力设计值

弯矩： $\qquad M=Fe=150\times0.03=4.5$（kN·m）

剪力： $\qquad V=F=150$（kN）

（2）角焊缝有效截面的几何特性

面积： $\qquad A_w=2\times0.7h_f（12.5-h_f）=1.4h_f（12.5-h_f）$（cm²）

式中 h_f 的单位为 cm，每条角焊缝计算长度为实际长度减去 h_f（因上端有绕角焊）。

（3）焊缝应力及焊脚尺寸

焊缝应力： $\tau_f=\dfrac{V}{A_w}=\dfrac{150\times10^3}{1.4h_f（12.5-h_f）\times10^2}=\dfrac{1071}{h_f（12.5-h_f）}$（N/mm²）

$$\sigma_f=\frac{M}{2\times\frac{1}{6}h_e l_w^2}=\frac{3\times4.5\times10^6}{0.7h_f（12.5-h_f）^2\times10^3}=\frac{19286}{h_f（12.5-h_f）^2}\text{（N/mm}^2\text{）}$$

代入 $\qquad\sqrt{\left(\dfrac{\sigma_f}{\beta_f}\right)^2+\tau_f^2}\leqslant f_f^w$

式中 $\beta_f=1.22$，$f_f^w=160\text{N/mm}^2$。

直接解方程过分复杂，今用试解法（或在电脑上利用 Excel 中的单变量求解 h_f，也很方便）。取 $l_w=12.5-0.9=11.6$（cm），可得：

$$\sqrt{\left(\frac{117.5}{h_f}\right)^2+\left(\frac{92.3}{h_f}\right)^2}\leqslant160$$

解得 $h_f=0.93$cm，采用 $h_f=10\text{mm}>h_{fmin}=6\text{mm}$，可。

【例题 3.9】某有加劲腹板的 T 形截面钢牛腿如图 3.47 所示，承受竖向静力荷载设计值 $F=250$kN。牛腿用角焊缝与工字形截面柱的翼缘板相连，Q235BF 钢，采用不预热的

76

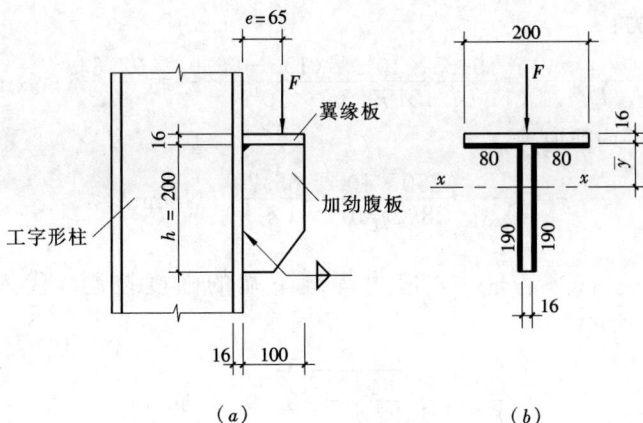

图 3.47　例题 3.9 图

(a) 钢牛腿；(b) 角焊缝有效截面

非低氢手工焊，E43 型焊条。焊缝布置、外力 F 作用点位置和牛腿截面等均见图。试求焊缝的焊脚尺寸。

【解】角焊缝布置如图 3.47(b) 所示。焊缝有效截面为两个倒 L 形，竖向角焊缝 $l_{w1}=200-10=190$ (mm)，水平角焊缝 $l_{w2}=(200-16)/2-10=82$ (mm)，近似取 80mm[1]。布置水平角焊缝的目的是考虑当力 F 对牛腿腹板有偏心时增加牛腿抗扭转变形的能力。

(1) 角焊缝所受外力设计值

弯矩：$\qquad\qquad M=Fe=250\times0.065=16.25$ (kN·m)

剪力：$\qquad\qquad V=F=250$ (kN)

(2) 角焊缝有效截面的几何特性

把图 3.47(b) 所示的角焊缝有效截面看作由厚度为 $h_e=0.7h_f$ 的"直线段"组成的倒 L 形，并紧贴在牛腿翼缘板下面和腹板两侧。由此引起的误差极小，可略去不计。

竖向角焊缝有效截面面积 $A_{w1}=2h_e\times19=38h_e$ (cm²)，其中 h_e 单位为 cm。

对水平角焊缝取面积矩，求焊缝有效截面的形心位置：

$$\bar{y}=\frac{190\times2\times95}{190\times2+80\times2}=66.9 \text{ (mm)}$$

对 x 轴的惯性矩：

$$I_x=\frac{1}{3}\times6.69^3\times2h_e+\frac{1}{3}(19-6.69)^3\times2h_e+2\times8h_e\times6.69^2$$

$$=2159.3h_e \text{ (cm}^4\text{)}$$

(3) 焊缝应力和角焊缝焊脚尺寸

假设弯矩由全部焊缝承受，剪力只由竖向角焊缝承受并沿竖向焊缝均匀分布。

焊缝上端拉应力：

$$\sigma_{f1}=\frac{M\bar{y}}{I_x}=\frac{16.25\times10^6\times66.9}{2159.3h_e\times10^4}=\frac{50.35}{h_e} \text{ (N/mm}^2\text{)}$$

---

❶ 从例题 3.9 可见，按《钢标》规定取每条焊缝计算长度 $l_w=l-2h_f$，而 h_f 又尚未求出，给计算带来复杂性。今设 $h_f=10mm$，求得 l_w，可简化计算。

焊缝下端压应力：

$$\sigma_{f2}=\frac{M\ (l_{w1}-\overline{y})}{I_x}=\frac{16.25\times10^6\times\ (190-66.9)}{2159.3h_e\times10^4}=\frac{92.64}{h_e}\ (\text{N/mm}^2)$$

竖向焊缝上的平均剪应力：

$$\tau_f=\frac{V}{A_{w1}}=\frac{250\times10^3}{38h_e\times10^2}=\frac{65.79}{h_e}\ (\text{N/mm}^2)$$

理论上，因 $\mid\sigma_{f2}\mid\ >\ \mid\sigma_{f1}\mid$，应由焊缝下端的强度控制。代入 $\sqrt{\left(\dfrac{\sigma_f}{\beta_f}\right)^2+\tau_f^2}\leqslant f_f^w$，得：

$$\frac{1}{h_e}\sqrt{\left(\frac{92.64}{1.22}\right)^2+65.79^2}\leqslant160$$

解得： $h_e\geqslant0.63\text{cm}$，$h_f=\dfrac{6.3}{0.7}=9\ (\text{mm})$

采用 $h_f=10\text{mm}>h_{fmin}=6\text{mm}$（表 3.3），可。

实际上，由于焊缝下端 σ_{f2} 是压应力，其值虽大，但不会控制焊缝的安全，设计中可采用焊缝上端的拉应力作为控制值。试验证明，这样计算对有加劲腹板的牛腿，其焊缝仍有足够的安全度[1]。因此，由：

$$\sqrt{\left(\frac{\sigma_f}{\beta_f}\right)^2+\tau_f^2}\leqslant f_f^w$$

得

$$\frac{1}{h_e}\sqrt{\left(\frac{50.35}{1.22}\right)^2+65.79^2}\leqslant160$$

解得 $h_e\geqslant0.49\text{cm}$，$h_f=\dfrac{4.9}{0.7}=7.0\ (\text{mm})$。可采用 $h_f=8\text{mm}$。

目前设计中，上述两种计算方法都有采用。

【例题 3.10】图 3.48 所示为一工字形截面的钢牛腿与钢柱的角焊缝连接，牛腿截面及焊缝布置见图示。Q235BF 钢，E43 型焊条，采用不预热的非低氢手工焊。牛腿上承受静力荷载设计值 $F=470\text{kN}$。试求所需焊脚尺寸 h_f。

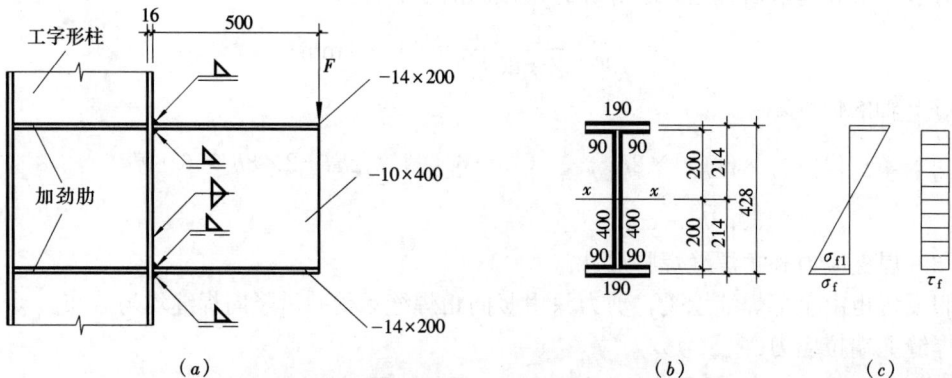

图 3.48 例题 3.10 图——牛腿与柱的刚性连接
(a) 钢牛腿；(b) 焊缝有效截面；(c) 焊缝应力图

---

[1] Edwin H. Gaylord. Jr., Charles N. Gaylord. Design of Steel Structures. 2nd ed. New York: McGraw Hill, 1972: 458.

【解】（1）角焊缝所承受的外力设计值

弯矩：$M = 470 \times 0.5 = 235$（kN·m）

剪力：$V = 470$kN

（2）焊缝有效截面及几何特性

焊缝计算长度因 h_f 尚未知，暂时假设如图 3.48（b）所示，设所有角焊缝的焊脚尺寸均相同，焊缝计算厚度为 $h_e = 0.7h_f$。由于焊缝计算厚度与整个牛腿截面尺寸相比是很小的，计算截面几何特性时可把各段焊缝有效截面看作厚度为 h_e 的一些"直线段"紧贴在牛腿钢材的表面。由此引起的误差极小，可略去不计。

惯性矩：
$$I_x = 2 \times 19h_e \times 21.4^2 + 4 \times 9h_e \times 20^2 + 2 \times \frac{1}{12}h_e \times 40^3$$
$$= (17402 + 14400 + 10667)h_e = 42469h_e \text{（cm}^4\text{）}$$

截面模量：
$$W_x = \frac{I_x}{y_{max}} = \frac{42469h_e}{21.4} = 1984.5h_e \text{（cm}^3\text{）}$$

腹板两侧竖向角焊缝有效截面面积：$A_{w1} = 2 \times 40 \times h_e = 80h_e$（cm^2）

以上各式中，h_e 的单位均为 cm。

（3）焊缝强度计算及焊脚尺寸

1）牛腿顶面角焊缝弯曲拉应力：
$$\sigma_f = \frac{M}{W_x} = \frac{235 \times 10^6}{1984.5h_e \times 10^3} \leqslant \beta_f f_f^w = 1.22 \times 160$$

解得：$h_e = 0.61$cm。

2）牛腿腹板角焊缝上端应力，由两部分组成：

①当截面为工字形或 T 形时，考虑到翼缘板的竖向刚度与腹板相比较小，设计习惯上假定剪力由腹板单独承受。因此，在计算角焊缝有效截面的剪应力时，也作此假定，截面上的两竖向角焊缝承受全部剪力，并假定剪应力为均匀分布。
$$\tau_f = \frac{V}{A_{w1}} = \frac{470 \times 10^3}{80h_e \times 10^2} = \frac{58.75}{h_e} \text{（N/mm}^2\text{）}$$

②两竖向角焊缝上端承受的弯曲应力：
$$\sigma_{f1} = \frac{My_1}{I_x} = \frac{235 \times 10^6 \times 200}{42469h_e \times 10^4} = \frac{110.67}{h_e} \text{（N/mm}^2\text{）}$$

应力分布见图 3.48（c）。

将 τ_f 和 σ_{f1} 的表达式代入强度条件：
$$\sqrt{\left(\frac{\sigma_f}{\beta_f}\right)^2 + \tau_f^2} \leqslant f_f^w$$

得
$$\frac{1}{h_e}\sqrt{\left(\frac{110.67}{1.22}\right)^2 + 58.75^2} \leqslant 160$$

解得：
$$h_e = 0.68\text{cm} > 0.61\text{cm}$$

3）焊脚尺寸 h_f 由腹板上端角焊缝强度条件控制，即：
$$h_f = \frac{h_e}{0.7} = \frac{0.68 \times 10}{0.7} = 9.7 \text{（mm）}$$

采用 $h_f = 10$mm，大于 $h_{fmin} = 6$mm（表 3.3）且小于 $1.2 \times 10 = 12$mm，可。

因最后采用的 h_f 较计算所需略大，前面假定 l_w 较《钢标》要求的 $l_w = l - 2h_f$ 为长，但引起的误差不会影响最后采用的 h_f。

【讨论】因采用的假定不同，本题还有其他的不同解法：

（1）其他解法之一——近似解法

假定工字形截面的翼缘板承受全部弯矩，腹板承受全部剪力，因而翼缘板的连接焊缝可按全部弯矩计算，腹板的连接焊缝按全部剪力计算[1]。在本例题中则为：

1）翼缘角焊缝的应力：

$$\sigma_f = \frac{M/(h-t)}{h_e \sum l_w} \leqslant \beta_f f_f^w$$

式中，$M/(h-t)$ 为把弯矩化作力偶后由翼缘板承受的轴心力，即：

$$\frac{235 \times 10^6}{(428-14) h_e (190 + 2 \times 90)} \leqslant 1.22 \times 160$$

解得：

$$h_e = 7.86 \text{mm}, \quad h_f = \frac{7.86}{0.7} = 11.2 \text{ (mm)}$$

2）腹板角焊缝的应力：

$$\tau_f = \frac{V}{A_{w1}} = \frac{470 \times 10^3}{80 h_e \times 10^2} \leqslant f_f^w = 160$$

解得：

$$h_e = 0.367 \text{cm}, \quad h_f = \frac{3.67}{0.7} = 5.2 \text{ (mm)}$$

如是，则取：

翼缘板处角焊缝 $h_f = 12 \text{mm}$，大于 $h_{f\min} = 6 \text{mm}$（表 3.3）且小于 $1.2 \times 14 = 16.8$（mm），可。

腹板处角焊缝 $h_f = 6 \text{mm}$，等于 $h_{f\min} = 6 \text{mm}$ 且小于 $1.2 \times 10 = 12 \text{mm}$，可。

工字形截面上的弯矩实际上是由整个截面承担，只是翼缘板承担其中的大部分而已。因此本近似解法的计算结果，对翼缘板处的角焊缝是偏大的，而对腹板处角焊缝是偏小的。

（2）其他解法之二

假定工字形截面翼缘板和腹板按各自刚度（惯性矩）之比共同承担弯矩，剪力则由腹板单独承受。本题中，牛腿截面的惯性矩为：

翼缘板：$I_f = 2 \times 20 \times 1.4 \times 20.7^2 = 23995 \text{ (cm}^4\text{)}$

腹板：$I_w = \frac{1}{12} \times 1 \times 40^3 = 5333 \text{ (cm}^4\text{)}$

全截面：$I_x = I_f + I_w = 23995 + 5333 = 29328 \text{ (cm}^4\text{)}$

翼缘板承受的弯矩设计值：

$$M_f = \frac{I_f}{I_x} M = \frac{23995}{29328} \times 235 = 192.3 \text{ (kN · m)}$$

腹板承受的弯矩设计值：

$$M_w = \frac{I_w}{I_x} M = \frac{5333}{29328} \times 235 = 42.7 \text{ (kN · m)}$$

---

❶ 见书末主要参考资料［13］第 40 页。

腹板承受全部剪力设计值：$V=470$kN

①翼缘焊缝中的应力和焊脚尺寸：

$$\sigma_f = \frac{M_f}{(h-t)\, h_e \sum l_w} \leqslant \beta_f f_f^w$$

即

$$\frac{192.3 \times 10^6}{(428-14)\, h_e\, (190+2\times 90)} \leqslant 1.22 \times 160$$

解得：$h_e=6.43$mm，$h_f=\dfrac{6.43}{0.7}=9.2$（mm），采用 $h_f=10$mm。

②腹板焊缝中的应力和焊脚尺寸：

$$\tau_f = \frac{V}{2h_e l_w} = \frac{470\times 10^3}{2h_e \times 400} = \frac{587.5}{h_e}\ (\text{N/mm}^2)$$

$$\sigma_{f1} = \frac{M_w}{W_x} = \frac{42.7\times 10^6}{\frac{1}{6}\times 2h_e \times 400^2} = \frac{800.6}{h_e}\ (\text{N/mm}^2)$$

由

$$\sqrt{\left(\frac{\sigma_{f1}}{\beta_f}\right)^2 + \tau_f^2} = \frac{1}{h_e}\sqrt{\left(\frac{800.6}{1.22}\right)^2 + 587.5^2} \leqslant f_f^w = 160$$

解得：$h_e=5.50$mm，$h_f=\dfrac{5.50}{0.7}=7.9$（mm），采用 $h_f=8$mm。

比较上述两个其他解法，笔者认为其他解法之二的假定较为合理。关于本例题之解与其他解法之二，前者宜用于已确定各部分的 h_f、要求进行强度验算的情况；后者则宜用于求 h_f 时，对翼缘角焊缝和腹板角焊缝可得到不同的 h_f 值。

本例题在多层房屋刚架的梁柱刚接节点中常有采用，即多层刚架的立柱在工厂制造时在两边各带一短牛腿，两柱间的横梁则在工地现场用高强度螺栓连接于牛腿的外伸端，以免高空焊接，如图 3.49 所示。此时，短牛腿翼缘板与柱的连接也常有采用对接焊缝的，见例题 3.11。

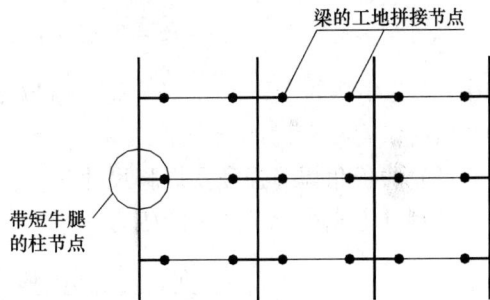

图 3.49　多层刚架梁柱刚接节点

【例题 3.11】条件与例题 3.10 相同。但牛腿翼缘板改用 V 形坡口对接焊缝与柱相连（不用引弧板施焊），牛腿腹板仍用角焊缝与柱相连，如图 3.50 所示。为了便于翼缘板对接焊缝的施焊，在焊缝底部设置垫板，腹板上、下端均开孔，孔高 30mm。对接焊缝的质量等级要求为二级。试设计此焊缝连接。

【解】解法一——按翼缘与腹板分担弯矩计算

假定翼缘与腹板按其惯性矩之比分担截面上的弯矩，剪力则全部由腹板承受。由例题 3.10 的讨论知：

翼缘板承受的弯矩设计值为：

$$M_f = \frac{I_f}{I_x}M = 192.3\ (\text{kN}\cdot\text{m})$$

腹板承受的弯矩设计值为：

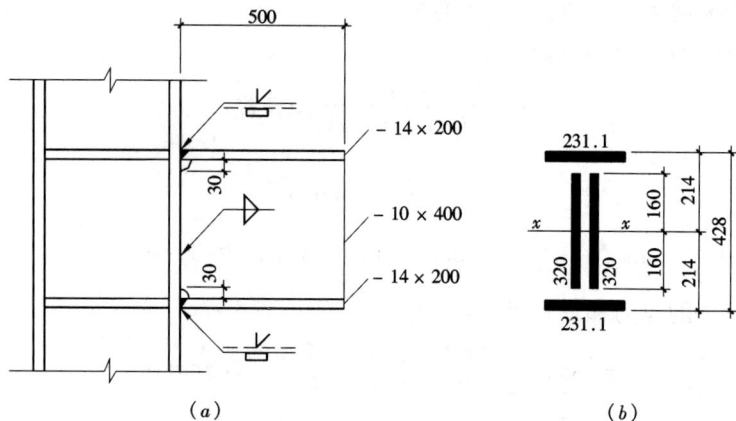

图 3.50 例题 3.11 图

(a) 节点;(b) 解法二的焊缝截面

$$M_w = \frac{I_w}{I_x} M = 42.7 \ (\text{kN} \cdot \text{m})$$

腹板承受全部剪力设计值:$V = 470\text{kN}$

(1) 翼缘板 V 形坡口对接焊缝强度的验算

$$\sigma = \frac{M_f}{(h-t) \ l_w t} = \frac{192.3 \times 10^6}{(428-14) \times (200-2 \times 14) \times 14} = 192.9 \ (\text{N/mm}^2)$$

$$< f_t^w = 215\text{N/mm}^2,\ 可。$$

式中,h 为牛腿的全高,$l_w = b - 2t$,b 和 t 各为牛腿翼缘板的宽度和厚度。焊缝质量等级为二级时,$f_t^w = 215\text{N/mm}^2$。

(2) 腹板角焊缝强度及焊脚尺寸

角焊缝上端由弯矩产生的应力:

$$\sigma_{f1} = \frac{M_w}{\frac{1}{6} \times 2h_e l_w^2} = \frac{6 \times 42.7 \times 10^6}{2h_e \times 320^2} = \frac{1251.0}{h_e} \ (\text{N/mm}^2)$$

式中暂设 $l_w = 400 - 2 \times 30 - 2 \times 10 = 320 \ (\text{mm})$。

角焊缝的剪应力:

$$\tau_f = \frac{V}{2h_e l_w} = \frac{470 \times 10^3}{2h_e \times 320} = \frac{734.4}{h_e} \ (\text{N/mm}^2)$$

代入

$$\sqrt{\left(\frac{\sigma_{f1}}{\beta_f}\right)^2 + \tau_f^2} \leqslant f_f^w$$

得

$$\frac{1}{h_e}\sqrt{\left(\frac{1251}{1.22}\right)^2 + 734.4^2} \leqslant 160$$

解得:$\qquad h_e = 7.88\text{mm},\ h_f = \frac{7.88}{0.7} = 11.3 \ (\text{mm})$

采用 $h_f = 12\text{mm} = 1.2t = 1.2 \times 10 = 12 \ (\text{mm})$,可。

解法二——按全截面计算

牛腿翼缘板用 V 形坡口对接焊缝与柱相连接，牛腿腹板改用 $h_f=10mm$ 的两条角焊缝与柱相连。由于两种焊缝的强度设计值不等，对接焊缝时 $f_t^w=f_c^w=215N/mm^2$，角焊缝时 $f_f^w=160N/mm^2$。按全截面计算时应先把对接焊缝的宽度 $b=200mm$ 按强度设计值换算成等效宽度 b'，即：

$$b'=(b-2t)\frac{f_t^w}{f_f^w}=(200-2\times14)\times\frac{215}{160}=172\times1.344=231.1\ (mm)$$

换算后的焊缝有效截面布置如图 3.50（b）所示。

（1）焊缝有效截面的几何特性

腹板角焊缝的有效面积：

$$A_{w1}=2\times0.7\times1.0\times32=44.8\ (cm^2)$$

焊缝全截面惯性矩：

$$I_x=2\times23.11\times1.4\times20.7^2+\frac{1}{12}\times2\times0.7\times1.0\times32^3=31550\ (cm^4)$$

（2）焊缝强度验算

牛腿顶面的弯曲拉应力：

$$\sigma=\frac{My_{max}}{I_x}=\frac{235\times10^6\times214}{31550\times10^4}=159.4\ (N/mm^2)<f_t^w=160N/mm^2，可。$$

腹板角焊缝上端的应力：

$$\tau_f=\frac{V}{A_{w1}}=\frac{470\times10^3}{44.8\times10^2}=104.9\ (N/mm^2)$$

$$\sigma_{f1}=\frac{Ml_w}{I_x\ 2}=\frac{235\times10^6\times320}{31550\times10^4\times2}=119.2\ (N/mm^2)$$

$$\sqrt{\left(\frac{\sigma_{f1}}{\beta}\right)^2+\tau_f^2}=\sqrt{\left(\frac{119.2}{1.22}\right)^2+104.9^2}=143.4\ (N/mm^2)<f_f^w=160N/mm^2，可。$$

【讨论】两个解法所得牛腿角焊缝的 h_f 不等，解法一需 $h_f=12mm$，而解法二取 $h_f=10mm$ 即可。其差别主要是计算腹板角焊缝上端由弯矩产生的应力 σ_{f1} 因计算假定不同而造成。本例题所用的两个解法在设计实践中均可采用。

三、同时承受剪力和扭矩作用时的计算

工程上常可遇到如图 3.51 所示的搭接连接，该处偏心作用的剪力使角焊缝同时承受剪力和扭矩。由于《钢标》中只规定了角焊缝的强度设计值 f_f^w，以及在 σ_f 与 τ_f 单独或共同作用下的角焊缝强度计算公式，而对在扭转作用下产生的 σ_f 和 τ_f 的计算方法未作规定，这就需由设计人员根据已有的力学知识自行确定。上文"二"中介绍的弯矩作用下角焊缝的计算，就是直接利用材料力学的公式。在扭矩作用下角焊缝的计算也可直接利用材料力学公式，但是由于此法比较保守，因而又出现了另外的一些算法。究竟采用哪一个计算方法为好，这要由设计人员自行判别。下面主要介绍直接利用材料力学公式的弹性计算方法，因为这是传统和常用的；其次才说明一些其他方法的要点。

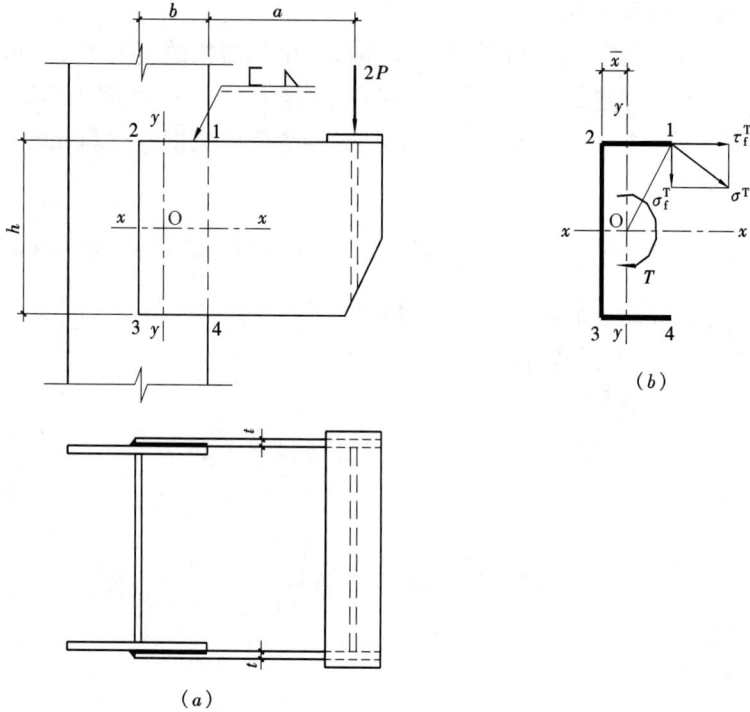

图 3.51 承受剪力和扭矩的角焊缝连接

(a) 连接节点；(b) 角焊缝有效截面

1. 弹性计算方法

假定被连接的板件是绝对刚性而连接焊缝是弹性的，在扭矩 T 作用下，板件将绕焊缝有效截面的形心 O 转动，焊缝上任一点应力的方向将垂直于该点至形心的连线，而大小则与该点至形心的距离成正比。根据材料力学中的扭转公式，得：

$$\sigma^{T} = \frac{T\rho}{I_0} \tag{3.22}$$

式中 I_0——焊缝有效截面对形心 O 的极惯性矩，$I_0 = I_x + I_y$；

ρ——自形心 O 至所计算应力点的距离。

如所计算点在图 3.51(b) 的焊缝 1—2 上，可将扭矩 T 所产生的应力 σ^T 分解成沿 x 轴和 y 轴两个分量：沿 x 轴分量与焊缝 1—2 轴线一致，记为 τ_f^T；沿 y 轴分量与焊缝 1—2 轴线相垂直，记为 σ_f^T（上角标 T 表明这是由扭矩 T 所产生的应力分量）。两者分别为：

$$\tau_f^T = \sigma^T \cdot \frac{y}{\rho} \quad 和 \quad \sigma_f^T = \sigma^T \cdot \frac{x}{\rho}$$

代入式（3.22），得：

$$\tau_f^T = \frac{Ty}{I_0} \quad 和 \quad \sigma_f^T = \frac{Tx}{I_0} \tag{3.23}$$

式中 x、y——分别为所计算点的横坐标和纵坐标。

最大的 τ_f^T 和 σ_f^T 将发生在离形心 O 最远点处，例如图 3.51 (b) 中的焊缝 1 和 4 处。

如将图 3.51 (a) 所示每一块钢板上所受的外力 P 移至其焊缝有效截面的形心 O 处，

则焊缝将同时承受通过形心 O 的剪力 V（$V=P$）和扭矩 T $[T=P (a+b-\overline{x})]$。通过焊缝形心的剪力 V 由全部焊缝有效截面平均承受，因而焊缝点 1 处所受应力 σ_f^V（上角标 V 表示此应力分量由 V 产生）为：

$$\sigma_f^V = \frac{V}{A} \tag{3.24}$$

式中 A——全部焊缝的有效截面面积。

在剪力和扭矩共同作用下，焊缝 1 处的强度条件为：

$$\sqrt{\left(\frac{\sigma_f^T + \sigma_f^V}{\beta_f}\right)^2 + (\tau_f^T)^2} \leqslant f_f^w \tag{3.25}$$

上述计算说明控制焊缝强度的只是点 1 和点 4 处的应力。此时除点 1 和点 4 处外，所有其他各点的焊缝应力都将低于角焊缝的强度设计值 f_f^w。因此，弹性计算方法是比较保守的，但它是目前用得最多的一种方法。

【例题 3.12】图 3.51 所示钢牛腿，静力荷载设计值 $2P=220$kN，牛腿由两块各厚 12mm 钢板组成，图中 $h=250$mm，$a=200$mm，$b=100$mm。工字形柱翼缘板厚 16mm，钢材为 Q235 钢，采用不预热的非低氢手工焊，E43 型焊条。试求三面围焊角焊缝的焊脚尺寸 h_f。

【解】构造要求：$h_{fmin}=6$mm（表 3.3），$h_{famx}=12-(1\sim2)=11\sim10$(mm)。

（1）每块钢板上焊缝有效截面的几何特性

假设取 $h_f=10$mm，则两水平角焊缝的计算长度各为：

$$l_w = 100 - h_f = 90 \text{ (mm)}$$

面积：
$$A = (2\times9.0 + 25)h_e = 43h_e \text{ (cm}^2\text{)}$$

形心 O 位置：

$$\overline{x} = \frac{2\times9\times\frac{9}{2}}{43} = 1.88 \text{ (cm)}$$

惯性矩：

$$I_x = \left[\frac{1}{12}\times25^3 + 2\times9.0\times\left(\frac{25}{2}\right)^2\right]h_e = 4115h_e \text{ (cm}^4\text{)}$$

$$I_y = \left[25\times1.88^2 + 2\times\frac{1}{3}\times(1.88^3 + 7.12^3)\right]h_e = 333h_e \text{ (cm}^4\text{)}$$

$$I_0 = I_x + I_y = 4448h_e \text{ (cm}^4\text{)}$$

（2）剪力和扭矩设计值

剪力：
$$V = P = \frac{220}{2} = 110 \text{ (kN)}$$

扭矩： $T = P (a+b-\overline{x}) = 110\times(0.2+0.1-0.0188) = 30.93 \text{ (kN·m)}$

（3）角焊缝的强度条件及焊脚尺寸

以点 1 处的应力为最大：

$$\tau_f^T = \frac{Ty_1}{I_0} = \frac{30.93\times10^6\times125}{4448h_e\times10^4} = \frac{86.9}{h_e} \text{ (N/mm}^2\text{)} \rightarrow$$

$$\sigma_f^T = \frac{Tx_1}{I_0} = \frac{30.93\times10^6\times(90-18.8)}{4448h_e\times10^4} = \frac{49.5}{h_e} \text{ (N/mm}^2\text{)} \downarrow$$

$$\sigma_f^V = \frac{V}{A} = \frac{110 \times 10^3}{43 h_e \times 10^2} = \frac{25.6}{h_e} \ (\text{N/mm}^2) \ \downarrow$$

$$f_f^w = 160\text{N/mm}^2, \ \beta_f = 1.22$$

由角焊缝的强度条件〔式（3.25）〕：

$$\sqrt{\left(\frac{\sigma_f^T + \sigma_f^V}{\beta_f}\right)^2 + (\tau_f^T)^2} = \frac{1}{h_e}\sqrt{\left(\frac{49.5 + 25.6}{1.22}\right)^2 + 86.9^2} \leqslant 160$$

解得： $\quad h_e = 0.67\text{cm}, \ h_f = \dfrac{0.67}{0.7} = 0.96 \ (\text{cm}) \ = 9.6 \ (\text{mm})$

采用 $h_f = 10\text{mm}$ ❶，满足设计要求。

2. 简化计算法

鉴于上述弹性计算法的结果偏保守，且计算较繁琐，因此又出现了下述简化的计算方法。算法中把所受荷载人为地分配给两条水平焊缝和一条竖向焊缝分别承担。例如，把图 3.51 所示的偏心荷载 P 移至竖向角焊缝处，假设由竖向角焊缝单独承受此 P。由于 P 的平移，产生了扭矩 $T' = P(a+b)$，再假定此扭矩 T' 全部由两条水平角焊缝中 τ_f 的合力承担。也可假定两条水平角焊缝只承受扭矩 T' 的一部分，余下的部分则由竖向焊缝承担，使两条水平焊缝与竖向焊缝因此得到的焊脚尺寸 h_f 较为接近。由此法算得的 h_f 一般可较弹性计算法所得略小。但是由于各条焊缝所承担的力是人为分配的，算得的应力与实际情况不可能符合。用例题说明如下。

【例题3.13】用简化计算法计算例题 3.12 所示牛腿的连接角焊缝。

【解】（1）把一块钢板所承受的荷载 P 平移至竖向角焊缝处（图 3.52），并假定由竖向角焊缝单独承担此力，所产生的扭矩为：

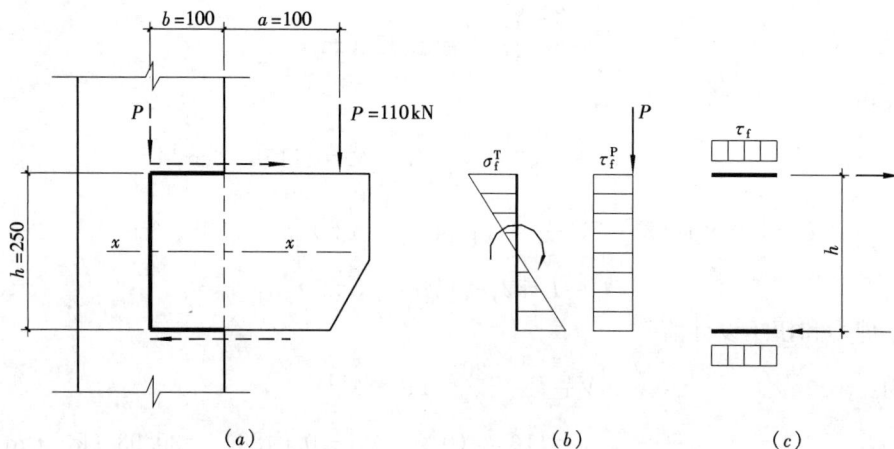

图 3.52　例题 3.13 图

（a）连接节点；（b）竖向角焊缝中的应力；（c）水平角焊缝中的应力

---

❶ 本例题中两条水平角焊缝的计算长度按《钢标》规定应为 $l_w = 100 - h_f$。曾假设 $h_f = 5\text{mm}$，取 $l_w = 95\text{mm}$ 进行计算，最后得 $h_f = 9.3\text{mm}$，结果与上述相同。

$$T' = P \ (a+b) = 110 \ (0.2+0.1) = 33 \ (\text{kN} \cdot \text{m})$$

假定全部由两条水平角焊缝承担。

竖向角焊缝所需焊缝计算厚度为：

由
$$\frac{P}{h_e \cdot h} \leqslant f_f^w$$

得
$$h_e \geqslant \frac{P}{h \cdot f_f^w} = \frac{110 \times 10^3}{250 \times 160} = 2.75 \ (\text{mm})$$

$$h_f = \frac{2.75}{0.7} = 3.9 \ (\text{mm})$$

水平角焊缝所受力为： $T'/h = 33/0.25 = 132 \ (\text{kN})$

所需焊缝计算厚度为：

$$h_e \geqslant \frac{132 \times 10^3}{(100-10) \ \times 160} = 9.17 \ (\text{mm}) \ [假设 h_f = 10\text{mm}, \ l_w = \ (100-10) \ \text{mm}]$$

$$h_f = \frac{9.17}{0.7} = 13.1 \ (\text{mm})$$

两个所需的 h_f 相差太大。改为假定扭矩 T' 由竖向角焊缝和水平角焊缝共同承担，计算如下。

(2) 假设采用焊脚尺寸统一为 $h_f = 9\text{mm}$，则：

水平角焊缝所承担的扭矩 [图 3.52 (c)]：

$$T'_1 = 0.7h_f l_w f_f^w \cdot h = 0.7 \times 9 \times 91 \times 160 \times 250 \times 10^{-6} = 22.93 \ (\text{kN} \cdot \text{m})$$

竖向角焊缝所承担的扭矩：

$$T'_2 = T' - T'_1 = 33 - 22.93 = 10.07 \ (\text{kN} \cdot \text{m})$$

竖向角焊缝两端的应力为 [图 3.52 (b)]：

$$\sigma_f^T = \frac{T'_2}{\frac{1}{6} \times 0.7h_f l_w^2} = \frac{10.07 \times 10^6}{\frac{1}{6} \times 0.7 \times 9 \times 250^2} = 153.4 \ (\text{N/mm}^2)$$

$$\tau_f^P = \frac{P}{0.7h_f l_w} = \frac{110 \times 10^3}{0.7 \times 9 \times 250} = 69.8 \ (\text{N/mm}^2)$$

$$\sqrt{\left(\frac{\sigma_f^T}{\beta_f}\right)^2 + \ (\tau_f^P)^2} = \sqrt{\left(\frac{153.4}{1.22}\right)^2 + 69.8^2} = 143.8 \ (\text{N/mm}^2) < f_f^w = 160\text{N/mm}^2，可。$$

采用 $h_f = 9\text{mm}$，满足强度条件。

3.10 斜角角焊缝连接的计算

角焊缝两焊脚间的夹角 α 不是直角时，称为斜角角焊缝，如图 3.53 所示。

斜角角焊缝虽不常用，但在特种结构如仓斗等的节点连接中常可遇到。《钢标》中对其连接的计算规定取与计算直角角焊缝连接时的公式相同，但不考虑正面角焊缝的强度设计值增大系数，即取 $\beta_{\mathrm{f}}=1.0$；同时，对焊缝的计算厚度 h_{e} 另作规定。

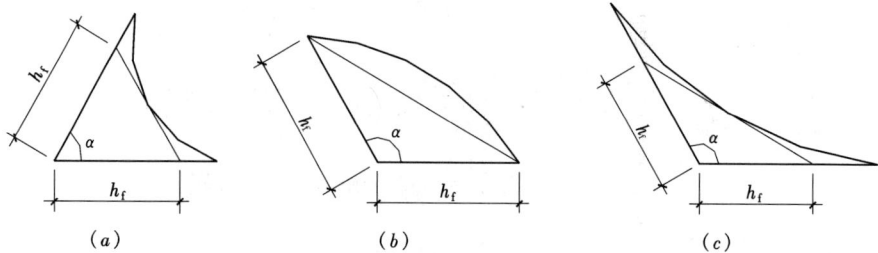

图 3.53 斜角角焊缝

(a) 锐角角焊缝（凹面）；(b) 钝角角焊缝（凸面）；(c) 钝角角焊缝（凹面）

如图 3.54 所示 T 形连接中斜板端部两种切割方法,斜板端部两端点与水平板表面的竖向间隙分别为 b_1、b_2 和 b，当图 3.54（a）中的 $b_1>5\mathrm{mm}$ 时，应采用图 3.54（b）的切割法。由于斜板端部与水平板有间隙，其斜角角焊缝的计算厚度应为 [以图 3.54（a）的钝角角焊缝为例，其他两种情况相同]：

$$h_{\mathrm{e}}=\left(h_{\mathrm{f}}-\frac{b_1}{\sin(180°-\alpha_1)}\right)\cos\frac{\alpha_1}{2}=\left(h_{\mathrm{f}}-\frac{b_1}{\sin\alpha_1}\right)\cos\frac{\alpha_1}{2}$$

式中，圆括弧内的表达式代表实际的焊脚尺寸，当 $b_1\leqslant1.5\mathrm{mm}$ 时，因其影响较小，该表达式内的焊脚尺寸略去 $b_1/\sin\alpha_1$ 项，直接取 h_{f}。因而《钢标》规定：

当 b、b_1 或 b_2 小于等于 1.5mm 时，取：

$$h_{\mathrm{e}}=h_{\mathrm{f}}\cos\frac{\alpha}{2} \tag{3.26}$$

当 b、b_1 或 b_2 大于 1.5mm 时，取：

$$h_{\mathrm{e}}=\left[h_{\mathrm{f}}-\frac{b（或\ b_1，b_2）}{\sin\alpha}\right]\cos\frac{\alpha}{2} \tag{3.27}$$

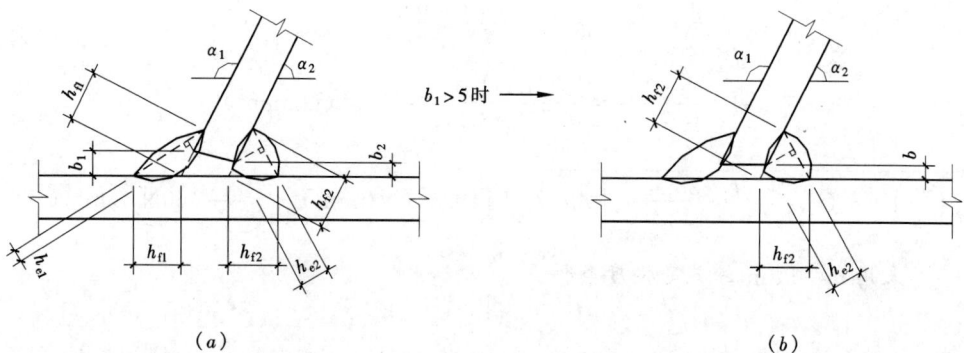

图 3.54 T 形接头斜角角焊缝

T形接头斜角角焊缝两焊脚的夹角应满足 $60°{\leqslant}\alpha{\leqslant}135°$。如 α 角不满足此范围要求时，斜角角焊缝的计算厚度应按现行国家标准《钢结构焊接规范》GB 50661—2011 的有关规定计算取值。

3.11 部分熔透的对接焊缝连接的计算

当厚度较大的板件相互间用对接焊缝连接时，如连接受力不大，《钢标》容许采用部分熔透（或称部分焊透）的对接焊缝，如图 3.55 所示，以减小焊缝的截面而获得较经济的效果。采用部分熔透的对接焊缝时，在设计图纸上，应注明采用的坡口形式及尺寸。但对承受动力荷载需进行疲劳验算的连接，当拉应力与焊缝轴线垂直时，考虑部分熔透处易出现应力集中，故严禁采用这种部分熔透的对接焊缝。

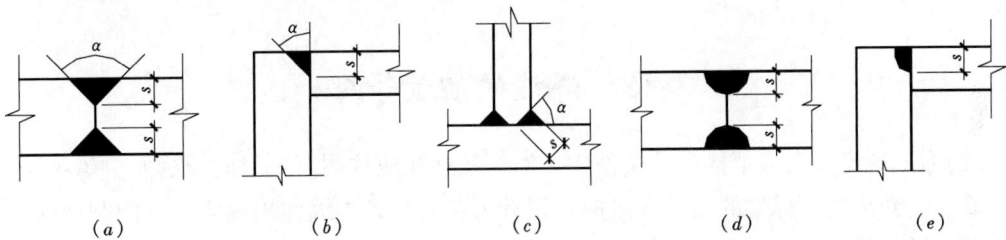

图 3.55　部分熔透的对接焊缝连接

(a)、(b) V 形坡口；(c) 单边 K 形坡口（又名部分熔透的 T 形对接与角接组合焊缝）；

(d) U 形坡口；(e) J 形坡口

部分熔透的对接焊缝和 T 形对接与角接组合焊缝 [图 3.55(c)] 的强度应按角焊缝的计算式 (3.12)～式 (3.14) 计算，在垂直于焊缝长度方向的压力作用下取 $\beta_f=1.22$，其他受力情况下取 $\beta_f=1.0$；其计算厚度按下述规定采用：

(1) V 形坡口 [图 3.55 (a)]：

$$\alpha{\geqslant}60°时，取 h_e=s$$

$$\alpha<60°时，取 h_e=0.75s$$

(2) 单边 V 形和 K 形坡口 [图 3.55 (b)、(c)] 取 $h_e=s-3$。

(3) U 形、J 形坡口 [图 3.55(d)、(e)] 取 $h_e=s$。

s 为坡口根部至焊缝表面的最短距离（不考虑焊缝的余高）；α 为 V 形坡口的角度。$\alpha<60°$ 时，考虑焊缝根部不易焊满和熔合线处焊缝强度较低，故取 $h_e=0.75s$，单边 V 形和 K 形坡口的 h_e 取值也是此理。

焊缝计算厚度 h_e 应满足[❶]：$h_e{\geqslant}1.5\sqrt{t}$，$t$ 为坡口所在焊件的较厚板件厚度，以 mm 计。

在焊缝的熔合线边长接近 s 值时 [图 3.55 (b)、(c)、(e)]，考虑到熔合线上焊缝的强度一般较焊缝有效截面处低 10% 左右，故《钢标》规定此时焊缝的

---

❶ 《原规范》第 8.2.5 条，现行《钢标》无此规定。

抗剪强度设计值应按角焊缝的强度设计值乘以 0.9，即取 $0.9f_f^w$。

在垂直于焊缝长度方向的压力作用下（如图 3.56 所示的情况），由于可以通过焊件接触传递一部分压力，因而焊缝强度设计值可予提高。根据试验资料，可取提高系数 1.22，这就是上面规定此时相当于 $\beta_f = 1.22$。

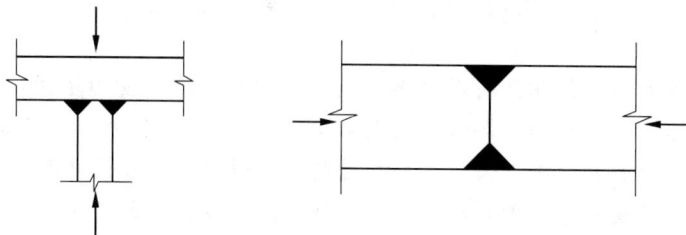

图 3.56　垂直于焊缝长度方向的压力作用下的部分熔透对接焊缝连接

3.12　焊缝的质量等级

《钢标》规定，在钢结构设计文件中，对焊接连接应注明所要求的焊缝质量等级。

前面已介绍过，焊缝的质量等级应由设计人员对每条焊缝作出说明，以便制造和安装单位据此进行质量检查。为了方便设计人员，《钢标》中特别给出了一些原则和规定。首先，焊缝的质量等级应根据结构的重要性、荷载特性（动力或静力荷载）、焊缝形式、工作环境以及应力状态等情况确定。具体的确定原则如下：

（1）在承受动荷载且需要进行疲劳验算的构件中，凡要求与母材等强连接的对接焊缝，均应要求焊透，其质量等级为：

1）作用力垂直于焊缝长度方向的横向对接焊缝或 T 形对接与角接组合焊缝，受拉时应为一级，受压时不应低于二级；

2）作用力平行于焊缝长度方向的纵向对接焊缝不应低于二级；

3）重级工作制（A6~A8）和起重量 $Q \geqslant 50t$ 的中级工作制（A4、A5）吊车梁的腹板与上翼缘板之间以及吊车桁架上弦杆与节点板之间的 T 形连接部位焊缝应焊透，焊缝形式宜为对接与角接的组合焊缝，其质量等级不应低于二级。

（2）在工作温度等于或低于 −20℃ 的地区，构件对接焊缝的质量不得低于二级。

（3）不需要疲劳验算的构件中，凡要求与母材等强的对接焊缝宜焊透，其质量等级：当受拉时不应低于二级，受压时不宜低于二级。

（4）部分熔透的对接焊缝、采用角焊缝或部分熔透的对接与角接组合焊缝的 T 形连接部位，以及搭接连接中采用的角焊缝，其质量等级为：

1）直接承受动力荷载且需要验算疲劳的结构和吊车起重量 $Q \geqslant 50t$ 的中级工作制吊车梁以及梁柱、牛腿等重要节点不应低于二级；

2）对其他结构，焊缝的质量等级可为三级。

这就是我国《钢标》中的规定。

焊缝检查的质量标准，见《钢结构工程施工质量验收标准》GB 50205—2020。

3.13 焊接残余应力和残余变形

结构在焊接后将产生残余应力和残余变形，这在前文已提及。本节将对焊接残余应力和残余变形的产生过程、残余应力的分布规律、其对结构产生的影响及设计中为减小残余应力和残余变形需注意的事项等作一简要的说明，以期能进行合理的焊缝设计。

一、焊接残余应力

焊接过程是一个对焊件局部加热继而逐渐冷却的过程，不均匀的温度场将使焊件各部分产生不均匀的变形，从而产生各种焊接残余应力。这是一个比较复杂的过程，在焊接专业的有关教科书中有较详细的论述，这里只能作概念性的一般介绍。现以两块钢板用对接焊缝连接作为例子说明如下。

1. 沿焊缝轴线方向的纵向焊接残余应力

施焊时，焊缝附近温度最高，可高达 1600℃ 以上。在焊缝区以外，温度则急剧下降。焊缝区受热而纵向膨胀，但这种膨胀因变形的平截面规律（变形前的平截面，变形后仍保持平面）而受到其相邻较低温度区的约束，使焊缝区产生纵向压应力（称为热应力）。由于钢材在 600℃ 以上时呈塑性状态（称为热塑状态），因而高温区的这种压应力使焊缝区的钢材产生塑性压缩变形，这种塑性变形当温度下降、压应力消失时是不能恢复的。在焊后的冷却过程中，如假设焊缝区金属能自由变形，冷却后钢材因已有塑性变形而不能恢复其原来的长度。事实上由于焊缝区与其邻近的钢材是连续的，焊缝区因冷却而产生的收缩变形又因变形的平截面规律受到邻近低温区钢材的约束，使焊缝区产生拉应力，如图 3.57 所示。这个拉应力当焊件完全冷却后仍残留在焊缝区钢材内，故名焊接残余应力。Q235 钢和 Q355 钢等低合金钢焊接后的残余拉应力常可高达其屈服点。还需注意，因残余应力是构件未受荷载作用而早已残留在构件截面内的应力，因而截面上的残余应力必须自相平衡。焊缝区截面中既然有残余拉应力，则在焊缝区以外的钢材截面内必然有残余压应力，而且其数值和分布满足 $\Sigma X = 0$ 和 $\Sigma M = 0$ 等静力平衡条件。图 3.57 为两钢板以对接焊缝连接时的纵向焊接残余应力分布示意图。图中受拉的应力图形面积 A_t 应与受压的应力图形面积 A_c 相等，同时图形必对称于焊缝轴线。

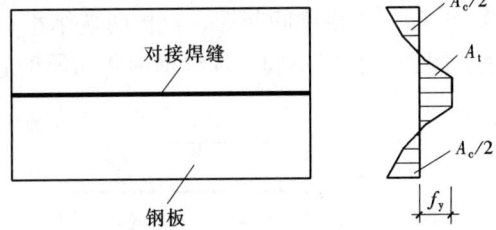

图 3.57　钢板以对接焊缝连接时的纵向焊接残余应力

2. 垂直于焊缝轴线的横向焊接残余应力

两钢板以对接焊缝连接时，除产生上述纵向焊接残余应力外，还会产生横向残余应力。横向残余应力的产生由两部分组成：其一是由焊缝区的纵向收缩所引起。如把图 3.57 中的钢板假想沿焊缝切开，由于焊缝的纵向收缩，两块钢板将产生如图 3.58 (a) 中虚线所示的弯曲变形，因而可见在焊缝长度的中间部分必然产生横向拉应力，而在焊缝的两端则产生横向压应力，使焊缝不相分开，其应力分布如图 3.58 (b) 所示。其二是由焊缝的横向收缩所引起。施焊时，焊缝的形成有先有后，先焊的部分先冷却，先冷却的焊缝区限制了后冷却焊缝区的横向收缩，便产生横向焊接残余应力如图 3.58（c）所示。最后的横向焊接残余应力当为两者即图 3.58(b) 和图 3.58(c) 叠加，如图 3.58（d）所示。

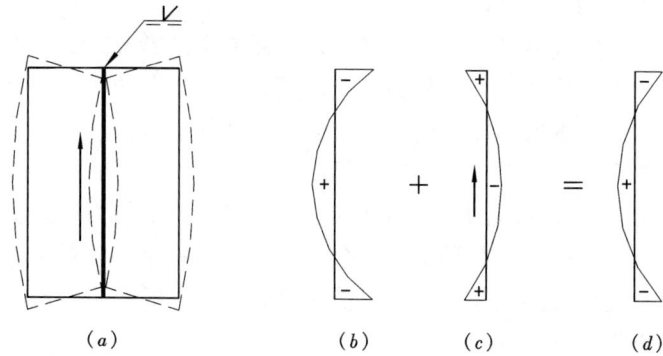

图 3.58　焊缝中的横向焊接残余应力

焊缝中由焊缝横向收缩产生的横向残余应力将随施焊的程序而异。图 3.58（c）所示是由焊缝的一端焊接到另一端时的应力分布。焊缝结束处因后焊而受到焊缝中间先焊部分的约束，故出现残余拉应力，中间部分为残余压应力。开始焊接端最先焊接，该处出现残余拉应力是由于需满足弯矩的平衡条件所致。

图 3.59 表示把对接焊缝分成两段施焊时的横向收缩引起的横向焊接残余应力分布。图 3.59（a）为由中间起焊，至板两端结束；图 3.59（b）为由板的两端起焊，至板中间结束。因施焊程序不同，焊缝横向收缩所引起焊缝中的横向残余应力分布就完全不同。

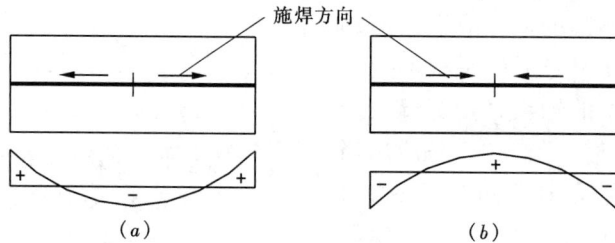

图 3.59　不同焊接方向时焊缝横向收缩所引起的横向焊接残余应力
（a）中间起焊；（b）两端起焊

3. 厚板中沿板厚方向的焊接残余应力

由于厚板常需多层施焊（即焊缝不是一次形成），在厚度方向将产生焊接残余应力，同时，板面与板中间温度分布不均匀，也会引起残余应力，其分布规律与焊接工艺密切相关。此外，在厚板中，前述纵向和横向焊接残余应力沿板的厚度方向大小也是变化的。一般情况下，当板厚在 25mm 以下时，基本上可把焊接残余应力看成是平面的，即不考虑厚度方向的残余应力和不考虑沿厚度方向平面应力的大小变化。厚度方向残余应力若与平面残余应力同号，则三向同号应力易使钢材变脆。

4. 约束状态下施焊时的焊接残余应力

前述各种焊接残余应力都是施焊时焊件能自由变形的情况下产生的。当焊件在变形受到约束时施焊，其焊接残余应力分布就截然不同。今以图 3.60 所示为例说明其概念。

图 3.60(a) 表示平行于焊缝轴线方向的纵向边缘变形受到约束时的两块钢板，施焊

时焊缝区高温产生的横向膨胀受到约束而使焊缝受到横向压应力，因而产生不可恢复的塑性压缩变形，冷却时遂在焊缝内产生横向拉应力如图 3.60 (b) 所示。这个拉应力与钢板边缘的反作用力相平衡，因而可叫作反作用焊接应力。图 3.60 (c) 表示当边缘能自由变形时的焊缝横向焊接应力，亦即图 3.58 (d)。图 3.60 (b) 与图 3.60 (c) 相叠加即为图 3.60 (d) 所示边缘变形受到约束情况下施焊时焊缝中的横向焊接残余应力。当垂直于焊缝方向的边缘变形受到约束时，同样也会因反作用焊接应力的存在而加大纵向焊接残余应力。因此，应尽量避免施焊时使焊件的变形受到约束，以减小残余应力值。

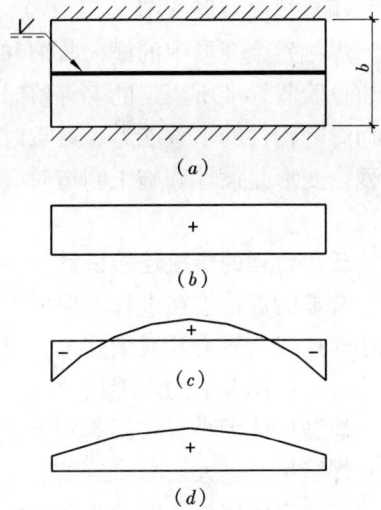

图 3.60　约束状态下施焊时的
横向焊接残余应力分布

(a)纵向边缘变形受到约束时的两块钢板对接焊缝连接；(b)反作用焊接应力；(c)边缘能自由变形时的横向焊接残余应力；(d)边缘变形受到约束时的横向焊接残余应力

　　构件截面上存在焊接残余应力，是焊接结构构件的缺陷之一。虽然理论上残余应力的存在对构件承受静力荷载的强度没有影响（何故？请思考），但它将使构件提前进入弹塑性工作阶段而降低构件的刚度，当构件受压时，还会降低构件的稳定性，这在第 5 章中再作详细的说明。因而一个优良的焊接设计应注意使焊接残余应力值尽可能小。

二、焊接残余变形

焊接后残余在结构中的变形叫焊接残余变形。常见的焊接残余变形有：

（1）纵向收缩变形和横向收缩变形［图 3.61 (a)］；

（2）焊缝纵向收缩所引起的弯曲变形［图 3.61 (b)］；

（3）焊缝横向收缩所引起的角变形［图 3.61 (c)］；

（4）波浪式的变形［图 3.61 (d)］；

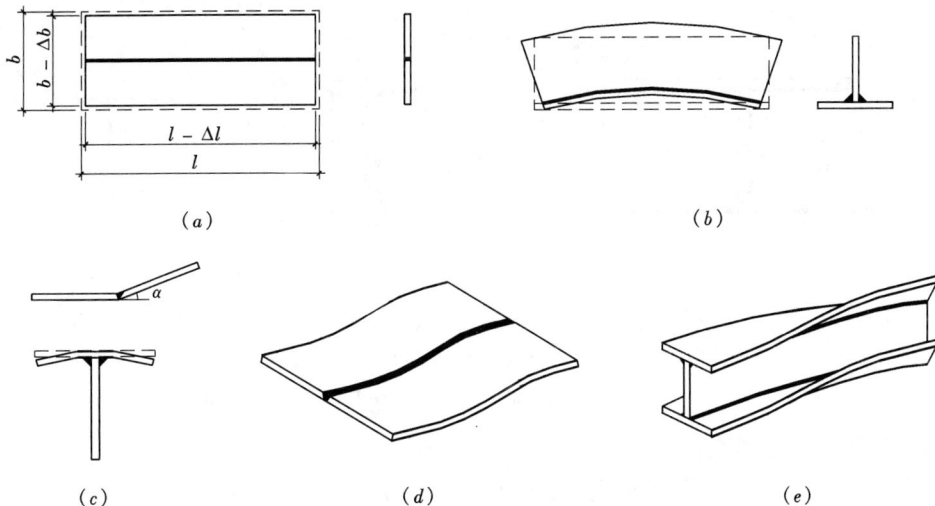

图 3.61　焊接残余变形

（5）扭曲变形 ［图3.61（e）］。

焊接残余变形中的横向收缩和纵向收缩在下料时应予以注意。其他焊接变形当超过施工质量验收标准所规定的容许值时，应进行矫正，否则不但影响外观，还会因改变受力状态而影响构件的承载能力。严重时若无法矫正，即造成废品。因此，如何减小钢结构的焊接残余变形是设计和施工制造时必须共同考虑的问题，也就是必须从设计和工艺两方面来解决。

三、合理的焊接连接设计

合理的焊接连接设计不但要保证连接传力的需要和便于制造与安装，还必须考虑尽量减小焊接残余应力和残余变形。设计时通常还需注意以下事项。

（1）选用合适的焊缝尺寸

焊缝尺寸大小直接影响到焊接工作量的多少，同时还影响到焊接残余变形的大小。此外，焊缝尺寸过大还易烧穿焊件。在角焊缝的连接设计中，在满足最小焊脚尺寸的条件下，一般宁愿用较小的 h_f 而加大一点焊缝的长度，不要用较大的 h_f 而减小焊缝长度。同时需注意，不要因考虑"安全"而任意加大超过计算所需要的焊缝尺寸。

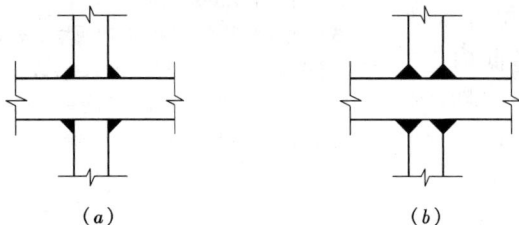

图3.62 十字接头的焊缝连接
（a）角焊缝连接；（b）对接与角接组合焊缝连接

（2）合理选用焊缝形式

例如，在受力较大的T形接头或图3.62所示十字接头中，在保证相同的强度条件下，一般而言，采用开坡口的对接与角接组合焊缝相比采用角焊缝可减小焊缝的尺寸，从而减小焊接残余应力和节省焊条。

（3）合理布置焊缝位置

焊缝不宜过分集中并应尽量对称布置，以消除焊接残余变形和尽量避免三向焊缝相交。当三向焊缝相交时，可中断次要焊缝而使主要焊缝保持连续。如图3.63所示工字形焊接组合梁的横向加劲肋端部应进行切角，就是这个原因。

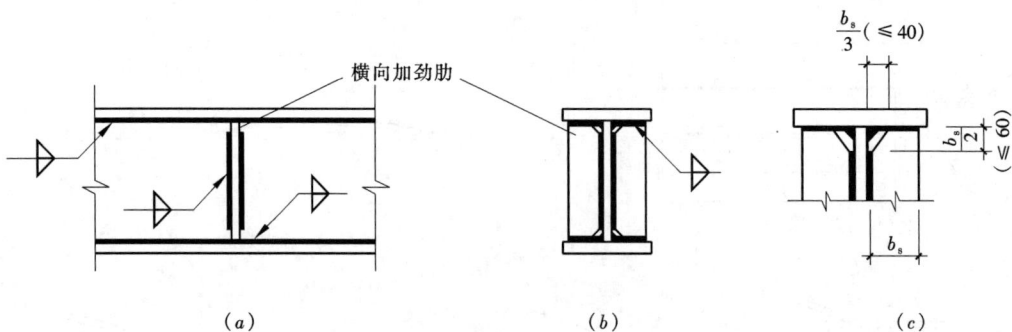

图3.63 组合工字形梁在横向加劲肋处的焊缝布置
（a）、（b）组合工字形梁的正面和横截面；（c）横向加劲肋端部切角放大图

（4）合理考虑施焊操作

考虑施焊时焊条是否易于达到，如图3.64所示，一般宜保持 $\alpha \geqslant 30°$。

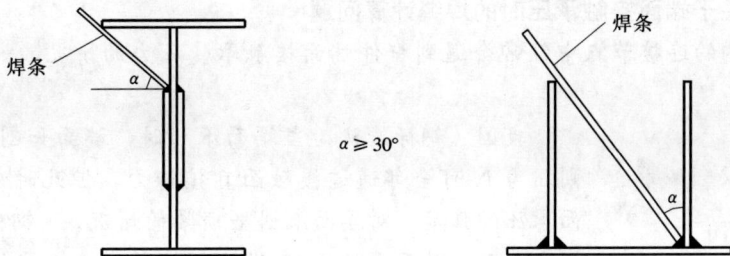

$\alpha \geqslant 30°$

图 3.64　手工焊要求的操作净空

（焊条直径为 1.6～5mm，长度为 250～400mm）

3.14　国外设计标准中的某些规定

关于钢结构焊缝连接的计算和构造，各国钢结构设计标准中都有较明确的规定，其基本内容与以前各节中的介绍相似，具体规定则有一定差别。下面仅对觉得其规定合理而我国《钢标》中未作此规定或有不同规定的几点列出，供参考。

一、关于角焊缝的计算厚度

1. 角焊缝计算厚度 h_e 的大小直接影响连接计算的强度，我国《钢标》中对直角角焊缝一律取 $h_e = 0.7h_f$。事实上，当采用自动或半自动埋弧焊时，其焊缝比手工焊具有较大的熔深，如图 3.65 所示。对埋弧焊若考虑此熔深的影响，则可以加大焊缝的计算厚度而获得经济效果。国外有些设计标准对这一点已有所考虑，例如：

美国 AISC 标准[1]规定，对埋弧焊：

当 $h_f \leqslant 10$mm 时，取 $h_e = h_f$

当 $h_f > 10$mm 时，取 $h_e = 0.7h_f + 3.0$mm

国际标准化组织的钢结构设计标准草案[2]规定：自动埋弧焊的焊缝计算厚度 h_e 可较手工焊时加大 20%，但加大部分不得大于 3mm。

其他如英国等国家的标准也有类似的不同规定。

对手工焊，其角焊缝虽也有一定的熔深，但数值不大，各国设计标准都一致不考虑熔深的影响。

2. 对不等边角焊缝的 h_e，我国《钢标》仍取 $h_e = 0.7h_f$，此处 h_f 为较短边的焊脚尺寸（参见图 3.14）。但多数国外设计标准如 ISO/TC167/SC1、AISC 则取 h_e 为最大内接三角形的高（图 3.66），即取 $h_e = h_f h_{f1}/\sqrt{h_f^2 + h_{f1}^2}$，式中 h_{f1} 为长边的焊脚尺寸。如取 $h_{f1} = 1.5h_f$，则可得 $h_e = 0.832h_f$，较我国《钢标》取 $h_e = 0.7h_f$ 加大了 18.9%。

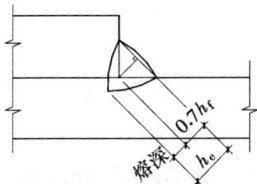

图 3.65　埋弧焊的熔深

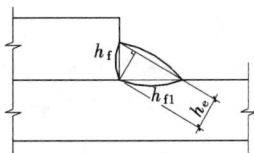

图 3.66　不等边直角角焊缝的计算厚度

---

❶ 见书末主要参考资料 [46]。

❷ 见书末主要参考资料 [42]。

二、关于端面接触承压时的焊缝计算问题

钢结构的连接节点中经常会遇到杆件端面接触承受压力的情况，如图 3.67 所示。

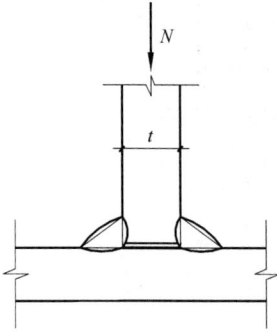

图 3.67 端面接触承压的焊缝连接

我国《钢标》认为当端面承压时，端面如刨平顶紧，则压力 N 可全部通过接触面直接传力，但此时应验算端面承压的强度。对端面未刨平顶紧的情况，《钢标》未作规定，而设计习惯按全部 N 由焊缝传递来确定焊缝的尺寸。事实上，即使端面不刨平顶紧，通过端面的部分接触，也可以传递部分压力。关于这个问题，国外标准如 ISO/TC167/SC1 第 8.10 条和欧洲标准《钢结构建议》ECCS 第 7.1.6 条都规定：假如接触面是相互平行和紧贴的，焊接节点中不同部件间的压力可通过接触传递。接触面间的局部不平整度容许达到 2mm，此局部空隙不要求必须用焊缝填充，但要求采取相应措施防止接触面间的相互滑动或接触面被拉开。在防止侧向位移的措施中可以考虑摩擦力的作用。节点连接焊缝应能承受构件屈曲时产生的反力以及外力产生的拉力和剪力。

但是国外标准中也有如我国《钢标》规定的。英国标准 BS 5950（1985 年版和 2000 年版）第 4.13.3 条都规定，柱的端面与底板间的接触是紧密的，压力可通过直接承压传递，焊缝或其他连接件则用于传递节点处可能出现的拉力和剪力。当接触面不适于通过直接承压传递压力时，焊缝或其他连接件则用以传递所有各力和弯矩。

可见，在这个问题上存在不同的规定。

三、关于角焊缝端部的绕角焊问题

我国《钢标》对角焊缝端部是否需要绕角焊未作出明确规定，仅在第 11.3.6 条中规定，型钢杆件搭接连接采用围焊时，在转角处应连续施焊。杆件端部搭接角焊缝作绕焊时，绕焊长度不应小于焊脚尺寸的 2 倍（$2h_f$），并应连续施焊。而国外有些设计标准中对绕角焊规定得很具体。例如，美国 AISC 标准和英国标准 BS 5950，都有专门条文规定在角焊缝的端部构件转角处宜有长度不小于 $2h_f$ 的绕角焊。特别是对于图 3.46 所示连接牛腿或梁支托等处的焊缝，其端部因弯矩作用而受拉时，绕角焊缝可显著降低焊缝端部的应力集中。美国标准、ISO 标准及欧洲标准等容许将每条绕角焊缝的长度 $2h_f$ 在传递剪力 F（参见图 3.46）时计入焊缝的计算长度。

四、其他规定

（1）关于侧面角焊缝的最大计算长度，我国前《钢结构设计规范》GBJ 17—88 规定，当承受静力荷载时不宜大于 $60h_f$，当承受动力荷载时不宜大于 $40h_f$；现行《钢标》则不区分承受荷载的性质，规定一律不大于 $60h_f$（大于 $60h_f$ 时焊缝的承载力设计值应折减）。美国 AISC 标准规定侧面角焊缝的最大计算长度不应超过 $70h_f$，在这个最大计算长度内，可假设应力为均匀分布，其规定较我国的规定宽松。

（2）在不同厚度或宽度的板件对接焊缝连接中，我国前《钢结构设计规范》GBJ 17—88 规定应分别在厚度方向和宽度方向从一侧或两侧做成坡度不大于 1/4 的斜角作为过渡，而现行《钢标》已修改为做成坡度不大于 1：2.5 的斜角。ISO 标准对此的规定比我国《钢标》的细致，且大多数情况下要求更为宽松。ISO 标准规定，对受拉的对接焊缝连接，应设置过渡区；当构件需验算疲劳时，坡度不应大于 1/4，其他情况下坡度应不大于 1：1；对受压的对接连接，则不需要设置过渡区。在其他国家的设计标准中尚未见到同样的规定。

（3）关于角焊缝的计算长度 l_w，我国前《钢结构设计规范》GBJ 17—88 规定 l_w 取其每段实际长度减去 10mm，现行《钢标》修改为减去 $2h_f$。国外许多标准如 ISO 和欧洲标准则规定角焊缝的计算长度应取整个尺寸饱满的角焊缝全长，只要沿焊缝全长焊缝尺寸是饱满的，就不需由于焊缝的起始和终止对计算长度进行折减。英国标准中也有类似欧洲标准的规定。

复 习 思 考 题

3.1　对接焊缝连接和角焊缝连接的受力性能有何不同？各有何优缺点？

3.2　关于焊缝代号有哪些主要规定？

3.3　采用手工电弧焊时应如何选用焊条的型号？

3.4　对接焊缝的强度计算公式的理论根据是什么？

3.5　直角角焊缝强度的三个基本计算式：$\sigma_f = \dfrac{N}{h_e l_w} \leqslant \beta_f f_f^w$，$\tau_f = \dfrac{N}{h_e l_w} \leqslant f_f^w$ 和 $\sqrt{\left(\dfrac{\sigma_f}{\beta_f}\right)^2 + \tau_f^2} \leqslant f_f^w$，各应用于什么情况？试举若干应用实例。

3.6　直角角焊缝连接有哪些构造要求？何故？

3.7　焊接残余应力是如何产生的？影响残余应力大小及其分布的因素有哪些？

3.8　在焊缝连接设计中，如何考虑减少焊接残余应力的影响？

习　　题

3.1　两块各宽 200mm 的等厚度钢板，钢材为 Q235BF，用封底 V 形坡口对接焊缝连接，采用引弧板施焊，焊缝质量等级为三级，E43 型焊条，手工焊。承受轴心受拉荷载标准值为 $N_k = 300$kN，其中 $\dfrac{1}{3}$ 由永久荷载产生，$\dfrac{2}{3}$ 由可变荷载产生。试求该钢板的厚度，并画出该钢板接头的平面图，用焊缝符号表示此连接。

3.2　两钢板采用 T 形接头（参见图 3.27），腹板截面为 -12×400，钢材为 Q235BF，采用单边 V 形（带封底）对接焊缝连接，未用引弧板施焊，焊缝质量等级为二级，E43 型焊条，手工焊。腹板承受与焊缝轴线垂直的轴心拉力 N_k，其中 20% 为永久荷载产生，80% 为可变荷载产生。假设翼缘板的强度足够，求此接头能承受的轴心拉力标准值 N_k，并在接头的剖面图上画出焊缝符号。

3.3　习题 3.2 中的 T 形接头，腹板承受与焊缝轴线垂直、偏心距为 5cm 的偏心拉力作用。其余条件均与习题 3.2 相同。求按弹性计算时此接头所能承受的偏心拉力标准值 N_k，并绘图表示在设计值 N 作用下焊缝中正应力沿焊缝长度方向的分布。

3.4　一承受轴心拉力的角钢杆件与钢板用侧面角焊缝连接，如前文中图 3.42 所示，但杆件为单边连接的单角钢，截面为 $1\angle 90 \times 8$，钢板厚 10mm，Q235 钢，E43 型焊条，采用不预热的非低氢手工焊。承受轴心拉力标准值 $N_k = 145$kN，其中 10% 为永久荷载，90% 为静力可变荷载。试按角钢背部与边端侧面角焊缝内力分配系数计算和布置角焊缝，验算是否符合构造要求，并在连接图上以焊缝符号表示。

3.5 两钢板搭接并用两条侧面角焊缝连接，如图 3.68 所示。Q235 钢，E43 型焊条，采用不预热的非低氢手工焊。承受轴心拉力标准值 $N_k = 410kN$，其中 20% 为永久荷载，80% 为静力可变荷载。求能采用的最小焊脚尺寸和最大焊脚尺寸及相应的两钢板搭接长度 l，校核是否符合构造要求。

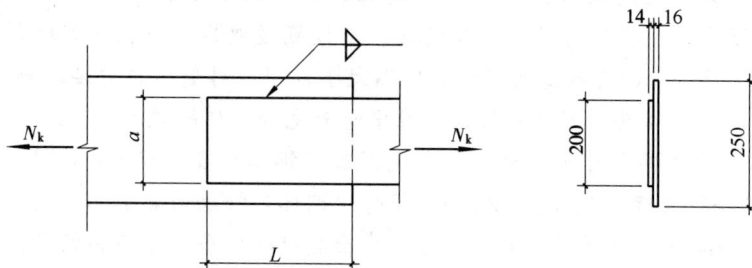

图 3.68 习题 3.5 图

3.6 某钢板厚 10mm，与角钢拉杆用角焊缝相连，已知由间接动力荷载产生的拉杆中轴心拉力设计值 $F = 400kN$。钢板又以两条竖向角焊缝与钢筋混凝土柱中的预埋钢板相连，如图 3.69 所示，预埋钢板厚 12mm，Q235 钢，E43 型焊条，采用不预热的非低氢手工焊。试求以下两种情况时钢板与预埋件钢板间竖向连接角焊缝的焊脚尺寸，并校核所取 h_f 是否满足构造要求。

(1) $a = b = 150mm$；

(2) $a = 120mm$，$b = 180mm$。

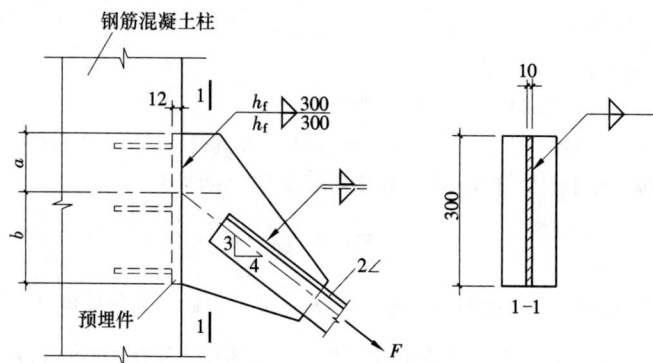

图 3.69 习题 3.6 图

3.7 钢板—10×240 与槽钢翼缘焊接，槽钢翼缘平均厚度 $t = 18mm$，取角焊缝有效长度 $l_w = 240mm$（上、下端回焊各长 $2h_f$，计算时略去不计），如图 3.70 所示。静荷载设计值 $N = 50kN$。Q235 钢，E43 型焊条，采用不预热的非低氢手工焊。求焊脚尺寸 h_f，并验算是否符合构造要求。

3.8 角钢 $2∟100 \times 80 \times 10$，短边与工字形截面梁的腹板三面围焊，如图 3.71 所示。梁腹板厚 12mm，腹板端部缩进角钢背面 10mm。角钢背面处承受集中力标准值 $R_k = 280kN$（静力荷载），其中永久荷载占 30%，可变荷载占 70%。Q235 钢，E43 型焊条，采用不预热的非低氢手工焊。试按弹性计算方法求焊脚尺寸 h_f。

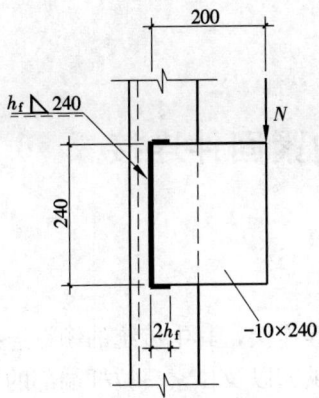

图 3.70　习题 3.7 图

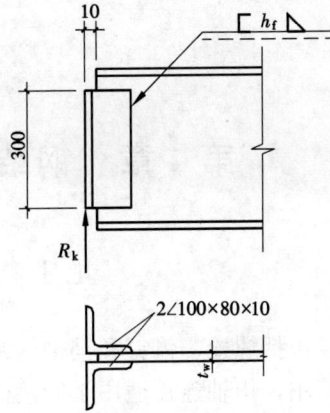

图 3.71　习题 3.8 图

第4章 钢结构的紧固件连接

4.1 概 述

紧固件连接包括螺栓、铆钉和销轴（销钉）等连接，其中传统的铆钉连接目前已不在新建钢结构上使用，销轴连接适用于铰接柱脚或拱脚以及拉索、拉杆端部的连接，其构造要求和计算规定见《钢标》第11.6节。本章重点介绍螺栓连接。

一、螺栓的种类

钢结构连接用的螺栓有普通螺栓和高强度螺栓两种。普通螺栓一般为六角头螺栓，按照我国关于螺栓的现行国家标准❶的规定，普通螺栓的产品等级分为A、B、C三级。对C级螺栓，《钢标》选用了其中性能等级为4.6级和4.8级两种。所谓螺栓的性能等级，其小数点前的数字表示螺栓抗拉强度 f_u^b 的 $1/100$，小数点后的数字表示屈强比的10倍（屈强比是屈服点或屈服强度与抗拉强度之比）。4.6级表示螺栓材料的抗拉强度不小于 $400\text{N}/\text{mm}^2$，其屈服点与抗拉强度之比为0.6，即屈服点不小于 $240\text{N}/\text{mm}^2$。因此C级螺栓一般可采用Q235钢，由热轧圆钢制成，为粗制螺栓，对螺栓孔的制作要求也较低，在普通螺栓连接中应用最多。产品等级为A级和B级的普通螺栓为精制螺栓，对螺栓杆和螺栓孔的加工要求都较高，《钢标》中选用了性能等级为5.6级和8.8级的两种，为普通螺栓连接中的高强度螺栓。A级螺栓用于螺杆公称直径 $d \leqslant 24\text{mm}$ 和螺杆公称长度 $l \leqslant 10d$ 或 $l \leqslant 150\text{mm}$（按较小值）的情况，否则采用B级螺栓。普通螺栓的安装一般用人工扳手，不要求螺杆中必须有规定的预拉力。

钢结构中用的高强度螺栓，有特定的含义，专指在安装过程中使用特制的扳手，能保证螺杆中具有规定的预拉力，从而使被连接的板件接触面上有规定的预压力。为提高螺杆中应有的预拉力值，此种螺栓必用高强度钢制造，因而得名。前面介绍的普通螺栓中的A级和B级螺栓（性能等级为5.6级和8.8级）虽然也用高强度钢制造，但不要求规定的预拉力，仍称其为普通螺栓。有关高强度螺栓的现行国家标准有《钢结构用高强度大六角头螺栓连接副》GB/T 1231—2024和《钢结构用扭剪型高强度螺栓连接副》GB/T 3632—2008两种。前者包括8.8级和10.9级两种，后者只有10.9级一种。高强度螺栓由中碳钢或合金钢等经热处理（淬火并回火）后制成，强度较高。8.8级高强度螺栓的抗拉强度 f_u^b 不小于 $800\text{N}/\text{mm}^2$，屈强比为0.8。10.9级高强度螺栓的抗拉强度不小于 $1000\text{N}/\text{mm}^2$，屈强比为0.9。10.9级高强度螺栓常用的材料是20MnTiB、35VB、35CrMo钢等，经热处理后 f_u^b 不低于 $1040\text{N}/\text{mm}^2$。8.8级高强度螺栓常用的材料除了20MnTiB、35VB、35CrMo钢，还有45号钢或35号钢等，经热处理后 f_u^b 不低于 $830\text{N}/\text{mm}^2$。两者的螺母和垫圈均采用45号钢或35号钢，经热处理后制成。用20MnTiB钢制造的螺栓直径宜为

---

❶ 《六角头螺栓》GB/T 5782—2016 和《六角头螺栓 C级》GB/T 5780—2016。

$d \leqslant$ M24，35VB、35CrMo 钢制造的宜为 $d \leqslant$ M30，45 号钢、35 号钢制造的宜为 $d \leqslant$ M20，以保证有较好的淬火效果。

二、螺栓孔的类别

螺栓孔有下列制作方法：

(1) 在装配好的构件上按设计孔径钻成；

(2) 在单个零件和构件上按设计孔径分别用钻模钻成；

(3) 在单个零件上先钻成或冲成较小孔径，然后在装配好的构件上再扩钻至设计孔径；

(4) 在单个零件上一次冲成或不用钻模钻成设计孔径。

我国《钢标》中将按上述前 3 种方法制成的孔统称为Ⅰ类孔，按第 4 种方法制作的孔称为Ⅱ类孔。前者孔壁整齐，质量较好；后者孔壁不整齐，质量较差。普通螺栓中的精制螺栓连接要求用Ⅰ类孔，孔径比杆径大 0.2～0.5mm；粗制螺栓连接可用Ⅱ类孔，孔径比杆径大 1.0～1.5mm，以便于螺栓插入。高强度螺栓的孔为Ⅱ类孔，但采用钻成孔，不能采用冲成孔。钢结构连接中常用螺栓直径 d 为 16mm、20mm、22mm、24mm、27mm、30mm 等。

三、螺栓连接的种类

螺栓连接由于安装省时省力、所需安装设备简单、对施工工人的技能要求不及对焊工的要求高，目前在钢结构连接中的应用仅次于焊缝连接。螺栓连接分普通螺栓连接和高强度螺栓连接两大类。按受力情况又各分为三种：抗剪螺栓连接、抗拉螺栓连接和同时承受剪拉的螺栓连接。

普通螺栓连接中使用较多的是粗制螺栓（C 级螺栓）连接。其抗剪连接是依靠螺杆受剪和孔壁承压来承受荷载，如图 4.1 所示。其抗拉连接则依靠沿螺杆轴向受拉来承受荷载（见下文图 4.9）。粗制螺栓抗剪连接中，由于螺杆孔径较直径大 1.0～1.5mm，有空隙，受力后板件间将发生一定大小的相对滑移，因此只能用于一些不直接承受动力荷载的次要构件如支撑、檩条、墙梁、小桁架等的连接，不承受动力荷载的可拆卸结构的连接，以及临时固定用的连接。相反，由于螺栓的抗拉性能较好，因而常用于一些使螺栓受拉的工地安装节点连

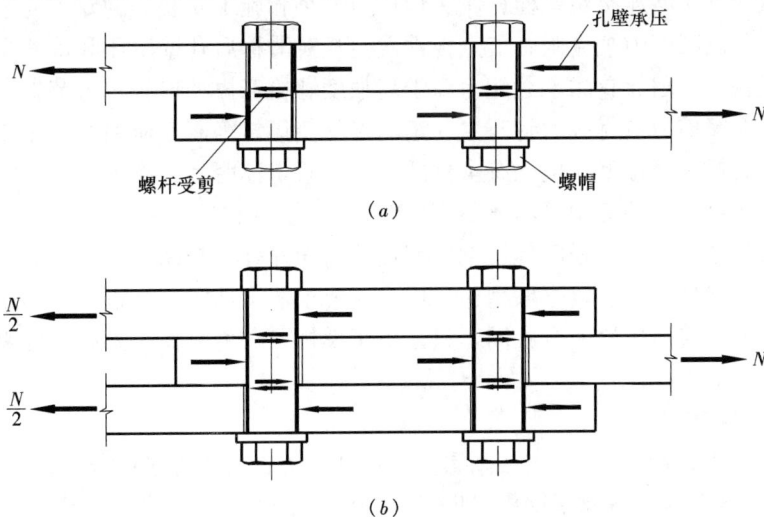

（a）

（b）

图 4.1　螺栓抗剪连接

（a）单剪搭接连接；（b）双剪对接连接

接，以及横向钢框架中屋架下弦端部与钢柱的安装连接节点（见下文图4.26）。

普通螺栓连接中的精制螺栓（A、B级螺栓）连接，受力和传力情况与上述粗制螺栓连接完全相同，因质量较好可用于要求较高的抗剪连接，但由于螺栓加工复杂，安装要求高（孔径与螺杆直径相差无几），价格昂贵，目前常为下面将介绍的高强度螺栓摩擦型连接所替代。

高强度螺栓连接有两类：高强度螺栓摩擦型连接和高强度螺栓承压型连接。摩擦型的高强度螺栓连接在受到图4.2所示荷载时，是依靠连接板件间的摩擦力来承受荷载。为此，必须拧紧螺帽使螺杆中产生较高的预拉力，并使钢板接触面间产生较大的预压力，因而螺栓及螺帽、垫圈等均需用经热处理的高强度钢材制造；同时，对连接部分的板件接触面必须清理和除锈，使承受荷载后板件间有较大的摩擦力。高强度螺栓摩擦型连接以板件间的摩擦刚要被克服作为承载能力极限状态。连接中的螺栓孔壁不承压，螺杆不受剪。为了便于安装螺栓，孔径可较大，《钢标》规定的标准孔孔径 $d_0 \approx 1.1d$，对 $d \leqslant 16mm$ 的 d_0 精确到 0.5mm，对 $d \geqslant 20mm$ 的 d_0 精确到 1mm。高强度螺栓摩擦型连接的变形小，连接紧密，耐疲劳，易安装，可拆换，在动力荷载作用下不易松动。由于这些优点，它在高层建筑现场安装连接节点，大跨度房屋、重型厂房和大型构件的现场拼接节点等重要连接中被广泛应用，取代了传统铆钉连接和精制螺栓连接。

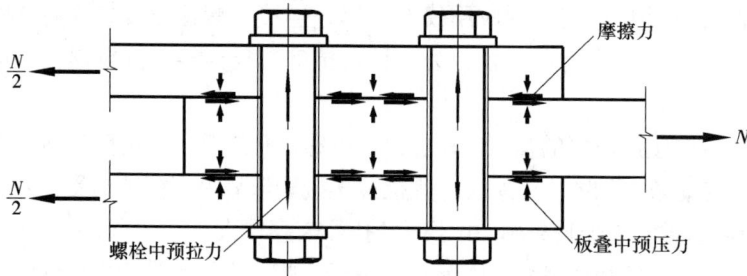

图 4.2　高强度螺栓摩擦型连接

高强度螺栓承压型连接对螺栓材质、预拉力大小和施工安装等的要求与摩擦型的完全相同，只是它以摩擦力被克服、节点板件发生相对滑移后孔壁承压和螺杆受剪破坏作为承载能力极限状态，因此它的承载能力高于高强度螺栓摩擦型连接，可节省连接材料。但这种连接由于在摩擦力被克服后将产生一定的滑移变形，因而其应用受到限制。我国工程实践中对高强度螺栓摩擦型连接已有丰富的实践经验，证明其具有上述很多的优越性，但高强度螺栓承压型连接的应用目前还不多，《钢标》规定它只能用于承受静力荷载或间接承受动力荷载的结构中。高强度螺栓承压型连接的螺栓孔径与摩擦型连接的相同。连接处构件接触面的表面处理要求较摩擦型连接低，仅要求清除油污及浮锈。高强度螺栓承压型连接的工作性能与普通螺栓完全相同，只是由于螺杆预拉力的作用和高强度钢的应用使连接的性能优于普通螺栓连接。

四、传统铆钉连接

钢结构的连接中除前述焊缝连接和螺栓连接外，历史上还有铆钉连接曾起过很大作用。铆钉的钉杆采用碳素钢中的铆螺钢❶，即专用于制作铆钉的一种碳素钢，要求有较好的可锻

---

❶　依据原国家标准《标准件碳素钢热轧圆钢》GB 715—1989 中的 BL2 或 BL3 号钢。

性。将铆螺圆钢拉直、切断，并将其一端在模子里压成钉头，即成铆钉的半成品，如图4.3（a）所示。连接时需将铆钉半成品加热烧红（$t \geqslant 650℃$），而后插入连接构件的孔内，用打铆机具将钉杆镦粗使之充满钉孔并将钉杆的另一端压成铆钉头，如图4.3（b）所示。铆钉冷却后，产生纵向收缩，依靠钉头能将所连接的板叠压紧。铆钉连接的传力方式主要依靠孔壁承压和钉杆受剪，与普通螺栓连接基本相同。过去由于焊接技术未臻完善，在直接承受动力荷载的结构中常需采用铆钉连接。目前由于焊接技术的不断改进，焊接结构已普遍使用。如在重型吊车梁与其制动桁架的连接等处，因所受动力作用较大，不宜采用焊缝连接时，也已改用高强度螺栓摩擦型连接，因而上述传统铆钉连接现今已不在新建钢结构上使用。本章今后对铆钉连接不再专门介绍，其排列与计算方法基本上可参照螺栓连接。

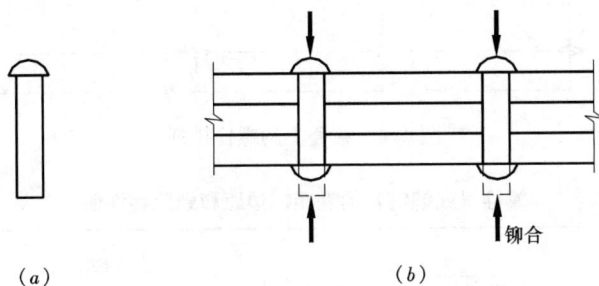

图 4.3　铆钉连接

4.2　螺栓的排列

　　螺栓在连接中的排列要考虑便于制造。例如螺栓应排列成行，如图4.4所示，以便利用多头钻床钻孔。同时，相邻螺栓孔的中心应保有为拧紧螺栓置放扳手所需的最小间距。构件上排列成行的螺栓孔中心连线叫作螺栓线或螺栓规线。沿螺栓线相邻螺栓孔的中心距离称为螺栓距。相邻两条螺栓线的间距称为线距或规距。连接中最末一个螺栓孔中心沿连接的受力方向至构件端部的距离叫作端距。螺栓孔中心在垂直于受力方向至构件边缘的距离叫作边距。

　　螺栓的排列还应考虑连接的受力要求。例如端距过小，构件端部钢材易剪坏〔见下文图4.7（d）〕，因而要规定一个最小端距。螺栓线上的螺栓距过小，则受力后两螺栓孔间的钢材也易剪坏；而螺栓距过大，当构件为受压时，两螺栓中心间的板件易局部屈曲。因此，需规定最小螺栓距和最大螺栓距。

　　此外，排列时还应从构造要求考虑，例如端距过大，端部板材易翘起；线距和螺栓距过大，连接中板件间接触不密实，易进潮气，钢材易锈蚀等。

　　《钢标》中考虑上述要求，根据理论和实践经验，规定了排列螺栓时的要求，设计时必须遵照采用。今分述如下。

一、钢板板叠上排列螺栓的要求

　　图4.4是用螺栓连接的由两块及两块以上钢板组成的板叠平面图，图中表示了螺栓的排列。以 p 表示螺栓距，g 表示螺栓线距，a 表示端距，c 表示边距。表4.1为《钢标》中规定排列螺栓（包括铆钉）时的最大和最小容许距离。这里需特别注意的是，表4.1下

的注 3，对 M12～M30 螺栓，其孔径 d_0 与螺栓公称直径 d 之差 $\leqslant$3mm，但在计算净截面时，螺栓孔的直径宜取 $d+4$mm 而不是设计孔径 d_0，用以考虑实际钻孔的偏差。

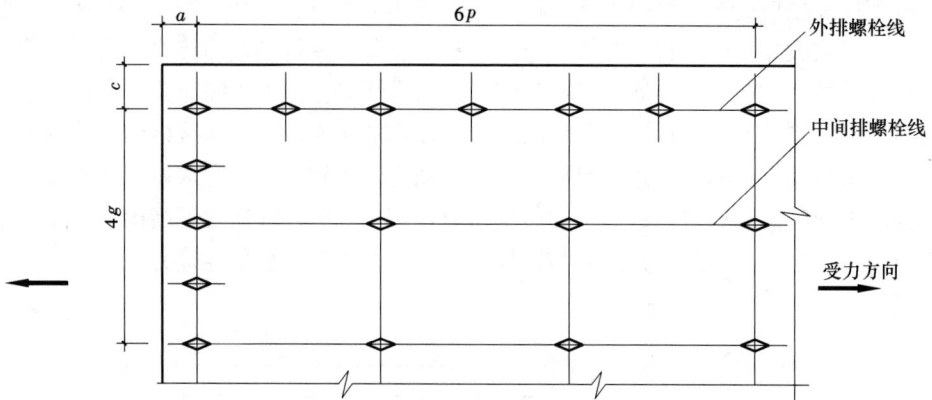

图 4.4　板叠上的螺栓排列

螺栓（或铆钉）的孔距、边距和端距容许值　　　　　　表 4.1

名　称	位置和方向			最大容许距离（取两者的较小值）	最小容许距离
中心间距	外排（垂直内力方向或顺内力方向）			$8d_0$ 或 $12t$	$3d_0$
	中间排	垂直内力方向		$16d_0$ 或 $24t$	
		顺内力方向	构件受压力	$12d_0$ 或 $18t$	
			构件受拉力	$16d_0$ 或 $24t$	
	沿对角线方向			—	
中心至构件边缘距离	顺内力方向			$4d_0$ 或 $8t$	$2d_0$
	垂直内力方向	剪切边或手工切割边			$1.5d_0$
		轧制边、自动气割或锯割边	高强度螺栓		
			其他螺栓或铆钉		$1.2d_0$

注：1. d_0 为螺栓或铆钉的孔径，对槽孔为短向尺寸，t 为外层较薄板件的厚度。

　　2. 钢板边缘与刚性构件（如角钢、槽钢等）相连的螺栓或铆钉的最大间距，可按中间排的数值采用。

　　3. 计算螺栓孔引起的截面削弱时可取 $d+4$mm 和 d_0 的较大者。

二、角钢上排列螺栓的要求

　　角钢上排列螺栓，当角钢边长 $b<125$mm 时，一般采用单排；当 $b\geqslant125$mm 时，可采用双排交错排列；$b\geqslant140$mm 时，可采用双排并列，如图 4.5 所示。此外，因考虑拧紧螺栓的扳手尺寸和考虑必要的边距，角钢上采用的最大螺栓直径是有限制的。表 4.2 给出了角钢常用的螺栓线距和最大开孔直径。例如一般钢屋架与其支撑构件的连接，最小螺栓直径常为 $d=16$mm，则开孔直径 $d_0=17$mm，由表 4.2 可见，选用连有支撑的屋架构件角钢截面不论其受力多么小，最小尺寸也应为∠63×5，这就是常说的构造要求。初学设计

者对此要求常会忽略，以致产生制造时的困难。

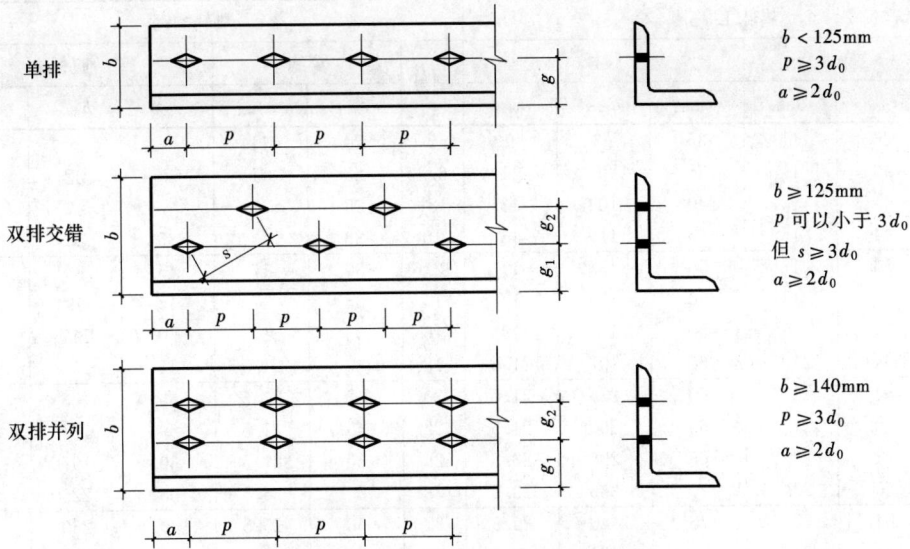

图 4.5　角钢上螺栓（或铆钉）的排列

单排列			双排交错				双排并列			
角钢边长 b	线距 g	最大开孔直径 d_0	角钢边长 b	线距 g_1	线距 g_2	最大开孔直径 d_0	角钢边长 b	线距 g_1	线距 g_2	最大开孔直径 d_0
45	25	13	125	55	35	23.5	140	55	60	19.5
50	30	15	140	60	45	25.5	160	60	70	23.5
56	30	15	160	60	65	25.5	180	65	75	25.5
63	35	17					200	80	80	25.5
70	40	19								
75	45	21.5								
80	45	21.5								
90	50	23.5								
100	55	23.5								
110	60	25.5								
125	70	25.5								

注：表中符号参阅图 4.5。

三、热轧工字钢和热轧槽钢上排列螺栓的要求

热轧工字钢和热轧槽钢的翼缘板厚度有坡度变化，翼缘板与腹板的交接处有圆弧过渡。为了便于安装螺栓，对翼缘板和腹板的螺栓孔位置常有限制（图 4.6）。表 4.3 给出线距的最小值和螺栓孔的最大直径 d_{0max} 等；表中符号意义见图 4.6。工字钢和槽钢的型号有 a、b、c 时，表中数值均相同。

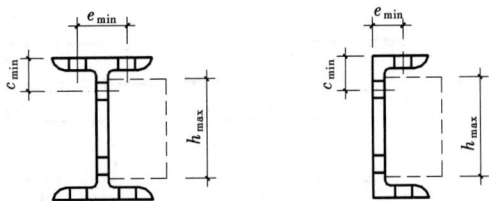

图 4.6　热轧工字钢、热轧槽钢翼缘和腹板上的螺栓最小线距及腹板连接件的最大高度

热轧工字钢、热轧槽钢上螺栓（或铆钉）
线距最小值、螺栓孔最大直径和连接件的最大高度（mm）　　表 4.3

热轧工字钢						热轧槽钢					
型号	翼缘		腹板			型号	翼缘		腹板		
	e_{min}	d_{0max}	c_{min}	h_{max}	d_{0max}		e_{min}	d_{0max}	c_{min}	h_{max}	d_{0max}
10	36	11	35	63	9	5	20	11	—	26	—
12.6	42	11	35	89	11	6.3	22	11	—	32	—
14	44	13	40	103	13	8	25	13	—	47	—
16	44	15	45	119	15	10	28	13	35	63	11
18	50	17	50	133	17	12.6	30	17	45	85	13
20	54	17	50	155	17	14	35	17	45	99	17
22	54	19	50	171	19	16	35	21.5	50	117	21.5
25	64	21.5	60	197	21.5	18	40	21.5	55	135	21.5
28	64	21.5	60	226	21.5	20	45	21.5	55	153	21.5
32	70	21.5	65	260	21.5	22	45	21.5	60	171	21.5
36	74	23.5	65	298	23.5	25	50	21.5	60	197	21.5
40	80	23.5	70	336	23.5	28	50	25.5	65	225	25.5
45	84	25.5	75	380	25.5	32	50	25.5	70	260	25.5
50	94	25.5	75	424	25.5	36	60	25.5	75	291	25.5
56	104	25.5	80	480	25.5	40	60	25.5	75	323	25.5
63	110	25.5	80	546	25.5						

注：表中符号见图 4.6。

4.3　普通螺栓连接和高强度螺栓承压型连接的工作性能

一、抗剪螺栓连接

　　普通螺栓连接螺帽的拧紧程度为一般，沿螺栓杆产生的轴向拉力不大，因而在抗剪连接中虽然连接板件接触面有一定的摩擦力，但其值甚小，摩擦力会迅速被克服而主要依靠孔壁承压和螺杆受剪传递荷载；高强度螺栓承压型连接以摩擦力被克服、使螺杆受剪和孔壁承压破坏为承载力极限状态，因此今后在计算中都将不考虑摩擦力的存在。

　　图 4.7 给出了抗剪螺栓连接的几种可能的破坏形式。

　　图 4.7(*a*)、(*b*)为螺栓杆被剪断，破坏强度取决于制造螺栓的材料。图 4.7(*c*)为钢板

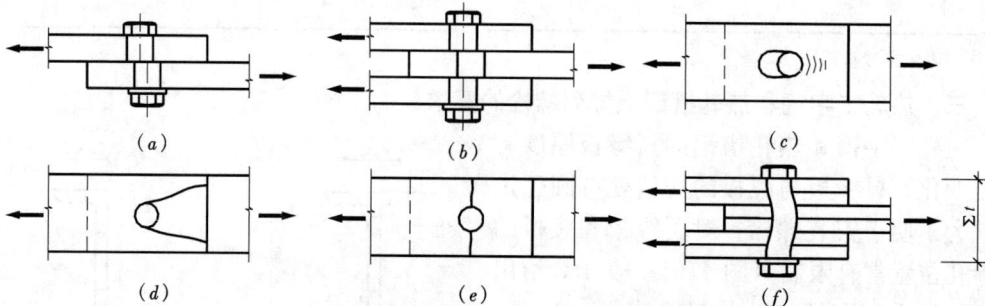

图 4.7　抗剪螺栓连接的破坏形式
(*a*) 螺杆单剪破坏；(*b*) 螺杆双剪破坏；(*c*) 孔壁承压破坏；
(*d*) 板件端部剪坏；(*e*) 板件拉坏；(*f*) 螺杆弯曲

孔壁承压破坏，破坏强度主要取决于连接板件钢材的种类。图 4.7(d) 为螺栓端距不足，端部钢板受剪撕裂，若布置螺栓时按表 4.1 中要求使端距 $a \geqslant 2d_0$，就不会产生板端撕裂破坏。图 4.7(e) 为沿孔中心连接板件受拉破坏，主要是因螺栓孔的存在过多地削弱了受拉板件的截面积所致。图 4.7(f) 为板叠连接厚度 Σt 过大致使螺栓弯曲变形，一般限制 $\Sigma t \leqslant 5d$ 就可避免螺栓的弯曲。

综上所述，在普通螺栓和承压型的高强度螺栓抗剪连接中需进行计算的状态主要是三项：（1）保证螺杆不被剪断；（2）保证孔壁不会因承压而破坏；（3）要求构件具有足够的净截面面积，不使板件被拉断。

当构件上有螺栓孔时，除了因截面被削弱过多而将构件拉断外，还有一种使构件破坏的可能性如图 4.8 所示。以图 4.8(a) 为例，角钢上有斜线的一块钢材 0-1-2-3 有可能整块被拉剪而破坏，此时角钢沿 0—1 线的纵向净截面受剪，而沿 1—2 面上则受拉，因此称这种破坏方式为块状拉剪破坏（block shear failure）。图 4.8(b) 所示槽钢或工字钢腹板的块状拉剪破坏，情况相同。此种破坏情况常发生在角钢、被切角后的槽钢或工字钢腹板的板件厚度较小时。必要时应进行验算（参阅后面例题 4.1）。

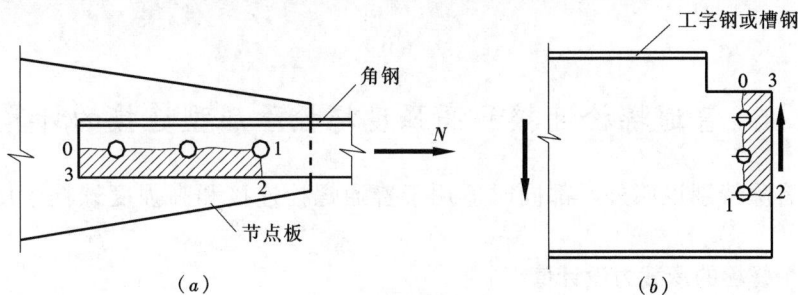

图 4.8 构件的"块状拉剪破坏"

二、抗拉螺栓连接

抗拉螺栓连接中主要使螺杆沿其轴线承受拉力，除用于前述厂房横向钢框架屋架下弦节点的安装连接外，还常用于高层房屋中的抗风支撑连接、各种吊杆连接和管道支架中吊装管道设备的连接等。抗拉螺栓连接必须通过 T 形连接件（或由双角钢组成的 T 形连接件）传力，如图 4.9(a) 所示。由于连接件的相对柔性，受力后连接件的翼缘板将发生弯曲变形，如图 4.9(b) 所示，使螺栓杆承受轴心拉力 N_t，同时连接件翼缘板边端与横梁下翼缘间产生压力 Q。由杠杆作用产生的此压力 Q 称为撬力。由图 4.9(b) 可见螺栓所受轴心拉力不是 $N_t = F$ 而为 $N_t = F + Q$，即螺栓拉力大于所受荷载值。影响撬力的因素较多，如连接件翼缘的刚性和螺栓的线距 g 等，要准确计算撬力 Q，极为复杂。《钢标》为了简化，有意降低了普通螺栓轴心受拉时的强度设计值，即取用同样牌号钢材轴心受拉强度设计值的 0.8 倍。如 Q235 钢的抗拉强度设计值 $f = 215 \text{N/mm}^2$，而用同样钢材制成的普通螺栓抗拉强度设计值为 $f_t^b = 0.8 \times 215 = 172 \text{N/mm}^2$（取为 170N/mm^2）。这样，以后计算中就可以不再考虑 Q 值的存在。美国 AISC 规范的设计手册中给出了计算 Q 值的公式，计算极繁。

为了减小撬力的影响，也可在构造上采取措施以增加连接件的抗弯刚度，例如采用较厚的连接件翼缘板或在同一纵行的两个螺栓间设置连接件的横向加劲肋等，如图 4.9(a)

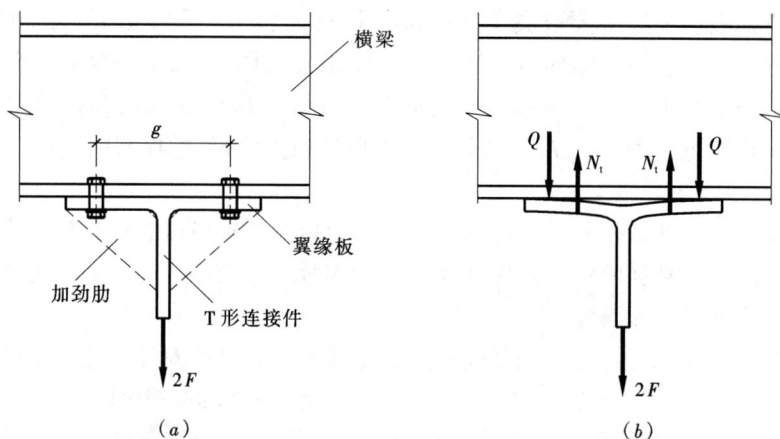

图 4.9　抗拉螺栓连接

中的虚线所示。

对直接承受动力荷载的普通螺栓受拉连接，应采用双螺帽或其他能防止螺帽松动的有效措施。

4.4　普通螺栓连接和高强度螺栓承压型连接的计算

本节内容除特别说明外，都同时适用于普通螺栓连接和高强度螺栓承压型连接的计算。

一、单个螺栓的承载力设计值

螺栓连接的计算通常按下列步骤：首先计算单个螺栓的承载力设计值，其次按受力情况确定所需螺栓数量，最后按构造要求排列需要的螺栓，必要时还进行构件的净截面强度验算。在受力较复杂的螺栓连接中，也可先假定需要的螺栓数进行排列，然后验算受力最大的螺栓是否小于其承载力设计值；相差过大时，重新假定螺栓数进行排列和复算。为此，这里首先介绍求单个螺栓的承载力设计值的方法。

（1）在抗剪螺栓连接中，螺栓承载力设计值取螺杆受剪和孔壁承压承载力设计值中的较小者。

一个螺栓的受剪承载力设计值 N_v^b 应按下式计算：

$$N_v^b = n_v \frac{\pi d^2}{4} f_v^b \text{❶}$$

(4.1)

式中　n_v——受剪面数目，如图 4.7（a）所示为单剪，取 $n_v = 1$；如图 4.7（b）所示为双剪，取 $n_v = 2$；

　　　d——螺杆直径；

　　　f_v^b——螺栓抗剪强度设计值，见附录 1 附表 1.3，其值与螺栓的性能等级和类别有关。

一个螺栓的孔壁承压承载力设计值 N_c^b 应按下式计算：

---

❶　N_v^b、f_v^b 中各字符意义为：上角标 b 代表螺栓（bolt），下角标 v 代表受剪，N 代表承载力设计值，f 代表强度设计值。

$$N_c^b = d \cdot \Sigma t \cdot f_c^b \text{ ❶} \tag{4.2}$$

式中 Σt——在同一受力方向承压的构件较小总厚度;

f_c^b——螺栓的孔壁承压强度设计值,见附录1附表1.3,其值与连接件的钢材牌号及螺栓的类别有关。

下面对式(4.1)和式(4.2)分别作一些说明。

1)普通螺栓受剪面处有可能遇有螺纹,也可能无螺纹。国外标准中对此有两种不同处理方法,例如,法国钢结构设计标准 CM66 中规定:如施工安装时没有特殊措施以保证所有螺杆剪切面不位于螺纹处,计算时应取螺纹处的有效截面面积 A_e 作为剪切面积;如施工中有特殊措施保证剪切面不位于螺纹处,则可采用剪切面等于螺杆截面面积来计算。美国 AISC 的钢结构设计标准则采用另一种办法来处理:不论螺纹是否处在剪切面处,一律用螺杆的截面面积 $\pi d^2/4$ 作为剪切面,但强度设计值 f_v^b 则取值不同;考虑到螺纹处有效面积 A_e 约为螺杆截面面积 $\pi d^2/4$ 的 0.75 倍,因而对剪切面位于螺纹处时取强度设计值为 $0.75 f_v^b$。可见法、美两国设计时对剪切面是否位于螺纹处是有明确说明的。依据我国《钢标》的规定[即式(4.1)],对高强度螺栓承压型连接,当剪切面位于螺纹处时应按螺纹处的有效截面面积进行计算;但对普通螺栓,不论剪切面是否位于螺纹处,一律以螺杆杆身的截面面积进行计算。我国前《钢结构设计规范》GBJ 17—88 条文说明第 80 页提到,这是因为普通螺栓连接的抗剪强度设计值是根据连接的试验数据经统计而确定的,而试验时未区分剪切面是否在螺纹处。

2)螺栓的承压面积事实上为半个圆柱面面积,如图 4.10 所示,承压应力原作用在圆柱面上,而今式(4.2)中则已按假定承压应力均布在通过螺栓直径的截面 dt 上来计算。因为在通过试验确定螺栓的承压强度设计值 f_c^b 时是按上述简化假定计算的,故式(4.2)中的这种替代也就完全可行。

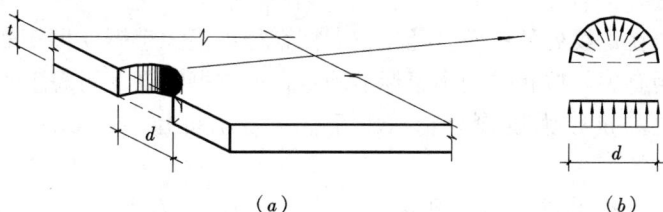

图 4.10 螺栓的承压面积及承压应力
(a) 承压面积(半个圆柱面);(b) 承压应力

3)式(4.1)和式(4.2)宜用于较简单的搭接连接或对接连接,如图 4.1 所示。当遇到较复杂的螺栓连接时,剪切面究竟是几个,Σt 取多大,应通过分析确定,不能硬套式(4.1)和式(4.2)。例如图 4.11 所示多层板的螺栓连接,在计算传递荷载 N 所需的螺栓数时,就不能简单地认为剪切面 $n_v = 4$,因为其各个剪切面受力不全相同。板 1 与板 2 间剪切面需传递荷载 $N/3$,板 2 与板 3 间剪切面只传递荷载 $N/6$。因而从螺杆受剪强度来计算所需螺栓数目 n 时,宜按最大受剪面的荷载由下式得出:

---

❶ f_c^b 中下角标 c 代表孔壁承压。

$$n = \frac{\dfrac{N}{3}}{\dfrac{\pi d^2}{4} \cdot f_v^b} = \frac{N}{3 \cdot \dfrac{\pi d^2}{4} \cdot f_v^b}$$

如简单取剪切面数 $n_v = 4$，则得（所需螺栓数目小于上式的计算结果）：

$$n = \frac{N}{n_v \dfrac{\pi d^2}{4} \cdot f_v^b} = \frac{N}{4 \cdot \dfrac{\pi d^2}{4} \cdot f_v^b}$$

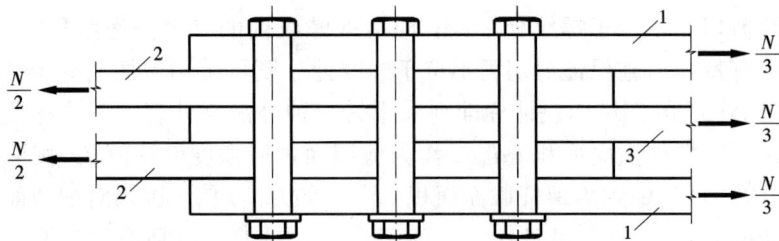

图 4.11　多层板的抗剪螺栓连接（$d = 22\text{mm}$）

1—板1为—14×400；2—板2为—22×400；3—板3为—14×400

4）当需求一只铆钉的承载力设计值时，仍可利用式（4.1）和式（4.2）进行计算，但需作如下修正：一是抗剪强度设计值和承压强度设计值应改用铆钉的相应数值 f_v^r 和 f_c^r（上角标 r 代表铆钉 rivet）；二是因在铆合铆钉时，已将铆钉直径镦粗与孔径相同，因而两个公式中原螺栓直径 d 都应改用铆钉孔的直径 d_0。

（2）螺栓的受拉承载力设计值 N_t^b 应按下式计算：

$$N_t^b = \frac{\pi d_e^2}{4} f_t^b \tag{4.3}$$

式中　d_e——螺栓在螺纹处的有效直径，较螺杆直径小但大于螺纹根部直径，其大小与螺栓距有关，按相关的国家标准确定，见本书附录1附表1.4；

　　　f_t^b——螺栓的抗拉强度设计值（下角标 t 表示抗拉 tension），见本书附录1附表1.3。

当需求铆钉的受拉承载力设计值时，式（4.3）中的 d_e 须换为 d_0（铆钉孔径），f_t^b 换为 f_t^r。

二、在轴心力作用下螺栓群的抗剪连接计算

当外力作用线通过螺栓群的形心时，其抗剪连接计算中常假定各螺栓平均受力。因而在求得单个螺栓的承载力设计值 N^b 后，即可按下式得到所需螺栓的个数 n：

$$n = \frac{N}{N^b} \tag{4.4}$$

式中　N^b——取 N_v^b 与 N_c^b 中的较小值；

　　　N——外力的设计值。

下面分别说明有关计算要点。

（1）在求得所需螺栓个数 n 后，即可按本章第4.2节的要求进行排列。排列时应注意：要使所连接构件的截面削弱为最少，要使连接长度为最小，以节省钢材。今以例题

4.1 作为说明。

【例题 4.1】 图 4.12 表示一钢板的对接拼接，螺栓直径 $d=20$mm，孔径 $d_0=$ 21.5mm，C 级螺栓。钢板截面为—16×220，拼接板为 $2-8\times220$，Q235AF 钢，承受外力设计值 $N=610$kN。查附录 1 附表 1.1、附表 1.3 得：钢板的抗拉强度设计值 $f=$ 215N/mm²、抗剪强度设计值 $f_v=125$N/mm²（板厚 $t\leqslant16$mm 时），抗拉强度 $f_u=370$N/mm²；螺栓的强度设计值分别为 $f_v^b=140$N/mm² 和 $f_c^b=305$N/mm²。试求所需螺栓数目并排列螺栓。

【解】 首先作下列计算：

$$N_v^b=n_v\frac{\pi d^2}{4}f_v^b=2\times\frac{\pi\times20^2}{4}\times140\times10^{-3}=88.0(\text{kN})$$

$$N_c^b=d\sum tf_c^b=20\times16\times305\times10^{-3}=97.6(\text{kN})$$

取 $N^b=\min\{N_v^b,\ N_c^b\}=88.0$ （kN）。

需要螺栓个数：

$$n=\frac{N}{N^b}=\frac{610}{88.0}=6.93，至少采用 n=7。$$

其次，排列螺栓如图 4.12 所示。为了使连接长度最小，试取螺栓距 $p=3d_0=3\times21.5\approx65$ （mm）（为便于制造，应取 5mm 的整数，下同），端距 $a=2d_0=2\times21.5\approx45$ （mm）。边距 $c=1.5d_0=1.5\times21.5\approx35$ （mm），根据板宽 $b=220$mm，每列螺栓最多设 3 个，螺栓横向距离为 $g=75$mm，第一列螺栓横向间距若为 150mm，将不满足外排最大间距不大于 $12t=12\times8=96$ （mm）的要求。因此在第一列应按构造要求排列 3 个螺栓，螺栓总数增为每边 8 个。中间行螺栓纵向间距为 130mm，满足不大于 $24t=24\times8=192$ （mm）的构造要求。

螺栓连接的传力路线如图 4.12 所示：左边板①中的外力 N 通过接缝 4-4 左边的 8 个螺栓传给两块拼接板②，右边板③中的外力 N 通过接缝 4-4 右边的 8 个螺栓传给两块拼接板②，左右两边的外力最后在两块拼接板上达到平衡。因此对钢板来讲，受力最大是在

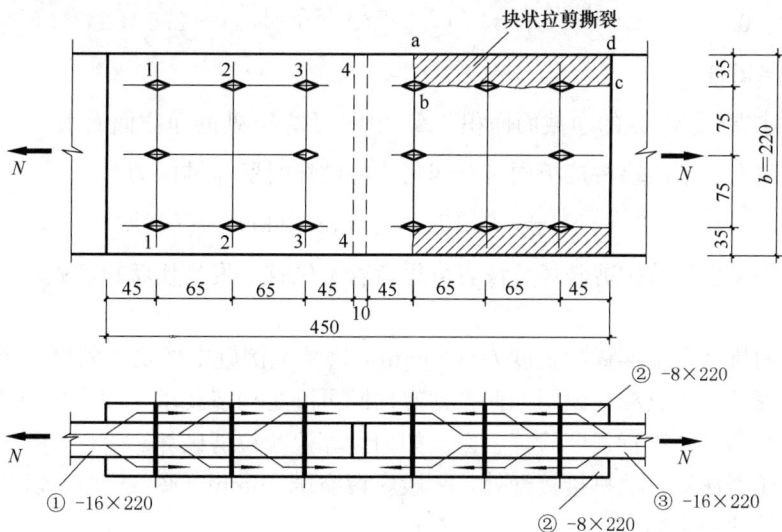

图 4.12　钢板的对接拼接

截面 1-1 处，受力为 N。截面 2-2 处受力已减小为 $5N/8$，因已有 $3N/8$ 的力通过第一列 3 个螺栓传给了拼接板。截面 3-3 处受力最小，其值为 $3N/8$。过了截面 3-3，其内力为零。拼接板中的受力情况刚好相反，在截面 3-3 处（略右）受力最大，其值为 N，截面 2-2 处为 $5N/8$，截面 1-1 处最小，为 $3N/8$，过了截面 1-1 其内力为零。了解了这些以后，就可以看出应验算钢板净截面抗拉强度的所在。在截面 1-1 处，钢板受力最大，截面上有 3 个螺栓孔，其净面积为最小，即：

$$A_{n1} = (b - 3\tilde{d}_0)t = (220 - 3 \times 24) \times 16 = 2368 (mm^2)$$

式中取 $\tilde{d}_0 = \max\{d+4mm, d_0\} = 24mm$（表 4.1 下注 3）。

净截面平均拉应力为：

$$\sigma = \frac{N}{A_{n1}} = \frac{610 \times 10^3}{2368} = 257.6 (N/mm^2) < 0.7 f_u = 0.7 \times 370 = 259 (N/mm^2)$$

钢板不会发生净截面断裂，满足要求。

在截面 2-2 处，内力较截面 1-1 处小，钢板上只有两个螺栓孔，因此不需验算此处的净截面强度。

按《钢标》，还需验算钢板的毛截面强度：

$$\sigma = \frac{N}{A} = \frac{610 \times 10^3}{220 \times 16} = 173.3 N/mm^2 < f = 215 N/mm^2 ，可。$$

因拼接板的截面面积与钢板的截面面积完全相同，故在验算了钢板的截面强度后，拼接板的强度就不必再验算。

下面再验算拼接板四角处有无块状拉剪破坏的危险。图 4.12 平面图上有斜线的部分为被拉剪板块，ab 线为拉断线，bc 线为剪切线，一律用净长度。因而得每一板块被拉剪破坏所需之力为：

$N_1 = A_{nt}f + A_{nv}f_v$

$= [(35 - 0.5 \times 24) \times 8] \times 215 \times 10^{-3} + [(2 \times 65 + 45 - 2.5 \times 24) \times 8] \times 125 \times 10^{-3}$

$= 154.6 (kN)$

其中，A_{nt} 为拉断线 ab 处的净截面面积，A_{nv} 为剪切线 bc 处的净截面面积。

拼缝一侧上、下两块拼接板同时有四角拉剪破坏时所需轴向力为：

$$N = 4N_1 = 4 \times 154.6 = 618.4 (kN) > 610kN$$

因而此处不会发生块状拉剪破坏。读者可思考若本例题中发生块状拉剪破坏，当采取何法使之避免发生。

由螺栓的排列得拼接板的长度 $l = 450mm$，这是本例题中的最短长度。上面除说明了一般计算步骤外，重点放在说明如何排列螺栓既可满足构造要求又使拼接板长度最小，如何找最危险的净截面进行强度验算，以及如何验算块状拉剪破坏。

最后，还需注意：凡拼接接缝处，一般应留空隙 10mm（图 4.12），以考虑切割钢材时可能产生的偏差影响。

（2）当螺栓排列较复杂时，破坏截面不像上面例题中那样一眼就可看出，净截面的计算也就比较复杂。今以例题 4.2 和例题 4.3 作出说明。《钢标》中对净截面的计算方法未作详细规定，例题中所示为设计中惯用的方法。

【例题 4.2】图 4.13 表示某厚度为 t 的钢板的搭接连接，采用 C 级普通螺栓，螺栓直径 $d = 22$ mm，螺栓孔径 $d_0 = 23.5$mm，排列螺栓如图示。求此连接钢板的最小净截面面积。

【解】实际螺栓孔的削弱取 $\tilde{d}_0 = \max\{d+4\text{mm}, d_0\} = 26$mm（表 4.1 下注 3）。

图中上面一块钢板受力最大处在螺栓群的右端。破坏时的断裂线有以下几种可能，当不能立即判明时，需分别计算其净截面，然后确定何者为最小。净截面面积取断裂线总长度减去穿过孔的直径后乘以板的厚度。

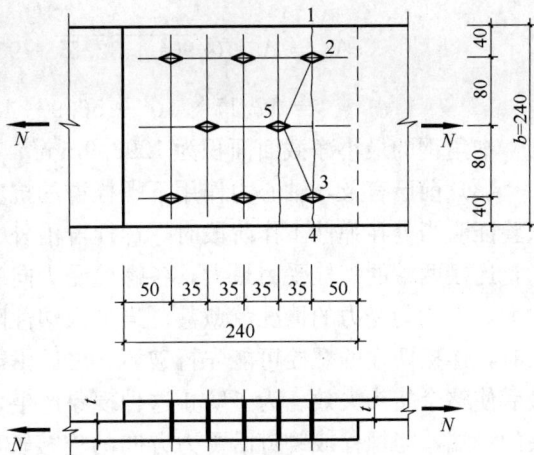

图 4.13　钢板的搭接连接

(1) 沿 1-2-3-4 线破坏时，穿过 2 个孔：

$$A_{n1} = (b - 2\tilde{d}_0)t = (240 - 2 \times 26)t = 188t(\text{mm}^2)$$

(2) 沿 1-2-5-3-4 线破坏时，穿过 3 个孔：

$$A_{n2} = (40 + \sqrt{80^2 + 35^2} + \sqrt{80^2 + 35^2} + 40 - 3 \times 26)t = 176.6t(\text{mm}^2)$$

可见，沿 1-2-5-3-4 线断裂破坏时，钢板的净截面面积较小，取 $A_n = 176.6t$（mm^2）。

【例题 4.3】角钢 ∠90×10，$A = 17.17$cm^2，两边都设有 M20 螺栓，排列如图 4.14（a）所示，孔径 $d_0 = 21.5$mm。求此角钢受拉破坏时的最小净截面面积。

【解】实际螺栓孔的削弱取 $\tilde{d}_0 = \max\{d+4\text{mm}, d_0\} = 24$mm。

可将角钢的水平边沿竖向边内侧切开，再拼在其竖向边下，如图 4.14（b）所示。把此拼成的图形看成一等厚度的平板。可能的受拉断裂线有以下两种：

(1) 沿 1-2-3 线破坏时，穿过 1 个孔：

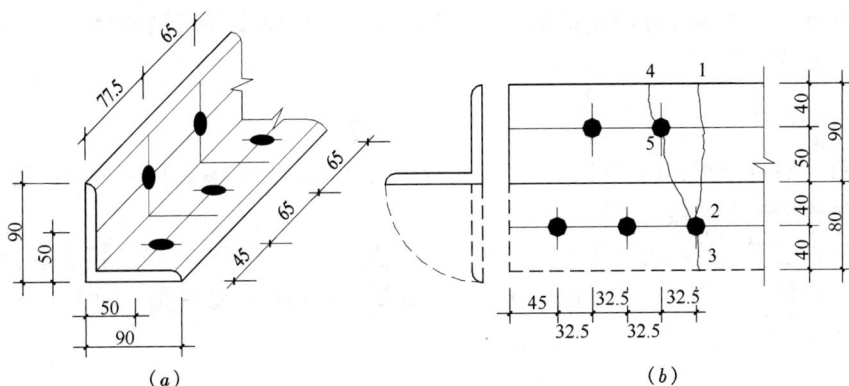

图 4.14　角钢净截面的计算

113

$$A_{n1} = A - \tilde{d}_0 t = 17.17 \times 10^2 - 24 \times 10 = 1477 (\text{mm}^2)$$

（2）沿 4-5-2-3 线破坏时，穿过 2 个孔：

$$A_{n2} = A + (\sqrt{90^2 + 32.5^2} - 90) \times 10 - 2 \times 24 \times 10$$

$$= 17.17 \times 10^2 + 56.9 - 480 = 1293.9 (\text{mm}^2) < A_{n1}$$

本角钢的最小净截面面积为 1293.9mm²，断裂线为 4-5-2-3。

（3）前已言及，轴心力作用下螺栓群的抗剪连接计算是假定每个螺栓均匀受力的。但试验证明当处在弹性工作阶段时，螺栓群沿外力作用方向是不均匀受力的，如图 4.15 所示，连接两端的螺栓受力最大，各螺栓受力向中间依次逐渐减小。试验也证明，连接长度愈大，不均匀受力的情况就愈甚。当进入塑性阶段，各螺栓受力渐趋向均匀。但当受力较大时，连接两端的螺栓可能先行破坏，之后由于螺栓数目的减少而造成各螺栓依次破坏，最后使整个接头失效。为了防止这种现象产生，《钢标》规定，在构件的节点处或拼接接头的一端，当螺栓或铆钉沿受力方向的连接长度 $l_1 > 15d_0$ 时，应将螺栓或铆钉的承载力设计值乘以折减系数 η：

$$\eta = 1.1 - \frac{l_1}{150d_0} \geqslant 0.7 \tag{4.5}$$

式中 l_1——从连接一端的第一个螺栓到最末一个螺栓的中心间距离；

d_0——螺栓孔直径。

当 $l_1 > 60d_0$ 时取折减系数为 0.7。

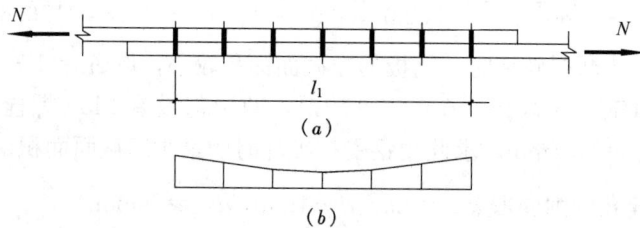

图 4.15 长螺栓连接中各螺栓的受力大小示意
(a) 长螺栓连接；(b) 各螺栓受力大小

上述的《钢标》规定对下文第 4.5 节将叙述的高强度螺栓摩擦型连接也同样适用[1]。国外有些标准，例如国际标准化组织 ISO/TC167/SCI 于 1992 年编制的标准草案中也有类似规定，其式为：

当 $l_1 > 15d$ 时 $\qquad \eta = 1.075 - \frac{l_1}{200d} \geqslant 0.75$

除公式中数字略有差别和以螺杆直径 d 表示外，最主要的是它明确指出折减系数 η 不适用于高强度螺栓摩擦型连接。

我国原铁道部大桥局桥梁研究所曾对长排高强度螺栓摩擦型连接的接头进行了研究。根据对长、短接头高强度螺栓摩擦型连接的对比试验，得出的结论是：两者承载力没有差

---

[1] 见书末主要参考资料 [49] 第 80 页。

别，对长接头的高强度螺栓摩擦型连接，单个螺栓的承载力不必折减❶。这与 ISO 的规定相同，与前《钢结构设计规范》GBJ 17—88 的规定不同。《钢标》沿用前《钢结构设计规范》GBJ 17—88 的规定，未作更改。

此外，还需注意，每一杆件在节点上以及拼接接头的一端，永久性的螺栓（或铆钉）数不宜少于 2 个。读者可进行思考，何故？

（4）下列情况的连接中，由于连接的工作情况较差，《钢标》规定螺栓（或铆钉）的数目应较计算所需增加：

1）一个构件借助填板或其他中间板件与另一构件连接的螺栓（摩擦型连接的高强度螺栓除外）或铆钉数目，应按计算增加 10%。

图 4.16 表示了两块厚度不等钢板的螺栓对接接头，在右端较薄板一侧需设填板。因填板一侧的螺栓受力后易弯曲，工作状况较左侧差，因而该侧螺栓数目应增加10%。图中 n_L 和 n_R 分别为按接头左侧和右侧连接计算所需的螺栓数目。

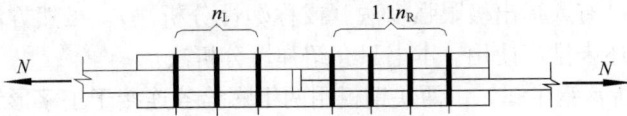

图 4.16 用填板的螺栓对接接头

2）当采用搭接或拼接板的单面连接传递轴心力时（图 4.17），因偏心易引起连接部位发生弯曲，螺栓（摩擦型连接的高强度螺栓除外）数目应按计算增加 10%。

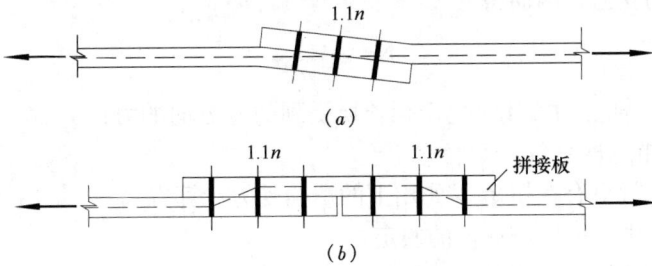

图 4.17 搭接接头和单面拼接板连接
（a）搭接接头；（b）单面拼接板连接

3）在构件的端部连接中，当利用短角钢与型钢（角钢、槽钢等）的外伸肢相连以缩短连接长度时（图 4.18），在短角钢两肢中的任一肢上所用螺栓（或铆钉）数目应按计算增加 50%。

图 4.18（a）给出了角钢与节点板的连接，连接长度太大，为了缩短连接长度，角钢上拟保留所需 6 个螺栓中的 4 个，其余 2 个螺栓则利用短角钢与节点板相连，如图 4.18（b）所示。根据上条规定，可以在短角钢的外伸肢安放 2 个螺栓，连接肢上安放 2×1.5 ＝3 个；也可以在短角钢外伸肢上安放 3 个螺栓，连接肢上安放 2 个，视如何方便而定。

三、在偏心力作用下螺栓群的抗剪连接计算

在偏心力作用下螺栓群的计算步骤与在轴心力作用下不同，一般宜先假定螺栓数目和

---

❶ 党志杰 . 长排摩擦型高强度螺栓连接接头的研究 . 钢结构，1991（4）：47-51。

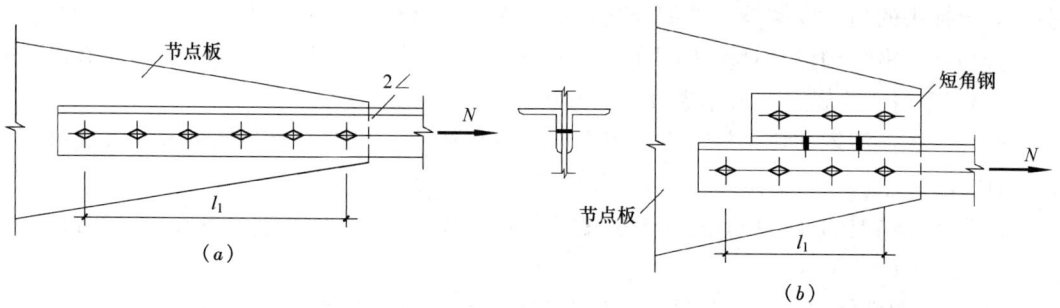

图 4.18　角钢构件与节点板的螺栓连接

进行排列，然后验算螺栓的强度是否满足要求。《钢标》中未规定在偏心力作用下螺栓群中各螺栓受力的计算方法，因此，应由设计人员自己选用。与角焊缝在偏心剪力作用下的计算相同，偏心力作用下螺栓群的抗剪连接最常用的计算方法是弹性分析法。由于弹性分析法较保守，目前已有人提出极限强度法（或称塑性分析法），虽然方法较合理，但计算较繁，此法在我国还未推广使用。本书只介绍弹性分析法。

图 4.19 (a) 所示钢牛腿，由两块钢板用两组螺栓各连接于工字形钢柱的两翼缘板外侧，牛腿上可支承钢梁，假设每组螺栓群承受由梁传来的偏心剪力 N。在计算螺栓群时，可先将偏心剪力 N 移至螺栓群的形心。如是，则螺栓群相当于承受一个轴心力 N 和一个扭矩 $T = N \cdot e$ 的作用，见图 4.19 (b) 和图 4.19 (c)。在轴心力 N 作用下，前已言及，假定每个螺栓平均受力，因而得：

$$N_y^N = \frac{N}{n} \downarrow$$

式中　N_y^N——由于轴心力作用下每个螺栓所受到的 y 方向的力；

　　　　n——每组螺栓总数。

下面需说明的就只有在扭矩 T 作用下的螺栓受力计算方法。

在弹性分析法中，一般作如下的假定：

（1）螺栓所连的钢板为刚性，螺栓为弹性；

（2）在扭矩作用下每个螺栓受力大小与该螺栓中心至螺栓群形心的距离成正比，方向

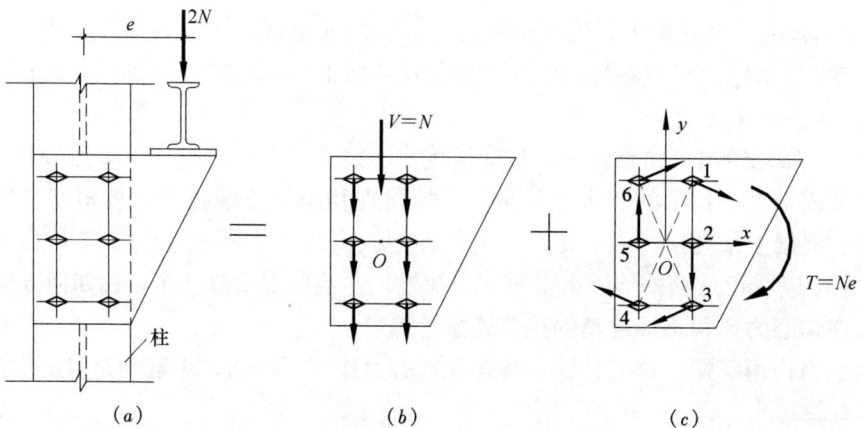

图 4.19　偏心剪力作用下的螺栓连接

垂直于螺栓中心至螺栓群形心的连线，见图 4.19 （c）。

设 O 为螺栓群形心，各螺栓中心至 O 的距离为 r_i，每个螺栓在扭矩作用下的受力为 N_i^{T}，则：

$$T = N_1^{\mathrm{T}} r_1 + \cdots + N_i^{\mathrm{T}} r_i + \cdots + N_n^{\mathrm{T}} r_n$$

因

$$\frac{N_1^{\mathrm{T}}}{r_1} = \cdots = \frac{N_i^{\mathrm{T}}}{r_i} = \cdots = \frac{N_n^{\mathrm{T}}}{r_n}$$

得

$$T = N_i^{\mathrm{T}} \cdot \left(\frac{r_1^2 + r_2^2 + \cdots + r_n^2}{r_i} \right)$$

因而得：

$$N_i^{\mathrm{T}} = \frac{T r_i}{\sum r_i^2} \tag{4.6}$$

如改用各螺栓孔的坐标 (x_i, y_i) 来表示 r_i，并把 N_i^{T} 分解成沿 x 轴和 y 轴的分力，则得：

$$\left. \begin{aligned} N_{ix}^{\mathrm{T}} &= N_i^{\mathrm{T}} \cdot \frac{y_i}{r_i} = \frac{T \cdot y_i}{\sum x_i^2 + \sum y_i^2} \\ N_{iy}^{\mathrm{T}} &= N_i^{\mathrm{T}} \cdot \frac{x_i}{r_i} = \frac{T \cdot x_i}{\sum x_i^2 + \sum y_i^2} \end{aligned} \right\} \tag{4.7}$$

于是在偏心剪力作用下螺栓 i 的强度条件当为：

$$\sqrt{(N_{ix}^{\mathrm{T}})^2 + (N_y^{\mathrm{N}} + N_{iy}^{\mathrm{T}})^2} \leqslant N^{\mathrm{b}} \tag{4.8}$$

式中　N^{b}——一个螺栓的承载力设计值，取 N_v^{b} 和 N_c^{b} 中的较小值。

从式（4.8）可见，N_{ix}^{T} 和 N_{iy}^{T} 应取离螺栓群形心 O 最远，同时其竖向分力 N_{iy}^{T} 又与 N_y^{N} 方向相同的螺栓来计算。如参照图 4.19，则螺栓 1 或 3 为控制计算的螺栓。由此也可看到弹性分析法计算结果是偏保守的。

当螺栓群为一狭长形布置，例如 $y_{\max} > 3 x_{\max}$ 时，为了计算方便，式（4.7）可近似地改写为：

$$\left. \begin{aligned} N_x^{\mathrm{T}} &\approx \frac{T \cdot y_{\max}}{\sum y_i^2} \\ N_y^{\mathrm{T}} &\approx 0 \end{aligned} \right\} \tag{4.9}$$

由此引起的误差常可略而不计。

【例题 4.4】 图 4.20 （a） 表示一厚度为 16mm 的钢板与厚度为 18mm 的柱身钢板相连，采用 8.8 级高强度螺栓承压型连接，螺栓直径 $d = 20\mathrm{mm}$，螺栓孔径 $d_0 = 22\mathrm{mm}$，螺栓排列如图示，剪切面处无螺纹；钢材为 Q235AF 钢。荷载 P 的标准值中 20％为永久荷载，80％为可变荷载。设钢板的厚度足够不会破坏。试根据弹性分析法求此螺栓群能承受的总荷载标准值 P_{k}。

【解】（1）把荷载 P 分解成 P_x 和 P_y 并移至螺栓群形心 O 处：

剪力：$P_x = \dfrac{3}{5} P$ （←），$P_y = \dfrac{4}{5} P$ （↓）

扭矩：$T = -7 P_x + 30 P_y = -7 \times \dfrac{3}{5} P + 30 \times \dfrac{4}{5} P = 19.8 P$ （kN·cm）

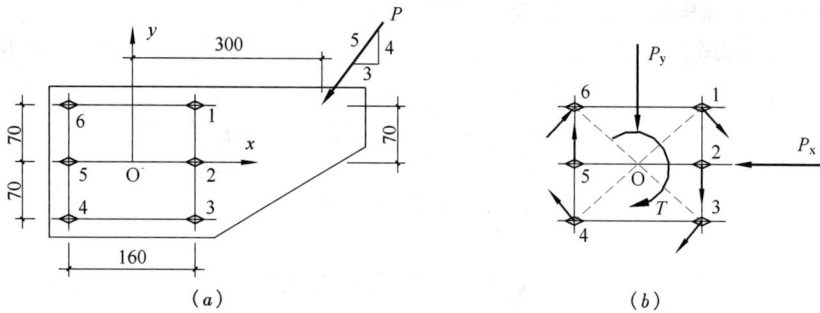

图 4.20　偏心剪力作用下的高强度螺栓承压型连接

（2）由图 4.20（b）可见在扭矩 T 作用下螺栓 3 受力最大，其分力又与 P_x 和 P_y 产生的作用力方向一致，因而螺栓 3 是控制计算的一个螺栓。

$$\sum x^2 + \sum y^2 = 8^2 \times 6 + 7^2 \times 4 = 580(\text{cm}^2)$$

$$N_{3x}^T = \frac{Ty_3}{\sum x^2 + \sum y^2} = \frac{19.8P \times 7}{580} = 0.239P(\text{kN}) \leftarrow$$

$$N_{3y}^T = \frac{Tx_3}{\sum x^2 + \sum y^2} = \frac{19.8P \times 8}{580} = 0.273P(\text{kN}) \downarrow$$

$$N_x^P = \frac{P_x}{6} = \frac{1}{6} \times \frac{3}{5}P = 0.1P(\text{kN}) \leftarrow$$

$$N_y^P = \frac{P_y}{6} = \frac{1}{6} \times \frac{4}{5}P = 0.133P(\text{kN}) \downarrow$$

强度条件为：

$$\sqrt{(N_{3x}^T + N_x^P)^2 + (N_{3y}^T + N_y^P)^2} \leqslant N^b$$

钢板为 Q235、8.8 级高强度螺栓承压型连接的强度设计值为（附录 1 附表 1.3）：

$$f_v^b = 250\text{N/mm}^2, f_c^b = 470\text{N/mm}^2$$

$$N_v^b = n_v \frac{\pi d^2}{4} f_v^b = 1 \times \frac{\pi \times 20^2}{4} \times 250 \times 10^{-3} = 78.5(\text{kN})$$

$$N_c^b = d\sum t f_c^b = 20 \times 16 \times 470 \times 10^{-3} = 150.4(\text{kN})$$

$$N^b = \min\{N_v^b, N_c^b\} = 78.5(\text{kN})$$

故得

$$\sqrt{(0.239P + 0.1P)^2 + (0.273P + 0.133P)^2} \leqslant 78.5$$

即
$$P = 148.4\text{kN}$$

因永久荷载标准值占 20%，可变荷载标准值占 80%，两者的荷载分项系数分别为 1.3 和 1.5，于是：

$$1.3(0.2P_k) + 1.5(0.8P_k) = P = 148.4\text{kN}$$

即
$$1.46P_k = 148.4\text{kN}$$

得此连接能承受的总荷载标准值为：

$$P_k = \frac{148.4}{1.46} = 101.6(\text{kN})$$

扭矩作用下的螺栓抗剪连接设计，常需先假定螺栓数目及布置，而后进行验算，不符合条件时需重新假定，这是非常麻烦的事。对只有单列的螺栓群或即使是多列但可采用上述近似公式（4.9）计算时，因 $N_x^T \propto y$，内力分布如图 4.21 所示。对此情况，可以找到一确定所需螺栓数目的近似公式[❶]。

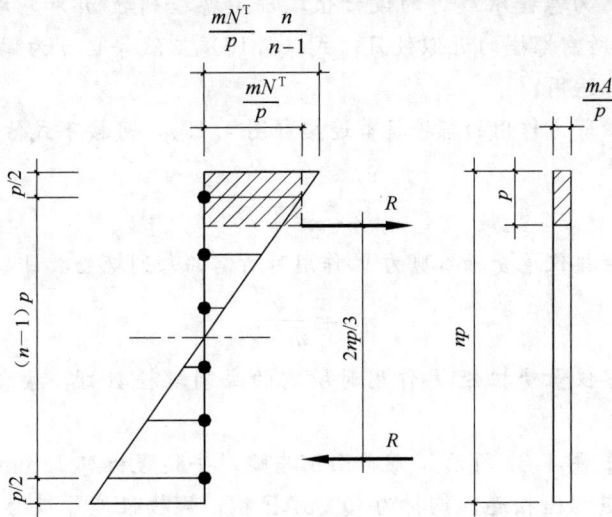

图 4.21　螺栓群受扭矩作用时的假想实腹截面

设螺栓列数为 m，每列螺栓有 n 个，螺栓距为 p，等间距布置，端距为 $p/2$，每个螺栓的截面面积为 A，则可把 m 列每列 n 个螺栓受力情况转化为一截面宽度 $a = mA/p$ 的假想实腹截面，此假想截面上的力沿截面高度方向为三角形变化，最外螺栓中心线处受力为：

$$\frac{N^T}{A} \cdot \frac{mA}{p} = \frac{mN^T}{p} \quad (\mathrm{N/mm^2})$$

假想截面上最外纤维的受力为：

$$\frac{mN^T}{p} \cdot \frac{n}{n-1}$$

三角形应力图的合力：

$$R = \frac{1}{2}\left(\frac{np}{2}\right)\left(\frac{mN^T}{p} \cdot \frac{n}{n-1}\right) = \frac{mN^T}{4} \cdot \frac{n^2}{n-1}$$

扭矩：

$$T = R\left(\frac{2}{3}np\right)$$

即

$$T = \left(\frac{mN^T}{4} \cdot \frac{n^2}{n-1}\right)\left(\frac{2}{3}np\right) = \frac{mN^T p}{6}\left(\frac{n^3}{n-1}\right)$$

解得：

$$n = \sqrt{\frac{6T}{mN^T p}\left(\frac{n-1}{n}\right)} \tag{4.10}$$

❶　T. C. Shedd. Structural Design in Steel. New York：John Wiley & Sons, Inc.，1934：287。

或先近似取：

$$n \approx \sqrt{\frac{6T}{mN^{\mathrm{T}}p}} \qquad (4.11)$$

然后再用式（4.10）求 n。

取 $N^{\mathrm{T}}=N^{\mathrm{b}}$ 为螺栓承载力的设计值，确定螺栓列数 m 和螺栓距 p 后由式（4.11）可求得所需螺栓的近似数目。式（4.10）虽然导自 n 为偶数时，但当 n 为奇数时也近似适用。

对承受偏心剪力作用的螺栓抗剪连接（图 4.19），可按下式估算连接所需的每列螺栓数目[1]：

$$n \approx \sqrt{n_{\mathrm{V}}^2 + n_{\mathrm{T}}^2} \qquad (4.12)$$

式中　n_{V}——连接仅承受轴心剪力 V 作用时所需的每列螺栓数目，即：

$$n_{\mathrm{V}} = \frac{V}{mN^{\mathrm{b}}} \qquad (4.13)$$

n_{T}——连接仅承受扭矩 T 作用时所需的每列螺栓数目，按式（4.11）、式（4.10）计算。

【例题 4.5】 图 4.22 所示 T 形截面钢牛腿，牛腿腹板厚 12mm 与 6mm 厚的两个角钢用 C 级螺栓相连，钢材为 Q235AF 钢，螺栓性能等级为 4.6 级，螺栓直径 $d=20$mm，孔径 $d_0=21.5$mm。已知牛腿承受荷载设计值 $P=200$kN，P 与螺栓线的偏心距 $e=100$mm，试求此抗剪螺栓连接的螺栓数目与布置。

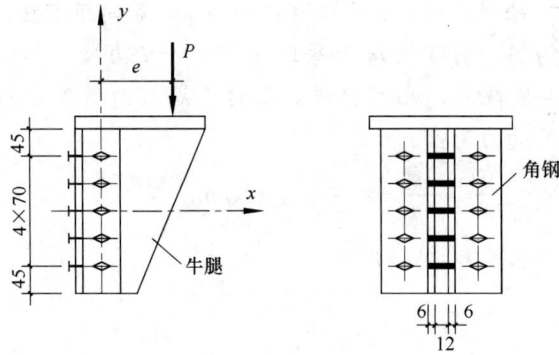

图 4.22　牛腿连接角钢上的偏心受剪螺栓连接

【解】（1）求所需螺栓的近似数目

钢材为 Q235、性能等级为 4.6 级的 C 级螺栓连接的强度设计值为（附录 1 附表 1.3）：

$$f_{\mathrm{v}}^{\mathrm{b}} = 140\mathrm{N/mm}^2, f_{\mathrm{c}}^{\mathrm{b}} = 305\mathrm{N/mm}^2$$

$$N_{\mathrm{v}}^{\mathrm{b}} = n_{\mathrm{v}} \frac{\pi d^2}{4} f_{\mathrm{v}}^{\mathrm{b}} = 2 \times \frac{\pi \times 20^2}{4} \times 140 \times 10^{-3} = 88.0(\mathrm{kN})$$

$$N_{\mathrm{c}}^{\mathrm{b}} = d \sum t f_{\mathrm{c}}^{\mathrm{b}} = 20 \times 12 \times 305 \times 10^{-3} = 73.2(\mathrm{kN})$$

---

[1]　姚谏. 偏心受力连接中螺栓数的近似计算. 科技通报，1999，15(4)：268-273。

$$N^{\mathrm{b}} = \min\{N_{\mathrm{v}}^{\mathrm{b}}, N_{\mathrm{c}}^{\mathrm{b}}\} = 73.2\mathrm{kN}$$

取螺栓距：$p = 3d_0 = 64.5\mathrm{mm}$　　采用 $p = 70\mathrm{mm} < 12t = 12 \times 6 = 72$ (mm)，可。

扭矩：$\qquad T = P \cdot e = 200 \times 100 = 20000$ （kN·mm）

螺栓列数：$\qquad m = 1$

代入式（4.11）得连接仅承受扭矩 T 作用时所需的每列螺栓数目 n_{T} 为：

$$n_{\mathrm{T}} \approx \sqrt{\frac{6T}{mN^{\mathrm{T}}p}} = \sqrt{\frac{6 \times 20000}{1 \times 73.2 \times 70}} = 4.84$$

再代入式（4.10）得：

$$n_{\mathrm{T}} \approx \sqrt{\frac{6T}{mN^{\mathrm{T}}p}\left(\frac{n_{\mathrm{T}}-1}{n_{\mathrm{T}}}\right)} = 4.84\sqrt{\frac{4.84-1}{4.84}} = 4.31$$

由式（4.13）得连接仅承受轴心剪力 V 作用时所需的螺栓数目为：

$$n_{\mathrm{V}} = \frac{V}{mN^{\mathrm{b}}} = \frac{200}{1 \times 73.2} = 2.73$$

由式（4.12）得连接在偏心剪力 P 作用下所需的螺栓数目为：

$$n \approx \sqrt{n_{\mathrm{V}}^2 + n_{\mathrm{T}}^2} = \sqrt{2.73^2 + 4.31^2} = 5.10$$

试取 $n = 5$，螺栓排列如图 4.22 所示。

(2) 强度验算

$$\sum y^2 = (7^2 + 14^2) \times 2 = 490(\mathrm{cm}^2)$$

$$y_{\max} = 14\mathrm{cm}$$

$$N_{\mathrm{x}}^{\mathrm{T}} = \frac{T \cdot y_{\max}}{\sum y^2} = \frac{20000 \times 140}{490 \times 10^2} = 57.1(\mathrm{kN})$$

$$N_{\mathrm{y}} = \frac{V}{n} = \frac{200}{5} = 40(\mathrm{kN})$$

$$\sqrt{57.1^2 + 40^2} = 69.7(\mathrm{kN}) < 73.2\mathrm{kN}，可。$$

四、在轴心力作用下螺栓群的抗拉连接计算

前文图 4.9 (*a*) 所示 T 形连接件与大梁下翼缘的螺栓连接，当荷载 N（即图中的 $2F$）的作用线通过螺栓群的形心时，可看作使每个螺栓均匀轴心受拉，此时所需螺栓数目 n 的计算式为：

$$n \geqslant \frac{N}{N_{\mathrm{t}}^{\mathrm{b}}} \tag{4.14}$$

式中　$N_{\mathrm{t}}^{\mathrm{b}}$——螺栓受拉承载力设计值，见式（4.3）。

式（4.14）虽同样适用于 C 级普通螺栓连接和高强度螺栓的承压型连接，但由于 C 级螺栓的抗拉性能好且较廉价，因此在抗拉连接中宜选用 C 级螺栓。

五、在弯矩作用下螺栓群的抗拉连接计算

图 4.23 所示梁与柱的连接，梁端剪力 V 通过端板与焊接于柱翼缘上的托板端部刨平顶紧传给柱身，梁端弯矩 M 通过焊于梁端的端板用粗制螺栓（即 C 级螺栓）与柱的翼缘板相连而传递，因此螺栓群只承受弯矩作用。当用弹性分析方法时，中和轴位于端板的下部，即图示的 O-O 轴。在图示弯矩作用下，中和轴以下端板与柱身间产生压力 C 而中和

轴以上的每个螺栓受到轴心拉力 N_i，N_i 的大小在弹性分析中可假定呈线性变化，如图 4.23（c）所示。设受压区高度为 c，应力图中斜线的斜率为 k，则可得下列关系：

$$\frac{N_1}{A_e} = k(h_1 - c)$$

$$\cdots\cdots$$

$$\frac{N_i}{A_e} = k(h_i - c)$$

$$\sigma_c = kc, \quad C = \frac{1}{2}bc\sigma_c$$

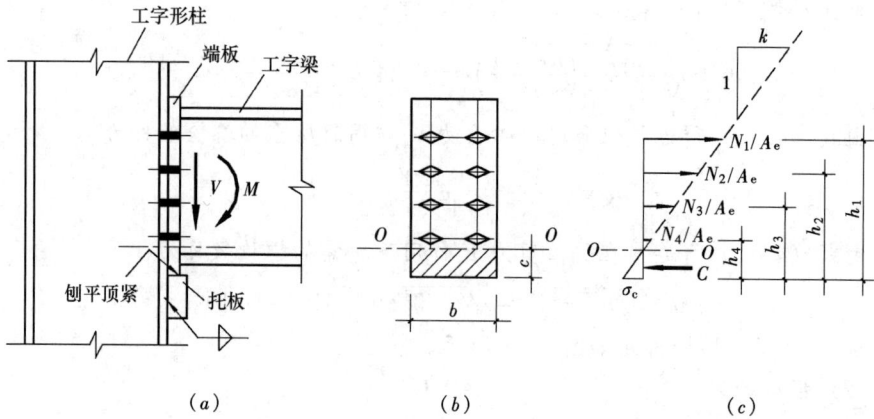

图 4.23 在弯矩作用下的抗拉螺栓连接
（a）螺栓群连接；（b）端板平面；（c）应力图

建立两个平衡方程式：

（1）由 $\sum X = 0$ 即 $C - \sum N_i = 0$，得：

$$\frac{1}{2}bc\sigma_c - mA_e k\left[(h_1 - c) + (h_2 - c) + \cdots\right] = 0$$

或

$$\frac{1}{2}bkc^2 - mA_e k\sum_{i=1}^{n}(h_i - c) = 0$$

由此式可解得中和轴位置即受压区高度为：

$$c = \frac{mnA_e}{b}\left(-1 + \sqrt{1 + \frac{2b\sum h_i}{mn^2 A_e}}\right) \tag{4.15}$$

式中　m——螺栓的列数，图 4.23 中 $m=2$；

　　　n——每列螺栓的数目，图 4.23 中 $n=4$；

　　　A_e——每个螺栓的有效截面面积；

　　　b——端板宽度；

　　　h_i——螺栓 i 至端板受压边缘的距离，$\sum h_i = h_1 + h_2 + \cdots + h_n$。

（2）由 $\sum M_O = 0$，得：

$$M = \left(\frac{1}{2}bc\sigma_c\right)\left(\frac{2}{3}c\right) + m\sum N_i(h_i - c) = \frac{1}{3}kbc^3 + mkA_e \sum(h_i - c)^2 = kI_x \tag{4.16}$$

其中

$$I_x = \frac{1}{3}bc^3 + mA_e \sum_{i=1}^{n}(h_i - c)^2 \tag{4.17}$$

122

它是受荷截面对中和轴的惯性矩。

由式（4.16）可得：

$$k = \frac{M}{I_x}$$

因而得：

$$N_i = \frac{M}{I_x} A_e (h_i - c) \tag{4.18}$$

如取 $h_i = h_{max}$，可得螺栓群在弯矩作用下的抗拉连接计算条件为：

$$N_{max} = \frac{M}{I_x} A_e (h_{max} - c) \leqslant N_t^b \tag{4.19}$$

由于上述计算较繁，目前设计习惯上不用式（4.15）计算 c 值，而是假定中和轴位于弯矩指向处的第一排螺栓轴线上，同时忽略端板受压区产生的抵抗力矩，即忽略不计式（4.17）中的 $\frac{1}{3} bc^3$，则可将式（4.19）简化为：

$$N_{max} = \frac{M(h_{max} - c)}{m \sum_{i=1}^{n-1} (h_i - c)^2} \leqslant N_t^b$$

或

$$N_{max} = \frac{M y_{max}}{m \sum_{i=1}^{n-1} y_i^2} \leqslant N_t^b \tag{4.20}$$

式中　y_i——自中和轴所在螺栓孔中心（弯矩指向处第一排螺栓轴线）至第 i 个螺栓孔中心的距离。

式（4.20）是目前设计中常采用的计算式。应用式（4.20）计算时，常需事先假定螺栓数目并进行排列，当计算不能满足要求时，需重新计算。现根据本节"三"中同样的推导方法，按中和轴在弯矩指向的第一排螺栓处，并略去不计受压区产生的抵抗力矩，推导出所需的螺栓数目近似计算式如下：

$$n = \frac{1}{2} + \sqrt{\frac{6M}{m N_t^b p} \left(\frac{n-1}{2n-1} \right)} \tag{4.21}$$

或

$$n = \frac{1}{2} + \sqrt{\frac{3M}{m N_t^b p}} \tag{4.22}$$

式中　m——螺栓群中螺栓的列数；

　　　n——每列螺栓中的螺栓数目；

　　　p——螺栓距；

　　　N_t^b——螺栓受拉承载力设计值。

式（4.21）根号内 $\frac{n-1}{2n-1}$ 如取极限值 $\frac{1}{2}$，即得式（4.22）。计算时可先用式（4.22）求 n，再用式（4.21）求得修正后的 n。

【例题 4.6】 图 4.23 所示 C 级螺栓连接，梁高 600mm（腹板高 552mm），承受弯矩设计值 $M = 50$kN·m，端板宽度 $b = 200$mm，螺栓排成两列，螺栓直径 $d = 20$mm，螺栓有效截面面积 $A_e = 244.8$mm²，取螺栓距 $p = 100$mm。试求所需螺栓数并验算螺栓的强度。

【解】 C 级螺栓连接的抗拉强度设计值 $f_t^b = 170$N/mm²（附录 1 附表 1.3）。

（1）估算所需螺栓数目

$$N_t^b = A_e f_t^b = 244.8 \times 170 \times 10^{-3} = 41.6 \text{(kN)}$$

由式（4.22）得：

$$n = \frac{1}{2} + \sqrt{\frac{3M}{mN_t^b p}} = \frac{1}{2} + \sqrt{\frac{3 \times 50}{2 \times 41.6 \times 0.1}} = 0.5 + 4.25 = 4.75$$

代入式（4.21）得：

$$n = \frac{1}{2} + \sqrt{\frac{6M}{mN_t^b p}\left(\frac{n-1}{2n-1}\right)} = \frac{1}{2} + \sqrt{\frac{6 \times 50}{2 \times 41.6 \times 0.1} \times \frac{4.75-1}{2 \times 4.75-1}}$$

$$= 0.5 + 3.99 = 4.49，取 n = 5。$$

连接长度为 $(n-1)\ p = (5-1) \times 100 = 400$（mm），在梁腹板高度范围内能容纳。

（2）验算受力最大螺栓的抗拉强度

$$\sum y_i^2 = 10^2 + 20^2 + 30^2 + 40^2 = 3000 \text{(cm}^2\text{)}$$

$$N_{max} = \frac{My_{max}}{m \sum y_i^2} = \frac{(50 \times 10^2) \times 40}{2 \times 3000} = 33.3 \text{(kN)} < N_t^b = 41.6\text{kN，可}。$$

若改用每列 $n = 4$，则：

$$\sum y_i^2 = 10^2 + 20^2 + 30^2 = 1400 \text{(cm}^2\text{)}$$

$$N_{max} = \frac{My_{max}}{m \sum y_i^2} = \frac{(50 \times 10^2) \times 30}{2 \times 1400} = 53.6 \text{(kN)} > N_t^b = 41.6\text{kN，不可}。$$

可见由式（4.21）等估算的 n 是可行的。

在计算轴心力作用下的螺栓连接时，曾提到应使连接长度为最小，以节省钢材，因而常采用最小螺栓距。本例题中则不然，由于螺栓连接用以抵抗弯矩，螺栓距过小，将增加所需的螺栓数目。本例题中若取 $p = 70$mm，则所需 n 将增加为 6。

【例题 4.7】对例题 4.6，若改用准确的式（4.15）和式（4.19）进行弹性分析，结果又如何？

【解】设每列螺栓数为 $n = 5$，端板下部第一排螺栓的端距为 50mm（相当于 $0.5p$）。

$$\sum h_i = 5 + 15 + 25 + 35 + 45 = 125 \text{(cm)}$$

由式（4.15）得受压区高度：

$$c = \frac{mnA_e}{b}\left(-1 + \sqrt{1 + \frac{2b \sum h_i}{mn^2 A_e}}\right)$$

$$= \frac{2 \times 5 \times 244.8}{200}\left(-1 + \sqrt{1 + \frac{2 \times 200 \times 1250}{2 \times 5^2 \times 244.8}}\right) = 66.9 \text{(mm)} > 50\text{mm（端距）}$$

说明中和轴位于端板下部第一排螺栓以上而不是以下，即需重新计算受压区高度 c。设中和轴位于端板下部第一排螺栓和第二排螺栓之间（即 50mm $< c <$ 150mm），则：

$$n = 5 - 1 = 4$$

$$\sum h_i = 15 + 25 + 35 + 45 = 1200 \text{(cm)}$$

代入式（4.15），得：

$$c = \frac{2 \times 4 \times 244.8}{200}\left(-1 + \sqrt{1 + \frac{2 \times 200 \times 1200}{2 \times 4^2 \times 244.8}}\right) = 67.5 \text{(mm)}$$

惯性矩［式（4.17）］为：

$$I_x = \frac{1}{3}bc^3 + mA_e \sum_{i=1}^{n}(h_i - c)^2$$

今

$$\frac{1}{3}bc^3 = \frac{1}{3} \times 20 \times 6.75^3 = 2050.3(\text{cm}^4)$$

$$\sum_{i=1}^{n}(h_i - c)^2 = (15-6.75)^2 + (25-6.75)^2 + (35-6.75)^2 + (45-6.75)^2 = 2662.3(\text{cm}^2)$$

故　$I_x = 2050.3 + 2 \times 244.8 \times 10^{-2} \times 2662.3 = 2050.3 + 13034.6 = 15085(\text{cm}^4)$

由式（4.19）得：

$$N_{max} = \frac{MA_e}{I_x}(h_{max} - c) = \frac{(50 \times 10^2)(244.8 \times 10^{-2})}{15085} \times (45-6.75)$$

$$= 31.0(\text{kN}) < N_t^b = 41.6\text{kN},\text{可。}$$

比较例题 4.7 与例题 4.6，可见所求 N_{max} 相差约 7%，近似法偏安全一边，中和轴位于第一排螺栓以内 $67.5-50=17.5$（mm）处。

六、在剪力与弯矩（或轴心拉力）同时作用下螺栓群的连接计算

上述图 4.23 所示的梁柱连接中，若柱翼缘上未焊托板，或仅焊临时托板作为吊装时的临时支点，则该螺栓群将同时受剪和弯曲受拉。

《钢标》规定，同时承受剪力和杆轴方向拉力时，普通螺栓和承压型连接的高强度螺栓的承载能力必须满足下式：

$$\sqrt{\left(\frac{N_v}{N_v^b}\right)^2 + \left(\frac{N_t}{N_t^b}\right)^2} \leqslant 1 \tag{4.23}$$

式中　N_v、N_t——分别为每个螺栓所受剪力和拉力的设计值；

N_v^b、N_t^b——分别为每个螺栓单独受剪和受拉时的承载力设计值，见前文式（4.1）和式（4.3）。

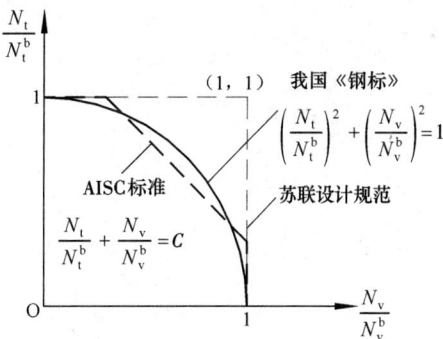

图 4.24　普通螺栓连接的抗剪-抗拉
强度相关曲线

式（4.23）为由试验数据归纳得出的经验公式，其曲线是四分之一个圆，如图 4.24 所示。

因为螺栓受到剪力作用，除按式（4.23）验算螺栓的受力情况外，还应验算其孔壁承压强度，即：

$$N_v \leqslant N_c^b \quad \text{（用于普通螺栓连接）} \tag{4.24}$$

或 $N_v \leqslant N_c^b/1.2$（用于承压型连接的高强度螺栓）

$$\tag{4.25}$$

式（4.25）中的 $N_c^b = d\sum t f_c^b$，由于在高强度螺栓连接中孔壁承压部分钢材三向受压，其承压强度设计值 f_c^b 较普通螺栓连接中有所提高。在同时承受剪力和沿螺栓杆轴方向的拉力时，三向受压中垂直板面方向的压力明显减小，此时承压型连接的高强度螺栓的 f_c^b 应适当降低。式（4.25）中之所以除以 1.2 就是考虑这一因素。

需注意：对剪力与弯矩同时作用下的高强度螺栓承压型连接，式（4.23）中的 N_t 应按中和轴位于螺栓群形心计算（见本节末说明）。

实际工程设计中，当需估算普通螺栓连接在剪力与弯矩同时作用下所需的螺栓数目时，可先分别按式（4.22）、式（4.21）和式（4.13）计算仅承受弯矩和仅承受剪力作用所需的螺栓数目，然后代入式（4.12）估算连接在剪力与弯矩同时作用下所需的螺栓数目（见下文例题 4.8 中"螺栓连接③"的计算）。

对同时受剪和受拉的螺栓连接强度计算，国际标准化组织（ISO）的钢结构设计标准草案与我国《钢标》的规定完全相同。美国 AISC 标准中则把图 4.24 所示四分之一圆用三条直线段代替，相当于把式（4.23）线性化以简化计算。苏联的钢结构设计规范的规定则与众不同，要求分别按受剪和受拉单独计算即可，其规定相当于图 4.24 中虚线所示正方形。验算时，当数值处在图形之内是可靠的，处在图形之外则是不可靠的。苏联规范采用的正方形图形大于常用的圆形，因此其要求最宽。

【例题 4.8】 如图 4.25 所示钢牛腿，用精制螺栓（A 级）与钢柱的翼缘板相连，连接角钢为 2∠90×8，牛腿钢板厚度 $t=12$mm。支承荷载的水平角钢也采用 2∠90×8，与牛腿钢板间也用 A 级螺栓相连。螺栓直径均为 $d=20$mm，螺栓孔径 $d_0=20.5$mm，螺栓性能等级均为 5.6 级。所有钢材为 Q235AF 钢。牛腿承受竖向荷载设计值 $P=140$kN，荷载作用点离柱翼缘板外表面 $e=240$mm。取螺栓距 $p=90$mm，角钢上规线距离 $g=50$mm（见表 4.2）。试求所需三群螺栓的数目，并具体布置螺栓和进行螺栓的强度验算（假定牛腿本身截面具有足够的强度，本例题中不进行验算）。

【解】 钢材为 Q235、5.6 级 A 级螺栓连接的强度设计值为（附录 1 附表 1.3）：

$$f_v^b=190\text{N/mm}^2 \qquad f_c^b=405\text{N/mm}^2 \qquad f_t^b=210\text{N/mm}^2$$

（1）计算每个螺栓的承载力设计值

螺栓抗剪：

$$N_v^b=n_v\frac{\pi d^2}{4}f_v^b=1\times\frac{\pi\times20^2}{4}\times190\times10^{-3}=59.7(\text{kN})（单剪）$$

$$N_v^b=2\times59.7=119.4(\text{kN})（双剪）$$

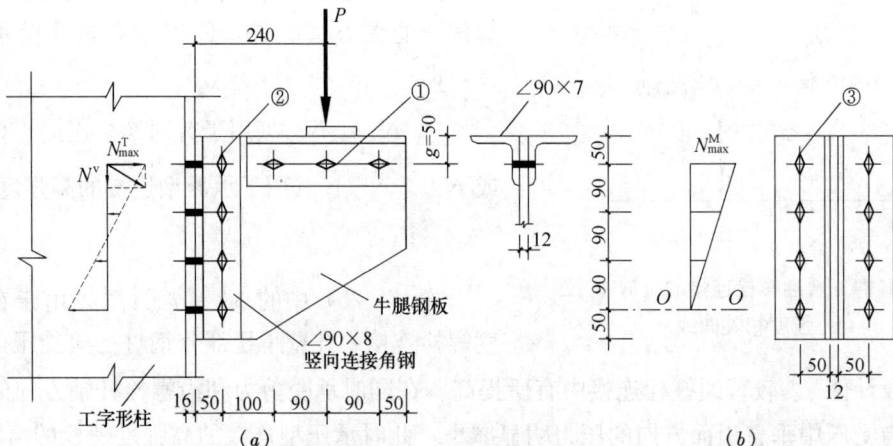

图 4.25 螺栓连接的钢牛腿

孔壁承压：$N_c^b = d\sum t f_c^b = 20 \times 12 \times 405 \times 10^{-3} = 97.2 (kN)$（对厚 12mm 钢板）

$\qquad N_c^b = d\sum t f_c^b = 20 \times 8 \times 405 \times 10^{-3} = 64.8 (kN)$（对厚 8mm 角钢）

螺栓抗拉：$N_t^b = A_e f_t^b = 244.8 \times 210 \times 10^{-3} = 51.4 (kN)$

（2）水平角钢与牛腿钢板的螺栓连接①的计算

此螺栓群主要传递荷载 P 至牛腿钢板，应使荷载 P 通过螺栓群①的形心。需要螺栓数为：

$$n = \frac{P}{N^b} = \frac{140}{97.2} = 1.44$$

取 $n=3$，与荷载呈对称布置，如图 4.25（a）所示。

（3）竖向连接角钢与牛腿钢板的螺栓连接②的计算

此螺栓群承受偏心剪力的作用，计算方法与例题 4.5 相同。

轴心剪力：$V = P = 140kN$

扭矩：$\qquad T = P(e-50) = 140 \times (240-50) \times 10^{-3} = 26.6 (kN \cdot m)$

式中 50mm 为竖向连接角钢的规距 g。

受力最大的螺栓位于螺栓群的上、下两端，如图 4.25（a）所示。使 $N^T = N^b = \min\{119.4, 97.2\} = 97.2$ （kN）。

接下来估算所需螺栓数

按式（4.11）和式（4.10），得仅承受扭矩 T 作用时所需的螺栓数目为：

$$n_T = \sqrt{\frac{6T}{mN^T p}} = \sqrt{\frac{6 \times 26.6 \times 10^3}{1 \times 97.2 \times 90}} = 4.27$$

修正 $n_T = \sqrt{\frac{6T}{mN^T p}\left(\frac{n_T - 1}{n_T}\right)} = \sqrt{4.27^2 \times \left(\frac{4.27-1}{4.27}\right)} = 3.74$

由式（4.13）得仅承受轴心剪力 V 作用时所需的螺栓数目为：

$$n_V = \frac{V}{mN^b} = \frac{140}{1 \times 97.2} = 1.44 \text{ 个}$$

由式（4.12）得连接在偏心剪力 P 作用下所需的螺栓数目为：

$$n \approx \sqrt{n_V^2 + n_T^2} = \sqrt{1.44^2 + 3.74^2} = 4.01 \text{ 个}$$

采用 $n=4$，排列如图 4.25（a）所示。

验算受力最大螺栓强度如下：

$$N_y^v = \frac{V}{n} = \frac{140}{4} = 35 (kN)$$

$$N_x^T = \frac{T y_{max}}{\sum y^2} = \frac{(26.6 \times 10^2) \times 13.5}{2(4.5^2 + 13.5^2)} = 88.7 (kN)$$

合力　$\sqrt{(N_x^T)^2 + (N_y^v)^2} = \sqrt{88.7^2 + 35^2} = 95.4 (kN) < N^b = 97.2 kN,$ 可。

（4）竖向连接角钢外伸边与柱翼缘板的螺栓连接③的计算 ［图 4.25（b）］

此群螺栓同时承受剪力和弯矩：

轴心剪力 $\qquad V = P = 140\text{kN}$

弯矩 $\qquad M = Pe = 140 \times 240 \times 10^{-3} = 33.6(\text{kN} \cdot \text{m})$

接下来估算所需螺栓数。

按式（4.22）和式（4.21），得仅承受弯矩 M 作用时所需的每列螺栓数目为：

$$n_\text{M} = \frac{1}{2} + \sqrt{\frac{3M}{mN_\text{t}^\text{b}p}} = \frac{1}{2} + \sqrt{\frac{3 \times 33.6 \times 10^2}{2 \times 51.4 \times 9}} = 0.5 + 3.30 = 3.80$$

修正 $n_\text{M} = \frac{1}{2} + \sqrt{\frac{6M}{mN_\text{t}^\text{b}p}\left(\frac{n_\text{M}-1}{2n_\text{M}-1}\right)} = \frac{1}{2} + \sqrt{\frac{6 \times 33.6 \times 10^2}{2 \times 51.4 \times 9}\left(\frac{3.8-1}{2 \times 3.8-1}\right)}$

$\qquad = 0.5 + 3.04 = 3.54$

按式（4.13）得仅承受轴心剪力 V 作用时所需的每列螺栓数目为（单剪 $N_\text{v}{}^\text{b} = 59.7\text{kN}$）：

$$n_\text{v} = \frac{V}{mN^\text{b}} = \frac{140}{2 \times 59.7} = 1.17 \text{ 个}$$

由式（4.12）得连接在剪力和弯矩同时作用下所需的每列螺栓数目（以 n_M 取代 n_T）：

$$n \approx \sqrt{n_\text{v}^2 + n_\text{M}^2} = \sqrt{1.17^2 + 3.54^2} = 3.73 \text{ 个}$$

取 $n=4$，排列如图 4.25（b）所示。

在弯矩作用下，受力最大的为螺栓群的最上端两个螺栓 [图 4.25(b)]：

$$N_\text{max}^\text{M} = N_\text{t} = \frac{My_\text{max}}{m\sum y_i^2} = \frac{33.6 \times 10^2 \times 27}{2(9^2 + 18^2 + 27^2)} = 40(\text{kN})$$

$$N_\text{v} = \frac{V}{m \times n} = \frac{140}{2 \times 4} = 17.5(\text{kN}) < N_\text{c}^\text{b} = 64.8\text{kN}, 可。$$

$$\sqrt{\left(\frac{N_\text{v}}{N_\text{v}^\text{b}}\right)^2 + \left(\frac{N_\text{t}}{N_\text{t}^\text{b}}\right)^2} = \sqrt{\left(\frac{17.5}{59.7}\right)^2 + \left(\frac{40}{51.4}\right)^2} = 0.832 < 1.0, 可。$$

七、偏心拉力作用下普通螺栓群的计算

图 4.26 所示为单层厂房横向钢框架中屋架的下弦端部节点。屋架下弦杆与端斜杆在工厂焊接于节点板上，节点板又焊接于端板上，在制造厂已形成一体。钢柱在制造厂已焊有一托板作为屋架的竖向支承，安装屋架时将屋架端节点的端板置于钢柱的托板上，然后

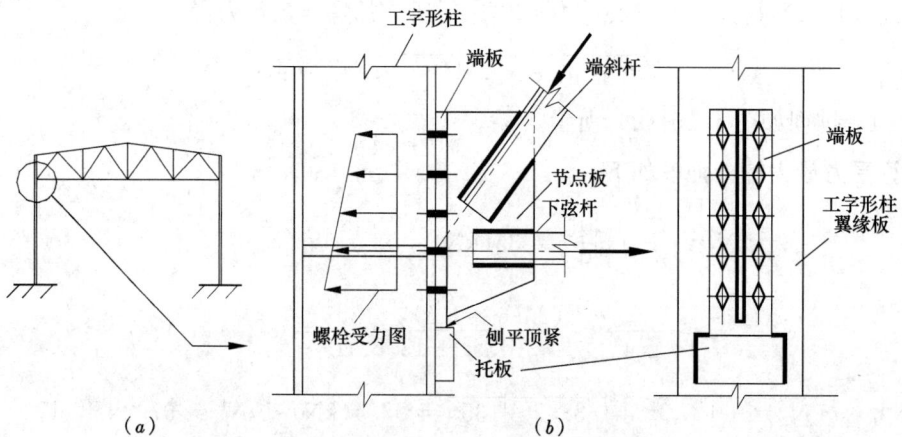

图 4.26 厂房横向钢框架中屋架的下弦端部节点

(a) 横向钢框架简图；(b) 屋架下弦端节点

用粗制螺栓将端板与工字形柱翼缘板相连。粗制螺栓群只承受屋架端部的水平反力 H 和 H 对螺栓群形心的偏心力矩所产生的拉力，屋架的竖向反力则通过端板下端的刨平顶紧传给柱子的托板。这种螺栓群就是承受偏心拉力的实例之一，连接螺栓的计算要区分两种情况，说明如下。

（1）小偏心时　由于弯矩 $M＝Ne$ 较小或拉力 N 较大，螺栓群受力后端板不可能有受压区，此时弯矩作用将使端板 B 绕螺栓群的形心转动，弯矩作用下螺栓群的受力情况如图 4.27 所示，各螺栓的受力很容易导得为：

$$N_i^M = \pm \frac{Md_i}{m \sum d_i^2}$$

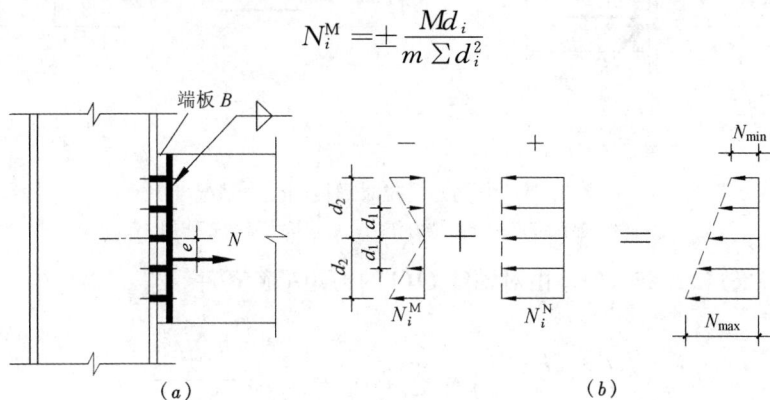

图 4.27　小偏心受拉时螺栓的受力情况

（a）连接节点；（b）受力情况

在轴心拉力 N 作用下，各螺栓平均受拉。因而在 M 和 N 共同作用下，受力最大和最小的螺栓所受力为：

$$N_{max} = \frac{N}{mn} + \frac{Md_{max}}{m \sum d_i^2} \tag{4.26}$$

$$N_{min} = \frac{N}{mn} - \frac{Md_{max}}{m \sum d_i^2} \tag{4.27}$$

式中　m——螺栓的列数；

n——每列中螺栓的数目；

d_i——自螺栓群形心至第 i 个螺栓的距离。

当 $N_{min} \geqslant 0$，说明螺栓群中所有的螺栓受拉，连接为小偏心受拉，上述式（4.26）有效，验算条件应使：

$$N_{max} = \frac{N}{mn} + \frac{Md_{max}}{m \sum d_i^2} \leqslant N_t^b \tag{4.28}$$

当 $N_{min} < 0$，说明端板上有受压区，端板将不绕螺栓群形心转动，连接属大偏心受拉，上述式（4.26）无效。应改用下述式（4.29）计算。

（2）大偏心时　由于弯矩 $M＝Ne$ 较大或拉力 N 较小，将使端板 B 绕弯矩指向一侧离板端距离为 c 的 O-O 轴线转动（图 4.28）。根据静力平衡条件 $\sum X＝0$，端板受压部分的压力与外荷载 N 之和应等于受拉各螺栓拉力之和，由此可确定中和轴的位置即 c 的大小。又根据静力平衡条件 $\sum M＝0$，可求得螺栓的最大拉力 N_{max}。使 $N_{max} \leqslant N_t^b$，即认为螺栓受力满足强度条件。由于计算转动轴线 O-O 位置较繁，设计时可与以前介绍的螺栓群仅承受弯曲时一样作些简化。这些简化包括：①假定端板绕弯矩指向一边第一排螺栓转动，即取 c 为该处螺栓的端距；②略去不计端板受压部分提供的抵抗力矩。

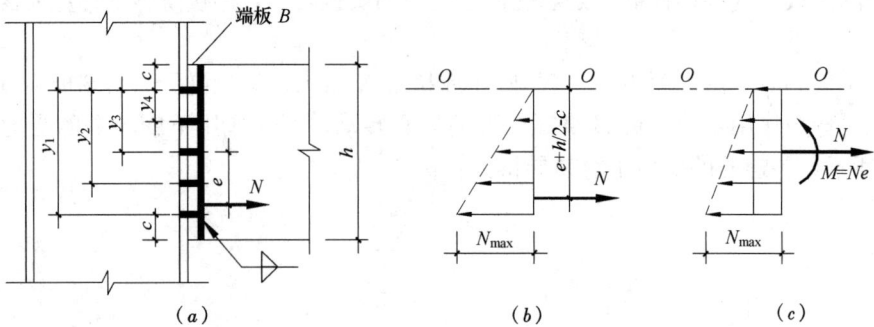

图 4.28　大偏心受拉时螺栓的受力情况

(a) 连接节点；(b) 拉力作用；(c) 拉力及弯矩作用

参阅图 4.28 (a) 和 (b)，由对轴线 $O\text{-}O$ 的力矩平衡条件，得：

$$N\left(e+\frac{h}{2}-c\right)=\sum N_i y_i = N_{max}\frac{m\sum_{i=1}^{n-1}y_i^2}{y_{max}}$$

螺栓强度验算条件为：

$$N_{max}=\frac{N\left(e+\dfrac{h}{2}-c\right)y_{max}}{m\sum_{i=1}^{n-1}y_i^2}\leqslant N_t^b \tag{4.29}$$

各螺栓受力图如图 4.28 (b) 所示。

但这里也须指出，在 20 世纪 80 年代以前，某些国家及我国的教科书、手册以及设计习惯上采用的验算条件不是上述这样。首先它不区分大偏心和小偏心；其次它不是由 ΣM $=0$ 求 N_{max}，而是利用叠加原理把偏心拉力 N 平移至螺栓群形心处，得轴心拉力 N 和弯矩 $M=Ne$；然后利用本节前述"四"和"五"中的内容，在轴心力 N 作用下，认为螺栓群均匀受拉，在弯矩 M 作用下，螺栓受力为［前文式（4.20）］：

$$N_{max}^M=\frac{My_{max}}{m\sum_{i=1}^{n-1}y_i^2}$$

因而在 N 和 M 共同作用下，螺栓受力的强度条件为：

$$N_{max}=\frac{N}{mn}+\frac{Ney_{max}}{m\sum_{i=1}^{n-1}y_i^2}\leqslant N_t^b \tag{4.30}$$

螺栓群内力分布如图 4.28 (c) 所示。比较图 4.28 中的 (b) 和 (c)，可看到前者呈三角形变化，后者为梯形变化。如把式（4.29）改写成：

$$N_{max}=\frac{Ney_{max}}{m\sum_{i=1}^{n-1}y_i^2}+\frac{N\left(\dfrac{h}{2}-c\right)y_{max}}{m\sum_{i=1}^{n-1}y_i^2}\leqslant N_t^b$$

再与式（4.30）相比较，显然：

$$\frac{N\left(\frac{h}{2}-c\right)y_{max}}{m\sum_{i=1}^{n-1}y_i^2} > \frac{N}{mn}^{①}$$

因而以式（4.29）求得的 N_{max} 较大，偏于安全一边。

造成计算结果不同的主要原因可由上式看出。当把偏心拉力平移至螺栓群形心后，形成一轴心拉力和一对螺栓群形心的弯矩。在轴心拉力作用下，式（4.29）中各个螺栓受力为直线变化（见上式不等号左边部分），而式（4.30）中则假定各螺栓均匀受力（见上式不等号右边部分）。确定属大偏心受拉后，由于计算假定不同使计算结果有所差异，是可以理解的。由于式（4.29）和式（4.30）都是基于弹性分析，并以受力最大螺栓到达承载力设计值为极限状态，因此按式（4.30）求得的 N_{max} 虽略小于按式（4.29）求得的结果，但不至影响连接的安全。

【**例题 4.9**】参阅图 4.28。设偏心拉力设计值 $N=200\text{kN}$，偏心距 $e=8\text{cm}$，M20、C级螺栓，每列螺栓数 $n=5$，螺栓列数 $m=2$，Q235AF 钢，螺栓距 $p=100\text{mm}$。试验算此连接中受力最大螺栓的强度。

【**解**】（1）螺栓的受拉承载力设计值

$$N_t^b = A_e f_t^b = 244.8 \times 170 \times 10^{-3} = 41.6(\text{kN})$$

（2）判断连接的受力情况

$$m\sum d_i^2 = 2(10^2 + 20^2) \times 2 = 2000(\text{cm}^2)$$

$$d_{max} = 20\text{cm}$$

$$\frac{N}{mn} \pm \frac{Ned_{max}}{m\sum d_i^2} = \frac{200}{2 \times 5} \pm \frac{200 \times 8 \times 20}{2000} = 20 \pm 16 = \frac{36}{4}(\text{kN})$$

因 $N_{min}=4\text{kN}>0$，属小偏心受拉。

（3）验算受力最大螺栓的强度 ［式（4.28）］

$$N_{max} = 36\text{kN} < N_t^b = 41.6\text{kN，可。}$$

【**例题 4.10**】同例题 4.9，但偏心拉力设计值 $N=140\text{kN}$，偏心距 $e=25\text{cm}$。试验算此连接中螺栓的强度。

【**解**】（1）判断受力情况

$$\frac{N}{mn} \pm \frac{Ned_{max}}{m\sum d_i^2} = \frac{140}{2 \times 5} \pm \frac{140 \times 25 \times 20}{2000} = 14 \pm 35 = \frac{49}{-21}(\text{kN})$$

因 $N_{min}=-21\text{kN}<0$，属于大偏心受拉。

（2）验算螺栓强度 ［式（4.29）］

$$m\sum y_i^2 = 2(10^2 + 20^2 + 30^2 + 40^2) = 6000(\text{cm}^2)$$

---

❶ 不等号左边分式中 ［参阅图 4.28（a）］：

$$\frac{h}{2} - c = \frac{1}{2}y_{max}$$

$$\sum_{i=1}^{n-1}y_i^2 = \sum_{i=1}^{n-1}\left(\frac{n-i}{n-1}y_{max}\right)^2 = \left(\frac{1}{n-1}y_{max}\right)^2 + \left(\frac{2}{n-1}y_{max}\right)^2 + \cdots\cdots + \left(\frac{n-1}{n-1}y_{max}\right)^2 = \frac{n(2n-1)}{6(n-1)}y_{max}^2$$

因此，不等号左边分式 $= \frac{N}{mn}\frac{3(n-1)}{2n-1} > \frac{N}{mn}$ $(n \geqslant 3)$。

$$y_{\max} = 40\text{cm}, \quad \frac{h}{2} - c = 2p = 20(\text{cm})$$

$$N_{\max} = \frac{N\left(e + \dfrac{h}{2} - c\right)y_{\max}}{m\sum y_i^2} = \frac{140(25 + 20) \times 40}{6000} = 42(\text{kN}) \approx N_{\text{t}}^{\text{b}} = 41.6\text{kN}, \text{可}_\circ$$

(3) 按叠加原理的假定验算螺栓强度 [式 (4.30)]

$$N_{\max} = \frac{N}{mn} + \frac{Ney_{\max}}{m\sum y_i^2} = \frac{140}{2 \times 5} + \frac{140 \times 25 \times 40}{6000} = 14 + 23.3 = 37.3(\text{kN})$$

$$< N_{\text{t}}^{\text{b}} = 41.6\text{kN}, \text{可}_\circ$$

比较 (2) 与 (3)，本例题中后者的 $N_{\max}$ 为前者的 88.8%。

以上偏心拉力作用下普通螺栓连接的两个计算例题，都是螺栓已排列好的验算示例。如果是设计实例，应用式 (4.28) 或式 (4.29) 计算时，与本节前文"三"和"五"中所述一样，常需事先假定螺栓数目并进行排列，当计算不能满足要求或连接的强度富余过多时，需重新假定。为提高设计的质量和效率，采用本节"三"中推导扭矩作用下连接所需螺栓数目同样的方法，可得到偏心拉力作用下连接所需螺栓数目的估算公式如下[❶]：

(1) 小偏心受拉 (图 4.27)

$$n = \sqrt{\frac{6M}{m\left(N_{\text{t}}^{\text{b}} - \dfrac{N}{mn}\right)p}\left(\frac{n-1}{n}\right)} \tag{4.31}$$

或

$$n = \sqrt{\frac{12M}{mN_{\text{t}}^{\text{b}}p}} \tag{4.32}$$

(2) 大偏心受拉 [图 4.28 (a)，取端距 $c = p/2$]

$$n = \frac{1}{2} + \sqrt{\frac{6M + 3N(h-p)}{mN_{\text{t}}^{\text{b}}p}\left(\frac{n-1}{2n-1}\right)} \tag{4.33}$$

或

$$n = \frac{1}{2} + \sqrt{\frac{6M + 3N(h-p)}{2mN_{\text{t}}^{\text{b}}p}} \tag{4.34}$$

实际设计时，先按式 (4.32) 计算所需每列螺栓数目的近似值，代入式 (4.31) 得到修正值；然后按此修正值计算 N 作用下连接中每个螺栓平均承受的拉力 $N_{\text{t}}^{\text{N}} = N/(mn)$。如果 $N_{\text{t}}^{\text{N}} \geq 0.5N_{\text{t}}^{\text{b}}$，属小偏心受力，上述螺栓数目的修正值即为连接所需的每列螺栓数目估算值；如果 $N_{\text{t}}^{\text{N}} < 0.5N_{\text{t}}^{\text{b}}$，属大偏心受力，应按式 (4.34) 和式 (4.33) 估算连接所需的螺栓数目。最后，按求得的螺栓数目估算值验算受力最大螺栓的强度。

【例题 4.11】参阅图 4.28 (a)。设偏心拉力设计值 $N = 200\text{kN}$，偏心距 $e = 10\text{cm}$，M20、C 级螺栓，螺栓列数 $m = 2$，螺栓距 $p = 100\text{mm}$。钢材为 Q235AF。试确定此连接的螺栓数目并验算受力最大螺栓的强度。

【解】每个螺栓的受拉承载力设计值 $N_{\text{t}}^{\text{b}} = 41.6\text{kN}$ (见例题 4.9)

弯矩 $\qquad\qquad M = Ne = 200 \times 10 \times 10^{-2} = 20\text{kN} \cdot \text{m}$

(1) 估算螺栓数目

---

❶ 姚谏. 螺栓群在弯矩和轴拉力共同作用下的螺栓数设计. 钢结构，1998，13(3)：25-28。
姚谏. 偏心受力连接中螺栓数的近似计算. 科技通报，1999，15(4)：268-273。

按式 (4.32)：$n=\sqrt{\dfrac{12M}{mN_t^b p}}=\sqrt{\dfrac{12\times20\times10^3}{2\times41.6\times100}}=5.37$

代入式 (4.31)：$n=\sqrt{\dfrac{6M}{m\left(N_t^b-\dfrac{N}{mn}\right)p}\left(\dfrac{n-1}{n}\right)}$

$$=\sqrt{\dfrac{6\times20\times10^3}{2\times\left(41.6-\dfrac{200}{2\times5.37}\right)\times100}\left(\dfrac{5.37-1}{5.37}\right)}$$

$$=4.61$$

得 $N_t^N=\dfrac{N}{mn}=\dfrac{200}{2\times4.61}=21.7\ \mathrm{kN}>0.5N_t^b=20.8\ \mathrm{kN}$，属于小偏心受拉。

因此，$n=4.61$ 即为所求螺栓数目估算值，取每列螺栓数目 $n=5$。

（2）验算螺栓强度

小偏心受拉，按式 (4.28) 验算（参阅图 4.27）：

$d_{max}=20\mathrm{cm}$，$m\sum d_i^2=2\times(2\times10^2+2\times20^2)=2000\mathrm{cm}^2$

$$N_{max}=\dfrac{N}{mn}+\dfrac{Md_{max}}{m\sum d_i^2}=\dfrac{200}{2\times5}+\dfrac{(20\times10^2)\times20}{2000}=20+20$$

$$=40\mathrm{kN}<N_t^b=41.6\mathrm{kN}，可。$$

【例题 4.12】同例题 4.11，但偏心距 $e=20\mathrm{cm}$。试确定此连接的螺栓数目并验算受力最大螺栓的强度。

【解】弯矩　　　　　　　$M=Ne=200\times20\times10^{-2}=40\mathrm{kN\cdot m}$

（1）估算螺栓数目

按式(4.32)：　$n=\sqrt{\dfrac{12M}{mN_t^b p}}=\sqrt{\dfrac{12\times40\times10^3}{2\times41.6\times100}}=7.60$

代入式(4.31)：$n=\sqrt{\dfrac{6M}{m\left(N_t^b-\dfrac{N}{mn}\right)p}\left(\dfrac{n-1}{n}\right)}=\sqrt{\dfrac{6\times40\times10^3}{2\times\left(41.6-\dfrac{200}{2\times7.6}\right)\times100}\left(\dfrac{7.6-1}{7.6}\right)}$

$$=6.05$$

得 $N_t^N=\dfrac{N}{mn}=\dfrac{200}{2\times6.05}=16.5\ \mathrm{kN}<0.5N_t^b=20.8\ \mathrm{kN}$，属于大偏心受拉。

因此，需按式 (4.34)、式 (4.33) 估算此连接所需的螺栓数目。

试取端板高度 $h=600\mathrm{mm}$，按式 (4.34)：

$$n=\dfrac{1}{2}+\sqrt{\dfrac{6M+3N(h-p)}{2mN_t^b p}}=\dfrac{1}{2}+\sqrt{\dfrac{6\times40\times10^3+3\times200\times(600-100)}{2\times2\times41.6\times100}}$$

$$=0.5+5.70=6.20$$

代入式 (4.33)：

$$n=\dfrac{1}{2}+\sqrt{\dfrac{6M+3N(h-p)}{mN_t^b p}\left(\dfrac{n-1}{2n-1}\right)}=\dfrac{1}{2}+5.70\sqrt{2\times\left(\dfrac{6.2-1}{2\times6.2-1}\right)}=5.94$$

取每列螺栓数目 $n=6$。

（2）验算螺栓强度

大偏心受拉，按式 (4.29) 验算（参阅图 4.28，注意图中 $n=5$，但本例题取 $n=6$）：

$y_{max}=50\mathrm{cm}$，取 $c=p/2=100/2=50\mathrm{mm}$。

$$m\sum_{i=1}^{5} y_i^2 = 2 \times (10^2 + 20^2 + 30^2 + 40^2 + 50^2) = 2 \times 550 = 11000 \text{ cm}^2 = 1.1 \times 10^6 \text{ mm}^2$$

$$N_{max} = \frac{N(e + h/2 - c)y_{max}}{m\sum_{i=1}^{n-1} y_i^2} = \frac{200 \times (200 + 600/2 - 50) \times 500}{1.1 \times 10^6}$$

$$= 40.9 \text{kN} < N_t^b = 41.6 \text{ kN}，可。$$

作为本节的结束，请读者注意，在本节"五"与"七"的叙述和例题中都是针对普通螺栓连接而言，未提及高强度螺栓承压型连接。这是因为在弯矩作用下，使螺栓群受拉的公式推导中假设中和轴取在弯矩指向的最顶端或最底端的螺栓中心线上，这个假定只是在端板与柱翼缘板间（即连接板间）无预压力时才可行。高强度螺栓承压型连接在连接板间存在较大预压力，在弯矩或偏心拉力作用下，连接板件间的接触面在整个使用过程中**始终紧贴不分离**，类似梁中的某个截面，因此可以认为此时中和轴的位置位于螺栓群的形心处，按小偏心受拉计算，即按式（4.28）验算螺栓的强度是否满足要求即可。

4.5 高强度螺栓摩擦型连接的计算

一、高强度螺栓中的预拉力和摩擦面的抗滑移系数

前已言及，高强度螺栓摩擦型连接主要是依靠拧紧螺帽使螺杆中产生较高的预拉力，从而使连接处的板叠间产生较高的预压力，而后依靠板件间的摩擦力传递荷载，并以摩擦力将要被克服时作为连接的承载能力极限状态。因此，如何保证螺栓中具有设计要求的预拉力是保证质量的首要因素，其次是必须使板件在连接部分有很好的接触和有较高的摩擦系数（《钢标》中称为抗滑移系数）。

螺栓中的预拉力依靠拧紧螺帽产生，因此如何控制拧紧螺栓的程度是施工中要认真对待的。高强度螺栓的安装应按一定程序施行，宜由螺栓群中央顺序向外拧紧，并应在当天终拧完毕。高强度螺栓的拧紧必须分初拧和终拧两步。初拧的目的是消除板叠间的初始变形。终拧是使螺栓产生设计要求的预拉力，其大小与施加的扭矩成正比。

对大六角头高强度螺栓，其预拉力常用扭矩法控制，采用能显示扭矩大小的电动扳手进行，所需要的终拧扭矩值 T（单位为 N·m）按下式计算：

$$T = K(P + \Delta P)d \tag{4.35}$$

式中　P——设计要求每个高强度螺栓中的预拉力（kN）；

　　ΔP——螺栓中预拉力的损失值（kN），一般取 $\Delta P = 0.1P$；

　　$P + \Delta P$——施工预拉力；

　　d——螺栓的螺杆直径（mm）；

　　K——扭矩系数，由螺栓制造厂提供，安装前应进行复验。

初拧扭矩一般宜取终拧扭矩的 50%。

扭剪型高强度螺栓尾部有一梅花头，如图 4.29 所示，终拧时采用专用扳手进行。拧紧至其尾部的梅花头掉落，螺杆中即具有设计所要求的预拉力，因而施工质量易控制。扭剪型高强度螺栓的初拧扭矩值 T_0（单位 N·m）宜取为：

$$T_0 = 0.065(P + 0.1P)d \tag{4.36}$$

《钢标》中规定的单个高强度螺栓的预拉力设计值 P 如表 4.4 所示。表中数值由下

式得出：

$$P = \frac{0.9 \times 0.9 \times 0.9}{1.2} f_u^b A_e = 0.6075 f_u^b A_e$$

$$(4.37)$$

式中 f_u^b——螺栓经热处理后的最低抗拉强度，对
8.8 级螺栓取 $f_u^b = 830\text{N/mm}^2$，对
10.9 级螺栓取 $f_u^b = 1040\text{N/mm}^2$；

A_e——螺栓的有效截面面积，见本书附录 1
的附表 1.4。

在拧紧螺栓时，除使螺栓杆产生拉应力外，必
因施加扭矩而同时产生剪力，式（4.37）分母中系

图 4.29 扭剪型高强度螺栓

数 1.2，是为了考虑此剪应力所产生的不利影响。式（4.37）分子中第一个 0.9 是考虑螺
栓材质的不均匀性而引进的折减系数，第二个 0.9 是考虑施工时的超张拉影响（施工时为
了补偿螺杆中预拉力的松弛，一般超张拉 5%～10%），最后一个 0.9 是考虑式中以钢材
抗拉强度为准，为安全计引进的附加安全系数。

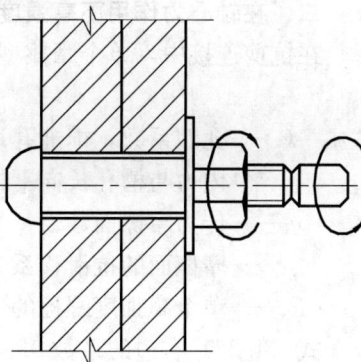

单个高强度螺栓的预拉力设计值 P（kN）　　　　　表 4.4

螺栓的承载 性能等级	螺栓公称直径（mm）					
	M16	M20	M22	M24	M27	M30
8.8	80	125	150	175	230	280
10.9	100	155	190	225	290	355

表 4.4 所示单个螺栓的预拉力设计值 P 同时适用于摩擦型连接和承压型连接。

为了增加板叠摩擦面间的摩擦力，应设法提高其摩擦面抗滑移系数。为此应对连接处
构件的接触面进行处理。摩擦面抗滑移系数（即摩擦系数）μ 的大小一般取决于摩擦面平
整度、清洁度和粗糙度。前已言及，高强度螺栓连接不应采用冲成孔，就是为了防止冲孔
时钢板下部表面的不平整。为了增加摩擦面的清洁度和粗糙度，《钢标》中推荐的处理方
法有三种：喷硬质石英砂或铸钢棱角砂、抛丸（喷砂）和钢丝刷清除浮锈或未经处理的干
净轧制面。目前喷砂已渐被替换为抛丸或喷丸。抛丸处理的质量优于喷砂，且对环境污染
较小。喷砂或抛丸主要是为了除去浮锈和钢板表面的氧化铁皮。根据工程实践和相关研究，
《钢标》中取消了《原规范》推荐的喷砂（丸）后涂无机富锌漆和喷砂（丸）后生赤锈这两
种处理方法。摩擦面抗滑移系数 μ 的大小除与表面处理方法有关外，还与钢材的牌号有关，
见表 4.5。在高强度螺栓的连接范围内，构件接触面的处理方法应在施工图上说明。

钢材摩擦面的抗滑移系数 μ　　　　　表 4.5

连接处构件接触面的处理方法	构件的钢材牌号		
	Q235	Q355 或 Q390	Q420 或 Q460
喷硬质石英砂或铸钢棱角砂	0.45	0.45	0.45
抛丸（喷砂）	0.40	0.40	0.40
钢丝刷清除浮锈或未经处理的干净轧制面	0.30	0.35	—

注：1. 钢丝刷除锈方向应与受力方向垂直；

　　2. 当连接构件采用不同钢材牌号时，μ 按相应较低强度者取值；

　　3. 采用其他方法处理时，其处理工艺及抗滑移系数值均需经试验确定。

二、在轴心力作用下高强度螺栓群的摩擦型抗剪连接计算

在抗剪连接中，单个摩擦型连接的高强度螺栓的承载力设计值应按下式计算：

$$N_v^b = 0.9kn_f\mu P \tag{4.38}$$

式中　k——孔型系数，标准孔取 1.0，大圆孔取 0.85，内力与槽孔长向垂直时取 0.70、
　　　　　内力与槽孔长向平行时取 0.60；

　　　n_f——传力摩擦面数目；

　　　μ——摩擦面的抗滑移系数，见表 4.5；

　　　P——单个高强度螺栓的预拉力设计值，见表 4.4。

式（4.38）右边的系数 0.9 为抗力分项系数 γ_R 的倒数，取 $\gamma_R = 1.111$。

在求得 N_v^b 后，当外力设计值 N 通过螺栓群的形心时，可由下式求所需螺栓数目：

$$n = \frac{N}{N_v^b} \tag{4.39}$$

然后即可按照本章第 4.2 节的要求排列螺栓。最后对连接板件的截面强度按下列公式进行验算：

（1）毛截面屈服　　　　　　$\sigma = \dfrac{N}{A} \leqslant f \tag{4.40}$

式中　A——板件的毛截面面积。

（2）净截面断裂　　　　$\sigma = \left(1 - 0.5\dfrac{n_1}{n}\right)\dfrac{N}{A_n} \leqslant 0.7f_u \tag{4.41}$

式中　n——在节点或连接处构件一端所用的高强度螺栓数目；

　　　n_1——所计算截面上（即最外列螺栓处）高强度螺栓的数目；

　　　A_n——板件的净截面面积。

与普通螺栓连接的计算对比，本计算基本步骤完全相同，即包含下列四步：①计算单个螺栓的承载力设计值；②求所需螺栓数目；③排列螺栓；④验算连接板件的截面强度。除第一步单个螺栓承载力设计值的求法不同外，这里需说明的是第 4 步。第 2 步、第 3 步与普通螺栓连接的计算完全相同。

由于高强度螺栓摩擦型连接是依靠摩擦面上的摩擦力传递荷载，摩擦力分布在每个螺栓中心附近的有效摩擦面上，根据试验，有效摩擦面的直径为 $3d$ 以上，见图 4.30。计算时假定每个螺栓有效摩擦面均匀受力，则在验算板件最外列螺栓处的净截面强度时，一部分力在

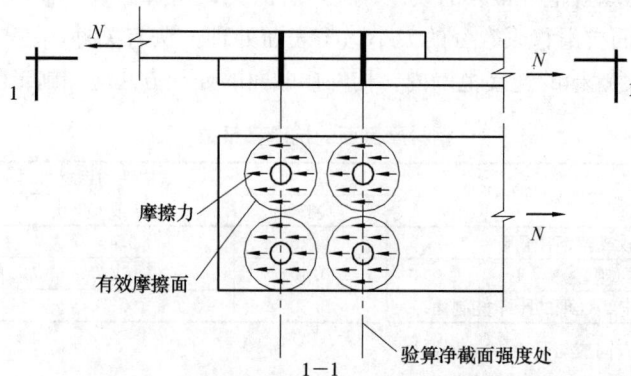

图 4.30　有效摩擦面上的摩擦力分布示意图

孔前已由有效摩擦面上的摩擦力传给另一个板件，在净截面处板件中的力已减小为：

$$N - \left(\frac{N}{n}\right)\left(\frac{n_1}{2}\right) = N\left(1 - 0.5\frac{n_1}{n}\right)$$

式中，0.5 为孔前传力系数。净截面强度的
验算公式取上述式（4.41），就是考虑了孔
前传力的影响。

【例题 4.13】图 4.31 所示为一高强度
螺栓摩擦型连接，钢板尺寸如图示，钢材
为 Q235A，10.9 级 M20 螺栓，采用标准
孔，孔径 $d_0 = 22\text{mm}$。摩擦面为喷硬质石英
砂或铸钢棱角砂，承受永久荷载标准值 P_{Gk}
$= 50\text{kN}$，可变荷载标准值 $P_{\text{Qk}} = 270\text{kN}$。试
设计此螺栓连接。

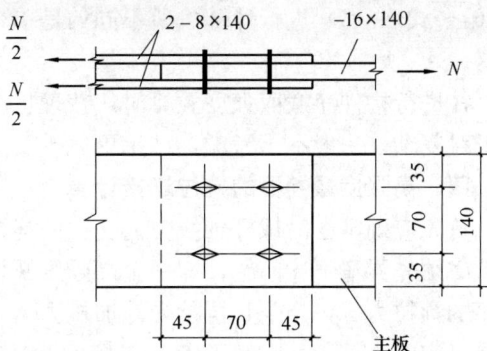

图 4.31　高强度螺栓抗剪连接

【解】钢板厚度$\leqslant 16\text{mm}$ 的 Q235 钢：f
$= 215\text{N/mm}^2$，$f_u = 370\text{N/mm}^2$。孔型系数 $k = 1.0$。

查表 4.4 和表 4.5 得：抗滑移系数 $\mu = 0.45$，单个螺栓的预拉力设计值 $P = 155\text{kN}$。
单个螺栓的受剪承载力设计值为：

$$N_v^b = 0.9kn_f\mu P = 0.9 \times 1.0 \times 2 \times 0.45 \times 155 = 125.6(\text{kN})$$

承受的轴心荷载设计值为：

$$N = 1.3 \times 50 + 1.5 \times 270 = 470(\text{kN})$$

式中，1.3 和 1.5 分别为永久荷载和可变荷载的分项系数。

需要的高强度螺栓的数目为：

$$n = \frac{N}{N_v^b} = \frac{470}{125.6} = 3.74,\text{采用 } n = 4。$$

排列螺栓如图 4.31 所示，取边距为 $1.5d_0 \approx 35\text{mm}$，螺栓距 $3d_0 \approx 70\text{mm}$，端距 $2d_0$
$\approx 45\text{mm}$。

因两盖板厚度之和与主板厚度相等，故只需验算主板的强度。

净截面面积（实际螺栓孔的削弱取 $\tilde{d_0} = \max\{d + 4\text{mm}, d_0\} = 24\text{mm}$）：

$$A_n = A - 2\tilde{d_0}t = 14 \times 1.6 - 2 \times 2.4 \times 1.6 = 14.72(\text{cm}^2)$$
$$n = 4, n_1 = 2$$

净截面强度为：

$$\sigma = \left(1 - 0.5\frac{n_1}{n}\right)\frac{N}{A_n} = \left(1 - 0.5 \times \frac{2}{4}\right) \times \frac{470 \times 10^3}{14.72 \times 10^2}$$

$$= 239.5(\text{N/mm}^2) < 0.7f_u = 0.7 \times 370 = 259(\text{N/mm}^2)，\text{可}。$$

毛截面强度为：

$$\sigma = \frac{N}{A} = \frac{470 \times 10^3}{140 \times 16} = 209.8(\text{N/mm}^2) < f = 215\text{N/mm}^2，可。$$

三、在偏心力作用下高强度螺栓群的摩擦型抗剪连接计算

计算方法与前述普通螺栓群在偏心力作用下的抗剪连接弹性分析法相同，即利用式（4.6）~式（4.11）进行计算。所不同的是单个螺栓的受剪承载力设计值应改由式（4.38）算得。

在进行构件净截面强度验算时，按理也存在孔前传力现象，但由于计算较在轴心力作用下时复杂，一般不予考虑，结果更偏于安全。

四、高强度螺栓群的抗拉连接计算

首先应确定在沿螺杆轴线方向受拉的连接中每个高强度螺栓的受拉承载力设计值 N_t^b。为此必须先弄清下述问题，即一个高强度螺栓在未承受外加拉力 N_t 作用时，截面上已有较高的预拉力 P，今令其再承受外加拉力 N_t，其杆轴方向的内力会不会增为 $P+N_t$？答案是否定的。理论上，若不考虑连接的弹性变形，只要外加拉力 $N_t \leqslant P$，则螺杆内沿杆轴方向拉力始终为 P；只当 $N_t > P$ 时，内力将改为 N_t。由图 4.32 可知，螺栓中的预拉力 P 使被连接板件接触面上产生预压力 C；外加拉力 N_t 后，当 $N_t \leqslant P$ 时，则接触面上的压力将减为 $C'=P-N_t$，由平衡条件，可见螺杆中的拉力仍为 P；当 $N_t > P$ 时，板件脱离接触，由平衡条件，得螺杆中的内力为 N_t。这就是上述答案的由来。事实上，板件受压和螺栓受拉都将使板叠和螺杆产生弹性变形，若考虑这一因素，则螺杆中的拉力将有所增加，但增加不大，一般情况下可不考虑此增值。说明如下。

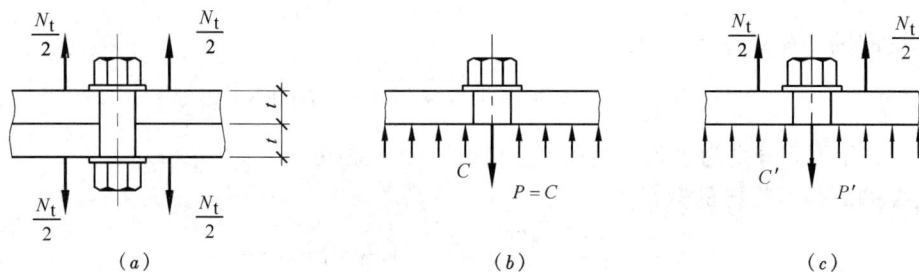

图 4.32　预拉力对螺栓受拉的影响

图 4.32（a）为受拉的一个高强度螺栓的连接；图 4.32（b）为未受外荷载时一块板的脱离体，此时板件间的压力 C 等于螺栓中的预拉力 P；图 4.32（c）为施加外荷载 N_t 后一块板件的脱离体，设板件间的压力已减小为 C'，螺杆中的预拉力增大为 P'。又设螺栓与钢板的弹性模量均为 E，一个螺栓的截面面积为 A_b，一个螺栓使板件受压的有效接触面面积为 A_p。由材料力学公式 $\Delta L = \dfrac{NL}{EA}$，可得：

板叠压力减小后的厚度伸长量为：$\dfrac{C-C'}{EA_p} \cdot 2t$

高强度螺栓杆身由于内力增大后的伸长量为：$\dfrac{P-P'}{EA_b} \cdot 2t$

两者应相等，即：

$$\frac{C-C'}{EA_p} \cdot 2t = \frac{P'-P}{EA_b} \cdot 2t$$

由图 4.32（b）和（c）的静力平衡条件，得：

$$C = P \quad 和 \quad C' = P' - N_t:$$

代入上式，并约去 $2t/E$，得：

$$\frac{P - P' + N_t}{A_p} = \frac{P' - P}{A_b}$$

$$P' = P + \frac{N_t}{1 + A_p/A_b} \tag{4.42}$$

可见，若考虑连接在螺栓轴向的弹性变形，螺杆中的拉力将有所增加。若取 $A_p/A_b = 10$ 和 $N_t = P$，得：

$$P' = P + \frac{P}{1 + 10} \approx 1.09P$$

即螺杆中拉力的增量约为预拉力的 9%，P 值波动不大。事实上，$A_p/A_b > 10$，因而可认为 $P' \approx P$。

试验证明，当外拉力 N_t 过大时，螺栓将发生松弛现象而减小螺栓中的预拉力。为了避免发生螺栓的松弛并使连接板件间始终保持压紧，《钢标》规定，摩擦型连接中单个高强度螺栓的受拉承载力设计值为：

$$N_t^b = 0.8P \tag{4.43}$$

要注意：在沿螺栓杆轴方向受拉的连接中，摩擦型连接单个高强度螺栓的受拉承载力设计值与承压型连接的计算不相同，参见前述计算式（4.3），但结果是一致的。因为承压型高强度螺栓的抗拉强度设计值 $f_t^b = 0.48f_u^b$（《钢标》条文说明第 29 页），代入式（4.3），得承压型连接中单个高强度螺栓的受拉承载力设计值为：

$$N_t^b = \frac{\pi d_e^2}{4} f_t^b = A_e \times 0.48 f_u^b = 0.48 A_e f_u^b$$

由式（4.43）和式（4.37），得摩擦型连接中单个高强度螺栓的受拉承载力设计值为：

$$N_t^b = 0.8P = 0.8 \times 0.6075 A_e f_u^b = 0.486 A_e f_u^b$$

两者差别可忽略不计。

【例题 4.14】 同例题 4.6，但改用高强度螺栓摩擦型连接，采用 8.8 级、M20 螺栓，螺栓距 $p = 100mm$，螺栓为 2 列，每列有 5 个螺栓。试求按改用高强度螺栓连接后，此连接能承受的弯矩设计值。

【解】 反力 V 由托板承受（图 4.33）。梁支座竖向螺栓群只承受弯矩作用。由于高强度螺栓连接中，梁端板与柱翼缘板间有预压力，在弯矩作用下，若受力最大螺栓的拉力 $N_{max} \leqslant 0.8P$，端板与柱翼缘板间仍将保持紧密接触，因此可假定螺栓群承受弯矩作用时的中和轴位于螺栓群的形心处，如图 4.33 所示。

此时，受力最大螺栓的拉力及强度条件为［式（4.28）取 $N = 0$］：

$$N_{max} = \frac{M d_{max}}{m \sum d_i^2} \leqslant N_t^b = 0.8P$$

对本例题，$m = 2$。

由表 4.4 查得 8.8 级、M20 螺栓的预拉力设计值 $P = 125kN$，得：

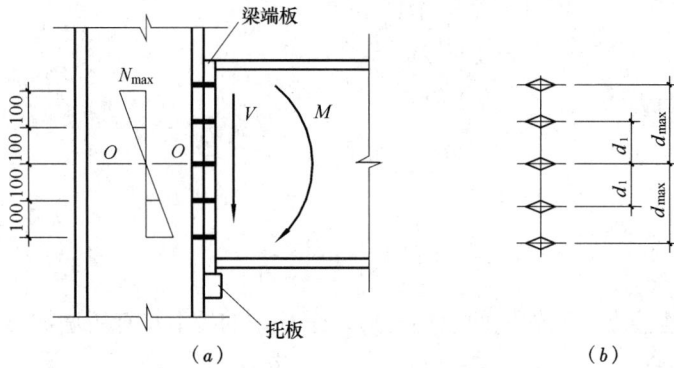

图 4.33 承受弯矩作用的高强度螺栓连接

(a) 连接节点；(b) 一列螺栓的排列示意

$$M = 0.8P \times \frac{m \sum d_i^2}{d_{max}} = 0.8 \times 125 \times \frac{2(2 \times 10^2 + 2 \times 20^2)}{20} \times 10^{-2} = 100 \text{(kN} \cdot \text{m)}$$

可见改用 8.8 级、M20 高强度螺栓后，与同样直径同样排列的普通螺栓连接相比（参阅例题 4.6），连接所能承受的弯矩设计值增大了 60% 以上。

五、同时承受摩擦面间的剪切和螺栓杆轴方向拉力的高强度螺栓摩擦型连接的计算

我国前《钢结构设计规范》GBJ 17—88 对此情况下的单个摩擦型连接高强度螺栓受剪承载力设计值规定为：

$$N_v^b = 0.9 n_f \mu (P - 1.25 N_t) \tag{4.44}$$

此式实质上也就是前述式（4.38）（《钢结构设计规范》GBJ 17—88 中没有考虑孔型系数，即取 $k=1.0$），只是用 $P - 1.25 N_t$ 代替式（4.38）中的 P。式中 N_t 为单个高强度螺栓在其杆轴方向的外力，其值不应大于 $0.8P$。

前已述及，当杆轴方向外拉力不大于螺栓预拉力 P 时，虽然螺栓杆轴中预拉力可认为基本不变，但构件摩擦面间的预压力已减为 $P - N_t$。考虑到由试验资料得知，当螺栓受拉后摩擦面间的抗滑移系数将有所降低和对 N_t 还需考虑抗力分项系数 $\gamma_R = 1.111$，式（4.44）中仍取抗滑移系数 μ 保持不变，而将 $P - \gamma_R N_t$ 改为 $P - 1.25 N_t$，以考虑抗滑移系数 μ 值降低的影响。同时式（4.44）中，当 $N_t = 0.8P$，则 $N_v^b = 0$，表示若螺栓承受的拉力达到其受拉承载力设计值 $0.8P$，则摩擦面就不能再承受剪力。

《钢标》中已把式（4.44）修改成"当高强度螺栓摩擦型连接同时承受摩擦面间的剪力和螺栓杆轴方向的外拉力时"，其承载力应符合下式要求：

$$\frac{N_v}{N_v^b} + \frac{N_t}{N_t^b} \leqslant 1 \tag{4.45}$$

其中
$$N_v^b = 0.9 k n_f \mu P \quad [\text{式}(4.38)]$$
$$N_t^b = 0.8P \quad [\text{式}(4.43)]$$

式（4.45）与式（4.44）是完全相同的，读者只要把式（4.38）和式（4.43）代入式（4.45）即可得（4.44）。修改后的式（4.45）是以 N_v/N_v^b 和 N_t/N_t^b 为变量的直线式。可与普通螺栓连接和高强度螺栓承压型连接同时受剪和受拉应满足的相关式为四分之一圆相比较，即：

$$\sqrt{\left(\frac{N_v}{N_v^b}\right)^2+\left(\frac{N_t}{N_t^b}\right)^2}\leqslant 1$$

见前述式（4.23）。这里再次强调一下，要注意在高强度螺栓摩擦型连接中，螺栓的受剪承载力设计值 N_v^b、受拉承载力设计值 N_t^b 和同时受剪和受拉应满足的相关计算式是与普通螺栓连接和高强度螺栓承压型连接的计算式完全不相同的。

【例题 4.15】 图 4.34 所示拉杆与柱翼缘板的高强度螺栓摩擦型连接，拉杆轴线通过螺栓群的形心，试求所需螺栓数目，螺栓孔采用标准孔。已知钢材为 Q355B 钢，轴心拉力设计值为 $N=800\mathrm{kN}$，10.9 级、M20 螺栓。钢板表面采用抛丸处理。

【解】 Q355 钢抛丸处理时 $\mu=0.40$（表 4.5）。

10.9 级、M20 螺栓预拉力设计值 $P=155\mathrm{kN}$（表 4.4）。

布置螺栓时使拉杆的轴线通过螺栓群重心。

本螺栓连接同时承受摩擦面间的剪切和螺栓杆轴方向的外拉力，其承载力应按式（4.45）计算，其中：

一个高强度螺栓的受剪承载力设计值为：

$$N_v^b=0.9kn_f\mu P=0.9\times1.0\times1\times0.40\times155=55.8\mathrm{kN}$$

一个高强度螺栓的受拉承载力设计值为：

$$N_t^b=0.8P=0.8\times155=124\mathrm{kN}$$

一个螺栓受到的剪力 N_v 和拉力 N_t 分别为：

$$N_v=\frac{800\times\frac{3}{5}}{mn}=\frac{240}{n}\quad\text{和}\quad N_t=\frac{800\times\frac{4}{5}}{mn}=\frac{320}{n}$$

式中　m——螺栓的列数，本例题中 $m=2$；

　　　n——每列所需螺栓个数。

将以上数据代入式（4.45），有：

$$\frac{N_v}{N_v^b}+\frac{N_t}{N_t^b}=\frac{240}{55.8n}+\frac{320}{124n}\leqslant1$$

解得 $n\geqslant6.88$，采用 $n=7$ 个。

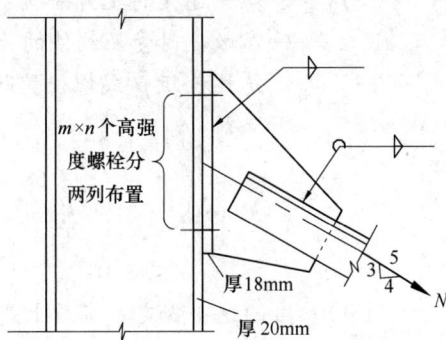

图右侧：

$m\times n$ 个高强度螺栓分两列布置

厚18mm

厚20mm

图 4.34　例题 4.13 图

4.6　国外设计标准对螺栓连接计算的某些规定

除分散在上述各节中已提到的外，这里再提出 3 点，在国外一些设计标准中对此有所考虑。目的是拓宽思路，使读者对国外标准的一些规定有所了解。

1. 关于螺栓的孔壁承压强度设计值 f_c^b 和螺栓端距的关系

《钢标》中规定，f_c^b 因构件所用钢材的牌号和螺栓类别为粗制螺栓、精制螺栓或高强度螺栓等而有所不同，与螺栓距和端距无关，但必须保证螺栓距 $p\geqslant$

$3d_0$ 和端距 $a \geqslant 2d_0$。

国际标准化组织 ISO 的钢结构设计标准草案中则不然，其承压强度设计值取：

$$f_c^b = \alpha \frac{f_u}{\gamma_{Rc}}$$

式中　f_u——钢材的抗拉强度标准值；

γ_{Rc}——螺栓连接的抗力分项系数。

α——参数，对受压构件的连接取 $\alpha = 3.0$ 为常量；对受拉构件的连接，α 是螺栓距 p 或螺栓端距 a 的函数，必须同时满足下述 3 式：

$$\begin{cases} \alpha = 1.5\dfrac{a}{d} & (a \geqslant 1.2d, d \text{ 为螺栓杆径}) \\[2mm] \alpha = 1.5\left(\dfrac{p}{d} - 0.5\right) & (p \geqslant 2.5d) \\[2mm] \alpha \leqslant 3.0 \end{cases}$$

ISO 标准的这个规定，实质上是容许取最小端距为 $a = 1.2d$，最小螺栓距为 $p = 2.5d$。当受拉构件的螺栓端距变化在 $1.2d \leqslant a \leqslant 2.0d$ 时，f_c^b 为一变量，将随端距 a 的减小而减小，即 $1.8f_u/\gamma_{Rc} \leqslant f_c^b \leqslant 3.0f_u/\gamma_{Rc}$。其他情况下的受拉构件和所有受压构件的连接中，$f_c^b$ 均取常量，其值为 $3.0f_u/\gamma_{Rc}$。

美国钢结构学会 AISC 的标准中也同样认为螺栓孔壁承压与螺栓端距和螺栓距的大小有关。

如图 4.35 所示，板件受力后，端部钢材假定沿 ab 和 cd 被剪断。根据端部钢材被剪切可确定承压承载力标准值 N_{ck}，偏于安全地按下式计算：

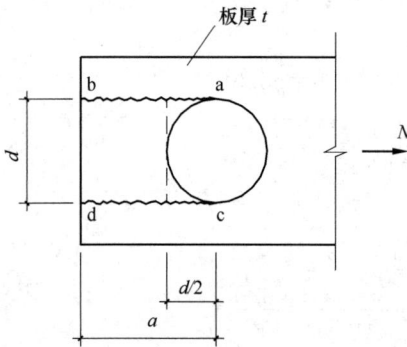

图 4.35　孔壁承压强度与端距的关系

$$N_{ck} = 2t\left(a - \frac{d}{2}\right)\tau_{uk} \quad (4.46a)$$

式中　τ_{uk}——钢板的剪切强度标准值，取 $\tau_{uk} = 0.7f_u$，则得：

$$N_{ck} = 1.40 f_u dt \left(\frac{a}{d} - \frac{1}{2}\right) \quad (4.46b)$$

为了简化式（4.46b），近似地取 $a = \dfrac{7}{4}d$，得：

$$N_{ck} = 1.40 f_u \times \frac{4a}{7} \times t\left(\frac{7}{4} - \frac{1}{2}\right) = f_u at \quad (4.46c)$$

为了写成我国设计标准中习惯用的公式，将式（4.46c）除以连接的抗力分项系数 γ_{Rc} 后，使其等于螺栓的承压承载力设计值，即：

$$\frac{N_{ck}}{\gamma_{Rc}} = \frac{f_u at}{\gamma_{Rc}} = N_c^b \quad (4.46d)$$

因 $N_c^b = f_c^b \cdot d \cdot t$，得：

$$f_c^b = \frac{a}{d} \cdot \frac{f_u}{\gamma_{Rc}} \quad (4.46e)$$

美国 1986 年的 AISC 标准中对常用圆孔螺栓，规定当端距 $a \geqslant 1.5d$、螺栓

距 $p \geqslant 3d$ 以及沿力作用线方向连接具有 2 个或 2 个以上的螺栓时，取 $f_c^b =$
$2.40 f_u / \gamma_{Rc}$，螺栓承压的抗力分项系数取 $\gamma_{Rc} = \dfrac{4}{3}$，可见此时并不由式 (4.46e)
得出 f_c^b。只有当不满足上述条件时，AISC 标准才取式 (4.46e)，即取：

$$f_c^b = \frac{a}{d} \cdot \frac{f_u}{\gamma_{Rc}}$$

亦即 AISC 标准中规定当 $a < 1.5d$ 时，f_c^b 取值即显著减小。

AISC 标准中还根据式 (4.46c) 规定了螺栓端距在任何情况下应满足的条件：

$$a \geqslant \frac{N_{ck}}{f_u t} = \frac{\gamma_{Rc} N}{f_u t} \tag{4.46f}$$

式中 N 为一个螺栓所承受的荷载设计值，由 $N \leqslant N_{ck}/\gamma_{Rc}$ 即得式 (4.46f)。在一
般情况下，端距往往由 $a \geqslant 1.5d$ 控制，而不是由式 (4.46f) 控制。

AISC 标准中规定的最小螺栓距为 $p = 2\dfrac{2}{3}d$，但一般均用 $p \geqslant 3d$。此处，还
按式 (4.46f) 得出螺栓距应满足的条件为：

$$p \geqslant \frac{\gamma_{Rc} N}{f_u t} + \frac{d_0}{2} \tag{4.46g}$$

式中　$\gamma_{Rc} = \dfrac{4}{3}$，$d_0$ 为螺栓孔直径。

欧洲标准（Eurocode3）中，对螺栓的孔壁承压强度设计值规定为（已改为
我国设计标准采用的符号）：

$$f_c^b = \frac{2.5 \alpha f_u}{\gamma_{Rc}}$$

式中 α 取下列四种情况下的最小值：

$$\frac{a}{3d_0}, \left(\frac{p}{3d_0} - \frac{1}{4}\right), \frac{f_u^b}{f_u} \text{ 或 } 1.0 \text{。}$$

式中 α 值除取决于端距 a 和螺栓中心距 p 外，还与螺栓钢材与被连接件钢材抗拉
强度的比值有关，螺栓的抗力分项系数采用 $\gamma_{Rc} = 1.25$。

2. 关于螺栓和螺栓连接的类别

美国 AISC 标准中主要使用三种螺栓：（1）A307 螺栓，由低碳钢制成，为
粗制螺栓，相当于我国的 C 级普通螺栓；（2）A325 螺栓，用热处理后的中碳钢
制成，相当于我国的 8.8 级螺栓；（3）A490 螺栓，用经热处理的低合金钢制成，
相当于我国的 10.9 级螺栓。后两种用于高强度螺栓的承压型连接和摩擦型连接。
这里说明两点：（1）美国 AISC 标准中未推荐采用相当于我国 8.8 级和 5.6 级的
A、B 级普通螺栓；（2）对高强度螺栓的摩擦型连接（AISC 标准称为滑移临界
型连接，slip-critical connection），需验算两个极限状态，即按承载能力极限状
态计算时考虑螺栓受剪或孔壁承压破坏和按正常使用极限状态验算接触面摩擦力
被克服开始产生滑移。这与我国的高强度螺栓摩擦型连接的计算完全不同。

欧洲标准（Eurocode3）将抗剪螺栓区分为三类：第一类相当于我国的普通
螺栓，但其性能等级包括 4.6 级、4.8 级、5.6 级、8.8 级直至 10.9 级。对螺栓
不施加预拉力，对板件接触面不需特殊处理。第二类相当于美国的滑移临界型连

接，正常使用时不能有滑移，按承载能力极限状态计算时考虑螺杆受剪处孔壁承压，对螺栓要施加预拉力，对接触面要做除锈处理。第三类为承载能力极限状态下的抗滑移型，相当于我国的高强度螺栓摩擦型连接，但需要验算承载能力极限状态下的抗滑移和孔壁承压，而在我国《钢标》中只需验算抗滑移。

3. 关于混合连接的使用

我国《钢标》中对几种连接混合使用未作规定，即对新建结构的连接不主张采用两种连接方式共同连接一个板件。美国 AISC 标准中对混合连接作了一些规定，今简要摘录于下，以供参考。

（1）在新建结构中，A307 螺栓和高强度螺栓承压型连接不应与焊缝分担荷载，如两种连接方式同时存在，应由焊缝单独承担该连接处的全部荷载。滑移临界型连接的高强度螺栓则可与焊缝共同分担连接处的荷载。

（2）在改建或加固结构时，对已有的铆钉或滑移临界型高强度螺栓连接，可以考虑它们承受改建或加固时已承受的荷载，新加的焊缝只需承受新产生的荷载。

（3）在新建的结构和改建的旧结构中，容许滑移临界型高强度螺栓连接与铆钉连接共同分担连接中的荷载。

复 习 思 考 题

4.1 按《钢标》中的规定，性能等级同为 8.8 级的 A 级普通螺栓连接与高强度螺栓承压型连接在对螺栓和螺栓孔的要求方面有何不同？对其连接的强度设计值又有何不同？何故？

4.2 高强度螺栓的承压型连接和摩擦型连接中一个螺栓的受剪、受拉及同时受剪和受拉的承载力设计值的计算各有何不同？何故？

4.3 在螺栓群的抗剪连接计算中，当荷载为轴心拉力时和偏心受力状态时，各作何假定？各应验算哪些内容？

4.4 在螺栓群连接承受弯矩或偏心拉力而使螺栓承受沿螺杆轴拉力时，对普通螺栓连接和对高强度螺栓承压型连接在中和轴位置的确定方面各作何假定？何故？

习 题

4.1 两轴心受拉的钢板对接如前文图 4.12 所示。钢板截面均为 -20×250，连接盖板截面为 $2-10 \times 250$。用直径 $d = 20$mm（螺栓孔直径 $d_0 = 20.5$mm）的 A 级普通螺栓连接，螺栓性能等级为 5.6 级，钢材为 Q235AF。承受轴心拉力标准值 $N_k = 650$kN，其中永久荷载占 20%，可变荷载占 80%。试求所需螺栓的最少数目并进行排列，计算连接盖板的最短长度和此螺栓接头最危险截面处的强度。（答：最少螺栓数目接头每边 8 个；$p = 65$mm、$a = 45$mm，连接盖板长度 $l = 450$mm）

4.2 求前文图 4.13 所示钢板搭接连接中第 1 列螺栓和第 2 列螺栓的纵向间距 p 为多少时，钢板的最小净截面将由图中的 1-2-3-4 断裂线所控制。已知 C 级普通螺栓，螺栓直径 $d = 22$mm，螺栓孔直径 $d_0 = 23.5$mm。（答：$p = 50$mm）

4.3 某轴心拉杆，截面为 $2\angle 70 \times 5$，用普通 C 级螺栓连接于节点板的两侧。节点板厚 12mm，螺栓为 M20，孔径 21.5mm，钢材为 Q235。螺栓排列如图 4.36 所示。试求此节点连接能承受的轴心拉力设计值，以及此值由何条件所控制？设节点板强度足够。（答：$N = 183$kN）

4.4 图 4.37 所示钢牛腿，由两钢板分别连接于工字形截面柱的两翼缘板外侧构成。钢板厚 $t = 16$mm，柱翼缘板厚 $t_f = 18$mm。采用普通 A 级螺栓连接，直径 $d = 22$mm，孔 $d_0 = 22.5$mm，性能等级为 5.6 级，钢材为 Q235。牛腿承受竖向荷载标准值 $P_k = 400$kN，其中永久荷载占 20%，可变荷载占

80%；与柱腹板中心的偏心距 $e=250$mm。螺栓竖向中心距 $p=80$mm。试求每块钢板与柱翼缘板的每列连接螺栓数目 n，并进行连接的强度验算。（答：$n=6$）

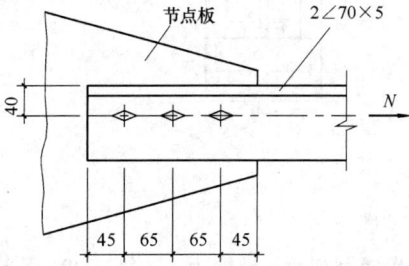

图 4.36　习题 4.3 图

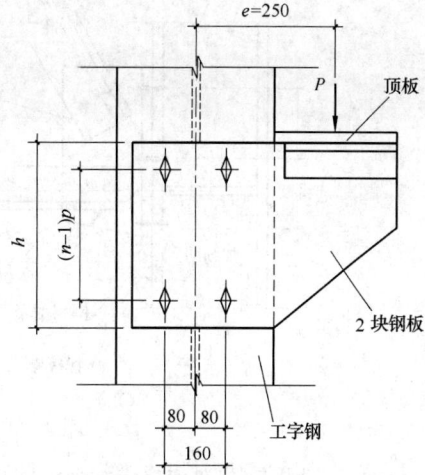

图 4.37　习题 4.4 图

4.5　图 4.38 所示为轴心受拉构件与工字形截面柱翼缘板的螺栓连接。轴心受拉构件中的轴心拉力标准值 $N_k=400$kN，全部由可变荷载产生。受拉构件的轴线通过与柱翼缘板连接的螺栓群的形心。螺栓为 C 级普通螺栓，直径 $d=22$mm，孔径 $d_0=23.5$mm。连接板厚 20mm，柱翼缘板厚 16mm，钢材为 Q235。两列螺栓每列有 n 个螺栓，螺栓竖向中心距 $p=70$mm。试求每列所需的螺栓数目。（答：$n=6$）

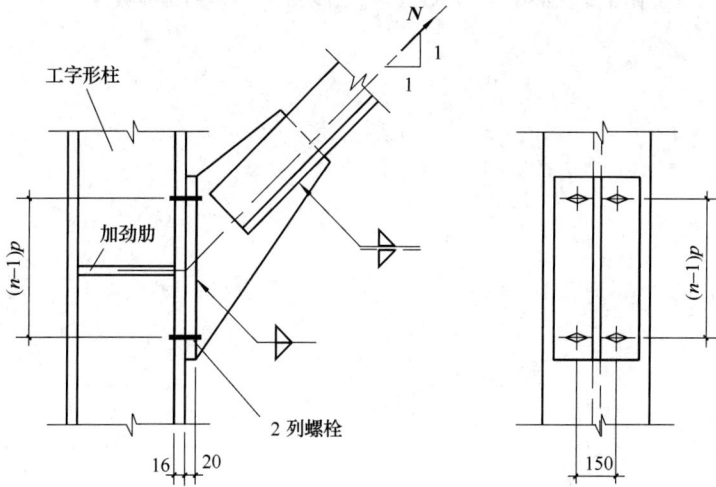

图 4.38　习题 4.5 图

4.6　钢屋架下弦端节点与工字形截面钢柱的翼缘板连接如图 4.39 所示。屋架的下弦杆和端斜杆分别与节点板相焊接，节点板又以两条竖向角焊缝与端板 T 形连接。端板下端刨平顶紧支承于预先焊在柱翼缘板上的托板顶端，屋架端斜杆内力的竖向分力将由端面承压传给托板而后传至柱身。端板用两列 C 级普通螺栓与柱翼缘板相连以承受屋架端节点传来的水平分力 H，今采用螺栓 M24 并列排列如图 4.39 所示。已知下弦杆轴心拉力设计值 $T=420$kN，端斜杆轴心压力设计值 $C=480$kN，端斜杆轴线与水平线夹角 $\theta=60°$。端板厚度 $t=20$mm。钢材为 Q235。试验算此螺栓连接的强度。

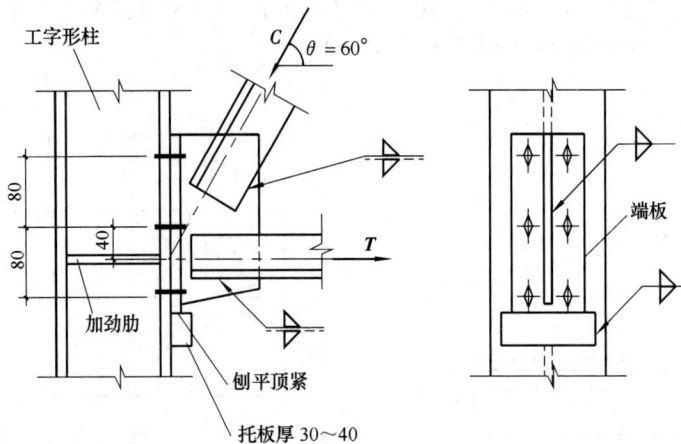

图 4.39　习题 4.6 图

4.7　习题 4.1 中的钢板对接连接若改用高强度螺栓摩擦型连接，螺栓为 8.8 级 M20，孔径 $d_0 = 22\text{mm}$（标准孔），接触面采用喷硬质石英砂或铸钢棱角砂处理。试求所需螺栓数目并进行排列和验算钢板截面强度。

4.8　习题 4.4 中的钢牛腿若改用高强度螺栓摩擦型连接，螺栓为 8.8 级 M22，孔径 $d_0 = 24\text{mm}$（标准孔），接触面采用喷硬质石英砂或铸钢棱角砂处理。试求每块钢板与柱翼缘板连接所需的每列螺栓数目，并进行连接的强度计算。

4.9　习题 4.5 中的连接若改为高强度螺栓摩擦型连接，螺栓为 10.9 级 M22，孔径 $d_0 = 24\text{mm}$（标准孔），接触面采用喷硬质石英砂或铸钢棱角砂处理。试求每列所需的螺栓数目。

第5章　轴心受力构件

5.1　概　述

一、轴心受力构件的应用

轴心受力构件分轴心受拉和轴心受压两类，前者简称为拉杆，后者简称为压杆，但当压杆为竖向构件并用以支撑屋盖或楼盖时则常称为柱，或轴心受压柱。轴心受力构件广泛应用于各种平面和空间桁架（包括塔架和网架）中，是组成桁架的主要承重构件。轴心受压构件还常用作支撑其他结构的承重柱。此外，各种支撑系统中的构件也都是按轴心受力考虑。

二、轴心受力构件的破坏方式及计算内容

拉杆的破坏主要是钢材屈服或被拉断，两者都属于强度破坏。压杆的破坏则主要是由于构件失去整体稳定性（或称屈曲）或组成压杆的板件局部失去稳定性，当构件上有螺栓孔等使截面有较多削弱时，也可能因强度不足而破坏。因此，对压杆通常要计算构件的整体稳定性、组成构件的局部稳定性和截面的强度三项，而对拉杆只要计算强度一项。这些计算内容，都属于按承载能力极限状态计算，计算时应采用荷载的设计值。

轴心受力构件中与受力相对应的变形是伸长或压缩，如取平均荷载分项系数为 1.4（永久荷载分项系数 $\gamma_G = 1.3$、可变荷载分项系数 $\gamma_Q = 1.5$），在正常使用状态的最大伸长或压缩应变可按虎克定律计算如下（当为 Q235 钢时）：

$$\frac{\Delta l}{l} = \frac{N}{EA} = \frac{f}{1.4E} = \frac{215}{1.4 \times 206 \times 10^3} = 0.745 \times 10^{-3}$$

即最大应变接近千分之一，其值甚小。因此，对轴心受力构件并不要求验算其轴向变形。式中 f 为钢材抗拉或抗压强度设计值，Q235 钢（钢材厚度≤16mm）$f = 215\text{N/mm}^2$，弹性模量为 $E = 206 \times 10^3 \text{N/mm}^2$。

但轴心受力构件如果过分细长，则在制造、运输和安装时很易弯曲变形；在构件不是处于竖向位置时，其自重也常可使构件产生较大的挠度；对承受动力荷载的构件还将产生较大的振幅。对压杆而言，构件过分细长将降低构件的整体稳定性。因而对轴心受力构件，不论其为拉杆或压杆都要限制其长细比 λ 不超过某容许值，此条件常称为刚度条件：

$$\lambda = \frac{l_0}{i} \leqslant [\lambda] \tag{5.1}$$

式中　l_0——构件的计算长度或称有效长度；

i——构件截面的回转半径，$i = \sqrt{I/A}$，I 为构件毛截面的惯性矩，A 为构件毛截面的面积；

$[\lambda]$——《钢标》中按拉杆或压杆及构件的重要性分别规定的容许长细比，见本书附录 1 附表 1.16 和附表 1.17。

三、构件的截面形式

轴心受力构件的截面有多种形式。选型时要注意：（1）形状应力求简单，以减少制造工作量；（2）截面宜具有对称轴，使构件具有良好的工作性能；（3）要便于与其他构件连接；（4）在同样截面面积下应使其具有较大的惯性矩，即构件的材料宜向截面四周扩展，从而减小构件的长细比；（5）尽可能使构件在截面两个主轴方向为等刚度，即 $\lambda_x \approx \lambda_y$。

常用的截面形式如图 5.1 所示。其中图 5.1（a）所示为热轧型钢截面，制造工作量最少是其优点。圆钢因截面回转半径小，只宜作拉杆。钢管常在网架中用作与球节点相连的杆件，也可用作桁架杆件，不论是用作拉杆还是压杆，都具有较大的优越性，但其价格较其他型钢略高。单角钢截面两主轴与角钢边不平行，如用角钢边与其他构件相连，不易做到轴心受力，因而常用于次要构件或受力不大的拉杆。工字钢因两主轴方向的惯性矩相差较大，较难做到等刚度，除非沿其强轴 x 方向设置中间侧向支点。H 型钢由于翼缘宽度较大，且为等厚度，常用作柱截面，可节省制造工作量。剖分 T 型钢用作桁架的弦杆，可节省连接用的节点板。

应用最多的是图 5.1（b）所示利用型钢或钢板焊接而成的实腹式组合截面。当受压构件的荷载并不太大而长度较大时，为了加大截面的回转半径，可采用图 5.1（c）所示利用型钢由缀件相连而成的格构式组合截面，缀件包括缀条和缀板两种（见下文第 5.11 节），因它不是连续的，故图中以虚线表示。

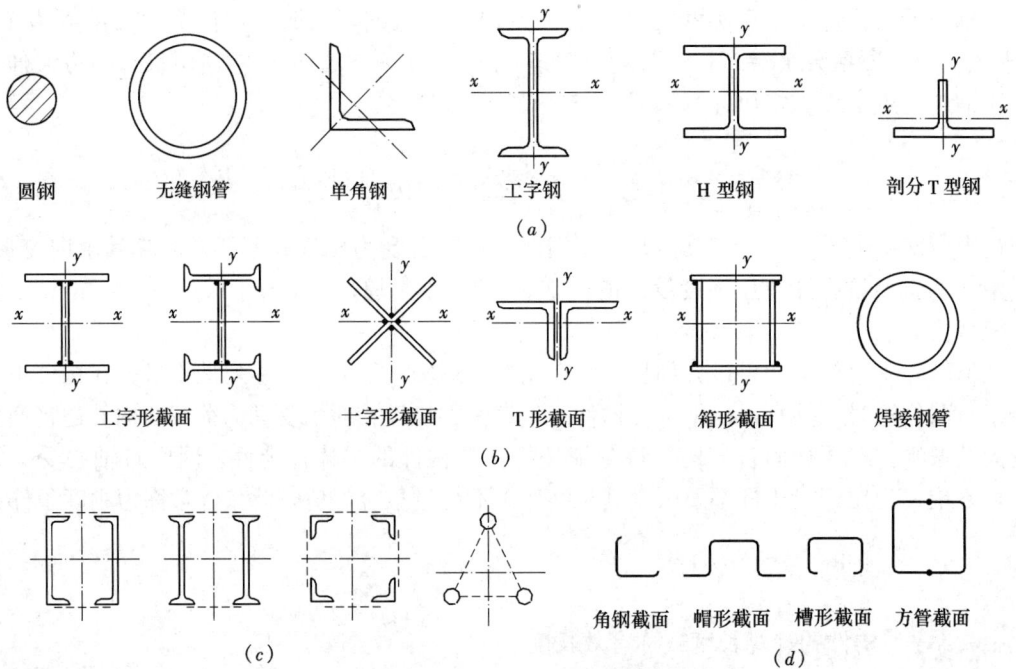

圆钢　　无缝钢管　　单角钢　　工字钢　　H 型钢　　剖分 T 型钢

（a）

工字形截面　　十字形截面　　T 形截面　　箱形截面　　焊接钢管

（b）

（c）

角钢截面　　帽形截面　　槽形截面　　方管截面

（d）

图 5.1　轴心受力构件的截面形式

（a）热轧型钢截面；（b）焊接实腹式组合截面；（c）格构式截面；（d）冷弯薄壁型钢截面

在冷弯型钢中，常用作轴心受力构件截面的形式如图 5.1（d）所示，其设计应按《冷弯型钢结构技术标准》GB/T 50018—2025 进行，本章中因限于篇幅，对此将不作专门介绍。

四、本章内容

本章以后各节将较全面地分别介绍轴心受力构件的受力性能和计算方法，包括强度、整体稳定和局部稳定等，在此基础上再介绍构件的设计方法等。

5.2　轴心受拉构件的受力性能和计算

一、强度计算

上节中已言及，对轴心受拉构件只需计算强度和刚度。所谓强度是指构件截面上的应力有多大，是否满足承载能力极限状态的要求。在轴心受拉构件的计算中，由于荷载通过截面的形心，因而截面上的应力可认为是均匀分布的，这当然是在理想情况下才是这样。实际情况中，构件有初弯曲、荷载有初偏心，以及截面上可能存在残余应力等，这些可统称为初始缺陷。构件有了初始缺陷，截面上的应力将不是均匀分布。初弯曲和初偏心将使轴心受拉构件事实上成为拉弯构件（拉弯构件的强度计算见第 7 章），但由于容许的初弯曲和初偏心对轴心受拉构件强度产生的影响较小，不作为主要考虑因素，而当进入全塑性状态后，理论上残余应力对构件的强度也没有影响。下面计算时将假定截面上的应力是均布的。

图 5.2 所示由双角钢组成的 T 形截面轴心受拉构件，端部以螺栓与节点板相连。构件上将出现两个控制截面：一个是有螺栓孔的净截面 1-1，一个是无螺栓孔的毛截面 2-2。

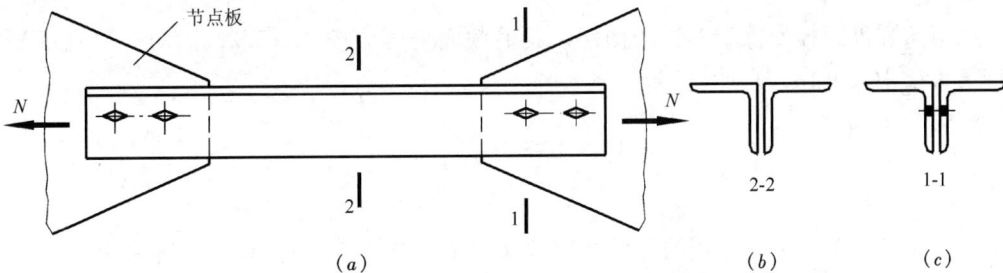

图 5.2　端部有螺栓孔的双角钢轴心受拉构件

（a）轴心受拉构件；（b）毛截面；（c）净截面

当净截面上的平均应力达到屈服点 f_y 时，并不会导致构件破坏，但当净截面上的平均应力达到钢材的抗拉强度 f_u 时，就会使构件在净截面处断裂。对毛截面而言，则当其平均应力达到钢材的屈服点时，整个构件将产生较大的伸长变形。按在第 1 章第 1.2 节中已介绍的承载能力极限状态的定义，当结构或构件达到最大承载能力或达到不适于继续承载的变形时，即进入承载能力极限状态。上述拉杆的两个情况：一个使构件拉断，一个使构件产生过大的伸长变形，都将使构件进入承载能力极限状态。这样，对轴心受拉构件的承载能力极限状态的验算应包括下列两式，即必须同时满足：

149

对毛截面：
$$\sigma = \frac{N}{A} \leqslant f_y \frac{1}{\gamma_{Ry}}$$

对净截面：
$$\sigma = \frac{N}{A_n} \leqslant f_u \frac{1}{\gamma_{Ru}}$$

式中　N——构件所承受的轴心拉力设计值；

　A、A_n——构件的毛截面面积和净截面面积；

　f_y、f_u——钢材的屈服点和抗拉强度；

　γ_{Ry}、γ_{Ru}——验算钢材屈服和钢材断裂的抗力分项系数。

由于断裂的危害大于过大变形，因而一般取 $\gamma_{Ru} = 1.20\gamma_{Ry}$。国际标准化组织的钢结构设计标准草案和美国 AISC 1986 年版标准中也都是这样的规定。

《钢标》中，γ_{Ry} 的取值随钢材牌号和钢材厚度而有所不同，为 $1.090 \sim 1.180$，则 $\gamma_{Ru} = 1.20\gamma_{Ry} = 1.31 \sim 1.42$，即 $1/\gamma_{Ru} = 0.76 \sim 0.70$，《钢标》统一取 $1/\gamma_{Ru} = 0.7$；另 $f_y/\gamma_{Ry} = f$。因此验算轴心受拉构件截面强度的公式为：

对毛截面：
$$\sigma = \frac{N}{A} \leqslant f \tag{5.2}$$

对净截面：
$$\sigma = \frac{N}{A_n} \leqslant 0.7f_u \tag{5.3}$$

当沿构件全长都有排列较密的螺栓孔时，为避免变形过大，其截面强度应按下式计算：

$$\frac{N}{A_n} \leqslant f \tag{5.4}$$

采用高强度螺栓摩擦型连接的构件，其毛截面强度应按式（5.2）计算，净截面断裂应按第 4 章中式（4.35）计算，即：

$$\sigma = \left(1 - 0.5\frac{n_1}{n}\right)\frac{N}{A_n} \leqslant 0.7f_u$$

图 5.3 所示单角钢轴心受拉杆件在端部采用单边与节点板连接，由节点板传来的力 N 的作用点对角钢形心有偏心 e_x 和 e_y，使角钢双向偏心受拉——实际上是拉弯构件。试验结果表明，其极限承载力约为轴心受拉杆件极限承载力的 $80\% \sim 85\%$。因此，《钢标》中对单边连接的单角钢受拉构件当按轴心受拉计算其强度时，规定钢材的强度设计值 f 应乘以折减系数 0.85。又，图 5.3 所示端部节点处单角钢的全部内力 N 是由角钢的一条边（连接边）传给节点板的，另一条没有与节点板连接的角钢外伸边的内力是通过剪切变形传给连接边，再由连接边传给节点板的，并非角钢全部直接传力给节点板，从而造成了剪力滞后和正应力分布不均。因此，《钢标》规定，对图 5.3 单角钢轴心拉杆，计算其截面强度时，还应将危险截面的面积乘以有效截面系数 0.85。其他截面形式的有效截面系数见《钢标》第 7.1.3 条规定。

二、刚度计算

在上节中已言及，对轴心受力构件，主要用限制长细比来保证构件具有必要的弯曲刚

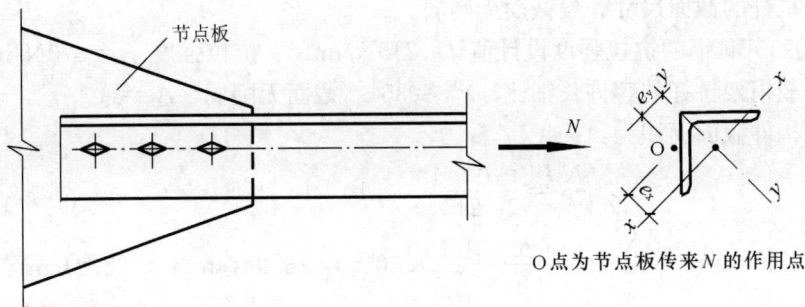

节点板

O点为节点板传来 N 的作用点

图 5.3 单边连接的单角钢拉杆

度。刚度验算按式（5.1）进行。

对轴心拉杆，《钢标》规定的容许长细比见附录1附表1.17。其中对桁架构件：当承受静力荷载或间接承受动力荷载时（一般建筑结构），$[\lambda]=350$；直接承受动力荷载时，$[\lambda]=250$。对张紧的圆钢拉杆，由于有花篮螺栓拉紧，可不验算长细比。桁架构件的计算长度见附录1附表1.15。此外，《钢标》中还补充规定（见附表1.17下注）：对跨度等于或大于 60m 的桁架，其受拉弦杆及腹杆的长细比，当桁架承受静力荷载或间接承受动力荷载时不宜超过 300，直接承受动力荷载时 $[\lambda]$ 仍为 250；受拉构件在永久荷载和风荷载作用下受压时，其长细比不宜超过 250。

国外设计标准对拉杆的长细比限值规定得比我国"笼统"。例如美国 AISC 标准中不分情况，规定拉杆的长细比都不宜超过 300，而且对拉杆在某些荷载组合下可能受压时规定不必按压杆考虑其长细比限值，即仍取 $[\lambda]=300$。

三、截面设计

轴心受拉构件通常采用型钢截面，设计较为简单。在选定了构件截面形式和所用钢材的牌号后，即可根据构件的内力设计值 N 和构件在两个方向的计算长度 l_{0x} 和 l_{0y}，按下述公式求得需要的构件截面面积和必须具有的回转半径 i_x 和 i_y：

需要的截面面积为：

$$A \geqslant \frac{N}{f}, \quad A_n \geqslant \frac{N}{0.7f_u} \tag{5.5}$$

当为焊接结构时，$A_n = A$；

当为螺栓连接时，$A_n = (0.80 \sim 0.90)A$。

需要的截面回转半径为：

$$i_x \geqslant \frac{l_{0x}}{[\lambda]}, \quad i_y \geqslant \frac{l_{0y}}{[\lambda]}$$

根据需要的截面面积 A 和回转半径 i_x 与 i_y，即可由型钢表中选取应采用的截面尺寸，然后按前述式（5.2）、式（5.3）和式（5.1）分别验算截面的强度和刚度。

【例题 5.1】 某焊接桁架的下弦杆，承受轴心拉力设计值 $N=620$kN，间接承受动力荷载。在桁架平面内的计算长度 $l_{0x}=6.0$m，桁架平面外的计算长度 $l_{0y}=12.0$m。采用双角钢组成的 T 形截面，节点板厚（即两角钢连接边背与背的距离）为 12mm，Q235BF

钢。试求此拉杆的截面尺寸。设截面无削弱。

【解】Q235BF 钢的抗拉强度设计值 $f=215\text{N/mm}^2$、抗拉强度 $f_\text{u}=370\text{N/mm}^2$，承受间接动力荷载桁架拉杆的容许长细比 $[\lambda]=350$。截面无削弱，$A_\text{n}=A$。

需要的构件截面面积为：

$$A\geqslant\frac{N}{f}=\frac{620\times10^3}{215}\times10^{-2}=28.84\text{cm}^2$$

$$A_\text{n}=A\geqslant\frac{N}{0.7f_\text{u}}=\frac{620\times10^3}{0.7\times370}\times10^{-2}=23.94(\text{cm}^2)<28.84\text{cm}^2$$

需要的截面回转半径为：

$$i_\text{x}\geqslant\frac{l_{0\text{x}}}{[\lambda]}=\frac{600}{350}=1.71(\text{cm})$$

$$i_\text{y}\geqslant\frac{l_{0\text{y}}}{[\lambda]}=\frac{1200}{350}=3.43(\text{cm})$$

因需要的 $i_\text{y}=2i_\text{x}$，拟选用 2 个不等边角钢，长边外伸如图 5.4 所示。查附录 2 附表 2.3：

选用 $2\angle100\times63\times10$（重量最轻）

供给 $A=30.93\text{cm}^2>28.84\text{cm}^2$

         $i_\text{x}=1.74\text{cm}>1.71\text{cm}$

         $i_\text{y}=5.09\text{cm}>3.43\text{cm}$

由于 A 和 i_x、i_y 都已满足要求，故不需再进行验算。

考虑到上述所选不等边角钢截面的 i_y 远大于需要值，而 i_x 则刚好满足要求，本例题有可能选用 2 个等边角钢的截面：

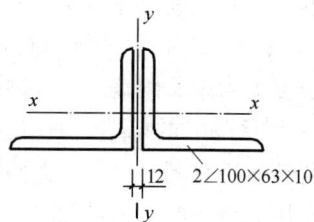

图 5.4 长边外伸短边相连双角钢 T 形截面

选用 $2\angle110\times7$（附录 2 附表 2.1）

供给 $A=2\times15.20=30.40(\text{cm}^2)>28.84\text{cm}^2$

         $i_\text{x}=3.41\text{cm}>1.71\text{cm}$，$i_\text{y}=4.93\text{cm}>3.43\text{cm}$

也全部满足要求。

比较上述两种截面，以等边角钢方案的截面面积略小。更重要的是其两个方向的长细比较为均匀，即 $\lambda_\text{x}=600/3.41=176$ 和 $\lambda_\text{y}=1200/4.93=243$。而不等边角钢截面虽也满足刚度要求，但其 $\lambda_\text{x}=600/1.74=345$，已接近容许值 350。因此，以采用 $2\angle110\times7$ 为宜。通过本例题，说明选用构件截面时宜多做比较，方能得到满意的设计。

【说明】对截面无削弱的情况（$A_\text{n}=A$），当构件钢材为 Q235 或 Q355 时，验算强度只需考虑毛截面即可，因为此时 $0.7f_\text{u}>f$，由式（5.2）和式（5.3）可见构件强度由毛截面屈服控制。

【例题 5.2】某三铰拱尺寸及所受荷载标准值如图 5.5 所示。荷载标准值 $P_\text{k}=195\text{kN}$，其中永久荷载与可变荷载之比为 $1:2$。拱架自重略去不计。拱脚推力 H 由特设的钢拉条承受，钢拉条由一根圆钢制成，钢材为 Q235AF。试求此钢拉条的直径。

【解】荷载设计值为：

$$P=1.3\left(\frac{195}{3}\right)+1.5\left(\frac{2\times195}{3}\right)=279.5(\text{kN})$$

结构及荷载均对称，拱的支座反力为：

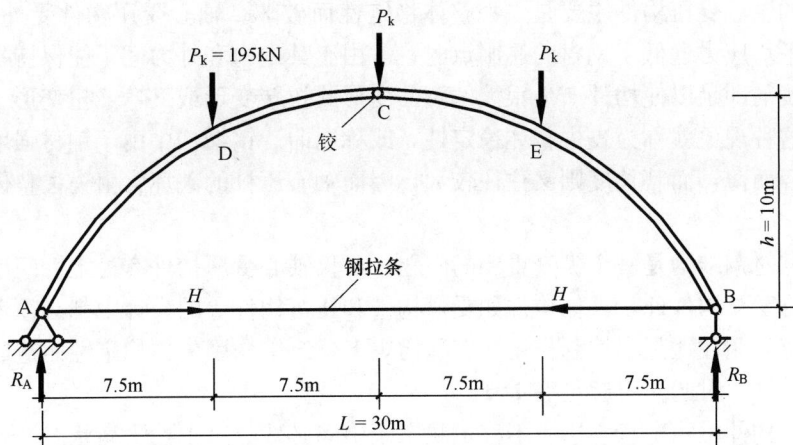

图 5.5　三铰拱中的钢拉条

$$R_A = R_B = \frac{3}{2}P = \frac{3}{2} \times 279.5 = 419.3(\text{kN})$$

取半个拱作脱离体，由 $\Sigma M_C = 0$ 得拉条中的拉力为：

$$H = \frac{M_C}{h} = \frac{419.3 \times 15 - 279.5 \times 7.5}{10} = 419.3(\text{kN})$$

式中，M_C 为拱冠 C 处的简支梁弯矩。

估计钢拉条直径可能大于 40mm，由附录 1 附表 1.1 可得，Q235 钢的抗拉强度设计值 $f = 200\text{N/mm}^2$。

需要圆钢拉条的螺纹处有效面积为：

$$A_e \geqslant \frac{H}{f} = \frac{419.3 \times 10^3}{200} = 2097(\text{mm}^2)$$

由附录 1 附表 1.4 查得需要的圆钢直径为 $d = 60\text{mm}$，供给有效面积 $A_e = 2362\text{mm}^2$，满足要求。

为了节省钢材，此处也可采用圆钢直径为：

$$d = \sqrt{\frac{4 \times 2097}{\pi}} = 51.7(\text{mm}) \approx 52\text{mm}$$

而在拉条两端有螺纹处将圆钢镦粗为直径 $D = 60\text{mm}$，螺纹设在镦粗部分。

此处还需注意，若此拱直接承受动力荷载，则此拉条必须采用双螺帽固定，以防螺帽松动。对张紧的圆钢拉条，不必验算其长细比。

5.3　轴心受压构件的受力性能

轴心受压构件受力后的破坏方式主要有两类。（1）短而粗的受压构件主要是强度破坏。一般当其毛截面上的平均应力到达屈服点，就认为构件已到达承载能力极限状态。计算方法与轴心受拉构件相同，《钢标》采用式（5.2）验算轴心受压构件的截面强度，式中 f 为钢材的抗压强度设计值，是钢材屈服点除以抗力分项系数，其数值与钢材的抗拉强度设计值相同。对含有虚孔的轴心受压构件，则尚需在孔心所在截面按式（5.3）验算。

（2）长而细的轴心受压构件主要是失去整体稳定性而破坏。轴心受压构件受外力作用后，当截面上的平均应力远低于钢材的屈服点时，常由于其内力和外力间不能保持平衡的稳定性，一些微扰动即足以使构件产生很大的弯曲变形或扭转变形或又弯又扭变形，从而丧失承载能力，这种现象就称为丧失整体稳定性，或称屈曲。钢结构中由于钢材强度高，构件的截面大多轻而薄，而其长度则又往往较大，因而轴心压杆的破坏常由失去整体稳定性所控制。

稳定问题对钢结构是一个极其重要的问题。不仅轴心受压构件有稳定性问题，基本构件中除了轴心受拉构件外，其他构件如受弯构件和压弯构件等的设计中都必须考虑稳定问题，而且稳定问题往往是起控制作用。工程历史上建筑结构因失去稳定性而造成倒塌破坏的事故并非个别，对此应引起足够重视。

轴心受压构件由稳定状态进入不稳定状态，中间必然经过中性平衡状态。处于中性平衡状态的外力称为临界力，可记作 N_{cr}（下角标 cr 为英文临界 critical 的简写），截面上相应的平均压应力称为临界应力，记作 σ_{cr}，即 $\sigma_{cr}=N_{cr}/A$。《钢标》中对轴心受压构件整体稳定性的计算是限制由荷载设计值产生的平均应力不超过整体稳定临界应力除以抗力分项系数，即：

$$\sigma=\frac{N}{A}\leqslant\frac{\sigma_{cr}}{\gamma_R}$$

为了统一用钢材强度设计值 f 来表示，《钢标》中把上式改写为：

$$\sigma=\frac{N}{A}\leqslant\frac{\sigma_{cr}}{\gamma_R}=\frac{\sigma_{cr}}{f_y}\cdot\frac{f_y}{\gamma_R}=\varphi\cdot f \tag{5.6a}$$

即

$$\frac{N}{\varphi Af}\leqslant1.0 \tag{5.6b}$$

式中　　φ——轴心受压构件的稳定系数，$\varphi=\sigma_{cr}/f_y$；

　　　　N——构件所受的轴心压力设计值；

　　　　A——构件的毛截面面积。

式（5.6b）就是今后采用的验算轴心受压构件稳定性的公式。

稳定验算的关键是找到临界应力 σ_{cr} 或稳定系数 φ。《钢标》中用表格形式给出了轴心受压构件的 φ 值，供设计时查用，见本书附录 1 附表 1.18～附表 1.21。

一、稳定问题和强度问题

前述验算轴心受压构件的截面强度和整体稳定的两个公式：

$$\frac{N}{A}\leqslant f \qquad [式(5.2)]$$

和

$$\frac{N}{A}\leqslant\varphi f \qquad [式(5.6a)]$$

形式上极相似，但本质意义上却截然不同。强度验算式（5.2）是通过验算毛截面上平均应力不超过钢材的屈服点，以确保构件不会达到不适于继续承载的变形（压缩），因此其本质是一个截面应力问题；截面应力的大小（设构件所受的轴心压力设计值 N 不变，下同）仅取决于截面面积 A。而稳定性验算式（5.6a）尽管形式上也是验算毛截面上的平均应力，但稳定系数 φ 是临界应力的函数，而临界应力是外荷载与构件内部抵抗力由稳定平衡过渡到不稳定平衡临界状态时的平均压应力，由于此时构件的变形（弯曲变形、扭转变形、又弯又扭变形）将急剧增长，因此稳定性计算必须根据其变形状态来进行，本质是一个构件变形问题；构件变形的大小与截面形式、构件的几何长度、构件端部约束程度等密切相关，而不是仅取决于 A。为了使概念明确，《钢标》中将稳定验算式（5.6a）改写成式（5.6b），即改用轴心压力设计值与构件稳定承载力之比的表达式，使其有别于截面强度的应力表达式。总之，强度问题是截面的应力问题，稳定问题是构件的变形问题。若要增加轴心受压构件的强度，只要加大其截面面积即可；若要增加轴心受压构件的稳定性，除也可加大其截面面积外，更主要的措施是看是否有可能在保持相同截面面积下，尽量选用厚度较小的截面以增大截面的惯性矩，或增设中间支撑以减小构件的计算长度，或增加支座对构件的约束程度，如改铰支承为固定端支承等。这些措施都是为了增加构件的刚度，减小其变形，从而可提高构件的稳定性。

二、稳定性计算必然是二阶分析

结构的内力分析，绝大多数都是以未变形的结构作为计算图形而建立静力平衡条件的，此时所得变形与荷载间呈线性关系，这种分析方法称为几何线性分析，或称一阶分析。稳定问题却必须以变形后的体系作为计算图形，然后建立平衡条件，其外荷载与所得变形间呈非线性关系，故为几何非线性分析，称为二阶分析。

三、在稳定性计算中，不能应用叠加原理

在结构力学中经常应用的叠加原理必须建立在两个条件下，即（1）材料服从虎克定律，应力与应变成正比；（2）变形较小，采用一阶分析。稳定问题既然必须是二阶分析，就不符合上述第二个条件，因而稳定性计算中绝对不能采用叠加原理，否则所得结果将是错误的。

所有上述关于稳定问题的特点的说明，不只是对轴心受压构件适用，对其他构件也普遍适用。

5.4 理想轴心受压构件的整体稳定性

前面已讲过，轴心压杆失稳时可能有三种变形形态，即绕截面主轴的弯曲、绕构件纵轴的扭转和弯曲与扭转的耦合，分别称为弯曲屈曲、扭转屈曲和弯扭屈曲。失稳时出现何种变形形态取决于构件的截面形状和尺寸、构件的长度和支承约束情况等。钢结构中轴心压杆的截面主要是双轴对称截面，这种截面的形心和剪切中心（也就是弯曲中心）相重合，不可能发生弯扭屈曲，除极少数情况如十字形截面构件易扭转屈曲外，大部分情况当为弯曲屈曲。其次应用较多的是单轴对称截面，这种截面的形心与剪切中心不重合，当绕其非对称形心轴屈曲时为弯曲屈曲，绕其对称形心轴屈曲时为弯扭屈曲。可参阅有关结构稳定理论书籍，例如书末所附主要参考资料[31] ～ [34]等。

实际轴心受压构件必然存在一定的初始缺陷，如构件初弯曲、荷载的初偏心和残余应力等。为了分析方便，若假定不存在这些初始缺陷，则为理想的轴心受压构件或称完善的轴心受压构件。本节讨论的就是这种理想压杆。事实上这种构件不可能存在，只是分析中假定的一种计算模型而已。按压杆屈曲（失稳）时的临界应力是否低于钢材的比例极限，可分为弹性屈曲和非弹性屈曲两种情况，现分别介绍如下。

一、理想轴心受压构件的弹性弯曲屈曲

图 5.6（a）所示为一承受轴心压力两端铰支的等截面直杆，处于微弯状态。取脱离

体如图 5.6 (b) 所示，由内、外力矩的平衡条件得：

$$M = N \cdot y$$

压杆弯曲变形后的曲率为 $\dfrac{\mathrm{d}^2 y}{\mathrm{d}x^2} = -\dfrac{M}{EI}$。令

$$\frac{N}{EI} = k^2$$

则得微分方程：

$$\frac{\mathrm{d}^2 y}{\mathrm{d}x^2} + k^2 y = 0$$

此二阶线性微分方程的通解为：

$$y = A\sin kx + B\cos kx$$

由边界条件：当 $x=0$ 和 $x=l$ 时，均有 $y=0$，得：

$$B = 0 \ 和 \ A\sin kl = 0$$

对 $A\sin kl = 0$，有三种可能情况使其实现：

(1) $A=0$，由微分方程的通解表达式可见构件将保持挺直，与微弯状态的假设不符；

(2) $kl=0$，由 $k^2 = N/EI$ 可见其表示 $N=0$，也不符题意；

(3) $\sin kl = 0$，即 $kl = n\pi$，是唯一的可能情况，取 $n=1$，得临界荷载为：

$$N_{cr} = \frac{\pi^2 EI}{l^2} \tag{5.7}$$

图 5.6　轴心受压构件

式（5.7）所示荷载称为欧拉荷载，常记作 N_E，在 1744 年由欧拉（L. Euler）建立。

当构件两端不是铰支而是其他情况时，可以 $l_0 = \mu l$ 代替式（5.7）中的 l。各种支承情况时的 μ 值如表 5.1 所示，表中分别列出理论值和建议取值，后者是考虑到实际支承与理想支承有所不同而作的修正。l_0 称为计算长度，μ 称为计算长度系数。

当用平均应力表示时，可写成临界应力为：

$$\sigma_{cr} = \frac{\pi^2 EI}{l_0^2 A} = \frac{\pi^2 E}{\lambda^2} \tag{5.8}$$

上述内容只是对材料力学有关知识的简单复习。

不同端部约束条件下轴心受压构件（柱）的计算长度系数 μ[❶]　　　　　　表 5.1

端部约束条件	两端铰支	一端铰支一端嵌固	两端嵌固	悬臂柱	一端铰支，另一端不能转动但能侧移	一端嵌固，另一端不能转动但能侧移
理论值	1.0	0.7	0.5	2.0	2.0	1.0
建议取值	1.0	0.8	0.65	2.1	2.0	1.2

式（5.7）所示欧拉荷载，在推导过程中只考虑了曲率与弯矩的关系。下面将介绍考虑剪力影响后的临界荷载公式。

柱弯曲后，离坐标原点为 x 的截面处存在弯矩和剪力，其值为（参阅图 5.6）：

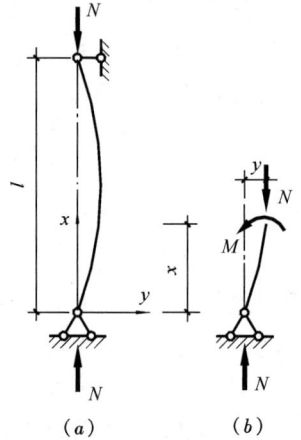

[❶] B. G. Johnson. Guide to Stability Design Criterion for Metal Structures. 3rd ed. New York：John Wiley & Sons, Inc., 1976：74。

156

弯矩 $\qquad M = Ny$

剪力 $\qquad V = \dfrac{\mathrm{d}M}{\mathrm{d}x} = N\dfrac{\mathrm{d}y}{\mathrm{d}x}$

在剪力 V 作用下，其剪应变也就是柱弹性曲线因剪力影响而产生的斜率的改变，可写作：

$$\gamma = \frac{nV}{AG}$$

式中 $\quad n$——随柱截面形状而不同的系数，对矩形截面，$n = 1.2$；对圆截面，$n = 1.11$；对工字形截面，绕其强轴弯曲时 $n \approx 0.6A/A_f$，绕其弱轴弯曲时 $n \approx A/A_w$；

$\quad A$——柱截面面积（A_f 和 A_w 各为一个翼缘板和腹板的面积[❶]）；

$\quad G$——钢材的剪变模量。

由剪力 V 产生的柱弹性曲线斜率的改变率代表剪力 V 产生的附加曲率，其值为：

$$\frac{\mathrm{d}\gamma}{\mathrm{d}x} = \frac{n}{AG}\frac{\mathrm{d}V}{\mathrm{d}x} = \frac{nN}{AG}\frac{\mathrm{d}^2 y}{\mathrm{d}x^2}$$

因而考虑剪力影响后的平衡条件为：

$$\frac{\mathrm{d}^2 y}{\mathrm{d}x^2} = -\frac{N}{EI}y + \frac{nN}{AG}\frac{\mathrm{d}^2 y}{\mathrm{d}x^2}$$

整理后得：

$$\frac{\mathrm{d}^2 y}{\mathrm{d}x^2}\Big(1 - \frac{nN}{AG}\Big) + \frac{N}{EI}y = 0$$

令 $\qquad k_1^2 = \dfrac{N}{EI\Big(1 - \dfrac{nN}{AG}\Big)}$

则得微分方程：

$$\frac{\mathrm{d}^2 y}{\mathrm{d}x^2} + k_1^2 y = 0$$

此式除了以 k_1 代替 k 外，与不考虑剪力影响的微分方程完全相同。因而可得：

$$k_1 l = \pi$$

即

$$\Big(\frac{\pi}{l}\Big)^2 = \frac{N}{EI\Big(1 - \dfrac{nN}{AG}\Big)}$$

把上式分子、分母中的 N 写成 N_{cr}，整理后得：

---

❶ 见书末主要参考资料 [30] 第 132～133 页。

$$N_{cr} = \frac{N_E}{1 + \frac{nN_E}{AG}} = \frac{N_E}{1 + \gamma_1 N_E} \qquad (5.9)$$

这就是考虑剪力作用后的轴心受压构件的弯曲屈曲表达式，式中 N_E 为欧拉荷载，$\gamma_1 = \frac{n}{AG}$ 为单位剪力（$V=1$）时的剪应变。可见考虑剪力作用后，其临界荷载将有所降低。对实腹截面的柱子，由于 γ_1 甚小，可认为 $N_{cr} \approx N_E$。但对空腹的格构式柱子，则必须考虑剪力的作用而取用式（5.9）计算其临界荷载，见下文第 5.11 节。

二、轴心受压构件的非弹性弯曲屈曲

当应力高于钢材的比例极限 f_p 时，弹性模量 E 不再是常量，此时上述推导的欧拉荷载即式（5.7）不再适用。对长细比较小的轴心受压构件，往往是在荷载到达欧拉荷载以前，其轴心应力已超过比例极限，此时就应考虑钢材的非弹性性能，也就是必须研究轴心受压构件的非弹性屈曲（或称弹塑性屈曲）。

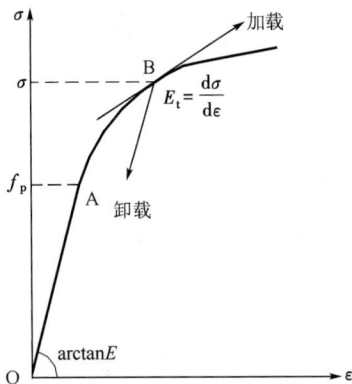

图 5.7 应力-应变曲线

图 5.7 表示了某种钢材的应力-应变曲线。在应力到达比例极限 f_p 以前为一直线，此时的弹性模量 E 为常量。在应力到达 f_p 后为一曲线，某点 B 处的斜率为：

$$\frac{d\sigma}{d\epsilon} = E_t \qquad (5.10)$$

E_t 称为钢材的切线模量，切线模量的大小不是常量，随应力 σ 的大小而变化。非弹性屈曲问题既需考虑几何的非线性（二阶分析），又需考虑材料的非线性。

理想轴心受压构件非弹性屈曲的理论早在 19 世纪末已经提出，一个是切线模量理论，另一个是折算模量理论（或称双模量理论）。目前应用较多的是切线模量理论。

切线模量理论认为当临界应力超过了钢材的比例极限，就只需用相应于 σ_{cr} 的切线模量 E_t 代替弹性模量 E。根据欧拉荷载的同样推导方式，可得临界荷载为：

$$N_t = \frac{\pi^2 E_t I}{l^2} \qquad (5.11)$$

为了与欧拉荷载相区别，用 N_t 表示，并称其为切线模量荷载。此时的临界应力为：

$$\sigma_{cr,t} = \frac{\pi^2 E_t}{\lambda^2} \qquad (5.12)$$

因 E_t 随 $\sigma_{cr,t}$ 而变化，直接利用式（5.12）求 $\sigma_{cr,t}$ 将需反复迭代。通常可根据式（5.12）绘出 $\sigma_{cr,t}$-λ 曲线供直接查用。绘制的方法是先任取一应力 σ_{cr} 值，由图 5.7 所示钢材的 σ-ϵ 曲线找到相应于此 σ_{cr} 的 E_t，然后由式（5.12）可求出相应的 λ，从而，可得到一组 $\sigma_{cr,t}$、λ 数据，绘出 $\sigma_{cr,t}$-λ 曲线，如下文图 5.9 所示。这样就避免了迭代。

折算模量理论认为当轴心压杆进入中性平衡、处于微弯状态时，若 σ_{cr} 已超过钢材的比例极限，则构件的凹边应力由于构件弯曲将有所增加，而凸边应力由于构件的弯曲将有所减小，也就是由于构件的弯曲使凹边"加载"，使凸边"卸载"。加载时应力-应变关系需用切线模量 E_t 表示，而卸载时其关系仍应采用弹性模量 E 表示。根据上述认识，可导得平衡方程为：

$$\frac{\mathrm{d}^2 y}{\mathrm{d}x^2}(EI_1 + E_t I_2) + Ny = 0$$

如令

$$\frac{EI_1 + E_t I_2}{I} = E_r \tag{5.13}$$

则微分方程为：

$$\frac{\mathrm{d}^2 y}{\mathrm{d}x^2} + \frac{N}{E_r I}y = 0$$

根据欧拉荷载的同样推导方式，可得此时的临界荷载和临界应力为：

$$N_r = \frac{\pi^2 E_r I}{l^2} \tag{5.14}$$

$$\sigma_{cr,r} = \frac{\pi^2 E_r}{\lambda^2} \tag{5.15}$$

上述各式中，I_1、I_2 分别为构件凸边和凹边截面对中和轴的惯性矩；I 为整个截面对形心轴的惯性矩；E_r 为折算模量，见式（5.13）[1]。

为了与欧拉荷载等相区别，其临界荷载用 N_r 表示，并称其为折算模量荷载。因折算模量中包含了 E 和 E_t 两个模量，故此理论也称双模量理论。

双模量理论的公式推导，这里从略，可参阅有关稳定理论的书籍，例如书末所附主要参考资料 [31] 和 [33] 等。但需指出：（1）由于凹边和凸边分别采用了 E_t 和 E 两个模量，因而构件弯曲时中和轴的位置将与截面形心位置不重合；（2）由式（5.13）可知，折算模量 E_r 的大小不但与钢材的应力-应变曲线有关，还随构件截面形状不同而有所变化。为了简化计算，实用上常采用矩形截面时的 E_r 作为所有工程上常用截面的 E_r，其式为：

$$E_r = \frac{4EE_t}{(\sqrt{E} + \sqrt{E_t})^2} \tag{5.16}$$

由于 $E > E_r > E_t$，因而 $N_E > N_r > N_t$。图 5.8 所示为理想轴心受压构件的荷载-位移曲线，横坐标的位移通常取构件中央的挠度。

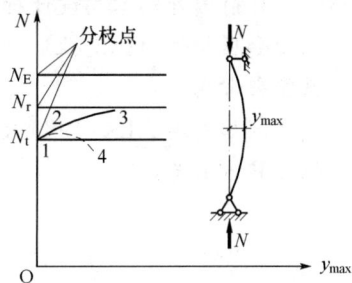

图 5.8　理想轴心受压构件的荷载-位移曲线

从以上简单介绍可见，似乎以折算模量理论较为完备，但许多柱子的试验结果却与切线模量荷载接近，这事实一直得不到满意的解释。直到 1947 年香莱（Shanley）根据他提出的柱子力学模型进行了分析，才成功地解释了这个问题。他认为到达切线模量荷载后，柱子开始屈曲，在屈曲过程中轴心压力仍有微小的增加，柱子凸边由于弯曲引起的纤维拉应力若小于继

---

[1]　下角标 r 为折算模量 reduced modulus 的第一个字母。

续加荷时引起的轴心压应力，则在柱子的凸边不存在如折算模量理论中所谓的"卸载"现象。由于到了切线模量荷载后，荷载仍可继续有微小的增加，假如取 E_t 为常量，则可得到图 5.8 中的荷载-位移曲线 O-1-2-3，曲线 1-2-3 以 N_r 为渐近线，因而折算模量荷载可以说是非弹性屈曲时柱子的最大荷载。事实上因 E_t 不是常量而是随着荷载的增加而不断减小，因而荷载-位移曲线将是 O-1-2-4，而不是 O-1-2-3。

图 5.9 所示为理想轴心受压构件的 σ_{cr}-λ 曲线。此曲线常称为柱曲线，由横坐标长细比 λ 可查得相应的临界应力 σ_{cr}。弹性屈曲与非弹性屈曲的界限长细比 λ_p 由下式得出：

$$\lambda_p = \sqrt{\frac{\pi^2 E}{f_p}} = \pi \sqrt{\frac{E}{f_p}} \tag{5.17}$$

取 Q235 钢的 $f_p = 200\text{N/mm}^2$，$E = 206 \times 10^3 \text{N/mm}^2$，可得 $\lambda_p = 100$。

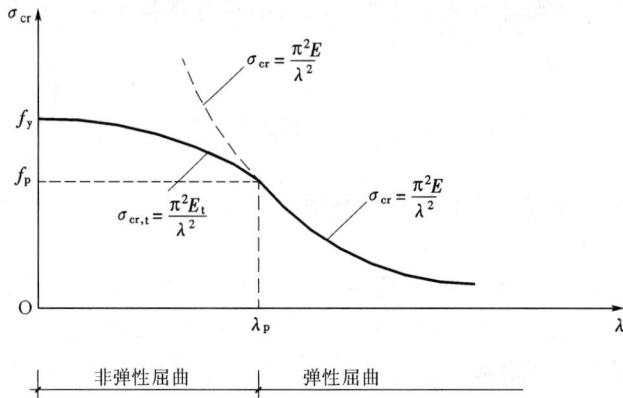

图 5.9　理想轴心受压构件的 σ_{cr}-λ 曲线

目前国外钢结构设计标准中仍有一些国家利用欧拉荷载和切线模量荷载计算轴心受压构件的稳定性。初始缺陷的不利影响在容许应力设计法中则用加大安全系数来考虑。

例如美国 AISC 1989 年版容许应力法设计标准中采用的轴心受压构件稳定性计算方法是：

$$\sigma = \frac{N_k}{A} \leqslant F_a \tag{5.18}$$

式中　N_k——轴心受压构件所受荷载标准值；

　　　　A——构件的毛截面面积；

　　　　F_a——轴心受压容许应力。

对 F_a 的规定如下。

当长细比 $\lambda < \lambda_p$ 时（短柱）：

$$F_a = \frac{\left[1 - \frac{1}{2}\left(\frac{\lambda}{\lambda_p}\right)^2\right] f_y}{\frac{5}{3} + \frac{3}{8}\left(\frac{\lambda}{\lambda_p}\right) - \frac{1}{8}\left(\frac{\lambda}{\lambda_p}\right)^3} \tag{5.19}$$

当长细比 $\lambda \geqslant \lambda_p$ 时（长柱）：

$$F_a = \frac{12\pi^2 E}{23\lambda^2} = \frac{0.261 f_y}{(\lambda/\lambda_p)^2} \tag{5.20}$$

其中，界限长细比为：

$$\lambda_p = \sqrt{\frac{2\pi^2 E}{f_y}} \tag{5.21}$$

显然，式（5.20）就是欧拉临界应力，但式中已除以安全系数 $23/12 = 1.92$。式（5.19）中的分子是一条抛物线，它由下列方式得到：

抛物线的一般式为：

$$\sigma_{cr} = a - b\lambda^2$$

当 $\lambda = 0$ 时，取 $\sigma_{cr} = f_y$，解得 $a = f_y$。

当 $\lambda = \lambda_p$ 时，取 $\sigma_{cr} = f_p$，解得 $b = (f_y - f_p)/\lambda_p^2$。

把 a 和 b 代入上述一般式，得：

$$\sigma_{cr} = f_y \left[1 - \frac{f_y - f_p}{f_y} \left(\frac{\lambda}{\lambda_p} \right)^2 \right]$$

取 $f_p = f_y/2$，此式即式（5.19）的分子。

式（5.19）中的分母是对短柱稳定取的安全系数，它不是一个常量，而是随长细比变化。界限长细比计算式（5.21）即由式（5.17）取 $f_p = f_y/2$ 得出。

上述非弹性屈曲时的柱曲线是 1960 年由美国柱子研究委员会（这是当时的名称，简称为 CRC，现已改为结构稳定研究委员会，简称 SSRC）考虑了残余应力对柱子稳定的影响，以切线模量理论为依据而提出的，后来由 AISC 规范所采用，直到今天仍在使用。由于考虑了残余应力影响，因此取比例极限 $f_p = f_y/2$ [见下文第 5.6 节式（5.26）]。美国 AISC 容许应力法设计标准用的柱曲线及安全系数见图 5.10。在强度设计中，AISC 标准用的安全系数一般为 1.67，在柱稳定性计算中已加大，如图 5.10（b）所示。

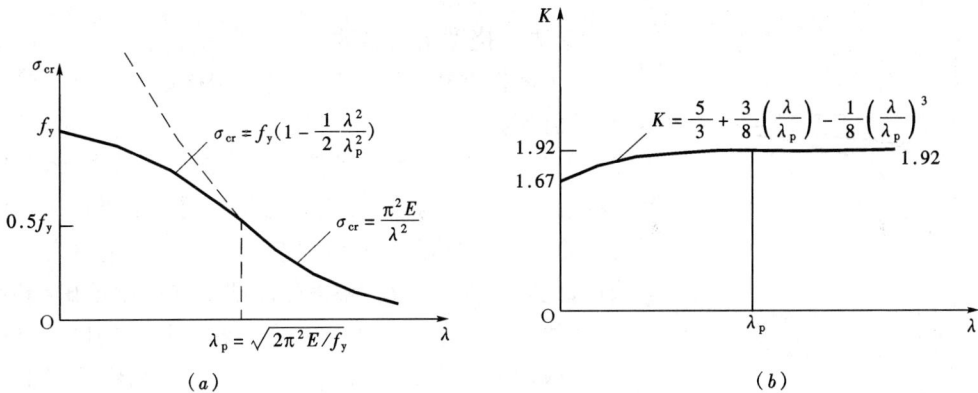

图 5.10 AISC 容许应力法用的柱曲线和安全系数 K

（a）柱曲线 σ_{cr}-λ；（b）安全系数 K

5.5 初弯曲和初偏心对轴心受压构件弹性稳定的影响

一、初弯曲的影响

图 5.11（a）所示为有初弯曲的轴心受压构件。设初弯曲为：

$$y_0 = v_0 \sin \frac{\pi x}{l}$$

式中　v_0——压杆中点的初弯曲挠度。

构件受压后，变形增加 y，因而总挠度为 $Y = y_0 + y$。取脱离体如图 5.11（b）所示，建立平衡微分方程式：

$$EI \frac{\mathrm{d}^2 y}{\mathrm{d} x^2} + N(y_0 + y) = 0$$

即

$$EI \frac{\mathrm{d}^2 y}{\mathrm{d} x^2} + Ny = -Nv_0 \sin \frac{\pi x}{l}$$

图 5.11　有初弯曲的轴心受压构件

这是一个非齐次线性二阶常微分方程，解此微分方程并与 y_0 相加，得：

$$Y = y_0 + y = \frac{1}{1 - \dfrac{N}{N_E}} v_0 \sin \frac{\pi x}{l} \tag{5.22}$$

构件中点最大挠度为：

$$v_m = Y_{x=l/2} = \frac{v_0}{1 - \dfrac{N}{N_E}} \tag{5.23}$$

式中　N_E——欧拉荷载，$N_E = \dfrac{\pi^2 EI}{l^2}$；

$\dfrac{1}{1 - \dfrac{N}{N_E}}$——挠度增大系数，以此增大系数乘以初挠度 v_0 即得总挠度，故有此名。当 N

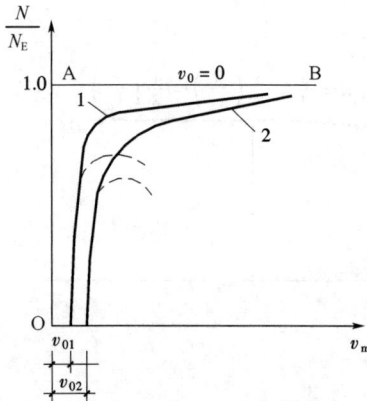

→N_E 时，挠度增大系数趋向无穷大。

下面根据式（5.23）作进一步探讨并提出一些结论性的意见。

（1）图 5.12 给出了按式（5.23）绘成的荷载-挠度曲线。随着 N/N_E 的加大，当钢材为无限弹性时，曲线以 $N/N_E = 1$ 处的水平线为渐近线。由于钢材实际上不具有无限弹性，故荷载-挠度曲线当如图中的虚线所示，此曲线有一极值，代表有初弯曲轴心受压构件的极限荷载（或称最大荷载）N_u。$N_u < N_E$，即初弯曲降低了轴心受压构件的稳定临界力。初弯曲愈甚，则降低得愈多。

当 $N = N_E$ 时，$v_m \to \infty$，说明此时压杆的弯曲刚度

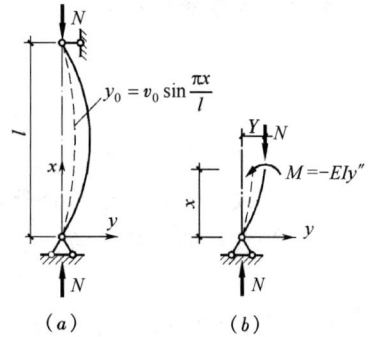

图 5.12　有初弯曲压杆的
荷载-挠度曲线

已退化为零。弯曲刚度的退化可用以说明当荷载到达欧拉荷载时，理想轴心受压构件不能再保持原来的直线形式的原因。图 5.12 中的 OAB 线是理想轴心受压构件的荷载-挠度曲线，A 点称为平衡的分支点。当初弯曲 $v_0 \to 0$ 时，曲线 2 和 1 等即趋向于 OAB 线。

（2）利用式（5.23），可写出有初弯曲轴心受压构件最大挠度所在截面边缘纤维屈服的条件为：

$$\frac{N}{A} + \frac{Nv_0}{\left(1 - \dfrac{N}{N_E}\right)W} = f_y \tag{5.24}$$

式中　　$\dfrac{N}{A}$——轴心压应力；

$\dfrac{Nv_0}{\left(1 - \dfrac{N}{N_E}\right)W}$——最大挠度产生的边缘纤维弯曲应力；

W——对受压侧的截面模量。

考虑取最大初弯曲为 $v_0 = l/1000$，当压杆长度 l 较短时，v_0 值较小，而欧拉荷载 $N_E = \pi^2 EI/l^2$ 却较大，两者都将使式（5.24）左边第二项显著减小，亦即表明初弯曲对短柱的影响较小。反之，初弯曲对长柱的影响则较大。

二、荷载初偏心的影响

图 5.13（a）所示为荷载有初偏心的轴心受压构件，取脱离体［图 5.13（b）］后建立平衡微分方程式：

$$\frac{\mathrm{d}^2 y}{\mathrm{d}x^2} = -\frac{N(e_0 + y)}{EI}$$

令 $k^2 = \dfrac{N}{EI}$，上述方程可改写为：

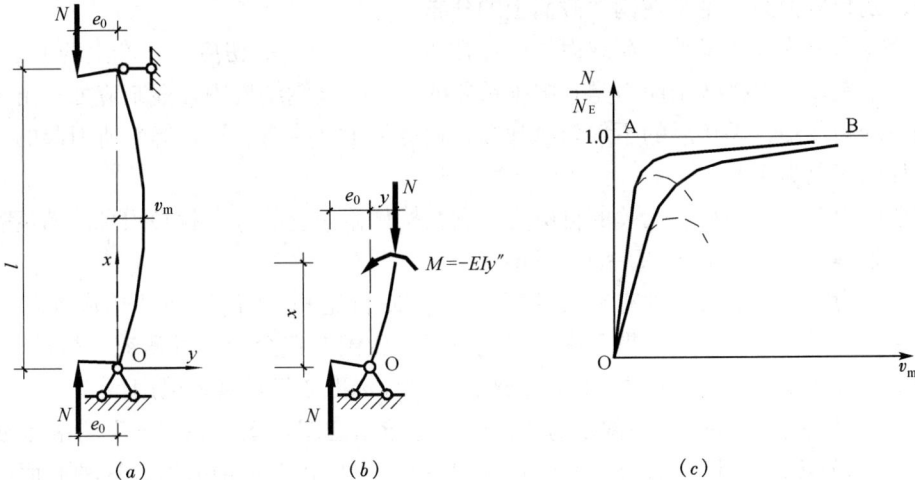

图 5.13　荷载有初偏心的受压构件

（a）荷载初偏心轴压构件；（b）脱离体；（c）荷载-挠度曲线

$$\frac{\mathrm{d}^2 y}{\mathrm{d}x^2} + k^2 y = -k^2 e_0$$

其通解为：

$$y = A\sin kx + B\cos kx - e_0$$

由边界条件：

$$x = 0 \text{ 时 } y = 0, \text{得 } B = e_0$$
$$x = l \text{ 时 } y = 0, \text{得 } A = e_0(1 - \cos kl)/\sin kl$$

因而

$$y = e_0\left(\frac{1 - \cos kl}{\sin kl}\sin kx + \cos kx - 1\right)$$

当 $x = l/2$ 时，构件中点最大挠度：

$$v_\mathrm{m} = e_0\left(\sec\frac{kl}{2} - 1\right) = e_0\left(\sec\frac{\pi}{2}\sqrt{\frac{N}{N_\mathrm{E}}} - 1\right) \tag{5.25}$$

按式（5.25）可绘制荷载-挠度曲线如图 5.13（c）所示。此曲线与有初弯曲时的压杆荷载-挠度曲线相似，即当 $N/N_\mathrm{E}=1$ 时，$v_\mathrm{m}\rightarrow\infty$，曲线以 $N/N_\mathrm{E}=1$ 处的水平线为渐近线。初偏心愈小，曲线愈接近于图中的 O-A-B 折线。由于初弯曲和初偏心产生的影响相似，在制定设计标准时，为了简化计算，常只考虑一个缺陷来模拟两个缺陷都存在的影响。

实际压杆中，初偏心常不大。对于中等长度的受压构件，初偏心影响不及初弯曲的影响大。

5.6　残余应力对受压构件稳定的影响

一、残余应力的产生及在构件截面上的分布

残余应力是构件还未承受荷载而早已存在于构件截面上的初应力，产生的原因很多，在第 3 章中叙述的焊接残余应力是其中很重要的一种。在钢结构中，残余应力是由于钢材热轧后不均匀冷却、焊接后的不均匀冷却和各种冷加工（冷弯、矫正等）所引起的，特别是前两种因素最为主要。

残余应力既然是与荷载无关的自应力，它在构件截面上的分布就必须自己满足静力平衡条件，如满足 $\Sigma N = 0$、$\Sigma M_x = 0$ 和 $\Sigma M_y = 0$。

残余应力对构件的稳定性有较大的影响。在 20 世纪 40 年代国外已开始研究，50 年代做了更多更系统的工作，取得了许多研究成果。我国对残余应力的研究，虽起步较晚，但也做了许多测定和分析工作[❶]，有些已被我国设计标准或设计规程采用。

图 5.14 是有代表性的一些截面的残余应力分布示意图，图上以"＋"号表示残余拉应力，"－"号表示残余压应力。图 5.14（a）所示为热轧工字钢截面，这种截面的腹板厚度远小于其翼缘厚度。热轧后腹板中间部位先冷却，翼缘后冷却，又由于翼缘宽度较小，因而在冷却过程中翼缘的收缩受到先冷却的腹板部分的约束，导致在翼缘中产生残余

---

❶　例如：王国周，赵文蔚．焊接与热轧工字钢残余应力测定．工业建筑，1986（7）：32-37。

拉应力，在先冷却的腹板部分产生残余压应力。图 5.14（b）所示为热轧 H 型钢，其翼缘宽度较大，热轧后冷却过程中，翼缘两端由于暴露于空气中的面积较翼缘与腹板交接部分大，冷却较快，腹板中间部位则因厚度较小而冷却较快，翼缘与腹板交接部位冷却收缩变形受到先冷却部分的约束而出现残余拉应力，先冷却部分则出现残余压应力。图 5.14（c）中上面的应力图表示一热轧边缘的钢板，板两端先冷却，板中间部分后冷却，其收缩受到先冷却部分的约束而受拉，钢板两端则受压。图 5.14（c）中下面的应力图表示用这种钢板为翼缘板制作的焊接工字形截面，焊缝处由于热量的高度集中，冷却后焊缝附近的腹板和翼缘板上均产生残余拉应力。根据测定，这种残余拉应力常可高达焊缝金属的屈服点 f_y；翼缘板两端与腹板中间部分则为残余压应力。由于与未焊接前单块翼缘板即已存在的残余应力有相同的分布模式，这种焊接工字形截面的残余应力的峰值就更大。图 5.14（d）中上面所示为边缘经火焰切割的钢板，钢板两端有残余拉应力，而中间部分为残余压应力。用这种钢板制作翼缘板的焊接工字形截面在焊缝冷却后，翼缘板中将产生相反的残余应力，最后形成如图 5.14（d）所示的残余应力模式。图 5.14（e）所示为焊接箱形截面的残余应力模式，四角焊缝附近有较大的残余拉应力，板中间部位为残余压应力。由上面五个典型截面残余应力分布模式的介绍可知，残余应力在截面上的分布与截面的形状及尺寸、制作方法和加工过程等密切相关。当钢板厚度较大时，残余应力沿厚度方

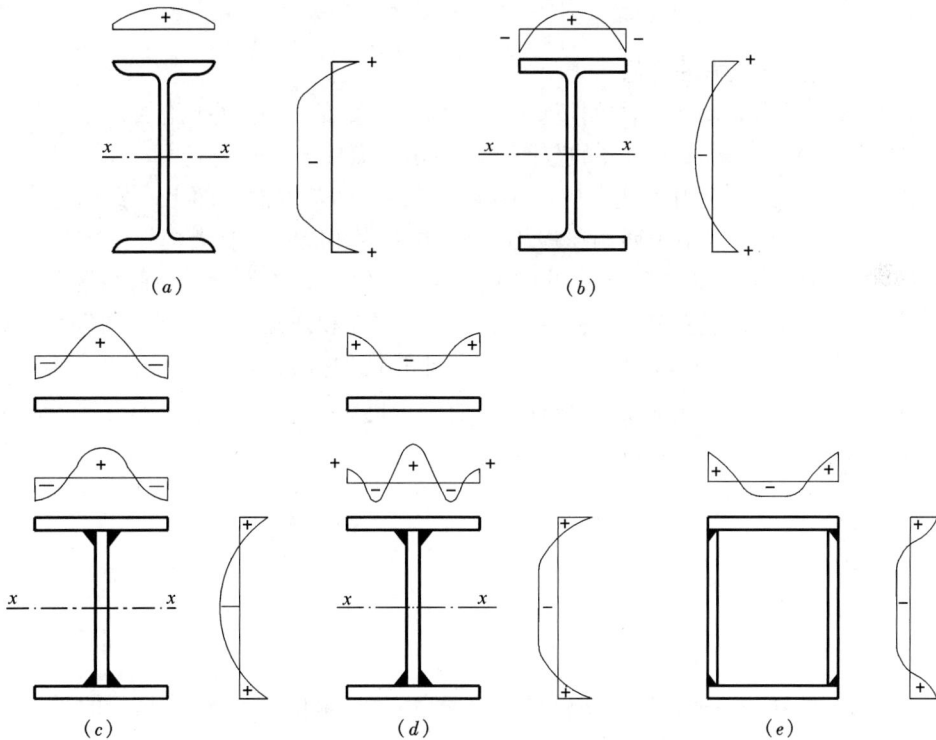

图 5.14　残余应力在截面上的分布示意图

（a）热轧工字钢；（b）热轧 H 型钢；（c）轧制边钢板及以此钢板为翼缘板的焊接工字形截面；
（d）火焰切割边的钢板及以此钢板为翼缘板的焊接工字形截面；（e）焊接箱形截面

向也有变化，图 5.14 所示为其平均值。残余应力的分布模式主要来自测试，测得截面上各点的应力大小，然后用简单的曲线或折线来表示。对今后将讨论的构件稳定问题影响最大的是截面上残余应力的峰值大小和正负残余应力所在的部位，其具体分布曲线形状的影响相对较小。

二、残余应力对短柱平均应力-应变曲线的影响

用一根短柱在压力机上进行轴心受压试验（短柱的长度应不使柱子失稳），绘出其平均应力 $\sigma = N/A$ 与压缩应变 ε 的关系曲线如图 5.15 中的实线所示。图中的虚线为由小试件所得的 σ-ε 曲线，由于小试件中的残余应力在割取试件时早已释放，试件中已无残余应力，可以看作在到达屈服点 f_y 以前 σ-ε 曲线一直保持线性关系，随后在应力保持不变下应变则不断增加。比较有残余应力的短柱和无残余应力的小试件两者的 σ-ε 曲线，可见由于残余应力的存在，使短柱平均应力到达 A 点后，出现一过渡曲线 ABC，然后到达屈服点，亦即残余应力的存在降低了构件的比例极限，使构件提前进入弹塑性工作。相应于 A 点的应力称为有效比例极限，记作 f_p，其值为：

$$f_p = f_y - \sigma_{rc} \tag{5.26}$$

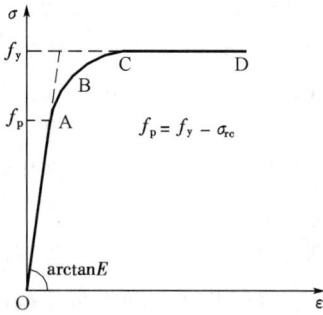

图 5.15 短柱的"平均应力-应变"曲线

式中 σ_{rc}——残余压应力的峰值。

在进行短柱压缩试验时，对短柱施加一个均匀压应变 ε，相当于施加一个平均压应力 σ 或施加外荷载 $N = \sigma A$，A 为短柱的截面面积。由于短柱中有残余应力，在未达屈服点以前，截面上各点的实际应力为残余应力和施加应力之和，因而截面上的实际应力并不均匀。当所加荷载较小，受最大残余压应力 σ_{rc} 处也未达屈服时，整个构件呈弹性工作，其应力-应变关系为直线，如图 5.15 中的 OA 所示，其斜率 E 为常量。当荷载逐渐加大，有较大残余压应力的区域进入屈服，截面上就形成了塑性和弹性两个区域，构件呈弹塑性工作，σ-ε 关系偏离原来的直线而呈曲线。令仍处于弹性的截面面积为 A_e，塑性区域面积则为 $A - A_e$。当再增加一个压应变 $d\varepsilon$，塑性区的应力仍保持 f_y 不变，而弹性区的应力将增加 $E \cdot d\varepsilon$，这相当于增加了轴心压力：

$$dN = A_e E d\varepsilon$$

和增加了平均应力：

$$d\sigma = \frac{dN}{A}$$

因 $d\sigma/d\varepsilon$ 是 σ-ε 曲线的斜率，这斜率就是反映残余应力影响的切线模量 E_t，即：

$$E_t = \frac{d\sigma}{d\varepsilon} = \frac{dN/A}{dN/(A_e E)} = \frac{A_e}{A} E = \eta E \tag{5.27}$$

其中

$$\eta = \frac{A_e}{A} \tag{5.28}$$

当短柱全截面进入屈服，$\eta=0$，$E_t=0$，这时的平均应力-应变曲线就是一水平线，即图 5.15 中的 CD。

三、残余应力对轴心压杆整体稳定的影响

当平均压应力 σ 小于有效比例极限 f_p 时，构件处在弹性工作阶段，屈曲时的临界应力仍与无残余应力时一样，对无初始几何缺陷的轴心受压构件，可取 $\sigma_{cr}=\pi^2 E/\lambda^2$。当 σ 大于有效比例极限 f_p 时，平均应力-应变关系不再是直线关系，其临界应力应予以修改。当到达临界应力后，构件开始弯曲。根据切线模量理论，构件的纤维不存在"卸载"现象，这样，能够产生抵抗力矩的只是截面的弹性区，截面的有效惯性矩将只是弹性区的惯性矩 I_e，抗弯刚度将由 EI 降为 EI_e。此时临界力为：

$$N_{cr}=\frac{\pi^2 EI_e}{l_0^2}=\frac{\pi^2 EI}{l_0^2}\frac{I_e}{I}=N_E\frac{I_e}{I} \tag{5.29}$$

临界应力为：

$$\sigma_{cr}=\frac{\pi^2 E}{\lambda^2}\frac{I_e}{I}=\sigma_E\frac{I_e}{I} \tag{5.30}$$

综上所述，残余应力对轴心受压构件整体稳定的影响是：（1）提前使构件进入弹塑性工作阶段；（2）使稳定临界力降低，降低的幅度与 I_e/I 有关，也就是与柱截面的形状、屈曲方向、残余应力的模式和残余压应力的峰值 σ_{rc} 等有关。

今以图 5.16 所示理想的双轴对称工字形截面为例作进一步说明。这里的理想是指其腹板厚度极小，为了简化，可看作腹板截面面积 $A_w=0$。截面上有残余应力，当受外加均布压应力后翼缘截面上形成塑性区和弹性区两个区域。翼缘弹性区宽度与翼缘宽度之比为 m。图 5.16（a）和（b）分别表示了两种不同的分布情况。

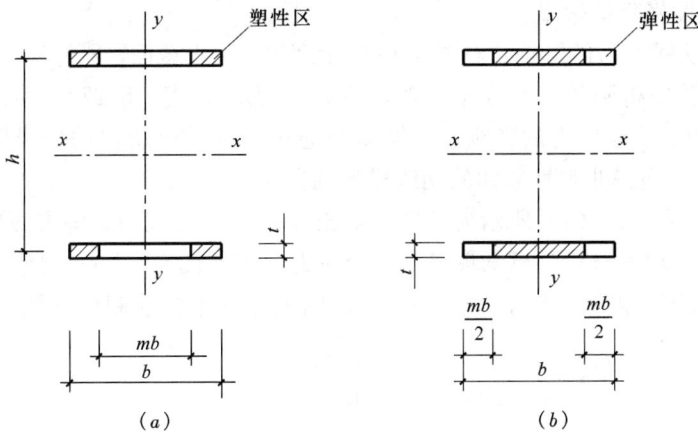

图 5.16　形成弹性区和塑性区的理想工字形截面

（1）当塑性区分布如图 5.16（a）所示时：

绕 x 轴弯曲时的临界应力折减系数为：

$$\frac{I_\mathrm{e}}{I} = \frac{2mbt\left(\dfrac{h}{2}\right)^2}{2bt\left(\dfrac{h}{2}\right)^2} = m = \frac{A_\mathrm{e}}{A} = \eta \tag{5.31}$$

绕 y 轴弯曲时的临界应力折减系数为：

$$\frac{I_\mathrm{e}}{I} = \frac{2\times\dfrac{1}{12}t(mb)^3}{2\times\dfrac{1}{12}tb^3} = m^3 = \eta^3 \tag{5.32}$$

（2）当塑性区分布如图 5.16（b）所示时：

绕 x 轴弯曲时的临界应力折减系数为：

$$\frac{I_\mathrm{e}}{I} = \frac{2mbt\left(\dfrac{h}{2}\right)^2}{2bt\left(\dfrac{h}{2}\right)^2} = m = \eta \tag{5.33}$$

绕 y 轴弯曲时的临界应力折减系数为：

$$\frac{I_\mathrm{e}}{I} = \frac{2\times\dfrac{1}{12}tb^3 - 2\times\dfrac{1}{12}t(1-m)^3 b^3}{2\times\dfrac{1}{12}tb^3} = 3m - 3m^2 + m^3 = 3\eta - 3\eta^2 + \eta^3 \tag{5.34}$$

通过上述推导，可进而得到一些结论性的重要概念：

（1）在同一压杆截面、同一残余应力模式和峰值下，由式（5.31）和式（5.32）、式（5.33）和式（5.34）的对比可见，绕强轴弯曲屈曲和绕弱轴弯曲屈曲的临界应力折减系数截然不同。以图 5.16（a）所示塑性区分布情况为例，由于 $m<1$，因而 $m^3 \ll m$，表示其绕弱轴的稳定性将降低很多。

（2）由于略去了腹板的影响，对图 5.16 所示理想工字形截面，刚好使 $m=\eta$，此处 η 是前述短柱受压试验中得到的切线模量系数，即 $E_\mathrm{t}=\eta E$，见式（5.27）。由式（5.31）～式（5.34）可见，由于残余应力的影响，不能简单地用短柱试验所得的切线模量 $E_\mathrm{t}=\eta E$ 代替欧拉公式中的 E 而得非弹性屈曲的切线模量临界应力 $\sigma_\mathrm{cr,t}$。

【例题 5.3】 图 5.17（a）所示为某理想轴压柱的工字形截面，将腹板影响略去不计。假设钢材为理想弹塑性材料。已知翼缘上残余应力分布如图 5.17（b）所示，残余拉应力与残余压应力的峰值相同，均为 $\sigma_\mathrm{r}=0.3f_\mathrm{y}$。试用无量纲坐标绘制此柱绕弱轴弯曲屈曲时的 $\bar{\sigma}_\mathrm{cr}\text{-}\lambda_\mathrm{n}$ 曲线。取 $\bar{\sigma}_\mathrm{cr}=\dfrac{\sigma_\mathrm{cr}}{f_\mathrm{y}}$，$\lambda_\mathrm{n}=\dfrac{\lambda}{\pi\sqrt{E/f_\mathrm{y}}}=\sqrt{\dfrac{f_\mathrm{y}}{\sigma_\mathrm{E}}}$。

注：$\pi\sqrt{\dfrac{E}{f_\mathrm{y}}}$ 是临界应力等于屈服点 f_y 时的长细比。比较 $\dfrac{\sigma_\mathrm{cr}}{f_\mathrm{y}}$ 和 $\dfrac{\lambda}{\pi\sqrt{E/f_\mathrm{y}}}$，即 $\bar{\sigma}_\mathrm{cr}$ 和 λ_n，可见两个坐标的分子与分母是两两对应的。λ_n 称为正则化长细比。纵坐标 $\bar{\sigma}_\mathrm{cr}$ 也就是稳定系数 φ。采用无量纲表达式，可使钢材牌号不同的影响在图上消除。同时可使在弹性阶段的柱曲线方程始终为 $\bar{\sigma}_\mathrm{cr}=1/\lambda_\mathrm{n}^2$，参见图 5.18。

【解】（1）当平均外加应力 $\sigma=N/A\leqslant f_\mathrm{y}-\sigma_\mathrm{r}=0.7f_\mathrm{y}$ 时，整个柱截面保持弹性，其临界应力为：

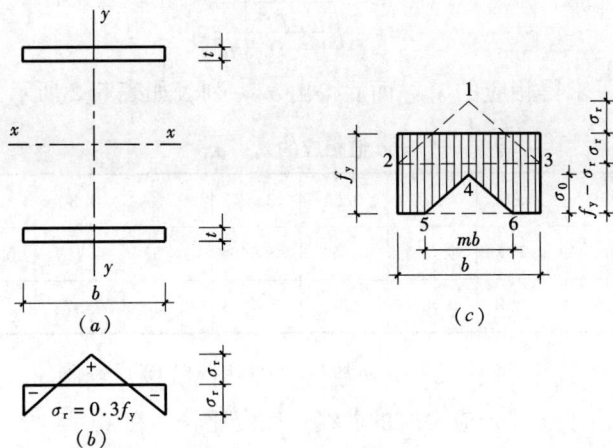

图 5.17 例题 5.3 图

$$\sigma_{cr} = \frac{\pi^2 E}{\lambda^2}$$

因取

$$\bar{\sigma}_{cr} = \frac{\sigma_{cr}}{f_y} = \frac{\pi^2 E}{\lambda^2 f_y}$$

和

$$\lambda_n = \frac{\lambda}{\pi} \sqrt{\frac{f_y}{E}}$$

由上两式得弹性阶段时：

$$\bar{\sigma}_{cr} = 1/\lambda_n^2$$

(2) 当平均外加应力 $\sigma > 0.7 f_y$ 时，截面上的应力分布如图 5.17 (c) 所示，翼缘两端截面上出现塑性区，中间为弹性区，弹性区的宽度为 mb。此时临界应力为 [式 (5.30) 和式 (5.32)]：

$$\sigma_{cr} = \frac{\pi^2 E}{\lambda^2} \cdot \frac{I_e}{I} = \sigma_E \cdot m^3$$

或

$$\bar{\sigma}_{cr} = \frac{\sigma_{cr}}{f_y} = \frac{\sigma_E}{f_y} m^3 = \frac{m^3}{\lambda_n^2}$$

为了求解 m 值，使外加荷载 N 等于截面上在弹塑性阶段的应力和，得：

$$N = 2bt f_y - 2mbt \frac{\sigma_0}{2} = A f_y - mA \frac{\sigma_0}{2}$$

式中，$A = 2bt$。

由图 5.17 (c) 中两三角形的相似，得：

$$\sigma_0 = mb \cdot \frac{2\sigma_r}{b} = 2\sigma_r m$$

故

$$N = A f_y - A \sigma_r m^2 = A(f_y - \sigma_r m^2)$$

或

$$\sigma_{cr} = \frac{N}{A} = f_y - \sigma_r m^2 = f_y(1 - 0.3 m^2)$$

代入 $\bar{\sigma}_{cr} = \sigma_{cr}/f_y = m^3/\lambda_n^2$，得：

$$\frac{1}{\lambda_n^2} m^3 + 0.3 m^2 - 1 = 0$$

或
$$\lambda_n = \sqrt{\frac{m^3}{1-0.3m^2}}$$

假设 m 值，即可求得相应的 λ_n，而后得出 $\bar{\sigma}_{cr}$，列表如表 5.2 所示。

m	1.0	0.90	0.80	0.70	0.60	0.50	0.40	0.30	0.20	0.10	0
λ_n	1.195	0.981	0.796	0.634	0.492	0.368	0.259	0.167	0.090	0.032	0
$\bar{\sigma}_{cr}$	0.700	0.757	0.808	0.853	0.892	0.925	0.952	0.973	0.988	0.997	1.0

按弹性阶段 $\bar{\sigma}_{cr}=1/\lambda_n^2$ 和表 5.2 所列数值（弹塑性阶段）绘制 $\bar{\sigma}_{cr}$-λ_n 曲线如图 5.18 所示。图 5.18 上还画出了无残余应力时的曲线，以资比较。在 $\lambda_n=1$ 处（$m=0.909$），$\bar{\sigma}_{cr}$ 较无残余应力时约降低了 25%。

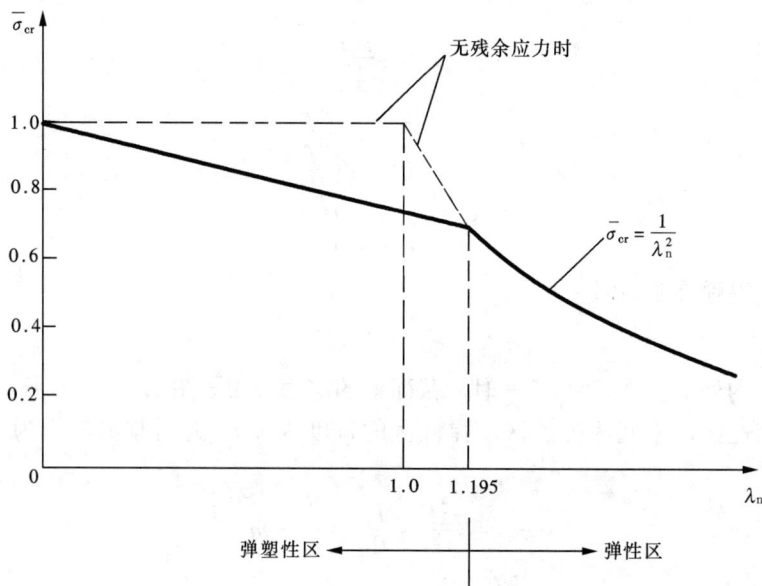

图 5.18 例题 5.3 中的柱曲线

【例题 5.4】试求图 5.19 所示理想双轴对称工字形截面轴压柱绕其弱轴弯曲屈曲的 $\bar{\sigma}_{cr}$-λ_n 曲线。设钢材为理想弹塑性体，残余应力模式如图示，$\sigma_{rt}=\sigma_{rc}=\frac{1}{3}f_y$，不计腹板的影响。

【解】有效比例极限 $f_p=f_y-\sigma_{rc}=\frac{2}{3}f_y$。

（1）当平均外加应力 $\sigma_{cr}=\frac{N}{A}\leqslant\frac{2}{3}f_y$ 时，全截面呈弹性工作，即 $\bar{\sigma}_{cr}\leqslant\frac{2}{3}$ 时：

$$\sigma_{cr}=\sigma_E=\frac{\pi^2 E}{\lambda^2}$$

即
$$\bar{\sigma}_{cr}=\frac{\sigma_{cr}}{f_y}=\frac{\pi^2 E}{f_y\lambda^2}=\frac{\sigma_E}{f_y}=\frac{1}{\lambda_n^2}$$

(2) 当 $\sigma_{cr} = \dfrac{N}{A} > \dfrac{2}{3} f_y$ 即 $\bar{\sigma}_{cr} = \dfrac{\sigma_{cr}}{f_y} > \dfrac{2}{3}$ 时，翼缘两端各 $\dfrac{b}{4}$ 宽即进入塑性区，本题中弹塑性阶段翼缘弹性区宽度与翼缘宽度之比 m 为常数，即 $m = 0.5$。因 m 为已知定值，故不需建立荷载 N 与应力总和的关系。此时：

$$\sigma_{cr} = m^3 \sigma_E = 0.125 \sigma_E$$

即

$$\bar{\sigma}_{cr} = 0.125 \frac{\sigma_E}{f_y} = \frac{0.125}{\lambda_n^2}$$

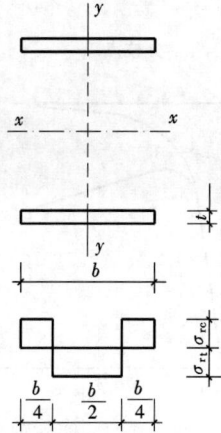

图 5.19　例题 5.4 图——
柱截面及残余应力模式

(3) 当 $\bar{\sigma}_{cr} = \dfrac{2}{3}$，由 $\bar{\sigma}_{cr} = 1/\lambda_n^2$ 得：

$$\frac{2}{3} = \frac{1}{\lambda_n^2} \quad 即 \lambda_n = 1.225$$

(4) 当 $\bar{\sigma}_{cr} = \dfrac{2}{3}$，由 $\bar{\sigma}_{cr} = 0.125/\lambda_n^2$ 得：

$$\frac{2}{3} = \frac{0.125}{\lambda_n^2} \quad 即 \lambda_n = 0.433$$

在 $0.433 \leqslant \lambda_n \leqslant 1.225$ 范围内 $\bar{\sigma}_{cr} = \dfrac{2}{3}$，为常量。

(5) 当 $\bar{\sigma}_{cr} = 1.0$，由 $\bar{\sigma}_{cr} = 0.125/\lambda_n^2$ 得：

$$\frac{0.125}{\lambda_n^2} = 1.0 \quad 即 \lambda_n = 0.354$$

绘制 $\bar{\sigma}_{cr}$-λ_n 曲线如图 5.20 所示。

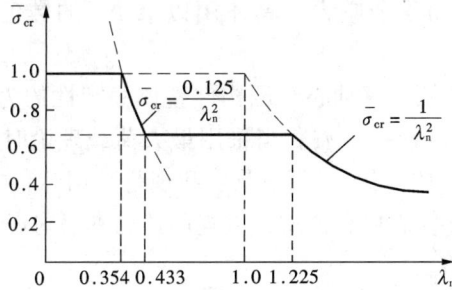

图 5.20　例题 5.4 的 $\bar{\sigma}_{cr}$-λ_n 曲线

5.7　实腹式轴心受压构件弯曲屈曲时的整体稳定性计算

一、轴心受压构件的柱曲线

以前各节中，我们首先介绍了理想轴心受压构件在弯曲屈曲时的整体稳定性，在弹性阶段临界荷载由欧拉公式得出，在非弹性阶段临界荷载由切线模量理论得出。构件的荷载-位移曲线见图 5.8，在临界荷载处有平衡的分支点。国外钢结构设计标准中对轴心受压构件整体稳定性的计算，至今还有不少国家是根据上述理论得出的，例如前文图 5.10 介绍

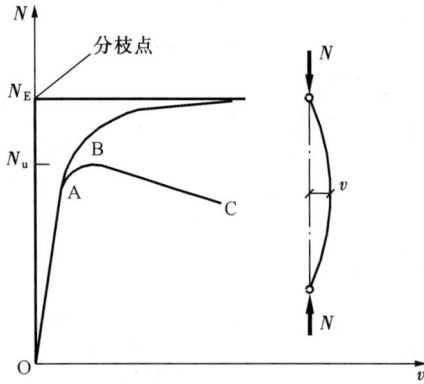

图 5.21 实际轴心受压构件
的荷载-位移曲线

的美国 AISC 按容许应力法的设计标准中的规定。其后，又分别介绍了初弯曲、初偏心和残余应力等初始缺陷给柱子稳定性带来的影响。实际压杆必然存在各种缺陷，其荷载-位移曲线如图 5.21 中的 OABC 所示。构件一经承受荷载，随即产生弯曲变形，只是当荷载较小时，弯曲变形并不太大而已。当荷载逐渐加大，到达曲线上的 A 点时，构件边缘纤维屈服，随后构件进入弹塑性工作阶段，截面上形成弹性区和塑性区，截面的抗弯刚度逐渐降低，变形增长加快。实际轴心受压构件失稳时平衡路线不出现分支点，而是由于变形的逐步发展使承载能力达到极限，荷载-位移曲线出现一极值点。相应于极值点的荷载称为极限荷载，也称为最大荷载，可记作 N_u。在图 5.21 的极值点 B 以前，增加荷载才能使变形 v 加大，其平衡状态是稳定的。在极值点 B 以后，变形是在减少荷载下不断增大，因而其平衡状态是不稳定的。极值点也可看成是由稳定转变为不稳定的临界点，因而最大荷载 N_u 也是一个临界荷载，但与欧拉荷载 N_E 意义截然不同。

轴心受压构件整体稳定性的计算以最大荷载 N_u 作为依据，显然比以欧拉荷载和切线模量荷载作为依据更为合理。但是 N_u 的计算远较 N_E 和 $N_{cr,t}$ 困难，在计算机的使用普及以前 N_u 是很难得到的。而在计算机使用普及的现在，荷载-位移曲线的极值点就较易采用数值积分方法算得❶。我国前《钢结构设计规范》GBJ 17—88 对轴心受压构件的稳定性计算，已采用有缺陷的实际构件作为计算模型。设构件为两端铰支，钢材为理想弹塑性体，有初弯曲 $v_0 = l/1000$ 和残余应力。具体用以求 N_u 的数值分析方法是逆算单元长度法❷。

在本章第 5.3 节中曾介绍计算轴心受压构件整体稳定性的为式（5.6b），计算时需先确定受压构件的稳定系数 φ，$\varphi = \sigma_{cr}/f_y$。当采用最大荷载理论时，应取 $\sigma_{cr} = N_u/A$。我国前《钢结构设计规范》GBJ 17—88、《原规范》和现行《钢标》中给出了适用于不同柱截面的 a、b、c 三条曲线的 φ 值表格和公式，供查用，见本书附表 1 附表 1.18～附表 1.20。下面拟对其来源作简要介绍。

在编制上述求 φ 的表格时，选用了轧制和焊接工字形、T 形、圆管、方管等多种柱截面作为计算对象，同时选用了适用于不同柱截面的 13 种残余应力模式以考虑残余应力的影响。假定构件有 $l/1000$ 的初弯曲，不考虑荷载的初偏心。

在选定某一截面及其尺寸、弯曲方向、适用于该截面的残余应力模式及峰值后，对每一个长细比，可用逆算单元长度法电算求出其 N_u 值或 σ_{cr} 值，从而得到 $\bar{\sigma}_{cr}$-λ 柱曲线上的一个点（$\bar{\sigma}_{cr} = \sigma_{cr}/f_y$）。给定不同长细比，重复上述计算，可以得到不同的点，而后得到

---

❶ 见书末主要参考文献［34］。

❷ 李开禧，肖允徽. 逆算单元长度法计算单轴失稳时钢压杆的临界力. 重庆建筑工程学院学报，1982（4）：26-45。

适用于所选柱截面和弯曲方向的一条 $\bar{\sigma}_{cr}$-λ 曲线。在制定前《钢结构设计规范》GBJ 17—88 时共计算了 200 多条柱曲线，而后选用了其中最常用柱截面的 96 条柱曲线，其分布如图 5.22 所示，为一条带[❶]。此带具有一定的宽度，若用一条曲线来代表，势必带来过大的误差。把这条带分成三条窄带，而以每一窄带的平均值（50%分位值）作为代表该窄带的柱曲线，得到图 5.22 中的 a、b、c 三条曲线。前《钢结构设计规范》GBJ 17—88、《原规范》和现行《钢标》中给出了这三条曲线的 φ 值（即曲线纵坐标 $\bar{\sigma}_{cr}$ 值）表

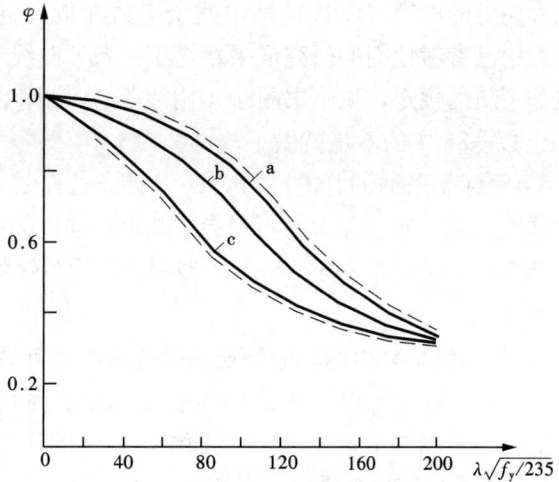

图 5.22　前规范《钢结构设计规范》GBJ 17—88 中采用的柱曲线

格，又根据适用哪条曲线把柱截面分为 a、b、c 三类，例如 a 类截面就用 a 曲线。截面分类表见附录 1 附表 1.12。

图 5.23 所示为前《钢结构设计规范》GBJ 17—88 中三条柱曲线与试验值的比较，摘自规范条文说明。

采用三条柱曲线较采用一条曲线，可使计算结果更接近于压杆的工作实际和得到较均匀的可靠度。

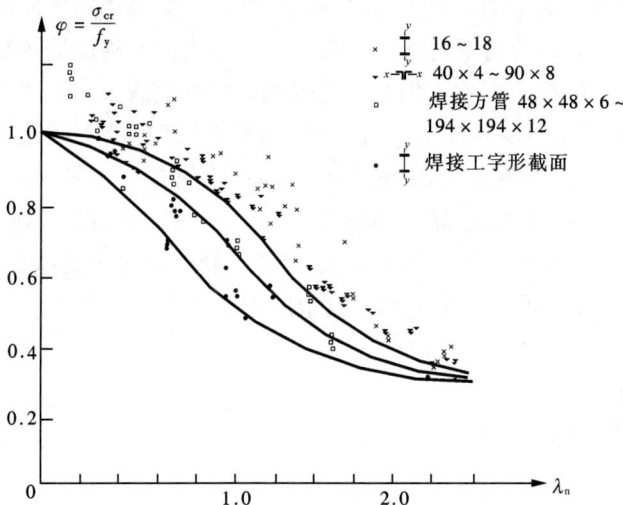

图 5.23　前规范《钢结构设计规范》GBJ 17—88 柱曲线与试验值

前《钢结构设计规范》GBJ 17—88 中推荐的三条柱曲线 a、b、c 在修订后的《原规范》中仍被采纳。但在前《钢结构设计规范》GBJ 17—88 中的压杆截面分类有两点不足：（1）当时未考虑压杆的弯扭失稳，而把有弯扭失稳可能的截面如不对称截面和绕对称轴屈曲的单轴对称截面统列入 c 类截面，这会引起不安全。《原规范》中已对弯扭屈曲作了专门考虑，本书第 5.8 节对此将作介绍。（2）对板件厚度等于和大于 40mm 的实腹压杆，由于当时未做工作，因此将对任意轴屈曲的此类截面也统列入 c 类截面。随着高层建筑钢结构的增多，柱截面的板厚常有大于 40mm 的，因此随后有关单位对厚板（$t \geqslant 40\text{mm}$）的实腹压杆的稳定进行了专题研究，研究的难点主要是

---

❶ 李开禧，肖允徽，等．钢压杆柱子曲线．重庆建筑工程学院学报，1985（1）：32。

残余应力的测定（厚板结构中残余应力在板的宽度方向和厚度方向都有变化）[1]。《原规范》中已参考他们的研究成果新增了一条 d 曲线专用于厚板结构，同时对厚板截面的分类也作了新的规定，见本书附录 1 附表 1.21 和附表 1.13。这样，对前《钢结构设计规范》GBJ 17—88 中的不足就做了改进。

《钢标》采纳了上述 a、b、c、d 四条柱曲线，并考虑到热轧型钢的残余应力峰值与钢材强度无关，残余应力的不利影响随钢材强度的提高而减弱，故规定，屈服强度达到和超过 355N/mm^2 的 $b/h > 0.8$ 的 H 型钢和等边角钢的稳定系数可提高一类采用（见附录 1 附表 1.12）。

二、《钢标》中的轴心受压构件柱曲线及其截面分类

（1）《钢标》中给出的确定柱子 $\varphi\text{-}\lambda$ 关系的表格（即本书附录 1 附表 1.18～附表 1.21）是根据本书附表 1.21 下面给出的柱曲线方程给出的。方程是根据选定的 a、b、c、d 四条曲线分别拟合得出。当正则化长细比 $\lambda_n > 0.215$ 时，拟合成 Perry-Robertson 方程，当 $\lambda_n \leqslant 0.215$ 时用一抛物线方程拟合。

（2）轴心受压构件截面分类表（附录 1 附表 1.12 和附表 1.13）中的分类主要依据截面的形式、残余应力的分布及其峰值、绕截面的哪个主轴屈曲、钢板边缘的加工方式和钢材的屈服强度 f_y。附表 1.12 中属于 a 类截面的有 4 种：①绕强轴 x 轴屈曲、$b/h \leqslant 0.8$ 的热轧中翼缘和窄翼缘 H 型钢[2]、热轧工字钢；②热轧无缝钢管；③屈服强度 $f_y \geqslant 355\text{N/mm}^2$、绕强轴 x 轴屈曲、$b/h > 0.8$ 的热轧宽翼缘 H 型钢；④屈服强度 $f_y \geqslant 355\text{N/mm}^2$ 的热轧等边角钢。上述 $b/h \leqslant 0.8$ 的 H 型钢和工字钢整个翼缘上的残余应力均为拉应力，对绕强轴弯曲稳定有利；热轧无缝钢管冷却时基本上是均匀收缩的，残余应力极小；因而两者同属 a 类。考虑到热轧型钢的残余应力峰值与钢材强度无关，残余应力的不利影响随钢材强度的提高而减弱，③和④两种情况的稳定系数可提高一类采用，因而也属 a 类。附表 1.12 中属 c 类截面的也是 4 种：①对截面弱轴屈曲的翼缘为轧制边或剪切边的焊接工字形和 T 形截面；②对任一主轴屈曲、板件宽厚比 $\leqslant 20$ 的箱形截面；③对任一主轴屈曲、板件边缘为热轧或剪切的焊接十字形截面；④绕弱轴 y 轴屈曲、$b/h > 0.8$、用 Q235 钢热轧的宽翼缘 H 型钢。这几种截面上残余应力的分布都对弯曲稳定不利，故属 c 类截面。除上述 8 种截面外，附表 1.12 中的其余截面全属 b 类。其残余应力的不利影响介乎 a、c 两类截面之间。

三、轴心受压构件的稳定性计算

实腹式轴心受压构件的稳定性应按前述式（5.6b）计算，即：

$$\frac{N}{\varphi A f} \leqslant 1.0$$

---

[1] 陈绍蕃，顾强：厚板焊接柱的残余应力和 φ 曲线的研究，1990 年 11 月；
秦孝启，徐忠根，沈祖炎：厚板焊接箱形截面柱的残余应力测定及其对稳定影响的研究，1990 年 6 月。

[2] H 形截面与工字形截面如何区分，在我国无明确定义，因此今后对此常不以区分。国家标准《热轧 H 型钢和剖分 T 型钢》GB/T 11263—2024 中把 H 型钢分成宽翼缘、中翼缘、窄翼缘和薄壁四类，中翼缘和窄翼缘 H 型钢的 B/H 都小于 0.8。按英国标准 BS 5950-1：2000 的定义，截面全高不大于翼缘宽度的 1.2 倍才称为 H 形截面。

式中轴心受压构件的稳定系数 φ，应根据构件的长细比、钢号修正系数 ε_k（$=\sqrt{235/f_y}$）和截面的分类按附录 1 附表 1.18～附表 1.21 取用。当为双轴对称截面时，取长细比为：

$$\lambda_x = l_{0x}/i_x, \quad \lambda_y = l_{0y}/i_y \tag{5.35}$$

式中　l_{0x}、l_{0y}——构件对主轴 x-x 和 y-y 的计算长度；

　　　i_x、i_y——构件对主轴 x-x 和 y-y 的回转半径。

四、国外采用的轴心受压构件柱子曲线

对轴心受压构件的稳定性计算采用多条柱曲线开始于 20 世纪 70 年代。美国 Lehigh 大学于 1972 年提出了三条柱曲线，代表 112 条曲线分成的三组，曲线 1 由 30 条曲线经统计得出，曲线 2 由 70 条曲线经统计得出，曲线 3 由 12 条曲线得出。112 条曲线都考虑了初弯曲 $v_0 = l/1000$ 和残余应力，采用最大强度理论得出[1]。

1978 年由欧洲钢结构协会（ECCS）编制的《欧洲钢结构建议》，采用了三条基本柱曲线 a、b、c 和另外两条 a_0、d 补充曲线。a_0 曲线主要用于钢材屈服点 $f_y \geqslant 430\mathrm{N/mm^2}$ 时的箱形截面和对 x 轴弯曲的工字形截面；d 曲线则主要用于钢材厚度 $t > 40\mathrm{mm}$ 的轧制 H 型钢（对 x 轴或 y 轴弯曲）和用轧制边钢板焊接的工字形截面绕 y 轴弯曲。ECCS 收集了 1000 多根柱子的试验结果进行统计分析，验证了理论。研究中也同样采用最大强度理论，考虑初弯曲为 $0.001l$ 及残余应力的影响。

美国虽然首先提出了多柱曲线，但 AISC 设计标准中至今仍采用单一柱曲线，包括本书第 5.4 节中已介绍的 AISC 按容许应力法的设计标准中的规定和下面将介绍的 AISC 按极限状态法的设计标准中的规定。为方便阅读，今改用我国习用的符号，其规定如下。

验算条件：
$$N \leqslant A\sigma_{cr}/\gamma_R \tag{5.36}$$

式中　γ_R——抗力分项系数，$\gamma_R = 1/0.85$；

　　　A——构件的毛截面面积；

　　　σ_{cr}——临界应力，其计算如下：

当 $\lambda_n = \dfrac{\lambda}{\pi}\sqrt{\dfrac{f_y}{E}} \leqslant 1.5$ 时：

$$\sigma_{cr} = (0.658^{\lambda_n^2})f_y \tag{5.37}$$

当 $\lambda_n > 1.5$ 时：

$$\sigma_{cr} = \left(\frac{0.877}{\lambda_n^2}\right)f_y \tag{5.38}$$

若改用一般的长细比 λ 表述时，式（5.37）和式（5.38）分别为：

当 $\lambda \leqslant 4.71\sqrt{\dfrac{E}{f_y}}$ 时：

---

[1]　B. G. Johnston Guide to Stability Design Criteria for Metal Structure. 3rd ed New York：John Wiley Inc. ，& Sons，1976：66-67.

$$\sigma_{\mathrm{cr}} = \left[\exp\left(-0.00424\,\frac{f_{\mathrm{y}}}{E}\lambda^2\right)\right]f_{\mathrm{y}}$$

当 $\lambda > 4.71\sqrt{\dfrac{E}{f_{\mathrm{y}}}}$ 时：

$$\sigma_{\mathrm{cr}} = \frac{0.877\pi^2 E}{\lambda^2}$$

上述公式是根据美国结构稳定研究委员会（SSRC）按 Lehigh 大学研究结果的第 2 条柱曲线简化而得。临界应力计算式（5.37）和式（5.38）等号右边括弧内的函数相当于我国的 φ。

今取 $f_{\mathrm{y}} = 235\mathrm{N/mm^2}$，$E = 206 \times 10^3\mathrm{N/mm^2}$，按 AISC 标准计算式（5.37）和式（5.38）算得各个长细比下的 φ 值，与我国《钢标》中的 a 曲线相比，列于表 5.3。可见在 $\lambda \leqslant 50$ 和 $\lambda \geqslant 100$ 时两者极接近，只有在最常用的 $50 < \lambda < 100$ 范围内 AISC 标准的 φ 值低于我国的 a 曲线，但高于我国的 b 曲线。

AISC 标准与我国《钢标》中 a 曲线 φ 值的比较 表 5.3

长细比 λ	10	30	50	60	70	80	90	100	150	200
AISC	0.995	0.957	0.886	0.840	0.789	0.734	0.659	0.616	0.337	0.190
《钢标》中 a 曲线	0.995	0.963	0.916	0.883	0.839	0.783	0.714	0.638	0.339	0.199

5.8　实腹式轴心受压构件弯扭屈曲时的整体稳定性计算

前已言及，单轴对称截面［图 5.24（b）、（d）、（e）和（f）］的实腹式轴心受压构件绕其非对称轴失稳时必然是弯曲屈曲，但绕其对称轴失稳时则必然是弯扭失稳。弯扭失稳时的临界力又往往低于弯曲失稳时。本节将讨论这种截面的构件在弯扭失稳时的稳定性实用计算方法。无对称轴截面的轴心受压构件绕其主轴失稳时也都是弯扭屈曲，由于这种构件承载能力较低，不宜采用。

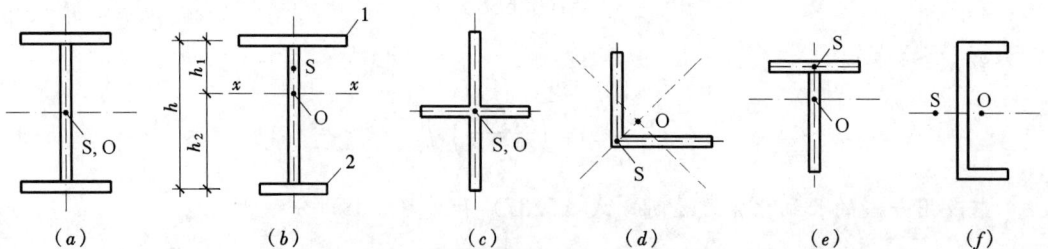

图 5.24　简单截面的剪切中心位置

O—形心；S—剪切中心

176

一、弯扭屈曲计算时的几个常用截面几何特性

在弯曲计算时，材料力学中必然讲到如何确定截面的形心 O，如何计算截面对形心主轴的惯性矩 I_x 和 I_y 等，这就是弯曲计算时常用的截面几何特性。EI_x 和 EI_y 称为弯曲刚度，是衡量构件抵抗弯曲变形能力的重要指标。这些特性在弯扭屈曲计算中也必须用到。除此之外，弯扭屈曲计算中还必须用到以下几何特性，这些特性在弹性稳定理论中必然讲到，可以参阅有关书籍（见书末主要参考资料［27］和［31］），这里只作简单介绍。

1. 剪切中心（shear center）

钢结构实腹构件的组成板件，其宽厚比（或高厚比）常大于 10，属薄壁杆件。由于厚度小，杆件在横向弯曲时的截面剪应力 τ 可假定沿壁厚为均布并沿板件的轴线作用，构成剪力流。整个截面上剪力流的合力沿截面坐标轴 x 方向和 y 方向的两个分力的交点就称为剪切中心，简称剪心。剪心是截面上的一个特定点，其位置只与杆件截面的形状和尺寸有关。剪心记作 S（x_s，y_s）。剪切中心有如下特性：

（1）如薄壁杆件在横向荷载作用下，荷载通过截面的剪心，则该杆件只有弯曲而不发生扭转。若荷载不通过剪心，则杆件将同时发生弯曲和扭转（读者可思考，何故？）。

（2）既然外荷载通过截面的剪切中心，构件将只弯不扭（即扭转角为零），则根据结构力学中的位移互等定理，当杆件承受扭矩作用时截面的剪切中心就是扭转中心。

（3）截面剪切中心的位置只与截面的形状和尺寸有关，一般情况下需由公式计算，但有些截面的剪切中心位置可以不通过计算就能确定。根据前面已介绍的剪切中心的定义和剪力流的概念，可以得出如下很有用的规则：

1）开口薄壁截面如有对称轴，则剪切中心必位于对称轴上；

2）双轴对称截面的剪切中心必与该截面的形心重合 ［图 5.24（a）］；

3）单轴对称工字形截面的剪切中心不与其形心重合，但必位于对称轴上接近于较大翼缘一侧，具体位置需经计算确定 ［图 5.24（b）］；

4）十字形截面、角形截面和 T 形截面，由于组成其截面的狭长矩形截面中心线的交点只有一点，该交点就是剪切中心 ［图 5.24（c）～（e）］；

5）槽形截面的剪切中心必位于其腹板外侧的对称轴上，具体位置需经计算确定 ［图 5.24（f）］。

2. 抗扭惯性矩（或称扭转常数）

非圆杆截面如工字形、矩形或槽形等，扭转时，原先为平面的截面不再保持平面而发生翘曲。杆件在扭转时其截面能自由翘曲，这种扭转称为自由扭转；截面翘曲受到约束时的扭转则称为约束扭转。抗扭惯性矩为自由扭转时的截面特性。在自由扭转时，由抗扭惯性矩 I_t 可得到自由扭转扭矩 M_s 与扭转率 θ（即单位长度的扭转角）的关系和截面上剪应力的分布，即：

$$M_s = GI_t\theta \qquad (5.39)$$

$$\tau_{max} = M_s t / I_t \qquad (5.40)$$

式中　GI_t——扭转刚度，其中 G 为钢材的剪变模量。

矩形狭长截面的抗扭惯性矩为：

$$I_t = \frac{1}{3}bt^3 \tag{5.41}$$

由狭长矩形截面组成图 5.24 所示截面的抗扭惯性矩为[1]:

$$I_t = \frac{k}{3}\sum_{i=1}^{m} b_i t_i^3 \tag{5.42}$$

式中　b_i、t_i——组成截面各狭长矩形的宽度和厚度；

　　　　k——考虑各组成截面实际是连续的影响而引入的增大系数，可取：

　　　　　　双轴对称工字形截面：　　　　$k=1.30$

　　　　　　单轴对称工字形截面：　　　　$k=1.25$

　　　　　　T 形截面：　　　　　　　　　$k=1.20$

　　　　　　但美国有关书籍中常一律取 $k=1.0$，是偏向安全一边的取值。

3. 扇性惯性矩（或称翘曲常数）

扇性惯性矩是开口薄壁杆件在约束扭转时的截面特性，记作 I_ω[2]。EI_ω 是构件的翘曲刚度，与前述弯曲刚度 EI_x 和扭转刚度 GI_t 相对应。一般截面的 I_ω 由公式计算，例如单轴对称工字形截面 [图 5.24 (b)] 的 I_ω 为：

$$I_\omega = \frac{I_1 I_2}{I_y}h^2 \tag{5.43}$$

式中　　I_1、I_2——工字形截面较大翼缘和较小翼缘对截面对称轴 y 的惯性矩；

　　　　I_y——工字形截面对 y 轴的惯性矩，$I_y = I_1 + I_2$；

　　　　h——上、下两翼缘板形心间的距离，当 h 较大时，可近似地取为工字形截面的全高。

I_ω 的量纲是长度的 6 次方，这与 I_x、I_y 和 I_t 的量纲为长度的 4 次方不同。

由式 (5.43) 可知，双轴对称工字形截面的 $I_\omega = \frac{1}{4}I_y h^2$，T 形截面的 $I_\omega = 0$。此外，对十字形截面 [图 5.24 (c)] 和角形截面 [图 5.24 (d)] 也可取 $I_\omega = 0$。

有关开口薄壁截面的自由扭转和约束扭转在第 6 章中还将叙述，可相互参阅。

二、单轴对称截面轴心压杆的弯扭屈曲弹性稳定临界力

根据弹性稳定理论，单轴对称截面轴心压杆绕对称轴弯扭屈曲的临界力可由下列稳定特征方程式求得 [以 y 轴为对称形心轴，如图 5.24 (b) 所示]

$$(N_y - N)(N_z - N) - \frac{y_s^2}{i_0^2}N^2 = 0 \tag{5.44}$$

式中　N_y——对 y 轴的欧拉力，$N_y = \frac{\pi^2 EI_y}{l_{0y}^2}$；

　　　　N_z——扭转屈曲时的临界力，计算式为：

---

[1] I. A. Darwish，B. G. Johnston. Torsion of Structural Shapes. Journal of Structural Division. Proc. ASCE，1965。

[2] I_ω 的角标 ω 是扇性坐标 ω 的符号。

$$N_z = \frac{1}{i_0^2}\left(\frac{\pi^2 EI_\omega}{l_\omega^2} + GI_t\right) \tag{5.45}$$

y_s——截面形心至剪心的距离，亦即剪心的纵坐标；

i_0——截面对剪心的极回转半径，计算式为：

$$i_0^2 = y_s^2 + i_x^2 + i_y^2 \tag{5.46}$$

由二次方程式（5.44）解得 N 的最小根即为弯扭屈曲的临界力 N_{cr}。

又，当截面为双轴对称时，剪心与形心重合，即 $y_s = 0$。由式（5.44）可解得此时的临界力为 $N = N_{Ey}$ 和 $N = N_z$，即双轴对称截面在轴心压力作用下，不会发生弯扭屈曲。

式（5.45）中包含约束扭转和自由扭转两个因素，l_ω 为约束扭转屈曲的计算长度。当杆件两端铰接、端部截面可自由翘曲，或杆件两端嵌固、端部截面的翘曲受到约束时，取 $l_\omega = l_{0y}$。前者 $l_{0y} = 1.0l$，后者 $l_{0y} = 0.5l$，l 为杆件的几何长度。

上述方程式（5.44）在书末主要参考资料中有关结构稳定理论的多种书籍中均可得到其来源，这里不多作介绍。

三、单轴对称实腹式截面轴心压杆弯扭屈曲稳定的实用计算方法

上面介绍的是按弹性稳定理论求得的弯扭屈曲临界力，如考虑进入弹塑性阶段和初始缺陷的影响，那就更加复杂。目前国内外设计标准中对轴心压杆弯扭屈曲稳定性的计算大多采用实用方法，即可由式（5.44）导出考虑扭转效应的换算长细比 λ_{yz} 代替弯曲屈曲时的长细比 λ_y，用 λ_{yz} 查第 5.7 节中的 λ-φ 曲线（或表格）求得稳定系数 φ，再按式（5.6b）验算杆件的稳定性。

为求换算长细比 λ_{yz}，取：

$$N_y = \frac{\pi^2 EA}{\lambda_y^2}, N_z = \frac{\pi^2 EA}{\lambda_z^2} \text{ 和 } N = \frac{\pi^2 EA}{\lambda_{yz}^2} \tag{5.47}$$

代入式（5.45），得扭转屈曲时的换算长细比为：

$$\lambda_z^2 = i_0^2 A/(I_t/25.7 + I_\omega/l_\omega^2) \tag{5.48}$$

代入式（5.44），解得弯扭屈曲换算长细比为：

$$\lambda_{yz} = \frac{1}{\sqrt{2}}(B + \sqrt{B - 4FC})^{\frac{1}{2}} \tag{5.49}$$

式中，$B = \lambda_y^2 + \lambda_z^2$，$C = \lambda_y^2 \cdot \lambda_z^2$，$F = 1 - y_s^2/i_0^2$。

此即《钢标》中采用的公式。

四、单角钢截面、双角钢组合截面绕对称轴的换算长细比简化公式

单角钢和双角钢组合截面是轴心受压构件中的常用截面，常用于桁架中。为了进一步简化计算，《钢标》中对这些截面（图 5.25）考虑扭转效应的换算长细比 λ_{yz} 给出了简化计算式以代替式（5.49），但计算式与《原规范》中的不同。这些计算式虽有一定的近似性，但与过去设计习惯中不考虑弯扭效应相比则使计算更接近实际，参阅例题 5.5。今分述如下。

（1）等边单角钢 [图 5.25（a）]

当构件绕截面两主轴弯曲的计算长度相等时，因绕强轴（u 轴）弯扭屈曲的承载力总

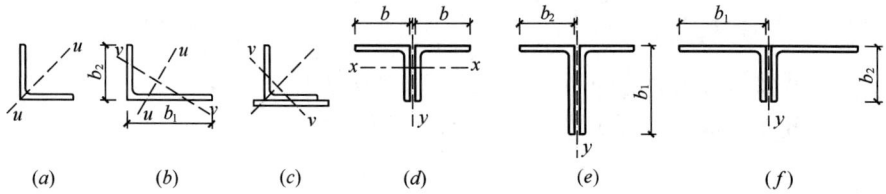

图 5.25 单角钢截面和双角钢 T 形组合截面

u—强轴；v—弱轴

是高于绕弱轴弯曲屈曲的承载力，因此可不计算弯扭屈曲。

（2）不等边单角钢 ［图 5.25 (b)］

当 $\lambda_v \geqslant \lambda_z$ 时：
$$\lambda_{xyz} = \lambda_v \left[1 + 0.25 \left(\frac{\lambda_z}{\lambda_v} \right)^2 \right] \tag{5.50a}$$

当 $\lambda_v < \lambda_z$ 时：
$$\lambda_{xyz} = \lambda_z \left[1 + 0.25 \left(\frac{\lambda_v}{\lambda_z} \right)^2 \right] \tag{5.50b}$$

$$\lambda_z = 4.21 \frac{b_1}{t} \tag{5.50c}$$

式中　λ_{xyz}——不等边单角钢截面轴心受压构件的换算长细比；

　　　　λ_v——绕弱轴 v 轴的长细比；

　　　　b_1——角钢的长边宽度。

式（5.50）是现行《钢标》新增的，用于弹性构件，在非弹性范围偏于安全。

（3）单边连接的单角钢 ［图 5.25 (c)］

以角钢的一边连接于节点板的单角钢轴心受压构件，可不计算弯扭屈曲，但应考虑偏心受力的不利影响，按下式计算稳定性：

$$\frac{N}{\eta \varphi A f} \leqslant 1.0 \tag{5.51a}$$

式中　η——考虑偏心受力影响的折减系数，应按式（5.51b）计算，当计算值大于 1.0 时取 1.0。

$$\eta = \begin{cases} 0.6 + 0.0015\lambda & \text{等边角钢} \\ 0.5 + 0.0025\lambda & \text{短边相连的不等边角钢} \\ 0.7 & \text{长边相连的不等边角钢} \end{cases} \tag{5.51b}$$

式中　λ——长细比，对中间无联系的单角钢压杆，应按最小回转半径计算，当 $\lambda < 20$ 时，取 $\lambda = 20$。

（4）等边双角钢截面 ［图 5.25 (d)］

当 $\lambda_y \geqslant \lambda_z$ 时：
$$\lambda_{yz} = \lambda_y \left[1 + 0.16 \left(\frac{\lambda_z}{\lambda_y} \right)^2 \right] \tag{5.52a}$$

当 $\lambda_y < \lambda_z$ 时：
$$\lambda_{yz} = \lambda_z \left[1 + 0.16 \left(\frac{\lambda_y}{\lambda_z} \right)^2 \right] \tag{5.52b}$$

$$\lambda_z = 3.9 \frac{b}{t} \tag{5.52c}$$

（5）长边相并的不等边双角钢截面 ［图 5.25 (e)］

180

当 $\lambda_y \geqslant \lambda_z$ 时：
$$\lambda_{yz} = \lambda_y \left[1 + 0.25 \left(\frac{\lambda_z}{\lambda_y} \right)^2 \right] \tag{5.53a}$$

当 $\lambda_y < \lambda_z$ 时：
$$\lambda_{yz} = \lambda_z \left[1 + 0.25 \left(\frac{\lambda_y}{\lambda_z} \right)^2 \right] \tag{5.53b}$$

$$\lambda_z = 5.1 \frac{b_2}{t} \tag{5.53c}$$

（6）短边相并的不等边双角钢截面［图 5.25（f）］

当 $\lambda_y \geqslant \lambda_z$ 时：
$$\lambda_{yz} = \lambda_y \left[1 + 0.06 \left(\frac{\lambda_z}{\lambda_y} \right)^2 \right] \tag{5.54a}$$

当 $\lambda_y < \lambda_z$ 时：
$$\lambda_{yz} = \lambda_z \left[1 + 0.06 \left(\frac{\lambda_y}{\lambda_z} \right)^2 \right] \tag{5.54b}$$

$$\lambda_z = 3.7 \frac{b_1}{t} \tag{5.54c}$$

五、十字形截面

图 5.24（c）所示十字形截面为双轴对称截面，用作轴心受压构件时不会弯扭失稳，但当其长细比 λ_x 或 λ_y 较小时可能发生扭转失稳而降低承载能力。为此应限制其 λ_x 或 λ_y 值。

十字形截面轴心受压构件考虑扭转屈曲的换算长细比为［式（5.48）］：

$$\lambda_z^2 = \frac{25.7 A i_0^2}{I_t} = \frac{25.7 I_0}{I_t} = \frac{25.7 \times 2 \times \dfrac{t(2b)^3}{12}}{\dfrac{1}{3} \times 4bt^3} = 25.7 \left(\frac{b}{t} \right)^2$$

即
$$\lambda_z = 5.07 \frac{b}{t} \tag{5.55}$$

式中 b/t——悬伸部分的板件宽厚比。

使 λ_x（或 λ_y）$> 5.07 b/t$，可避免十字形截面轴心受压构件发生扭转屈曲。

【例题 5.5】某桁架上弦杆，截面为 $2 \angle 125 \times 10$ 的组合 T 形截面，如图 5.25（d）所示，节点板厚（角钢背间距）12mm。承受轴心压力设计值 $N = 780$kN，钢材为 Q235。已知计算长度 $l_{0x} = 150$cm，$l_{0y} = 300$cm。试验算此压杆的稳定性。

【解】（1）截面几何特性

查附表 2.1 知：$A = 2 \times 24.37 = 48.74 \text{cm}^2$，$i_x = 3.85$cm，$i_y = 5.59$cm，形心至角钢背距离 $y_0 = 3.45$cm，由此得：

$$y_s = y_0 - 0.5t = 3.45 - 0.5 = 2.95(\text{cm})$$

$$i_0^2 = y_s^2 + i_x^2 + i_y^2 = 2.95^2 + 3.85^2 + 5.59^2 = 54.77(\text{cm}^2)$$

$$I_t = \frac{1}{3} \sum b_i t_i^3 = \frac{1}{3} \times 12.5 \times 1^3 \times 4 = 16.67(\text{cm}^4)$$

$$\lambda_z^2 = \frac{25.7 i_0^2 A}{I_t} = \frac{25.7 \times 54.77 \times 48.74}{16.67} = 4116, \quad \lambda_z = 64.2$$

$$\lambda_x = \frac{l_{0x}}{i_x} = \frac{150}{3.85} = 39.0$$

$$\lambda_y = \frac{l_{0y}}{i_y} = \frac{300}{5.59} = 53.7$$

（2）按精确公式（5.49）计算换算长细比 λ_{yz}

$$B = \lambda_y^2 + \lambda_z^2 = 53.67^2 + 4116 = 2884 + 4116 = 7000$$

$$C = \lambda_y^2 \cdot \lambda_z^2 = 2880 \times 4116 = 1185 \times 10^4$$

$$F = 1 - \frac{y_s^2}{i_0^2} = 1 - \frac{2.95^2}{54.77} = 0.841$$

$$\lambda_{yz} = \frac{1}{\sqrt{2}} (B + \sqrt{B^2 - 4FC})^{\frac{1}{2}} = \frac{1}{\sqrt{2}} (7000 + \sqrt{7000^2 - 4 \times 0.841 \times 1185 \times 10^4})^{\frac{1}{2}}$$

$$= \frac{1}{\sqrt{2}} (7000 + 3023)^{\frac{1}{2}} = 70.8$$

（3）按简化公式（5.52）计算 λ_{yz}

$$\lambda_z = 3.9 \frac{b}{t} = 3.9 \times \frac{125}{10} = 48.8 < \lambda_y = 53.7$$

由式（5.52a）得：

$$\lambda_{yz} = \lambda_y \left[1 + 0.16 \left(\frac{\lambda_z}{\lambda_y} \right)^2 \right] = 53.7 \times \left[1 + 0.16 \times \left(\frac{48.8}{53.7} \right)^2 \right] = 53.7 \times 1.132$$

$$= 60.8 < 70.8$$

（4）验算稳定性

查附录 1 附表 1.12，截面对 x 轴和 y 轴屈曲时均属 b 类截面。

由于 $\lambda_{yz} > \lambda_x$，由 λ_{yz} 查附表 1.19 得：

$\lambda_{yz} = 70.8$ 时，$\varphi = 0.747$；

$\lambda_{yz} = 60.8$ 时，$\varphi = 0.803$，较 $\lambda_{yz} = 70.8$ 时偏大 7.5%。

$$\frac{N}{\varphi A f} = \frac{780 \times 10^3}{0.747 \times 48.74 \times 10^2 \times 215} = 0.996 < 1.0, 可。$$

$$\frac{N}{\varphi A f} = \frac{780 \times 10^3}{0.803 \times 48.74 \times 10^2 \times 215} = 0.927 < 1.0, 可。$$

两者均符合整体稳定条件。

【讨论】对 y 轴失稳时如按前《钢结构设计规范》GBJ 17—88，不考虑绕对称轴的弯扭屈曲影响，由于 $\lambda_y > \lambda_x$，由 $\lambda_y = 53.7$ 查 b 类曲线得 $\varphi = 0.839$，其值较 $\varphi = 0.747$ 大 12.3%，偏于不安全一边。

5.9 轴心受压构件的局部稳定性

一、局部稳定性

轴心受压构件的截面大多由若干矩形平面薄板所组成（圆管截面除外）。例如图 5.26 所示焊接或轧制工字形（H 形）截面，可看作由两块翼缘板和一块腹板所组成；其腹板为一四边支承板，在构件高度方向分别支承于顶板和底板，沿其纵向则分别支承于两翼缘板；对翼缘板而言，可把半块翼缘板看作三边支承和一边自由的矩形薄板。在轴心受压构件中，这些组成板件分别受到沿纵向作用于板件中面的均布压力。当压力大到一定程度，在构件尚未丧失整体稳定性以前，个别板件可能先不能保持其平面平衡状态而发生波形凸曲，丧失了稳定性。由于此时只是个别板件丧失稳定，构件并未失去整体稳定性，因而将个别板件先行失稳的现象称为构件失去局部稳定性。前已言及，构件若失去整体稳定性，将超过承载能力极限状态，立即破坏。但构件失去局部稳定性，一般情况下并不使构件立即破坏，只是失去稳定的板件不能再继续分担或少分担所增加的荷载而使整个构件的承载能力有所下降，并改变了原来构件的受力状态，有可能使原构件提前失去整体稳定性。因而在轴心受压构件的截面设计中，一般不应使组成板件局部失稳。但对四边支承的腹板，有时可以利用其屈曲后性能。

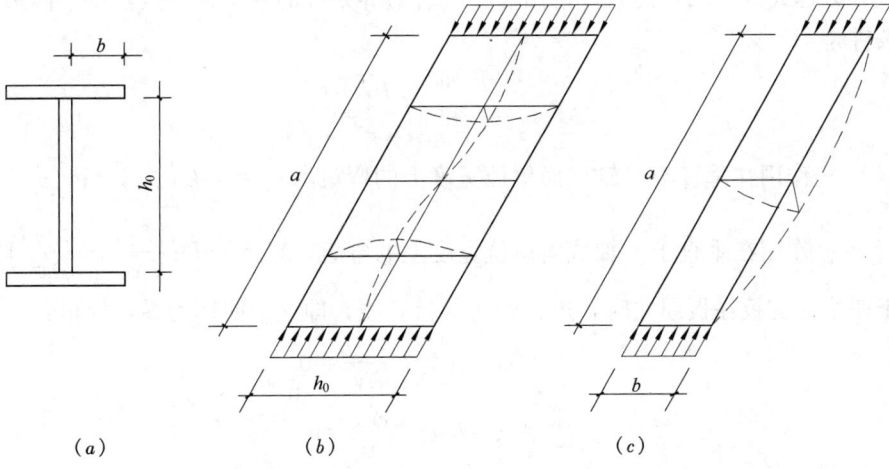

图 5.26　工字形（H形）截面的腹板和翼缘板的局部失稳
（a）工字形（H形）截面；（b）腹板（四边支承板）；（c）半块翼缘板（三边支承一边自由）

二、轴心受压矩形板件的弹性稳定

图 5.27 所示为四边简支的矩形薄板，沿板的纵向在中面内单位宽度上作用有均布压力 N_x（N/mm）。与轴心受压构件的整体稳定相似，令板处在微弯的中性平衡状态，建立平衡微分方程为：

$$D\left(\frac{\partial^4 w}{\partial x^4} + 2\frac{\partial^4 w}{\partial x^2 \partial y^2} + \frac{\partial^4 w}{\partial y^4}\right) + N_x \frac{\partial^2 w}{\partial x^2} = 0 \tag{5.56}$$

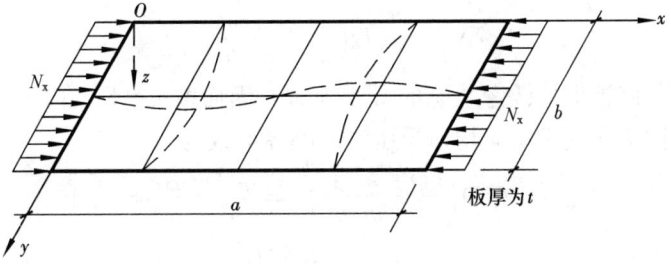

图 5.27　四边简支矩形薄板在纵向均布压力作用下的屈曲

183

式（5.56）是一个以挠度 w 为未知量的常系数线性四阶偏微分方程，其推导从略。这与轴心受压构件在中性平衡时建立的平衡微分方程：

$$EI \frac{\mathrm{d}^4 y}{\mathrm{d}x^4} + N \frac{\mathrm{d}^2 y}{\mathrm{d}x^2} = 0$$

相类似。只是板为平面结构，在弯曲屈曲后的变形 $w = w(x, y)$，因而其平衡方程必须为偏微分方程。

式（5.56）中 $D = Et^3 / [12(1-\nu^2)]$ 称作板的圆柱刚度，亦即单位宽度的板弯曲成圆柱面形状时所表现的弯曲刚度。圆柱刚度与同宽度梁的抗弯刚度 $EI = Et^3/12$ 相比，前者大于后者。这是因为单位板条弯曲时，其宽度方向的变形受到相邻板条的约束，而梁在弯曲时，其侧向变形是自由的。其中 ν 是泊松比。

偏微分方程式（5.56）的解，可由假设符合边界条件的某位移函数获得。四边简支板的边界条件是：

(1) $\qquad\qquad\qquad w^{x=0}_{\ x=a} = 0$ 和 $w^{y=0}_{\ y=b} = 0$ $\qquad\qquad\qquad$ (5.57)

(2) $\qquad\qquad\qquad M_{x\,{}^{x=0}_{\ x=a}} = 0$ 和 $M_{y\,{}^{y=0}_{\ y=b}} = 0$ $\qquad\qquad\qquad$ (5.58)

式中 M_x——作用在垂直于 x 轴截面单位宽度上的弯矩，$M_x = -D\left(\dfrac{\partial^2 w}{\partial x^2} + \nu \dfrac{\partial^2 w}{\partial y^2}\right)$；

M_y——作用在垂直于 y 轴截面单位宽度上的弯矩，$M_y = -D\left(\dfrac{\partial^2 w}{\partial y^2} + \nu \dfrac{\partial^2 w}{\partial x^2}\right)$。

由于四边简支板在板屈曲时，边界四边保持直线，即该处曲率为零，故得：

$$x = 0 \text{ 和 } x = a \text{ 处} \quad \frac{\partial^2 w}{\partial y^2} = 0$$

$$y = 0 \text{ 和 } y = b \text{ 处} \quad \frac{\partial^2 w}{\partial x^2} = 0$$

因而边界条件式（5.58）可写作：

$$\left.\begin{array}{l} x = 0 \text{ 和 } x = a \text{ 处} \quad \dfrac{\partial^2 w}{\partial x^2} = 0 \\[3mm] y = 0 \text{ 和 } y = b \text{ 处} \quad \dfrac{\partial^2 w}{\partial y^2} = 0 \end{array}\right\}$$

满足边界条件式（5.57）和上式的位移函数显然将是一个二重三角级数，即：

$$w = \sum_{m=1}^{\infty} \sum_{n=1}^{\infty} A_{mn} \sin \frac{m\pi x}{a} \sin \frac{n\pi y}{b} \qquad\qquad (5.59)$$

式中 m——x 方向板屈曲时的半波数，$m = 1, 2, 3 \cdots$；

n——y 方向板屈曲时的半波数，$n = 1, 2, 3 \cdots$。

把式（5.59）代入平衡微分方程式（5.56），得：

$$N_x = \pi^2 D \left(\frac{m}{a} + \frac{a}{m} \frac{n^2}{b^2}\right)^2$$

临界荷载应是使板保持微弯状态的最小荷载，因而取 $n = 1$，亦即在 y 方向只弯成一个半波。于是得四边简支板单向均匀受压时的临界荷载为：

$$N_{x,cr} = \pi^2 D \left(\frac{m}{a} + \frac{a}{m} \frac{1}{b^2}\right)^2 = \frac{\pi^2 D}{b^2} \left(\frac{mb}{a} + \frac{a}{mb}\right)^2 \qquad (5.60)$$

或 $\qquad\qquad\qquad\qquad N_{x,cr} = K \dfrac{\pi^2 D}{b^2}$ $\qquad\qquad\qquad\qquad\qquad$ (5.61)

184

其中
$$K = \left(\frac{mb}{a} + \frac{a}{mb} \right)^2 \tag{5.62}$$

相应临界应力为：

$$\sigma_{x,cr} = \frac{N_{x,cr}}{t} = \frac{K\pi^2 E}{12(1-\nu^2)} \left(\frac{t}{b} \right)^2 \tag{5.63}$$

式（5.61）中的 K 叫作弹性屈曲系数。由式（5.62）和式（5.63）可知，四边简支矩形薄板纵向均匀受压时的临界荷载或临界应力的大小，取决于板的长宽比 a/b 和板的宽厚比 b/t。

取 $m=1$，2，3…可分别绘制 K 与 a/b 的关系曲线，如图 5.28 所示。由图可见：

（1）当 $a/b=\sqrt{2}$ 时，板的屈曲有两种可能性，屈曲成 1 个"半波"或 2 个"半波"；当 $a/b<\sqrt{2}$ 时必然是 1 个"半波"，$\sqrt{2}<a/b<\sqrt{6}$ 时必然为 2 个"半波"，其余类推。

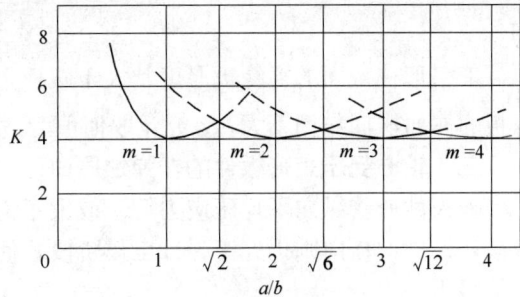

图 5.28　四边简支单向均匀受压时
矩形板的屈曲系数 K

（2）当 $a/b=1$，2，3…时，K 值最小，$K_{min}=4$；当 a/b 不是整数时，只要 $a/b>1$，K 值略高于最小值 4，且随着 a/b 的加大，K 值的变化减小，如图中的实线所示。故对 $a/b>1$ 的板，可取 $K=K_{min}=4$。这就说明，对单向受压四边支承矩形板，减小其 a/b 值（当 $a/b>1$ 时）并不能提高板的稳定性。要提高工字形截面轴压柱腹板的稳定性，不能依靠增加腹板的横向加劲肋（即减小 a 值）来实现。

式（5.61）所示临界力和式（5.63）所示临界应力虽是根据四边简支矩形板导得，但也适用于单向受压的其他支承情况的矩形板，不过此时其屈曲系数 K 值将有所不同。图 5.29 所示为非受荷载两纵边各种支承情况下单向受压矩形板的屈曲系数 K。

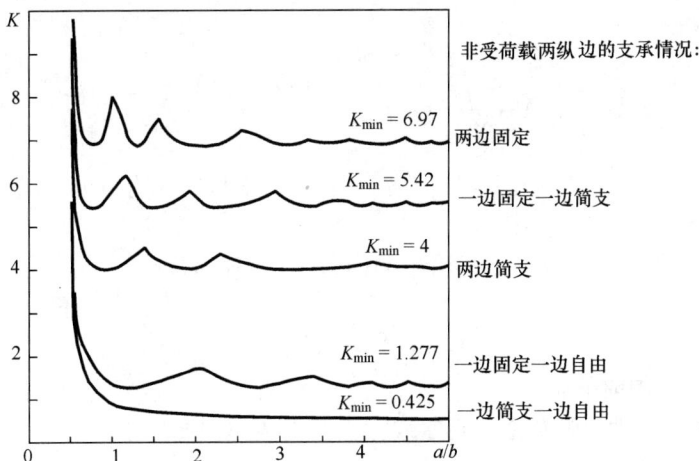

图 5.29　各种支承情况下单向受压矩形板的屈曲系数 K

矩形板非受荷载两纵边假设为简支或固定，都是计算模型中所取的两个极端情况，实际板件两纵向边的支承情况当介乎两者之间。如取两纵边简支时的屈曲系数为 K，实际板件的屈曲系数为 χK，χ 为大于 1 的系数，称为嵌固系数，用以考虑纵边的实际支承情况。由图 5.29，可见四边支承板的 χ 最大值为：

$$\chi = \frac{6.97}{4} = 1.7425$$

即

$$1.0 \leqslant \chi \leqslant 1.7425$$

工字形柱截面的翼缘板厚度常大于腹板，翼缘板对腹板的屈曲有嵌固作用。腹板对翼缘板的屈曲嵌固作用不大。χ 究竟取何值为适宜，需由设计人员作出判断。

三、轴心受压矩形板件的非弹性屈曲

当板件所受纵向平均压应力等于或大于钢材的比例极限时，板件纵向进入弹塑性工作阶段，板件的横向则仍处于弹性工作阶段，使矩形板呈正交异性。此时板件的屈曲临界应力可写为：

$$\sigma_{cr} = \frac{\chi \sqrt{\eta} K \pi^2 E}{12(1-\nu^2)} \left(\frac{t}{b} \right)^2 \tag{5.64}$$

式中 η——弹性模量的折减系数，柏拉希建议取[1]：

$$\eta = \frac{E_t}{E} \tag{5.65}$$

式中 E_t——切线模量。

我国在制订前《钢结构设计规范》GBJ 17—88 中有关规定时，根据轴心受压构件局部稳定的试验资料，取 η 为[2]：

$$\eta = 0.1013\lambda^2 \left(1 - 0.0248\lambda^2 \frac{f_y}{E} \right) \frac{f_y}{E} \tag{5.66}$$

式中 λ——轴心受压构件的长细比。

与轴心受压构件整体稳定相似，纵向均匀受压板件的临界应力与板件宽厚比的关系也可用曲线表示，如图 5.30 所示。采用无量纲坐标，纵坐标为 σ_{cr}/f_y，横坐标为 $\bar{\lambda} = \sqrt{f_y/\sigma_{cr}}$，即：

$$\bar{\lambda} = \sqrt{\frac{f_y}{\sigma_{cr}}} = \left(\frac{b}{t} \right) \sqrt{\frac{12 f_y (1-\nu^2)}{\pi^2 E K}} \tag{5.67}$$

横坐标根号中 σ_{cr} 为板的弹性屈曲临界应力。图 5.30 中板的受力可分为以下三个阶段。

（1）弹性阶段

当 $\bar{\lambda} > \bar{\lambda}_p$ 时，曲线示于图 5.30 中的 AE 线，其方程为：

$$\frac{\sigma_{cr}}{f_y} = \frac{1}{\bar{\lambda}^2}$$

$\bar{\lambda}_p$ 为 σ_{cr} 等于比例极限时的 $\bar{\lambda}$。

如假设材料具有理想弹塑性，则曲线将遵循虚线 AEBC。

（2）弹塑性阶段

---

❶ 见书末主要参考资料 [33]。

❷ 何保康. 轴心压杆局部稳定试验研究. 西安冶金建筑学院学报，1985（1）：20-28。

由于钢材不具有无限弹性，当 σ_{cr} 大于或等于比例极限时，或 $\bar{\lambda} \leqslant \bar{\lambda}_p$ 时，板件进入弹塑性阶段，如再考虑残余应力及其他缺陷的影响，则曲线将由 EBF 降低为图中的实线 EF 线。

（3）应变硬化阶段

当 $\bar{\lambda} < \bar{\lambda}_0$ 时，板件进入应变硬化阶段而不产生屈曲，曲线如图中的 FG 所示。在柱曲线中，由于产生应变硬化阶段的 $\bar{\lambda}_0$ 较小而未考虑此现象。

对图 5.30 所示弹性阶段的曲线还需补充说明一点，即板件在弹性屈曲后，由于中面的薄膜张力影响而具有屈曲后强度，因而实际曲线将高于 AE 线而表现为 DE 线。

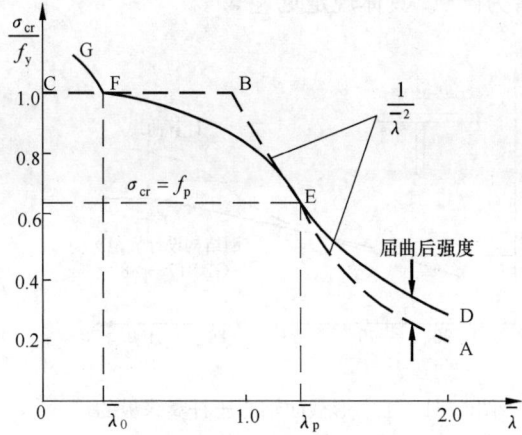

图 5.30 纵向均匀受压板件的临界应力曲线示意

四、纵向均匀受压时板件的容许宽厚比

为了防止轴心受压构件组成板件的局部失稳，需规定板件的容许宽厚比。在得到了板件局部屈曲的临界应力后，可据此求得容许宽厚比的数值。但由于处理此问题时的方法和思路不同，所得容许宽厚比的规定也就不同。下面简单介绍常用的处理方法。

（1）处理方法一：使板件的屈曲不应先于构件的整体屈曲

据此思路，可得下列等稳定条件：板件屈曲临界应力 $\sigma_{cr} \geqslant$ 构件整体屈曲临界应力 σ_{cr}。我国前《钢结构设计规范》GBJ 17—88 中对工字形截面的翼缘板和腹板的容许宽厚比即由此得出。取板件屈曲临界应力如式（5.64）所示，取构件整体屈曲的 σ_{cr} 为 φf_y，得：

$$\frac{\chi \sqrt{\eta} K \pi^2 E}{12(1-\nu^2)}\left(\frac{t}{b}\right)^2 = \varphi f_y \tag{5.68}$$

在求工字形截面翼缘板的自由外伸宽厚比时，取嵌固系数 $\chi = 1.0$，弹性屈曲系数 $K = 0.425$（见图 5.29）。求工字形截面腹板的高厚比时，取 $\chi = 1.3$，$K = 4.0$。两者的 η 都如式（5.66）所示，泊松比 $\nu = 0.3$。

式（5.68）中 φ 为按 b 类截面根据受压构件绕截面两主轴方向较大长细比值求得的轴心受压构件稳定系数。解此式可得 b/t 与长细比 λ 的关系曲线如图 5.31 和图 5.32 所示的虚线❶，设计标准中为了便于应用，简化为三段直线。由等稳定条件确定的容许宽厚比与构件的长细比有关。

《钢标》中保留了前《钢结构设计规范》GBJ 17—88 对翼缘板自由外伸宽度与厚度比 b'/t 和工字形（H 形）截面腹板计算高度与其厚度比 h_0/t_w 的容许值公式❷，见表 5.4。

T 形截面轴心受压构件的腹板局部屈曲时将受到翼缘板的约束（腹板厚度常小于翼缘板，其宽厚比又常大于翼缘板的外伸宽厚比），《钢标》对其宽厚比作了适当放松。焊接 T 形截面由于几何缺陷和残余应力的影响都比热轧 T 型钢不利，前者的腹板宽厚比又应较

---

❶ 何保康. 轴心压杆局部稳定试验研究. 西安冶金建筑学院学报，1985（1）：26-27。
❷ 翼缘板的自由外伸宽度，本书以后均用 b' 表示，以便与翼缘板的宽度 b 区分开来。

后者为严❶。具体规定见表 5.4。

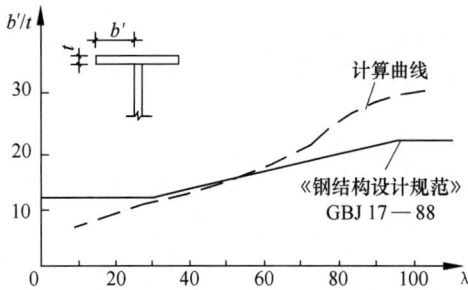

图 5.31 工字形截面轴心压杆翼缘板的
宽厚比（Q235 钢）

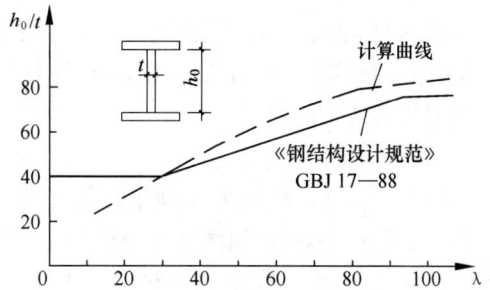

图 5.32 工字形截面轴心压杆腹板的
宽厚比（Q235 钢）

表 5.4 中翼缘板自由外伸宽度 b' 的取值为：对焊接构件取腹板边缘至翼缘板自由端的距离；对轧制构件取内圆弧起点至翼缘板自由端的距离。腹板计算高度 h_0 的取值为：对焊接构件取腹板高度 h_w，对轧制构件取腹板平直段长度。

（2）处理方法二：使板件屈曲的临界应力等于钢材的屈服点

在一般情况下，板件的屈曲临界应力常低于钢材的屈服点，因而据此思路求得的板件宽厚比容许值将偏于保守。对箱形截面受压构件，考虑其整体稳定性较好，为了简化，《钢标》对箱形截面板件宽厚比的容许值即根据该思路确定，规定值见表 5.4，与构件的长细比无关。

目前国外有不少国家的设计标准仍采用这种处理方法。

轴心受压构件组成板件的容许宽（高）厚比　　　　　　　表 5.4

项次	截面形式		容许宽（高）厚比	说　明
1		翼缘板外伸边	$\dfrac{b'}{t} \leqslant (10+0.1\lambda)\varepsilon_k$	式中的 λ 为构件两方向长细比的较大值；当 $\lambda < 30$ 时，取 $\lambda = 30$；当 $\lambda > 100$ 时，取 $\lambda = 100$
		腹板	$\dfrac{h_0}{t_w} \leqslant (25+0.5\lambda)\varepsilon_k$	
2		翼　缘	$\dfrac{b_0}{t} \leqslant 40\varepsilon_k$	与长细比 λ 无关
		腹　板	$\dfrac{h_0}{t_w} \leqslant 40\varepsilon_k$	

❶ 陈绍蕃 . T 形截面压杆的腹板局部屈曲 . 钢结构，2001（2）：52-54。

188

项次	截面形式		容许宽（高）厚比	说　明
3		翼缘板外伸边	$\dfrac{b'}{t} \leqslant (10+0.1\lambda)\varepsilon_k$	λ 的取值规定同项次 1
		腹　板	$\dfrac{h_0}{t_w} \leqslant (15+0.2\lambda)\varepsilon_k$	热轧剖分 T 型钢，λ 的取值规定同上
			$\dfrac{h_0}{t_w} \leqslant (13+0.17\lambda)\varepsilon_k$	焊接 T 形钢，λ 的取值规定同上
4		角钢边	$\dfrac{w}{t} \leqslant \begin{cases} 15\varepsilon_k, & \lambda \leqslant 80\varepsilon_k \\ 5\varepsilon_k + 0.125\lambda, & \lambda > 80\varepsilon_k \end{cases}$	等边角钢 w、t 分别为角钢边的平板宽度、厚度 ($w = b' = h_0$)；λ 为绕非对称主轴 v-v 轴的长细比

注：1. 钢号修正系数 $\varepsilon_k = \sqrt{235/f_y}$；
　　2. 当轴心受压构件的压力 N 小于稳定承载力 φAf 时，其板件宽（高）厚比限值可按表中不等号右边的值乘以放大系数 $\alpha = \sqrt{\varphi Af/N}$ 确定。
　　3. 项次 4 等边角钢轴心受压构件的角钢边（肢件）宽厚比限值，是《钢标》新增的。

五、工字形截面（含 H 形截面）和箱形截面轴心受压构件腹板屈曲后强度的利用

当上述截面腹板的高厚比不满足表 5.4 的要求时，可根据腹板屈曲后强度的概念，在计算构件的强度和整体稳定性时取与翼缘连接处的一部分腹板截面作为有效截面，其面积为 $A_{we} = h_{we}t_w$，两侧有效宽度各为 $h_{we}/2$，如图 5.33（b）所示。

四边支承的腹板，当所受纵向均匀压应力超过屈曲临界应力后，腹板即产生出平面的挠度，同时腹板截面仍能继续承受荷载，但其应力出现不均匀分布，如图 5.33（a）所示。这就是说腹板具有屈曲后的强度，屈曲后继续施加的荷载大部分将由边缘部分的腹板来承受。如把图 5.33（a）的应力分布看作图 5.33（b）所示，腹板两边各宽 $h_{we}/2$ 的部分称为有效截面，此宽度由图 5.33（a）和图 5.33（b）截面上的总应力合力相等而得出。利用腹板有效宽度的概念，可减小所用腹板的厚度。腹板有效宽度 $h_{we} = \rho h_w$，其中的有效截面系数 ρ 应按下列规定计算（《钢标》第 7.3.4 条第 1 款）：

（1）$h_0/t_w \leqslant 42\varepsilon_k$ 时：

$$\rho = 1.0 \tag{5.69}$$

（2）$h_0/t_w > 42\varepsilon_k$ 时：

$$\rho = \frac{1}{\lambda_{n,p}}\left(1 - \frac{0.19}{\lambda_{n,p}}\right) \tag{5.70}$$

$$\lambda_{n,p} = \frac{h_0/t}{56.2\varepsilon_k} \tag{5.71}$$

当 $\lambda > 52\varepsilon_k$ 时：

$$\rho \geqslant (29\varepsilon_k + 0.25\lambda)\frac{t_w}{h_0} \tag{5.72}$$

考虑腹板屈曲后的轴心受压构件强度和稳定性，应按下列公式验算（《钢标》第 7.3.3 条）：

强度：

$$\frac{N}{A_{ne}} \leqslant f \tag{5.73}$$

稳定性：
$$\frac{N}{\varphi A_{\mathrm{e}}f} \leqslant f \tag{5.74}$$

式中　A_{ne}——有效净截面面积；

　　　A_{e}——有效毛截面面积，对 H 形和工字形截面 $A_{\mathrm{e}}=2bt+\rho h_{\mathrm{w}}t_{\mathrm{w}}$，对箱形截面 $A_{\mathrm{e}}=2$ $(bt+\rho h_{\mathrm{w}}t_{\mathrm{w}})$；

　　　φ——稳定系数，仍按原毛截面确定。

《钢标》取腹板有效宽度 $h_{\mathrm{we}}=\rho h_{\mathrm{w}}$，比《原规范》取 $h_{\mathrm{we}}=2\times20t_{\mathrm{w}}\varepsilon_{\mathrm{k}}$ 有了较大改进。

三边支承的翼缘板，也有屈曲后强度，但其影响远较四边支承板为小。《钢标》中对工字形（H 形）截面的翼缘板不考虑屈曲后强度，其自由外伸宽厚比必须满足表 5.4 的规定。但《钢标》给出了等边角钢截面轴心受压构件的有效截面系数 ρ 的计算式，见《钢标》第 7.3.4 条第 1 款，本书不作介绍。

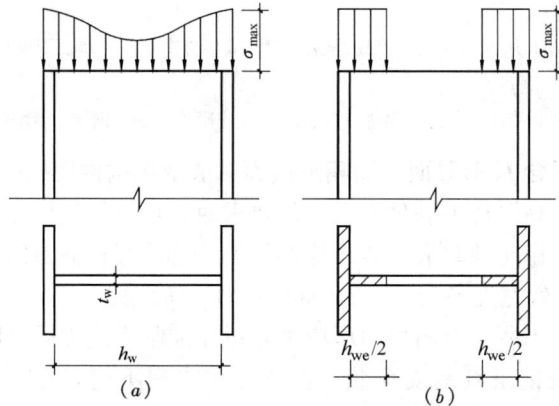

图 5.33　轴压柱腹板的有效截面
（a）原截面；（b）有效截面

5.10　实腹式轴心受压构件的截面设计

压杆截面的设计首先是选定截面形式，务使所设计的压杆截面用钢量最省、制造简单并便于与其他构件相连接。实腹式轴压柱的常用截面在我国过去由于热轧 H 型钢还未投产，因而主要是焊接工字形和焊接箱形截面。现在全国生产热轧 H 型钢的厂家众多，其中马钢、莱钢、鞍钢是最早投产的钢铁公司。热轧 H 型钢翼缘宽，侧向刚度大，抗扭和抗震能力强，翼缘内外表面平行便于与其他构件连接，制造工程量少，应优先用作柱截面。桁架构件常用截面是由双角钢组成的 T 形截面，也可采用剖分 T 型钢。单角钢截面主要用于塔架结构。

轴心受压构件的截面除满足上述要求外，在计算方面应满足：

（1）稳定条件：　　　　$\dfrac{N}{\varphi Af}\leqslant1.0$　　［式（5.66）］

（2）强度条件：

毛截面
$$\frac{N}{A} \leqslant f \quad [式(5.2)]$$

净截面（虚孔处）
$$\frac{N}{A_n} \leqslant 0.7 f_u \quad [式(5.3)]$$

（3）局部稳定条件：

板件宽厚比
$$\frac{b'}{t} \leqslant \left[\frac{b'}{t}\right] \text{和} \frac{h_0}{t_w} \leqslant \left[\frac{h_0}{t_w}\right]$$

（4）刚度条件：

长细比
$$\lambda_x \leqslant [\lambda] \text{和} \lambda_y \leqslant [\lambda]$$

选择截面尺寸主要是依据稳定条件。强度条件只当截面有虚孔或选用 Q390 及以上牌号的低合金高强度结构钢时才有必要考虑。局部稳定性和刚度条件在选用截面时应同时加以注意。

稳定条件式（5.6b）中有两个未知量：φ 和 A。因此选用截面尺寸时，必须先假定一个合适的长细比，从而得到 φ 值，才能由式（5.6b）求得需要的截面面积 A，然后配备截面各部分尺寸。长细比若假定得不合适，就得不到能同时满足所需截面积和回转半径，且又是最小截面面积的截面尺寸。这在下面所举例题 5.6 和例题 5.10 中能明显看到。因此，轴心受压构件的截面设计往往不是一次完成的。下列设计经验对我们正确选好截面尺寸将是有帮助的：

（1）合适长细比 λ 的参考数值

当构件计算长度在 6m 左右，轴心压力设计值 $N \leqslant 1500$kN 时，可假定 $\lambda=80\sim100$；N 为 $3000\sim3500$kN 时，可假定 $\lambda=60\sim70$。压力 N 愈大，则构件宜更"矮胖"，因而长细比 λ 宜小一些。这些数字在一般情况下是如此，但并不绝对。

为得到较为精确的长细比假定值，可参阅书末主要参考资料 [17] 介绍的简捷方法。

（2）截面的近似回转半径

附录 2 附表 2.8 列出了常用柱截面的近似回转半径，由表可得截面轮廓尺寸与回转半径间的近似关系。

（3）柱子的刚度要求

工字形截面柱的截面深度 h 与柱的高度 H 间的适宜比例大致为：

$$\frac{h}{H} = \frac{1}{15} \sim \frac{1}{20}$$

压力 N 愈大，则此比值愈大。

【例题 5.6】设计一焊接 H 形截面轴压柱，钢材为 Q235B，柱子承受永久荷载标准值 $N_{Gk}=360$kN，可变荷载标准值 $N_{Qk}=568$kN，柱上、下两端均为铰接，高度 $l=6.0$m，高度中间不设侧向支撑。翼缘板为火焰切割边。截面无削弱。

【解】Q235 钢钢号修正系数 $\varepsilon_k=1.0$。

（1）设计资料

1）柱上、下端均为铰接，柱高度中间不设置侧向支撑，因而截面两主轴方向柱子的计算长度为：

$$l_{0x} = l_{0y} = l = 6.0\text{m} \quad （参阅表 5.1）$$

2）柱子承受轴心压力设计值：

$$N = 1.3N_{Gk} + 1.5N_{Qk} = 1.3 \times 360 + 1.5 \times 568 = 1320(kN)$$

（2）试选截面方案一

1）H 形截面当 $l_{0x} = l_{0y}$ 时，因 $i_x \gg i_y$，不可能做到 x 和 y 两方向长细比相等，而是由对 y 轴的长细比 λ_y 控制。假设取 $\lambda_y = 100$，则需要 $i_y = \dfrac{l_{0y}}{\lambda_y} = \dfrac{600}{100} = 6$（cm）。

焰割边 H 形截面对 x 轴和 y 轴屈曲时均为 b 类截面（见附表 1.12），查附表 1.19 得 $\lambda = 100$ 时的 $\varphi = 0.555$。

2）由近似回转半径表（见附表 2.8）得 $i_y = 0.24b$，故截面翼缘板宽度：

$$b = \frac{i_y}{0.24} = \frac{6}{0.24} = 25(cm)$$

3）需要截面面积为：

$$A \geqslant \frac{N}{\varphi f} = \frac{1320 \times 10^3}{0.555 \times 215} \times 10^{-2} = 110.6(cm^2)$$

式中，$f = 215N/mm^2$（见附表 1.1）适用于钢材厚度 $t \leqslant 16mm$。

4）按 $b = 25cm$ 和需要 $A = 110.6cm^2$ 两个要求选用截面尺寸为：

翼缘板：　　2—16×250　　　$A_f = 80cm^2$

腹　板：　　1—12×260　　　$\dfrac{A_w = 31.2cm^2}{A = 111.2cm^2 > 110.6cm^2}$

此处为了使腹板厚度不致过大，翼缘板厚度宜尽量选得大一些，用足 $t = 16mm$。H 形截面的深度 h 应不小于翼缘板宽度 b，今取 $h_w = 26cm$（$h = h_w + 2t = 26 + 2 \times 1.6 = 29.2cm$），得：

$$t_w = \frac{A - A_f}{h_w} = \frac{110.6 - 80}{26} = 1.18(cm)$$

故取用腹板厚度为 12mm。

上述试选的截面只是方案的一种，是否最经济，还需进行多方案比较。

（3）试选截面方案二

1）设长细比 $\lambda = 80$：

需要回转半径：　　　　$i_y = \dfrac{l_{0y}}{\lambda} = \dfrac{600}{80} = 7.5$（cm）

b 类截面 $\lambda = 80$ 时，$\varphi = 0.688$。

2）截面宽度：

$$b = \frac{i_y}{0.24} = \frac{7.5}{0.24} = 31.25(cm)$$

采用 $b = 32cm > 31.25cm$。

3）需要截面面积为：

$$A \geqslant \frac{N}{\varphi f} = \frac{1320 \times 10^2}{0.688 \times 215} \times 10^{-2} = 89.2(cm^2)$$

4）试选截面尺寸为：

翼缘板：　　2—10×320　　　$A_f = 64cm^2$

腹　板：　　1—8×310　　　$\dfrac{A_w = 24.8cm^2}{A = 88.8cm^2 \approx 89.2cm^2}$

（4）试选截面方案三

1）设长细比 $\lambda = 70$：

需要回转半径：
$$i_y = \frac{l_{0y}}{\lambda} = \frac{600}{70} = 8.57 \text{（cm）}$$

b 类截面 $\lambda = 70$ 时，$\varphi = 0.751$。

2）截面宽度：
$$b = \frac{i_y}{0.24} = \frac{8.57}{0.24} = 35.7 \text{(cm)}$$

采用 $b = 36\text{cm} > 35.7\text{cm}$。

3）需要截面面积为：
$$A \geqslant \frac{N}{\varphi f} = \frac{1320 \times 10^2}{0.751 \times 215} \times 10^{-2} = 81.8 \text{(cm}^2\text{)}$$

4）试选截面尺寸为：

根据翼缘板自由外伸宽厚比要求（忽略腹板厚度）：
$$b \leqslant (10 + 0.1\lambda)\varepsilon_k \cdot t \times 2$$

$$t \geqslant \frac{b}{(10 + 0.1 \times 70) \times 1.0 \times 2} = \frac{36}{34} = 1.06 \text{(cm)}$$

采用翼缘板 2-12×360，$A_f = 86.4\text{cm}^2$，已大于需要的 $A = 81.8\text{cm}^2$，说明假定的 $\lambda = 70$ 偏小，因而要求的翼缘板宽度偏大，不合适。

比较上述三个方案，方案二所需钢材最少，决定采用此方案，截面如图 5.34 所示。

图 5.34 例题 5.6 所选截面尺寸

（5）所选截面的几何特性

截面面积：
$$A = 2 \times 31 \times 1 + 31 \times 0.8 = 88.8 \text{（cm}^2\text{）}$$

惯性矩：
$$I_x = \frac{1}{12}\left[32 \times 33^3 - (32 - 0.8) \times 31^3\right] = 18375\text{(cm}^4\text{)}$$

$$I_y = 2 \times \frac{1}{12} \times 1 \times 32^3 = 5461\text{(cm}^4\text{)}$$

回转半径：
$$i_x = \sqrt{\frac{I_x}{A}} = \sqrt{\frac{18375}{88.8}} = 14.39\text{(cm)}$$

$$i_y = \sqrt{\frac{I_y}{A}} = \sqrt{\frac{5461}{88.8}} = 7.84\text{(cm)}$$

长细比：
$$\lambda_x = \frac{l_{0x}}{i_x} = \frac{600}{14.39} = 41.7$$

$$\lambda_y = \frac{l_{0y}}{i_y} = \frac{600}{7.84} = 76.5 < [\lambda] = 150$$

受压构件的长细比限值 $[\lambda]$ 见附表 1.16。

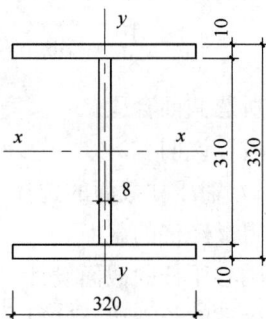

（6）截面验算

1）稳定性验算

由 $\lambda_y = 76.5$ 查 b 类截面得 $\varphi = 0.7105$。

$$\frac{N}{\varphi A f} = \frac{1320 \times 10^3}{0.7105 \times 88.8 \times 10^2 \times 215} = 0.973 < 1.0,\text{可}。$$

2）强度验算

因截面无削弱，$A_n = A$，Q235 钢无须再验算强度。

3）局部稳定性验算（见表 5.4）

翼缘板自由外伸宽厚比：

$$\frac{b'}{t} = \frac{320-8}{2 \times 10} = 15.6 < (10 + 0.1\lambda)\varepsilon_k = (10 + 0.1 \times 76.5) \times 1 = 17.7,\text{可}。$$

腹板高厚比：

$$\frac{h_0}{t_w} = \frac{310}{8} = 38.8 < (25 + 0.5\lambda)\varepsilon_k = (25 + 0.5 \times 76.5) \times 1 = 63.3,\text{可}。$$

所选截面合适。

（7）说明

1）轴压柱截面的选择，可有数种满足稳定等条件的不同结果。应多做几种方案，方能选得最经济的截面。

轴心压杆的截面设计，关键是预先假定合适的长细比。上述例题中是通过计算比较来确定合适的长细比，这只是方法之一。事实上压杆稳定验算公式中的两个未知量——稳定系数 φ 和截面面积 A 并不是毫无关联的。通过分析，对每一种截面形式的压杆，都可以找到其两者的近似关系，利用这种近似关系可以方便地确定合适的长细比[1]。按书末主要参考资料［17］方法，本例题的合适长细比假定为 78.4。

2）当选用钢板的厚度大于 5mm 时，厚度 t 宜用毫米（mm）的偶数，如采用 $t = 6mm$，8mm，…，以便备料。

3）轴压柱工字形截面腹板与翼缘板的角焊缝连接，因仅当柱子弯曲时才受力，且受力甚小，焊缝尺寸按构造要求确定，无须计算。本例题中可用 $h_f = 5mm$（见表 3.3）。

【例题 5.7】同例题 5.6，但在柱高度中点截面的 x 轴方向设一侧向支撑点，使 $l_{0y} = 3.00m$，见图 5.35（a）。翼缘板的钢板为剪切边。试选择此柱的焊接工字形截面尺寸。

【解】（1）设计资料

1）构件计算长度：

$$l_{0x} = 1.0l = 6.0m, \quad l_{0y} = 0.5l = 3.0m$$

2）构件所受设计荷载：

$$N = 1320kN（见例题 5.6）$$

（2）初选截面

1）假设 $\lambda_x = 48$ 和 $\lambda_y = 43$：

按附表 1.12，截面对 x 轴弯曲屈曲时为 b 类截面，对 y 轴为 c 类截面。

---

❶ 姚谏．钢结构轴心受压构件和压弯构件截面的直接设计法．建筑结构，1997（6），13-18。

b 类截面：$\lambda_x = 48$ 时，$\varphi = 0.865$

c 类截面：$\lambda_y = 43$ 时，$\varphi = 0.820 < 0.865$

2）需要的回转半径及柱截面轮廓尺寸：

$$i_x \geq \frac{l_{0x}}{\lambda_x} = \frac{600}{48} = 12.5 \text{ （cm）}$$

$$i_y \geq \frac{l_{0y}}{\lambda_y} = \frac{300}{43} = 6.98 \text{ （cm）}$$

由近似回转半径关系，得：

需要翼缘板宽度：$b \geq \dfrac{i_y}{0.24} = \dfrac{6.98}{0.24} = 29.1$ （cm），取 $b = 290$mm。

需要截面高度：$h \geq \dfrac{i_x}{0.43} = \dfrac{12.5}{0.43} = 29.1$ （cm），取 $h_w = 270$mm。

3）需要截面面积为：

$$A \geq \frac{N}{\varphi f} = \frac{1320 \times 10^3}{0.820 \times 215} \times 10^{-2} = 74.9 (\text{cm}^2)$$

4）试选截面尺寸为：

翼缘板　　　　2—10×290　　　$A_f = 58\text{cm}^2$

腹　　板　　　1—6×270　　　　$\dfrac{A_w = 16.2\text{cm}^2}{A = 74.2\text{cm}^2 \approx 74.9\text{cm}^2}$

上述选用时取一块翼缘板面积 $bt = (0.35 \sim 0.4)A = 26.2 \sim 30.0 (\text{cm}^2)$、腹板面积 $h_w t_w \approx A - 2bt$ 并考虑了局部稳定需要，以减少验算后返工。

（3）截面几何特性

所选截面尺寸如图 5.35 所示。

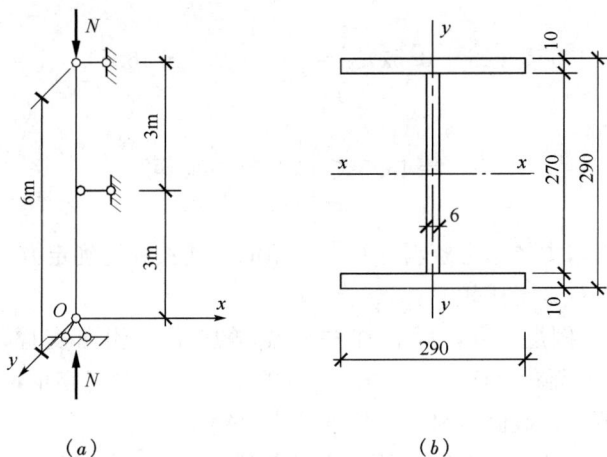

图 5.35　例题 5.7 所选截面尺寸

（a）计算简图；（b）截面尺寸

截面面积：　　　　$A = 2 \times 1 \times 29 + 0.6 \times 27 = 74.2$ （cm^2）

惯性矩：　　$I_x = \dfrac{1}{12}[29 \times 29^3 - (29 - 0.6) \times 27^3] = 12357(\text{cm}^4)$

$$I_y = 2 \times \frac{1}{12} \times 1 \times 29^3 = 4065 \ (\text{cm}^4)$$

回转半径:
$$i_x = \sqrt{\frac{I_x}{A}} = \sqrt{\frac{12357}{74.2}} = 12.90 \ (\text{cm})$$

$$i_y = \sqrt{\frac{I_y}{A}} = \sqrt{\frac{4065}{74.2}} = 7.40 \ (\text{cm})$$

长细比:
$$\lambda_x = \frac{l_{0x}}{i_x} = \frac{600}{12.9} = 46.5$$

$$\lambda_y = \frac{l_{0y}}{i_y} = \frac{300}{7.40} = 40.5$$

(4) 截面验算

1) 整体稳定性:

由 $\lambda_x = 46.5$ 查 b 类截面 (附表 1.19) 得 $\varphi = 0.872$。

由 $\lambda_y = 40.5$ 查 c 类截面 (附表 1.20) 得 $\varphi = 0.836$。

$$\frac{N}{\varphi A f} = \frac{1320 \times 10^3}{0.836 \times 74.2 \times 10^2 \times 215} = 0.990 < 1.0,\ 可。$$

2) 强度不需验算。

3) 局部稳定性 (见表 5.4):

$$\lambda_{\max} = \max\ \{\lambda_x,\ \lambda_y\} = \lambda_x = 46.5$$

翼缘板自由外伸宽厚比:

$$\frac{b'}{t} = \frac{290 - 6}{2 \times 10} = 14.2 < (10 + 0.1\lambda)\varepsilon_k = (10 + 0.1 \times 46.5) \times 1 = 14.7,\ 可。$$

腹板高厚比:

$$\frac{h_0}{t_w} = \frac{270}{6} = 45 < (25 + 0.5\lambda)\varepsilon_k = (25 + 0.5 \times 46.5) \times 1 = 48.3,\ 可。$$

4) 刚度:

$$\lambda_{\max} = 46.5 < [\lambda] = 150,\ 可。$$

所选截面合适。

本例题采用了书末主要参考资料 [17] 介绍的合适长细比确定方法, 据此选择的截面较为经济, 可不再进行方案比较。

比较例题 5.6 与例题 5.7, 后者在柱中点增加了一侧向支撑, 所需截面面积为 74.2cm², 比前者截面面积 ($A = 88.8$cm²) 节省 16.4%。对工字形截面柱, 在侧向增设中间支撑点, 常能节省柱截面钢材, 但增加了支撑钢材。

【例题 5.8】 同例题 5.6, 但轴心压力设计值增加一倍, 即 $N = 2640$kN, 试选用热轧 H 型钢截面。

【解】 由例题 5.6 可知 $l_{0x} = l_{0y} = l = 6.0$m。

选用宽翼缘热轧 H 型钢。钢材为 Q235 的宽翼缘热轧 H 型钢 (截面的宽高比 $b/h > 0.8$), 对 x 轴为 b 类截面, 对 y 轴为 c 类截面 (见附表 1.12 下注 1)。

(1) 试选截面

因 $l_{0x}=l_{0y}$、H 型钢截面的 $I_x>I_y$，截面尺寸由绕 y 轴的整体稳定控制。

设 $\lambda_y=70$，c 类截面，查附表 1.20 得 $\varphi=0.643$。

需要截面面积：

$$A=\frac{N}{\varphi f}=\frac{2640\times10^3}{0.643\times205}\times10^{-2}=200.3(\mathrm{cm}^2)$$

需要回转半径：

$$i_y=\frac{l_{0y}}{\lambda_y}=\frac{600}{70}=8.57\ (\mathrm{cm})$$

查型钢表（附表 2.7），试选 HW394$\times$398$\times$11$\times$18，供给：$A=186.8\mathrm{cm}^2$，$i_x=17.3\mathrm{cm}$，$i_y=10.1\mathrm{cm}$。

（2）整体稳定性验算

由 $\lambda_y=\dfrac{600}{10.1}=59.4<[\lambda]=150$，查得 $\varphi=0.7126$（c 类截面）。

$$\frac{N}{\varphi Af}=\frac{2640\times10^3}{0.7126\times186.8\times10^2\times205}=0.967<1.0，可。$$

（3）说明

1）热轧 H 型钢的符号：HW 代表宽翼缘 H 型钢，其后为截面高度$\times$截面宽度$\times$腹板厚度$\times$翼缘厚度，单位为 mm。

2）由于所选截面翼缘厚度大于 16mm，故钢材强度设计值为 $f=205\mathrm{N/mm}^2$（见附表 1.1）。

3）按《热轧 H 型钢和部分 T 型钢》GB/T 11263—2017，对热轧 H 型钢 HW 截面（见下文第 6 章第 6.7 节表 6.3）：翼缘板自由外伸宽厚比 $b'/t\leqslant12$，腹板高厚比$\leqslant28.6$。因此，由表 5.4 可见，对采用 Q235 钢的热轧 H 型钢 HW 截面轴心受压构件，局部稳定性必然满足要求，不必验算。

【例题 5.9】试设计一焊接箱形截面轴心受压构件。钢材为 Q235B。柱高 9m，上端铰接，下端固定（图 5.36）。承受轴心压力永久荷载标准值 $N_{Gk}=1350\mathrm{kN}$，可变荷载标准值 $N_{Qk}=2850\mathrm{kN}$。

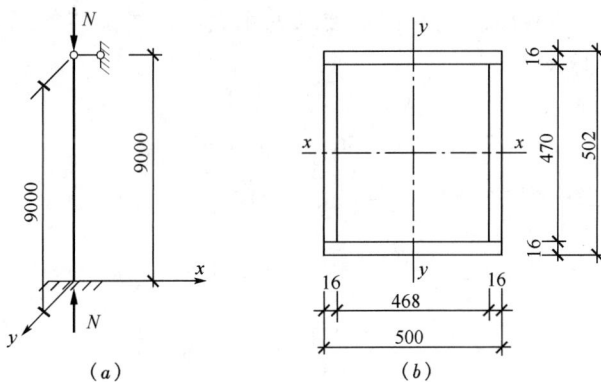

图 5.36　例题 5.9 图

（a）柱子简图；（b）箱形截面尺寸

【解】（1）设计资料

1）荷载设计值：

$$N=1.3N_{Gk}+1.5N_{Qk}=1.3\times1350+1.5\times2850=6030\ (\mathrm{kN})$$

2）计算长度：

按前文表 5.1，得：

$$l_{0x} = l_{0y} = 0.8l = 0.8 \times 9 = 7.2 \text{（m）}$$

（2）试选截面

假设 $\lambda_x = \lambda_y = 38$，需要：

$$i_x = \frac{l_{0x}}{\lambda_x} = \frac{720}{38} = 18.9 \text{（cm）}$$

$$i_y = \frac{l_{0y}}{\lambda_y} = \frac{720}{38} = 18.9 \text{（cm）}$$

板件宽厚比大于 20 的焊接箱形截面对 x 轴和 y 轴弯曲屈曲时，都属 b 类截面（见附表 1.12），查附表 1.19 得稳定系数 $\varphi = 0.906$。

需要截面面积：

$$A = \frac{N}{\varphi f} = \frac{6030 \times 10^3}{0.906 \times 215} \times 10^{-2} = 309.6 \text{（cm}^2\text{）}$$

由近似回转半径关系（见附表 2.8）可得柱截面的大致轮廓尺寸：

$$b = \frac{i_y}{0.39} = \frac{18.9}{0.39} = 48.5 \text{（cm）}$$

$$h = \frac{i_x}{0.39} = \frac{18.9}{0.39} = 48.5 \text{（cm）}$$

根据需要的截面面积 A 和柱截面大致轮廓尺寸 $b \times h$，选用截面如下［见图 5.36 (b)］：

翼缘板：2—16×500
腹　板：2—16×470

所取翼缘板宽度 b 和截面高度 h 都比要求的稍大，目的是使板厚 $t = 16\text{mm}$，否则 f 值将降低（见附表 1.1）。

（3）截面几何特性

截面面积：　　　　$A = 2 \times 1.6 \times (50 + 47) = 310.4 \text{(cm}^2)$

惯性矩：　　$I_x = \frac{1}{12}\left[50 \times 50.2^3 - 46.8 \times 47^3\right] = 122199 \text{(cm}^4)$

$$I_y = \frac{1}{12}(50.2 \times 50^3 - 47 \times 46.8^3) = 121446 \text{(cm}^4)$$

回转半径：　　　　$i_x = \sqrt{\frac{I_x}{A}} = \sqrt{\frac{122199}{310.4}} = 19.84 \text{(cm)}$

$$i_y = \sqrt{\frac{I_y}{A}} = \sqrt{\frac{121446}{310.4}} = 19.78 \text{(cm)}$$

长细比：　　　　　$\lambda_x = \frac{l_{0x}}{i_x} = \frac{720}{19.84} = 36.3$

$$\lambda_y = \frac{l_{0y}}{i_y} = \frac{720}{19.78} = 36.4 \begin{matrix} > 36.3 \\ < [\lambda] = 150 \end{matrix}$$

（4）截面验算

1）整体稳定性：

由附表 1.19（Q235 钢 b 类截面）得 $\lambda=36.4$ 时 $\varphi=0.912$。钢板厚 16mm 时 $f=215\text{N/mm}^2$。

$$\frac{N}{\varphi A f}=\frac{6030\times10^3}{0.912\times310.4\times10^2\times215}=0.991<1.0,\text{ 可。}$$

2）因截面无削弱，Q235 钢不需再进行强度验算。

3）局部稳定性（见表 5.4）：

翼缘板：
$$\frac{b_0}{t}=\frac{500}{16}=31.3<40\varepsilon_k=40,\text{ 可。}$$

腹　板：
$$\frac{h_0}{t_w}=\frac{470}{16}=29.4<40\varepsilon_k=40,\text{ 可。}$$

$\dfrac{b_0}{t}>20$，$\dfrac{h_0}{t_w}>20$，确属 b 类截面。柱截面深度与柱高之比为 $502/9000=1/17.9$。

所选截面合适。

【例题 5.10】某钢屋架的上弦压杆，已知计算长度 $l_{0x}=150\text{cm}$，$l_{0y}=300\text{cm}$，承受轴心压力设计值 $N=780\text{kN}$。采用双角钢组成 T 形截面如图 5.37 所示，角钢竖边间节点板厚度为 12mm。采用 Q235B 钢。试按整体稳定性要求选择此上弦杆的角钢截面。

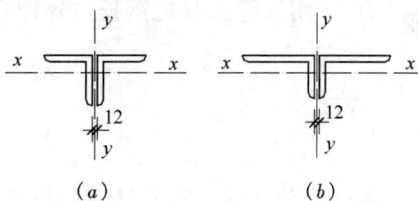

图 5.37　例题 5.10 上弦杆截面形式
（a）等边角钢方案；
（b）长边外伸不等边角钢方案

【解】（1）试选截面

双角钢截面不论对 x 轴和 y 轴屈曲，都为 b 类截面（见附表 1.12）。

1）选用等边双角钢 T 形截面 [图 5.37（a）]

假设：$\lambda_x=45$，$\lambda_y=58$

需要截面回转半径：

$$i_x\geqslant\frac{l_{0x}}{\lambda_x}=\frac{150}{45}=3.33(\text{cm})$$

$$i_y\geqslant\frac{l_{0y}}{\lambda_y}=\frac{300}{58}=5.17(\text{cm})$$

$\lambda_y>\lambda_x$，整体稳定性由对 y 轴弯扭屈曲控制，取考虑弯扭效应不利影响的换算长细比 $\lambda_{yz}\approx1.15\lambda_y=66.7$，查附表 1.19，得 $\varphi=0.771$。

需要截面面积：

$$A\geqslant\frac{N}{\varphi f}=\frac{780\times10^3}{0.771\times215}\times10^{-2}=47.05(\text{cm}^2)$$

由所需截面面积 A 和回转半径 i_x、i_y，查附表 2.1，选 $2\angle125\times10$，供给：$A=2\times24.37=48.74\ \text{cm}^2$，$i_x=3.85\text{cm}$，$i_y=5.59\text{cm}$，均满足要求。

2）选用不等边双角钢长边外伸 T 形截面 [图 5.37（b）]

假设：$\lambda_x=61$，$\lambda_y=49$

需要截面回转半径：

$$i_x \geqslant \frac{l_{0x}}{\lambda_x} = \frac{150}{61} = 2.46(\text{cm})$$

$$i_y \geqslant \frac{l_{0y}}{\lambda_y} = \frac{300}{49} = 6.12(\text{cm})$$

对 y 轴弯扭屈曲时，取考虑扭转效应不利影响的换算长细比 $\lambda_{yz} \approx 1.05\lambda_y = 51.5 < \lambda_x = 61$，故整体稳定性由绕 x 轴弯曲屈曲控制。按 $\lambda = 61$ 查附表 1.19，得 $\varphi = 0.802$。

需要截面面积：

$$A \geqslant \frac{N}{\varphi f} = \frac{780 \times 10^3}{0.802 \times 215} \times 10^{-2} = 45.24(\text{cm}^2)$$

由所需截面面积 A 和回转半径 i_x、i_y，查附表 2.3，选 $2\angle 140 \times 90 \times 10$，供给：$A = 44.52\text{cm}^2$，$i_x = 2.56\text{cm}$，$i_y = 6.84\text{cm}$，与所需非常接近。

（2）整体稳定性验算

1）选用等边双角钢 T 形截面：

验算见前述例题 5.5，所选截面合适。

2）选用不等边双角钢长边外伸 T 形截面：

$$\lambda_x = \frac{l_{0x}}{i_x} = \frac{150}{2.56} = 58.6$$

$$\lambda_y = \frac{l_{0y}}{i_y} = \frac{300}{6.84} = 43.9$$

按简化公式（5.54）计算换算长细比 λ_{yz}。

$$\lambda_z = 3.7 \frac{b_1}{t} = 3.7 \times \frac{140}{10} = 51.8 > \lambda_y = 43.9$$

由式（5.54b）可得：

$$\lambda_{yz} = \lambda_z \left[1 + 0.06 \left(\frac{\lambda_y}{\lambda_z} \right)^2 \right] = 51.8 \times \left[1 + 0.06 \left(\frac{43.9}{51.8} \right)^2 \right]$$

$$= 51.8 \times 1.043 = 54.0 < \lambda_x = 58.6$$

由于 $\lambda_x > \lambda_{yz}$，按 $\lambda_x = 58.6$ 查附表 1.19，得 $\varphi = 0.815$。

$$\frac{N}{\varphi A f} = \frac{780 \times 10^3}{0.815 \times 44.52 \times 10^2 \times 215} = 0.9999 < 1.0，可。$$

所选截面合适。

综上，选用不等边双角钢长边外伸的 T 形截面更经济。对轴心受压的桁架杆件，当 $l_{0y} \geqslant 2l_{0x}$ 时，一般宜首选不等边双角钢长边外伸的 T 形截面。

【例题 5.11】某焊接工字形截面轴心受压柱，截面由 2—14×380 和 1—6×400 组成，翼缘板为剪切边。承受的轴心压力设计值 $N = 2200\text{kN}$（包括柱的自重），计算长度 $l_{0x} = 2l_{0y} = l = 8\text{m}$。钢板为 Q235B 钢。试验算此柱截面。

【解】由 Q235 钢、板厚 $<16\text{mm}$，得：$f = 215\text{N/mm}^2$，$\varepsilon_k = 1.0$。

（1）柱截面验算

1）截面几何特性计算

截面面积：$\quad A = 2 \times 38 \times 1.4 + 40 \times 0.6 = 130.4(\text{cm}^2)$

惯性矩：

$$I_x = \frac{1}{12}\left[38 \times (40 + 2 \times 1.4)^3 - (38 - 0.6) \times 40^3\right] = 48809(\text{cm}^4)$$

$$I_y = \frac{1}{12}(1.4 \times 38^3 \times 2 + 40 \times 0.6^3) = 12804(\text{cm}^4)$$

回转半径：

$$i_x = \sqrt{\frac{I_x}{A}} = \sqrt{\frac{48809}{130.4}} = 19.35(\text{cm})$$

$$i_y = \sqrt{\frac{I_y}{A}} = \sqrt{\frac{12804}{130.4}} = 9.91(\text{cm})$$

2）构件刚度验算

$$\lambda_x = \frac{l_{0x}}{i_x} = \frac{800}{19.35} = 41.3 \ , \ \varphi_x = 0.894（\text{b 类截面}）$$

$$\lambda_y = \frac{l_{0y}}{i_y} = \frac{800/2}{9.91} = 40.4 \ , \ \varphi_y = 0.837（\text{c 类截面}）$$

$$\lambda_{\max} = 41.3 < [\lambda] = 150 \ , \ 可。$$

3）整体稳定性验算

$$\frac{N}{\varphi A f} = \frac{2200 \times 10^3}{0.837 \times 130.4 \times 10^2} = 0.938 < 1.0，可。$$

4）板件局部稳定性验算

翼缘板自由外伸宽厚比：

$$\frac{b'}{t} = \frac{(380 - 6)/2}{14} = 13.4 < (10 + 0.1\lambda)\varepsilon_k = (10 + 0.1 \times 41.3) \times 1.0 = 14.1，可。$$

腹板高厚比：

$$\frac{h_0}{t_w} = \frac{400}{6} = 66.7 > \begin{cases} (25 + 0.5\lambda)\varepsilon_k = (25 + 0.5 \times 41.3) \times 1.0 = 45.7 \\ \alpha \cdot (25 + 0.5\lambda)\varepsilon_k = 1.033 \times 45.7 = 47.2 \end{cases}$$

不满足局部稳定性要求，式中 $\alpha = \sqrt{\varphi A f / N} = \sqrt{1/0.938} = 1.033$ 是轴心压力 N 小于稳定承载力 $\varphi A f$ 时的板件宽（高）厚比限值放大系数（见表 5.4 下注 2）。

（2）按有效截面验算

因构件承载力有一定富余，根据腹板屈曲后强度的概念，将腹板取有效部分面积［有效截面，参阅图 5.33（b）］$A_{we} = h_{we} t_w$，重新计算构件的强度和整体稳定性。若满足要求，则构件能安全承载，腹板的局部稳定性可不予考虑。

1）强度验算

截面无削弱，$A_{ne} = A_e$，强度无须验算。

2）整体稳定性验算［式（5.69）～式（5.74）］

因 $h_0/t_w = 66.7 > 42\varepsilon_k = 42$ 且 $\lambda_{\max} = 41.3 < 52\varepsilon_k = 52$，腹板的正则化宽厚比 $\lambda_{n,p}$ 和有效截面系数 ρ 分别为：

$$\lambda_{n,p} = \frac{h_0/t_w}{56.2\varepsilon_k} = \frac{66.7}{56.2 \times 1.0} = 1.187$$

$$\rho = \frac{1}{\lambda_{n,p}}\left(1 - \frac{0.19}{\lambda_{n,p}}\right) = \frac{1}{1.187}\left(1 - \frac{0.19}{1.187}\right) = 0.708$$

有效毛截面面积：

$$A_e = 2bt + \rho h_w t_w = 2 \times 38 \times 1.4 + 0.708 \times 40 \times 0.6 = 123.39 (\text{cm}^2)$$

$$\frac{N}{\varphi A_e f} = \frac{2200 \times 10^3}{0.837 \times 123.39 \times 10^2 \times 215} = 0.991 < 1.0，可。$$

因此，本例题中的轴心受压柱截面可以安全承载，不必增设腹板纵向加劲肋或加厚腹板。

5.11 格构式轴心受压构件的计算

一、格构式轴心受压构件的组成及应用

格构式轴心受压构件（或轴心受压柱）主要是由两个或两个以上相同截面的分肢用缀件相连而成，分肢的截面常为热轧槽钢、热轧工字钢和热轧角钢等，如图 5.38 所示。截面中垂直于分肢的形心轴 [图 5.38（a）中的 x 轴] 称为实轴，垂直于缀件平面的形心轴 [图 5.38（a）中的 y 轴和图 5.38（b）中的 x 与 y 轴] 称为虚轴，图 5.38（c）所示三肢格构式柱截面中的 x 轴与 y 轴均为虚轴。缀件主要有缀条和缀板两种形式，如图 5.39 所示，因缀件并非连续，在图 5.38 的截面图上常用虚线表示。

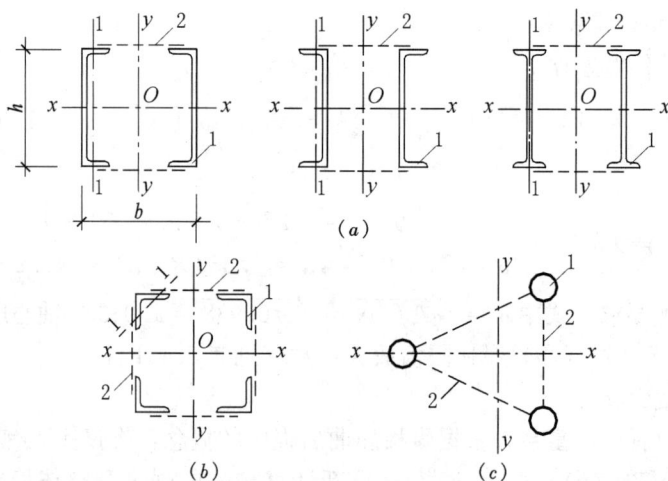

图 5.38　格构式轴心受压构件常用截面
1—分肢；2—缀件

格构式柱的分肢轴线间距可以根据需要进行调整，使截面对虚轴有较大的惯性矩，因而适用于荷载不大而柱身高度较大的情况。当格构式柱截面宽度较大时，因缀条柱的刚度较缀板柱大，宜采用缀条柱。

二、格构式轴心受压构件的稳定性能

当轴心受压的格构式构件绕截面的实轴失稳时，其稳定性能与实腹式构件无异，稳定性验算条件与实腹柱相同；当绕截面的虚轴失稳时，由于两分肢之间不是实体相连，构件在缀件平面内的抗剪刚度较小，构件的稳定性将受到剪切变形的影响（如不考虑这个影响，计算结果将会产生较大的误差）。

在本章第 5.4 节中曾推导了考虑剪切变形影响的欧拉公式为：

$$N_{cr} = \frac{N_E}{1 + \frac{nN_E}{AG}} = \frac{N_E}{1 + \gamma_1 N_E} \quad [\text{式}(5.9)]$$

式中　N_E——不考虑剪切变形影响的欧拉临界荷载，即 $N_E = \pi^2 EI / l_0^2$；

　　　　γ_1——单位剪力作用下的剪应变。

实腹式柱中一般取 $\gamma_1 = 0$，因而 $N_{cr} = N_E$。格构式柱中 $\gamma_1 > 0$，因而 $N_{cr} < N_E$。

若把式（5.9）改写为：

$$N_{cr} = \frac{\pi^2 EA}{\lambda^2 (1 + \gamma_1 N_E)} = \frac{\pi^2 EA}{\lambda_0^2} \quad (5.75)$$

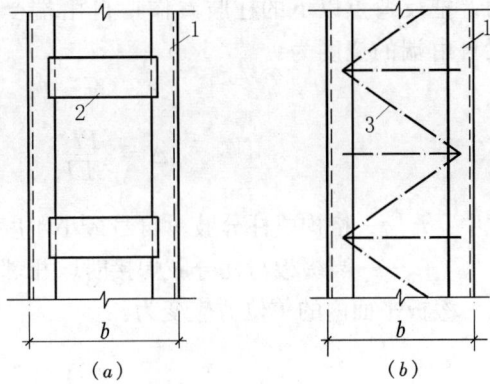

图 5.39　缀板柱和缀条柱

(a) 缀板柱；(b) 缀条柱

1—柱分肢（槽钢）；2—缀板；3—缀条

其中
$$\lambda_0 = \lambda \sqrt{1 + \gamma_1 N_E} \tag{5.76}$$

称 λ_0 为换算长细比。用换算长细比代替欧拉公式中的长细比 λ，则可得考虑剪力影响的欧拉公式。

《钢标》中对用缀板连接和用缀条连接的双肢柱 [图 5.38 (a)] 的换算长细比分别规定为：

缀板柱：
$$\lambda_{0y} = \sqrt{\lambda_y^2 + \lambda_1^2} \tag{5.77}$$

缀条柱：
$$\lambda_{0y} = \sqrt{\lambda_y^2 + 27A/A_{dy}} \tag{5.78}$$

式中　λ_y——整个构件对虚轴（y 轴）的长细比；

　　　　λ_1——分肢对自身最小刚度轴 1-1 的长细比，其计算长度取为：焊接时，为相邻两缀板的净距离；螺栓连接时，为相邻两缀板边缘螺栓的距离；

　　　　A——整个构件的毛截面面积；

　　　　A_{dy}——构件截面中垂直于虚轴 y 的各斜缀条毛截面面积之和。

格构式轴心受压构件绕虚轴的稳定系数 φ 应由换算长细比确定。

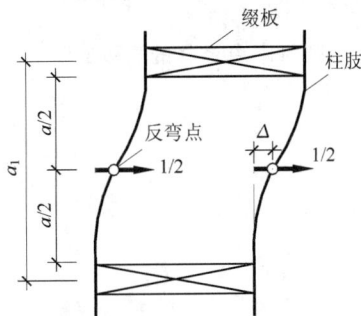

图 5.40　缀板柱在缀板平面内的侧移变形

《钢标》中还对四肢格构式柱和三肢格构式柱的换算长细比给出了计算式，这里从略。

式（5.77）和式（5.78）都直接来自式（5.76），推导如下：

分析缀板柱在缀板平面内的变形时，一般都把缀板柱看作一单跨多层刚架，并假设缀板为刚架的横梁，具有无限刚度，柱的两个分肢分别为单跨刚架的两个柱子。当刚架发生侧移时，柱肢上的反弯点假设位于柱肢的中点，如图 5.40 所示。在单位剪力作用下，每一柱肢在反弯点处弯矩为零但承受 1/2 水平剪

203

力。把反弯点以下的柱肢看作一自由端受集中荷载的悬臂梁，则由材料力学可得悬臂梁自由端的挠度为：

$$\Delta = \frac{Pl^3}{3EI_1} = \frac{\frac{1}{2}\left(\frac{a}{2}\right)^3}{3EI_1} = \frac{a^3}{48EI_1}$$

式中　I_1——格构式柱分肢对自身最小刚度轴的惯性矩；

　　a——当缀板与柱分肢焊接时取相邻两缀板间的净距。

缀板平面内的单位剪应变为：

$$\gamma_1 = \frac{\Delta}{\dfrac{a}{2}} = \frac{a^2}{24EI_1}$$

由式（5.70）得：

$$\lambda_0 = \lambda\sqrt{1 + \gamma_1 N_E} = \sqrt{\lambda^2 + \frac{a^2}{24EI_1}(\pi^2 EA)}$$

$$= \sqrt{\lambda^2 + \frac{2\pi^2}{24}\lambda_1^2} \approx \sqrt{\lambda^2 + \lambda_1^2}$$

其中，$I_1 = A_1 i_1^2$，$A = 2A_1$，$\lambda_1 = a/i_1$，λ_1 为分肢对其最小刚度轴 1-1 的长细比。

近似取 $2\pi^2/24 \approx 1$。

由此得：

当 x 轴为虚轴时　$\left.\begin{array}{l}\lambda_{0x} = \sqrt{\lambda_x^2 + \lambda_1^2} \\[6pt] \lambda_{0y} = \sqrt{\lambda_y^2 + \lambda_1^2}\end{array}\right\}$　[式（5.77）]

当 y 轴为虚轴时

分析缀条柱在缀条平面内的变形时，一般都把缀条柱看作一竖向桁架，柱的两个分肢分别为此桁架的两弦杆，斜缀条和横缀条则为桁架的腹杆，如图 5.41 所示。可以得出单位剪力作用下的剪应变 γ_1 如下。

在单位剪力作用下，斜缀条的伸长变形由材料力学公式得：

$$\Delta_d = \frac{\dfrac{1}{\sin\alpha} \cdot \dfrac{a_1}{\cos\alpha}}{EA_d} = \frac{a_1}{EA_d \sin\alpha\cos\alpha}$$

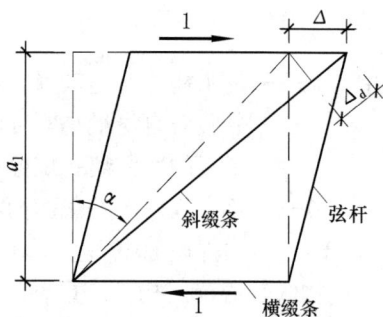

图 5.41　缀条柱的侧移变形

式中　　　　　α——斜缀条与柱轴线间的夹角；

$1/\sin\alpha$、$a_1/\cos\alpha$——前后两斜缀条的轴心力、长度；

　　　　　A_d——前后两斜缀条的横截面面积。

因水平变形为：　　$\Delta = \dfrac{\Delta_d}{\sin\alpha} = \dfrac{a_1}{EA_d \sin^2\alpha\cos\alpha}$

得单位剪应变：　　$\gamma_1 = \dfrac{\Delta}{a_1} = \dfrac{1}{EA_d \sin^2\alpha\cos\alpha}$

代入式（5.76）得：

$$\lambda_0 = \lambda\sqrt{1 + \gamma_1 N_E} = \sqrt{\lambda^2 + \gamma_1 \pi^2 EA}$$

$$=\sqrt{\lambda^2+\frac{\pi^2}{\sin^2\alpha\cos\alpha}\cdot\frac{A}{A_d}}$$

当 α 在 45°左右时，$\pi^2/(\sin^2\alpha\cos\alpha)\approx 27$，于是得：

$$\lambda_0=\sqrt{\lambda^2+27\frac{A}{A_d}}$$

当 x 轴为虚轴时：

$$\lambda_{0x}=\sqrt{\lambda_x^2+27\frac{A}{A_{dx}}}$$

当 y 轴为虚轴时：

$$\lambda_{0y}=\sqrt{\lambda_y^2+27\frac{A}{A_{dy}}}$$

此即前述式（5.78）。

三、格构式柱分肢的承载力

对格构式构件，除验算整个构件对其实轴和虚轴两个方向的稳定性外，还应考虑其分肢的承载力（稳定性、强度）。在理想情况下，轴心受压构件两分肢的受力是相同的，即各承担所受轴力的一半。但在实际情况下，由于初弯曲和初偏心等初始缺陷，两分肢的受力是不等的，且除了轴力还承受弯矩和剪力作用（缀板柱）。同时，分肢本身又可能存在初弯曲等缺陷。这些因素都对分肢的承载力不利。因此，对分肢的承载力不容忽视。

分肢承载力应如何验算？在我国《钢标》中未作明文规定。欧洲钢结构协会（ECCS）的《欧洲钢结构建议》中对此有较完善的规定，现介绍如下。

设一有等效初弯曲（即把其他缺陷的影响考虑在初弯曲影响之内）的轴心受力构件如图 5.42（a）所示，构件中点的初挠度为 v_0，构件的初弯曲曲线为 $y_0=v_0\sin\frac{\pi z}{l}$，则受荷载后构件的挠度曲线将为：

$$Y=\frac{y_0}{1-\dfrac{N}{N_{cr}}}=\frac{v_0\sin\dfrac{\pi z}{l}}{1-\dfrac{N}{N_{cr}}}$$

上式在前面第 5.5 节中已有推导，但由于现在讨论的对象是格构式柱，因而式中需用考虑剪切变形影响的欧拉临界荷载 N_{cr}［式（5.75）］代替第 5.5 节中未考虑剪切变形影响的欧拉临界荷载 N_E。

由受荷载后构件的挠度曲线可知，发生于构件中点处的挠度为最大，其值为：

$$v_{\max}=Y_{z=l/2}=v_0\Big/\Big(1-\frac{N}{N_{cr}}\Big)$$

发生于构件端部的轴线转角为最大，其值为：

$$\theta_{\max}=\frac{dY}{dz}\Big|_{z=0}=\frac{v_0\pi}{l}\Big/\Big(1-\frac{N}{N_{cr}}\Big)$$

于是构件中点截面处的内力为［图 5.42（b）、（c）］：

轴心压力：N

弯矩：　　　$M=Nv_{\max}=Nv_0\Big/\Big(1-\frac{N}{N_{cr}}\Big)$

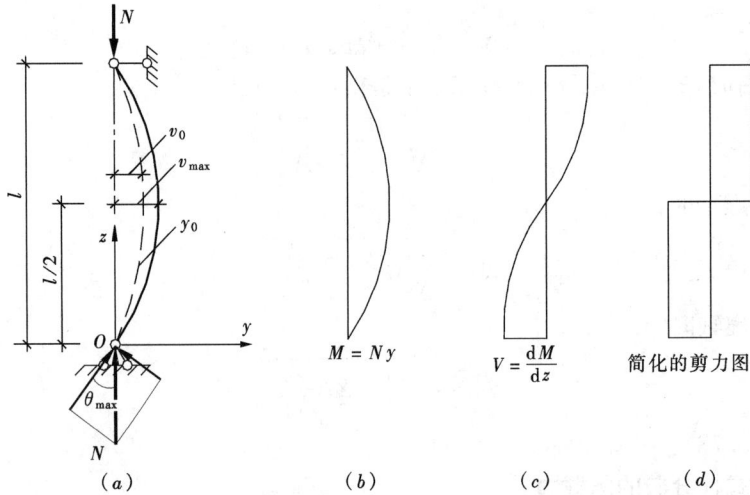

图 5.42　有初弯曲的轴心受压构件

(a) 轴心受压构件；(b) 弯矩图；(c) 剪力图；(d)《钢标》采用的剪力图

剪力：　　　$V=0$

构件端部截面上的内力为［图 5.42 (a)、(b)、(c)］：

轴心压力：　　$N\cos\theta_{\max}\approx N$

剪力：　　　$V=N\sin\theta_{\max}\approx N\theta_{\max}=\dfrac{N\pi v_0}{l\left(1-\dfrac{N}{N_{cr}}\right)}$

弯矩：　　　$M=0$

对缀条柱，由于常把它看作桁架，柱分肢只承受轴心压力；分肢所受最大轴心压力发生在柱中点截面上，其值为：

$$N_1=\frac{N}{2}+\frac{M}{b_0}=\frac{N}{2}+\frac{Nv_0}{b_0}\Big/\left(1-\frac{N}{N_{cr}}\right) \tag{5.79}$$

式中　b_0——柱的两分肢轴线间距离。

对缀板柱，由于常把它看作刚架，柱分肢是一个压弯构件。在柱中点截面上，分肢承受式 (5.79) 所示轴心压力。在柱端部截面上，分肢除承受轴心压力外，还承受由剪力引起的弯矩（图 5.43），其值为：

$$\left.\begin{array}{l}N_1=\dfrac{N}{2}\\[3mm]M_1=\dfrac{Va}{4}=\dfrac{N\pi v_0 a}{4l}\Big/\left(1-\dfrac{N}{N_{cr}}\right)\end{array}\right\} \tag{5.80}$$

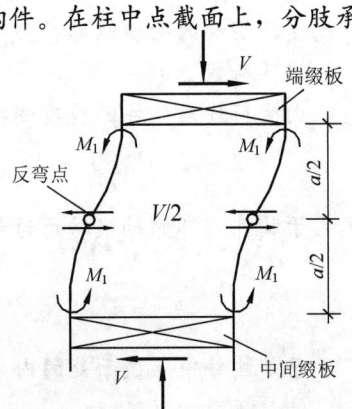

图 5.43　缀板柱端部分肢的内力 M_1

对焊接结构，式中 a 取缀板间净距。

知道了 N_1 和 M_1 后，即可对分肢进行稳定和强度计算。式 (5.79) 和式 (5.80) 中的初弯曲 v_0 常取为：

206

$$v_0 = v_{01} + v_{02} = 0.002l \qquad (5.81)$$

式中，$v_{01} = 0.001l$ 代表初挠度，$v_{02} = 0.001l$ 是考虑残余应力和荷载初偏心影响的等效初挠度。

我国在制定前《钢结构设计规范》GBJ 17—88 过程中，曾对格构式轴心受压构件的分肢承载力按上述思路和方法进行了大量计算[1]，最后规定，对缀条柱，分肢的长细比 λ_1 不应大于构件两方向长细比（对虚轴取换算长细比）的较大值 λ_{max} 的 0.7 倍；对缀板柱，λ_1 不应大于 40，并不应大于 λ_{max} 的 0.5 倍（当 $\lambda_{max} < 50$ 时，取 $\lambda_{max} = 50$）。可表示为：

缀条柱：$\qquad\qquad \lambda_1 \leqslant 0.7\lambda_{max}$

缀板柱：$\qquad\qquad \begin{cases} \lambda_1 \leqslant 40 \\ \lambda_1 \leqslant 0.5\lambda_{max} \qquad (\lambda_{max} \geqslant 50) \end{cases} \qquad (5.82)$

式中，$\lambda_{max} = max\ \{\lambda_x,\ \lambda_{0y}\}$（$y$ 轴为虚轴时），或 $\lambda_{max} = max\ \{\lambda_{0x},\ \lambda_y\}$（$x$ 轴为虚轴时）。

当满足式（5.82）要求时，分肢的承载力可以得到保证，因而无须再计算分肢的承载力。设计标准中也未给出分肢承载力的验算方法。此规定在现行《钢标》中仍保留。

【例题 5.12】 已知某轴心受压的缀板柱，柱截面为 2 [28b，如图 5.44 所示。采用 Q235B 钢。计算长度 $l_{0x} = l_{0y} = l = 6$m。承受轴心压力设计值 $N = 1530$kN。缀板与柱身焊接。

$A_1 = 45.62\text{cm}^2,\ W_{1min} = 37.9\text{cm}^3$

$x_0 = 2.02\text{cm},\ i_x = 10.60\text{cm}$

$i_1 = 2.30\text{cm}$

$i_y = \sqrt{i_1^2 + (\frac{b}{2} - x_0)^2} = 12.20\text{cm}$

图 5.44　缀板柱截面及特性

缀板净间距为 $a = 80$cm 或 $a = 65$cm 两种方案。试计算此柱是否安全？

【解】（1）长细比

$$\lambda_x = \frac{l_{0x}}{i_x} = \frac{600}{10.6} = 56.6$$

$$\lambda_y = \frac{l_{0y}}{i_y} = \frac{600}{12.20} = 49.2$$

$$\begin{cases} \lambda_1 = \dfrac{a}{i_1} = \dfrac{80}{2.30} = 34.8 < 40 \\[2mm] \lambda_1 = \dfrac{a}{i_1} = \dfrac{65}{2.30} = 28.3 < 40 \end{cases}$$

$$\begin{cases} \lambda_{0y} = \sqrt{\lambda_y^2 + \lambda_1^2} = \sqrt{49.2^2 + 34.8^2} = 60.3 \\[2mm] \lambda_{0y} = \sqrt{\lambda_y^2 + \lambda_1^2} = \sqrt{49.2^2 + 28.3^2} = 56.8 \end{cases}$$

当取 $a = 80$cm 时，$\lambda_1 = 34.8 > 0.5max\ \{56.6,\ 60.3\} = 30.2$，不满足我国《钢标》的要求。为讨论分肢长细比不满足《钢标》要求时的影响，下面仍对其继续计算。

当取 $a = 65$cm 时，$\lambda_1 = 28.3 < 0.5max\ \{56.6,\ 56.8\} = 28.4$，满足式（5.82）要求。

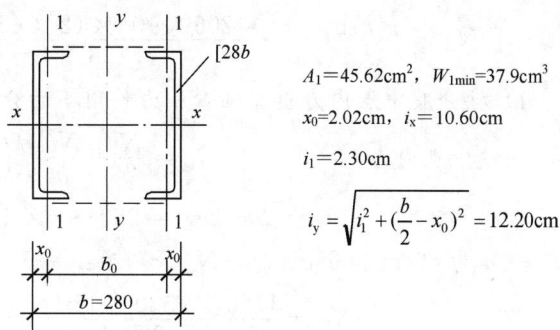

---

[1]　郭在田．缀板式轴心受压构件的单肢计算问题．科学研究论文第 8401 号．西安冶金建筑学院，1984。

（2）整个构件的稳定性验算

当 $a=80\text{cm}$ 时，由 $\lambda_{0y}=60.3$ 按 b 类截面查得 $\varphi=0.806$（附表 1.19）。

$$\frac{N}{\varphi A f}=\frac{1530\times10^3}{0.806\times2\times45.62\times10^2\times215}=0.968<1.0，可。$$

当 $a=65\text{cm}$ 时，由 $\lambda_{0y}=56.8$ 按 b 类截面查得 $\varphi=0.824$。

$$\frac{N}{\varphi A f}=\frac{1530\times10^3}{0.824\times2\times45.62\times10^2\times215}=0.947<1.0，可。$$

（3）分肢承载力计算

取初弯曲：$v_0=0.002l=0.002\times6000=12$（mm）

$$\begin{cases}N_{cr}=\dfrac{\pi^2EA}{\lambda_{0y}^2}=\dfrac{\pi^2\times206\times10^3\times(2\times45.62\times10^2)}{60.3^2}\times10^{-3}=5102(\text{kN})\\[3mm]N_{cr}=\dfrac{\pi^2EA}{\lambda_{0y}^2}=\dfrac{\pi^2\times206\times10^3\times(2\times45.62\times10^2)}{56.8^2}\times10^{-3}=5750(\text{kN})\end{cases}$$

1）按分肢中点内力验算轴心压力作用下的分肢稳定性

分肢中点内力：
$$N_1=\frac{N}{2}+\frac{Nv_0}{b_0}\Big/\Big(1-\frac{N}{N_{cr}}\Big)$$

今
$$b_0=b-2x_0=280-2\times20.2=239.6(\text{mm})$$

当 a 为 80cm 和 65cm 时，N_1 分别为：

$$\begin{cases}N_1=\dfrac{1530}{2}+\dfrac{1530\times12}{239.6}\Big/\Big(1-\dfrac{1530}{5102}\Big)=874.4(\text{kN})\\[3mm]N_1=\dfrac{1530}{2}+\dfrac{1530\times12}{239.6}\Big/\Big(1-\dfrac{1530}{5750}\Big)=869.4(\text{kN})\end{cases}$$

① 当 $a=80\text{cm}$ 时，由 $\lambda_1=34.8$ 按 b 类截面查得 $\varphi_1=0.920$。

$$\frac{N_1}{\varphi_1 A_1 f}=\frac{874.4\times10^3}{0.920\times45.62\times10^2\times215}=0.969<1.0，可。$$

② 当 $a=65\text{cm}$ 时，由 $\lambda_1=28.3$ 按 b 类截面查得 $\varphi_1=0.942$。

$$\frac{N_1}{\varphi_1 A_1 f}=\frac{869.4\times10^3}{0.942\times45.62\times10^2\times215}=0.941<1.0，可。$$

2）按分肢在柱端截面处的内力验算轴心压力和弯矩共同作用下的分肢截面强度

内力：
$$\begin{cases}N_1=\dfrac{N}{2}=\dfrac{1530}{2}=765(\text{kN})\\[3mm]M_1=\dfrac{N\pi v_0 a}{4l}\Big/\Big(1-\dfrac{N}{N_{cr}}\Big)\end{cases}$$

当 a 为 80cm 和 65cm 时，M_1 分别为：

$$M_1=\frac{1530\pi\times12\times800}{4\times6000}\Big/\Big(1-\frac{1530}{5102}\Big)=2746(\text{kN}\cdot\text{mm})$$

$$M_1=\frac{1530\pi\times12\times650}{4\times6000}\Big/\Big(1-\frac{1530}{5750}\Big)=2129(\text{kN}\cdot\text{mm})$$

按压弯构件验算分肢截面强度，计算式为（参见第 7 章）：

$$\frac{N_1}{A_1}+\frac{M_1}{\gamma_1 W_{1\min}}\leqslant f$$

对槽钢翼缘边端的截面模量取 W_{1min}，塑性发展系数取 $\gamma_1 = 1.20$。

①当 $a = 80$cm 时：

$$\frac{N_1}{A_1} + \frac{M_1}{\gamma_1 W_{1min}} = \frac{765 \times 10^3}{45.62 \times 10^2} + \frac{2746 \times 10^3}{1.20 \times 37.9 \times 10^3}$$

$$= 228.1(\text{N/mm}^2) > f = 215\text{N/mm}^2，大 6.1\%，不可。$$

②当 $a = 65$cm 时：

$$\frac{N_1}{A_1} + \frac{M_1}{\gamma_1 W_{1min}} = \frac{765 \times 10^3}{45.62 \times 10^2} + \frac{2129 \times 10^3}{1.20 \times 37.9 \times 10^3}$$

$$= 214.5(\text{N/mm}^2) < f = 215\text{N/mm}^2，可。$$

通过以上的计算，可见当缀板净距取 $a = 80$cm 时，分肢长细比 λ_1 不满足《钢标》的要求 [式 (5.82)]，因而分肢的承载力（强度或稳定性）不满足要求。在本例题中，当 $a = 65$cm 时，分肢长细比 λ_1 满足《钢标》要求，分肢端部截面强度也就满足要求，此柱安全。这进一步说明了上述限制分肢长细比的要求 [式 (5.82)] 在设计中必须满足。

四、格构式轴心受压构件的截面设计

格构式轴心受压构件的截面设计包含两个内容：一是选定分肢的截面尺寸，二是确定两分肢的间距。通常在确定采用缀条柱或缀板柱之后，第一步是根据对实轴的稳定要求，试选分肢截面，这与实腹柱中试选截面的步骤相同。第二步是根据"等稳定"原则，由长细比 $\lambda_x = \lambda_{0y}$（假设 x 轴为实轴，y 轴为虚轴），求出 λ_y 和 i_y，然后确定两分肢的间距。第三步为对所选截面进行验算。下面将用例题说明。

对格构式轴心受压构件，在选定截面及尺寸后，还需进行缀件及其与分肢的连接计算，这将在下文五、六两部分中介绍。

【例题 5.13】 试设计某格构式轴心受压柱的截面。截面由两热轧槽钢组成，翼缘边端向内。采用缀板连接。钢材为 Q235B。构件两端铰支，$l_{0x} = l_{0y} = l = 6$m。承受轴心压力：永久荷载标准值 $N_{Gk} = 370$kN，可变荷载标准值 $N_{Qk} = 746$kN，均为静力荷载。

【解】（1）荷载设计值

$$N = 1.3N_{Gk} + 1.5N_{Qk} = 1.3 \times 370 + 1.5 \times 746 = 1600 \ (\text{kN})$$

（2）由对截面实轴 x 轴（参阅图 5.44）的稳定性选用分肢的截面

假设 $\lambda_x = 56$，由 Q235 钢按 b 类截面（附表 1.12）查附表 1.19，得 $\varphi = 0.828$。

需要的分肢截面面积：$A_1 \geqslant \dfrac{N}{2\varphi f} = \dfrac{1600 \times 10^3}{2 \times 0.828 \times 215} \times 10^{-2} = 44.94 \ (\text{cm}^2)$

需要的回转半径：$i_x \geqslant \dfrac{l_{0x}}{\lambda_x} = \dfrac{600}{56} = 10.7 \ (\text{cm})$

根据需要的一个分肢截面面积 A_1 和关于 x 轴的回转半径 i_x，由附表 2.5，分肢试选 [28b，供给（参阅图 5.44）：$A_1 = 45.62\text{cm}^2$，$i_x = 10.6$cm，$i_1 = 2.30$cm，$x_0 = 2.02$cm。

（3）由"等稳定"原则确定两槽钢背面至背面的距离 b（参阅图 5.44）

由附表 1.12 可知，格构式双肢截面轴心受压构件，当其对 x 轴和 y 轴屈曲时，均属 b 类截面。"等稳定"原则要求：

$$\lambda_x = \lambda_{0y} = \sqrt{\lambda_y^2 + \lambda_1^2} \quad （缀板柱）$$

今 $$\lambda_x = \frac{l_{0x}}{i_x} = \frac{600}{10.6} = 56.6$$

根据式（5.82），分肢长细比为：

$$\lambda_1 < 40 \text{ 和 } \lambda_1 < 0.5\lambda_x = 28.3$$

要求缀板间净距：$a \leqslant \min \{40, 28.3\}$ $i_1 = 28.3 \times 2.30 = 65.1$（cm），取 $a = 65$cm。

$$\lambda_1 = \frac{a}{i_1} = \frac{65}{2.30} = 28.3$$

按"等稳定"要求：

$$\lambda_y = \sqrt{\lambda_x^2 - \lambda_1^2} = \sqrt{56.6^2 - 28.3^2} = 49.0$$

$$i_y = \frac{l_{0y}}{\lambda_y} = \frac{600}{49} = 12.24 (\text{cm})$$

对图 5.44 所示翼缘边端向内的双槽钢截面：

$$I_y = 2\left[I_1 + A_1\left(\frac{b}{2} - x_0\right)^2\right]$$

$$i_y = \sqrt{\frac{I_y}{2A_1}} = \sqrt{i_1^2 + \left(\frac{b}{2} - x_0\right)^2} \qquad (5.83)$$

即

$$12.24 = \sqrt{2.30^2 + \left(\frac{b}{2} - 2.02\right)^2}$$

解得

$$\frac{b}{2} - 2.02 = \sqrt{12.24^2 - 2.30^2} = 12.02 (\text{cm})$$

$$b = 2(12.02 + 2.02) = 28.1 (\text{cm})$$

对 b 应取 1cm 的整数倍，采用 $b = 28$cm。截面如图 5.44 所示。

（4）截面验算

1）长细比：

$$i_y = \sqrt{i_1^2 + \left(\frac{b}{2} - x_0\right)^2} = \sqrt{2.30^2 + \left(\frac{28}{2} - 2.02\right)^2} = 12.20 (\text{cm})$$

$$i_x = 10.6 \text{cm}（见前述截面特性）$$

$$\lambda_y = \frac{l_{0y}}{i_y} = \frac{600}{12.20} = 49.2$$

$$\lambda_x = \frac{l_{0x}}{i_x} = \frac{600}{10.6} = 56.6$$

$$\lambda_1 = \frac{a}{i_1} = \frac{65}{2.30} = 28.3$$

$$\lambda_{0y} = \sqrt{\lambda_y^2 + \lambda_1^2} = \sqrt{49.2^2 + 28.3^2} = 56.8 \begin{cases} > \lambda_x = 56.6 \\ < [\lambda] = 150, 可。 \end{cases}$$

2）构件的稳定：

由 $\lambda_{0y} = 56.8$，查附表 1.19 得 $\varphi = 0.824$。

$$\frac{N}{\varphi A f} = \frac{1600 \times 10^3}{0.824 \times 2 \times 45.62 \times 10^2 \times 215} = 0.990 < 1.0, 可。$$

3）分肢验算：

$$\lambda_1 = 28.3 < \begin{cases} 40 \\ 0.5\max\{56.6, 56.8\} = 28.4 \end{cases}$$

满足对分肢长细比的要求，对分肢不必进行其他验算（此例题的截面及缀板间距即例题 5.12 的数据）。

【例题 5.14】 同例题 5.13，但缀件改为缀条。

【解】 柱截面采用 2 [28b，其选用方法见例题 5.13。本例题中只需按"等稳定"原则确定缀条柱两槽钢背至背的距离 b，并进行截面验算。

（1）"等稳定"原则

$$\lambda_x = \lambda_{0y} = \sqrt{\lambda_y^2 + 27A/A_{dy}} \quad \text{（缀条柱）}$$

若能预先确定缀条的截面，例如为 1∠45×4（《原规范》规定的焊接钢结构中最小角钢截面），则上式中 $A_{dy} = 2\times3.486 = 6.972$（$cm^2$），代入得：

$$56.6 = \sqrt{\lambda_y^2 + 27\times2\times45.62/6.972} = \sqrt{\lambda_y^2 + 353}$$

解得

$$\lambda_y = \sqrt{56.6^2 - 353} = 53.4$$

若缀条截面未能预先确定，则可采用近似公式：$\lambda_{0y} \approx 1.1\lambda_y$

按"等稳定"原则解得：

$$\lambda_y = \frac{\lambda_x}{1.1} = \frac{56.6}{1.1} = 51.5$$

对上述两个 λ_y 值分别进行计算：

$$\begin{cases} i_y = \dfrac{l_{0y}}{\lambda_y} = \dfrac{600}{53.4} = 11.24(cm) \\[2mm] i_y = \dfrac{l_{0y}}{\lambda_y} = \dfrac{600}{51.5} = 11.65(cm) \end{cases}$$

代入 $i_y = \sqrt{i_1^2 + \left(\dfrac{b}{2} - x_0\right)^2}$，得：

$$\begin{cases} 11.24 = \sqrt{2.30^2 + \left(\dfrac{b}{2} - 2.02\right)^2} \\[2mm] 11.65 = \sqrt{2.30^2 + \left(\dfrac{b}{2} - 2.02\right)^2} \end{cases}$$

解得 $\begin{cases} b = 26.04\ (cm) \\ b = 26.88\ (cm) \end{cases}$，结果极为接近。

b 应为 1cm 的整数倍，具体设计时，取 $b = 26cm$ 或 $b = 27cm$ 均可，今采用 $b = 26cm$ 进行截面验算。

（2）截面验算

1）长细比

采用缀条布置如图 5.45 所示。为保持斜缀条与分肢构件轴线的夹角 $\alpha \approx 45°$（《钢标》

211

规定 $40° \leqslant \alpha \leqslant 70°$），采用缀条的节间长度为 $a = 250\text{mm}$。

$$i_y = \sqrt{i_1^2 + \left(\frac{b}{2} - x_0\right)^2} = \sqrt{2.30^2 + \left(\frac{26}{2} - 2.02\right)^2}$$

$$= 11.22\text{(cm)}$$

$$\lambda_y = \frac{l_{0y}}{i_y} = \frac{600}{11.22} = 53.5$$

$$\lambda_{0y} = \sqrt{\lambda_y^2 + 27\frac{A}{A_{dy}}} = \sqrt{53.5^2 + 27 \times \frac{2 \times 45.62}{6.972}}$$

$$= 56.7 \begin{cases} > \lambda_x = 56.6 \\ < [\lambda] = 150，可。 \end{cases}$$

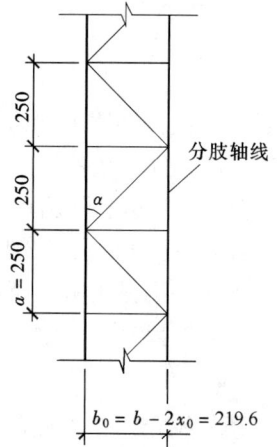

图 5.45　缀条布置

分肢长细比：$\lambda_1 = \dfrac{a}{i_1} = \dfrac{25}{2.30} = 10.9 < 0.7\max\{56.7，56.6\}$

$$= 39.7，可。$$

2）构件的稳定

由 $\lambda_{0y} = 56.7$，查得 $\varphi = 0.8245$（附表 1.19）。

$$\frac{N}{\varphi A f} = \frac{1600 \times 10^3}{0.8245 \times 2 \times 45.62 \times 10^2 \times 215} = 0.989 < 1.0，可。$$

五、轴心受压构件中的剪力

理想的轴心受压构件，受荷后截面上只有轴心压力。有初始缺陷的实际轴心受压构件，由于构件的弯曲，受荷后截面上除存在轴心压力外，还必然存在弯矩和剪力。剪力的存在，使构件产生剪切变形。在实腹式构件中，这种剪切变形对构件的稳定性影响不大而不予考虑。但在格构式构件中，这种影响不能忽视，这在以前各节中已有说明。本节中将介绍此剪力的计算方法，目的是用以计算格构式构件的缀件及其与柱分肢的连接。

前述图 5.42（a）所示为一具有等效初弯曲的两端铰支轴心受压构件。在轴心压力作用下，构件中点将产生最大挠度 $v_{\max}$，构件的总挠曲线为：

$$Y = v_{\max}\sin\frac{n\pi}{l}$$

构件截面上的弯矩为：
$$M = NY = Nv_{\max}\sin\frac{n\pi}{l}$$

剪力为：
$$V = \frac{\mathrm{d}M}{\mathrm{d}z} = \frac{\pi}{l}Nv_{\max}\cos\frac{n\pi}{l}$$

最大剪力发生在构件两端（即 $\cos\dfrac{n\pi}{l} = 1$ 时），其值为：

$$V_{\max} = \frac{\pi Nv_{\max}}{l}$$

图 5.42（b）和（c）分别表示其弯矩图和剪力图。《钢标》中为了简化缀件的布置，常把图 5.42（c）所示按余弦变化的剪力图看作图 5.42（d）所示两个矩形，即假定轴心受压构件截面上的剪力值沿构件全长不变，均为上式所示的最大值，但构件上、下两半段

中的剪力符号（方向）是相反的。

轴心受压构件截面上的剪力将根据上式得出。但必须注意，由于对式中 v_{max} 的确定方法有多种多样，所得最大剪力 V_{max} 的计算式也就不同。

《钢标》中规定，轴心受压构件中的剪力计算公式为：

$$V = \frac{Af}{85\varepsilon_k} \tag{5.84}$$

式中　A——构件的毛截面面积；

　　　f——钢材的抗压强度设计值；

　　　ε_k——钢号修正系数。

式（5.84）的来源是根据边缘纤维屈服作为确定 v_{max} 的条件。

参阅图 5.38（a）和图 5.42，构件截面的强度验算条件可写作：

$$\frac{N}{A} + \frac{Nv_{max}}{I_y} \cdot \frac{b}{2} \leqslant \frac{f_y}{\gamma_R} = f$$

取 $I_y = Ai_y^2$，$\frac{N}{A} = \varphi f$，代入上式，简化后得：

$$v_{max} \leqslant \frac{2(1-\varphi)i_y^2}{b\varphi}$$

再取 $i_y = \alpha b$ 和 $\frac{l}{i_y} = \lambda_y$，代入上述 v_{max} 和 V_{max} 的表达式得：

$$V_{max} = \frac{2\pi\alpha(1-\varphi)}{\lambda_y} \cdot \frac{N}{\varphi} = \frac{1}{\Phi} \cdot \frac{N}{\varphi} = \frac{1}{\Phi}Af$$

对 Q235 钢分别取 $\lambda_y = 40 \sim 150$ 计算上式中的 $\Phi = \lambda_y / [2\pi\alpha(1-\varphi)]$，得到采用 Q235 钢时 Φ 的平均值分别为 91.7（缀条柱）和 87.7（缀板柱），《钢标》中偏安全地取 $\Phi = 85$。对其他钢号，则取 $\Phi = 85\sqrt{235/f_y} = 85\varepsilon_k$。代入上式，即得式（5.84）[❶]。

式（5.84）与国际标准化组织（ISO）的钢结构设计标准中推荐的式（5.85）极相似，但式（5.85）中的系数 0.012 不随钢材的钢号而变，而式（5.84）中的 1/85 随钢号不同而变化。

$$V_{max} = 0.012 \frac{f_y}{\gamma_R}A = \frac{Af}{83.3} \tag{5.85}$$

如令 $Af = \frac{N}{\varphi}$，式（5.84）可写成：

$$V_{max} = \frac{1}{85\varepsilon_k} \frac{N}{\varphi}$$

其中，随着构件长细比的变化，φ 值有所不同。因而比值 V_{max}/N 将不是常量，V_{max} 将随长细比的加大而加大。

国外设计标准中常取 V_{max}/N 为常数。如：

美国 AISC 标准和日本建筑学会的标准中均取 $V_{max} = 0.02N$；

英国 BSI 标准取 $V_{max} = 0.025N$。

---

❶ 罗邦富．格构式轴心受压构件的剪力计算．钢结构，1991（1）：37-38。

$V_{\max}$ 与构件的长细比和钢号无关。

【例题 5.15】 试求例题 5.13 中所示格构式轴心受压构件中的剪力。

【解】 已知 $A=2\times45.62=91.24$（$\mathrm{cm^2}$）；Q235 钢：$f=215\mathrm{N/mm^2}$，$\varepsilon_k=1.0$；$N=1600\mathrm{kN}$，按《钢标》计算的剪力为：

$$V=\frac{Af}{85}\frac{1}{\varepsilon_k}=\frac{91.24\times10^2\times215}{85\times1.0}\times10^{-3}=23.1(\mathrm{kN})$$

按美、日两国标准计算：

$$V=0.02N=0.02\times1600=32(\mathrm{kN})$$

六、缀件及其连接的计算

缀件用于连接格构式构件的分肢，并承担抵抗剪力的作用。下面分别叙述缀条和缀板及其连接的设计和计算。

1. 缀条的设计

图 5.46(a)～(d) 所示为缀条布置的四种形式。图 5.46（a）和（b）为不带横缀条和带横缀条的单斜缀条体系，此处横缀条理论上不承担剪力，只是用来减小柱分肢在缀条平面内的计算长度。图 5.46（c）和（d）都为双斜缀条体系，其一不设横缀条，另一则设横缀条。从简化连接着想，宜采用图 5.46（a）和（b）所示单斜缀条体系。图 5.46（e）和（f）所示缀条布置形式不宜采用，因其横缀条参与了承担柱身中的剪力，与推导换算长细比公式（5.78）时并未计及横缀条因受力而缩短的影响不符；更重要的是，由于横缀条的影响，这种构件一旦受荷，分肢因受压而缩短就会使构件发生如图中虚线所示的变形，对构件受力性能不利。还需指出的是，图 5.46（d）所示带横缀条的双斜缀条体系，当构件受压而发生压缩变形时，斜缀条两端节点因有横缀条连系而不能发生水平位移，最后导致斜缀条受压和横缀条受拉。对这种由于柱身压缩而产生的斜缀条额外受力不容忽视，因其有时会导致斜缀条受压失稳。为防止此现象，在选用图 5.46（d）所示形式的缀条布置时，斜缀条的截面宜较计算所需略加大。

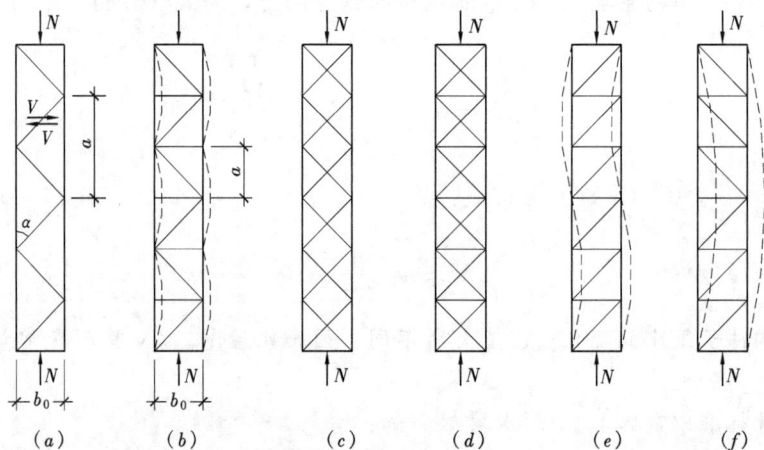

图 5.46 缀条布置

为使与推导缀条柱换算长细比公式时取 $\alpha=45°$ 相差不致过大，《钢标》规定斜缀条与柱身轴线的夹角 α 应保持在 $40°\sim70°$ 范围内。

缀条在柱身剪力作用下的内力可按理想桁架体系分析。因剪力的方向可左可右，斜缀条应按压杆考虑。参阅图 5.46（a），一根斜缀条的内力为：

$$N_d = \frac{V/2}{\sin\alpha} = \frac{V}{2\sin\alpha} \tag{5.86}$$

式中　$V/2$——一个缀条平面所承担的剪力，V 按式（5.84）计算。

斜缀条通常采用一个角钢，构造上要求最小截面为 $1\angle 45 \times 4$[❶]，但应按受力大小通过计算确定。角钢通过焊缝单边连接于柱身槽钢或工字钢的翼缘上，如图 5.47 所示。一般情况下不用节点板。单角钢构件的单边连接中，角钢截面的两主轴均不与所连接的角钢边平行，使角钢呈双向压弯工作，受力性能较复杂。依据《钢标》第 7.1.3 条和第 7.6.1 条的规定：

（1）单边连接的单角钢轴心受力构件，计算截面强度时，应将危险截面的面积乘以有效截面系数 0.85，同时其强度设计值应乘以折减系数 0.85。

（2）单边连接的单角钢轴心受压构件，应按式（5.51）计算稳定性。

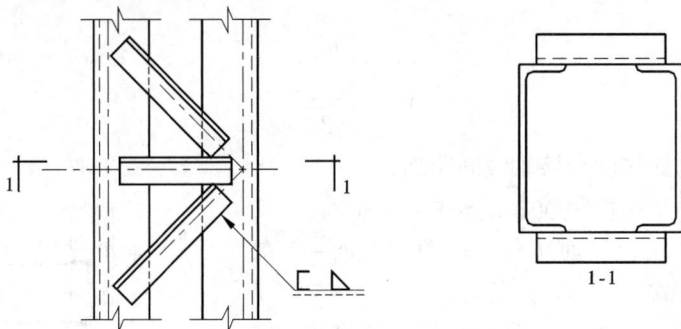

图 5.47　缀条与柱身的连接

上述规定是我国的研究成果，与其他国家的设计标准中的有关规定不同[❷]。

另外，计算单边连接的单角钢轴心受力构件的连接时，我国《原规范》中规定其强度设计值应乘以折减系数 0.85。《钢标》中没有相应的规定。对此种情况，本书建议遵循《原规范》的规定。

横缀条的截面一般可小于斜缀条，但为了备料的方便，常采用与斜缀条相同角钢。对两分肢间距较小的格构式缀条柱，缀条也有采用扁钢的，钢桁架桥中的受压构件常是如此。

2. 缀板的设计

缀板通常由钢板制成，必要时也有采用型钢截面。缀板的截面除按内力计算确定外，还必须满足刚度要求。

计算缀板的内力时，常假定缀板柱为一多层单跨刚架，缀板为刚架的横梁，分肢为刚架的柱子，反弯点位于刚架各构件的中点，如图 5.48（a）所示。在剪力作用下，通过取图 5.48（b）所示脱离体，可求得分肢和缀板中由于剪力 V 作用产生的内力，其弯矩如图 5.48（c）所示。

---

❶　见《原规范》第 8.1.2 条。

❷　沈祖炎. 单角钢单面连接时的承载力计算. 钢结构，1991（1）：18-24。

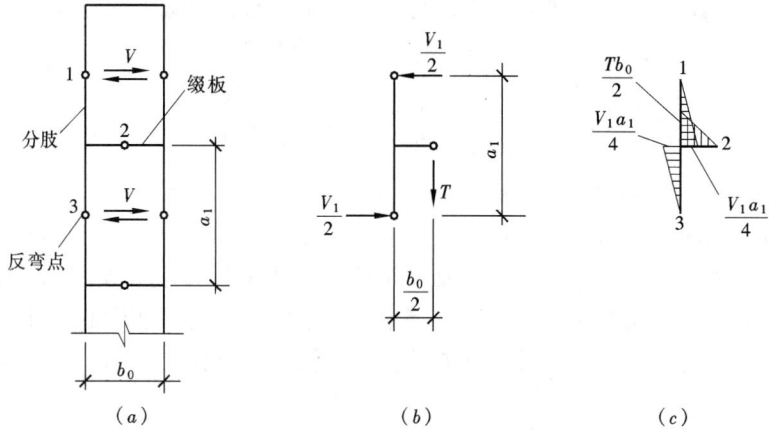

图 5.48　缀板内力的计算简图

对脱离体取 $\Sigma M = 0$，得一块缀板中内力为：

竖向剪力：
$$T = \frac{V_1 a_1}{b_0} \tag{5.87}$$

板端弯矩：
$$M = \frac{V_1 a_1}{2} \tag{5.88}$$

式中　b_0——格构式柱两分肢轴线间距离；

　　　a_1——上、下两块缀板中心至中心的距离；

　　　V_1——一个缀板平面所分担的剪力，$V_1 = V/2$，

　　　　　　　V 按式（5.84）计算。

设计时，一般先根据经验公式取缀板的高度 $d_b \geqslant \left(\frac{2}{3} \sim 1\right) b_0$ ❶、缀板厚度 $t_b \geqslant \left(\frac{1}{50} \sim \frac{1}{40}\right) b_0$，然后根据上面求得的缀板中竖向剪力 T 和端部弯矩 M 计算缀板与分肢的角焊缝连接，计算方法见第 3 章。如角焊缝强度足够，因角焊缝的强度设计值 f_f^w 低于钢板的抗弯强度设计值 f，且 $t_b > 0.7 h_f$，缀板截面的强度必然满足，因而不必另行计算。缀板与分肢的搭接长度每边为 20～30mm。角焊缝在缀板上、下两端各应回焊 $2h_f$（图 5.49），此时角焊缝的计算长度可取为 d_b，不计回焊部分。

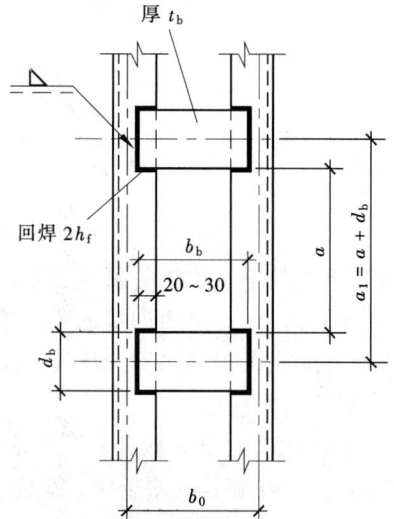

图 5.49　缀板尺寸及其与分肢的连接

前面在推导缀板柱的换算长细比时，曾假定缀板具有无限刚度，因而《钢标》中第 7.2.5 条规定，同一截面处两块缀板线刚度之和不得小于柱较大分肢线刚度的 6 倍。在选用缀板尺寸并进行连接计算后，必须验算此刚度要求。

---

❶　缀板的高度记为 d_b，厚度记为 t_b，下角标 b 表示缀板（batten plate）。美国 AISC 标准规定：$d_b \geqslant b_0$，$t_b \geqslant b_0/50$。我国《钢标》中无此规定。

七、横隔

为了保证格构柱横截面的形状在运输和安装过程中不改变，同时增加构件的抗扭刚度，格构式构件每个运送单元两端应各设置一道横隔。同时，横隔的间距不得大于柱截面较大宽度的 9 倍且不得大于 8m。横隔一般不需计算，可由钢板或角钢组成，如图 5.50 所示。

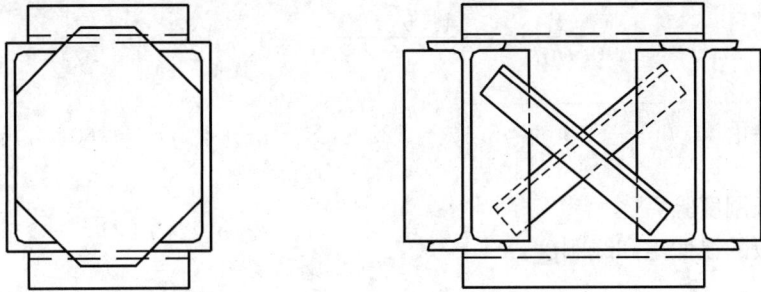

图 5.50　格构式轴心受压构件的横隔

【例题 5.16】 试确定例题 5.13 所示缀板柱的缀板尺寸。缀板与柱身用角焊缝焊接，E43 型焊条，采用不预热的非低氢手工焊。

【解】 由例题 5.13 已知：柱截面为 2 [28b，槽钢背至背距离 $b=28$cm，截面面积 $A=2\times45.62=91.24$（cm²），槽钢形心至槽钢背面距离 $x_0=2.02$cm，槽钢翼缘的宽度 $b_1=84$mm、厚度 $t_1=12.5$mm（见附表 2.5），缀板间净距 $a=65$cm。Q235 钢的强度设计值 $f=215$N/mm²。

（1）缀板尺寸的初步确定（见图 5.49）

分肢轴线间距：$b_0=b-2x_0=280-2\times20.2=239.6$（mm）

缀板高度：$d_b\geqslant\left(\dfrac{2}{3}\sim1\right)b_0=159.7\sim239.6$（mm）

采用 $d_b=220$mm（较大的缀板高度可提供较大的刚度）。

缀板厚度：$t_b\geqslant\left(\dfrac{1}{50}\sim\dfrac{1}{40}\right)b_0=4.8\sim6.0$（mm）

采用 $t_b=8$mm，以便布置焊缝。

缀板中心距：$a_1=a+d_b=650+220=870$（mm）

缀板长度：$b_b=b-2$ 倍槽钢翼缘宽度 $+2\times$（20～30）

$=280-2\times84+$（40～60）

$=152\sim172$（mm），采用 $b_b=170$mm。

选用缀板尺寸为 $-8\times170\times220$。

（2）缀板内力及角焊缝连接计算

柱中剪力：$V=23.1$kN（见例题 5.15）

每个缀板平面分担的剪力：$V_1=\dfrac{V}{2}=11.55$（kN）

缀板中内力：

$$T=\dfrac{V_1a_1}{b_0}=11.55\times\dfrac{870}{239.6}=41.9\text{（kN）}$$

$$M = \frac{V_1 a_1}{2} = \frac{11.55 \times 870 \times 10^{-3}}{2} = 5.02 (\text{kN} \cdot \text{m})$$

采用 $h_f = 6\text{mm} = h_{f\min}$（见表 3.3）。 $l_w = d_b = 220\text{mm}$（不计回焊部分）。

$$\sigma_f = \frac{6M}{0.7 h_f l_w^2} = \frac{6 \times 5.02 \times 10^6}{0.7 \times 6 \times 220^2} = 148.2 (\text{N/mm}^2)$$

$$\tau_f = \frac{T}{0.7 h_f l_w} = \frac{41.9 \times 10^3}{0.7 \times 6 \times 220} = 45.3 (\text{N/mm}^2)$$

$$\sqrt{\left(\frac{\sigma_f}{\beta_f}\right)^2 + \tau_f^2} = \sqrt{\left(\frac{148.2}{1.22}\right)^2 + 45.3^2} = 129.6 (\text{N/mm}^2) < f_f^w = 160 (\text{N/mm}^2),可。$$

（3）缀板刚度验算

两块缀板的惯性矩和线刚度：

$$I_b = 2 \times \frac{1}{12} \times 0.8 \times 22^3 = 1420 (\text{cm}^4)$$

$$\frac{I_b}{b_0} = \frac{1420}{23.96} = 59.3 (\text{cm}^3)$$

分肢（槽钢）的线刚度：

$$I_1 = 242\text{cm}^4（见附表 2.5）$$

$$\frac{I_1}{a_1} = \frac{242}{87} = 2.78 (\text{cm}^3)$$

线刚度比： $\dfrac{I_b}{b_0} \Big/ \dfrac{I_1}{a_1} = \dfrac{59.3}{2.78} = 21.3 > 6，可。$

【例题 5.17】试确定例题 5.14 缀条柱中的缀条截面。

【解】由例题 5.14 已知柱截面为 2 ［28b。如图 5.45 所示，$b_0 = 219.6\text{mm}$，$a = 250\text{mm}$。柱截面中剪力 $V = 23.1\text{kN}$（见例题 5.15）。

（1）斜缀条的长度和内力

长度： $l_d = \sqrt{a^2 + b_0^2} = \sqrt{250^2 + 219.6^2} = 332.8 (\text{mm})$

内力： $N_d = \dfrac{V}{2\sin\alpha} = \dfrac{23.1}{2} \cdot \dfrac{332.8}{219.6} = 17.50 (\text{kN})$

（2）缀条截面验算

Q235 钢：$f = 215\text{N/mm}^2$。

单边连接的等边单边角钢轴压杆验算稳定性时的强度设计值折减系数 ［式（5.51b）］ $\eta = 0.6 + 0.0015\lambda$。

试取斜缀条截面为 1∠45×4，截面特性为：

$$A_d = 3.486\text{cm}^2 \quad i_{\min} = i_v = 0.89\text{cm}$$

由此得

$$\lambda = \frac{l_d}{i_{\min}} = \frac{332.8}{8.9} = 37.4 < [\lambda] = 150$$

查附表 1.19（Q235 钢，b 类截面），得 $\varphi = 0.908$。

$$\eta = 0.6 + 0.0015 \times 37.4 = 0.656$$

稳定性验算 [式 (5.51a)]：

$$\frac{N}{\eta \varphi A_d f} = \frac{17.50 \times 10^3}{0.656 \times 0.908 \times 3.486 \times 10^2 \times 215} = 0.392 < 1.0, 可。$$

横缀条可采用同一截面 1∠45×4。

缀条与分肢的角焊缝连接计算方法见第 3 章，此处从略。

复 习 思 考 题

5.1 对轴心受力构件为什么要规定容许长细比？

5.2 什么是构件的强度问题？什么是构件的稳定问题？为什么稳定问题可一律用全截面计算？

5.3 构件的初始缺陷如初弯曲、荷载初偏心和残余应力，对轴心受压构件的承载能力各产生什么影响？

5.4 轴心压杆的正则化长细比 $\lambda_n = \frac{\lambda}{\pi}\sqrt{\frac{f_y}{E}}$ 的物理意义是什么？用它来表达长细比有什么优点？

5.5 为什么要用多条柱曲线来表示轴心受压杆的整体稳定临界应力？确定柱子适用于哪条曲线（或截面的分类）的依据是什么？

5.6 什么是截面的剪切中心？它有哪些特性？

5.7 单轴对称截面的轴心压杆的整体稳定实用计算中，绕对称轴采用哪个长细比？绕非对称轴又采用哪个长细比？何故？

5.8 格构式柱的稳定性计算中，对应采用的长细比有什么规定？何故？

5.9 什么是轴心受压柱的局部稳定性？通常可用什么方法来保证轴压柱各组成板件的局部稳定性？

5.10 轴心受压构件截面上有无剪力？如有，是如何产生的？其沿构件轴线方向是如何分布的？

5.11 格构式轴心受压构件的缀条应如何计算？缀板又应如何计算？

5.12 格构式轴压柱的分肢承载力在设计中应否计算？实用上可用何法来保证？

习 题

5.1 由双角钢组成的轴心拉杆如前文中的图 5.2 所示，杆件端部与厚 12mm 的节点板用单排 M20、C 级普通螺栓相连，螺栓孔径 $d_0 = 21.5$mm。节点中心间杆件的长度 $l = 6$m，$l_{0x} = l_{0y} = l$。钢材为 Q235A。承受轴心拉力标准值 $N_k = 220$kN，其中永久荷载占 20%，静力可变荷载占 80%。试选择此拉杆的最小截面。

5.2 某竖向支撑桁架如图 5.51 所示。两斜腹杆均采用双角钢截面，节点板厚 8mm，钢材为 Q235。承受荷载标准值 $P_k = 12.5$kN，全部由可变荷载所引起。分别取拉杆和压杆的容许长细比为 400 和 200。假设斜腹杆的计算长度为 $l_{0x} = l_{0y} = l$（l 为节点间杆件的几何长度），支座处两水平反力 H 相等。若杆件的最小截面规定为 2∠45×4，试选用两斜腹杆的截面。

5.3 对例题 5.3 中的理想轴心受压工字形截面柱，试按无量纲坐标绘制其绕截面强轴弯曲屈曲时的柱曲线（$\bar{\sigma}_{cr}$-λ_n 曲线，参阅图 5.17 和图 5.18），并求当 $\lambda_n = 1$ 时的 $\bar{\sigma}_{cr}$ 值。

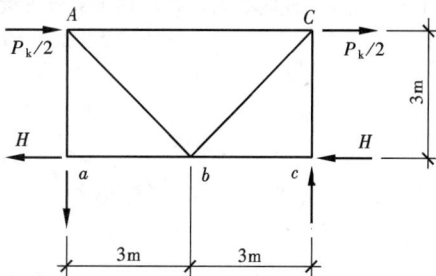

图 5.51 习题 5.2 图

5.4 某理想轴心受压工字形截面构件，两翼缘板截面均为 $b \times t$，翼缘板上残余应力按二次抛物线分布，残余压应力峰值 $\sigma_{rc} = 0.3 f_y$，如图 5.52 所示。腹板截面较小，略去不计。钢材为理想弹塑性体，屈服点为 f_y。试求考虑残余应力影响后此轴心受压构件绕截面弱轴 y 轴的柱曲线，即 $\overline{\sigma}_{cr}\text{-}\lambda_n$ 曲线 $\left(\overline{\sigma}_{cr} = \dfrac{\sigma_{cr}}{f_y}, \ \lambda_n = \dfrac{\lambda}{\pi}\sqrt{\dfrac{f_y}{E}} \right)$，并求当 $\lambda_n = 1$ 时 $\overline{\sigma}_{cr}$ 较不考虑残余应力影响时降低多少？（提示：截面上的残余应力应满足静力平衡条件，由此可求出 σ_{rt}）。

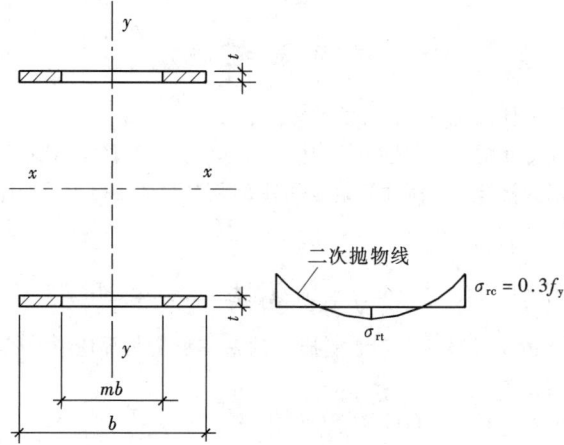

图 5.52 习题 5.4 图

5.5 某焊接工字形截面轴心受压柱，截面由 2—14×370 和 1—6×400 组成。翼缘板为剪切边，Q235 钢。$l_{0x} = 2 l_{0y} = l = 8\mathrm{m}$。试求此柱截面所能承受的荷载标准值 N_k，设其中永久荷载（包括柱自重）占 30%，可变荷载占 70%。

5.6 某轴心受压柱，承受轴心压力标准值 $N_k = 1500\mathrm{kN}$，其中永久荷载（包括柱自重）占 35%，可变荷载占 65%。两端铰接，柱高 $l = 8\mathrm{m}$。截面采用焊接工字形，翼缘板为剪切边。沿截面强轴方向有一中间侧向支承点，取 $l_{0x} = 2 l_{0y} = l$。Q235 钢。试选择此工字形截面，并进行整体稳定性和局部稳定性验算。

5.7 某工作平台的轴心受压柱，承受轴心压力标准值 $N_k = 2800\mathrm{kN}$（非直接动力荷载），其中永久荷载（包括柱自重）占 30%，可变荷载占 70%。计算长度 $l_{0x} = l_{0y} = l = 7\mathrm{m}$，钢材为 Q235，焊条 E43 型，手工焊。采用由两个热轧工字钢组成的缀板柱。试求此柱的截面、缀板的尺寸及其连接。

5.8 同习题 5.7，但改用缀条柱。斜缀条截面采用 1∠50×5，斜缀条与柱轴线间的夹角 $\alpha = 40°$。试设计此轴心受压柱的截面，并验算所给缀条截面是否足够？若斜缀条截面减小为 1∠45×4，对柱将有何影响？

第6章 受弯构件（梁）

6.1 受弯构件的应用及类型

受弯构件也称梁，在钢结构中是应用较广的一种基本构件。在房屋建筑领域内，钢梁主要用于多层和高层房屋中的楼盖梁、工厂中的工作平台梁、吊车梁、墙架梁以及屋盖体系中的檩条等。楼盖梁和工作平台梁由主梁和次梁等组成梁格（或称交叉梁系）。在其他土木建筑领域内，受弯构件也是很重要的基本构件，如各种大跨度桥梁中的桥面系，水工结构中的钢闸门等也大多由钢交叉梁系构成。

从梁的支承来看，梁有单跨简支和多跨连续等。单跨简支梁在制造、安装、修理和拆换等方面均较方便，且内力不受温度变化或支座沉陷等的影响，在钢梁中应用最多。

梁主要用于承受横向荷载，梁截面必须具有较大的抗弯刚度 I_x，因而其最经济的截面形式是工字形（含 H 形）或箱形，某些次要构件如墙架梁和檩条等也可采用槽形截面。钢梁主要有型钢梁和板梁两大类。型钢梁由热轧型钢制成，主要包括热轧 H 型钢、热轧工字钢和热轧槽钢。热轧型钢由于轧制条件的限制，其腹板厚度一般偏大，用钢量可能较多，但制造省工，构造简单，因而当可用型钢梁时应尽量采用。板梁常称为组合梁，组合梁的意思是说其截面由钢板组合而成，为了避免在名称上与钢和混凝土组合梁相混淆，本书中称其为板梁（plate girder）。板梁主要由钢板组成，有工字形板梁和箱形板梁两大类（图 6.1）。目前绝大多数板梁是焊接而成，也有荷载特大或抵抗动力荷载作用要求较高的少数梁可采用高强度螺栓摩擦型连接。由于工字形板梁的腹板厚度可以选得较小，从而可减少用钢量。中型和重型钢梁除采用热轧 H 型钢外常采用焊接工字形板梁。当荷载较大且梁的截面高度受到限制或梁的抗扭性能要求较高时，可采用箱形截面板梁。

除了上述广泛采用的型钢梁和板梁外，目前还有一些特殊形式的钢梁。例如，为了充分利用钢材的强度，在板梁中对受力较大的翼缘板采用强度等级较高的钢材，而对受力较小的腹板则采用强度较低的钢材，形成异钢种钢板梁（hybrid girder）。又如，为了增加

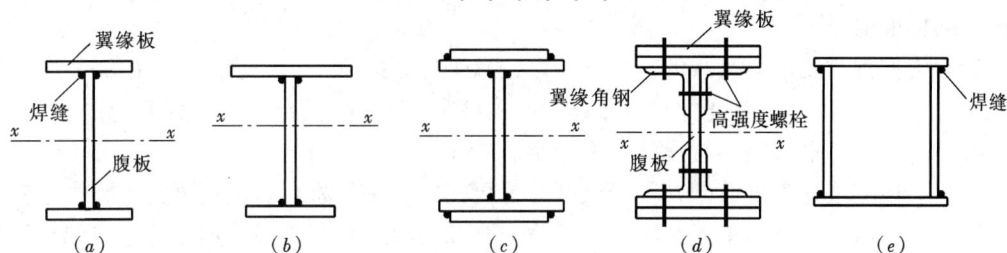

图 6.1 工字形板梁和箱形板梁

(a) 双轴对称焊接板梁；(b) 加强受压翼缘的焊接板梁；(c) 双层翼缘板焊接板梁；
(d) 高强度螺栓连接的工字形板梁；(e) 焊接箱形板梁

梁的高度使其具有较大的截面惯性矩，可将型钢梁按锯齿形割开，然后把割开后的上、下两个 T 形部分左右错动并焊接成为腹板上有一系列六角形孔的所谓蜂窝梁（castellated beam），如图 6.2（a）所示。蜂窝梁截面中的孔可使房屋的各种管线顺利通过，在高层房屋的楼盖梁中多有应用。再如，为了利用混凝土结构的优良抗压性能和钢结构的优良抗拉性能，可制成钢与混凝土组合梁，如图 6.2（b）所示。楼面系中的钢筋混凝土楼板可兼作组合梁的受压翼缘板，支承混凝土板的钢梁可用作组合梁的受拉翼缘而取得经济效果。此外，施工中还可以利用已架设的钢梁支承浇捣混凝土时的模板，节省施工费用。目前这种组合梁在我国房屋楼盖、桥梁建筑甚至吊车梁中已早有应用。钢与混凝土组合梁的设计参见《钢标》第 14 章。本章内容主要介绍应用最多的型钢梁和板梁。

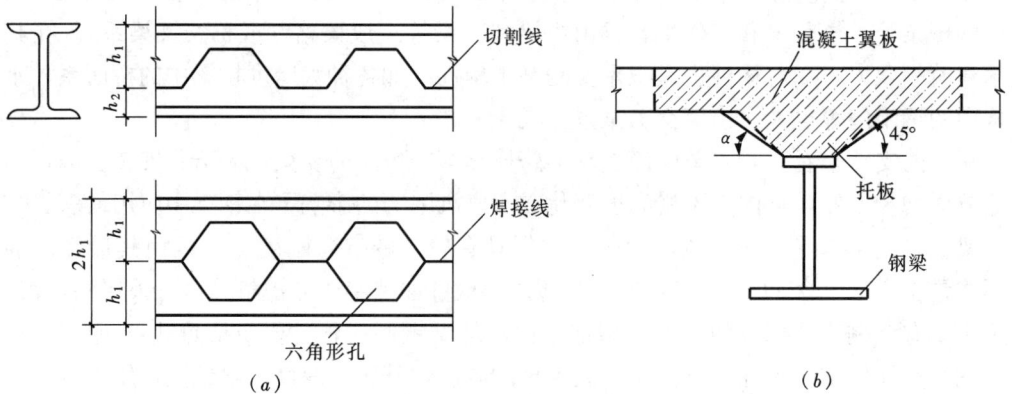

图 6.2 蜂窝梁和钢与混凝土组合梁
(a) 蜂窝梁；(b) 钢与混凝土组合梁

6.2 受弯构件的计算内容

受弯构件应计算的内容较多，首先是下列五项：（1）截面的强度；（2）构件的整体稳定；（3）板件的局部稳定；（4）腹板的屈曲后强度；（5）构件的刚度—挠度。

通过上述计算可确定所选构件截面是否可靠和适用。五项内容中前四项为按承载能力极限状态的计算，需采用荷载的设计值。第五项为按正常使用极限状态的计算，计算挠度时按荷载标准值进行。

受弯构件常承受动力荷载的重复作用，按《钢标》的规定，当应力变化的循环次数等于或大于 5×10^4 次时，应进行疲劳计算。有关疲劳计算的内容和吊车梁的计算特点将在作者的另一册教科书《钢结构设计》中介绍。

除了上述五项计算内容外，由于大部分重要的梁将采用板梁，因而梁的计算中还应包括下列内容：（1）梁截面沿梁跨度方向的改变；（2）翼缘板与腹板的连接计算；（3）梁腹板的加劲肋设计；（4）梁的拼接；（5）梁与梁的连接和梁的支座等。

6.3 受弯构件的强度

受弯构件在横向荷载作用下，截面上将产生弯矩和剪力。受弯构件的强度最主要的是抗弯强度，其次是抗剪强度。下面将依次讨论梁截面上合成抵抗弯矩的正应力和合成剪力的剪应力。这些内容有的已在材料力学课程中讲授，有的还应予以补充。

一、梁截面上的正应力

1. 纯弯时梁的工作阶段

梁在纯弯情况下，假定钢材的应力-应变曲线简化如图 6.3 所示。根据平截面假定，梁截面上的正应力分布随着荷载的增加而分成图 6.4 所示的三个阶段。图 6.4（a）为梁的截面，图 6.4（b）为应变图，图 6.4(c)～(e)为各阶段的应力图。当荷载较小、梁的边缘纤维应力 σ 小于和等于钢材的屈服点 f_y 时，梁处于弹性工作阶段，截面上应力按直线变化如图 6.4（c）所示。根据材料力学中的推导，应力和弯矩的关系可用下式表示：

$$\sigma = \frac{M_x y}{I_x} \tag{6.1}$$

最大边缘纤维应力为：

$$\sigma_{max} = \frac{M_x y_{max}}{I_x} = \frac{M_x}{W_x} \tag{6.2}$$

式中　W_x——梁截面的弹性截面模量，$W_x = I_x / y_{max}$。

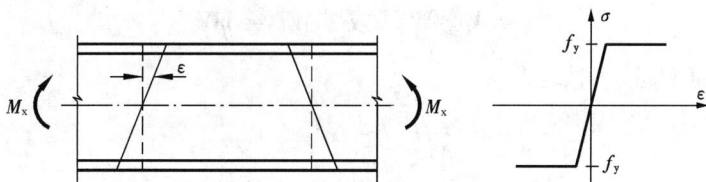

图 6.3　梁在纯弯情况下纤维的应力-应变图

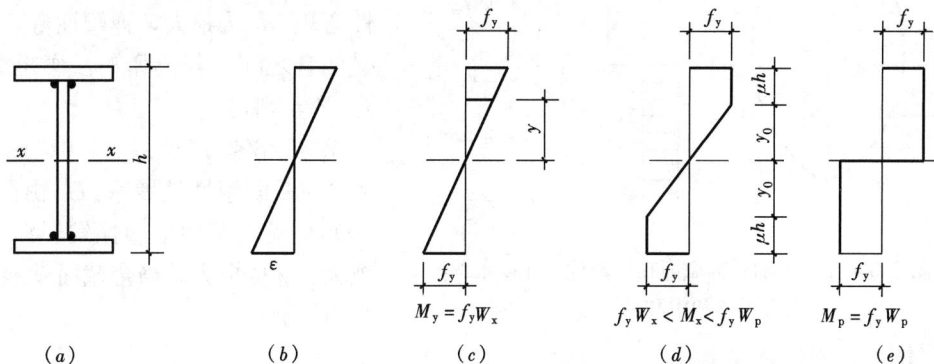

图 6.4　双轴对称工字形截面在纯弯情况下的正应力

$\sigma_{max} = f_y$ 时的弯矩称为边缘纤维屈服弯矩，或简称屈服弯矩，常记作 M_y（下角标 y

是屈服 yield 的缩写）：

$$M_y = f_y W_x \tag{6.3}$$

如继续增加荷载，截面上因部分纤维已进入塑性而把截面分成弹性区和塑性区，弹性区的高度在图 6.4 中记作 $2y_0$，应力分布如图 6.4（d）所示，此时梁处于弹塑性工作阶段。

再继续增加荷载，理论上最后可使梁全截面进入屈服，应力图形呈两个矩形，如图 6.4（e）所示，此时梁处于全塑性工作阶段，截面上的弯矩记作 M_p，称为全塑性弯矩或简称塑性弯矩（下角标 p 为塑性 plastic 的缩写）。

图 6.5 所示为单轴对称的任意截面。此截面在纯弯曲下当进入全塑性工作阶段时，由全截面上正应力和必须满足 $\int \sigma \mathrm{d}A = 0$ 的条件，截面中和轴必平分此截面，使受压区截面面积 A_1 等于受拉区截面面积 A_2。截面的中和轴与截面的形心轴分离（双轴对称截面的形心轴必平分截面，因而也是截面的塑性中和轴）。

对截面的中和轴求力矩，可得全塑性弯矩为：

$$M_p = f_y A_1 y_1 + f_y A_2 y_2 = f_y (S_1 + S_2) = f_y W_p \tag{6.4}$$

其中

$$W_p = S_1 + S_2 \tag{6.5}$$

W_p 称为塑性截面模量。S_1 和 S_2 分别等于 $A_1 y_1$ 和 $A_2 y_2$，各为截面受压区和受拉区对中和轴的面积静矩，其 y_1 和 y_2 不计正负号。塑性截面模量 W_p 与弹性截面模量 W 的比值称为截面的形状系数，记作：

$$\eta = W_p / W \quad \text{或} \quad W_p = \eta W \tag{6.6}$$

η 值随截面形状而不同，例如：

矩形截面：
$$\eta = \frac{1}{4} bh^2 / \frac{1}{6} bh^2 = 1.5$$

工字形截面：$\eta = 1.10 \sim 1.17$（随截面尺寸不同而变化）

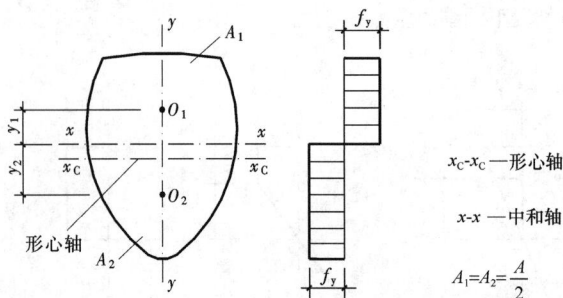

图 6.5 任意单轴对称截面在全塑性工作阶段的应力图形和中和轴位置

通过上面的叙述，可见以梁截面的边缘屈服弯矩 M_y 为最小，全塑性弯矩 M_p 为最大，弹塑性弯矩则介乎两者之间。若记弹塑性弯矩 M 为 $f_y \gamma W$，则得：

$$W < \gamma W < \eta W \quad \text{或} \quad 1.0 < \gamma < \eta$$

γ 称为截面塑性发展系数。由图 6.4（d）可见，截面上塑性发展深度 μh 愈大，γ 也愈大。当全截面发展为塑性时，$\gamma = \eta$。

2. 抗弯强度计算规定

《钢标》中规定，在主平面内受弯的实腹构件，其抗弯强度应按下式计算：

$$\frac{M_x}{\gamma_x W_{nx}} + \frac{M_y}{\gamma_y W_{ny}} \leqslant f \tag{6.7}$$

式中 M_x、M_y——同一截面处绕 x 轴和 y 轴（对工字形截面 x 轴为强轴，y 轴为弱轴）的弯矩设计值；

W_{nx}、W_{ny}——对 x 轴和 y 轴的净截面弹性截面模量，当截面板件宽厚比等级（见下文表述）为 S1、S2、S3 级或 S4 级时应取全截面模量，当截面板件宽厚比等级为 S5 级时应取有效截面模量（均匀受压翼缘有效外伸宽度可取其厚度 t 的 $15\varepsilon_k$ 倍，腹板有效截面可按本书第 7 章第 7.6 节介绍方法确定）；

γ_x、γ_y——对 x 轴和 y 轴的截面塑性发展系数，（1）对工字形和箱形截面，当截面板件宽厚比等级为 S4 级或 S5 级时 $\gamma_x = \gamma_y = 1.0$，当截面板件宽厚比等级为 S1、S2 级或 S3 级时，工字形截面 $\gamma_x = 1.05$、$\gamma_y = 1.20$，箱形截面 $\gamma_x = \gamma_y = 1.05$；（2）其他截面的塑性发展系数参见附录 1 附表 1.14；（3）对需要计算疲劳的梁，宜取 $\gamma_x = \gamma_y = 1.0$；

f——钢材的抗弯强度设计值，见附表 1.1。

当为单向弯曲时，即当 $M_y = 0$ 时，式（6.7）成为：

$$\frac{M_x}{\gamma_x W_{nx}} \leqslant f \tag{6.8}$$

容易看出，式（6.8）就是根据图 6.4（d）所示弹塑性工作阶段的应力图得出的。说明《钢标》在梁的抗弯强度计算中，考虑了截面上部分发展塑性变形。在具体计算时，式（6.8）中 M_x 应是考虑荷载分项系数后的弯矩设计值，f 则是考虑抗力分项系数后的抗弯强度设计值。

《钢标》中还规定，对不直接承受动力荷载的单向弯曲的固端梁、连续梁等超静定梁，可采用塑性设计，容许截面上的应力状态进入塑性阶段，如图 6.4（e）所示。此时该截面处形成了可以转动的塑性铰，此后，在超静定梁内产生内力重分布，直到梁段形成机构，梁即进入承载能力极限状态。在直接承受动力荷载时，以及在静定梁的设计中，《钢标》规定不采用塑性设计。限于篇幅和课时，本章今后涉及梁的内容，都不是指塑性设计。

3. 截面板件宽厚比等级

根据截面承载力和塑性转动变形能力的不同，《钢标》将截面按其板件宽厚比分为五个等级。

S1 级：可达全截面塑性，保证塑性铰具有塑性设计要求的转动能力，且在转动过程中承载力不降低，称为一级塑性截面，也可称为塑性转动截面。

S2 级：可达全截面塑性，但由于局部屈曲，塑性铰转动能力有限，称为二级塑性截面。

S3 级：翼缘全部屈服，腹板可发展不超过 1/4 截面高度的塑性，称为弹塑性截面。

S4 级：边缘纤维可达屈服强度，但由于局部屈曲而不能发展塑性，称为弹性截面。

S5 级：在边缘纤维达到屈服应力前，腹板可能发生局部屈曲，称为薄壁截面。

工字形截面梁的截面板件宽厚比等级划分见表 6.1，表中 ε_k 是钢号修正系数；箱形截面梁的截面板件宽厚比等级划分见附表1.7。《钢标》没有规定其他截面的板件宽厚比等级。

表 6.1

工字形截面梁的截面板件宽厚比等级

板件宽厚比	S1 级	S2 级	S3 级	S4 级	S5 级	备　注
翼缘 b'/t	$\leqslant 9\varepsilon_k$	$> 9\varepsilon_k$, $\leqslant 11\varepsilon_k$	$> 11\varepsilon_k$, $\leqslant 13\varepsilon_k$	$> 13\varepsilon_k$, $\leqslant 15\varepsilon_k$	$> 15\varepsilon_k$, $\leqslant 20$	b' 和 t 分别是翼缘板的自由外伸宽度和厚度
腹板 h_0/t_w	$\leqslant 65\varepsilon_k$	$> 65\varepsilon_k$, $\leqslant 72\varepsilon_k$	$> 72\varepsilon_k$, $\leqslant 93\varepsilon_k$	$> 93\varepsilon_k$, $\leqslant 124\varepsilon_k$	$> 124\varepsilon_k$, $\leqslant 250$	h_0 和 t_w 分别是腹板的计算高度和厚度

4. 截面塑性发展系数

前已介绍《钢标》中对截面塑性发展系数的取值规定，见附表1.14。规定的主要考虑是限制截面上塑性变形发展的深度使 $\mu h \leqslant h/8$［见图6.4（d）］，以免使梁产生过大的塑性变形而影响使用。附表1.14中的规定实际上可归纳为如下三条：

1）对截面为水平翼缘板的一侧，取 $\gamma = 1.05$；

2）对无翼缘板的一侧，取 $\gamma = 1.20$；

3）对圆管边缘，取 $\gamma = 1.15$。

例如，对图6.6中的几个截面，不必查附表1.14，利用上述1）和2）两条，就很容易得到其 γ 值，见图中数值。

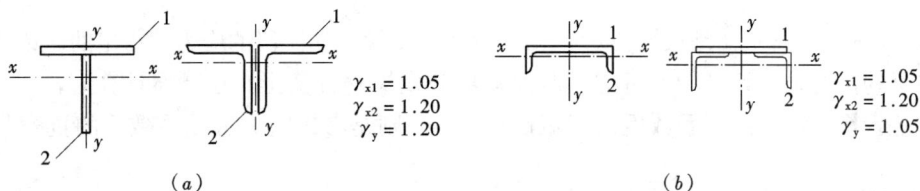

$$\gamma_{x1} = 1.05$$
$$\gamma_{x2} = 1.20$$
$$\gamma_y = 1.20$$

$$\gamma_{x1} = 1.05$$
$$\gamma_{x2} = 1.20$$
$$\gamma_y = 1.05$$

（a）　　　　　　　　　　　　　　（b）

图 6.6　截面塑性发展系数示例
（a）T 形截面；（b）槽形截面

《钢标》中对 γ 值的取法是通过大量计算而归纳得出的[1]。国外标准中 γ 的取值常是根据卸载后梁最外纤维的残余应变不超过屈服应变的7.5%来确定，例如《欧洲钢结构建议》和法国钢结构设计标准即是这样规定的。欧洲生产的型钢如热轧槽钢和热轧工字钢，规格不一，因而其 γ_x 值是不同的，最小的取 $\gamma_x = 1.05$，与我国采用的相同，但随着型钢截面高度 h 的减小，其 γ_x 值将有所加大，有的加大到1.08，有的甚至达1.115。工字钢的 γ_y 取1.185～1.210，T 形截面取 γ_y 为1.20，这些都与《钢标》的规定极为接近。下面以最简单的矩形截面为例，说明欧洲一些国家的设计标准为何对矩形截面取 $\gamma = 1.185$。

图6.7（a）为矩形截面，图6.7（b）为弹塑性阶段的应力图，弹性区的高度 $2y_0$ 记为 αh，图6.7（c）为应变图，图6.7（d）为卸载时的应变图。

由图6.7（b）可见在弹塑性阶段，弹性区高度为 αh 时的弯矩为：

---

[1] 见书末主要参考资料［49］第46～47页。

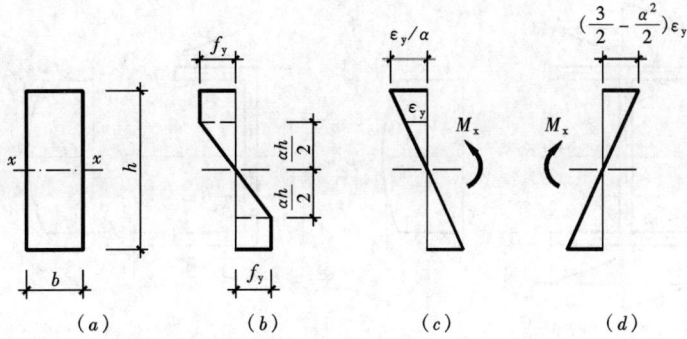

图 6.7　矩形截面梁的塑性发展系数

$$M_x = f_y bh^2 \left(\frac{1}{4} - \frac{1}{12}\alpha^2 \right) = M_y \left(\frac{3}{2} - \frac{\alpha^2}{2} \right)$$

式中，$M_y = \dfrac{1}{6}bh^2 f_y$，为矩形截面梁的边缘纤维屈服弯矩。由图 6.7（$c$）可见此时边缘纤维的应变为 ε_y / α。

卸载相当于在截面上作用一方向与 M_x 相反的弯矩，应力-应变关系在卸载时始终保持线性关系。因而图 6.7（d）上卸载的边缘纤维应变为 $\left(\dfrac{3}{2} - \dfrac{\alpha^2}{2} \right)\varepsilon_y$。

由于规定卸载后的边缘纤维的残余应变不得超过屈服应变 ε_y 的 7.5%，按此可建立方程：

$$\frac{\varepsilon_y}{\alpha} - \left(\frac{3}{2} - \frac{\alpha^2}{2} \right)\varepsilon_y = 0.075\varepsilon_y$$

解此方程，得 $\alpha = 0.7937$。故：

$$M_x = M_y \left(\frac{3}{2} - \frac{\alpha^2}{2} \right) = 1.185 M_y$$

即得 $\gamma_x = 1.185$。其余形状截面的 γ_x 均可按此求得。

二、梁截面上的剪应力

钢梁的截面常为工字形、箱形或槽形。这些截面由于其板件的高厚比或宽厚比较大，可视为薄壁截面。薄壁截面上弯曲剪应力的分布可用剪力流来描述，即假定剪应力大小沿壁厚均匀分布，剪应力的方向与板壁中心线一致，形成剪力流如图 6.8 所示，这在第 5 章第 5.8 节中已提及。剪力流的强度可用剪应力 τ 与该处壁厚 t 的乘积 $\tau \cdot t$ 来表示，在图 6.8 中分别绘出了工字形截面和槽形截面在竖向剪力 V 作用下剪力流强度变化的图形，可见在截面的自由端，剪应力为零；最大剪应力均发生在腹板中点。

根据开口薄壁构件理论，截面上任一点在 V 作用下的剪应力计算式为：

$$\tau = \frac{V S_x}{I_x t} \tag{6.9}$$

式中　V——所计算截面沿腹板方向作用的剪力；

$\quad\ \ I_x$——所计算截面对主轴 x 的毛截面惯性矩；

$\quad\ \ S_x$——所计算剪应力处以上或以下毛截面对中和轴 x 的面积矩（当计算腹板上任一

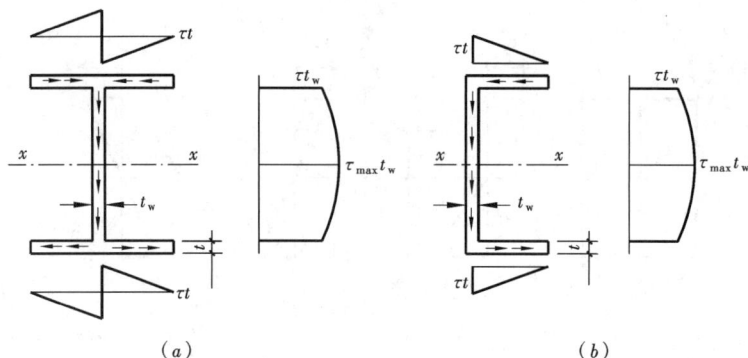

图 6.8 工字形截面和槽形截面上的剪力流

点的竖向剪应力时）；所计算剪应力处以左或以右毛截面对中和轴 x 的面积

矩（当计算翼缘板上任一点的水平剪应力时），$S_x = \int_0^s yt\,ds$；

    t——所计算剪应力处的截面厚度。

当求工字形截面腹板上的剪应力时，式（6.9）与材料力学所推导适用于矩形截面的计算式完全相同。但须注意：材料力学的计算式无法求得工字形截面翼缘板中的水平剪应力。

《钢标》中对在主平面内受弯的实腹构件抗剪强度的计算，规定为：

$$\tau = \frac{VS_x}{I_x t_w} \leqslant f_v \tag{6.10}$$

式（6.10）就是由式（6.9）得来的，式中 f_v 是钢材的抗剪强度设计值，见本书附录 1 附表 1.1。

    前面已经说过，凡是强度验算，一般都应采用净截面。《钢标》规定式（6.10）中的 S_x 和 I_x 都用毛截面计算，这是因为两者都改用了毛截面对计算结果影响不大的一种简化规定，目的是避免计算净截面 S_x 和 I_x。美国 AISC 标准规定剪应力可按平均分布在梁的腹板上，即用 $\tau_{max} = \dfrac{V}{h_w t_w}$ 计算，但对轧制型钢梁，腹板截面面积可取梁的全高度 h 与腹板厚度 t_w 的乘积，并规定当腹板上有正常设置的螺栓孔时，计算时不必考虑螺栓孔的影响。如腹板上开有较大的孔（如为通过管道而开的孔）时，则应考虑其影响。

    一般情况下，梁的抗剪强度常不是确定梁截面面积的主要因素，因而采用近似公式计算梁腹板上的剪应力并不会影响梁的可靠性。

上面叙述了受弯构件的抗弯强度和抗剪强度，这两者在受弯构件的计算中通常都需进行。下面再介绍只在规定情况下才需进行计算的梁的另两种强度。

（1）腹板计算高度边缘的局部承压强度

先说明一下腹板计算高度的定义。对轧制型钢梁：计算高度是指腹板与上、下翼缘相接处两内弧起点间的距离，即腹板平直段长度（图 6.9）；如以 h_0 代表计算高度，h 代表梁的全高，t 代表型钢梁翼缘的"平均"厚度，r 代表腹板与翼缘相交处的圆弧半径，则 $h_0 = h - 2(t+r)$，其中，t 和 r 在型钢表中均可查到。对焊接板梁：计算高度就是腹板高度，即 $h_0 = h_w$。对用高强度螺栓连接的板梁：h_0 是上、下翼缘与腹板连接的最近两螺栓线间的距离。

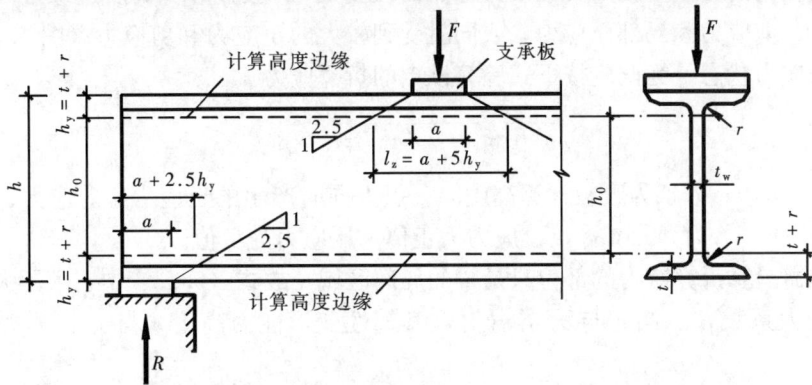

图 6.9　型钢梁在集中荷载作用下腹板计算高度
边缘的局部承压假定分布长度（$h_R = 0$）

当梁的翼缘受有沿腹板平面作用并指向腹板的集中荷载，且该荷载处又未设置支承加劲肋时[1]，邻近荷载作用处的腹板计算高度边缘将受到较大的局部承压应力。为了避免该处腹板产生局部屈服，《钢标》中要求按下式验算该处的承压强度（图 6.9）：

$$\sigma_c = \frac{\psi F}{l_z t_w} \leqslant f \tag{6.11}$$

式中　F——集中荷载设计值，对动力荷载应乘以动力系数；

　　　　ψ——集中荷载增大系数，对用于重级工作制的吊车梁取 $\psi = 1.35$；对其他梁，$\psi = 1.0$；

　　　　l_z——集中荷载在腹板计算高度上边缘的假定分布长度，可按式 [6.12（a）] 或式 [6.12（b）] 计算：

$$l_z = a + 5h_y + 2h_R \tag{6.12a}$$

$$l_z = 3.25 \sqrt[3]{\frac{I_R + I_f}{t_w}} \tag{6.12b}$$

式中　a——集中荷载沿梁跨度方向的支承长度，对钢轨上的轮压可取 $a = 50\text{mm}$；

　　　　h_y——梁顶面至腹板计算高度上边缘的距离；

　　　　h_R——轨道的高度，当无轨道时，$h_R = 0$；

　　　　I_R——轨道绕自身形心轴的惯性矩；

　　　　I_f——梁上翼缘绕翼缘中面的惯性矩。

———————————

❶　支承加劲肋见本书第 6.12 节。

当验算支座处腹板计算高度下边缘处的局部承压强度时，应取 $F=R$ 和 $\psi=1.0$。集中反力 R 的假定分布长度应根据支座的具体位置确定，如图 6.9 所示的支座布置，可取 $l_z=a+2.5h_y$。

（2）折算应力

在连续板梁的支座处或简支板梁翼缘截面改变处[●]，腹板计算高度边缘常同时受到较大的正应力、剪应力和局部压应力，或同时受到较大的正应力和剪应力（图 6.10），使该点处在复杂应力状态。为此应按下式验算该点的折算应力：

$$\sqrt{\sigma^2+\sigma_c^2-\sigma\sigma_c+3\tau^2}\leqslant\beta_1 f \tag{6.13}$$

式中　σ、τ、σ_c——分别为腹板计算高度同一点上同时产生的正应力、剪应力、局部压应力。σ 和 σ_c 以拉应力为正值，压应力为负值。

考虑到需验算折算应力的部位只是梁的局部区域，故式（6.13）中引入了大于 1 的强度设计值增大系数 β_1。当 σ 与 σ_c 异号时，其塑性变形能力高于 σ 与 σ_c 同号时，故规定 β_1 为：

当 σ 与 σ_c 异号时，取 $\beta_1=1.2$；

当 σ 与 σ_c 同号或 $\sigma_c=0$ 时，取 $\beta_1=1.1$。

图 6.10 所示为某连续板梁的中间支座，在支座截面上负弯矩 M 和剪力 V 均是梁整跨上的最大值。在图中支座处腹板计算高度下边缘的 a 点，其正应力 σ 虽略小于边缘纤维处的 σ_{max}，但 τ 值较大。在支座集中反力 R 作用下，a 点又有较大的局部压应力 σ_c，且 σ_c 和 σ 同属压应力，因而 a 点属上文所指同时受到较大正应力、剪应力和局部压应力而应验算折算应力的点。

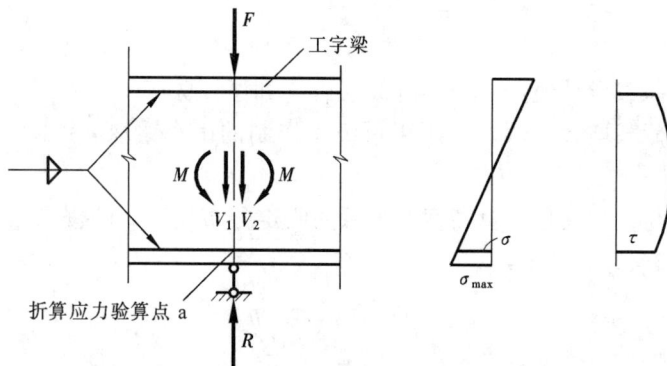

图 6.10　连续板梁中间支座处截面上 a 点的正应力和剪应力

6.4　梁　的　扭　转

钢结构中专门用于抵抗扭转变形的构件并不多见，但当受弯构件和压弯构件在弯矩作用平面外失去稳定性时必使构件同时发生侧向弯曲和扭转变形。为此，在叙述梁的整体稳

[●]　板梁翼缘截面的改变见本书第 6.9 节。

定性以前必须对梁的扭转作一简单介绍。有关开口薄壁构件的扭转的进一步知识，读者可参阅有关专门书籍[1]。

在材料力学中，主要介绍的是圆杆的扭转。圆杆扭转时，圆截面始终保持平面，只是截面对杆轴产生转动；截面上只产生剪应力，某点剪应力的大小与该点至圆心的距离成正比，方向垂直于该点至圆心的连线。

非圆杆如截面为矩形、工字形或槽形等构件在扭转时，原先为平面的截面不再保持平面，截面上各点沿杆轴方向发生纵向位移而使截面翘曲。构件扭转时若截面能自由翘曲，即纵向位移不受约束，这种扭转称为自由扭转（或圣维南扭转[2]、均匀扭转、纯扭转等）。翘曲受到约束的扭转称为约束扭转（或非均匀扭转、弯曲扭转等），在前面第5.8节中已简单述及，现再分别介绍如下。

一、自由扭转

自由扭转时由于截面能自由翘曲，因而有以下特点：（1）扭转时各截面有相同翘曲，各纵向纤维无伸长或缩短变形；（2）在扭矩作用下截面上只产生剪应力，无正应力；（3）纵向纤维保持直线，如图6.11所示。

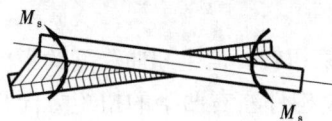

图6.11 工字形截面等直杆的
自由扭转

狭长矩形截面（$b \gg t$）的构件发生自由扭转时，根据弹性力学的分析，可得到下列两个重要公式。

（1）扭矩 M_s[3] 与扭转率 θ（即单位长度的扭转角）间有下列关系：

$$M_s = GI_t\theta \tag{6.14}$$

式中　θ——$\theta = \dfrac{\mathrm{d}\varphi}{\mathrm{d}z}$，$\varphi$ 为扭转角，自由扭转中 θ 为一常量，即 $\theta = \dfrac{\varphi}{l}$ 与纵坐标 z 无关；

　　　GI_t——构件的扭转刚度，其中 G 为钢材的剪切变形模量，I_t 为截面的抗扭惯性矩，也称扭转常数，下角标 t 表示扭转（torsion）。

（2）截面剪应力环绕截面四周方向、沿截面狭边厚度呈线性分布，如图6.12所示。最大剪应力发生在沿截面长边的边缘处，其值为：

$$\tau_{\max} = \frac{M_s t}{I_t} = Gt\theta \tag{6.15}$$

自由扭转构件的式（6.14）和式（6.15），与受弯构件的下列公式相对应：

$$M_x = EI_x \frac{\mathrm{d}^2 y}{\mathrm{d}z^2} \quad 和 \quad \sigma_{\max} = \frac{M_x y}{I_x} \tag{6.16}$$

狭长矩形截面的抗扭惯性矩为：

$$I_t = \frac{1}{3}bt^3$$

---

[1]　例如：郭在田. 薄壁杆件的弯曲与扭转. 北京：中国建筑工业出版社，1989：82-268。

[2]　圣维南（Saint-Venant），法国工程师，1853年在法国科学院提出经典的扭转理论，为今后研究提供了基础。为纪念他，故名。

[3]　M_s 为自由扭转时的扭矩，下角标 s 为圣维南（Saint-Venant）的首字母。

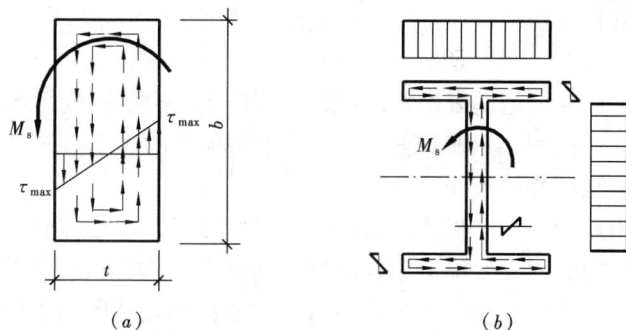

图 6.12 矩形截面及工字形截面自由扭转时的剪应力分布

(a) 矩形截面；(b) 工字形截面

对由狭长矩形截面组成的截面如工字形和 T 形等，其抗扭惯性矩见第 5 章式（5.42）。

二、约束扭转

（1）截面翘曲的约束来源

构件在扭转时，截面的翘曲受到约束，这种扭转叫作约束扭转。产生翘曲受到约束的原因不一：图 6.13（a）所示为构件中点施加一集中扭矩后，构件左右两半的扭矩方向相反，由于对称性构件中点截面必无翘曲，而两端截面翘曲最大，中间各截面翘曲不等，这种翘曲的约束来自荷载的分布；图 6.13（b）所示悬臂构件，在自由端施加一集中扭矩后，自由端截面翘曲变形最大，固定端截面翘曲为零，这是由于固定端支座约束所造成的。

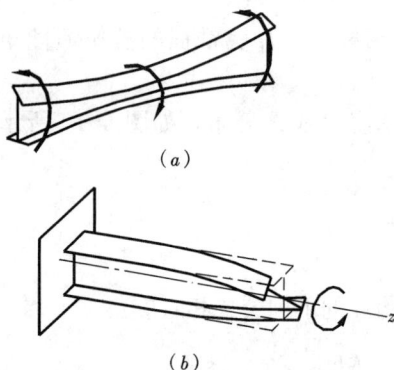

图 6.13 约束扭转

（2）约束扭转的特点

1）各截面有不同的翘曲变形，因而两相邻截面间构件的纵向纤维因有伸长或缩短变形而有正应变，截面上将产生正应力。这种正应力称为翘曲正应力或扇形正应力。

2）由于各截面上有大小不同的翘曲正应力，为了与之平衡，截面上将产生剪应力，这种剪应力称为翘曲剪应力或扇形剪应力。这与受弯构件中各截面上有不同弯曲正应力时截面上必有弯曲剪应力，理由相同。此外，约束扭转时为抵抗两相邻截面的相互转动，截面上也必然存在与自由扭转中相同的自由扭转剪应力（或称圣维南剪应力）。这样，约束扭转时，构件的截面上有两种剪应力：圣维南剪应力和翘曲剪应力。前者组成圣维南扭矩 M_s，后者组成翘曲扭矩 M_ω，两者合成一总扭矩 M_z，即：

$$M_z = M_s + M_\omega \tag{6.17}$$

3）约束扭转时，截面各纵向纤维有不同的伸长或缩短，因而构件的纵向纤维必有弯曲变形，故约束扭转又名弯曲扭转。

（3）约束扭转时内外扭矩的平衡方程式

已知自由扭转时：

$$M_s = GI_t\theta = GI_t\frac{\mathrm{d}\varphi}{\mathrm{d}z} \quad [式(6.14)]$$

如再求得翘曲扭矩 M_ω 与扭转角 φ 的导数关系，即可得扭矩的平衡方程式。下面拟通过图 6.14 所示双轴对称工字形截面悬臂梁在自由端施加一集中扭矩时这个特例进行推导。

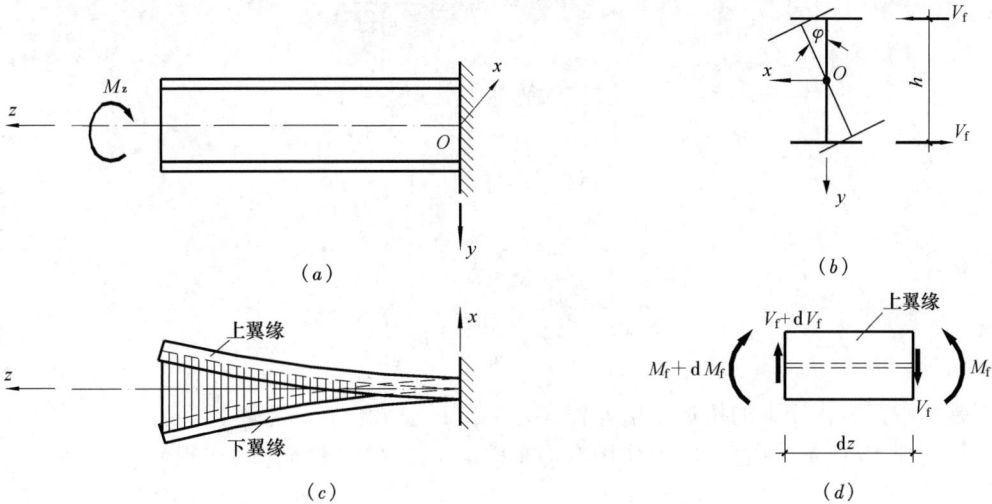

图 6.14　双轴对称工字形悬臂梁在自由端集中扭矩作用下的变形
(a) 悬臂梁；(b) 截面的扭转变形；(c) 悬臂梁的扭转；(d) 翼缘中的翘曲剪力

在扭矩 M_z 作用下，离固定端为 z 处的截面有扭转角 φ [图 6.14（b）]。M_z 中的圣维南扭矩 M_s 只会使梁截面中产生如图 6.12 所示的剪应力，已如前述。M_z 中的另一部分，称为翘曲扭矩的 M_ω 可看作图 6.14（b）所示的一个力偶 $V_f h$，此处 h 为梁截面上、下翼缘中心间的距离，V_f 为作用在每个翼缘中的水平剪力（下角标 f 代表翼缘 flange）。以上翼缘为例，由于截面的扭转角 φ，上翼缘各点产生水平位移为：

$$u = \frac{h}{2}\varphi$$

其中，扭转角 φ 在约束扭转中是坐标 z 的函数，因而 u 也是坐标 z 的函数。

翼缘弯曲的曲率为：

$$\frac{\mathrm{d}^2 u}{\mathrm{d}z^2} = \frac{h}{2}\frac{\mathrm{d}^2\varphi}{\mathrm{d}z^2}$$

翼缘中的弯矩为：

$$M_f = EI_f\frac{\mathrm{d}^2 u}{\mathrm{d}z^2} = EI_f\frac{h}{2}\frac{\mathrm{d}^2\varphi}{\mathrm{d}z^2}$$

式中　I_f——一个翼缘板对 y 轴的惯性矩。此弯矩使工字形截面翼缘板中产生正应力（称为翘曲正应力或扇性正应力）。

233

翼缘中的剪力［图 6.14 (d)］为：

$$V_{\mathrm{f}} = -\frac{\mathrm{d}M_{\mathrm{f}}}{\mathrm{d}z} = -EI_{\mathrm{f}}\frac{h}{2}\frac{\mathrm{d}^3\varphi}{\mathrm{d}z^3}$$

此剪力使翼缘板中产生剪应力（翘曲剪应力或扇性剪应力），假定沿板厚为均布。于是得翘曲扭矩为：

$$M_{\omega} = V_{\mathrm{f}}h = -EI_{\mathrm{f}}\frac{h^2}{2}\frac{\mathrm{d}^3\varphi}{\mathrm{d}z^3}$$

如令 $I_{\omega} = I_{\mathrm{f}} \cdot \dfrac{h^2}{2} = \dfrac{1}{4}I_{\mathrm{y}}h^2$，其中 I_{ω} 称为翘曲惯性矩，则：

$$M_{\omega} = -EI_{\omega}\frac{\mathrm{d}^3\varphi}{\mathrm{d}z^3} \tag{6.18}$$

最后得：

$$M_{\mathrm{z}} = GI_{\mathrm{t}}\frac{\mathrm{d}\varphi}{\mathrm{d}z} - EI_{\omega}\frac{\mathrm{d}^3\varphi}{\mathrm{d}z^3} \tag{6.19}$$

这就是集中扭矩作用下的扭矩平衡方程式。

如图 6.15 所示，微段 $\mathrm{d}z$ 上作用有均布扭矩 m_{z}。利用平衡条件可得：

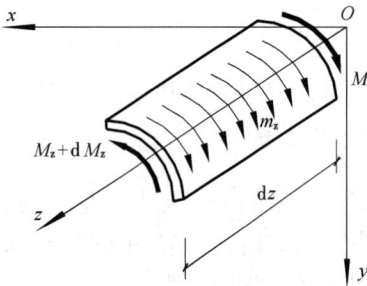

$$M_{\mathrm{z}} + m_{\mathrm{z}}\mathrm{d}z = M_{\mathrm{z}} + \mathrm{d}M_{\mathrm{z}}$$

即

$$m_{\mathrm{z}} = \frac{\mathrm{d}M_{\mathrm{z}}}{\mathrm{d}z} \tag{6.20}$$

由式（6.19），对坐标 z 求一阶导数，得：

$$m_{\mathrm{z}} = GI_{\mathrm{t}}\frac{\mathrm{d}^2\varphi}{\mathrm{d}z^2} - EI_{\omega}\frac{\mathrm{d}^4\varphi}{\mathrm{d}z^4}$$

或简写为：$m_{\mathrm{z}} = GI_{\mathrm{t}}\varphi'' - EI_{\omega}\varphi^{IV}$ （6.21）

这是均布扭矩作用下的平衡方程式。由式（6.19）或式（6.21），可解出未知量扭转角 φ，然后得到翘曲扭矩等。

图 6.15 微段 $\mathrm{d}z$ 上扭矩的平衡

式（6.21）和式（6.19）中的 EI_{ω} 是研究构件扭转时一个很重要的物理量，称为翘曲刚度，表示构件截面抵抗翘曲的能力。与侧向弯曲刚度 EI_{y} 和扭转刚度 GI_{t} 一起在梁的整体稳定中起着重要的作用。I_{ω} 的量纲是长度的 6 次方，这与惯性矩 I_{x}、I_{y} 和抗扭惯性矩 I_{t} 的量纲都是长度的 4 次方不同，应予以注意。I_{ω} 与截面形状和尺寸有关，第 5 章已给出双轴对称工字形截面的 I_{ω} 为：

$$I_{\omega} = \frac{1}{4}I_{\mathrm{y}}h^2 \tag{6.22}$$

单轴对称工字形截面的 I_{ω} 为：

$$I_{\omega} = \frac{I_1 I_2}{I_{\mathrm{y}}}h^2 \quad ［式(5.43)］$$

式中　I_1、I_2——分别为工字形截面两个翼缘对截面弱轴 y 的惯性矩，因而 $I_{\mathrm{y}} = I_1 + I_2$。

从式（5.43）和式（6.22）可见，工字形截面的高度 h 愈大，则其 I_ω 也愈大，抵抗翘曲的能力也愈强。

6.5 梁的整体稳定性

一、概述

钢梁最常用的截面是工字形（含 H 形），工字形截面的一个显著特点是两个主轴惯性矩相差极大，即 $I_x \gg I_y$（设 x 轴为其强轴，y 轴为其弱轴）。因此，当跨度中间无侧向支承的梁在其最大刚度平面内受荷载作用时，若荷载还不大，梁基本上在其最大刚度平面内弯曲，但当荷载大到一定数值后，梁将同时产生较大的侧向弯曲和扭转变形，最后很快地，梁丧失继续承载的能力。出现这种现象时，就称为梁丧失了整体稳定性，或称发生了侧扭屈曲。对于跨中无侧向支承的中等或较大跨度的梁，其丧失整体稳定性时的承载能力往往低于按其抗弯强度确定的承载能力。因此，这些梁的截面大小也就往往由整体稳定性所控制。

梁之所以会出现侧扭屈曲，可以这样来理解：把梁的受压翼缘和部分与其相连的受压腹板看作一根轴心压杆，随着压力的加大，其刚度将下降，到达一定程度，此压杆将不能保持其原来的位置而发生屈曲。梁的受压翼缘和部分腹板又与轴心受压构件并不完全相同，它与梁的受拉翼缘和受拉腹板是直接相连的。因而当其发生屈曲时只能是出平面侧向弯曲（即对 y 轴弯曲），又由于梁的受拉部分对其侧向弯曲产生牵制，出平面弯曲时就同时发生截面的扭转。因而梁的整体失稳必然是侧向弯扭屈曲，如图 6.16（a）所示。

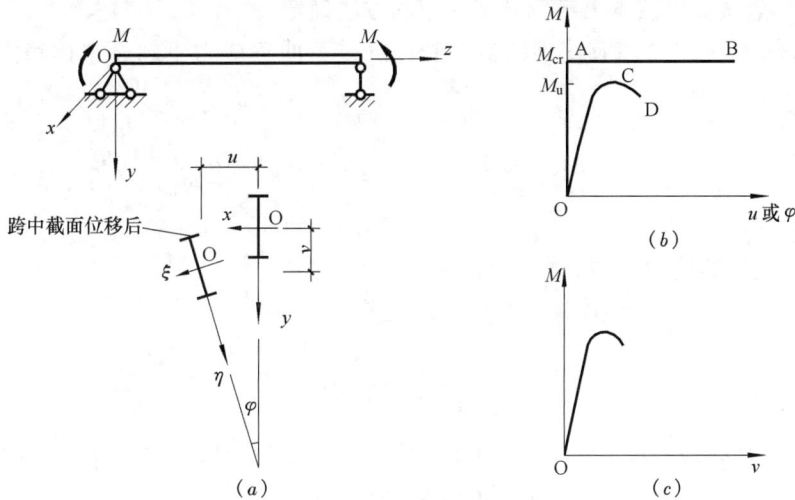

图 6.16　简支梁的弯矩-位移曲线

理想梁（不计其缺陷时）的弯扭屈曲与理想轴心压杆的屈曲一样，是一个出现平衡分支的稳定问题。图 6.16（b）的纵坐标代表图 6.16（a）所示的最大弯矩，横坐标代表简支梁跨度中点截面形心的出平面位移 u 或跨度中点截面的扭转角 φ。当弯矩值低于临界弯矩 M_{cr} 时，梁只在竖向平面内弯曲而无侧向出平面位移和转角，其弯矩 M 与 u 或 φ 的关系如图 6.16 (b) 中的 OA 所示,其 M 与挠度 v 的关系见图 6.16 (c)。当到达临界弯矩 M_{cr} 时,出现平衡的分支点,弯矩-位移曲线如图 6.16 (b) 中的 AB 所示。由于实际梁必然存在缺陷,因而其 M-u 或 M-φ 曲线当如图 6.16 (b) 中的 OCD 线所示,其极值称最大弯矩或极限弯矩 M_u。根据具体缺陷的大小,M_u 不同程度低于 M_{cr}。

在第 5 章中曾介绍《钢标》对轴心压杆的稳定采用了最大荷载理论,但对梁的整体稳定《钢标》却采用了具有平衡分支点的稳定理论。这主要是由于梁的稳定比轴心压杆的稳定复杂,不仅是梁的失稳必然是侧向弯扭屈曲比轴心压杆中考虑的弯曲屈曲复杂,另一重要因素是梁的荷载多种多样,比轴心压杆的荷载复杂得多,用最大荷载理论计算,目前还有一定困难。国外设计标准中,目前也大多是按理想梁采用平衡分支的稳定理论来考虑梁的弯扭屈曲。

二、梁整体稳定性的验算

《钢标》中对梁的整体稳定性,规定按下式计算:

$$\frac{M_x}{\varphi_b W_x f} \leqslant 1.0 \tag{6.23}$$

式中　M_x——梁跨中绕截面强轴 x 的最大弯矩设计值;

　　　　φ_b——梁的整体稳定系数(下角标 b 代表梁 beam);

　　　　W_x——按受压最大纤维确定的梁毛截面模量,当截面板件宽厚比等级为 S1、S2、S3 或 S4 级时应取全截面模量,当截面板件宽厚比等级为 S5 级时应取有效截面模量(均匀受压翼缘的有效外伸宽度可取其厚度的 $15\varepsilon_k$ 倍,腹板有效截面可按本书第 7.6 节介绍的方法确定)。

式 (6.23) 的意思是,应使梁的最大受压纤维弯曲正应力不超过整体稳定的临界应力,即:

$$\sigma_{max} = \frac{M_x}{W_x} \leqslant \frac{M_{cr}}{W_x} \cdot \frac{1}{\gamma_R} = \frac{\sigma_{cr}}{\gamma_R} = \frac{\sigma_{cr}}{f_y} \frac{f_y}{\gamma_R} = \varphi_b f$$

式中　γ_R——钢材的抗力分项系数。

由此即得式 (6.23)。整体稳定系数的定义是:

$$\varphi_b = \frac{\sigma_{cr}}{f_y} = \frac{M_{cr}}{M_y} \tag{6.24}$$

得到临界弯矩 M_{cr} 后,即可由式 (6.24) 得到 φ_b。《钢标》中规定了 φ_b 的求法也就是规定了 M_{cr}。式 (6.24) 中的 M_y 是边缘纤维屈服弯矩 [见式 (6.3)]。

三、双轴对称工字形截面简支梁在纯弯曲时的临界弯矩

图 6.17 所示为双轴对称工字形截面简支梁在纯弯曲下处于中性平衡时的位移情况。以截面的形心为坐标原点,固定的坐标系为 O-x-y-z,随截面位移而移动的坐标系为 O-ξ-η-ζ。在分析中假定截面为刚周边,截面形状保持不变,因而截面特性 $I_x = I_\xi$ 和 $I_y = I_\eta$。

在离梁左支座为 z 的截面上作用有弯矩 M_x,用带双箭头的矢量示于图 6.17 (b) 中。梁发生侧扭变形后,在图 6.17 (b) 上把 M_x 分解成 $M_x\cos\theta$ 和 $M_x\sin\theta$,在图 6.17 (c) 中

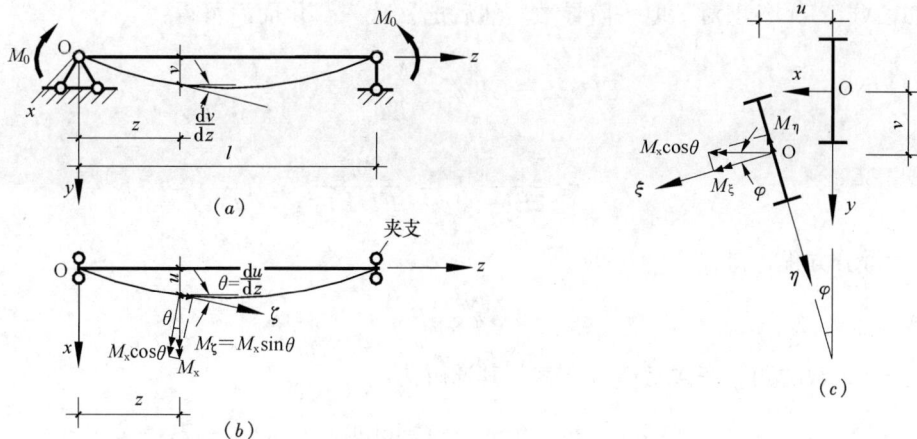

图 6.17　双轴对称工字形简支梁在纯弯曲下的弹性稳定
(a) 纯弯曲简支梁；(b) 梁侧扭变形；(c) 截面弯扭变形

又把 $M_x\cos\theta$ 分解成 M_ξ 和 M_η。因 $\theta = \dfrac{\mathrm{d}u}{\mathrm{d}z}$ 和截面转角 φ 都属微小量，可取：

$$\sin\theta \approx \theta, \quad \cos\theta \approx 1, \quad \sin\varphi \approx \varphi, \quad \cos\varphi \approx 1$$

又由于梁承受纯弯曲，故 $M_x = M_0 = $ 常量。于是得：

$$\begin{cases} M_\xi = M_x\cos\theta\cos\varphi \approx M_0 \\[2mm] M_\eta = M_x\cos\theta\sin\varphi \approx M_0\varphi \\[2mm] M_\zeta = M_x\sin\theta \approx M_0\theta = M_0\,\dfrac{\mathrm{d}u}{\mathrm{d}z} = M_0 u' \end{cases}$$

上式中前两式分别为截面发生位移后绕强轴和弱轴的弯矩，后者 M_ζ 为扭矩。这说明当梁发生弯扭变形后，截面上除原先在最大刚度平面内已有的弯矩作用外，又产生了侧向弯矩 M_η 和扭矩 M_ζ。

对内、外弯矩建立三个平衡微分方程式：

$$\begin{cases} -EI_x v'' = M_0 & (6.25) \\[2mm] -EI_y u'' = M_0\varphi & (6.26) \\[2mm] GI_t\varphi' - EI_\omega\varphi''' = M_0 u' & (6.27) \end{cases}$$

式（6.25）是对 ξ 轴的弯矩平衡方程式，因只包含一个未知量 v 的二阶导数，可单独求解，对 z 积分两次后可得梁在 $y\text{-}O\text{-}z$ 平面内的挠曲线方程，见材料力学，这里不再赘述。式（6.26）是侧向弯矩的平衡方程式，式（6.27）是扭矩的平衡方程式，两式中各包含两个位移分量——φ 和 u 的导数，因此必须联立求解。

由式（6.26）得：$u'' = -\dfrac{M_0\varphi}{EI_y}$

由式（6.27）各项对 z 取一阶导数，然后把 u'' 代入，化简后可得：

$$EI_\omega \varphi^{IV} - GI_t \varphi'' - \frac{M_0^2 \varphi}{EI_y} = 0$$

设

$$k_1 = \frac{GI_t}{2EI_\omega}, \ k_2 = \frac{M_0^2}{EI_\omega EI_y}$$

代入上述微分方程，得：

$$\varphi^{IV} - 2k_1 \varphi'' - k_2 \varphi = 0$$

这是一个常系数的四阶齐次常微分方程，其通解为：

$$\varphi = A\sin n_1 z + B\cos n_1 z + C\sinh n_2 z + D\cosh n_2 z$$

其中

$$\begin{cases} n_1 = \sqrt{-k_1 + \sqrt{k_1^2 + k_2}} \\ n_2 = \sqrt{k_1 + \sqrt{k_1^2 + k_2}} \end{cases}$$

通解中包含 4 个积分常数，需用梁的 4 个边界条件求解这些常数。

两端简支梁的边界条件如下。

当 $z=0$ 或 $z=l$ 时：

$$u = v = \varphi = 0$$

$$\frac{\mathrm{d}^2 \varphi}{\mathrm{d}z^2} = \varphi'' = 0$$

其中 $u=v=\varphi=0$ 的几何意义容易理解，即支座处截面无竖向位移和侧向位移，也无对 z 轴的转动。$\varphi''=0$ 则表示端部截面翘曲不受约束，绕 x 轴和 y 轴截面能自由转动。由此应是 $M_f = EI_f \dfrac{h}{2} \dfrac{\mathrm{d}^2 \varphi}{\mathrm{d}z^2} = 0$（见第 6.4 节"二、约束扭转"），于是得 $\varphi'' = 0$。

在讨论梁的整体稳定时，凡说梁是简支，都应满足上述条件，因此有人就较严格地把简支称为夹支，认为更易体现这种支座截面不能绕 z 轴转动但可以绕 x 轴和 y 轴自由转动的情况。在图 6.17（b）中，支座处画了两个小圆圈就是表示夹支这个意思。

利用简支梁的下列 4 个边界条件：

$$z=0 \text{ 和 } z=l \text{ 时}, \varphi = 0, \quad \varphi'' = 0$$

解得

$$B = C = D = 0, \quad A\sin n_1 l = 0$$

为满足 $A\sin n_1 l = 0$，如取 $A=0$，代入通解则得 $\varphi=0$，不合题意，因此只能是：

$$\sin n_1 l = 0$$

由此得 n_1 的最小解为 $n_1 = \dfrac{\pi}{l}$。

将 $n_1 = \pi/l$ 和 k_1、k_2 的表达式一并代入上述 n_1 的表达式，整理后得：

$$M_{cr} = \frac{\pi^2 EI_y}{l^2} \sqrt{\frac{I_\omega}{I_y} + \frac{l^2 GI_t}{\pi^2 EI_y}} \tag{6.28}$$

此即所求纯弯曲时双轴对称工字形截面简支梁的临界弯矩。式中根号前的 $\pi^2 EI_y/l^2$ 即绕 y 轴屈曲的轴心受压构件欧拉荷载。由式 (6.28) 可见，影响纯弯曲下双轴对称工字形简支梁临界弯矩大小的因素包含了 EI_y、GI_t 和 EI_ω 三种刚度以及梁的侧向无支长度 l。

四、单轴对称工字形截面梁承受横向荷载时的临界弯矩

单轴对称工字形截面 [图 6.18 (a)、(c)] 的剪切中心 S 与形心 O 不相重合，承受横向荷载时梁的中性平衡状态微分方程不是常系数，因而不可能有准确的解析解，只能有数

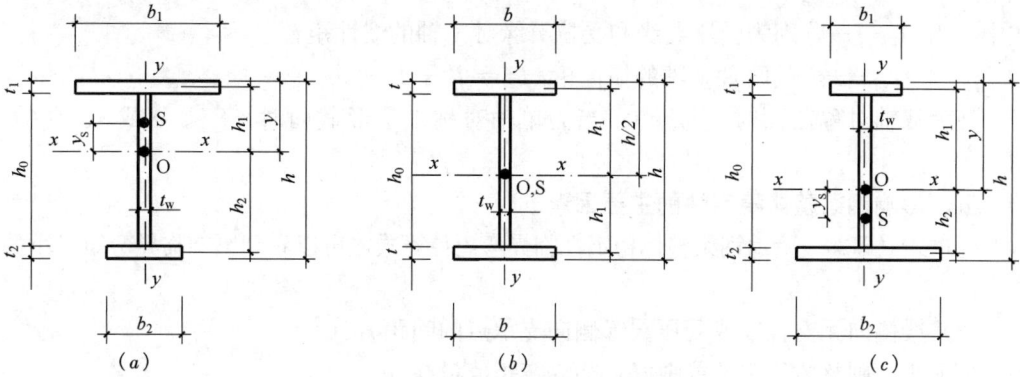

图 6.18　焊接工字形截面

(a) 加强受压翼缘的工字形截面 ($\beta_y > 0, y_s < 0$)；(b) 双轴对称工字形截面 ($\beta_y = 0, y_s = 0$)；

(c) 加强受拉翼缘的工字形截面 ($\beta_y < 0, y_s > 0$)

值解和近似解。为了便于讨论，下面给出用能量法求得的临界弯矩近似解：

$$M_{cr} = C_1 \frac{\pi^2 EI_y}{l_0^2}\left[C_2 a + C_3 \beta_y + \sqrt{(C_2 a + C_3 \beta_y)^2 + \frac{I_\omega}{I_y}\left(1 + \frac{l_0^2 GI_t}{\pi^2 EI_\omega}\right)}\right] \tag{6.29}$$

式中　C_1、C_2、C_3——随荷载类型及支座情况而异的系数，表 6.2 分别给出了对截面强轴（x 轴）可以自由转动的两端简支梁在三种典型荷载情况下的 C_1、C_2、C_3 值；

l_0——梁的侧向计算长度，$l_0 = \mu l_1$，其中 l_1 是梁的侧向无支长度，μ 为侧向计算长度系数，见表 6.2；

两端简支梁侧扭屈曲临界弯矩公式 (6.29) 中的系数　　　　　　　表 6.2

项　次	荷 载 类 型	梁端对 y 轴转动约束情况	μ	C_1	C_2	C_3
1	跨度中点作用一个集中荷载	没有约束	1.0	1.35	0.55	0.41
		完全约束	0.5	1.07	0.42	—
2	满跨均布荷载	没有约束	1.0	1.13	0.45	0.53
		完全约束	0.5	0.97	0.29	—
3	纯弯曲	没有约束	1.0	1.0	0	1.0
		完全约束	0.5	1.0	0	1.0

a——荷载在截面上的作用点与截面剪切中心 S 间的距离，当荷载作用点位于剪切中心上方时，a 为负值，反之为正值；

β_y——反映截面单轴对称特性的函数，即：

$$\beta_y = \frac{1}{2I_x} \int_A y(x^2 + y^2) dA - y_s \tag{6.30}$$

当截面为双轴对称时，$\beta_y = 0$；当为加强受压翼缘工字形截面时，β_y 为正值；当为加强受拉翼缘工字形截面时，β_y 为负值，见图 6.18。

式（6.30）中的 y_s 是剪切中心 S 的坐标：

$$y_s = \frac{I_2 h_2 - I_1 h_1}{I_y} \tag{6.31}$$

式中　I_1、I_2——分别为受压翼缘和受拉翼缘对 y 轴的惯性矩；

　　　I_y——全截面对 y 轴的惯性矩，$I_y = I_1 + I_2$。

当为双轴对称截面时，$y_s = 0$；当为单轴对称工字形截面时，$y_s < 0$ 或 $y_s > 0$，见图 6.18。

五、影响钢梁整体稳定性的主要因素

通过式（6.29）所示钢梁整体稳定性临界弯矩计算式，可以看到影响临界弯矩大小的因素有：

（1）梁侧向无支长度或受压翼缘侧向支承点的间距 l_1

l_1 愈小，则整体稳定性能愈好，临界弯矩值愈高。

（2）梁截面尺寸，包括各种惯性矩

惯性矩 I_y、I_t 和 I_ω 愈大，则梁的整体稳定性能愈好，特别是梁的受压翼缘宽度 b_1 的加大，可使式（6.29）中的 β_y 加大，因而可大大提高梁的整体稳定性能（见下文例题 6.2）。

（3）梁端支座对截面的约束

支座如能提供对 y 轴的转动约束，梁的整体稳定性能可大大提高。由表 6.2 可右，当对 y 轴为固定端时，$\mu = 0.5$，亦即可使梁的临界弯矩提高近 3 倍。支座如能提供对 x 轴的转动约束，对临界弯矩的提高也有作用。

（4）梁所受荷载类型

假设梁的两端为简支，荷载均作用在截面的剪切中心处［此时式（6.29）中的 $a = 0$］，梁截面形状为双轴对称工字形且尺寸一定，由式（6.29）可见，此时临界弯矩 M_{cr} 的大小就只取决于系数 C_1。由表 6.2 可知，其中以纯弯曲（弯矩图形为矩形）的 C_1 为最小，跨度中点作用一个集中荷载（弯矩图形为等腰三角形）的 C_1 为最大，满跨均布荷载（弯矩图形为抛物线）的 C_1 居中。

这里之所以特别说明弯矩图形形状与系数 C_1 的关系，主要是为了说明梁的临界弯矩大小与荷载类型有关。《钢标》中只能列举几种典型的荷载（如表 6.2 所示三种情况），而实际工程中可能碰到的荷载情况则各种各样。设计时除非是自己计算临界弯矩，如需选用

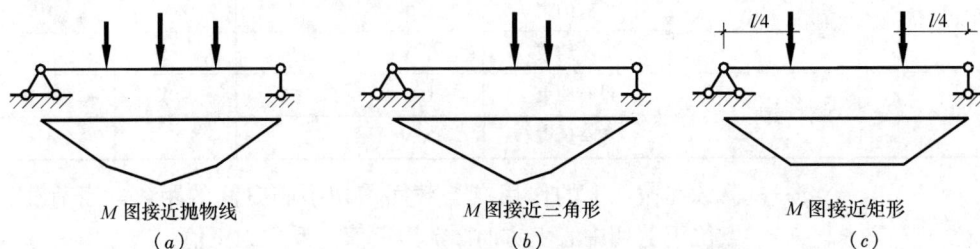

M 图接近抛物线　　　　　　M 图接近三角形　　　　　　M 图接近矩形
　　（a）　　　　　　　　　　　　（b）　　　　　　　　　　　　（c）

图 6.19　非典型荷载时的处理

《钢标》中的公式，就应选用与《钢标》中规定最相接近的情况，否则将产生过大的误差。现用图 6.19 所示的 3 个例子以作说明：图 6.19（a）是简支梁承受多个集中荷载而且其位置较为分散，多边形的弯矩图较接近于抛物线，故以按《钢标》中的"均布荷载"考虑为宜；图 6.19（b）虽是 2 个集中荷载，但其位置较集中于跨中，弯矩图形较接近于等腰三角形，故以选用《钢标》中的"集中荷载"为宜；图 6.19（c）虽然也是 2 个集中荷载，但其位置靠近梁的两端，弯矩图形较接近于矩形，故以按《钢标》中的"纯弯曲"考虑为宜（图示 2 个集中荷载作用于 $l/4$ 跨时，其 $C_1 = 1.04$，已接近于 $C_1 = 1.0$）。这些都需由设计者自行判断确定。

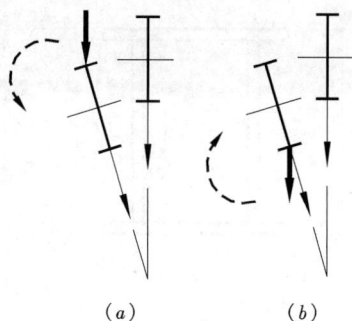

图 6.20　荷载作用点高度
不同对梁稳定性的影响
（a）荷载使梁截面加剧转动；
（b）荷载能减少梁截面的转动

（5）沿梁截面高度方向的荷载作用点位置

作用点位置不同，临界弯矩也将不同。荷载作用于梁的上翼缘时，式（6.29）中 a 值为负，临界弯矩将降低；荷载作用于下翼缘时，a 值为正，临界弯矩将提高。由图 6.20 也可以看出，当荷载作用在梁的上翼缘时，荷载对梁截面的转动有加大作用，因而会降低梁的稳定性能；反之，则提高梁的稳定性能。

了解了影响梁整体稳定性的因素后，除可做到正确使用《钢标》外，更重要的是可在工程实践中设法采取措施以提高梁的整体稳定性能。

6.6　《钢结构设计标准》GB 50017—2017 中关于钢梁稳定性验算的一些规定

一、整体稳定性验算

下面分六点对《钢标》中有关钢梁整体稳定性验算的规定给予介绍并作说明。

（1）不需要验算梁整体稳定性的条件

梁丧失整体稳定时必然同时发生侧向弯曲和扭转变形，因此《钢标》中规定当梁上有铺板（钢筋混凝土板和钢板）密铺在梁的受压翼缘上并与其牢固相连、能阻止梁受压翼缘的侧向位移时，可不计算梁的整体稳定性。这里必须注意的是要达到铺板能阻止梁受压翼缘发生侧向位移，其一，铺板自身必须具备一定的刚度；其二，铺板必须与钢梁牢固相连，否则就达不到预期目的。陈绍蕃教授指出❶高层建筑中常采用压型钢板上浇混凝土作为楼板；在施工阶段，混凝土尚未浇筑或未结硬时，压型钢板能否起到阻止钢梁受压翼缘侧向移动，需要进行考察，并提出了粗略估算整体稳定临界弯矩的方法。读者可参阅该文。

当梁在跨中设有中间侧向支承，使梁的整体稳定临界弯矩高于或接近于梁的屈服弯矩，此时在验算了梁的抗弯强度后就不需要再验算梁的整体稳定。《原规范》中规定了工字形截面（含 H 型钢）简支梁不需计算整体稳定性的最大 l_1/b_1 值，可供设计时应用（l_1 是梁侧向支承点间的距离，当无中间侧向支承点时，l_1 为梁的跨度；b_1 是梁受压翼缘的

---

❶　见书末主要参考资料 ［32］ 第 99～100 页。

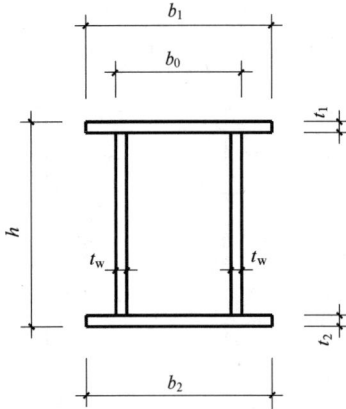

图 6.21 箱形截面

宽度），见本书附录 1 附表 1.8。当梁的 l_1/b_1 值超过附表 1.8 中的规定值时，就需计算梁的整体稳定。

箱形截面（图 6.21）简支梁由于其截面的抗扭性能远远高于开口截面（工字形），因而具有较好的整体稳定性。《钢标》中规定当其截面尺寸满足 $h/b_0 \leqslant 6$、$l_1/b_0 \leqslant 95\varepsilon_k^2$ 时可不计算梁的整体稳定性。这两个条件在实际工程上都能做到，因而《钢标》中就没有给出箱形截面简支梁整体稳定系数的计算方法。

（2）梁整体稳定性的验算公式

在第 6.5 节"二"中曾给出梁整体稳定性的验算公式为：

$$\frac{M_x}{\varphi_b W_x f} \leqslant 1.0 \quad [\text{式}(6.23)]$$

这里再把《钢标》中关于在两个主平面内受弯的工字形截面构件的整体稳定性验算公式列出如下：

$$\frac{M_x}{\varphi_b W_x} + \frac{M_y}{\gamma_y W_y} \leqslant f \tag{6.32}$$

对工字形截面（含 H 型钢）绕弱轴（y 轴）弯曲时因不会有稳定问题而只需验算其抗弯强度。把对 x 轴的稳定和对 y 轴的强度两个验算公式相加即得式（6.32），因而公式（6.32）不是一个理论公式。试验证明此式是可用的。

（3）焊接工字形等截面 [图 6.18 (b)]（含 H 型钢）简支梁的整体稳定系数

在第 6.5 节中曾介绍梁整体稳定系数 φ_b 的定义为：

$$\varphi_b = \frac{\sigma_{cr}}{f_y} = \frac{M_{cr}}{M_y} \quad [\text{式}(6.24)]$$

利用前述式（6.29）所给临界弯矩代入式（6.24），即可得到 φ_b 值，但不难发现其计算工作量极大。我国前《钢结构设计规范》GBJ 17—88 和现行《钢标》特给出如下的 φ_b 简化公式，适用于等截面焊接工字形和热轧 H 型钢梁：

$$\varphi_b = \beta_b \frac{4320}{\lambda_y^2} \cdot \frac{Ah}{W_x} \left[\sqrt{1 + \left(\frac{\lambda_y t_1}{4.4h} \right)^2} + \eta_b \right] \varepsilon_k^2 \tag{6.33}$$

式中　λ_y——梁在侧向支承点间对截面弱轴 y 的长细比，即 $\lambda_y = l_1/i_y$，l_1 是梁受压翼缘侧向支承点间的距离，i_y 为梁毛截面对 y 轴的回转半径；

　　　A——梁的毛截面面积；

　h、t_1——梁截面的全高和受压翼缘的厚度；

　　　η_b——截面不对称影响系数：

　　　　　对双轴对称工字形截面：　　$\eta_b = 0$

　　　　　对单轴对称工字形截面：

　　　　　　　加强受压翼缘时　　　　$\eta_b = 0.8(2\alpha_b - 1)$

　　　　　　　加强受拉翼缘时　　　　$\eta_b = 2\alpha_b - 1$

其中 $\alpha_b = I_1/(I_1 + I_2)$，$I_1$ 和 I_2 分别为受压翼缘和受拉翼缘对 y 轴的惯性矩；当为双轴对称时 $\alpha_b = 0.5$，加强受压翼缘时 $\alpha_b > 0.5$，加强受拉翼缘时 $\alpha_b < 0.5$；α_b 的范围

是 $0 < \alpha_b < 1$。

上面说明的所有物理量，从 λ_y 直到 η_b 都只随梁的侧向无支长度和截面的形状、尺寸等而变化，可根据所给数据直接计算，与荷载无关。与荷载状况有关的只是 β_b，称为梁整体稳定的等效弯矩系数，《钢标》附录 C 给出了求 β_b 的表格，见本书附表 1.9。

按附表 1.9 项次 10 取 $M_1 = M_2$，可得 $\beta_b = 1.0$，此时的 φ_b 为纯弯曲时的梁整体稳定系数，可记为 φ_{b0}。φ_{b0} 的公式导自式 (6.29)，简化时只作了下列两个近似假设：

1) 对反映单轴对称截面特性的函数 β_y 的简化

经计算分析，发现前述关于 β_y 的式 (6.30) 中，等号后面第一项（即积分项）的绝对值远较等号后面第二项 y_s 为小，因此把 β_y 简化为 [参阅式 (6.31)]：

$$\beta_y \approx - y_s = \frac{h_1 I_1 - h_2 I_2}{I_y}$$

对加强受拉翼缘的工字形截面，近似地取：

$$\beta_y \approx \frac{h}{2}\left(\frac{I_1 - I_2}{I_y}\right)$$

对加强受压翼缘的工字形截面，近似地取：

$$\beta_y \approx 0.4h\left(\frac{I_1 - I_2}{I_y}\right)$$

因 $\alpha_b = I_1/(I_1 + I_2)$，故 $(I_1 - I_2)/I_y = 2\alpha_b - 1$。今如令：

$$\eta_b = \begin{cases} 2\alpha_b - 1 & \text{（加强受拉翼缘工字形截面）} \\ 0.8(2\alpha_b - 1) & \text{（加强受压翼缘工字形截面）} \end{cases}$$

则得统一的 β_y 的简化表达式为：

$$\beta_y = 0.5\eta_b h$$

2) 对抗扭惯性矩 I_t 的简化

工字形截面的抗扭惯性矩为：

$$I_t = \frac{k}{3}\sum_{i=1}^{3} b_i t_i^3 = \frac{1.25}{3}(b_1 t_1^3 + b_2 t_2^3 + h_w t_w^3)$$

今假设工字形截面三块组成板件的厚度均为 t_1，并取上式中系数 $k \approx 1$，则 I_t 可简化为：

$$I_t = \frac{1}{3}A t_1^2$$

其中，$A = b_1 t_1 + b_2 t_2 + h_w t_w$，为梁毛截面面积。

利用上述 β_y 和 I_t 两个简化式，并近似地取 h 为截面的全高，由：

$$I_\omega = \frac{I_1 I_2}{I_y}h^2 = \alpha_b(1 - \alpha_b)I_y h^2 \quad \text{[参阅式(5.43)]}$$

$$I_y = A i_y^2$$

和 $\quad E = 206 \times 10^3 \, \text{N/mm}^2, G = 79 \times 10^3 \, \text{N/mm}^2, f_y = 235 \text{N/mm}^2$

$$C_1 = C_3 = 1.0, \quad C_2 = 0 \,(\text{见表 6.2})$$

代入式 (6.29) 和式 (6.24)，可得纯弯曲时的梁整体稳定系数 φ_{b0} 为：

$$\varphi_{b0} = \frac{4320}{\lambda_y^2} \cdot \frac{Ah}{W_x} \left[\sqrt{1 + \left(\frac{\lambda_y t_1}{4.4h}\right)^2} + \eta_b \right] \varepsilon_k^2 \qquad (6.34)$$

这个公式中已不出现 β_y 和 I_t 等，计算可大大简化。由于只引进了两个简化假定，简化公式的计算结果与原式相比误差极小。

《钢标》把式（6.34）中的 φ_{b0} 作为近似 φ_b 的基本公式，而把其他荷载情况下和跨中有侧向支承点的 φ_b 用下式表达：

$$\varphi_b = \beta_b \varphi_{b0}$$

此式即前面的式（6.33），β_b 因此叫作整体稳定等效弯矩系数。《钢标》中对 H 型钢及等截面焊接工字形简支梁的 β_b 分成以下三种情况，分别列于本书附表 1.9：

1）梁跨中无中间侧向支承，承受满跨均布荷载或跨度中点一个集中荷载，分别作用于梁的上翼缘或下翼缘时：

表中给出了随 $\xi = \dfrac{l_1 t_1}{b_1 h}$ 而变化的 β_b 值，见附表 1.9 中项次 1～4。

表中 β_b 的表达式是通过对大量不同尺寸的工字形截面和不同 l_1 的梁按理论公式（6.29）进行 φ_b 和 φ_{b0} 的计算，然后由 $\beta_b = \varphi_b / \varphi_{b0}$ 得到各个荷载情况下的 β_b 经整理得出的经验公式[1]。

2）跨中有等间距的中间侧向支承点时：

由于中间侧向支承点的存在，使梁在侧向分成若干连续区段，中间区段弯矩最大，首先屈曲时将受到其相邻区段的约束，因而可提高中间区段的 φ_b 值。附表 1.9 中项次 5～9 列出了各种情况下的 β_b 值，也是通过大量数值计算而后归纳得出的[2]。

3）梁两端作用有不同的弯矩而跨中无横向荷载时：

梁两端如作用有不同大小或方向的弯矩，跨中无横向荷载，此时梁的临界弯矩较纯弯曲时有不同程度的提高。20 世纪 50 年代 Salvadori[3] 经过大量计算，提出了此种荷载情况下 β_b 的表达式。本书附表 1.9 中项次 10 所列公式即由他所提出，此公式被国外许多设计标准直接引用。

热轧 H 型钢及焊接工字形截面简支梁是钢结构中应用最多的梁，其整体稳定系数的计算也是最多的。对本书附表 1.9 及表下注，望读者能仔细阅读，做到正确使用该表。

（4）非弹性阶段的梁整体稳定性系数

前述临界弯矩计算式（6.29）和《钢标》提供的 φ_b 计算［即式（6.33）］都是以钢梁处于弹性工作阶段为前提得出的。实际工程中，特别是中等跨度的梁失去整体稳定性时，梁截面中应力有的已早超过比例极限或达到屈服点，使截面上形成弹性区和塑性区。由于塑性区截面的各种刚度低于弹性区，导致非弹性工作阶段（或称弹塑性工作阶段）梁的整体稳定临界弯矩较按式（6.29）算得者有较大的降低，不考虑这点是不安全的。

此外，在推导临界弯矩计算式（6.29）时，未考虑实际梁存在各种缺陷。其中尤以残

❶ 卢献荣，夏志斌．验算钢梁整体稳定的简化方法//钢结构研究论文报告选集第二册．全国钢结构标准技术委员会，1983：96-119。

❷ 见书末主要参考资料［49］第 22 页。

❸ M. G. Salvadori. Lateral Bucking of Eccentrically Loaded I-Columns. ASCE, 1956 (121)：1163-1178.

余应力对梁非弹性阶段的临界应力有较大的影响。在第 5 章第 5.6 节中曾提及焊接工字形截面在翼缘板与腹板交接处附近由于焊接时的高温，冷却后在该处将形成残余拉应力，其值可高达屈服点。因此，这种梁一经受荷，受拉翼缘就会出现局部的塑性区，但由于该区位于 y 轴附近，对梁的侧扭屈曲影响不大。在出现最大残余压应力 σ_{rc} 的区域则不同，其位置往往位于翼缘板两端或其附近，当荷载引起的应力达到 $f_y - \sigma_{rc}$ 时，该区即进入塑性，对梁的整体稳定性很不利，将降低其临界应力。热轧 H 型钢的情况也基本相似。

我国前《钢结构设计规范》GBJ 17—88 中考虑了残余应力对稳定的影响，对钢梁的非弹性屈曲进行了分析研究，提出了如下规定。

当按前述式（6.33）算得的 φ_b 值大于 0.60 时，应按式（6.35）算出相应的 φ_b' 代替 φ_b 值：

$$\varphi_b' = 1.1 - \frac{0.4646}{\varphi_b} + \frac{0.1269}{\varphi_b^{1.5}} \text{❶} \tag{6.35}$$

在具体计算梁的整体稳定性时，必须注意这个规定，否则将对 $\varphi_b > 0.60$ 的梁过高估计其稳定性而造成不安全。

在对前《钢结构设计规范》GBJ 17—88 修订后的《原规范》和现行《钢标》中，关于钢梁整体稳定性方面的验算规定，基本上保留了前《钢结构设计规范》GBJ 17—88 的规定，未作重大修改。鉴于式（6.35）计算较繁，《原规范》和《钢标》中已改用下式代替：

$$\varphi_b' = 1.07 - \frac{0.282}{\varphi_b} \leqslant 1.0 \tag{6.36}$$

式（6.35）和式（6.36）都是数值计算结果经数理统计得出弹塑性阶段 φ_b' 建议曲线的拟合方程，因此这种替代，并非实质上的改变。

（5）《钢标》中有关钢梁整体稳定性计算的一些其他规定

1）热轧工字钢简支梁的整体稳定系数 φ_b

热轧工字钢的截面虽然也是工字形，但其翼缘厚度是变化的，不能把其翼缘板简化为矩形截面，此外，翼缘板与腹板交接处具有加厚的圆角。其 φ_b 如简单套用焊接工字形截面简支梁的 φ_b 计算式求取，将引起较大的误差。为此《钢标》中对热轧工字钢简支梁的 φ_b 直接给出了如附表 1.10 的表格，可按工字钢型号、荷载类型与作用点高度以及梁的侧向无支长度（即自由长度）直接查表得到 φ_b。当查得的 $\varphi_b > 0.60$ 时，也需按式（6.36）换算成 φ_b' 代替原来的 φ_b。附表 1.10 中的 φ_b 值是按热轧工字钢的实际截面特性，利用未经简化的临界弯矩理论公式计算得来的，并按工字钢型号作了适当的归并。

2）热轧槽钢简支梁的整体稳定系数 φ_b

《钢标》中对热轧槽钢简支梁的整体稳定系数，不论荷载形式及荷载作用点高度，规定均按下式计算：

$$\varphi_b = \frac{570bt}{l_1 h} \cdot \varepsilon_k^2 \tag{6.37}$$

式中　h、b、t——分别为由槽钢型钢表查得的截面高度、翼缘的宽度和平均厚度。

---

❶ 张显杰，夏志斌. 钢梁屈曲试验的计算机模拟//钢结构研究论文报告选集第二册. 全国钢结构标准技术委员会，1983：78-95.
夏志斌，潘有昌，张显杰. 焊接工字钢梁的非弹性侧扭屈曲，浙江大学学报，1985（增刊）：93-105。

根据式（6.37）求得的 $\varphi_b > 0.60$ 时，也应按式（6.36）换算成 φ'_b，代替 φ_b 值。

由于槽钢截面一般用作次要梁的截面，因此式（6.37）是一个经过简化的偏安全的近似公式。在对槽钢截面的强轴纯弯曲时，槽钢简支梁的弹性临界弯矩计算式与工字形截面简支梁完全相同[1]，即：

$$M_{cr} = \frac{\pi^2 EI_y}{l^2}\sqrt{\frac{I_\omega}{I_y}+\frac{l^2 GI_t}{\pi^2 EI_y}} = \frac{\pi}{l}\sqrt{EI_y GI_t}\sqrt{1+\frac{\pi^2 EI_\omega}{l^2 GI_t}} \quad [式(6.28)]$$

上式第三个根号内的第二项 $\frac{\pi^2 EI_\omega}{l^2 GI_t}$ 与 1 相比，其值较小，可略去不计，则其临界弯矩为：

$$M_{cr} \approx \frac{\pi}{l}\sqrt{EI_y GI_t}$$

再近似地取：

$$I_y \approx \frac{1}{6}tb^3, \quad I_x \approx bt\cdot\frac{h^2}{2}, \quad W_x = bth, \quad I_t \approx \frac{2}{3}bt^3$$

代入

$$\varphi_b = \frac{\sigma_{cr}}{f_y} = \frac{M_{cr}}{235W_x}\cdot\frac{235}{f_y} = \frac{M_{cr}}{235W_x}\cdot\varepsilon_k^2$$

即得式（6.37）。可见式（6.37）是按纯弯曲导得的简化公式，可用于各种荷载情况下。

3）双轴对称等截面焊接工字形悬臂梁（含 H 型钢）的整体稳定系数 φ_b

《钢标》规定此时 φ_b 值仍按本节（3）中适用于简支梁的式（6.33）计算，但由于是双轴对称工字形截面，故 $\eta_b = 0$，其系数 β_b 则应按本书附表 1.11 查取。需注意的是：①侧向长细比 $\lambda_y = l_1/i_y$ 中的 l_1 和 ξ 中的 l_1 都是指悬臂梁的悬臂长度；②当求得的 $\varphi_b > 0.6$ 时，也应按式（6.36）换算成 φ'_b 代替 φ_b 值；③钢结构中真正的悬臂梁是较少的，用得较多的是由邻跨延伸出来的伸臂梁[2]，两者在支座处的边界条件不相同。因此，将适用于悬臂梁的附表 1.11 应用于伸臂梁的计算时，必须在构造上采取措施加强伸臂梁在支承处的抗扭能力，否则其承载能力将有较大的降低。图 6.22 所示为加强伸臂梁在支承处抗扭能力的一种构造措施，供参考。

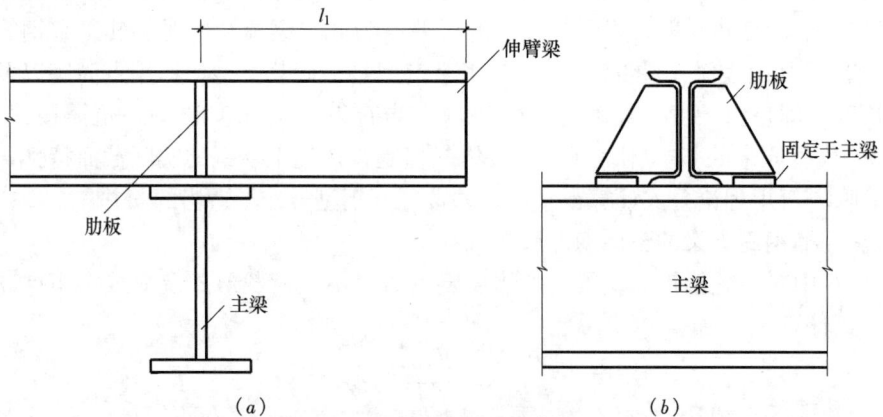

图 6.22　加强伸臂梁在支承处的抗扭措施
(a) 伸臂梁；(b) 抗扭措施

---

❶ 见本书主要参考资料［30］第 250 页。
❷ 悬臂梁 cantilever beam，伸臂梁 overhanging beam。

此外，如在伸臂梁自由端有条件设置侧移约束或扭转约束时，伸臂梁的稳定承载力也将有所提高。

4）受弯构件整体稳定系数 φ_b 的近似计算。

受弯构件整体稳定系数 φ_b 主要用于梁的整体稳定性计算，但也将用于第 7 章中叙述的压弯构件弯矩作用平面外的稳定性计算。用于前者时，φ_b 必须按上面所介绍的《钢标》规定的公式计算；用于后者时，《钢标》中特别给出了 φ_b 的近似计算式如下（适用于 $\lambda_y \leqslant 120\varepsilon_k$ 时，见《钢标》附录 C 第 C.0.5 条）。

① 工字形截面

双轴对称时（含 H 型钢）：

$$\varphi_b = 1.07 - \frac{\lambda_y^2}{44000\varepsilon_k^2} \tag{6.38}$$

单轴对称时：

$$\varphi_b = 1.07 - \frac{W_x}{(2\alpha_b + 0.1)Ah} \cdot \frac{\lambda_y^2}{14000\varepsilon_k^2} \tag{6.39}$$

当按式（6.38）和式（6.39）算得的 $\varphi_b > 1.0$ 时，取 $\varphi_b = 1.0$。

②T 形截面（弯矩绕 x 轴作用在对称轴平面）

a. 弯矩使翼缘受压时：

双角钢 T 形截面：

$$\varphi_b = 1 - 0.0017\lambda_y/\varepsilon_k \tag{6.40}$$

两钢板焊接而成的 T 形截面和剖分 T 型钢：

$$\varphi_b = 1 - 0.0022\lambda_y/\varepsilon_k \tag{6.41}$$

b. 弯矩使翼缘受拉且腹板宽厚比不大于 $18\varepsilon_k$ 时：

$$\varphi_b = 1 - 0.0005\lambda_y/\varepsilon_k \tag{6.42}$$

所有按上述公式求得的 $\varphi_b > 0.6$ 时，都不必按式（6.36）换算成 φ_b'（因在导出上述公式时，已考虑这种换算，这里的 φ_b 实际已是 φ_b'）。

上述近似计算式（6.38）～式（6.42）都带有较大的近似性，但其计算式较简单，便于应用。压弯构件是钢结构三大基本构件中应用最多的一种，为了便于计算，需要引用一种 φ_b 的近似计算式。此外，这种构件的长细比较小，一般都能满足 $\lambda_y \leqslant 120\varepsilon_k$，因而其出平面外的稳定性计算中的 φ_b 一般都大于 0.6。当 φ_b 未换算成 φ_b' 时如有较大的误差，一经换算成 φ_b' 后误差将显著减小。例如：$\varphi_b = 1.80$，若采用近似计算式则得到 $\varphi_b = 2.40$，误差为 $\frac{2.40 - 1.80}{1.80} \times 100\% = 33.3\%$，不可谓不大。但两者均按式（6.36）换算成 φ_b' 后，分别为 $\varphi_b' = 0.913$ 和 $\varphi_b' = 0.952$，其误差就降为 4.3%。同时，压弯构件弯矩作用平面外稳定性计算式中包含了轴力和弯矩两项，假设两项数值相同，若包含弯矩这一项有误差 4.3%，则最后误差不足 2.2%。因此对压弯构件验算稳定用的 φ_b，就有可能应用近似程度较大的计算式。上面分析了为何有必要和有可能对压弯构件采用 φ_b 的近似计算。然而当用之于梁时，这种必要性和可能性都不存在，因而必须再强调一下，式（6.38）～式（6.42）不能用于梁的稳定性计算。

（6）其他问题

1）材料力学中研究梁的应力和变形时只涉及在最大刚度平面内的变形，因此对简支端的边界条件只是 $v=0$（竖向位移为零）和 $v''=0$（弯矩 M_x 为零），端截面可以绕 x 轴自由转动。在研究梁的整体稳定性时，因涉及侧向弯曲和扭转，前已述及其边界条件还需添加 $u=0$（侧向位移为零）、$\varphi=0$ 和 $\varphi''=0$（扭转角为零和翘曲弯矩为零），端截面可以绕 y 轴自由转动但不能绕 z 轴转动。因此在钢梁的设计中，必须从构造上满足 $\varphi=u=0$，以保证与计算模型相符合。前面已言及，整体稳定性计算中的简支实际上应为夹支。图6.23 示出两种增加简支端钢梁抗扭能力的构造措施：其一，图 6.23（a）是在梁端上翼缘处设置侧向支点，可防止产生转动，效果较好；其二，图 6.23（b）是在梁端设置加劲肋，使该处截面形成刚性，则利用下翼缘与支座相连的螺栓也可以提供一定的抗扭能力。图 6.23（c）为无上述措施时梁端截面的变形示意，此时不满足 $\varphi=u=0$ 的要求。

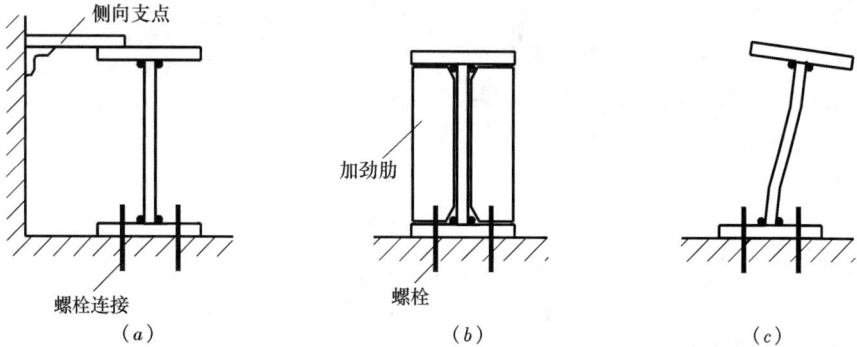

图 6.23　钢梁简支端的抗扭构造措施示意图

在第 6.5 节之"四"中，曾介绍弹性临界弯矩的理论公式（6.29），式中 $l_0=\mu l_1$ 是梁的侧向计算长度，在表 6.2 中还曾列出当梁端截面对 y 轴的转动被完全约束时取 $\mu=0.5$，这样可使临界弯矩较没有约束时提高近 3 倍。国外有些设计标准中有这个规定，但也有一些设计标准中不作这个规定，一律假定截面在支座处可绕 y 轴自由转动。《钢标》中就是按后者考虑的。因工程实际中使梁截面在支座处对 y 轴的转动被完全约束，是较难做到的；实际梁支座可能会提供一定程度的约束，但很难定量。不考虑这个约束影响，使计算结果偏于安全。这与实际简支梁中，支座对两端截面绕 x 轴的转动也有一定的约束，但计算时常取梁端 $M_x=0$ 完全一样。

2）梁的整体稳定验算涉及因素很多，条件也多种多样，《钢标》中关于 φ_b 只能给出若干典型情况下的计算方法，其典型情况包括：典型的截面是工字形，典型的支承是简支，典型的荷载是集中荷载（指简支梁跨度中点作用一个集中荷载）、满跨均布荷载和纯弯曲。对于其他非《钢标》采用的典型情况，除自己按理论计算外，只能选用《钢标》中与所设计梁的条件最相近的规定。了解《钢标》中各种公式的来源，就有利于正确使用《钢标》。还有些情况，《钢标》中未作规定，这时就需由设计人员参考有关资料自行确定。下面将要讨论的几点，《钢标》中都未作明确规定，特提出供使用时参考。

3) 当梁承受若干种不同类型的荷载、且各自引起的弯矩又属同一量级时 φ_b 的计算：

如把计算等截面焊接工字形（含 H 型钢）简支梁 φ_b 的式（6.33）写成：

$$\varphi_b = \beta_b \varphi_{b0}$$

式中 φ_{b0}——纯弯曲时简支梁的整体稳定系数［见式（6.34）］，可以按所给 l_1 及截面尺寸等直接算得。

为了选取各种荷载共同作用下的 β_b，先作如下分析。

梁整体稳定的验算条件是：

$$\frac{M_x}{\varphi_b W_x f} \leqslant 1.0$$

此式可改写成：

$$\frac{M_x}{\beta_b} \leqslant \varphi_{b0} W_x f$$

上式不等号右边 $\varphi_{b0} W_x f$ 的物理意义是简支梁受纯弯曲时的临界弯矩设计值。当梁只承受一种荷载时，其 β_b 可查《钢标》附录 C 表 C.0.1（即本书附录 1 之附表 1.9）得到。今若承受几种类型的荷载，在同一截面上各类荷载产生的最大弯矩分别为 M_{x1}，M_{x2}，…，相应于各类荷载的等效弯矩系数分别为 β_{b1}，β_{b2}，…。此时整体稳定性的验算式应修改为：

$$\frac{M_{x1}}{\beta_{b1}} + \frac{M_{x2}}{\beta_{b2}} + \cdots = \sum_{i=1}^{n} \frac{M_{xi}}{\beta_{bi}} \leqslant \varphi_{b0} W_x f$$

由此式可得多种不同类型荷载时的 β_b 为：

$$\beta_b = M_x \Big/ \sum_{i=1}^{n} \frac{M_{xi}}{\beta_{bi}} \tag{6.43}$$

其中，$M_x = \sum\limits_{i=1}^{n} M_{xi}$。

当各类荷载情况求得的弯矩量级不同时，通常可根据主要的荷载计算 β_b，不一定按式（6.43）计算，所得结果误差将不致过大，参阅下文例题 6.3。

4) 变截面梁的弹性稳定：

为了节省钢材或构造上的需要，钢板梁的截面常有制成变截面的，即以简支梁跨度中间的截面面积为最大，离开跨度中央一定距离，随着弯矩的减小，在某一截面处可改变腹板高度或翼缘板的宽度。在第 6.9 节中将对此作专门介绍。

前面所有关于钢梁的整体稳定性计算都是限于等截面梁，这里要讨论的是如遇到变截面梁时的处理方法，这在《钢标》中未作规定。对变截面梁的整体稳定性，如以跨度中央截面的几何特性为依据、按等截面梁计算，结果将是偏不安全的。根据粗略估算，如简支梁的截面改变处在通常采用的离梁端为 1/6 跨度处，梁截面改变后的弹性临界弯矩（或整体稳定系数）将减小为原来的 80% 左右。如果这样，改变梁截面的结果是跨度中间范围内，因临界弯矩或整体稳定系数的降低而需加大截面，就达不到改变梁截面以节省钢材的预期目的。此外，截面改变后必然也增加制造时的工作量。因此，由整体稳定性控制的梁以采用等截面为宜，这是值得注意的。

国外大部分设计标准对变截面梁的整体稳定性计算也都未作规定。陈绍蕃教授曾介绍澳大利亚1990年钢结构设计标准中有关变截面梁整体稳定性计算的规定[1]，转录如下以供参考。

变截面梁的弹性临界弯矩为按最大截面尺寸的等截面梁计算所得乘以下列折减系数：

$$\eta = 1.0 - 2.4\alpha\left[1 - \left(0.6 + 0.4\frac{h_s}{h_c}\right)\frac{A_s}{A_c}\right] \tag{6.44}$$

式中　A_c、h_c——分别为中央最大截面处的翼缘截面面积和截面高度（下角标 c 为 central 的缩写）；

　　　A_s、h_s——分别为梁两端改变截面后的翼缘截面面积和截面高度（下角标 s 为 side 的缩写）。

截面在简支梁两端各为 αl 处改变，l 为梁的跨度。如取 $h_c = h_s$、$A_s = 0.5A_c$ 和 $\alpha = 1/6$，则得 $\eta = 0.8$。

此外还有一个比式（6.44）稍为粗糙的折减系数计算式[2]，是由 Austin 研究提出的简化经验计算式，即：

$$\eta = \sqrt{I_{\min}/I_{\max}}$$

式中　$I_{\min}$、$I_{\max}$——分别为截面改变后和改变前的惯性矩。

5）有中间侧向支承时梁的整体稳定性计算：

中间侧向支承可提高梁的整体稳定性。附表1.9中列出了简支梁有等间距侧向支承时整体稳定等效弯矩系数 β_b 的取值，找到 β_b 后即可按前述式（6.33）计算 φ_b。

当梁具有间距不等的侧向支承时，梁的整体稳定性计算在有关梁的稳定性书籍中虽也时有介绍，但设计习惯上常偏安全地采用把侧向支承点间的区段分割开来单独计算的近似方法，根据各段所受端弯矩情况按附表1.9项次10求 β_b。由于不考虑各区段间的相互约束作用，分段计算的结果偏于安全。

二、框架梁支座处下翼缘的稳定性验算

对承担负弯矩且梁顶有混凝土楼板的框架梁支座处下翼缘，应按下列规定验算其稳定性（见《钢标》第6.2.7条）：

（1）当 $\lambda_{n,b} \leqslant 0.45$ 时，可不计算框架梁下翼缘的稳定性；

（2）当 $\lambda_{n,b} > 0.45$ 时，框架梁下翼缘的稳定性应按下列公式计算：

$$\frac{M_x}{\varphi_d W_{1x} f} \leqslant 1.0 \tag{6.45a}$$

$$\lambda_e = \pi \cdot \lambda_{n,b} \cdot \sqrt{\frac{E}{f_y}} \tag{6.45b}$$

$$\lambda_{n,b} = \sqrt{\frac{f_y}{\sigma_{cr}}} \tag{6.45c}$$

---

[1] 见书末主要参考资料［32］第86～87页。

[2] B. G. Johnson. Guide to Stability Design Criteria for Metal Structures. 3rd ed. New York：John Wiley & Sons, Inc.，1976：145.

$$\sigma_{cr} = \frac{3.46b_1t_1^3 + h_wt_w^3(7.27\gamma + 3.3)\varphi_1}{h_w^2(12b_1t_1 + 1.78h_wt_w)}E \tag{6.45d}$$

$$\gamma = \frac{b_1}{t_w}\sqrt{\frac{b_1t_1}{h_wt_w}} \tag{6.45e}$$

$$\varphi_1 = \frac{1}{2}\left(\frac{5.436\gamma h_w^2}{l^2} + \frac{l^2}{5.436\gamma h_w^2}\right) \tag{6.45f}$$

式中 M_x——支座处绕强轴 x 轴的最大负弯矩设计值;

$\quad\quad \varphi_d$——稳定系数,根据换算长细比 λ_e 按附表 1.19 采用;

$\quad W_{1x}$——弯矩作用平面对受压最大纤维(下翼缘下边缘)的毛截面模量;

$\quad \lambda_{n,b}$——正则化长细比;

$\quad\quad \sigma_{cr}$——畸变屈曲临界应力;

b_1、t_1——受压翼缘(下翼缘)的宽度、厚度;

h_w、t_w——腹板的高度、厚度;

$\quad\quad l$——当框架主梁支承次梁且次梁高度不小于主梁高度的一半时,取次梁到框架柱的净距;除此情况外,取主梁净跨的一半。

当框架梁下翼缘的稳定性不满足要求时,在侧向未受约束的受压翼缘区段内,应设置隅撑或沿梁长设间距不大于 2 倍梁高并与梁等宽的横向加劲肋(见《钢标》第 6.2.7 条第 3 款);或者调整下翼缘的截面尺寸 b_1、t_1(见后面例题 6.4)。

框架梁下翼缘的稳定性计算,其实质是畸变屈曲/畸变失稳计算。畸变失稳有别于局部失稳和整体失稳,计算比较复杂[式(6.45)是简化计算式],本书限于篇幅不作过多介绍,感兴趣的读者可参阅其他参考资料[1][2]。

【例题 6.1】某简支钢梁,跨度 $l=6\text{m}$,跨度中间无侧向支承。上翼缘承受满跨均布荷载:永久荷载标准值 $q_{Gk}=75\text{kN/m}$(包括梁自重),可变荷载标准值 $q_{Qk}=170\text{kN/m}$,都是静力荷载。钢材为 Q355,$f_y=355\text{N/mm}^2$,已选截面及尺寸如图 6.24 所示。要求:

(1)分别按《钢标》所给计算式[即式(6.33)]和理论计算式(6.29)计算此梁的整体稳定系数,并进行比较;

(2)验算此梁的抗弯强度和整体稳定性。

【解】Q355 钢强度设计值(附表 1.1):$f=305\text{N/mm}^2$;

钢号修正系数 $\varepsilon_k = \sqrt{235/f_y} = \sqrt{235/355} = 0.814$。

(1)梁的最大弯矩设计值

$$\begin{aligned}
M_x &= \frac{1}{8}ql^2 \\
&= \frac{1}{8}(1.3 \times 75 + 1.5 \times 170) \times 6^2 \\
&= \frac{1}{8} \times 352.5 \times 36 \\
&= 1586.3(\text{kN} \cdot \text{m})
\end{aligned}$$

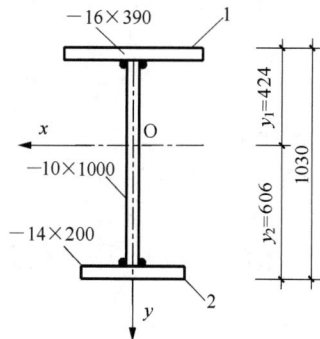

图 6.24 例题 6.1 图

❶ 姚行友. 开口冷弯薄壁型钢构件畸变屈曲机理与设计方法. 北京:中国冶金工业出版社,2017。

❷ 姚谏,程婕,卢哲刚. 冷弯薄壁卷边 Z 形钢梁的弹性畸变屈曲荷载. 工程力学,2013(1):91-96。

（2）梁截面几何特性

翼缘板：$\dfrac{b'}{t} = \dfrac{(390-10)/2}{16} = 11.9 \begin{cases} >13\varepsilon_k = 13\times0.814 = 10.6 \\ <15\varepsilon_k = 15\times0.814 = 12.2 \end{cases}$

腹　　板：$\dfrac{h_0}{t_w} = \dfrac{1000}{10} = 100 \begin{cases} >93\varepsilon_k = 93\times0.814 = 75.7 \\ <124\varepsilon_k = 124\times0.814 = 100.9 \end{cases}$

翼缘和腹板的板件宽厚比等级均为 S4 级（见第 6.3 节中表 6.1），因此，验算梁的抗弯强度和整体稳定性时的截面模量按全截面计算。

截面面积：$A = 1.6\times39 + 1.0\times100 + 1.4\times20 = 62.4 + 100 + 28 = 190.4$（cm^2）

形心轴位置（对上翼缘板中心线取面积矩）：

$$y_1 = \frac{1.6}{2} + \frac{100\times(50+0.8) + 28\times(0.7+100+0.8)}{190.4}$$

$$= 0.8 + 41.6 = 42.4 \text{(cm)}$$

$$y_2 = 103.0 - 42.4 = 60.6 \text{(cm)}$$

惯性矩：
$$I_x = 62.4\times41.6^2 + \frac{1}{3}\times1.0\,(42.4-1.6)^3$$

$$+ \frac{1}{3}\times1.0\,(60.6-1.4)^3 + 28\,(60.6-0.7)^2$$

$$= 300248 \text{(cm}^4)$$

$$I_1 = \frac{1}{12}\times1.6\times39^3 = 7909 \text{(cm}^4)$$

$$I_2 = \frac{1}{12}\times1.4\times20^3 = 933 \text{(cm}^4)$$

$$I_y \approx I_1 + I_2 = 7909 + 933 = 8842 \text{(cm}^4)$$

对 y 轴的回转半径和长细比：

$$i_y = \sqrt{\frac{I_y}{A}} = \sqrt{\frac{8842}{190.4}} = 6.81 \text{(cm)}$$

$$\lambda_y = \frac{l_1}{i_y} = \frac{600}{6.81} = 88.1$$

截面模量：
$$W_{1x} = \frac{I_x}{y_1} = \frac{300248}{42.4} = 7081 \text{(cm}^3)$$

$$W_{2x} = \frac{I_x}{y_2} = \frac{300248}{60.6} = 4955 \text{(cm}^3)$$

截面全高：
$$h = 100 + 1.6 + 1.4 = 103 \text{(cm)}$$

（3）按《钢标》所给计算式求 φ_b

$$\varphi_b = \beta_b \frac{4320}{\lambda_y^2} \cdot \frac{Ah}{W_x}\left[\sqrt{1 + \left(\frac{\lambda_y t_1}{4.4h}\right)^2} + \eta_b\right]\varepsilon_k^2 \quad [\text{式}(6.33)]$$

今
$$\alpha_b = \frac{I_1}{I_1 + I_2} = \frac{7909}{8842} = 0.894 > 0.8$$

$$\xi = \frac{l_1 t_1}{b_1 h} = \frac{600\times1.6}{39\times103} = 0.239 < 1.0$$

查附表 1.9 项次 1 及表下注 6，得：

252

$$\beta_b = 0.95(0.69 + 0.13\xi) = 0.95(0.69 + 0.13 \times 0.239) = 0.685$$

截面不对称影响系数：

$$\eta_b = 0.8(2\alpha_b - 1) = 0.8(2 \times 0.894 - 1) = 0.630$$

代入式（6.33），得：

$$\varphi_b = 0.685 \times \frac{4320}{88.1^2} \times \frac{190.4 \times 103}{7081}\left[\sqrt{1 + \left(\frac{88.1 \times 1.6}{4.4 \times 103}\right)^2} + 0.630\right] \times 0.814^2$$

$$= 0.685 \times 0.557 \times 2.770[1.047 + 0.630] \times 0.662 = 1.173 > 0.6$$

需换算成 φ'_b：

$$\varphi'_b = 1.07 - \frac{0.282}{1.173} = 0.8296$$

（4）按临界弯矩的理论计算式（6.29）求 φ_b

$$\varphi_b = \frac{M_{cr}}{M_y} = C_1 \frac{\pi^2 EI_y}{l^2} \cdot \frac{1}{f_y W_x}\left[C_2 a + C_3\beta_y + \sqrt{(C_2 a + C_3\beta_y)^2 + \frac{I_\omega}{I_y}\left(1 + \frac{l^2 GI_t}{\pi^2 EI_\omega}\right)}\right]$$

今 $E = 206 \times 10^3 \text{N/mm}^2$，$G = 79 \times 10^3 \text{ N/mm}^2$

$$I_\omega = \frac{I_1 I_2}{I_y}h^2 = \frac{7909 \times 933}{8842}(103 - 0.8 - 0.7)^2 = 8.60 \times 10^6 (\text{cm}^6)$$

$$I_t = \frac{1.25}{3}\sum b_i t_i^3 = \frac{1.25}{3}(39 \times 1.6^3 + 100 \times 1.0^3 + 20 \times 1.4^3) = 131.1(\text{cm}^4)$$

$$\frac{l^2 GI_t}{\pi^2 EI_\omega} = \frac{600^2 \times 79 \times 10^3 \times 131.1}{\pi^2 \times 206 \times 10^3 \times 8.60 \times 10^6} = 0.2132$$

剪切中心坐标：

$$y_s = \frac{h_2 I_2 - h_1 I_1}{I_y} = \frac{59.9 \times 933 - 41.6 \times 7909}{8842} = -30.9(\text{cm})$$

积分 $\int_A y(x^2 + y^2)\text{d}A = \frac{t_w}{4}(h_{w2}^4 - h_{w1}^4) + A_2 h_2^3 - A_1 h_1^3 + I_y y_s$

$$= \frac{1.0}{4}(59.2^4 - 40.8^4) + 28 \times 59.9^3 - 62.4 \times 41.6^3$$

$$+ 8842 \times (-30.9)$$

$$= 36.30 \times 10^5 (\text{cm}^5)$$

$$\beta_y = \frac{1}{2I_x}\int_A y(x^2 + y^2)\text{d}A - y_s = \frac{36.30 \times 10^5}{2 \times 300248} - (-30.9)$$

$$= 6.05 + 30.9 = 37.0(\text{cm})$$

由表 6.2 查得：$C_1 = 1.13$，$C_2 = 0.45$，$C_3 = 0.53$

荷载作用点高度：$a = -(42.4 - 30.9) = -11.5$ (cm)

$$C_2 a + C_3\beta_y = 0.45(-11.5) + 0.53 \times 37.0 = 14.4 \text{ (cm)}$$

代入式（6.29），得：

$$\varphi_b = 1.13 \times \frac{\pi^2 \times 206 \times 10^5 \times 8842}{600^2} \times \frac{1}{355 \times 10^2 \times 7081}$$

$$\times \left[14.4 + \sqrt{14.4^2 + \frac{8.6 \times 10^6}{8842}(1 + 0.2132)}\right]$$

$$= 1.13 \times 0.0199 \times [14.4 + 37.2] = 1.160$$

与按《钢标》所给计算式求得的 $\varphi_b = 1.173$ 相比，小了 1.1%。如也换算成 φ'_b：

$$\varphi'_b = 1.07 - \frac{0.282}{1.160} = 0.8269$$

与前面求得的 $\varphi'_b = 0.8296$ 相比基本相同（误差仅 0.3%）。

可见《钢标》所给计算式具有很好的精度，且其计算远较理论计算式简单。

（5）整体稳定性和抗弯强度验算：

整体稳定性：

$$\frac{M_x}{\varphi'_b W_{1x} f} = \frac{1586.3 \times 10^6}{0.8296 \times 7081 \times 10^3 \times 305} = 0.885 < 1.0,可。$$

抗弯强度：

翼缘和腹板的板件宽厚比等级为 S4 级，截面塑性发展系数 $\gamma_x = 1.0$，得：

$$\frac{M_x}{\gamma_x W_{2x}} = \frac{1586.3 \times 10^6}{1.0 \times 4955 \times 10^3} = 320.1 (\text{N/mm}^2)$$

超过 $f = 305\text{N/mm}^2$ 约 5.0%，强度条件未满足。

截面由抗弯强度控制。试思考如何改善此梁的截面尺寸。

【例题 6.2】 某焊接工字形截面简支梁，跨度 $l = 12\text{m}$，跨度中间无侧向支承。跨度中点上翼缘处承受一集中静力荷载，标准值为 P_k，其中永久荷载占 20%，可变荷载占 80%。钢材采用 Q235B。已选定两个截面如图 6.25 所示。图 6.25（a）为双轴对称截面，图 6.25（b）为单轴对称截面，两者的总截面面积和梁高均相等。试求两截面的梁各能承受的集中荷载标准值 P_k（梁自重略去不计），设 P_k 由梁的整体稳定性和抗弯强度控制。

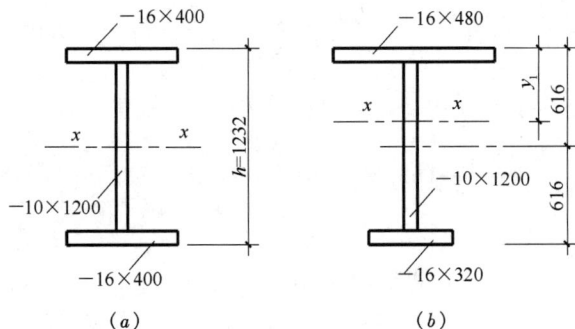

图 6.25 焊接工字形梁的两个截面

【解】 Q235 钢强度设计值（附表 1.1）：$f = 215\text{N/mm}^2$；

钢号修正系数 $\varepsilon_k = \sqrt{235/f_y} = \sqrt{235/235} = 1.0$。

（1）确定截面板件宽厚比等级

1）受压翼缘的自由外伸宽厚比：

图 6.25（a）所示双轴对称截面：

$$\frac{b'}{t} = \frac{(400-10)/2}{16} = 12.2 \begin{cases} > 11\varepsilon_k = 11 \\ < 13\varepsilon_k = 13 \end{cases}，属于 S3 级。$$

图 6.25（b）所示单轴对称截面：

$$\frac{b'}{t} = \frac{(480-10)/2}{16} = 14.7 \begin{cases} > 13\varepsilon_k = 13 \\ < 15\varepsilon_k = 15 \end{cases}，属于 S4 级。$$

2) 腹板的高厚比 [图 6.25 (a)、(b)]：

$$\frac{h_0}{t_w} = \frac{1200}{10} = 120 \begin{cases} > 93\varepsilon_k = 93 \\ < 124\varepsilon_k = 124 \end{cases}，属于 S4 级。$$

因此，计算图 6.25 所示两种截面梁的抗弯强度和整体稳定性时，截面模量按全截面计算，截面塑性发展系数 $\gamma_x = 1.0$。

（2）当为双轴对称工字形截面 [图 6.25 (a)] 时

梁所能承受集中荷载的大小将由其整体稳定性条件所控制。

整体稳定系数：

$$\varphi_b = \beta_b \frac{4320}{\lambda_y^2} \cdot \frac{Ah}{W_x} \sqrt{1 + \left(\frac{\lambda_y t_1}{4.4h}\right)^2}$$

今惯性矩：

$$I_x = \frac{1}{12} \times 1.0 \times 120^3 + 2 \times 40 \times 1.6 \times 60.8^2 = 617170(\text{cm}^4)$$

$$I_y = 2 \times \frac{1}{12} \times 1.6 \times 40^3 = 17067(\text{cm}^4)$$

截面模量：$\quad W_x = \frac{2I_x}{h} = \frac{2 \times 617170}{123.2} = 10019 \ (\text{cm}^3)$

截面面积：$\quad A = 2 \times 40 \times 1.6 + 120 \times 1.0 = 248(\text{cm}^2)$

回转半径：$\quad i_y = \sqrt{\frac{I_y}{A}} = \sqrt{\frac{17067}{248}} = 8.30(\text{cm})$

侧向长细比：$\quad \lambda_y = \frac{l_1}{i_y} = \frac{1200}{8.30} = 144.6$

参数：$\quad \xi = \frac{l_1 t_1}{b_1 h} = \frac{1200 \times 1.6}{40 \times 123.2} = 0.390 < 2.0$

查附表 1.9 项次 3，得梁整体稳定等效弯矩系数：

$$\beta_b = 0.73 + 0.18\xi = 0.73 + 0.18 \times 0.390 = 0.800$$

故 $\quad \varphi_b = 0.800 \times \frac{4320}{144.6^2} \times \frac{248 \times 123.2}{10019} \sqrt{1 + \left(\frac{144.6 \times 1.6}{4.4 \times 123.2}\right)^2}$

$$= 0.8 \times 0.685 = 0.548 < 0.60$$

此截面梁能承受的弯矩设计值为：

$$M_x = \varphi_b W_x f = 0.548 \times 10019 \times 10^3 \times 215 \times 10^{-6} = 1180.4 \ (\text{kN} \cdot \text{m})$$

集中荷载设计值为：

$$P = \frac{4M_x}{l} = \frac{4 \times 1180.4}{12} = 393.5 \ (\text{kN})$$

因 $P = 1.3(0.2P_k) + 1.5(0.8P_k) = 1.46P_k$，故此梁能承受的跨中集中荷载标准值为：

$$P_k = \frac{P}{1.46} = \frac{393.5}{1.46} = 269.5 \ (\text{kN})$$

（3）当为单轴对称工字形截面 [图 6.25 (b)] 时

整体稳定系数：

$$\varphi_b = \beta_b \frac{4320}{\lambda_y^2} \cdot \frac{Ah}{W_x}\left[\sqrt{1 + \left(\frac{\lambda_y t_1}{4.4h}\right)^2} + \eta_b\right]$$

形心轴位置（由对梁顶面求面积矩直接求 y_1）：

$$y_1 = \frac{48 \times 1.6 \times 0.8 + 120 \times 1.0 \times 61.6 + 32 \times 1.6 \times 122.4}{48 \times 1.6 + 120 \times 1.0 + 32 \times 1.6} = \frac{13720}{248} = 55.32(\text{cm})$$

惯性矩：

$$I_x = 48 \times 1.6 \times 54.52^2 + \frac{1}{3} \times 1.0 \times 53.72^3 + \frac{1}{3} \times 1.0 \times 66.28^3 + 32 \times 1.6 \times 67.08^2$$

$$= 607401(\text{cm}^4)$$

$$I_y = I_1 + I_2 = \frac{1}{12} \times 1.6 \times 48^3 + \frac{1}{12} \times 1.6 \times 32^3 = 14746 + 4369 = 19115(\text{cm}^4)$$

梁截面对受压翼缘的截面模量：

$$W_{1x} = \frac{I_x}{y_1} = \frac{607401}{55.32} = 10980\ (\text{cm}^3)$$

截面面积： $A = 248\ (\text{cm}^2)$

回转半径： $i_y = \sqrt{\dfrac{I_y}{A}} = \sqrt{\dfrac{19115}{248}} = 8.78\ (\text{cm})$

侧向长细比： $\lambda_y = \dfrac{1200}{8.78} = 136.7$

参数： $\xi = \dfrac{l_1 t_1}{b_1 h} = \dfrac{1200 \times 1.6}{48 \times 123.2} = 0.325 < 2.0$

$$\alpha_b = \frac{I_1}{I_1 + I_2} = \frac{14746}{19115} = 0.771 < 0.8$$

查附表 1.9 得：

$$\beta_b = 0.73 + 0.18\xi = 0.73 + 0.18 \times 0.325 = 0.789$$

截面不对称影响系数：

$$\eta_b = 0.8(2\alpha_b - 1) = 0.8(2 \times 0.771 - 1) = 0.434$$

故

$$\varphi_b = 0.789 \times \frac{4320}{136.7^2} \times \frac{248 \times 123.2}{10980}\left[\sqrt{1 + \left(\frac{136.7 \times 1.6}{4.4 \times 123.2}\right)^2} + 0.434\right] = 0.768 > 0.6$$

应换算成：

$$\varphi'_b = 1.07 - \frac{0.282}{0.768} = 0.703$$

按整体稳定性条件，此梁能承受的弯矩设计值为：

$$M_x = \varphi'_b W_{1x} f = 0.703 \times 10980 \times 10^3 \times 215 \times 10^{-6} = 1660(\text{kN} \cdot \text{m})$$

对加强受压翼缘的单轴对称工字形截面，还需计算此梁按受拉翼缘抗弯强度所能承受的弯矩设计值：

$$W_{2x} = \frac{I_x}{h - y_1} = \frac{607401}{123.2 - 55.32} = 8948(\text{cm}^3)$$

$$M_x = \gamma_x W_{2x} f = 1.0 \times 8948 \times 10^3 \times 215 \times 10^{-6} = 1924(\text{kN} \cdot \text{m}) > 1660\text{kN} \cdot \text{m}$$

因此本题中，图 6.25（b）所示截面梁所能承受的集中荷载与图 6.25（a）所示截面梁一样，由梁的整体稳定性条件所控制。

能承受的集中荷载设计值为：

$$P = \frac{4M_x}{l} = \frac{4 \times 1660}{12} = 553.3 (\text{kN})$$

能承受的集中荷载标准值为：

$$P_k = \frac{P}{1.46} = \frac{553.3}{1.46} = 379.0 (\text{kN})$$

比较上述计算结果，两梁截面面积和截面高度均相同，加强受压翼缘的单轴对称截面梁所能承受的集中荷载标准值比双轴对称截面梁大 40.6%，但 I_x 约降低 1.6%（即挠度值将比双轴对称截面梁增加约 1.6%）。

【例题 6.3】某简支梁跨度 $L=8\text{m}$，中间无侧向支承，如图 6.26 所示。采用焊接双轴对称工字形截面，截面尺寸和特性均已求得，示于图中。梁上翼缘处承受满跨均布荷载 q 和跨度中点一个集中荷载 P，设计值为 $q=90\text{kN/m}$（已包括梁自重），$P=355\text{kN}$。钢材为 Q235B。试验算此梁的整体稳定性。

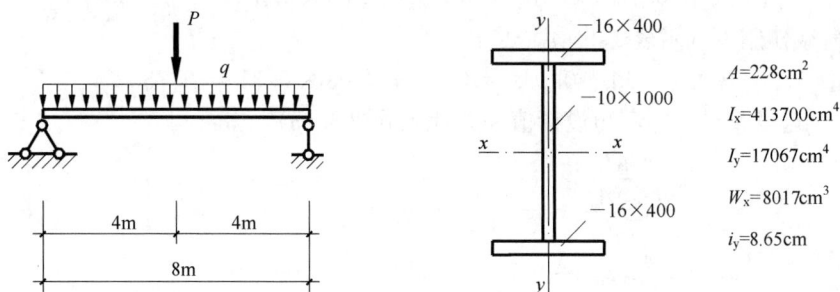

图 6.26 例题 6.3 图

【解】Q235 钢：$\varepsilon_k = \sqrt{235/f_y} = \sqrt{235/235} = 1.0$

受压翼缘的自由外伸宽厚比：

$$\frac{b'}{t} = \frac{(400-10)/2}{16} = 12.2 \begin{cases} > 11\varepsilon_k = 11 \\ < 13\varepsilon_k = 13 \end{cases}, \text{属于 S3 级。}$$

腹板的高厚比：

$$\frac{h_0}{t_w} = \frac{1000}{10} = 100 \begin{cases} > 93\varepsilon_k = 93 \\ < 124\varepsilon_k = 124 \end{cases}, \text{属于 S4 级。}$$

因此，验算梁的整体稳定性时的截面模量按全截面计算。

（1）内力设计值

由均布荷载产生的弯矩：

$$M_x^q = \frac{1}{8}qL^2 = \frac{1}{8} \times 90 \times 8^2 = 720 (\text{kN} \cdot \text{m})$$

由集中荷载产生的弯矩：

$$M_x^p = \frac{1}{4}PL = \frac{1}{4} \times 355 \times 8 = 710 (\text{kN} \cdot \text{m})$$

总弯矩： $M_x = M_x^q + M_x^p = 720 + 710 = 1430$ (kN·m)

（2）整体稳定性验算

$$\frac{l_1}{b_1} = \frac{800}{40} = 20 > 13,需验算整体稳定性（附表1.8）。$$

Q235钢双轴对称工字形截面的钢梁整体稳定系数为：

$$\varphi_b = \beta_b \frac{4320}{\lambda_y^2} \cdot \frac{Ah}{W_x} \sqrt{1 + \left(\frac{\lambda_y t_1}{4.4h}\right)^2} = \beta_b \varphi_{b0}$$

今

$$\lambda_y = \frac{l_1}{i_y} = \frac{800}{8.65} = 92.5$$

故

$$\varphi_{b0} = \frac{4320}{92.5^2} \times \frac{228 \times 103.2}{8017} \sqrt{1 + \left(\frac{92.5 \times 1.6}{4.4 \times 103.2}\right)^2} = 1.559$$

由于此梁所承受的荷载是两种类型，今按上文式（6.43）计算 β_b 值。

参数：

$$\xi = \frac{l_1 t_1}{b_1 h} = \frac{800 \times 1.6}{40 \times 103.2} = 0.310 < 2.0$$

集中荷载作用下（附表1.9项次3）：

$$\beta_{b1} = 0.73 + 0.18\xi = 0.73 + 0.18 \times 0.31 = 0.7858$$

均布荷载作用下（附表1.9项次1）：

$$\beta_{b2} = 0.69 + 0.13\xi = 0.69 + 0.13 \times 0.31 = 0.7303$$

将 β_{b1}、β_{b2} 以及对应的弯矩设计值一并代入式（6.43），得：

$$\beta_b = \frac{M_x}{\sum \frac{M_{xi}}{\beta_{bi}}} = \frac{1430}{\frac{710}{0.7858} + \frac{720}{0.7303}} = 0.757$$

$$\varphi_b = \beta_b \varphi_{b0} = 0.757 \times 1.559 = 1.180 > 0.6$$

$$\varphi_b' = 1.07 - \frac{0.282}{1.180} = 0.831$$

$$\frac{M_x}{\varphi_b' W_x f} = \frac{1430 \times 10^6}{0.831 \times 8017 \times 10^3 \times 215} = 0.998 < 1.0,可。$$

【讨论】（1）本例题中因集中荷载和均布荷载都作用在梁的上翼缘，查得的 β_{b1} 和 β_{b2} 相差不大，其 β_b 与 β_{b1} 或 β_{b2} 相差更小。再加上 $\varphi_b > 0.6$，换算成 φ_b' 后，其值与单按 β_{b1} 或 β_{b2} 求得的 φ_b' 就基本相同。

这说明如两种荷载作用在梁的同一高度时，即使两种荷载产生的弯矩值难分主次，取其中较主要的一种荷载作为确定 β_b 的根据，所得整体稳定系数误差也不至于过大。

（2）若本例题中的均布荷载作用在梁的上翼缘，而集中荷载作用在梁的下翼缘，此时情况就不同。

集中荷载作用下（附表1.9项次4）：

$$\beta_{b1} = 2.23 - 0.28\xi = 2.23 - 0.28 \times 0.31 = 2.143$$

均布荷载作用下：

$$\beta_{b2} = 0.7303$$

两者共同作用下：

$$\beta_b = \frac{1430}{\frac{710}{2.143} + \frac{720}{0.7303}} = 1.086$$

$$\varphi_b = \beta_b \varphi_{b0} = 1.086 \times 1.559 = 1.693 > 0.6$$

$$\varphi'_b = 1.07 - \frac{0.282}{1.693} = 0.903$$

此时若按其中一种荷载的 β_b 计算，则误差较大，务须注意。今计算说明如下。

若按集中荷载计算，即取 $\beta_b \approx \beta_{b1} = 2.143$，则：

$$\varphi_b = \beta_b \varphi_{b0} = 2.143 \times 1.559 = 3.34 > 0.6$$

$$\varphi'_b = 1.07 - \frac{0.282}{3.34} = 0.986$$

与 $\varphi'_b = 0.903$ 相比大了 9.2%。

【例题 6.4】[1] 某焊接工字形等截面框架梁（边梁），上翼缘铺设钢筋混凝土楼板，两者牢固相连。框架梁跨度（净跨）$L = 6.6\text{m}$，截面尺寸如图 6.27 所示，无削弱；材料为 Q355B 钢。框架梁的内力设计值为：支座处负弯矩 $M_{x,max} = 457.4\text{kN·m}$、剪力 $V = 220.7\text{kN}$、跨中正弯矩 $M_x = 300.3\text{kN·m}$。试计算该框架梁的稳定性是否满足要求？（强度、局部稳定和刚度均满足要求）。

【解】 钢号修正系数：$\varepsilon_k = \sqrt{235/f_y} = \sqrt{235/355} = 0.814$

图 6.27 例题 6.5 梁截面

框架梁上翼缘铺设有钢筋混凝土楼板，且梁翼缘与楼板牢固相连，可不计算梁的整体稳定性（见《钢标》第 6.2.1 条），但应计算支座处梁下翼缘的稳定性——畸变屈曲（见《钢标》第 6.2.7 条）。

（1）截面板件宽厚比等级与截面几何特性

1）截面板件宽厚比

翼缘板：$\dfrac{b'}{t} = \dfrac{(240-8)/2}{10} = 11.6 \begin{cases} > 13\varepsilon_k = 13 \times 0.814 = 10.6 \\ < 15\varepsilon_k = 15 \times 0.814 = 12.2 \end{cases}$，属于 S4 级。

腹板：$\dfrac{h_w}{t_w} = \dfrac{500}{8} = 62.5 \begin{cases} > 72\varepsilon_k = 72 \times 0.814 = 58.6 \\ < 93\varepsilon_k = 93 \times 0.814 = 75.7 \end{cases}$，属于 S3 级。

因此，梁全截面有效（见《钢标》第 6.2.2 条）。

2）截面几何特性

惯性矩：$I_x = \dfrac{1}{12}[24 \times 52^3 - (24-0.8) \times 50^3] = 39549\text{cm}^4$

受压最大纤维的毛截面模量：$W_{1x} = \dfrac{I_x}{y_c} = \dfrac{39549}{26} = 1521\text{cm}^3$

式中 y_c 为 x 轴至受压最大纤维的距离。

（2）按式（6.45a）～式（6.45f）计算支座处梁下翼缘的稳定性

将 $b_1 = 240\text{mm}$、$t_1 = 10\text{mm}$、$h_w = 500\text{mm}$ 和 $t_w = 8\text{mm}$ 代入式（6.45e），得：

$$\gamma = \frac{b_1}{t_w}\sqrt{\frac{b_1 t_1}{h_w t_w}} = \frac{240}{8}\sqrt{\frac{240 \times 10}{500 \times 8}} = 23.24$$

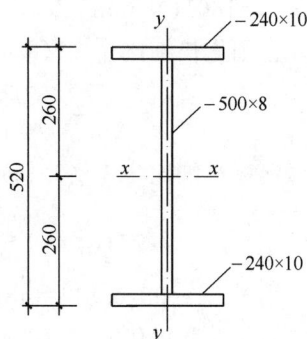

---

[1] 本例题选自书末主要参考资料 [17] 第 119～120 页【例题 5.7】。

框架主梁无支承次梁，取 $l = L/2 = 6.6/2 = 3.3\text{m} = 3300\text{mm}$，由式（6.45f），得：

$$\varphi_1 = \frac{1}{2}\left(\frac{5.436\gamma h_w^2}{l^2} + \frac{l^2}{5.436\gamma h_w^2}\right) = \frac{1}{2}\left(\frac{5.436 \times 23.24 \times 500^2}{3300^2} + \frac{3300^2}{5.436 \times 23.24 \times 500^2}\right)$$

$$= 1.623$$

畸变屈曲临界应力［式（6.45d）］：

$$\sigma_{cr} = \frac{3.46b_1t_1^3 + h_wt_w^3(7.27\gamma + 3.3)\varphi_1}{h_w^2(12b_1t_1 + 1.78h_wt_w)}E$$

$$= \frac{3.46 \times 240 \times 10^3 + 500 \times 8^3 \times (7.27 \times 23.24 + 3.3) \times 1.623}{500^2 \times (12 \times 240 \times 10 + 1.78 \times 500 \times 8)} \times (2.06 \times 10^5)$$

$$= 1661(\text{N/mm}^2)$$

正则化长细比［式（6.45c）］：

$$\lambda_{n,b} = \sqrt{\frac{f_y}{\sigma_{cr}}} = \sqrt{\frac{355}{1661}} = 0.462 > 0.45，需计算梁下翼缘的稳定性。$$

换算长细比［式（6.45b）］：

$$\lambda_e = \pi \cdot \lambda_{n,b} \cdot \sqrt{\frac{E}{f_y}} = 3.1416 \times 0.462 \times \sqrt{\frac{2.06 \times 10^5}{355}} = 35.0$$

由 $\lambda_e/\varepsilon_k = 35/0.814 = 43.0$ 查附表 1.19，得稳定系数 $\varphi_d = 0.887$。

将相关数据代入式（6.45a）不等号左边：

$$\frac{M_{x,max}}{\varphi_d W_{1x}f} = \frac{457.4 \times 10^6}{0.887 \times 1521 \times 10^3 \times 305} = 1.11 > 1.0$$

框架梁支座处下翼缘的稳定性不满足要求，可能发生畸变屈曲。

为避免支座处受压下翼缘发生畸变屈曲，改取 $t_1 = 12\text{mm}$，b_1 及框架梁截面的其他尺寸不变。按以上步骤可以求得：

$y_c = 24.85\text{cm}$，$I_x = 42650\text{cm}^4$，$W_{1x} = 1563\text{cm}^3$；

$\gamma = 25.46$，$\varphi_1 = 1.746$，$\sigma_{cr} = 1693\text{N/mm}^2$，$\lambda_{n,b} = 0.458$，$\lambda_e = 34.7$。

由 $\lambda_e/\varepsilon_k = 34.7/0.814 = 42.6$ 查附表 1.19，得稳定系数 $\varphi_d = 0.889$。

将相关数据代入式（6.45a）不等号左边：

$$\frac{M_{x,max}}{\varphi_d W_{1x}f} = \frac{457.4 \times 10^6}{0.889 \times 1716 \times 10^3 \times 305} = 0.983 < 1.0，可。$$

【讨论】（1）当框架梁下翼缘的稳定性不满足要求时，《钢标》规定，在侧向未受约束的受压翼缘区段内，应设置隅撑或沿梁长设间距不大于 2 倍梁高并与梁等宽的横向加劲肋（《钢标》第 6.2.7 条第 3 款）。本例题采用了另一种较为简明有效的方法——增大受压翼缘板厚度 t_1。实际工程设计中，可根据用钢量、制造工作量、构造、外观等因素，综合分析比较后选定合适的提高框架梁下翼缘稳定性的措施。

（2）为满足框架梁下翼缘的稳定性要求，本例题若采用加大受压翼缘板的宽度 b_1（厚度 t_1 不变），则计算如下。

1）取 $b_1 = 250\text{mm}$（翼缘板宽厚比等级为 S4 级的最大宽度），可得：

$y_c = 25.71\text{cm}$，$I_x = 40192\text{cm}^4$，$W_{1x} = 1563\text{cm}^3$；

$\gamma = 24.71$，$\varphi_1 = 1.704$，$\sigma_{cr} = 1790\text{N/mm}^2$，$\lambda_{n,b} = 0.445$，$\lambda_e = 33.7$。

由 $\lambda_e/\varepsilon_k = 33.7/0.814 = 41.4$ 查附表 1.19，得稳定系数 $\varphi_d = 0.8934$。

将相关数据代入式（6.45a）不等号左边：

$$\frac{M_{x,max}}{\varphi_d W_{1x} f} = \frac{457.4 \times 10^6}{0.8934 \times 1563 \times 10^3 \times 305} = 1.074 > 1.0，不满足要求。$$

2）改取 $b_1 = 270$mm（翼缘板宽厚比等级为 S5 级）：

$y_c = 25.16$cm，$I_x = 41436$cm^4，$W_{1x} = 1647$ cm^3；

$\gamma = 27.73$，$\varphi_1 = 1.875$，$\sigma_{cr} = 2070$N/mm^2，$\lambda_{n,b} = 0.414$，$\lambda_e = 31.3$。

由 $\lambda_e / \varepsilon_k = 31.3 / 0.814 = 38.5$ 查附表 1.19，得稳定系数 $\varphi_d = 0.9045$。

将相关数据代入式（6.45a）不等号左边：

$$\frac{M_{x,max}}{\varphi_d W_{1x} f} = \frac{457.4 \times 10^6}{0.9045 \times 1647 \times 10^3 \times 305} = 1.007 \approx 1.0，可。$$

以上计算结果表明，随着受压翼缘板宽度 b_1 的加大，正则化长细比 $\lambda_{n,b}$ 减小，畸变屈曲承载力提高。

但研究表明[1]，受压翼缘板宽度 b_1 过大是导致畸变屈曲的主因之一，当畸变屈曲不满足要求时，采用加大受压翼缘板宽度 b_1 不能有效提高畸变屈曲的承载力。

另外，按《钢标》规定（第 6.2.7 条第 1 款），$\lambda_{n,b} \leq 0.45$ 时可不计算框架梁下翼缘的稳定性，即 $\lambda_{n,b} \leq 0.45$ 时下翼缘的稳定性满足要求。但上述验算结果却显示，两种情况一为不满足、另一为满足，而两种情况的正则化长细比均为 $\lambda_{n,b} < 0.45$。

综上，《钢标》中"当 $\lambda_{n,b} \leq 0.45$ 时，可不计算框架梁下翼缘的稳定性"的规定，有待进一步研究完善。

6.7 型钢梁的截面设计

型钢梁包括由热轧 H 型钢、热轧工字钢和热轧槽钢等制成的梁。这些型钢都有对应的国家标准，其尺寸和截面特性都可按标准查取，因此其设计步骤比较简单。在结构布置就绪后即可根据梁的抗弯强度和整体稳定性求得其必需的截面模量 W_x，根据刚度求得其必需的截面惯性矩 I_x，然后按需要的 W_x 和 I_x 从型钢表中试选合适的截面，最后就选取的截面进行强度、整体稳定性和刚度（挠度）验算。热轧型钢的组成板件宽厚比不大（表 6.3），常无局部稳定性问题。

国产热轧型钢的翼缘板自由外伸宽厚比和腹板宽厚比最大值　　　　　表 6.3

板件宽厚比	工字钢	槽钢	H 型钢	
	按 GB/T 706—2016 计算	按 JG/T 581—2023 计算	按 GB/T 11263—2024 计算
b'/t	3.4	5.1	8.8	12.0
h_0/t_w	42.8	33.0	50.9	67.1

抗弯强度需要的截面模量为：

---

[1] S. C. W. Lau，G. J. Hancock. Distortional buckling formulae for thin-wall channel columns. Research Report No. R521，School of Civil and Mining Engineering，University of Sydney，Australia，1986。

$$W_x \geqslant \frac{M_x}{\gamma_x f} \tag{6.46}$$

由表 6.1 和表 6.3 可见，热轧工字钢和热轧槽钢的截面板件宽厚比等级均为 S1 级钢材为 Q235 的热轧工字钢、槽钢和 H 型钢的截面板件宽厚比均满足 S3 级的要求，因此对这些截面，式（6.46）中的截面塑性发展系数 $\gamma_x = 1.05$。

整体稳定性需要的截面模量为：

$$W_x \geqslant \frac{M_x}{\varphi_b f} \tag{6.47}$$

两者中选其较大值，两式中的 M_x 是梁所承受的最大弯矩设计值。式（6.47）中的整体稳定系数 φ_b 需预先假定，因而由其求出的 W_x 是一个估算值，不是一个确切的需要值。

梁的刚度要求就是限制其在荷载标准值作用下的挠度不超过容许值。《钢标》中对各种用途的钢梁规定了容许挠度（见本书附表 1.6）。梁的挠度可按材料力学中的公式计算。例如：满跨均布荷载作用下简支梁的最大挠度为：

$$v = \frac{5}{384} \cdot \frac{q_k l^4}{EI_x} = \frac{5}{48} \cdot \frac{M_{xk} l^2}{EI_x} \tag{6.48}$$

跨度中点一个集中荷载作用下简支梁的最大挠度为：

$$v = \frac{1}{48} \cdot \frac{P_k l^3}{EI_x} = \frac{1}{12} \cdot \frac{M_{xk} l^2}{EI_x} \tag{6.49}$$

在较复杂的荷载作用下，如在均布荷载和多个集中荷载共同作用下，简支梁的最大挠度可近似地按下式计算：

$$v = \frac{1}{10} \cdot \frac{M_{xk} l^2}{EI_x} \tag{6.50}$$

由这些公式可求出需要的惯性矩 I_x。例如：

$$I_x \geqslant \frac{1}{10} \cdot \frac{M_{xk} l^2}{E[v]} \tag{6.51}$$

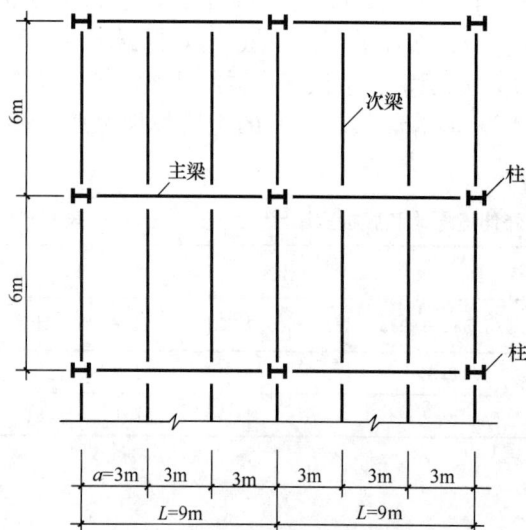

图 6.28 例题 6.5 所示厂房平台布置

式中 $[v]$——按本书附表 1.6 规定的挠度容许值。

前已言及，梁截面的设计是在结构布置就绪后进行。结构布置适当与否对整个结构设计是否经济合理起主导作用。以图 6.28 所示厂房平台为例，可看出其平面柱网和梁格布置是否合理最为重要。柱网的纵横尺寸确定了主梁和次梁的跨度 L 和 l。增大跨度，在一定的平台面积下可减少柱子和基础的数目，增大平面空间，但同时也必将增大梁的截面尺寸，这就有一个经济和适用的问题。因此型钢梁的设计不但是具体选用梁的截面尺寸，还应包括良好的结构布置，这需要必要的设计经验积累和方案比较。下面单就型钢梁的截面设计举例说明。

【例题 6.5】 某工作平台的布置如图 6.28 所示。平台板为预制钢筋混凝土板，焊接于次梁。已知平台永久荷载标准值（包括平台板自重）$q_{Gk}=3.5\mathrm{kN/m^2}$，可变荷载标准值 $q_{Qk}=7\mathrm{kN/m^2}$（为静力荷载）。钢材为 Q235B。试设计此工作平台次梁和主梁的截面。

【解】（1）次梁（跨度 $l=6\mathrm{m}$ 的两端简支梁）设计

1）荷载及内力（暂不计次梁自重）

荷载标准值：
$$q_k = (q_{Gk} + q_{Qk}) \cdot a = (3.5 + 7) \times 3 = 31.5 (\mathrm{kN/m})$$

荷载设计值：
$$q = (1.3q_{Gk} + 1.5q_{Qk}) \cdot a = (1.3 \times 3.5 + 1.5 \times 7) \times 3 = 45.2 (\mathrm{kN/m})$$

最大弯矩标准值：
$$M_{xk} = \frac{1}{8} q_k l^2 = \frac{1}{8} \times 31.5 \times 6^2 = 141.8 \ (\mathrm{kN \cdot m})$$

最大弯矩设计值：
$$M_x = \frac{1}{8} q l^2 = \frac{1}{8} \times 45.2 \times 6^2 = 203.4 (\mathrm{kN \cdot m})$$

最大剪力设计值：
$$V = \frac{1}{2} q l = \frac{1}{2} \times 45.2 \times 6 = 135.6 (\mathrm{kN})$$

2）试选截面

设次梁自重引起的弯矩为 $0.02M_x$（估计值）。次梁上铺钢筋混凝土平台板并焊接，故对次梁不必计算整体稳定性。截面将由抗弯强度确定，需要的截面模量为：
$$W_x \geqslant \frac{M_x}{\gamma_x f} = \frac{1.02 \times 203.4 \times 10^6}{1.05 \times 215} \times 10^{-3} = 919.0 (\mathrm{cm^3})$$

均布荷载下简支梁的挠度条件为[1]：
$$v_T = \frac{5}{48} \cdot \frac{M_{xk} l^2}{EI_x} \leqslant [v_T] = \frac{l}{250} \quad (\text{附表 1.6})$$

需要的惯性矩为：
$$I_x \geqslant \frac{5 \times 250}{48E} \cdot M_{xk} l = \frac{5 \times 250}{48 \times 206 \times 10^3} (1.02 \times 141.8 \times 10^6) \times 6000 \times 10^{-4}$$
$$= 10971 (\mathrm{cm^4})$$

次梁截面常采用热轧工字钢，按需要的 W_x 和 I_x 查附表 2.4，得最轻的热轧工字钢为 I36b，供给截面特性为：
$$W_x = 919\mathrm{cm^3}, \ I_x = 16500\mathrm{cm^4} \gg 10971\mathrm{cm^4}$$
$$S_x = 547\mathrm{cm^3}, \ t_w = 12.0\mathrm{mm}, \ t = 15.8\mathrm{mm} < 16\mathrm{mm}$$

自重：$\quad g = 65.7 \times 9.81 = 645(\mathrm{N/m}) = 0.645(\mathrm{kN/m})$

3）截面验算（计入次梁自重）

弯矩设计值：$\quad M_x = 203.4 + \frac{1}{8}(1.3 \times 0.645) \times 6^2 = 207.2(\mathrm{kN \cdot m})$

---

❶ 本例题中，挠度条件 $v_Q \leqslant [v_Q] = l/300$，经计算知不是控制条件，故未列出。

剪力设计值： $V=135.6+\dfrac{1}{2}$ （1.3×0.645）×6＝138.1 （kN）

抗弯强度：

$$\frac{M_x}{\gamma_x W_x}=\frac{207.2\times10^6}{1.05\times919\times10^3}=214.7(\text{N/mm}^2)<f=215\text{N/mm}^2,\text{可。}$$

抗剪强度：

$$\tau=\frac{VS_x}{I_x t_w}=\frac{(138.1\times10^3)(547\times10^3)}{16500\times10^4\times12}=38.2(\text{N/mm}^2)\ll f_v=125\text{N/mm}^2,\text{可。}$$

说明在型钢梁的设计中，抗剪强度可不计算。

因供给的 $I_x=16500\text{cm}^4\gg10971\text{cm}^4$ （需要值），挠度条件必然满足，不再验算。

上述计算中因所选工字钢翼缘厚度 $t=15.8\text{mm}<16\text{mm}$，故取 $f=215\text{N/mm}^2$；腹板厚 $t_w<16\text{mm}$，故 $f_v=125\text{N/mm}^2$。

【提示】选取热轧工字钢作为受弯构件时，一般应选取其中的 a 号或 b 号，不能选 c 号，以节省钢材。

（2）中间列主梁设计

1）内力计算

中间主梁为跨度 $L=9\text{m}$ 的简支梁。承受由两侧次梁传来的集中荷载（反力），各作用在跨度的三分点处（参阅下文例题 6.7 之图 6.30）。

集中荷载（次梁传来的反力）：

$$P_k=(q_k+g_k)l=(31.5+0.645)\times6=193(\text{kN})$$

$$P=(q+1.3g_k)l=(45.2+1.3\times0.645)\times6=276\text{kN}$$

弯矩：

$$M_{xk}=\frac{1}{3}P_k L=\frac{1}{3}\times193\times9=579(\text{kN}\cdot\text{m})$$

$$M=\frac{1}{3}PL=\frac{1}{3}\times276\times9=828(\text{kN}\cdot\text{m})$$

剪力：

$$V=P=276\text{ kN}$$

2）试选截面

需要的： $$W_x\geqslant\frac{M_x}{\gamma_x f}=\frac{1.02\times828\times10^6}{1.05\times205\times10^3}=3924(\text{cm}^3)$$

需要的： $$I_x\geqslant\frac{1}{10}\frac{M_{xk}L^2}{E[v]}=\frac{1}{10}\frac{400\times579\times1.02\times10^6}{206\times10^3\times10^4}\times9000=103208(\text{cm}^4)$$

以上二式中取主梁自重影响系数为 1.02，$[v/L]=1/400$。由附表 2.7 选用热轧 H 型钢为 JH600×300×12×20，供给截面特性为：

$$W_x=3889\text{cm}^3,\ I_x=114350\text{cm}^4,\ A=187.21\text{cm}^2$$

自重： $$g_k=146.96\times9.81\times10^{-3}=1.44(\text{kN/m})$$

截面的实际高度 h 和宽度 b 分别为：$h=588\text{mm}$，$b=300\text{mm}$。

翼缘厚度 $t=20\text{mm}>16\text{mm}$，取 $f=205\text{N/mm}^2$；腹板厚度 $t_w=12\text{mm}<16\text{mm}$，取 $f_v=125\text{N/mm}^2$。

3）截面验算

弯矩标准值：

$$M_{xk} = 579 + \frac{1}{8} \times 1.44 \times 9^2 = 593.6 (\text{kN} \cdot \text{m})$$

弯矩设计值：

$$M_x = 828 + \frac{1}{8} \times 1.3 \times 1.44 \times 9^2 = 847.0 (\text{kN} \cdot \text{m})$$

剪力设计值：

$$V = 276 + \frac{1}{2} \times 1.3 \times 1.44 \times 9 = 284.4 (\text{kN})$$

抗弯强度：

$$\frac{M_x}{\gamma_x W_x} = \frac{847.0 \times 10^6}{1.05 \times 3889 \times 10^3} = 207.4 (\text{N/mm}^2) \approx f = 205 \text{N/mm}^2, \text{可}.$$

因 $\dfrac{l_1}{b_1} = \dfrac{3 \times 10^3}{300} = 10 < 16$（附表 1.8），不需验算整体稳定性。

抗剪强度：

$$\tau = \frac{V}{ht_w} = \frac{284.4 \times 10^3}{588 \times 12} = 40.3 \ (\text{N/mm}^2) \ll f_v = 125 \ (\text{N/mm}^2), \ \text{可}.$$

挠度：

$$\frac{v_T}{L} = \frac{1}{10} \cdot \frac{M_{xk} L}{EI_x} = \frac{1}{10} \cdot \frac{593.6 \times 10^6 \times 9000}{206 \times 10^3 \times 114350 \times 10^4} = \frac{1}{441} < \left[\frac{v_T}{L}\right] = \frac{1}{400}, \text{可}.$$

经计算，$v_Q \leqslant [v_Q] = L/500$ 不是控制条件，故未列出。

【例题 6.6】某电动葫芦的轨道梁，悬挂于间距为 6m 的屋架上，承受 1 台起重量为 5t 的电动葫芦。电动葫芦质量为 469kg，中级工作制。轨道梁为热轧工字钢，无须焊接，故可采用 Q235AF 钢。试求此轨道梁的截面。

【解】电动葫芦轨道梁设计时常按两端简支考虑，$l = 6$m。电动葫芦的荷载可简化为一个移动的集中荷载，作用于轨道梁的下翼缘。根据我国《建筑结构荷载规范》GB 50009—2012 的规定，对电动葫芦可不考虑水平荷载，竖向荷载的动力系数采用 1.05。

（1）荷载及弯矩的计算

电动葫芦自重： $469 \times 9.81 \times 10^{-3} = 4.60$ （kN）

电动葫芦起重量： $(5 \times 10^3) \times 9.81 \times 10^{-3} = 49.05$ （kN）

轨道梁集中荷载标准值： $P_k = 53.65$ （kN）

式中，9.81 为重力加速度。

轨道梁集中荷载设计值为：

$$P = 1.5 \times 1.05 \times 53.65 = 84.50 (\text{kN})$$

式中，1.5 为移动荷载分项系数，1.05 为动力系数。

轨道梁最大弯矩设计值为：

$$M_x = 1.03 \times \frac{1}{4} Pl = 1.03 \times \frac{1}{4} \times 84.5 \times 6 = 130.6 (\text{kN} \cdot \text{m})$$

式中，系数 1.03 是估计轨道梁自重引起的弯矩增大系数。最大弯矩发生在集中荷载置于跨度中点时，故 $M_x = \dfrac{1}{4} Pl$。

（2）试选截面

轨道梁的截面将由整体稳定性条件控制。由本书附表 1.10 项次 2，查得当集中荷载作用于梁的下翼缘、$l_1 = 6m$ 和工字钢截面型号为 22～40 时，整体稳定系数 $\varphi_b = 1.07$。因 $\varphi_b > 0.6$，需换算成 φ_b'：

$$\varphi_b' = 1.07 - \frac{0.282}{1.07} = 0.806$$

考虑轨道梁易磨损，对 W_x 和 I_x 引进磨损系数 0.9，估计需要的截面模量为：

$$W_x \geqslant \frac{1}{0.9} \cdot \frac{M_x}{\varphi_b' f} = \frac{130.6 \times 10^6}{0.9 \times 0.806 \times 215} \times 10^{-3} = 837.4 (\mathrm{cm}^3)$$

由附表 2.4，查得最轻的截面为 I36a，供给截面特性为：

$$W_x = 875\mathrm{cm}^3 > 837.4\mathrm{cm}^3 , \quad I_x = 15800\mathrm{cm}^4 , \quad S_x = 515\mathrm{cm}^3$$

$$t_w = 10\mathrm{mm} , \quad t = 15.8\mathrm{mm}$$

自重：　　　　　　　$60.0 \times 9.81 \times 10^{-3} = 0.589$ （kN/m）

（3）截面验算

1）考虑轨道梁自重后的截面最大内力

轨道梁自重设计值：　　　$1.3 \times 0.589 = 0.766$ （kN/m）

最大弯矩设计值（集中荷载在跨度中点）：

$$M_x = \frac{1}{8} \times 0.766 \times 6^2 + \frac{1}{4} \times 84.5 \times 6 = 3.45 + 126.75 = 130.2 (\mathrm{kN \cdot m})$$

考虑自重后弯矩增大系数为 130.2/126.75 = 1.027 ≈ 1.03。

最大剪力设计值（集中荷载在梁端）：

$$V = \frac{1}{2} \times 0.766 \times 6 + 84.5 = 86.8 \text{ (kN)}$$

2）整体稳定性

$\varphi_b' = 0.806$（试选截面时估计无误）：

$$\frac{M_x}{0.9\varphi_b' W_x f} = \frac{130.2 \times 10^6}{0.9 \times 0.806 \times 875 \times 10^3 \times 215} = 0.954 < 1.0, 可。$$

3）抗弯强度

$$\frac{M_x}{0.9\gamma_x W_x} = \frac{130.2 \times 10^6}{0.9 \times 1.0 \times 875 \times 10^3} = 165.3 (\mathrm{N/mm}^2) < f = 215\mathrm{N/mm}^2, 可。$$

4）抗剪强度

$$\tau = \frac{V S_x}{I_x t_w} = \frac{(86.8 \times 10^3)(515 \times 10^3)}{15800 \times 10^4 \times 10} = 28.3 (\mathrm{N/mm}^2) \ll f_v = 125\mathrm{N/mm}^2, 可。$$

这再次说明在型钢梁的设计中，抗剪强度不是控制条件，一般可不计算。

5）挠度

$$\frac{v}{l} = \frac{P_k l^2}{48E(0.9I_x)} + \frac{5q_k l^3}{384E(0.9I_x)} = \frac{l^2}{48E(0.9I_x)} \left(P_k + \frac{5}{8} q_k l \right)$$

$$= \frac{6000^2}{48 \times 206 \times 10^3 \times 0.9 \times 15800 \times 10^4} \left(53.65 + \frac{5}{8} \times 0.589 \times 6 \right) \times 10^3$$

$$= \frac{1}{699} < \frac{[v]}{l} = \frac{1}{400} （附表 1.6 项次 2），可。$$

验算结果全部符合要求，所选截面合适❶。

6.8 钢板梁的截面设计

本节将以一双轴对称焊接工字形截面板梁的设计为例，说明截面设计的一般步骤和方法。截面设计包括两部分内容，一是如何初选截面尺寸；二是对初选的截面进行各种验算。后者包括：强度验算、整体稳定性验算和挠度验算等，由于这些内容在前面几节中都有所介绍，因而本节的重点是说明截面尺寸的初选，包括梁的高度和腹板高度、腹板厚度、翼缘板的宽度与厚度等的确定方法。

一、梁的高度和腹板高度

这是试选板梁截面时首先要决定的一个主要尺寸。梁高 h 的确定要满足以下三个要求。

（1）梁的最大高度 h_{max}

由建筑设计或工艺根据梁下面房屋必须具备的净空所提出，结构设计时必须满足此要求。

（2）梁的最小高度 h_{min}

根据正常使用极限状态的要求，梁在荷载标准值作用下的挠度不得超过《钢标》规定的容许值。在初选梁的高度时应考虑到这个条件。

简支梁的最大挠度 v 一般可近似地取为：

$$v = \frac{1}{10} \frac{M_{xk} l^2}{EI_x}$$

即

$$\frac{v}{l} = \frac{1}{10} \frac{M_{xk} l}{EI_x}$$

单向弯曲的梁，抗弯强度的验算条件是：

$$\frac{M_x}{\gamma_x W_x} \leqslant f$$

式中，M_x 是弯矩的设计值，今若把 M_x 改作弯矩的标准值，取 $M_x = 1.4 M_{xk}$，则上式应改为：

$$\frac{M_{xk}}{\gamma_x W_x} \leqslant \frac{f}{1.4}$$

式中，1.4 是取永久荷载分项系数 1.3 和可变荷载分项系数 1.5 的平均值。当实际梁中以可变荷载为主时，该值就还要加大，否则应减小。

因 $I_x = W_x \cdot \dfrac{h}{2}$，再把上式改写为：

$$\frac{M_{xk}}{I_x} \leqslant \frac{2\gamma_x f}{1.4h}$$

---

❶ 实际工程设计中，还应补充验算轨道梁下翼缘在集中轮压作用下的应力，见本书末主要参考资料［14］第733页和论文：许朝铨. 不容忽视悬挂运输设备轨道下翼缘在轮压作用下折算应力的补充验算. 钢结构，2004（3）：15-19。

267

代入最大挠度表达式并使 $\dfrac{v}{l} \leqslant \dfrac{[v]}{l} = \dfrac{1}{n}$ 和取 $E = 206 \times 10^3 \, \text{N/mm}^2$，则得：

$$\left(\dfrac{h}{l}\right)_{\min} = \dfrac{\gamma_x nf}{7E} = \dfrac{\gamma_x nf}{1440 \times 10^3} \tag{6.52}$$

式（6.52）就是由挠度要求估算最小梁高的近似式。式中，n 可由附表 1.6 梁的容许挠度得到，例如对楼盖主梁，$n = 400$；f 是钢材的抗弯强度设计值；γ_x 是截面塑性发展系数。

对式（6.52）的应用，还必须考虑实际条件。例如，所设计梁需考虑整体稳定性，则应预先估计整体稳定系数 φ_b 以取代式（6.52）中的 γ_x。因 φ_b 恒小于 γ_x，具有整体稳定性的梁的截面最小高度就可以小一些。

（3）梁的经济高度 h_e

在一定的荷载作用下，梁的截面高度取得大时，梁截面的腹板以及今后将介绍的腹板加劲肋所用钢材将增加，而翼缘板的面积将减小。反之，亦然。因此理论上可推导出一个梁的高度使整个梁的用钢量为最少，这个高度就称为经济高度 h_e。目前设计实践中经常采用的经济高度为：

$$h_e = 7\sqrt[3]{W_x} - 30 \, (\text{cm}) \tag{6.53}$$

式中，$W_x = \dfrac{M_x}{\gamma_x f}\left(\text{或 } W_x = \dfrac{M_x}{\varphi_b f}\right)$，单位为 cm^3。

具体设计时，通常可先按式（6.53）求出 h_e，取腹板高度 $h_w \approx 1.1 h_e$ [1]，估计出梁高 h 并使其满足：

$$h_{\min} < h < h_{\max} \tag{6.54}$$

为了便于备料，h_w 宜取为 50mm 或 100mm 的倍数。式（6.52）的 $h_{\min}$ 和式（6.53）的 h_e 都是估算值，供选取 h 时作为参考。

二、腹板厚度

梁的腹板主要承受剪力，因此腹板厚度 t_w 应保证梁具有要求的抗剪强度，试选截面时可取：

$$t_w \geqslant \alpha \dfrac{V}{h_w f_v} \tag{6.55}$$

当梁端翼缘截面无削弱时，式中的系数 α 宜取 1.2；当梁端翼缘截面有削弱时，α 宜取 1.5。

由于抗剪强度常不是控制梁截面尺寸的条件，按式（6.55）求得的 t_w 一般偏小而不宜照用。初选腹板厚度时用得较多的是利用已有的一些经验公式，例如取：

$$t_w = \dfrac{2}{7}\sqrt{h_w} \tag{6.56}$$

或 $$t_w = 7 + 0.003 h_w \tag{6.57}$$

式中，h_w 和 t_w 的单位均为 mm。

腹板厚度一般不宜过小，常不小于 6mm，并取为 2mm 的倍数。

最后需提到的是，关于梁的高度 h、梁的腹板高度 h_w 和腹板计算高度 h_0，这三者是

---

[1] 分析表明，取梁高 $h = (0.8 \sim 1.2) h_e$，梁的用钢量增幅 $< 5\%$。

不相同的，参阅图 6.29。我们在第 6.3 节中对梁腹板的计算高度 h_0 曾下过定义，在焊接梁中 $h_0 = h_w$，在高强度螺栓连接的梁中 $h_0 \neq h_w$。但是，在估算梁截面尺寸时和推导估算式时，对它们就不必区分得很严格。

三、翼缘板的尺寸

确定翼缘板的尺寸时，常先估算每个翼缘所需的截面面积 A_f。

梁截面的惯性矩：

$$I_x = \frac{1}{12} t_w h_w^3 + 2A_f \left(\frac{h_1}{2}\right)^2$$

式中，h_1 为上、下两翼缘形心间的距离，在推导估算式时，可近似取 $h_1 \approx h_w \approx h$，因而可得梁截面弹性模量 W_x 为：

$$W_x = \frac{I_x}{h/2} \approx \frac{1}{6} t_w h_w^2 + A_f h_w$$

即

$$A_f = \frac{W_x}{h_w} - \frac{1}{6} t_w h_w \tag{6.58}$$

此近似公式常用以估算每个翼缘所需截面面积。对焊接板梁，$A_f = b_f t_f$，因而在求得 A_f 后，设定 b_f（或 t_f）即可求得 t_f（或 b_f）。在确定翼缘板尺寸时常需注意以下几点。

(1) 为了保证受压翼缘板的局部稳定性和全部有效，必须满足：

$$\frac{b_f}{t_f} \leqslant 30\varepsilon_k \tag{6.59a}$$

若在估算 W_x 时采用了截面塑性发展系数 $\gamma_x = 1.05$，即取 $W_x = M_x / (1.05f)$ 时，则应使翼缘板的板件宽厚比等级不低于 S3 级，即式（6.59a）应改为：

$$\frac{b_f}{t_f} \leqslant 26\varepsilon_k \tag{6.59b}$$

为了简化，符号 b_f 和 t_f 可简写作 b 和 t。

(2) 梁翼缘宽度 b 与梁高 h 间的关系通常取：

$$\frac{h}{2.5} > b > \frac{h}{6}$$

(3) 翼缘板宽度宜取为 1cm 的整数倍，厚度宜取为 1mm 的偶数倍，以便备料。

(4) 焊接板梁的翼缘板一般用一层钢板作成。当采用两层钢板时，外层钢板与内层钢板厚度之比宜为 0.5～1.0。外层钢板宽度宜小于内层钢板，以便敷设角焊缝，如图 6.29 (a) 所示。

在试选了板梁截面的尺寸后，即可进行正式验算。验算时对梁的截面几何特性等应按材料力学公式正确计算。如验算中某些项目不符合要求，应对试选的截面进行修改后重新验算，直至全部满足设计要求。

上述"一"至"三"的内容主要针对焊接工字形板梁。但所有估算截面尺寸的方法和步骤也适用于图 6.29 (b) 所示用高强度螺栓连接的板梁，但须注意：

(1) 每个翼缘面积 A_f 此时应包含翼缘角钢和翼缘板两部分（翼缘板也可称为盖板），其中翼缘角钢的面积不宜小于 A_f 的 30%。

(2) 每个翼缘的翼缘板最多为 3 层，厚度不等时，较薄钢板应置于外层。每块翼缘板的宽度相等，且均略大于两角钢外伸边端间的距离，如图 6.29(b) 所示。

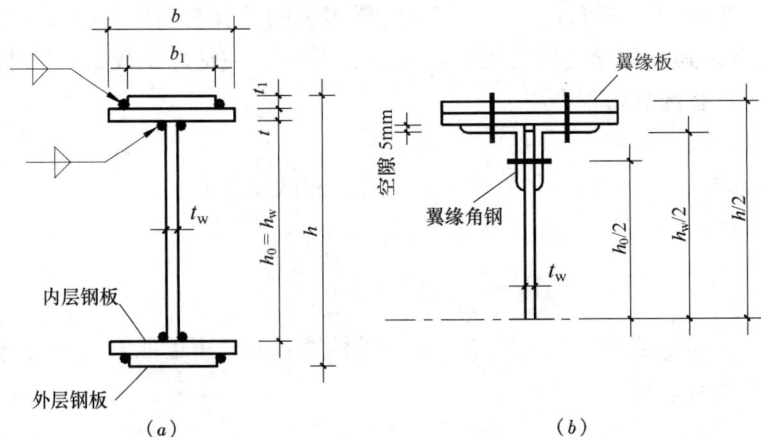

图 6.29 板梁截面

(a) 双层翼缘板的焊接板梁；(b) 高强度螺栓连接的板梁截面（一半）

（3）上、下翼缘角钢背至背的距离宜为 $h_w+10\text{mm}$（即角钢外伸边背面宜高出腹板边缘 5mm），使腹板上、下边缘不与翼缘板面"冲突"。当需依靠翼缘板与腹板顶端直接接触以传递上翼缘板顶面传来的竖向压力时，则腹板边缘可以与翼缘角钢背面相齐，但需刨平顶紧。

【例题 6.7】 例题 6.5 所示工作平台中主梁若改用焊接工字形截面［参阅前文图 6.28］，建筑要求主梁高度不得大于 100cm。已知跨度 $L=9\text{m}$，其计算简图如图 6.30(a) 所示，试设计此截面。

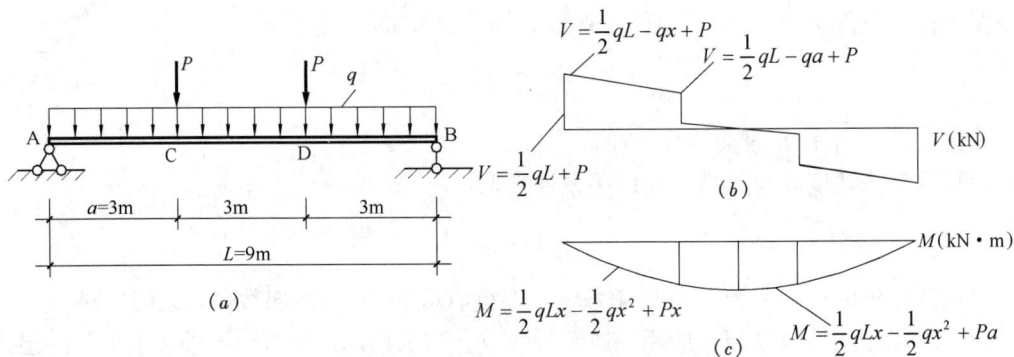

图 6.30 例题 6.5 和 6.7 中的主梁

(a) 计算简图；(b) 剪力图；(c) 弯矩图

【解】（1）初选截面

1）梁中最大弯矩和所需截面模量

由主梁两侧次梁传来的集中荷载设计值（见例题 6.5）：$P=276\text{kN}$

按图 6.30(a) 所示计算简图，得梁的最大弯矩：

$$M_x = 1.02Pa = 1.02 \times 276 \times 3 = 844.6(\text{kN} \cdot \text{m})$$

式中，1.02 是估计主梁自重引起的弯矩增大系数。在选用梁截面尺寸时，若梁自重一时难以估定，通常可采用乘以弯矩增大系数 1.02～1.03 来考虑。

本主梁因有次梁作为侧向支点，估计不致因整体稳定性而破坏，初选截面时可按梁的抗弯强度计算所需截面模量 W_x。考虑到翼缘板厚不会大于 16mm，取 $f=215\text{N/mm}^2$。梁承受静力荷载，试取 $\gamma_x=1.05$。于是得：

$$W_x \geqslant \frac{M_x}{\gamma_x f} = \frac{844.6\times10^6}{1.05\times215}\times10^{-3} = 3741(\text{cm}^3)$$

2）梁的高度和腹板截面尺寸

最小梁高由挠度 $\dfrac{v}{L} \leqslant \dfrac{1}{400}$ 控制（附表 1.6 项次 4）。由式（6.52）得：

$$\left(\frac{h}{L}\right)_{\min} = \frac{\gamma_x n f}{1440\times10^3} = \frac{1.05\times400\times215}{1440\times10^3} = \frac{1}{15.95}$$

$$h_{\min} = \frac{1}{15.95}\times900 = 56.4(\text{cm})$$

梁的经济高度为：

$$h_e = 7\sqrt[3]{W_x} - 30 = 7\sqrt[3]{3741} - 30 = 78.7(\text{cm})$$

采用腹板高度 $h_w=850\text{mm}(=1.08h_e)$，考虑翼缘板厚度后梁高 h 将满足：

$$h < h_{\max} = 100\text{cm}, \ h > h_{\min} = 56.4\text{cm}$$

腹板厚度由经验公式估定：

$$t_w = \frac{2}{7}\sqrt{h_w} = \frac{2}{7}\sqrt{850} = 8.33(\text{mm})$$

或

$$t_w = 7 + 0.003h_w = 7 + 0.003\times850 = 9.55(\text{mm})$$

采用 $t_w=8\text{mm}$。

试用腹板截面尺寸为 -8×850。

3）翼缘板的截面尺寸

由式（6.58）得：

$$A_f = \frac{W_x}{h_w} - \frac{1}{6}t_w h_w = \frac{3741}{85} - \frac{1}{6}\times0.8\times85 = 32.68(\text{cm}^2)$$

当 $\dfrac{l_1}{b_1} = \dfrac{a}{b} = \dfrac{3000}{b} \leqslant 16$ 时，可不计算梁的整体稳定性（附表 1.8）。

当 $\dfrac{b}{t} \leqslant 26\varepsilon_k$ 时，翼缘板不会局部失稳、宽厚比等级不低于 S3 级。

$\dfrac{b}{h}$ 的范围宜在 $\dfrac{1}{6}\sim\dfrac{1}{2.5}$。

据此，可能采用的翼缘板截面尺寸如表 6.4 所示。

翼缘板截面尺寸 表 6.4

b (mm)	需要的 t (mm)	采用 t (mm)	$A_f = bt$ (cm²)	$\dfrac{3000}{b}$	$\dfrac{b}{t}$	$\dfrac{b}{h}$
260	12.57	14	36.4	11.54	18.6	$\dfrac{1}{3.38}$
280	11.67	12	33.6	10.71	23.3	$\dfrac{1}{3.12}$

b (mm)	需要的 t (mm)	采用 t (mm)	$A_f = bt$ (cm²)	$\dfrac{3000}{b}$	$\dfrac{b}{t}$	$\dfrac{b}{h}$
300	10.89	12	36	10	25	$\dfrac{1}{2.91}$
320	10.21	12	38.4	9.38	26.7	$\dfrac{1}{2.73}$

决定采用：$b=300\text{mm}$，$t=12\text{mm}$，$A_f=36\text{cm}^2$。

梁截面如图 6.31 所示：

1—8×850 $1\times0.8\times85=68$（cm²）

2—12×300 $\underline{2\times1.2\times30=72}$（cm²）

$A=140$（cm²）

主梁自重设计值为：

$$q = 1.3\times140\times10^{-4}\times7.85\times9.81 = 1.40(\text{kN/m})$$

（2）内力计算

$$M_{\max}=\frac{1}{8}qL^2+Pa=\frac{1}{8}\times1.4\times9^2+276\times3$$
$$=842.2(\text{kN}\cdot\text{m})$$

图 6.31 主梁截面

此处板梁重量使弯矩增大的系数为 $842.2/(276\times3)=1.017$。

$$V_{\max}=\frac{1}{2}qL+P=\frac{1}{2}\times1.4\times9+276=282.3(\text{kN})$$

（3）验算

受压翼缘：$\dfrac{b'}{t}=\dfrac{(300-8)/2}{12}=12.2\begin{cases}>11\varepsilon_k=11\\<13\varepsilon_k=13\end{cases}$，板件宽厚比等级为 S3 级。

腹板：$\dfrac{h_0}{t_w}=\dfrac{850}{8}=106.3\begin{cases}>93\varepsilon_k=93\\<124\varepsilon_k=124\end{cases}$，板件宽厚比等级为 S4 级。

因此，截面塑性发展系数 $\gamma_x=1.0$，计算梁的抗弯强度和整体稳定性时的截面模量按全截面计算。

1）$\dfrac{l_1}{b_1}=\dfrac{a}{b}=\dfrac{3000}{300}=10<16$（附表 1.8），可不验算整体稳定性。

2）抗弯强度：

$$I_x=\frac{1}{12}\times30\times87.4^3-\frac{1}{12}\times(30-0.8)\times85^3=174698(\text{cm}^4)$$

$$W_x=\frac{I_x}{h/2}=\frac{174698}{43.7}=3998(\text{cm}^3)$$

$$\frac{M_{\max}}{\gamma_x W_x}=\frac{842.2\times10^6}{1.0\times3998\times10^3}=210.7(\text{N/mm}^2)<f=215(\text{N/mm}^2)，可。$$

3）抗剪强度：

$$S_x=30\times1.2\times43.1+\frac{1}{2}\times85\times0.8\times\frac{85}{4}=2274(\text{cm}^3)$$

$$\tau_{\max}=\frac{V_{\max}S_x}{I_x t_w}=\frac{282.3\times10^3\times2274\times10^3}{174698\times10^4\times8}$$

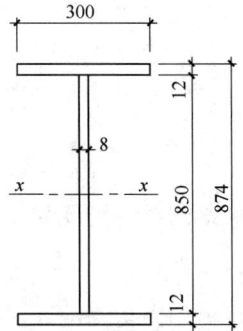

$$=45.9(\text{N/mm}^2) < f_\text{v} = 125(\text{N/mm}^2),可。$$

4）次梁与主梁平接，不是叠接，因而不需验算腹板计算高度上边缘的局部承压强度。

5）次梁作用点外侧主梁截面腹板顶端处的折算应力：

该截面的弯矩和剪力分别为（图 6.30）：

$$M_\text{x} = \frac{1}{2}qLa - \frac{1}{2}qa^2 + Pa$$

$$= \frac{1}{2} \times 1.4 \times 9 \times 3 - \frac{1}{2} \times 1.4 \times 3^2 + 276 \times 3 = 840.6(\text{kN} \cdot \text{m})$$

$$V_\text{x} = V_\text{max} - qa = 282.3 - 1.4 \times 3 = 278.1(\text{kN})$$

腹板顶端的应力：

$$\sigma = \frac{M_\text{x}}{I_\text{x}} \cdot \frac{h_\text{w}}{2} = \frac{840.6 \times 10^6}{174698 \times 10^4} \times \frac{850}{2} = 204.5(\text{N/mm}^2)$$

$$\tau = \frac{V_\text{x}S_\text{x1}}{I_\text{x}t_\text{w}} = \frac{278.1 \times 10^3 \times (300 \times 12 \times 431)}{174698 \times 10^4 \times 8} = 30.9(\text{N/mm}^2)$$

折算应力：$\sqrt{\sigma^2 + 3\tau^2} = \sqrt{204.5^2 + 3 \times 30.9^2} = 211.4(\text{N/mm}^2)$

$$< 1.1f = 1.1 \times 215 = 236.5(\text{N/mm}^2),可。$$

6）挠度：

验算条件：

$$\frac{v}{L} = \frac{M_\text{xk}}{10EI_\text{x}} \leqslant \frac{[v]}{L} = \frac{1}{400}$$

今弯矩标准值：

$$M_\text{xk} = \frac{1}{8}g_\text{k}L^2 + P_\text{k}a = \frac{1}{8} \times \frac{1.4}{1.3} \times 9^2 + 193 \times 3 = 589.9(\text{kN} \cdot \text{m})$$

式中，$P_\text{k} = 193\text{kN}$，为由次梁传来的集中力标准值，见例题 6.5。

$$\frac{v}{L} = \frac{589.9 \times 10^6 \times 9000}{10 \times 206 \times 10^3 \times 174698 \times 10^4} = \frac{1}{678} < \frac{1}{400},可。$$

$$\frac{v_\text{Q}}{L} \leqslant \frac{1}{500},不控制（计算从略）。$$

以上验算全部符合要求，所选板梁截面合适。

例题 6.5 中主梁采用中翼缘 H 型钢 HM588×300×12×20，截面面积为 $A = 187.2\text{cm}^2$。本例题中对该主梁采用焊接工字形截面（图 6.31），$A = 140\text{cm}^2$，截面节省约 25.2%，但制造工作量将加大，且因腹板较薄，加劲肋费用也将增加。

6.9 板梁截面沿跨度方向的改变

一、板梁截面的改变

对跨度较大的简支板梁，为了节省钢材，可在离跨度中点弯矩最大截面一定距离处改变截面的尺寸。常用的改变方法是改变翼缘面积而不改变腹板的高度。当为单层翼缘板的焊接工字形截面时，可改变翼缘板的宽度，但改变截面宽度后的钢板需与原翼缘板焊接，增加了制造工作量，因此一般情况下一根梁每端只宜改变一次；当为 2 层翼缘板的焊接工字形截面时，可切断外层翼缘板，不使其延伸到梁支座处；当为 3 层（或 2 层）翼缘板用高强度螺栓连接的工字形截面时，可切断外面 2 层（或 1 层）翼缘板，保留最内层翼缘板延伸到梁端。截面的改变也可采用改变腹板高度的方法。由于改变腹板高度，将较改变翼缘面积增加制造工作量，因此其使用常限于构造要求必须如此时。例如左右两梁的跨度不等，且相差较大，而在支座处又需使两者梁高相同时，对较大跨度的梁就需在端部附近改变梁高，如图 6.32 所示。设图 6.32(a) 中右跨简支梁原截面高度为 h_2，在支座附近由于构造原因需把高度改为 h_1，此时可把端部的下翼缘板 a 开槽，如图示，插入梁的腹板并与腹板焊接。槽口长度 l_w 应按传力需要计算。此外，在梁下部腹板端面尚需焊接一端板，端板上端用剖口焊与下翼缘板 a 相焊接。图 6.32(b) 所示为逐步改变腹板高度，此时在下翼缘开始由水平转为倾斜的两处均需设置腹板加劲肋。图 6.32(a)、(b) 中改变后的梁高都必须大于原来梁高的一半。

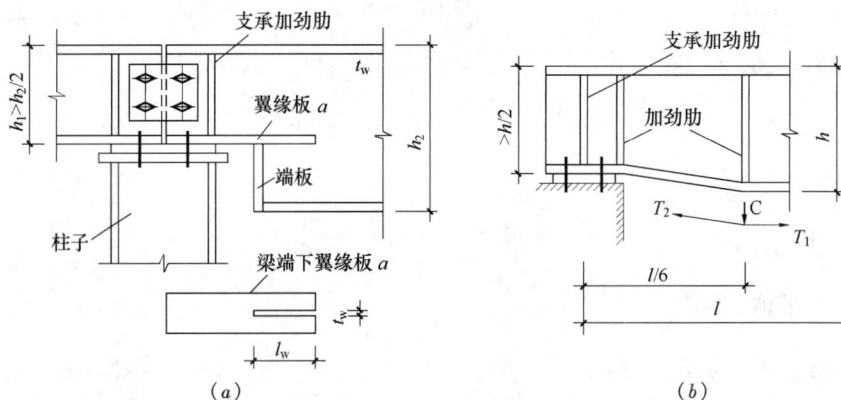

图 6.32　板梁截面高度的变化

下面将仅介绍改变翼缘截面面积时的计算和构造要求。

二、单层翼缘板焊接工字形梁翼缘板宽度的改变（腹板保持不变）

首先，应确定改变翼缘宽度的理论点，确定的根据常是使因此节省的翼缘钢材为最多，故这是数学上的一个求极值问题。图 6.33 所示为均布荷载作用下的简支梁。在理论改变点距支座为 x 处，上、下翼缘板宽度由 b 改为 b_1，每一翼缘板的截面面积由 A_f 改为 A_{f1}。梁左右两端，上、下翼缘板改变截面后理论上共节约钢材体积为：

$$V_s = 4(A_f - A_{f1})x = 4(A_f - A_{f1})\alpha l$$

式中，$x = \alpha l$。

跨度中点的最大弯矩和截面模量为：

$$M_{max} = \frac{1}{8}ql^2$$

$$W_x = \frac{M_{max}}{\gamma_x f} = \frac{\frac{1}{8}ql^2}{\gamma_x f}$$

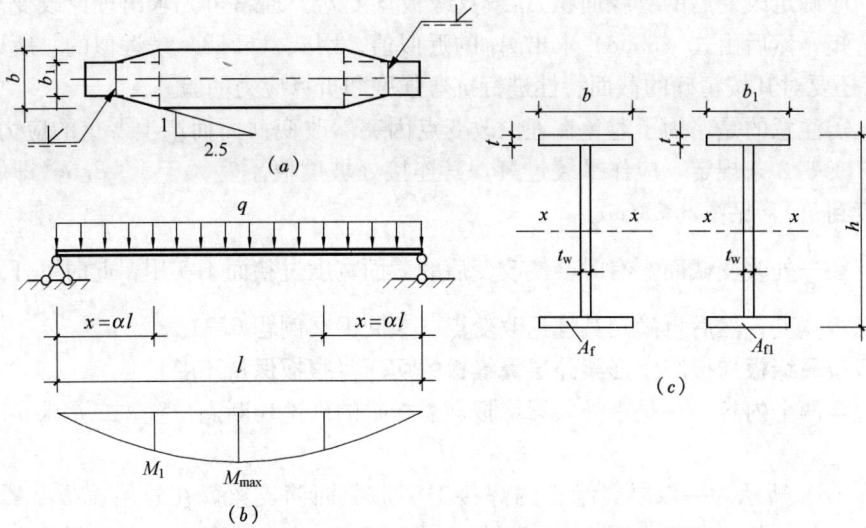

图 6.33 板梁翼缘板宽度的改变

(a) 翼缘板宽度的改变（示意图）；(b) 均布荷载作用下的简支梁；(c) 原截面和改变翼缘板宽度梁段的截面

理论改变点截面处的弯矩和截面模量为：

$$M_1 = \frac{1}{2}qlx - \frac{1}{2}qx^2 = \frac{1}{2}ql^2(\alpha - \alpha^2)$$

$$W_{x1} = \frac{M_1}{\gamma_x f} = \frac{\frac{1}{2}ql^2(\alpha - \alpha^2)}{\gamma_x f}$$

利用近似计算式（6.58），可得：

$$A_f = \frac{W_x}{h_w} - \frac{1}{6}t_w h_w = \frac{ql^2}{8\gamma_x f h_w} - \frac{1}{6}t_w h_w$$

和

$$A_{f1} = \frac{ql^2(\alpha - \alpha^2)}{2\gamma_x f h_w} - \frac{1}{6}t_w h_w$$

故

$$A_f - A_{f1} = \frac{ql^2}{8\gamma_x f h_w}(1 - 4\alpha + 4\alpha^2)$$

代入 V_s 表达式，得节省的钢板体积为：

$$V_s = \frac{ql^3}{2\gamma_x f h_w}(\alpha - 4\alpha^2 + 4\alpha^3)$$

由 $\dfrac{\mathrm{d}V_s}{\mathrm{d}\alpha} = 0$，得：

$$1 - 8\alpha + 12\alpha^2 = 0$$

解得：$\alpha = \dfrac{1}{6}$ 或 $\dfrac{1}{2}$，后者无意义，故得简支梁翼缘截面改变的理论点应在距支座 $\dfrac{l}{6}$ 处。

此值虽导自均布荷载作用下，设计实践中对其他荷载如起重机荷载等情况，也往往采用 $x = \dfrac{l}{6}$，而不另行推导。

其次，应确定改变后的翼缘面积 A_{f1} 或翼缘板宽度 b_1。通常可先求出理论改变点截面上的最大弯矩，然后由式（6.58）求出 A_{f1} 的近似值。因式（6.58）是近似的，所以确定 A_{f1} 或 b_1 后还要对其按精确的截面特性进行抗弯强度和折算应力的验算。

最后，需注意的是，为了避免在理论改变点因突然改变截面而产生严重的应力集中，《钢标》第 11.3.3 条规定，应作平缓过渡，其连接处坡度值不宜大于 1∶2.5（即斜坡逐渐由 b 过渡到 b_1），见图 6.33(a)。

此外，在 $\frac{l}{6}$ 处改变截面，有时会使改变后的截面宽度过狭而不实用，此时可任意确定一最小翼缘板宽度，然后再确定其理论改变点（参阅下文例题 6.8）。

三、双层翼缘板焊接工字形梁外层翼缘板的切断（腹板保持不变）

这里包含两个内容：一是求外层翼缘板（盖板）的理论切断点位置，二是求实际切断点位置。

图 6.34(a) 所示为一双层翼缘板的焊接工字形截面简支梁。在外层盖板（翼缘板）理论切断点 x 处，板梁截面由图 6.34(b) 转变成图 6.34(c)，按图 6.34(c) 所示单层翼缘板截面的抗弯强度可得此截面能承受的弯矩 M_1，由 M_1 即可求得理论切断点 x。

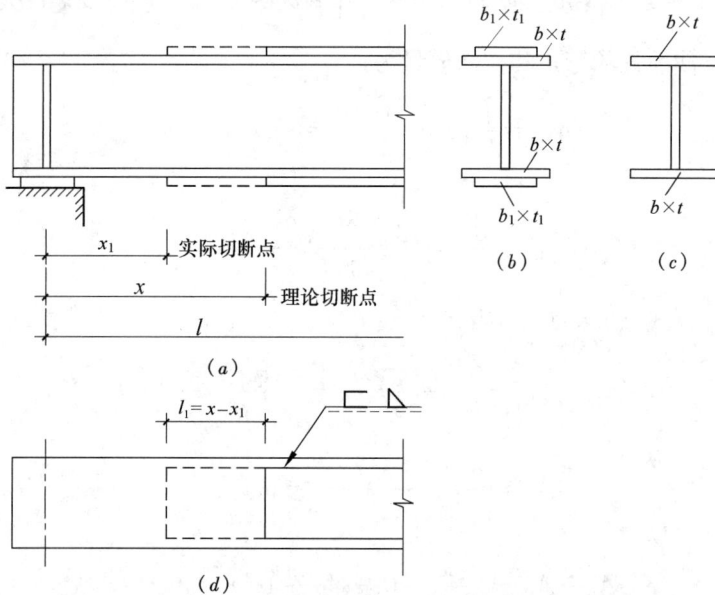

图 6.34　双层翼缘板焊接工字形截面外层板的切断
(a) 外层翼缘板的切断；(b) 原截面；(c) 切断外层翼缘板梁段的截面；
(d) 切断外层翼缘板的构造要求

由于 x 以右的截面，外层盖板需立即参加工作而受力，因此该盖板须向左延伸一段距离至 x_1 处才可实际切断。《钢标》第 6.6.2 条规定，理论切断点的延伸长度 l_1 应符合下列要求：

外层盖板端部有正面角焊缝时：

$$当焊脚尺寸\begin{cases} h_f \geqslant 0.75t_1 \text{ 时：} l_1 \geqslant b_1 \\ h_f < 0.75t_1 \text{ 时：} l_1 \geqslant 1.5b_1 \end{cases}$$

外层盖板端部无正面角焊缝时：$l_1 \geqslant 2b_1$

要求的目的是确保延伸部分的所有角焊缝能传递的内力大于外层盖板的强度，即大于 $A_1 f = b_1 t_1 f$（b_1 和 t_1 是外层盖板的宽度和厚度）。

四、简支梁在沿跨度改变截面后的挠度计算

图 6.35 是沿跨度改变截面后简支梁的计算简图，图中 x 为理论改变点的位置，截面改变前后的惯性矩分别为 I 和 I_1，梁跨度为 l。此时最大挠度将较按惯性矩取 I 的等截面梁计算时有所增加。挠度计算式为：

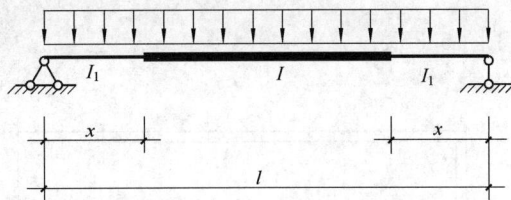

图 6.35　改变截面的简支梁

$$v = \frac{M_{xk}l^2}{10EI}\left[1 + \frac{1}{5}\left(\frac{I}{I_1} - 1\right)\left(\frac{x}{l}\right)^3\left(64 - 48\frac{x}{l}\right)\right] = \eta_v \cdot \frac{M_{xk}l^2}{10EI} \tag{6.60}$$

式中　M_{xk}——跨中最大弯矩的标准值；

　　　η_v——挠度增大系数，即式中的方括弧部分。

式（6.60）导自梁承受满跨均布荷载时，只是将系数 5/48 改换成 1/10，使之能近似地适用于其他荷载情况。

当 $x = \dfrac{l}{6}$，由式（6.60）可得：

$$\eta_v = 1 + \frac{1}{5}\left(\frac{I}{I_1} - 1\right)\left(\frac{1}{6}\right)^3\left(64 - \frac{48}{6}\right)$$

$$= 1 + 0.052\left(\frac{I}{I_1} - 1\right) \tag{6.61}$$

【例题 6.8】 试改变例题 6.7 中焊接工字形板梁两端的翼缘板宽度。

【解】（1）试在离支座 $L/6$ 处改变翼缘板的宽度

在 $x = L/6 = 9/6 = 1.5$m 处，梁截面弯矩设计值为：

$$M_1 = \frac{1}{2}qLx - \frac{1}{2}qx^2 + Px = \frac{1}{2} \times 1.4 \times 9 \times 1.5 - \frac{1}{2} \times 1.4 \times 1.5^2 + 276 \times 1.5$$

$$= 421.9(\text{kN} \cdot \text{m})$$

需要翼缘面积：

$$A_{fl} = \frac{W_{x1}}{h_w} - \frac{1}{6}t_w h_w = \frac{421.9 \times 10^6}{1.0 \times 215 \times 850} \times 10^{-2} - \frac{1}{6} \times 0.8 \times 85$$

$$= 23.09 - 11.33 = 11.76(\text{cm}^2)$$

改变后的翼缘板宽度为：

$$b_1 = \frac{A_{fl}}{t} = \frac{11.76 \times 10^2}{12} = 98(\text{mm})$$

$$\frac{b_1}{h} = \frac{98}{874} = \frac{1}{8.9}，此值太小。$$

说明在离支座 $L/6$ 处改变翼缘板宽度，将使改变后的板宽过小，不实用。

（2）今取改变后的翼缘板宽度 $b_1 = \dfrac{h}{6} \approx 150\text{mm}$

取改变后的截面为：　　　　　1－8×850（腹板）

2－12×150（翼缘板）

示于图 6.36。

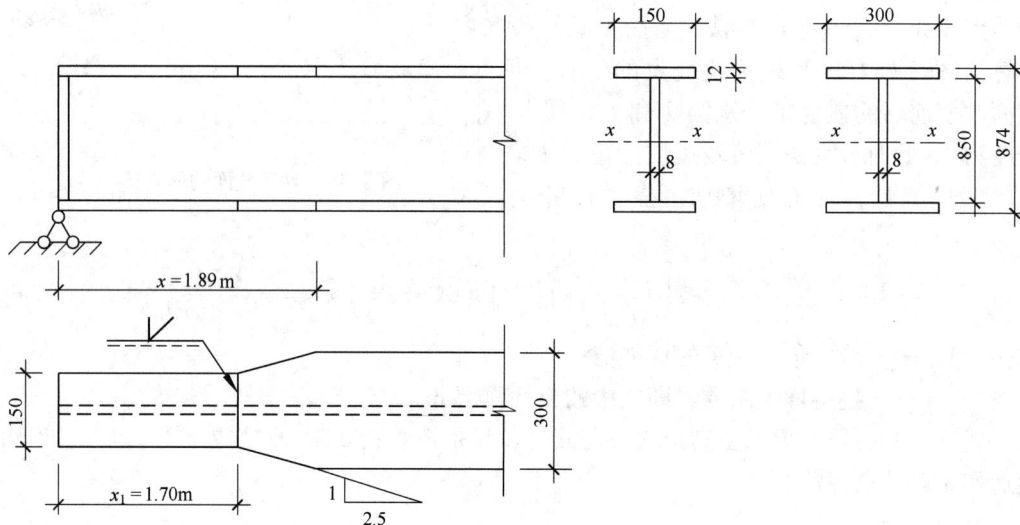

图 6.36　翼缘截面的改变

惯性矩：$I_{x1} = \dfrac{1}{12} \times 15 \times 87.4^3 - \dfrac{1}{12} \times (15-0.8) \times 85^3 = 107820\ (\text{cm}^4)$

截面模量：$W_{x1} = \dfrac{I_{x1}}{h/2} = \dfrac{107820}{43.7} = 2467\ (\text{cm}^3)$

改变后截面能抵抗的弯矩：

$$M_1 = \gamma_x f W_{x1} = 1.0 \times 215 \times 2467 \times 10^3 \times 10^{-6} = 530.4(\text{kN} \cdot \text{m})$$

使　　　　　　　　　　$M_1 = \dfrac{1}{2}qLx - \dfrac{1}{2}qx^2 + Px = 530.4$

即　　　　　　　$\dfrac{1}{2} \times 1.4 \times 9x - \dfrac{1}{2} \times 1.4x^2 + 276x = 530.4$

亦即　　　　　　　　　$0.7x^2 - 282.3x + 530.4 = 0$

理论改变点

$$x = \dfrac{282.3 - \sqrt{282.3^2 - 4 \times 0.7 \times 530.4}}{2 \times 0.7} = 1.89(\text{m})$$

（3）实际改变点

$$x_1 = x - 2.5\left(\dfrac{b-b_1}{2}\right) = 1.89 - 2.5 \times \dfrac{0.30-0.15}{2} = 1.70(\text{m})$$

（4）截面改变后的挠度验算

由式（6.60）得挠度增大系数为：

278

$$\eta_v = 1 + \frac{1}{5}\left(\frac{I_x}{I_{x1}} - 1\right)\left(\frac{x}{L}\right)^3\left(64 - 48\frac{x}{L}\right)$$

$$= 1 + \frac{1}{5}\left(\frac{174698}{107820} - 1\right)\left(\frac{1.89}{9}\right)^3\left(64 - 48\times\frac{1.89}{9}\right)$$

$$= 1 + \frac{1}{5}\times 0.3097 = 1 + 0.062 = 1.062$$

由例题 6.7 的 $\frac{v}{L} = \frac{1}{678}$，得改变翼缘宽度后梁的相对挠度为：

$$\frac{v}{L} = 1.062\times\frac{1}{678} = \frac{1}{638} < \frac{1}{400}，可。$$

（5）折算应力验算

在理论改变点，弯曲应力突然加大，因此需验算该截面腹板边缘处的折算应力。

$$\sigma = \frac{M_1}{I_{x1}}\frac{h_w}{2} = \frac{530.4\times 10^6}{107820\times 10^4}\times\frac{850}{2} = 209.1(\text{N/mm}^2)$$

$$V_1 = V_{max} - qx = 282.3 - 1.4\times 1.89 = 279.7(\text{kN})$$

$$S_{x1} = 15\times 1.2\times 43.1 = 776(\text{cm}^3)$$

$$\tau = \frac{V_1 S_{x1}}{I_{x1} t_w} = \frac{279.7\times 10^3\times 776\times 10^3}{107820\times 10^4\times 8} = 25.2(\text{N/mm}^2)$$

折算应力：$\sqrt{\sigma^2 + 3\tau^3} = \sqrt{209.1^2 + 3\times 25.2^2} = 213.6(\text{N/mm}^2)$

$$< 1.1f = 1.1\times 215 = 236.5(\text{N/mm}^2)，可。$$

（6）翼缘截面改变后节省的钢材估算

等截面焊接工字形板梁的钢材体积为：

$$A\cdot L = 140\times 10^{-4}\times 9 = 0.126(\text{m}^3)$$

翼缘截面改变后节省的钢材体积为（图 6.36）：

$$\frac{1.70 + 1.89}{2}\times(0.30 - 0.15)\times 4\times 0.012 = 0.012924(\text{m}^3)$$

节省钢材的百分比为：

$$\frac{0.012924}{0.126}\times 100\% = 10.3\%$$

6.10 板梁的翼缘板与腹板的连接

板梁的翼缘板与腹板的连接，当梁顶无竖向荷载时，主要是使梁在弯曲时翼缘板与腹板间不产生相对滑移而保持共同工作，也就是该处的连接应承担使翼缘板与腹板保持共同工作时产生的纵向水平剪力。当梁上存在竖向压力时，连接需承受此竖向压力与纵向水平剪力的合力。此处梁顶的竖向压力主要是指移动的集中荷载。如有较大的固定集中荷载时，一般应在该荷载下设置支承加劲肋（见下文第 6.12 节），不需由该处翼缘板与腹板的连接来承受竖向力。

一、焊接板梁的翼缘焊缝连接

图 6.37 所示为一焊接工字形截面翼缘板与腹板的角焊缝连接，取长度为 dz 的梁段作脱离体。根据焊缝的受力情况，可建立如下平衡条件。

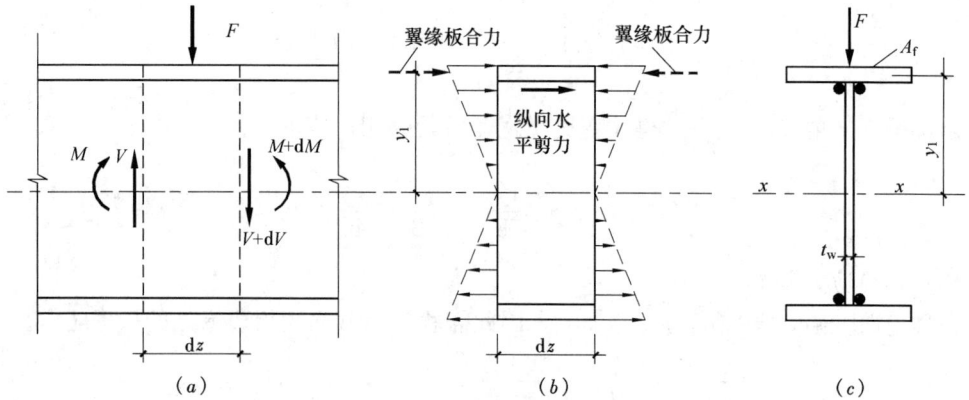

图 6.37　翼缘焊缝的受力图

(a) 梁段脱离体；(b) 受力示意；(c) 截面尺寸

在弯矩作用下，微段 dz 的翼缘板受力为：

$$\left(\frac{M+\mathrm{d}M}{I_x}\cdot y_1 - \frac{M}{I_x}\cdot y_1\right)A_\mathrm{f} = \frac{\mathrm{d}M}{I_x}S_1$$

式中　S_1——翼缘板对截面中和轴 x 的面积矩，$S_1 = A_\mathrm{f}y_1$。

此力必须与翼缘板和腹板间角焊缝有效截面上的纵向水平剪力相平衡，即：

$$\frac{\mathrm{d}M}{I_x}S_1 = 2\times 0.7h_\mathrm{f}\cdot\mathrm{d}z\cdot\tau_\mathrm{f}$$

由于 $\dfrac{\mathrm{d}M}{\mathrm{d}z}=V$，代入上式，得：

$$\tau_\mathrm{f} = \frac{1}{1.4h_\mathrm{f}}\cdot\frac{VS_1}{I_x}$$

在梁顶竖向集中荷载 F 作用下，翼缘焊缝有效截面上的应力为：

$$\sigma_\mathrm{f} = \frac{\psi F}{l_z}\mathrm{d}z\Big/(2\times 0.7h_\mathrm{f}\cdot\mathrm{d}z) = \frac{1}{1.4h_\mathrm{f}}\cdot\frac{\psi F}{l_z}$$

式中　l_z——集中荷载在腹板计算高度上边缘的假定分布长度；

　　　ψ——集中荷载增大系数，见第 6.3 节式（6.12）和式（6.11）。

最后得翼缘角焊缝连接的强度计算式为：

$$\frac{1}{1.4h_\mathrm{f}}\sqrt{\left(\frac{VS_1}{I_x}\right)^2+\left(\frac{\psi F}{\beta_\mathrm{f}l_z}\right)^2}\leqslant f_\mathrm{f}^\mathrm{w} \tag{6.62}$$

当梁上移动集中荷载 F 为动力荷载时，取 $\beta_\mathrm{f}=1.0$。

当梁上有固定的集中荷载并在该处设置支承加劲肋时，式（6.62）中的 F 取为零。

当翼缘焊缝采用图 6.38 所示焊透的 T 形对接与角接组合焊缝时，可认为焊缝强度有保证而不必计算。这种焊缝主要用于重级工作制和起重量 $Q\geqslant 50\mathrm{t}$ 的中级工作制吊车梁腹板与上翼缘的连接以及各种吨位的吊车桁架中节点板与上弦杆的连接。

最后，还需指出的是，式（6.62）也可用于计算焊接柱子的翼缘焊缝，取 $F=0$。

二、高强度螺栓摩擦型连接的板梁的翼缘连接

根据上述翼缘焊缝受力情况的同样推导，可得高强度螺栓摩擦型连接的板梁的翼缘连接计算式为[❶]：

$$a \cdot \sqrt{\left(\frac{VS_1}{I_x}\right)^2 + \left(\frac{\alpha_1 \psi F}{l_z}\right)^2} \leqslant n_1 N_v^b \quad (6.63)$$

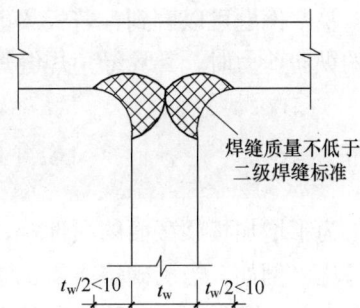

图 6.38　焊透的 T 形接头对接
与角接组合焊缝

式中　N_v^b——一个摩擦型连接的高强度螺栓的受剪承载力设计值；

a——螺栓的纵向中心间距，可由式（6.63）求得；

S_1——整个翼缘（包括翼缘角钢与翼缘盖板）对板梁中和轴的面积矩；

α_1——系数，考虑当腹板顶端刨平顶紧于上翼缘盖板时，部分竖向荷载可通过盖板与腹板直接接触传力，因而减轻了翼缘水平螺栓的受力，此时取 $\alpha_1=$ 0.4；当腹板顶端不是刨平顶紧于翼缘板时，取 $\alpha_1=1.0$；

n_1——同一计算截面上水平螺栓的数量，单排螺栓时 $n_1=1$［图 6.1(d)］，双排螺栓并列时 $n_1=2$。

《钢标》中没有给出式（6.63）。

【**例题 6.9**】求例题 6.8 中的焊接工字形板梁的翼缘角焊缝。焊条为 E43 型，采用不预热的非低氢手工焊。

【**解**】主梁上由次梁传来的两个集中荷载位置是固定的，次梁与主梁连接处常设置加劲肋以传递此集中力（见下文第 6.12 节）。因而主梁的翼缘焊缝只承受翼缘与腹板间的纵向剪力，计算式为：

$$\frac{1}{1.4h_f} \cdot \frac{VS_1}{I_x} \leqslant f_f^w \quad ［式(6.62)］$$

式中，剪力 V 以梁端为最大，但其 S_1 较翼缘改变截面前为小，因而所需翼缘角焊缝焊脚尺寸 h_f 应按梁端和翼缘截面理论改变点两处分别计算。

梁端：

$$h_f \geqslant \frac{VS_1}{1.4f_f^w I_{x1}} = \frac{282.3 \times 10^3 (150 \times 12 \times 431)}{1.4 \times 160 \times 107820 \times 10^4} = 0.91 (\text{mm})$$

式中，$V=282.3$kN，见例题 6.7，I_{x1} 值见例题 6.8。

翼缘截面改变处：

$$h_f \geqslant \frac{V_1 S_1}{1.4f_f^w I_x} = \frac{279.7 \times 10^3 (300 \times 12 \times 431)}{1.4 \times 160 \times 174698 \times 10^4} = 1.11 (\text{mm})$$

式中，$V_1=279.7$kN，见例题 6.8，I_x 值见例题 6.7。

由第 3 章表 3.3 得最小焊脚尺寸 $h_{min}=5$mm，采用 $h_f=5$mm。

[❶] 《原规范》第 7.3.2 条。

从本例题可以看到，若板梁上无移动的集中荷载，翼缘角焊缝只需承受翼缘板与腹板间的纵向剪力时，其翼缘角焊缝焊脚尺寸常由最小角焊缝尺寸确定。

6.11　板梁的局部稳定性

为了增加板梁截面的惯性矩，选用板梁截面尺寸时常需加大其截面各板件的宽厚比或高厚比。例如，当已确定所需工字形截面翼缘板的截面面积 $A_f = bt$、具体选用 b 与 t 时，采用 b/t 比值较大，则所得截面的 I_y 也就较大。又如，增加腹板高度对增大惯性矩 I_x 的影响远较增加腹板厚度显著。增大板梁的板件高（宽）厚比显然可得到较经济的梁截面，但同时又带来另一个问题，即各板件有可能局部先行失去稳定性。热轧型钢梁，由于轧制条件限制，梁的翼缘和腹板的厚度都较大，因而通常没有局部稳定性问题，而在板梁的设计中却必须考虑及此。梁丧失局部稳定性的后果虽然没有丧失整体稳定性会导致梁立即失去承载能力那样严重，但丧失局部稳定性会改变梁的受力状况、降低梁的整体稳定性和刚度，因而对局部稳定性问题仍必须认真对待。

对工字形截面焊接板梁组成板件的局部稳定性问题的处理方法，目前我国采用以下三种方式：

（1）对翼缘板，采用限制其宽厚比以保证不使翼缘板局部失稳。

（2）对直接承受动力荷载的吊车梁或其他不考虑腹板屈曲后强度的板梁，在其腹板配置加劲肋，把腹板分成若干区格，对各区格计算其稳定性，保证不使局部失稳。对吊车梁之所以不考虑腹板屈曲后强度，是防止反复屈曲可能导致腹板出现疲劳裂纹。

（3）对承受静力荷载和间接承受动力荷载的板梁，容许腹板局部失稳，考虑腹板的屈曲后强度，计算腹板局部屈曲后梁截面的受弯和受剪承载力。

本节只涉及上述第（1）和第（2）种方式，第（3）种方式将于下文第 6.13 节中介绍。

一、翼缘板的容许宽厚比

工字形截面板梁的受压翼缘板可看作在板平面均匀受压的两块三边支承、一边自由的矩形板条，其纵向的一条边与腹板相连，由于腹板的厚度常小于翼缘板的厚度，腹板对翼缘板的转动约束甚小，该边可视作简支边。两条横向支承边可看作简支于支承加劲肋或横向加劲肋的两端。板条的平面尺寸为 $a \times b'$，a 为腹板横向加劲肋的间距，b' 为受压翼缘板自由外伸宽度，见下文图 6.40。《钢标》中对焊接构件取：

$$b' = \frac{b - t_w}{2}$$

即 b' 为腹板面至翼缘边缘的距离。具体设计时，通常可偏安全地取 b' 为翼缘板宽度 b 的一半。

在第 5 章第 5.9 节中曾得到矩形薄板的弹性稳定临界应力见式为〔见式（5.64）〕：

$$\sigma_{cr} = \frac{\chi K \pi^2 E}{12(1 - v^2)} \left(\frac{t}{b}\right)^2$$

式中　χ——弹性嵌固系数，对简支取 $\chi = 1.0$；

　　　　b——矩形板的宽度，这里 b 应改为 b'；

K——屈曲系数，三边简支一边自由在纵向均匀受压时：

$$K = 0.425 + \left(\frac{b'}{a}\right)^2$$

由于 $\frac{b'}{a} \ll 1$，《钢标》中近似地取 $K = 0.43$。为了求得在弹性阶段工字形截面翼缘板自由外伸部分的最大宽厚比，应使临界应力达到板件可能受到的最大应力。在弹性阶段弯曲时，梁的最大边缘纤维应力为 f_y，若不考虑翼缘板厚度上应力的变化，近似地取 $\sigma_{cr} = f_y$，并取 $E = 206 \times 10^3\,\text{N/mm}^2$ 和 $v = 0.3$，则可得：

$$\frac{b'}{t} \leqslant \sqrt{\frac{0.43 \times \pi^2 \times 206 \times 10^3}{12(1 - 0.3^2) \times 235} \cdot \frac{235}{f_y}} = 18.5\sqrt{\frac{235}{f_y}} = 18.5\varepsilon_k$$

上式中未考虑板件可能存在残余应力等初始缺陷，而残余应力将使板件提前进入弹塑性状态。《钢标》中确定按弹性设计时梁的受压翼缘自由外伸宽度 b' 与其厚度 t 的容许比值时考虑及此，对上式中的弹性模量 E 采用了修正系数，取修正系数为 $2/3$，则得：

$$\frac{b'}{t} \leqslant \sqrt{\frac{2}{3}} \times 18.5\varepsilon_k = 15\varepsilon_k \tag{6.64}$$

满足式（6.64）时，翼缘板在屈服以前不会局部失稳。$15\varepsilon_k$ 是受弯构件的截面板件宽厚比等级为 S4 级的翼缘板宽厚比限值（见表 6.1 或附表 1.7）。

当考虑截面部分发展塑性变形时，截面上形成塑性区和弹性区，翼缘板整个厚度上的应力均可达到屈服点 f_y。《钢标》中规定取截面塑性发展系数 $\gamma_x = 1.05$，相当于限制每边塑性变形发展深度为梁截面高度的 $\frac{1}{8}$，如图 6.39 所示，此时边缘纤维的应变为 $\frac{4}{3}\varepsilon_y$。考虑到截面进入弹塑性阶段，今用相当于边缘应变为 $\frac{4}{3}\varepsilon_y$ 时的割线模量 E_{sec} 代替弹性稳定临界应力公式中的弹性模量 E，因而得到考虑塑性变形发展时受压翼缘自由外伸宽度 b' 与厚度 t 比值的近似限值如下[1]：

$$E_{sec} = \frac{f_y}{\frac{4}{3}\varepsilon_y} = \frac{3}{4}E \qquad [\text{参阅图 6.39}(d)]$$

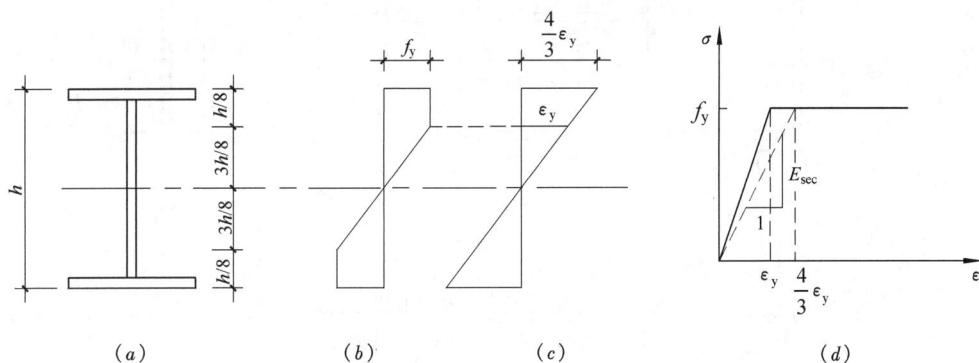

图 6.39　弹塑性工作阶段工字形截面梁的应力与应变图
（a）截面形状；（b）应力图；（c）应变图；（d）钢材应力-应变关系

---

❶　见书末主要参考资料 [32] 第 218 页。

得
$$\frac{b'}{t} \leqslant \sqrt{\frac{3}{4}} \cdot (15\varepsilon_k) = 13\varepsilon_k \tag{6.65}$$

这是《钢标》中对受弯构件的截面板件宽厚比等级为 S3 级规定的翼缘板宽厚比要求（见表 6.1 或附表 1.7）。

这里要注意，从 $\frac{b'}{t} \leqslant 18.5\varepsilon_k$ 改为式（6.64）是考虑残余应力等缺陷对弹性稳定的影响，而由式（6.64）改为式（6.65）是考虑截面上塑性变形发展的影响，两者不是同一个概念。

对箱形截面梁受压翼缘板在两腹板间的宽度 b_0 与其厚度 t 之比的要求，同样与截面板件宽厚比的等级有关，《钢标》规定为（见附表 1.7）：

$$\frac{b_0}{t} \leqslant \begin{cases} 37\varepsilon_k, & \text{S3 级} \\ 42\varepsilon_k, & \text{S4 级} \end{cases} \tag{6.66}$$

二、工字形截面（含 H 形截面）腹板的加劲肋布置

前已言及，对不考虑腹板屈曲后强度的工字形截面焊接梁，为了保证腹板不失去局部稳定性，应在腹板上设置加劲肋。最常用的加劲肋设置方法是采用两块矩形钢板条分别焊接于腹板的两侧，如图 6.40(c) 所示。根据腹板的高厚比 h_0/t_w 的大小（h_0 为腹板的计算高度）和所承受荷载的情况，腹板加劲肋有图 6.40 所示的四种：支承加劲肋、横向加劲肋、纵向加劲肋和短加劲肋。支承加劲肋用于承受固定集中荷载（如梁端支座反力），它和横向加劲肋在板梁中一般都要设置。纵向加劲肋和短加劲肋则并非所有板梁中均有，这将在第 6.12 节中作详细介绍。

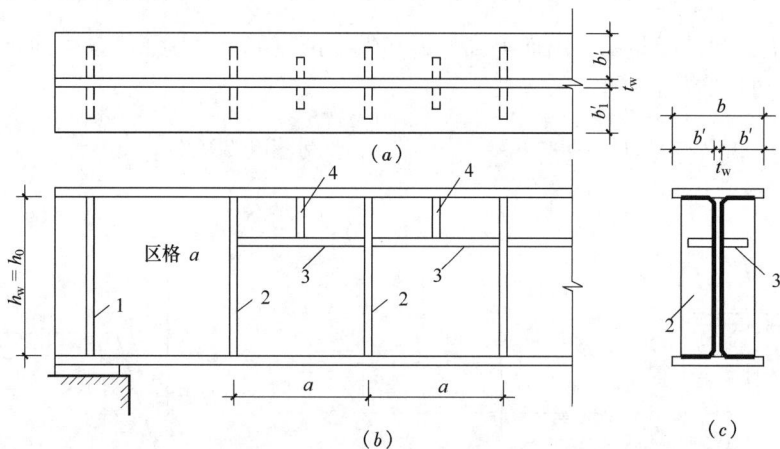

1—支承加劲肋；2—横向加劲肋；3—纵向加劲肋；4—短加劲肋

图 6.40　焊接工字形板梁的加劲肋

(a) 俯视图；(b) 正视图；(c) 侧视图

因梁的用途不同和被加劲肋分割的腹板各区格位置不同，各腹板区格所受的荷载也不同。为了验算各腹板区格的局部稳定性，应先求取在各种单独荷载作用下各区格保持稳定的临界应力，然后利用各种应力同时作用下的临界条件验算各区格的局部稳定性。下面将分别介绍。

三、仅有横向加劲肋的工字形板梁腹板区格在弯曲应力作用下的屈曲临界应力

图 6.41(a) 所示为一四边简支板在纯弯曲下的弹性屈曲。在板的横向，屈曲成一个半波；在板的纵向，根据板的长宽比 a/h_0 不同，可能屈曲成一个半波或多个半波。其临界应力仍如第 5 章第 5.9 节中推导所得的一样，即：

$$\sigma_{\mathrm{cr}} = \frac{\chi K \pi^2 E}{12(1-v^2)}\left(\frac{t_{\mathrm{w}}}{h_0}\right)^2 = 18.62\chi K\left(\frac{100t_{\mathrm{w}}}{h_0}\right)^2$$

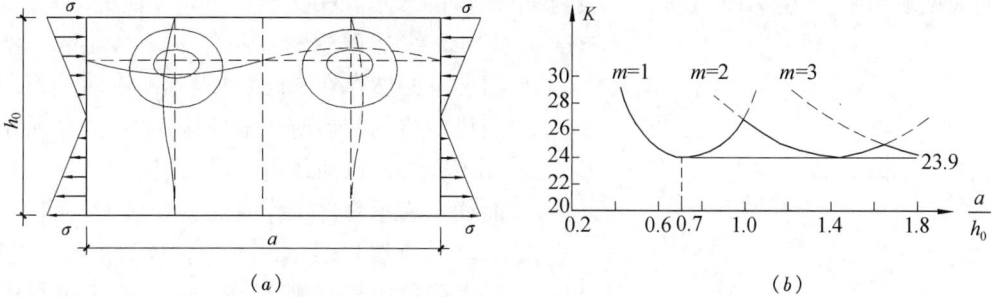

图 6.41　四边简支板在纯弯曲下的弹性屈曲

式中，屈曲系数 K 取最低值 23.9，适用于四边简支 $a/h_0 > 0.7$ 屈曲成一个或若干个半波的情况，如图 6.41(b) 所示；当板的两受荷边为简支、上下边为固定边时，则屈曲系数 K 提高到 39.6，相当于引入了弹性嵌固系数 $\chi = 39.6/23.9 = 1.66$。对工字板梁的腹板，其下边缘与受拉翼缘相连，因而接近于固定边；其上边缘与受压翼缘相连，不能一概视为完全的固定，一般可按两种情况来考虑，其一是当梁的受压翼缘连有刚性铺板、制动板或焊有钢轨时，使受压翼缘的扭转变形受到约束，其上边缘可视为完全固定，取 $\chi = 1.66$；另一是受压翼缘无刚性铺板、制动板或钢轨连接时，考虑到腹板应力最大处翼缘应力也很大，后者对前者并不提供约束，即受压翼缘的扭转未受到约束，取 $\chi=1.0$（《原规范》取 $\chi=1.23$）。

要注意，$\sigma_{\mathrm{cr}} = 18.62\chi K\left(\frac{100t_{\mathrm{w}}}{h_0}\right)^2$ 是理想情况下弹性工作阶段的临界应力，腹板实际屈曲时有可能已处于非弹性阶段，同时腹板中也可能存在各种初始缺陷，因而这里必须与第 5 章中研究轴心受压构件整体稳定性一样，引进新的参数即正则化宽厚比，以考虑非弹性工作和初始缺陷的影响，见第 5 章例题 5.3。

腹板正则化宽厚比的一般性定义是：钢材受弯、受剪或受压的屈服强度除以相应的腹板区格受弯、受剪或局部承压弹性屈曲临界应力之商的平方根。以受弯区格为例，其正则化宽厚比为：

$$\lambda_{\mathrm{n,b}} = \sqrt{\frac{f_{\mathrm{y}}}{\sigma_{\mathrm{cr}}}} = \frac{h_0/t_{\mathrm{w}}}{100}\sqrt{\frac{f_{\mathrm{y}}}{18.62\chi K}} = \frac{h_0/t_{\mathrm{w}}}{28.1\sqrt{\chi K}}\cdot\frac{1}{\varepsilon_{\mathrm{k}}} \tag{6.67}$$

当梁受压翼缘扭转受到约束时，取 $\chi=1.66$，$K=23.9$，得：

$$\lambda_{\mathrm{n,b}} = \frac{h_0/t_{\mathrm{w}}}{177}\cdot\frac{1}{\varepsilon_{\mathrm{k}}} \tag{6.68a}$$

当梁受压翼缘扭转未受到约束时，取 $\chi=1.0$，$K=23.9$，得：

$$\lambda_{n,b} = \frac{h_0/t_w}{138} \cdot \frac{1}{\varepsilon_k} \tag{6.68b}$$

式中，$\lambda_{n,b}$ 的角标 b 表示弯曲（bending）应力作用下的情况。由正则化宽厚比的定义可得弹性阶段临界应力 σ_{cr} 与 $\lambda_{n,b}$ 的关系必然是：

$$\sigma_{cr} = \frac{f_y}{\lambda_{n,b}^2} \quad \text{或} \quad \frac{\sigma_{cr}}{f_y} = \frac{1}{\lambda_{n,b}^2}$$

其曲线见图 6.42 中的 ABEG 线，此线与 $\sigma_{cr} = f_y$ 的水平线相交于 E 点，相应的 $\lambda_{n,b} = 1.0$。

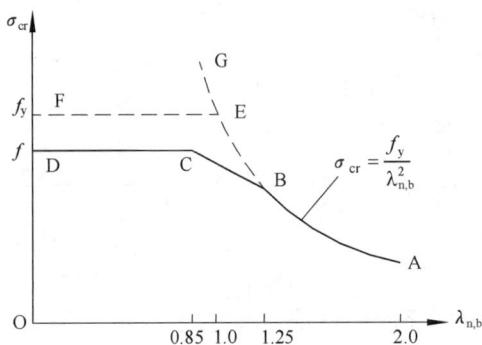

图 6.42　纯弯曲时矩形腹板区格的临界应力曲线

ABEF 线是理想情况下的 σ_{cr}-$\lambda_{n,b}$ 曲线。实际情况下必然存在缺陷，《钢标》中对纯弯曲下腹板区格的临界应力曲线采用图 6.42 所示的 ABCD 线。该曲线由三段组成：AB 线为一双曲线，表示弹性工作时的临界应力；CD 段为一水平直线，表示 $\sigma_{cr} = f$；BC 线为一直线，是由弹性阶段过渡到临界应力等于钢材的强度设计值 f（$f = f_y/\gamma_R$）的临界应力曲线。参照国外资料，相应于上、下分界点 C 点和 B 点的 $\lambda_{n,b}$ 分别取为 0.85 和 1.25。《钢标》规定 σ_{cr} 按下列公式计算：

当 $\lambda_{n,b} \leqslant 0.85$ 时：　　　　$\sigma_{cr} = f$　　　　　　　　　　　(6.69a)

当 $0.85 < \lambda_{n,b} \leqslant 1.25$ 时：　$\sigma_{cr} = [1 - 0.75(\lambda_{n,b} - 0.85)]f$　　(6.69b)

当 $\lambda_{n,b} > 1.25$ 时：　　　　$\sigma_{cr} = 1.1f/\lambda_{n,b}^2$　　　　　　(6.69c)

其中　　　　　　　　　　$\lambda_{n,b} = \frac{2h_c/t_w}{177} \cdot \frac{1}{\varepsilon_k}$　　　　　　(6.70a)

和　　　　　　　　　　　$\lambda_{n,b} = \frac{2h_c/t_w}{138} \cdot \frac{1}{\varepsilon_k}$　　　　　　(6.70b)

式（6.70a）和式（6.70b）分别用于受压翼缘扭转受到约束和不受约束时，h_c 为梁弯曲时腹板的受压区高度。当梁截面为双轴对称时，$h_0 = 2h_c$，式（6.70）就是前述式（6.68）。当为加强上翼缘的单轴对称截面时，$h_0 > 2h_c$，今以 $2h_c$ 代替 h_0，可提高腹板屈曲临界应力。由于使腹板区格局部失稳的主要因素是弯曲受压区，用 $2h_c$ 代替 h_0 是合理的。最后应注意一点，式（6.69a）中已考虑了抗力分项系数 γ_R，因而式（6.69a）已由原来的 $\sigma_{cr} = f_y$ 写成 $\sigma_{cr} = f$，而式（6.69c）中原为 $\sigma_{cr} = f_y/\lambda_{n,b}^2$，写成 $\sigma_{cr} = 1.1f/\lambda_{n,b}^2$，未考虑抗力分项系数，这是为了适当考虑腹板的屈曲后强度。以后将介绍的 τ_{cr} 和 $\sigma_{c,cr}$ 亦均如此，不再说明。图 6.42 中用 BCD 线代替理论上的 BEF 线，既考虑了非弹性工作，也适当考虑了缺陷的影响。

四、四边支承腹板区格在均匀剪应力作用下的屈曲临界应力

图 6.43 所示为四边简支板在均匀分布剪应力作用下的弹性屈曲。屈曲时板面沿大致为 45°方向发生凹凸，与纯剪切作用下的主应力方向大致接近。弹性屈曲时的剪切临界应力计算式为：

$$\tau_{cr} = 18.62 \chi K \left(\frac{100 t_w}{h_0} \right)^2$$

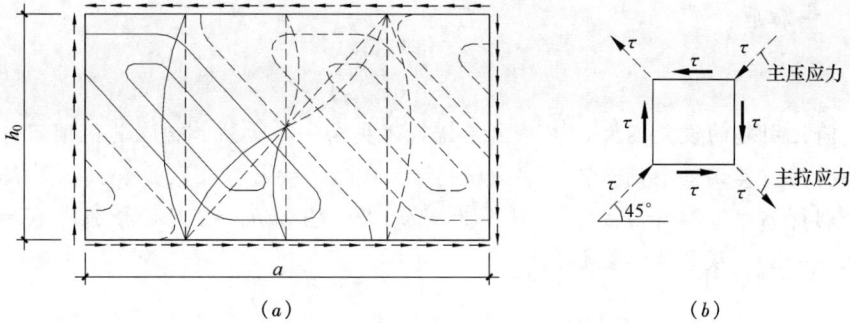

图 6.43 四边简支板在均匀分布剪应力作用下的弹性屈曲
(a) 承受均匀剪应力作用的简支板；(b) 单元应力状态

正则化宽厚比为（下角标 s 为 shear 的简写）：

$$\lambda_{n,s} = \sqrt{\frac{f_{vy}}{\tau_{cr}}} = \sqrt{\frac{f_y}{\sqrt{3}\tau_{cr}}} = \frac{h_0/t_w}{37\sqrt{\chi K}} \cdot \frac{1}{\varepsilon_k} \qquad (6.71)$$

由弹性稳定理论可知剪切时的屈曲系数 K 为：

当 $a/h_0 \leqslant 1.0$ 时： $\qquad K = 4 + 5.34 \left(\dfrac{h_0}{a} \right)^2$

当 $a/h_0 > 1.0$ 时： $\qquad K = 5.34 + 4 \left(\dfrac{h_0}{a} \right)^2$ $\qquad\qquad\qquad (6.72)$

《钢标》对工字形板梁的腹板嵌固系数 χ 的取值为：简支梁取 $\chi = 1.23$、框架梁梁端最大应力区取 $\chi = 1.0$，代入式（6.71）得：

当 $a/h_0 \leqslant 1.0$ 时： $\qquad \lambda_{n,s} = \dfrac{h_0/t_w}{37\eta\sqrt{4 + 5.34(h_0/a)^2}} \cdot \dfrac{1}{\varepsilon_k}$ $\qquad (6.73a)$

当 $a/h_0 > 1.0$ 时： $\qquad \lambda_{n,s} = \dfrac{h_0/t_w}{37\eta\sqrt{5.34 + 4(h_0/a)^2}} \cdot \dfrac{1}{\varepsilon_k}$ $\qquad (6.73b)$

式中 $\quad \eta$——参数，简支梁取 $\eta = 1.11$，框架梁梁端最大应力区取 $\eta = 1.0$；

$\qquad a$——横向加劲肋的间距。

当跨中无中间横向加劲肋时，对式（6.73b）可取 $a/h_0 = \infty$。

临界应力公式也分成三段，即：

当 $\lambda_{n,s} \leqslant 0.8$ 时： $\qquad \tau_{cr} = f_v$ $\qquad\qquad\qquad\qquad\qquad (6.74a)$

当 $0.8 < \lambda_{n,s} \leqslant 1.2$ 时： $\tau_{cr} = [1 - 0.59(\lambda_{n,s} - 0.8)]f_v$ $\qquad (6.74b)$

当 $\lambda_{n,s} > 1.2$ 时： $\qquad \tau_{cr} = 1.1 f_v / \lambda_{n,s}^2$ $\qquad\qquad\qquad\qquad (6.74c)$

其曲线与图 6.42 相似，仅中间过渡段直线的上、下分界点分别改为 $\lambda_{n,s} = 0.8$ 和 $\lambda_{n,s} = 1.2$。

对工字形截面板梁的腹板区格在均布剪应力作用下的弹性稳定临界应力，国外标准常取嵌固系数 $\chi = 1.0$，即认为腹板区格四边均为简支，因而其临界应力较我国规定的低。

美国 AISC 标准中为了简化屈曲系数 K 的式 (6.72)，规定不分 a/h_0 是否大于 1，一律取：

$$K = 5 + \frac{5}{(a/h_0)^2} \qquad (6.75)$$

经此简化引起的误差不大，不易出差错，不失为一个方法，但在其他国家标准中未见引用。其误差举例如下：当 $a/h_0 = 1.0$ 时，按式 (6.72) 和式 (6.75) 计算分别得 $K = 9.34$ 和 $K = 10$，误差为 $+7.1\%$；当 $a/h_0 = 2$ 时，分别得 $K = 6.34$ 和 $K = 6.25$，误差为 -1.4%。

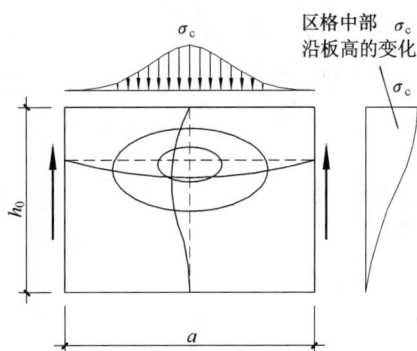

图 6.44　局部压应力作用下
简支腹板的弹性屈曲

五、四边支承腹板区格上边缘局部压应力作用下的屈曲临界应力

图 6.44 所示为局部压应力作用下四边简支腹板的弹性屈曲。屈曲时在板的纵向和横向都只出现一个半波，临界应力为：

$$\sigma_{c,cr} = \chi K \frac{\pi^2 E}{12(1-v^2)} \left(\frac{t_w}{h_0}\right)^2$$

$$= 18.62 \chi K \left(\frac{100 t_w}{h_0}\right)^2$$

屈曲系数 K 随 a/h_0 比值不同而变化，可近似取为：

当 $0.5 \leqslant a/h_0 \leqslant 1.5$ 时：

$$K = \left(7.4 + 4.5 \frac{h_0}{a}\right) \frac{h_0}{a} \qquad (6.76)$$

当 $1.5 < a/h_0 \leqslant 2.0$ 时：

$$K = \left(11 - 0.9 \frac{h_0}{a}\right) \frac{h_0}{a} \qquad (6.77)$$

对局部压应力作用下的腹板，前《钢结构设计规范》GB J17—88 采用弹性嵌固系数：

$$\chi = 1.81 - 0.255 \frac{h_0}{a} \qquad (6.78)$$

局部承压时的正则化宽厚比为：

$$\lambda_{n,c} = \sqrt{\frac{f_y}{\sigma_{c,cr}}} = \frac{h_0/t_w}{28.1\sqrt{\chi K}} \cdot \frac{1}{\varepsilon_k} \qquad (6.79)$$

把式 (6.76)～式 (6.78) 代入式 (6.79) 即可求得 $\lambda_{n,c}$，但不难发现此式将极其繁复。为了简化计算，《钢标》中把 $\lambda_{n,c}$ 计算式规定为：

当 $0.5 \leqslant a/h_0 \leqslant 1.5$ 时：

$$\lambda_{n,c} = \frac{h_0/t_w}{28\sqrt{10.9 + 13.4(1.83 - a/h_0)^3}} \cdot \frac{1}{\varepsilon_k} \qquad (6.80a)$$

当 $1.5 < a/h_0 \leqslant 2.0$ 时：

$$\lambda_{n,c} = \frac{h_0/t_w}{28\sqrt{18.9 - 5a/h_0}} \cdot \frac{1}{\varepsilon_k} \tag{6.80b}$$

式（6.80）中分母根号内的函数即替代相应式（6.76）～式（6.78）所得的 χK。这种替代不来自代数的推导，而是采用了函数的相互拟合。两者误差极小，例如，当 $a/h_0 = 1.0$ 时，前《钢结构设计规范》GBJ 17—88 中的 χK 与现行《钢标》中的 χK 比值为 0.998；当 $a/h_0 = 1.5$ 时，比值为 0.997；当 $a/h_0 = 2.0$ 时，比值为 1.000。

《钢标》中采用的临界应力 $\sigma_{c,cr}$ 与 σ_{cr}、τ_{cr} 相似，也分为三段，即：

当 $\lambda_{n,c} \leqslant 0.9$ 时： $\qquad \sigma_{c,cr} = f$ $\tag{6.81a}$

当 $0.9 < \lambda_{n,c} \leqslant 1.2$ 时： $\quad \sigma_{c,cr} = [1 - 0.79(\lambda_{n,c} - 0.9)]f$ $\tag{6.81b}$

当 $\lambda_{n,c} > 1.20$ 时： $\qquad \sigma_{c,cr} = 1.1 f/\lambda_{n,c}^2$ $\tag{6.81c}$

与此同时，规定局部承压时，应满足 $a/h_0 \leqslant 2.0$。

六、只配置横向加劲肋的腹板区格局部稳定的验算

腹板区格的受力情况是比较复杂的，为了研究它的局部稳定性，常作某些简化。只配置横向加劲肋的腹板受力情况常简化如图 6.45 所示。

《钢标》中规定只配置横向加劲肋的腹板局部稳定验算条件是：

$$\left(\frac{\sigma}{\sigma_{cr}}\right)^2 + \left(\frac{\tau}{\tau_{cr}}\right)^2 + \frac{\sigma_c}{\sigma_{c,cr}} \leqslant 1 \tag{6.82}$$

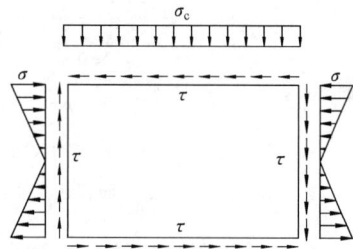

图 6.45　只配置横向加劲肋的腹板受力情况

式中　σ——所计算腹板区格内由平均弯矩产生的腹板计算高度边缘的弯曲压应力；

τ——所计算腹板区格内由平均剪力产生的腹板平均剪应力，即 $\tau = V/(h_w t_w)$，h_w 和 t_w 分别为腹板的高度和厚度；

σ_c——腹板计算高度边缘的局部压应力，应按 $\sigma_c = F/(t_w l_z)$ 计算，见前文式（6.11），取 $\psi = 1.0$。

σ_{cr}，τ_{cr} 和 $\sigma_{c,cr}$ 分别按前述式（6.69）、式（6.74）和式（6.81）计算。

七、同时配置横向和纵向加劲肋的腹板区格局部稳定的验算

图 6.46 所示为同时配置横向和纵向加劲肋的腹板区格及其受力图。腹板被纵向加劲肋分成上、下两个区格 I 和 II，其高度各为 h_1 和 h_2，$h_1 + h_2 = h_0$。

（1）受压翼缘与纵向加劲肋间的区格 I 的局部稳定验算 ［图 6.46(b)］

《钢标》中规定的验算条件是：

$$\frac{\sigma}{\sigma_{cr1}} + \left(\frac{\sigma_c}{\sigma_{c,cr1}}\right)^2 + \left(\frac{\tau}{\tau_{cr1}}\right)^2 \leqslant 1.0 \tag{6.83}$$

式中　σ、τ、σ_c——分别为腹板区格 I 所受弯曲压应力、均布剪应力和局部承压应力，计算方法同上述"六"中的规定。

临界应力 σ_{cr1}、τ_{cr1} 和 $\sigma_{c,cr1}$ 按下列规定计算。

1）区格 I 的弯曲临界应力 σ_{cr1}

σ_{cr1} 按前述式（6.69）计算，但式中的 $\lambda_{n,b}$ 改用下列 $\lambda_{n,b1}$ 替代。

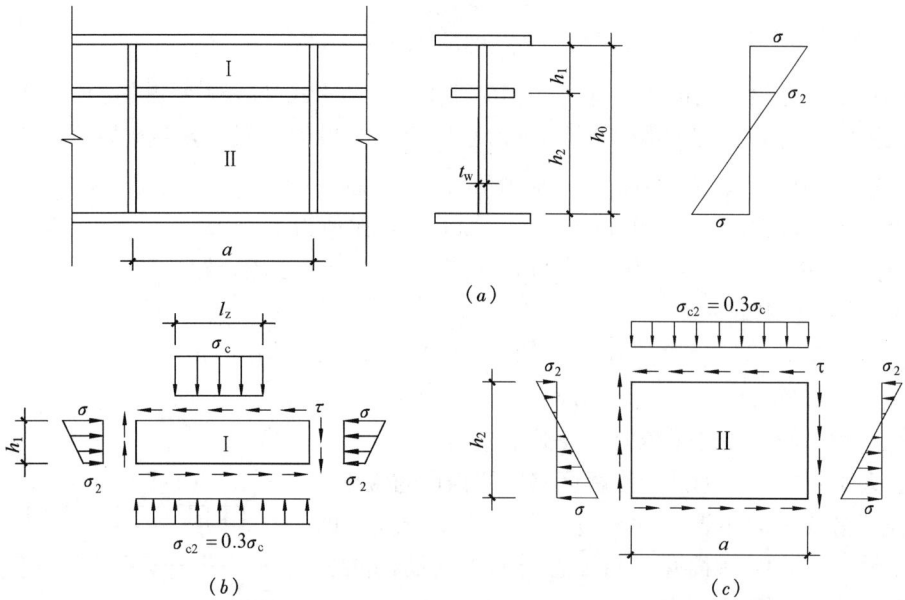

图 6.46 同时配置横向和纵向加劲肋的腹板

(a) 腹板区格划分及弯曲应力图；(b) 区格 I 受力；(c) 区格 II 受力

当梁受压翼缘扭转受到约束时：

$$\lambda_{n,b1} = \frac{h_1/t_w}{75} \cdot \frac{1}{\varepsilon_k} \qquad (6.84a)$$

当梁受压翼缘扭转未受到约束时：

$$\lambda_{n,b1} = \frac{h_1/t_w}{64} \cdot \frac{1}{\varepsilon_k} \qquad (6.84b)$$

式 (6.84) 来自式 (6.67)，即：

$$\lambda_{n,b1} = \sqrt{\frac{f_y}{\sigma_{cr1}}} = \frac{h_1/t_w}{28.1\sqrt{\chi K}} \cdot \frac{1}{\varepsilon_k}$$

假设 $h_1 = 0.225h_0$［通常情况下，纵向加劲肋设置在距腹板计算高度受压边缘 $h_c/2.5$ ～ $h_c/2.0$ 范围内，h_c 为受压区腹板高度，当为双轴对称截面时，$h_1 = (0.2 \sim 0.25)h_0$］，考虑区格 I 在纵向为非均匀受压，相应的屈曲系数 $K = 5.13$，嵌固系数分别取 $\chi = 1.4$ 和 $\chi = 1.0$，得出 $28.1\sqrt{\chi K}$ 分别为 75 和 64，即得上述式 (6.84)。

2) 区格 I 的剪切临界应力 τ_{cr1}

τ_{cr1} 仍按前述式 (6.74) 计算，但 $\lambda_{n,s}$ 中的 h_0 用 h_1 替代。

3) 区格 I 的局部承压临界应力 $\sigma_{c,cr1}$

上下受压与 1) 中的左右受压相似，因此 $\sigma_{c,cr1}$ 也用式 (6.69) 计算，但式中的 $\lambda_{n,b}$ 应改用下列 $\lambda_{n,c1}$ 替代。

当梁受压翼缘扭转受到约束时：

$$\lambda_{n,c1} = \frac{h_1/t_w}{56} \cdot \frac{1}{\varepsilon_k} \qquad (6.85a)$$

当梁受压翼缘扭转未受到约束时：

$$\lambda_{n,c1} = \frac{h_1/t_w}{40} \cdot \frac{1}{\varepsilon_k} \tag{6.85b}$$

由于图 6.46 所示区格 I 为一狭长矩形板条，在上端局部承压时，可近似地把该区格看作竖向中心受压的板条，宽度近似取板条中间截面宽度 $l_z + h_1 \approx 2h_1$（按 45°分布传至区格 I 半高处的宽度并设板条顶端截面的承压宽度为 $l_z \approx h_1$）。当上翼缘扭转受到约束时，把该板条上端视为固定端，下端视为简支端；当上翼缘扭转未受到约束时，假定上、下端均为简支。于是由欧拉公式可得两种情况下的临界应力分别为：

$$\sigma_{c,cr1} = \frac{\pi^2 E(2h_1 t_w^3)}{12(1-v^2)(0.7h_1)^2} \cdot \frac{1}{h_1 t_w} = \frac{4\pi^2 E}{12(1-v^2)}\left(\frac{t_w}{h_1}\right)^2$$

和

$$\sigma_{c,cr1} = \frac{2\pi^2 E}{12(1-v^2)}\left(\frac{t_w}{h_1}\right)^2$$

由 $\lambda_{n,c1} = \sqrt{\dfrac{f_y}{\sigma_{c,cr}}}$ 即得上述式（6.85a）和式（6.85b）。

（2）受拉翼缘与纵向加劲肋间的区格 II 的局部稳定验算 [图 6.46(c)]

《钢标》中规定的验算条件为：

$$\left(\frac{\sigma_2}{\sigma_{cr2}}\right)^2 + \left(\frac{\tau}{\tau_{cr2}}\right)^2 + \frac{\sigma_{c2}}{\sigma_{c,cr2}} \leqslant 1 \tag{6.86}$$

此式即前述式（6.82），只是用 σ_{cr2}、τ_{cr2} 和 $\sigma_{c,cr2}$ 分别代替 σ_{cr}、τ_{cr} 和 $\sigma_{c,cr}$。此外，式中 σ_2 为所计算区格由平均弯矩产生的腹板在纵向加劲肋处的弯曲压应力；σ_{c2} 为腹板在纵向加劲肋处的横向压应力，取 $\sigma_{c2} = 0.3\sigma_c$ [图 6.46(c)]。

临界应力分别计算如下。

1）σ_{cr2} 按前述式（6.69）计算，但式中的 $\lambda_{n,b}$ 改用下列 $\lambda_{n,b2}$ 代替。

$$\lambda_{n,b2} = \frac{h_2/t_w}{194} \cdot \frac{1}{\varepsilon_k} \tag{6.87}$$

式（6.87）仍来自式（6.67），但取 $\chi = 1.0$，$K = 47.6$，因而得 $(28.1\sqrt{\chi K}) = 194$。

2）τ_{cr2} 按式（6.74）计算，但式中的 h_0 应改为 h_2。

3）$\sigma_{c,cr2}$ 按式（6.81）计算，但式中的 h_0 改为 h_2，当 $a/h_2 > 2$ 时，取 $a/h_2 = 2$。

八、在受压翼缘与纵向加劲肋之间设有短加劲肋的区格局部稳定性的验算

图 6.47 所示为同时用横向加劲肋、纵向加劲肋和短加劲肋加强的腹板区格及其受力图。区格 II 的稳定性计算与上述"七"中的完全相同，这里只需对图 6.47 中的区格 I 的稳定性计算作出说明：其验算稳定的条件见前述式（6.83），式中的 σ_{cr1} 仍按式（6.69）计算，但式中的 $\lambda_{n,b}$ 改用按式（6.84）计算的 $\lambda_{n,b1}$ 替代；τ_{cr1} 按式（6.74）计算，但将 h_0 和 a 改为 h_1 和 a_1，a_1 为短加劲肋的间距；$\sigma_{c,cr1}$ 按式（6.69）计算，但式中的 $\lambda_{n,b}$ 改用下列 $\lambda_{n,c1}$ 代替。

对 $a_1/h_1 \leqslant 1.2$ 的区格：

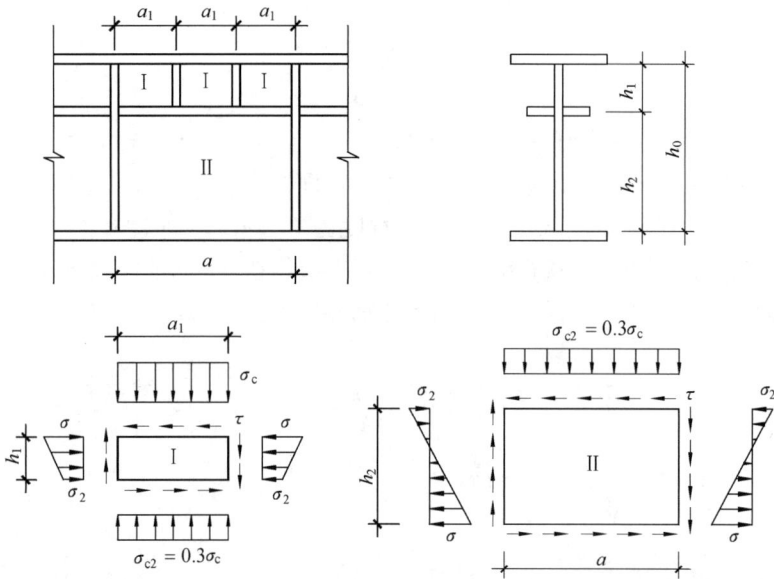

图 6.47　同时用横向加劲肋和纵向加劲肋及短加劲肋加强的腹板

$$\lambda_{n,c1} = \frac{a_1/t_w}{87} \cdot \frac{1}{\varepsilon_k} \qquad (6.88a)$$

或
$$\lambda_{n,c1} = \frac{a_1/t_w}{73} \cdot \frac{1}{\varepsilon_k} \qquad (6.88b)$$

式（6.88a）用于受压翼缘扭转受到约束的情况，式（6.88b）用于不受约束的情况。

对 $a_1/h_1 > 1.2$ 的区格，仍用式（6.88），但等号右侧应乘以 $1/\sqrt{0.4 + 0.5a_1/h_1}$。

式（6.88）的来源仍是式（6.67）。区格Ⅰ为一四边支承板，当上、下压力相等且 $a_1/h_1 \leqslant 1.2$ 时，屈曲系数 K 近似等于 4.0，而今上边的压力为 σ_c，下边为 $0.3\sigma_c$，可得 K 近似等于 6.8；取 $\chi = 1.4$ 和 $\chi = 1.0$ 代入式（6.67），即分别得到式（6.88a）和式（6.88b）。当 $a_1/h_1 > 1.2$ 时，因屈曲系数 K 将随 a_1/h_1 的加大而呈线性增大，故又规定式（6.88）右边应乘以 $1/\sqrt{0.4 + 0.5a_1/h_1}$。

九、轻、中级工作制吊车梁腹板的局部稳定性计算

《钢标》中为了适当考虑腹板屈曲后强度的有利影响，规定对轻、中级工作制的吊车梁腹板局部稳定性计算，可对起重机轮压设计值乘以折减系数 0.9。这条规定只适用于腹板局部稳定性计算时，不能用于其他情况。

6.12　梁腹板加劲肋的设计

在上一节中已介绍了腹板区格在各种受力状态下的屈曲临界应力和保持局部稳定的条件。前面还提及，对受压翼缘板的局部稳定，《钢标》按截面板件宽厚比等级规定了与之对应的翼缘板宽厚比限值（见表 6.1 或附表 1.7），也就是依靠限制其宽厚比来保证局部稳定，而对不考虑腹板屈曲后强度的梁的腹板局部稳定则是依靠设置各种加劲肋来保证。

本节将对《钢标》中关于腹板加劲肋的设计进行说明。

一、腹板加劲肋的设置

《钢标》中对腹板加劲肋的配置规定为：

(1) 当 $h_0/t_w \leqslant 80\varepsilon_k$ 时，对有局部压应力（即 $\sigma_c \neq 0$）的梁，宜按构造要求配置横向加劲肋；当局部压应力较小时，可不配置加劲肋。

(2) 直接承受动力荷载的吊车梁及类似构件，应按下列规定配置加劲肋：

1) 当 $h_0/t_w > 80\varepsilon_k$ 时，应配置横向加劲肋。

2) 当 $h_0/t_w > 170\varepsilon_k$（受压翼缘扭转受到约束）或 $h_0/t_w > 135\varepsilon_k$ **❶**（受压翼缘扭转未受到约束），或按计算需要时，应在弯曲应力较大区格的受压区配置纵向加劲肋。对局部压应力 σ_c 很大的梁，必要时尚宜在受压区配置短加劲肋；对单轴对称梁，当确定是否需要配置纵向加劲肋时，h_0 应取为腹板受压区高度 h_c 的 2 倍。

(3) 不考虑腹板屈曲后强度时，当 $h_0/t_w > 80\varepsilon_k$ 时，宜配置横向加劲肋。

(4) h_0/t_w 不宜超过 250。

(5) 梁的支座处和上翼缘受有较大固定集中荷载处，宜设置支承加劲肋。

上面五点对四种加劲肋的设置均作了明确的规定。腹板局部稳定的保证是首先根据上述规定配置加劲肋，把整块腹板分成若干区格，然后对每块区格按第 6.11 节中的介绍进行稳定验算，不满足要求时应重新布置或改变加劲肋间距再进行稳定性计算。这里须注意，横向加劲肋间距 a 的改变将影响腹板区格的剪切临界应力 τ_{cr} 和承压临界应力 $\sigma_{c,cr}$，但不影响弯曲临界应力 σ_{cr}（请根据 $\lambda_{n,s}$、$\lambda_{n,c}$ 和 $\lambda_{n,b}$ 的计算式思考，何故？），因此，为了提高腹板区格在剪切和局部承压作用下的局部稳定性，可以缩小横向加劲肋的间距，但不能用缩小横向加劲肋的间距来提高区格在弯曲应力作用下的稳定性。当弯曲应力作用下区格稳定性不足时，只能依靠在区格受压区设置纵向加劲肋来解决。短加劲肋的设置，固然可以提高局部压应力作用下的临界应力，但会增加制造工作量和影响腹板的工作条件，因而只宜在局部压应力 σ_c 很大的梁中采用。

当腹板的高厚比 h_0/t_w 满足一定要求时，腹板不需配置横向加劲肋。此时板梁两端支座处的支承加劲肋间距 a 就等于梁的跨度，通常可取 $a/h_0 = 10$，抗剪屈曲系数 $K \approx 5.34$。由剪切临界应力计算式（6.74a）知，当 $\lambda_{n,s} = 0.8$ 时，$\tau_{cr} = f_v$，由式（6.73b）取 $\eta = 1.11$（简支梁），可得：

$$\lambda_{n,s} = \frac{h_0/t_w}{37 \times 1.11\sqrt{5.34}} \cdot \frac{1}{\varepsilon_k} \leqslant 0.8$$

解得：

$$\frac{h_0}{t_w} \leqslant 0.8 \times 37 \times 1.11\sqrt{5.34}\varepsilon_k = 76\varepsilon_k \approx 80\varepsilon_k$$

说明若满足上述条件，不设横向加劲肋时腹板剪应力在到达抗剪强度设计值 f_v 以前不会发生剪切屈曲。这就是上述《钢标》规定第 1）点的依据。附带一提，美国 AISC 标准中规定当 $h_0/t_w \leqslant 2.45\sqrt{E/f_y} = 72.5\varepsilon_k$ 时，板梁的腹板可不设横向加劲肋，此规定较《钢

---

❶ 《原规范》中对受压翼缘扭转未受到约束时规定当 $h_0/t_w > 150\varepsilon_k$ 时，应在弯曲应力较大区格的受压区配置纵向加劲肋，其依据是取嵌固系数 $\chi = 1.23$；现行《钢标》中对此情况取 $\chi = 1.0$，据此应该是 $h_0/t_w > 135\varepsilon_k$，而不是 $h_0/t_w > 150\varepsilon_k$。供参考。

标》的规定略严。

根据上述同样的推导,当腹板区格承受弯曲应力时,由前述式(6.69a)可知,若 $\lambda_{n,b} \leqslant 0.85$,则 $\sigma_{cr} = f$;再由式(6.70a)和式(6.70b)可分别解得:

受压翼缘扭转受到约束时:

$$\frac{h_0}{t_w} \leqslant 0.85 \times 177\varepsilon_k = 150\varepsilon_k$$

受压翼缘扭转未受到约束时:

$$\frac{h_0}{t_w} \leqslant 0.85 \times 138\varepsilon_k = 117\varepsilon_k$$

若满足上述 h_0/t_w 的条件,腹板不设纵向加劲肋,当腹板上边缘的弯曲应力在到达钢材抗弯强度设计值 f 时不会发生因弯曲屈曲而失稳。这就是前面介绍《钢标》规定第2)点的根据。但要注意,《钢标》中的 h_0/t_w 限值是 $170\varepsilon_k$ 和 $135\varepsilon_k$[1],而不是 $150\varepsilon_k$ 和 $117\varepsilon_k$。这是因为考虑到需验算腹板局部稳定的梁常是吊车梁,吊车梁在竖向轮压作用下的腹板弯曲压应力在设计时通常控制在 $(0.8 \sim 0.85) f$,因而把需设置纵向加劲肋的 h_0/t_w 限值提高了。为了照顾到不是吊车梁的情况,上述《钢标》规定的第2)点中对设置纵向加劲肋的条件还加了一句"或按计算需要时"。此时的 h_0/t_w 限值就可能低于 $170\varepsilon_k$ 或 $135\varepsilon_k$。

《钢标》规定腹板的 h_0/t_w 不宜超过250,这是为了避免产生过大的焊接翘曲变形,因而这个限值与钢材的牌号无关。

二、腹板中间加劲肋的计算和构造要求

腹板中间加劲肋是指专为加强腹板局部稳定性而设置的横向加劲肋、纵向加劲肋以及短加劲肋。中间加劲肋必须具有足够的弯曲刚度以满足腹板屈曲时加劲肋作为腹板的支承的要求,即加劲肋应使该处的腹板在屈曲时基本无出平面的位移。

(1)中间加劲肋通常宜在腹板两侧成对配置。除重级工作制吊车梁的加劲肋外,也可单侧配置。截面多数采用钢板,也可用角钢等型钢,见图6.48。钢材常采用Q235,高强度钢用于此处并不经济,因此不宜使用。

(2)对于横向加劲肋的截面,《钢标》规定,横向加劲肋用钢板两侧配置时,其宽度和厚度应按下列条件选用[图6.48(a)]:

$$\left.\begin{array}{l} b_s \geqslant \dfrac{h_0}{30} + 40\text{mm}^{[2]} \\[2mm] t_s \geqslant \dfrac{b_s}{15}(\text{承压加劲肋}) \\[2mm] t_s \geqslant \dfrac{b_s}{19}(\text{不受力加劲肋}) \end{array}\right\} \tag{6.89}$$

当为单侧配置时[图6.48(b)]:

---

[1] 同上页注1。

[2] 下角标 s 代表加劲肋(stiffener)。

294

$$b'_s \geqslant 1.2\left(\frac{h_0}{30} + 40\text{mm}\right)$$

$$t'_s \geqslant \frac{b'_s}{15}(\text{承压加劲肋})$$

$$t'_s \geqslant \frac{b'_s}{19}(\text{不受力加劲肋}) \tag{6.90}$$

这里采用 $b'_s = 1.2b_s$，为的是使与两侧配置时有基本相同的刚度。当采用型钢截面（热轧工字钢、槽钢和边端焊于腹板的角钢）时，型钢也应具有相应钢板加劲肋相同的惯性矩。在腹板两侧成对配置的加劲肋，其惯性矩应按梁腹板的中心线 $z\text{-}z$ 轴进行计算。在腹板单侧配置的加劲肋，其惯性矩应按与加劲肋相连的腹板表面为轴线［图 6.48(b) 中的 $z'\text{-}z'$ 轴线］进行计算（以下将讲述的对纵向加劲肋截面惯性矩的要求，其计算均同此规定）。

横向加劲肋的最小间距为 $0.5h_0$，最大间距为 $2h_0$（对无局部压应力的梁，当 $h_0/t_w \leqslant 100$ 时最大间距可采用 $2.5h_0$）。

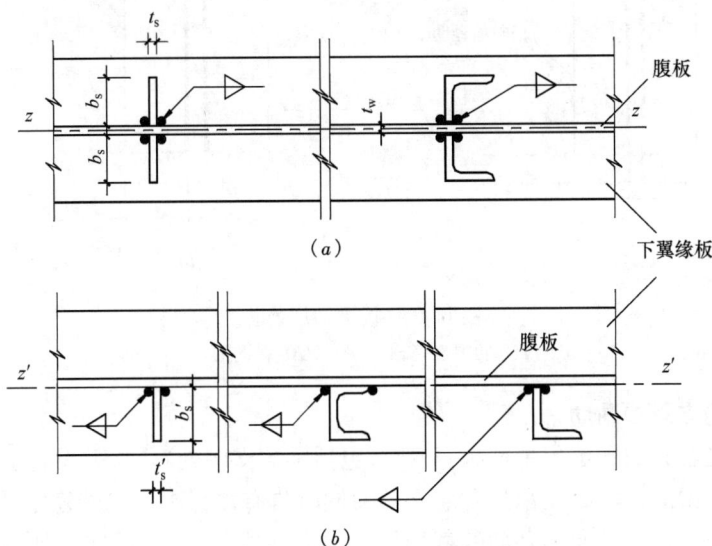

图 6.48 腹板的中间横向加劲肋

（3）同时采用横向加劲肋和纵向加劲肋时，在其相交处应切断纵向加劲肋。纵向加劲肋视作支承在横向加劲肋上。因此，横向加劲肋的尺寸除应满足式（6.89）的要求外，还应满足下述惯性矩要求：

$$I_z \geqslant 3h_0t_w^3 \tag{6.91}$$

纵向加劲肋的惯性矩应满足下述要求：

当 $a/h_0 \leqslant 0.85$ 时：$\quad I_y \geqslant 1.5h_0t_w^3 \tag{6.92}$

当 $a/h_0 > 0.85$ 时：$\quad I_y \geqslant \left(2.5 - 0.45\frac{a}{h_0}\right)\left(\frac{a}{h_0}\right)^2 h_0t_w^3 \tag{6.93}$

y 轴是板梁腹板竖向中线，如图 6.49(a) 所示。

纵向加劲肋至腹板计算高度受压边缘的距离 h_1 应在 $h_c/2.5 \sim h_c/2$ 范围内。

（4）当采用短加劲肋时，短加劲肋的最小间距为 $0.75h_1$。短加劲肋的外伸宽度应取为横向加劲肋外伸宽度的 0.7～1.0 倍，厚度不应小于短加劲肋外伸宽度的 1/15。

（5）焊接梁的横向加劲肋与翼缘板、腹板相接处应切角以避开梁的翼缘焊缝，切角尺寸可取：宽约为 $b_s/3$（但不大于 40mm）、高约为 $b_s/2$（但不大于 60mm），如图 6.49(b) 所示，b_s 为加劲肋的宽度。当作为焊接工艺孔时，切角宜采用 $r=30mm$ 的 1/4 圆弧。

（6）横向加劲肋的端部与板梁受压翼缘须用角焊缝连接，如图 6.49 所示，以增加加劲肋的稳定性，同时还可增加对板梁受压翼缘的转动约束；与板梁受拉翼缘一般可不焊接，且容许横向加劲肋在受拉翼缘处提前切断，如图 6.49(a) 所示，特别是在承受动力荷载的梁中必须如此，以降低受拉翼缘处的应力集中程度和提高疲劳强度。横向加劲肋与板梁腹板用角焊缝连接，其焊脚尺寸 h_f 按构造要求确定。

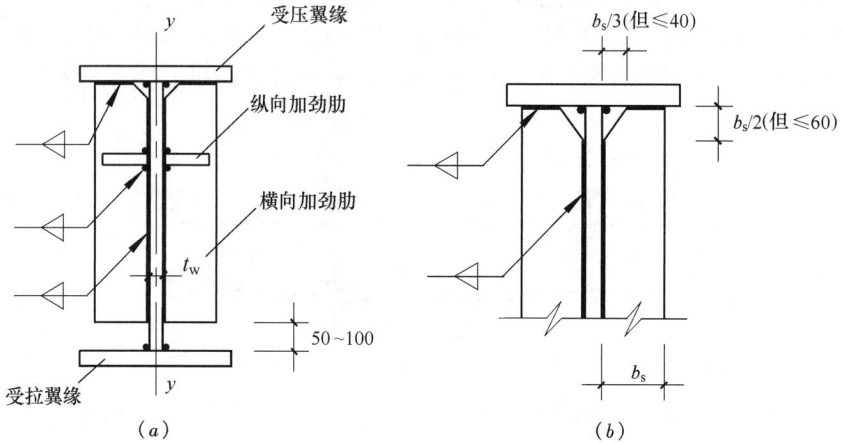

图 6.49　板梁的加劲肋
(a) 纵向加劲肋惯性矩轴线 y-y；(b) 横向加劲肋的切角

三、腹板的支承加劲肋

在板梁承受较大的固定集中荷载 N 处（包括梁的支座处），常需设置支承加劲肋以传递此集中荷载至梁的腹板。支承加劲肋必然又同时具有加强腹板局部稳定性的中间横向加劲肋的作用，因此，对横向加劲肋的截面尺寸要求即式（6.89），在设计支承加劲肋时仍要遵守。此外，支承加劲肋必须在腹板两侧成对配置，不应单侧配置。图 6.50 所示为支承加劲肋的设置。

支承加劲肋截面的计算主要包含两个内容：（1）按承受集中荷载或支座反力的轴心受压构件计算其在腹板平面外的稳定性。（2）按所承受集中荷载或支座反力进行加劲肋端部承压截面或连接的计算，如端部为刨平顶紧时，应计算其端部承压应力并在施工图纸上注明刨平顶紧的部位；如端部为焊接时，应计算其焊缝应力。此外，还需计算加劲肋与腹板的角焊缝连接，但通常算得的焊脚尺寸很小，往往由构造要求 h_{fmin} 控制。

（1）按轴心受压构件计算腹板平面外的稳定性

当支承加劲肋在腹板平面外屈曲时，必带动部分腹板一起屈曲。因而支承加劲肋的截面除加劲肋本身截面外还可计入与其相邻的部分腹板的截面，《钢标》规定，取加劲肋每侧 $15t_w\varepsilon_k$ 范围内的腹板，如图 6.50 所示，当加劲肋一侧的腹板实际宽度小于 $15t_w\varepsilon_k$ 时，则用此实际宽度。中心受压构件的计算简图如图 6.50（a）和（b）所示，在集中力 N 作

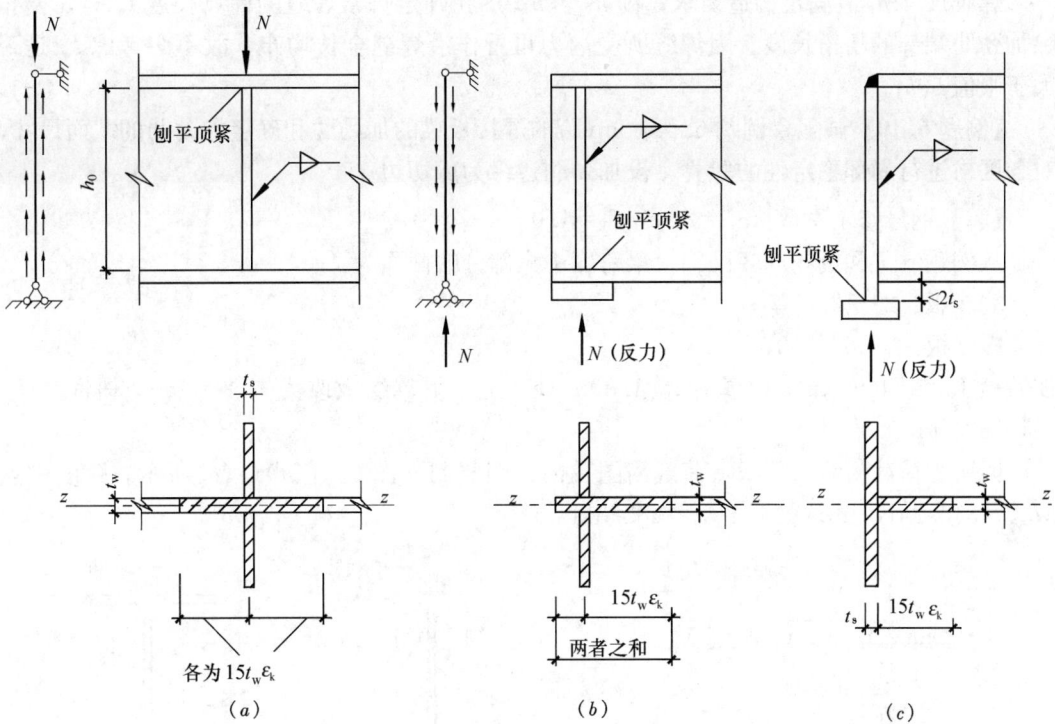

图 6.50 支承加劲肋

(a) 中间支承加劲肋；(b)、(c) 支座支承加劲肋

用下，其反力分布于杆长范围内，其计算长度 l_0 理论上可小于腹板高度 h_0，《钢标》中偏安全地规定取为 h_0（ISO 标准和美国 AISC 标准中均取 $l_0 = 0.75h_0$）。求稳定系数 φ 时，如加劲肋边缘为焰切边，查 b 类截面；如加劲肋边缘为剪切边或轧制边，查 c 类截面。验算条件为：

$$\frac{N}{\varphi A_s f} \leqslant 1.0$$

（2）端部承压应力的计算

验算条件为：

$$\frac{N}{A_{ce}} \leqslant f_{ce} \tag{6.94}$$

在计算加劲肋端面承压面积 A_{ce} 时，要考虑加劲肋端面的切角 [同图 6.49(b) 的上端一样]。钢材的端面承压强度设计值 f_{ce} 见附表 1.1，其值系根据钢材抗拉强度标准值 f_u 除以抗力分项系数 γ_R 得出。因此，钢材的 f_{ce} 远大于 f，例如 Q235 钢的 $f = 215\text{N/mm}^2$，$f_{ce} = 320\text{N/mm}^2$，增大了约 50%。采用的抗力分项系数参见书末主要参考资料 [49]。

（3）支承加劲肋与板梁腹板的角焊缝连接

计算式为：

$$\frac{N}{0.7h_f \Sigma l_w} \leqslant f_f^w \tag{6.95}$$

焊脚尺寸 h_f 应满足构造要求，即 $h_f \geqslant h_{fmin}$。在确定每条焊缝的计算长度 l_w 时，要扣除加劲肋端部的切角长度。因焊缝所受内力可看作沿焊缝全长均布，故不必考虑 l_w 是否大于限值 $60h_f$。

【例题 6.10】 试配置例题 6.8 中 9m 跨的焊接板梁的加劲肋和确定加劲肋的截面尺寸，对各区格进行局部稳定性的验算。设加劲肋边缘为剪切边。

【解】 钢号修正系数：$\varepsilon_k = \sqrt{235/f_y} = 1.0$

从例题 6.7 和例题 6.8 已知板梁跨度中央部分的截面为：

翼缘板：2—12×300

腹　板：1—8×850

惯性矩 $I_x = 174698\text{cm}^4$；在离梁端 1.89m 处，上、下翼缘板改为—12×150，惯性矩 $I_{x1} = 107820\text{cm}^4$。

梁所受荷载为静力荷载，荷载简图及内力图复制如图 6.51(a)～(c)所示。跨度中点 $M_{max} = 842.2\text{kN·m}$，梁端 $V_{max} = 282.3\text{kN}$。

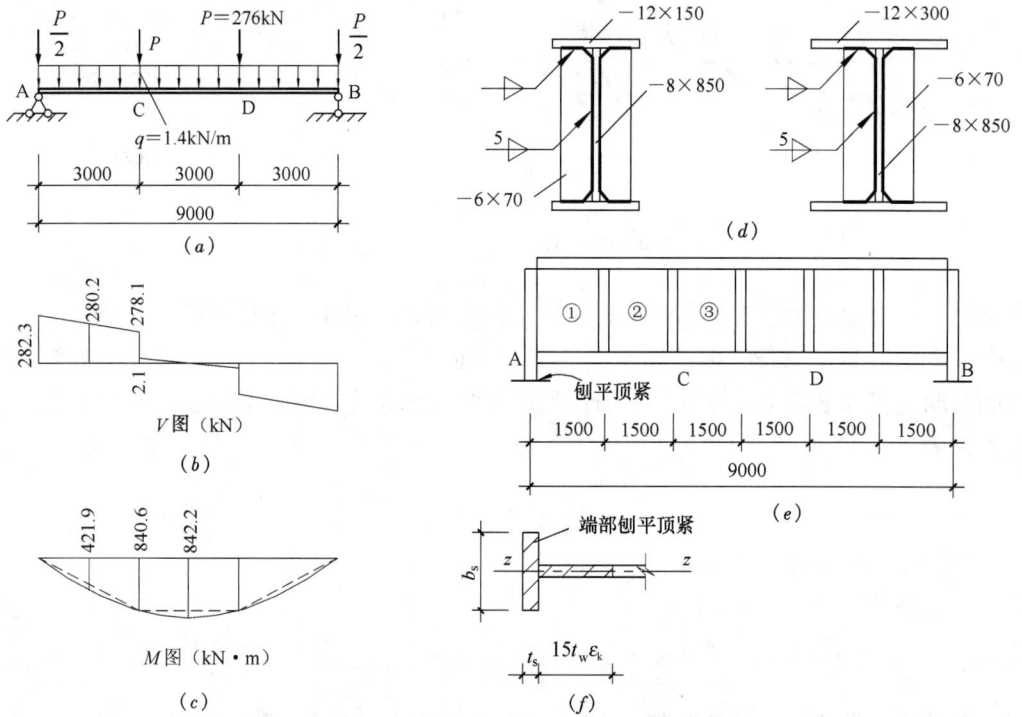

图 6.51　例题 6.8 中板梁加劲肋的配置

（1）加劲肋的布置

$$\frac{h_0}{t_w} = \frac{850}{8} = 106.3 \begin{array}{l} > 80\varepsilon_k = 80 \quad \text{需设横向加劲肋} \\ < 135\varepsilon_k = 135 \quad \text{不需设纵向加劲肋} \end{array}$$

式中假定梁受压翼缘扭转未受到约束，因此按《钢标》不需设纵向加劲肋的判别依据应该是"$h_0/t_w \leqslant 150\varepsilon_k$"，本书采用"$h_0/t_w \leqslant 135\varepsilon_k$"，仅供参考，其依据见前文"一、腹板加劲肋的设置"中的脚注说明。

考虑到在 1/3 跨度处有次梁相连，该处必须设横向加劲肋，且 $h_0/t_w=106.3>100$，因此横向加劲肋的最大间距为 $2h_0=2\times850=1700$（mm），故最后取横向加劲肋间距 $a=1500\text{mm}$，布置如图 6.51(e) 所示。

（2）区格①的局部稳定性验算

1）区格所受应力

$$\sigma=\frac{M_1+M_2}{2}\cdot\frac{y_{\max}}{I_x}=\left(\frac{1}{2}\times421.9\times10^6\right)\cdot\frac{850/2}{107820\times10^4}=83.2(\text{N/mm}^2)$$

式中　M_1、M_2——所计算区格左、右的弯矩，见图 6.51(c)；

$y_{\max}$——中和轴至腹板上端的距离。

$$\tau=\frac{V_1+V_2}{2h_w t_w}=\frac{282.3+280.2}{2\times850\times8}\times10^3=41.4(\text{N/mm}^2)$$

$$\sigma_c=0$$

2）区格的临界应力

$$\lambda_{n,b}=\frac{h_0/t_w}{138}\cdot\frac{1}{\varepsilon_k}=\frac{106.3}{138}=0.770<0.85$$

$$\sigma_{cr}=f=215\text{N/mm}^2$$

$$\lambda_{n,s}=\frac{h_0/t_w}{37\eta\sqrt{5.34+4(h_0/a)^2}}\cdot\frac{1}{\varepsilon_k}=\frac{106.3}{37\times1.11\sqrt{5.34+4(850/1500)^2}}=1.006\begin{matrix}>0.8\\<1.2\end{matrix}$$

$$\tau_{cr}=[1-0.59(\lambda_{n,s}-0.8)]f_v=[1-0.59(1.006-0.8)]\times125=109.8(\text{N/mm}^2)$$

$\sigma_{c,cr}$ 不必计算。

3）局部稳定性验算

验算条件为：

$$\left(\frac{\sigma}{\sigma_{cr}}\right)^2+\left(\frac{\tau}{\tau_{cr}}\right)^2+\frac{\sigma_c}{\sigma_{c,cr}}\leqslant1.0$$

$$今上式左边=\left(\frac{83.2}{215}\right)^2+\left(\frac{41.4}{109.8}\right)^2+0=0.1498+0.1422+0$$

$$=0.292<1.0,可。$$

（3）区格③的局部稳定性验算

$$\sigma=\frac{(840.6+842.2)\times10^6}{2}\times\frac{850/2}{174698\times10^4}=204.7(\text{N/mm}^2)$$

$$\tau=\frac{2.1}{2}\times\frac{1}{850\times8}\times10^3=0.15\approx0(\text{N/mm}^2)$$

验算条件为：

$$\left(\frac{\sigma}{\sigma_{cr}}\right)^2+\left(\frac{\tau}{\tau_{cr}}\right)^2+\frac{\sigma_c}{\sigma_{c,cr}}=\left(\frac{204.7}{215}\right)^2=0.906<1.0,可。$$

式中 $\sigma_{cr}=215\text{N/mm}^2$，见（2）。

（4）区格②的局部稳定性验算

$$\sigma = \frac{(421.9 + 840.6)}{2} \times 10^6 \times \frac{850/2}{174698 \times 10^4} = 153.6(\text{N/mm}^2)$$

$$\tau = \frac{280.2 + 278.1}{2} \times 10^3 \times \frac{1}{850 \times 8} = 41.1(\text{N/mm}^2)$$

验算条件为：

$$\left(\frac{\sigma}{\sigma_{cr}}\right)^2 + \left(\frac{\tau}{\tau_{cr}}\right)^2 + \frac{\sigma_c}{\sigma_{c,cr}} = \left(\frac{153.6}{215}\right)^2 + \left(\frac{41.1}{109.8}\right)^2 + 0$$

$$= 0.5104 + 0.1401 = 0.651 < 1.0,\text{可。}$$

通过以上计算，说明取 $a = 1500\text{mm}$ 的横向加劲肋布置是合适的。

（5）横向加劲肋的截面尺寸

$$b_s \geqslant \frac{h_0}{30} + 40 = \frac{850}{30} + 40 = 68.3(\text{mm})，采用 b_s = 70\text{mm}。$$

$$t_s \geqslant \frac{b_s}{15} = \frac{70}{15} = 4.67(\text{mm})，采用 t_s = 6\text{mm}。$$

之所以选用 $b_s = 70\text{mm}$，主要是使加劲肋外边缘不超过翼缘板的边缘，即 $2b_s + t_w = 2 \times 70 + 8 = 148$ （mm） $< b_1 = 150\text{mm}$，见图 6.51（d）。

加劲肋与腹板的角焊缝连接，按构造要求确定：

$$h_{f\min} = 5\text{mm}（见第 3 章表 3.3），采用 h_f = 5\text{mm}。$$

（6）支座处支承加劲肋的设计

采用突缘式支承加劲肋，如图 6.51（e）所示。

1）按端面承压强度试选加劲肋厚度

已知：$f_{ce} = 320\text{N/mm}^2$ （见附表 1.1）

支座反力 ［图 6.51（a）］：

$$N = \frac{3}{2} \times 276 + \frac{1}{2} \times 1.4 \times 9 = 420.3(\text{kN})$$

$$b_s = 150\text{mm}（与翼缘板等宽）$$

需要：

$$t_s \geqslant \frac{N}{b_s \cdot f_{ce}} = \frac{420.3 \times 10^3}{150 \times 320} = 8.8(\text{mm})$$

考虑到支座支承加劲肋是主要传力构件，为保证梁在支座处有较强的刚度，取加劲肋厚度与梁翼缘板厚度相同，采用 $t_s = 12\text{mm}$。加劲肋端面刨平顶紧，突缘伸出板梁下翼缘底面的长度为 20mm，小于构造要求 $2t_s$。

2）按轴心受压构件验算加劲肋在腹板平面外的稳定

支承加劲肋的截面面积 ［计入部分腹板截面面积，见图 6.51（f）］：

$$A_s = b_s t_s + 15 t_w^2 \varepsilon_k = 15 \times 1.2 + 15 \times 0.8^2 \times 1 = 27.6(\text{cm}^2)$$

$$I_z = \frac{1}{12} t_s b_s^3 = \frac{1}{12} \times 1.2 \times 15^3 = 337.5(\text{cm}^4)$$

$$i_z = \sqrt{\frac{I_z}{A_s}} = \sqrt{\frac{337.5}{27.6}} = 3.50(\text{cm})$$

$$\lambda_z = \frac{h_0}{i_z} = \frac{85}{3.50} = 24.3$$

查附表 1.20（适用于 Q235 钢，c 类截面），得 $\varphi=0.938$。

$$\frac{N}{\varphi A_s f} = \frac{420.3 \times 10^3}{0.938 \times 27.6 \times 10^2 \times 215} = 0.755 < 1.0，可。$$

3）加劲肋与腹板的角焊缝连接计算

$$\Sigma l_w = 2(h_0 - 2h_f) \approx 2(850-10) = 1680(\text{mm})$$

$$f_f^w = 160\text{N/mm}^2（见附表 1.2）$$

需要：

$$h_f \geqslant \frac{N}{0.7\Sigma l_w \cdot f_f^w} = \frac{420.3 \times 10^3}{0.7 \times 1680 \times 160} = 2.23(\text{mm})$$

构造要求 $h_{f\min} = 5\text{mm}$（见第 3 章表 3.3），采用 $h_f = 5\text{mm}$。

【说明】验算本例题中图 6.51(f) 所示支承加劲肋在梁腹板平面外的稳定性，属对单轴对称截面（T 形截面）的构件绕对称轴的稳定性计算，按规定应计入扭转效应的不利影响（《钢标》第 7.2.2 条第 2 款）。考虑到梁端支承加劲肋所受压力作用线几乎通过其截面的剪切中心，而且支承加劲肋与梁腹板通过焊缝连接牢固，不易扭转，与独立的轴心受压构件不同，因此上述计算中未考虑扭转效应的影响。

6.13　工字形板梁腹板考虑屈曲后强度的设计

四边支承的薄板与压杆的屈曲性能有一个很大的不同点：压杆一旦屈曲即破坏，屈曲荷载（临界荷载）也就是其破坏荷载；四边支承的薄板则不同，屈曲荷载并不是它的破坏荷载，薄板屈曲后还有较大的继续承载能力（称为屈曲后强度）。图 6.52 示出两者的荷载-位移曲线，由此可看出其区别。四边支承板，如果支承较强，则当板屈曲后发生出板面的侧向位移时，板中面内将产生张力场，张力场的存在可阻止侧向位移的加大，使板能继续承受更大的荷载，直至板屈服或板的四边支承破坏，这就是产生薄板屈曲后强度的由来。

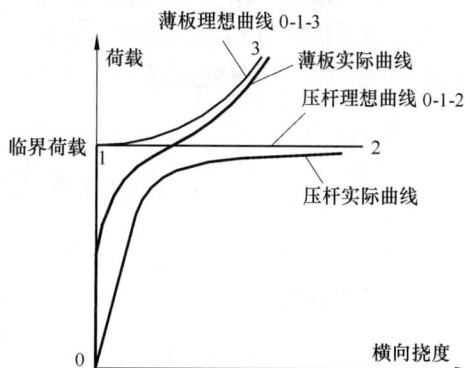

图 6.52　压杆与四边支承薄板的荷载-位移曲线

《钢标》中规定，对承受静力荷载和间接承受动力荷载的焊接截面梁可考虑腹板屈曲后强度进行设计。本节将首先介绍腹板区格在单纯受剪、单纯受弯和弯剪共同作用下的屈曲后强度计算方法，然后介绍考虑腹板屈曲后强度的横向加劲肋和支座加劲肋的设计要求。在考虑腹板屈曲后强度的设计中，即使腹板高厚比较大，一般亦可不设置纵向加劲肋。

一、考虑屈曲后强度的腹板区格受剪承载力设计值

对考虑屈曲后强度的腹板受剪承载力设计值的确定，设计时一般采用以下两种方法。

一种方法称为张力场法。在设有横向加劲肋的板梁中，腹板一旦受剪产生屈曲，腹板沿一个斜方向因受斜向压力而呈波浪鼓曲，不能继续承受斜向压力，在另一方向则因薄膜张力作用可继续受拉，如图 6.53 所示。腹板张力场中拉力的水平分力和竖向分力需由翼缘板和加劲肋承受，此时板梁的作用犹如一桁架，翼缘板相当于桁架的上、下弦杆，横向加劲肋相当于竖腹杆，而腹板的张力场则相当于桁架的斜腹杆。腹板中薄膜的张力场的作用将增加腹板的抗剪强度，使其抗剪强度由两部分组成——屈曲强度和屈曲后强度，即 $V_u = V_{cr} + V_{tf}$（角标 tf 表示张力场 tension field）。张力场法计算较繁，但结果较精确，适用于腹板上同时具有端部加劲肋和中间横向加劲肋时，而且应满足加劲肋的间距 $a > h_0$，同时 a 宜小于或等于 $3h_0$，a 过大则所得结果将偏于保守。《钢标》中未采用此法，感兴趣的读者可参阅美国 AISC 标准[1]，本书不作介绍。

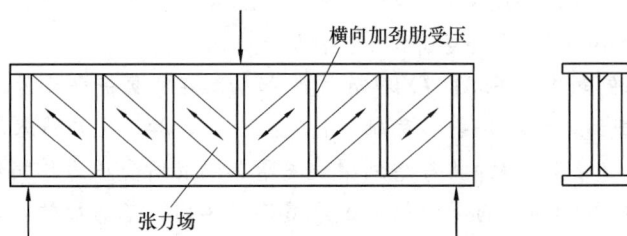

图 6.53　腹板中的张力场作用

另一种方法称为简化的超临界法。上一节中曾介绍腹板区格剪切屈曲的临界应力，共分成三段，即屈服阶段 [式 (6.74a)，式中已考虑抗力分项系数，因此已写成 $\tau_{cr} = f_v$]、弹塑性屈曲阶段 [式 (6.74b)] 和弹性屈曲阶段 [式 (6.74c)]。后两阶段的 τ_{cr} 都低于第一阶段，腹板的正则化宽厚比 $\lambda_{n,s}$ 愈大，τ_{cr} 降低愈多。考虑腹板屈曲后强度的腹板后两个阶段的剪切强度设计值 τ_u 将高出 τ_{cr}，因而更为经济。《钢标》中采用了这种提高 τ_{cr} 的简化的超临界法，按不同正则化宽厚比直接给出了考虑屈曲后强度的 τ_u 计算式如下：

当 $\lambda_{n,s} \leqslant 0.8$ 时：　　　　$\tau_u = f_v$ 　　　　　　　　　　　　　　　　　(6.96a)

当 $0.8 < \lambda_{n,s} \leqslant 1.2$ 时：　$\tau_u = [1 - 0.5(\lambda_{n,s} - 0.8)]f_v$ 　　　　　　(6.96b)

当 $\lambda_{n,s} > 1.2$ 时：　　　　$\tau_u = f_v / \lambda_{n,s}^{1.2}$ 　　　　　　　　　　　　　(6.96c)

梁受剪承载力设计值为：

$$V_u = h_w t_w \tau_u \tag{6.96d}$$

式中，腹板正则化宽厚比 $\lambda_{n,s}$ 见第 6.11 节式 (6.73)。图 6.54 给出了前述式 (6.74) 和现今式 (6.96) 所示 τ_{cr} 和 τ_u 的曲线，图中两种曲线都由三段组成，其分界点都是 $\lambda_{n,s}$ 为 0.8 和 1.2。图中有竖直线区域为屈曲后强度。要注意的是，当 $\lambda_{n,s} \leqslant 0.8$ 即 $\tau_u = f_v$ 时，无屈曲后强度。τ_u 曲线中关键的一段是弹性屈曲阶段 [式 (6.96c)]，它是一个根据数值计算结果得来的拟合函数，不是由理论推导得出的。中间段是过渡段，当上、下分界点确定后即可由直线的两点式得到。上述 τ_u 曲线或式 (6.96) 是考虑屈曲后强度剪切承载力的下限，是一个近似公式，较张力场法得出的公式便于应用，但数值略低。还要说明的是 τ_u 计算式既适用于工字形板梁只在梁两端配置支承加劲肋、跨度中间不配置横向加劲肋的情况，也适用于同时配置支承加劲肋和横向加劲肋的情况。

<hr>

[1]　见书末主要参考资料 [43]、[46]。

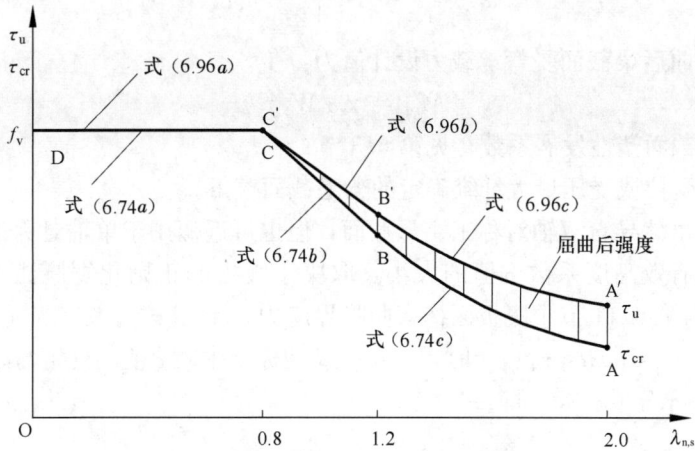

图 6.54 τ_{cr} 和 τ_u 曲线

二、考虑腹板屈曲后强度时工字形板梁在弯矩作用下的受弯承载力设计值

腹板区格当其 h_0/t_w 较大时，在弯矩作用下腹板将发生屈曲。此时弯曲受压区将发生凹凸变形，部分受压区的腹板将不能继续承受压应力而退出工作。为了计算屈曲后工字形截面的受弯承载力设计值 M_{eu}，今作如下假定：（1）腹板受压区的有效高度为 ρh_c，并等分在受压区的两边，如图 6.55 所示，h_c 为截面未屈曲时的弯曲受压区高度，ρ 为腹板受压区有效高度系数；（2）为了使腹板屈曲后截面中和轴位置不改变，假设弯曲受拉区也有相应的高度为 $(1-\rho)h_c$ 的部分腹板退出工作。上述假设情况实际是不存在的，纯是为了简化计算而作，结果偏于安全。

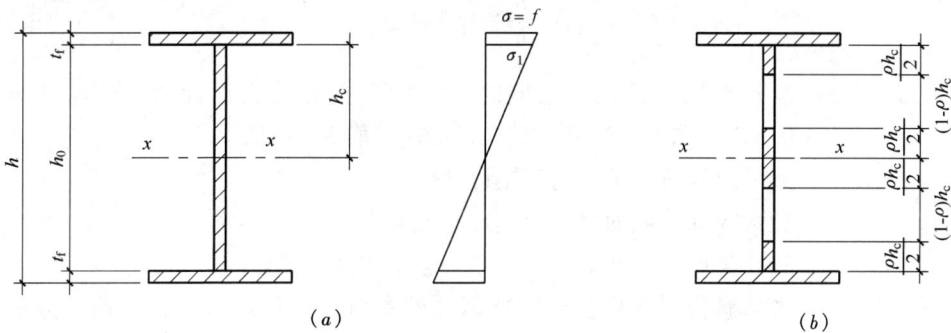

图 6.55 双轴对称工字形截面在弯矩作用下腹板屈曲后的假定有效截面
(a) 屈曲前；(b) 屈曲后

设 I_x 为梁截面在腹板发生屈曲前绕 x 轴的惯性矩，I_{xe} 为腹板受压区发生屈曲、部分截面退出工作后的梁截面绕 x 轴的有效惯性矩，α_e 为梁截面惯性矩（或截面模量）考虑腹板有效高度的折减系数。由图 6.55(b) 所示假设的有效截面，得：

$$I_{xe} = I_x - 2(1-\rho)h_c t_w \left(\frac{h_c}{2}\right)^2 = I_x - \frac{1-\rho}{2}h_c^3 t_w$$

$$\alpha_e = \frac{I_{xe}}{I_x} = 1 - \frac{1-\rho}{2I_x} h_c^3 t_w \tag{6.97}$$

于是可得腹板屈曲后梁截面受弯承载力设计值为：

$$M_{eu} = \gamma_x \alpha_e W_x f \tag{6.98}$$

式中 γ_x——梁截面塑性发展系数，见第 6.3 节；

W_x——按受拉或受压最大纤维确定的梁毛截面模量。

式（6.97）虽然导自双轴对称工字形截面，但也可近似用于单轴对称工字形截面。

腹板受压区有效高度系数 ρ 值的大小，取决于腹板的正则化宽厚比 $\lambda_{n,b}$［见前述式（6.70）］，亦即与第 6.11 节中腹板区格弯曲临界应力 σ_{cr} 计算式有关。当 $\sigma_{cr} = f$ 时，腹板不会屈曲，此时 $\rho = 1.0$；当 $\sigma_{cr} < f$ 时，$\rho < 1.0$。《钢标》中对 ρ 值的规定与确定弯曲临界应力 σ_{cr} 时的规定一样分成三段，即：

当 $\lambda_{n,b} \leqslant 0.85$ 时： $\rho = 1.0$ (6.99a)

当 $0.85 < \lambda_{n,b} \leqslant 1.25$ 时： $\rho = 1 - 0.82(\lambda_{n,b} - 0.85)$ (6.99b)

当 $\lambda_{n,b} > 1.25$ 时： $\rho = \frac{1}{\lambda_{n,b}}\left(1 - \frac{0.2}{\lambda_{n,b}}\right)$ (6.99c)

三、同时承受弯矩和剪力的工字形焊接梁考虑腹板屈曲后强度的承载力设计值

《钢标》中对同时承受弯矩和剪力的工字形焊接梁的截面考虑腹板屈曲后强度的受弯和受剪承载力计算规定为：

$$\left(\frac{V}{0.5V_u} - 1\right)^2 + \frac{M - M_f}{M_{eu} - M_f} \leqslant 1 \tag{6.100a}$$

$$M_f = \left(A_{f1}\frac{h_{m1}^2}{h_{m2}} + A_{f2}h_{m2}\right)f \tag{6.100b}$$

式中 M、V——所计算同一截面上梁同时产生的弯矩和剪力设计值；计算时当 $V < 0.5V_u$，取 $V = 0.5V_u$；当 $M < M_f$，取 $M = M_f$；

M_f——梁两翼缘所能承担的弯矩设计值；

A_{f1}、h_{m1}——较大翼缘的截面面积及其形心至梁中和轴的距离；

A_{f2}、h_{m2}——较小翼缘的截面面积及其形心至梁中和轴的距离；

M_{eu}、V_u——考虑腹板屈曲后强度时梁截面的受弯和受剪承载力设计值，分别见式（6.98）和式（6.96）。

式（6.100a）是梁同一截面上的弯矩和剪力的相关计算式。若作用的弯矩大了，则作用的剪力必须减小，反之亦然。式（6.100a）说明了下述三点（分别示于图 6.56）：

（1）当截面上的弯矩 M 小于或等于梁翼缘所能承受的弯矩 M_f，则腹板可承受的剪力 $V = V_u$，如图 6.56 中的 1-2 线。

（2）当截面上的剪力 V 等于或小于 $0.5V_u$ 时，则梁截面可承受的弯矩 $M = M_{eu}$，如图 6.56中的 3-4 线。

上述第（1）点，比较容易理解，因工字形截面主要依靠腹板抵抗剪力，故不用多说明。第（2）点则借助于下述理论分析结果：当截面上的弯矩 $M = M_y$（M_y 为边缘纤维应

力，等于钢材屈服强度时的弯矩）时，腹板可承受的剪力为 $V_y/\sqrt{3}$（$V_y=f_{vy}h_0t_w$）或近似为 $V=0.58V_y$ [1]。现取当 $V\leqslant0.5V_u$ 时，$M=M_{eu}$。

（3）当 $V>0.5V_u$ 时，说明 M 应小于 M_{eu}；当 $M>M_f$ 时，V 应小于 V_u。图 6.56 中以一抛物线（2-3）表示 M 与 V 的相关曲线，此曲线的方程即为式（6.100a）。

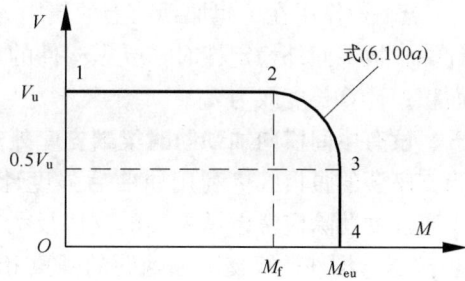

图 6.56　M 和 V 的相关曲线

对上述"一"至"三"小结如下：

（1）考虑腹板屈曲后强度，可使腹板区格的受剪承载力提高，即 $V_u>V_{cr}$。在一定的腹板高厚比 h_0/t_w 下，随着横向加劲肋间距 a 的缩小，可提高 V_u（请思考何故？）。

（2）考虑腹板屈曲后强度，将使梁截面的受弯承载力有所降低。设置横向加劲肋或改变横向加劲肋的间距 a 对屈曲后梁截面的受弯承载力 M_{eu} 不产生影响。

（3）考虑腹板屈曲后强度，应对所设计梁的若干个控制截面按式（6.100a）进行承载能力的验算。控制截面在何处，由设计人员根据梁上荷载及横向加劲肋的设置等情况自行判断确定。一般情况下，可选择弯矩最大的截面、剪力最大的截面和弯矩与剪力相对都较大的截面。

（4）考虑腹板屈曲后强度，原则上除在支座处必须设置支承加劲肋外，跨中可根据计算不设或设横向加劲肋。但由于腹板高厚比通常较大，为了运输和安装时保证构件不发生扭转等变形，对原可不设横向加劲肋的梁按构造需要设置横向加劲肋。此时，加劲肋间距不要求满足 $a\leqslant2h_0$。

四、考虑腹板屈曲后强度时梁腹板的中间横向加劲肋设计

当梁仅配置支承加劲肋不能满足上述"三"中式（6.100a）的要求时，则应设置中间横向加劲肋。按《钢标》的规定，中间横向加劲肋应满足下列要求：

（1）应在腹板两侧成对配置。

（2）钢板加劲肋应满足以下要求：

外伸宽度：
$$b_s\geqslant\frac{h_0}{30}+40\text{mm}$$

厚度：
$$t_s\geqslant\frac{1}{15}b_s$$

（3）应按轴心压杆计算其在腹板平面外的稳定性。

轴心压力取：
$$N_s=(V_u-\tau_{cr}h_wt_w)+F \tag{6.101}$$

式中　V_u——梁受剪承载力设计值，按式（6.96）计算；

　　　τ_{cr}——腹板区格的剪切屈曲临界应力，见前文式（6.74）；

---

[1]　K. Basler. Strength of Plate Girders Under Combined Bending and Shear. Journal of Structural Division，1961：181-197。

F——作用在中间加劲肋上的集中力；如无此力时，取 $F=0$。

计算腹板平面外稳定性时，受压构件的截面应包括加劲肋及其两侧各 $15t_w\varepsilon_k$ 范围内的腹板面积。计算长度取为 h_0。

五、设有中间横向加劲肋时梁端支座处支承加劲肋的设计

当支座旁的腹板区格利用屈曲后强度计算时，亦即剪切正则化宽厚比 $\lambda_{n,s} > 0.8$ 时，设计支座加劲肋除应考虑承受梁的支座反力 R 外，尚应考虑承受由张力场引起的水平分力 H，按压弯构件计算支座加劲肋的强度和在腹板平面外的稳定性，此压弯构件的截面和计算长度同一般加劲肋，见第 6.12 节。力 H 也叫作锚固力，其作用点在距腹板计算高度上边缘 $h_0/4$ 处（图 6.57），《钢标》规定：

$$H = (V_u - \tau_{cr}h_w t_w)\sqrt{1 + \left(\frac{a}{h_0}\right)^2} \tag{6.102}$$

式中，a 对设中间横向加劲肋的梁，取支座端腹板区格的加劲肋间距；对不设中间加劲肋的梁，取梁支座至跨内剪力为零点的距离。

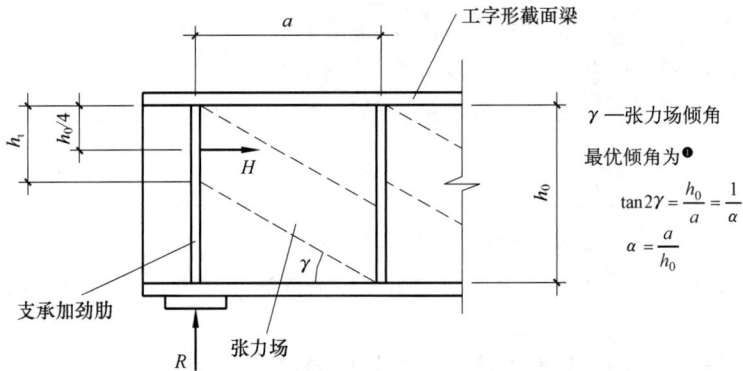

图 6.57　单支承加劲肋受力图

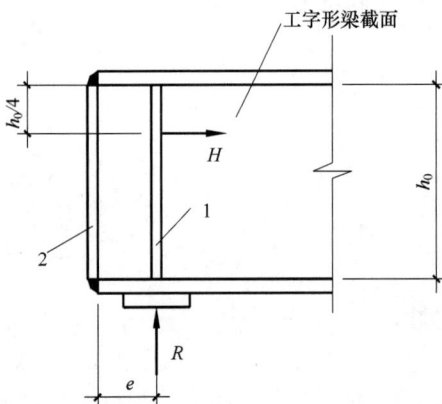

图 6.58　带封头肋板的支承加劲肋

1—支承加劲肋；2—封头肋板

对于支座加劲肋中的弯矩如何计算，《钢标》中未作规定。若把加劲肋看作一竖放的简支梁，则 $M = \frac{3}{16}Hh_0$。英国标准[2]中对图 6.57 所示加劲肋取 $M = 0.15Hh_0$，可供参考。

当支座处的支承加劲肋采用图 6.58 所示的构造形式时，可按下述简化方法计算：

加劲肋 1 按承受支座反力 R 的轴心压杆计算，计算方法与第 6.12 节中介绍的相同。

封头肋板 2 的截面面积不应小于：

$$A_c = \frac{3h_0 H}{16ef} \tag{6.103}$$

把封头肋板 2 和加劲肋 1 以及其间的梁腹

● K. Basler. Strength of Plate Girders in Shear. ASCE，1963（128）：683-712。

❷见书末主要参考资料［47］。

板看作一竖向放置的简支工字梁，此梁承受弯矩 $M = \frac{3}{16}Hh_0$。假定此弯矩完全由竖梁的翼缘承受，即得式（6.103），式中 e 为加劲肋与封头肋板的中心间距，f 为钢材的抗拉强度设计值。要注意，e 值大小应使此竖梁的腹板截面能承受由 H 引起的纵向水平剪力 $0.75H$（即 H 作用在竖梁 1/4 跨度处产生的最大水平反力）。

下面拟对 H 的计算式（6.102）来源作一些说明，参阅图 6.57。

张力场的高度为：

$$h_\text{t} = h_0 - a\tan\gamma = h_0(1 - \alpha\tan\gamma)$$

张力场中张力的竖向分力为：

$$V_\text{t} = (\tau_\text{u} - \tau_\text{cr})t_\text{w}h_\text{t} = (\tau_\text{u} - \tau_\text{cr})t_\text{w}h_0(1 - \alpha\tan\gamma)$$

由三角函数恒等式：

$$\tan 2\gamma = \frac{2\tan\gamma}{1 - \tan^2\gamma}$$

和
$$\tan 2\gamma = \frac{1}{\alpha} \quad \text{（见图 6.57）}$$

解得
$$\tan\gamma = -\alpha + \sqrt{1 + \alpha^2}$$

张力场中张力的水平分力：

$$H = \frac{V_\text{t}}{\tan\gamma} = (\tau_\text{u} - \tau_\text{cr})h_0 t_\text{w} \cdot \frac{1 - \alpha\tan\gamma}{\tan\gamma}$$

因
$$\frac{1 - \alpha\tan\gamma}{\tan\gamma} = \sqrt{1 + \alpha^2} = \sqrt{1 + \left(\frac{a}{h_0}\right)^2}$$

故得
$$H = (\tau_\text{u} - \tau_\text{cr})h_0 t_\text{w}\sqrt{1 + (a/h_0)^2}$$

即
$$H = (V_\text{u} - \tau_\text{cr}h_0 t_\text{w})\sqrt{1 + (a/h_0)^2}$$

【例题 6.11】 某焊接工字形截面简支梁，跨度 $l = 12.0\text{m}$，承受均布荷载设计值 $q = 234\text{kN/m}$（包括梁自重），Q235B 钢。已知截面为翼缘板 2—20×400，腹板 1—10×2000。跨中有足够的侧向支承点，保证其不会整体失稳，但梁的上翼缘扭转变形不受约束。截面的惯性矩和截面模量已算出，示于图 6.59。试考虑腹板屈曲后强度验算其受剪和受弯承载力。同时，验算是否需要设置中间横向加劲肋，如需设置，则给出其间距及截面尺寸；并设计支座处支承加劲肋。

【解】（1）截面尺寸几何特性及 M_x 和 V 值

此梁截面若照常规设计，腹板高度 $h_0 = h_\text{w} = 2000\text{mm}$，则其腹板厚度当取：

$$t_\text{w} = 7 + 0.003h_\text{w} = 13(\text{mm}) \quad [\text{见式}(6.57)]$$

或
$$t_\text{w} = \frac{2}{7}\sqrt{h_\text{w}} = 12.8(\text{mm}) \quad [\text{见式}(6.56)]$$

今用 $t_\text{w} = 10\text{mm}$，显然减小了厚度。又 $h_0/t_\text{w} = 200$，按常规就需设置纵向加劲肋。考虑腹板屈曲后强度，可不设纵向加劲肋。算得弯矩和剪力，见图 6.59。

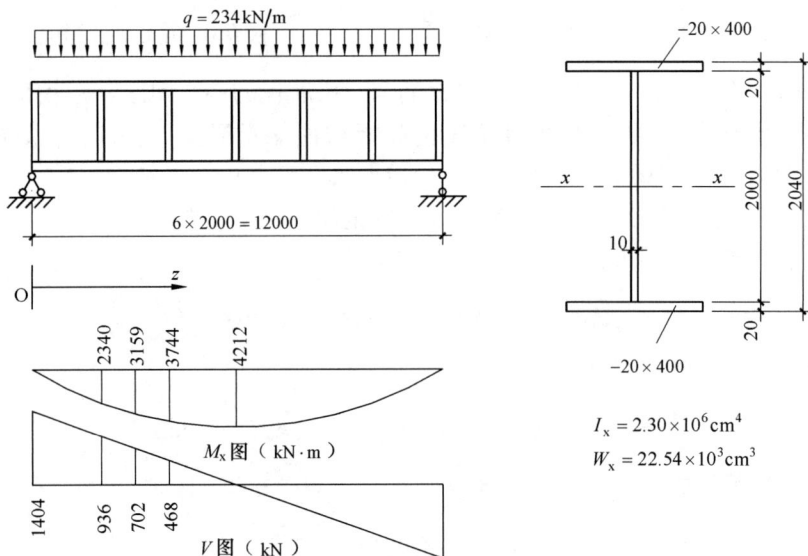

图 6.59　例题 6.11 图之一

（2）假设不设置中间横向加劲肋，验算腹板受剪承载力

梁端截面：$V = 1404\text{kN}$，$M_x = 0$

不设中间横向加劲肋时剪切正则化宽厚比（简支梁 $\eta = 1.11$）：

$$\lambda_{n,s} = \frac{h_0/t_w}{37\eta\sqrt{5.34}} \cdot \frac{1}{\varepsilon_k} = \frac{200}{37 \times 1.11\sqrt{5.34}} \times 1 = 2.11 > 1.2$$

$$V_u = h_0 t_w f_v / \lambda_{n,s}^{1.2} = \frac{2000 \times 10 \times 125}{2.11^{1.2}} \times 10^{-3} = 1020(\text{kN}) \quad [\text{见式}(6.96)]$$

$$V = 1404\text{kN} > V_u，不可。$$

应设置中间横向加劲肋。经试算，取加劲肋间距 $a = 2000\text{mm}$，如图 6.59 所示。

（3）设中间横向加劲肋（$a = 2\text{m}$）后的截面受剪和受弯承载力验算

1）梁翼缘能承受的弯矩 M_f

$$M_f = 2A_{fl}h_{ml}f = 2 \times 400 \times 20 \times 1010 \times 205 \times 10^{-6} = 3313(\text{kN} \cdot \text{m}) \quad [\text{见式}(6.100b)]$$

2）区格的受剪承载力 V_u 和屈曲临界应力 τ_{cr}

剪切正则化宽厚比（$a/h_0 = 1.0$）：

$$\lambda_{n,s} = \frac{h_0/t_w}{37\eta\sqrt{5.34 + 4(h_0/a)^2}} = \frac{200}{37 \times 1.11\sqrt{5.34 + 4}} = 1.593 > 1.2$$

$$V_u = h_w t_w f_v / \lambda_{n,s}^{1.2} = \frac{2000 \times 10 \times 125}{1.593^{1.2}} \times 10^{-3} = 1430(\text{kN})$$

$$\tau_{cr} = 1.1 f_v / \lambda_{n,s}^2 = \frac{1.1 \times 125}{1.593^2} = 54(\text{N/mm}^2)$$

3）腹板屈曲后梁截面的受弯承载力 M_{eu}

受压翼缘扭转未受到约束的受弯腹板正则化宽厚比：

$$\lambda_{n,b} = \frac{h_0/t_w}{138} \cdot \frac{1}{\varepsilon_k} = \frac{200}{138} = 1.449 > 1.25$$

腹板受压区有效高度系数：

$$\rho = \frac{1}{\lambda_{n,b}}\left(1 - \frac{0.2}{\lambda_{n,b}}\right) = \frac{1}{1.449}\left(1 - \frac{0.2}{1.449}\right) = 0.595$$

梁的截面模量考虑腹板有效高度的折减系数：

$$\alpha_e = 1 - \frac{(1-\rho)h_c^3 t_w}{2I_x} = 1 - \frac{(1-0.595) \times 100^3 \times 1}{2 \times 2.30 \times 10^6} = 0.912$$

腹板屈曲后梁截面的受弯承载力：

$$M_{eu} = \gamma_x \alpha_e W_x f = 1.0 \times 0.912 \times (22.54 \times 10^3) \times 10^3 \times 205 \times 10^{-6}$$
$$= 4214(\text{kN} \cdot \text{m})$$

式中（参见图 6.59），翼缘板厚 $t = 20\text{mm} > 16\text{mm}$，取 $f = 205 \text{ N/mm}^2$（见附表 1.1）。翼缘板自由外伸宽厚比为 $b'/t = (400-10)/(2 \times 20) = 9.75 < 11\varepsilon_k$，属 S2 级；腹板高厚比为 $h_0/t_w = 200 > 124\varepsilon_k (<250)$，属 S5 级（见表 6.1 或附表 1.7），取 $\gamma_x = 1.0$。

4）各截面处承载力的验算

验算条件为：

$$\left(\frac{V}{0.5V_u} - 1\right)^2 + \frac{M_x - M_f}{M_{eu} - M_f} \leqslant 1.0$$

按规定，当截面上 $V < 0.5V_u$ 时，取 $V = 0.5V_u$，因而验算条件为 $M_x \leqslant M_{eu}$；当截面上 $M_x < M_f$ 时，取 $M_x = M_f$，因而验算条件为 $V \leqslant V_u$。

从图 6.59 的 M_x 图和 V 图各截面的数值可见，从 $z = 3\text{m}$ 到 $z = 6\text{m}$ 处，各截面的 V 均小于 $\frac{1}{2}V_u = \frac{1}{2} \times 1430 = 715(\text{kN})$，而 M_x 均小于 $M_{eu} = 4214\text{kN} \cdot \text{m}$，因而承载力满足 $M_x < M_{eu}$。

从 $z = 0$ 到 $z = 3\text{m}$ 处，各截面的 M_x 均小于 $M_f = 3313\text{kN} \cdot \text{m}$，各截面的 V 均小于 $V_u = 1430\text{kN}$，因而承载力满足 $V \leqslant V_u$。

各截面均满足承载力条件。本梁剪力的控制截面在梁端（$z = 0$ 处），弯矩的控制截面在跨度中点（$z = 6\text{m}$ 处）。

（4）中间横向加劲肋设计

1）横向加劲肋中的轴压力

$$N_s = V_u - \tau_{cr}h_w t_w = 1430 - 54 \times 2000 \times 10 \times 10^{-3} = 350(\text{kN})$$

2）加劲肋的截面尺寸（图 6.60）

$$b_s \geqslant \frac{h_0}{30} + 40 = \frac{2000}{30} + 40 = 106.7(\text{mm})，采用 b_s = 120\text{mm}。$$

$$t_s \geqslant \frac{b_s}{15} = \frac{120}{15} = 8(\text{mm})，采用 t_s = 8\text{mm}。$$

3）验算加劲肋在梁腹板平面外的稳定性

验算加劲肋在梁腹板平面外稳定性时，按规定考虑加劲肋每侧 $15t_w\varepsilon_k$ 范围的腹板面积

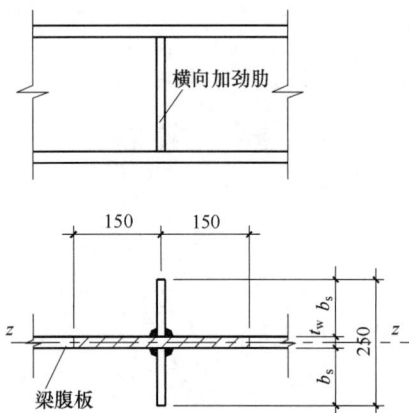

图 6.60　例题 6.11 图之二

计入加劲肋的面积，如图 6.60 所示。

截面面积：

$$A = 2 \times 120 \times 8 + 2 \times 150 \times 10 = 4920(\text{mm}^2)$$

惯性矩：

$$I_z = \frac{1}{12} \times 8 \times (2 \times 120 + 10)^3 = 10.42 \times 10^6 (\text{mm}^4)$$

回转半径：

$$i_z = \sqrt{\frac{I_z}{A}} = \sqrt{\frac{10.42 \times 10^6}{4920}} = 46(\text{mm})$$

长细比：

$$\lambda_z = \frac{h_0}{i_z} = \frac{2000}{46} = 43.5$$

按 b 类截面（设加劲肋为火焰切割），查附表 1.19，得 $\varphi = 0.885$。稳定条件：

$$\frac{N_s}{\varphi A f} = \frac{350 \times 10^3}{0.885 \times 4920 \times 215} = 0.374 \ll 1.0,\text{可。}$$

4）加劲肋与腹板的连接角焊缝

因 N_s 不大，焊缝尺寸按构造要求确定（见第 3 章表 3.3），采用 $h_f = 5\text{mm}$。

（5）支座处支承加劲肋设计

经初步计算，采用图 6.57 所示的单根支座加劲肋不能满足验算条件，因而采用图 6.58 所示的构造形式。

1）由张力场引起的水平力 H（或称为锚固力）：

$$H = (V_u - \tau_{cr} h_w t_w) \sqrt{1 + (a/h_0)^2} = (1430 - 54 \times 2000 \times 10 \times 10^{-3}) \sqrt{1+1}$$
$$= 350 \times 1.414 = 495(\text{kN})。$$

2）把加劲肋 1 和封头肋板 2 及两者间的大梁腹板看成一竖向工字形简支梁（参阅图 6.58），水平力 H 作用在此竖梁的 1/4 跨度处，因而得梁顶截面水平反力为：

$$V_h = 0.75H = 0.75 \times 495 = 371(\text{kN})$$

按竖梁腹板的抗剪强度确定加劲肋 1 和封头肋板 2 的间距 e：

$$e = \frac{V_h}{f_v t_w} = \frac{371 \times 10^3}{125 \times 10} = 297(\text{mm}),\text{取 } e = 300\text{mm}。$$

3）所需封头肋板截面面积为：

$$A_c = \frac{3h_0 H}{16 e f} = \frac{3 \times 2000 \times 495 \times 10^3}{16 \times 300 \times 215} = 2878(\text{mm}^2)$$

采用封头肋板截面为—$14 \times 400 \Big[$宽度 b_c 取与大梁翼缘板相同，取厚度为 $t_c \geqslant \frac{1}{15}\left(\frac{b_c}{2}\right) = \frac{1}{15}$

$\times 200 = 13.3(\text{mm})$，采用 14mm，满足 A_c 的要求$\Big]$。

4）支承加劲肋 1 按承受梁端支座反力 $R = 1404\text{kN}$ 计算，计算内容包括腹板平面外的稳定性和端部承压强度等，计算方法见第 6.12 节"三"和例题 6.10，此处从略。

复 习 思 考 题

6.1 梁的强度破坏和失去整体稳定破坏有何不同？梁失去整体稳定与失去局部稳定又有何不同？采用高强度低合金结构钢对提高梁的稳定性有无益处？何故？

6.2 为了提高梁的整体稳定性，设计时可采用哪些措施？以何者为最有效？

6.3 通常所谓"简支"钢梁实际上应是"夹支"钢梁，亦即在梁两端要求采取措施防止端部截面发生绕梁纵轴线的转动，何故？为什么对混凝土梁没有这个要求？

6.4 《钢标》中对工字形截面钢梁的局部稳定性是如何分别考虑的？为什么要针对不同板件和不同荷载采取不同规定？

6.5 《钢标》中对板梁腹板的横向加劲肋的截面尺寸要求：$b_s \geqslant h_0/30 + 40\text{mm}$ 和 $t_s \geqslant b_s/15$。试思考这两个式子主要是基于强度条件、稳定条件还是刚度条件？

6.6 工字形截面钢板梁的翼缘焊缝主要传递截面中的哪种应力？这种应力是如何产生的？

6.7 什么叫作板件的正则化宽厚比？目前对板件的稳定问题，通常采用正则化宽厚比来表述其稳定临界应力。这种表述方法有何优点？

6.8 工字形截面钢板梁中的腹板张力场是如何产生的？张力场的作用可提高梁截面的何种承载力？应如何保证张力场作用不受破坏？

6.9 在验算工字形截面钢板梁腹板区格的局部稳定性时，常采用该区格的平均剪力和平均弯矩作为该区格上的作用，何故？在验算钢梁考虑屈曲后强度的承载力时，是否也采用平均剪力和平均弯矩？何故？

习 题

6.1 某简支梁，跨度 $l=6\text{m}$，截面为热轧槽钢 [36a。在跨度中点承受一斜向集中力与 y 轴呈 30° 夹角，并通过槽钢截面的剪力中心，如图 6.61 所示，其标准值 $F_k=12\text{kN}$，为静力可变荷载。钢材为 Q235。试计算此梁的抗弯强度、抗剪强度和挠度。

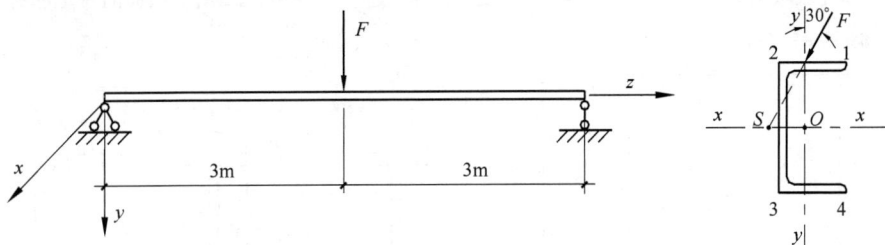

图 6.61 习题 6.1 图

6.2 参阅前文图 6.9。梁截面为热轧工字钢 I50a，梁的上翼缘顶面承受一固定集中荷载，其设计值 $F=680\text{kN}$，钢材为 Q235。问该固定集中荷载下的垫板沿梁跨度方向需为多宽方使在集中荷载下梁腹板处可不设支承加劲肋？

6.3 某简支梁，跨度 $l=6\text{m}$，截面为热轧工字钢 I56a。求下列情况下此梁的整体稳定系数各为多大：（1）上翼缘承受满跨均布荷载，跨度中间无侧向支承点，Q235 钢；（2）同（1），但钢材改为 Q355；（3）集中荷载作用于跨度中点的下翼缘，跨度中点有一侧向支承点，Q355 钢；（4）集中荷载作用于跨度中点的下翼缘，跨中无侧向支承点，Q355 钢。

6.4 例题 6.1 中的简支梁，若除在上翼缘处承受均布永久荷载标准值 $q_{Gk}=75\text{kN/m}$ 外，可变荷载标准值改为跨度中点上翼缘处承受一集中荷载 $P_k=500\text{kN}$（静力荷载）。试验算此梁的整体稳定性和抗弯强度，并讨论本题中整体稳定系数按均布荷载考虑、按集中荷载考虑和按两者共同考虑时有何不同？

6.5 习题6.1中的简支槽钢梁，除梁两端有侧向支承外，跨度中间无侧向支承点。试验算此梁的整体稳定性是否满足要求？如不满足，应采取何种措施？

6.6 某工字形截面压弯构件，两端简支，构件长度为 $l=6$m，截面由 $2-20×400$ 和 $1-10×560$ 焊接而成，Q235钢。当验算此构件在弯矩作用平面外的弯扭屈曲时，需用到纯弯曲时的梁整体稳定系数 φ_b（见第7章第7.4节）。试分别按《钢标》中规定的基本公式［本书式（6.33）］和《钢标》中推荐用于验算压弯构件的近似公式［本书式（6.38）］计算此构件的 φ_b，并比较本题中近似公式的精度。当钢材为 Q355 钢时，又当如何？

6.7 图6.62所示为某交叉钢梁系，次梁上铺设钢筋混凝土预制楼板。楼盖自重标准值为 3.0kN/m²（未包括钢梁自重），楼盖所受可变荷载标准值为 6.0kN/m²，楼盖不直接承受动力荷载。钢材为 Q235。假设所有梁均为两端简支，试求以下情况时图中所示次梁 B_1 的截面：（1）楼板直接搁置在次梁上；（2）楼板与次梁的上翼缘牢固相连。

6.8 设计习题6.7中楼面交叉梁系的主梁 G_1。次梁 B_1 和主梁 G_1 采用同位连接，次梁连于主梁的中间横向加劲肋上。设计内容包括（设楼板与次梁的上翼缘牢固相连）：

（1）截面尺寸的选定（采用焊接工字形截面）；

（2）强度、整体稳定性、折算应力的验算；

（3）翼缘截面的改变，以及改变截面处折算应力的验算；

（4）挠度的验算；

（5）翼缘焊缝的计算；

（6）中间加劲肋的布置和中间加劲肋截面尺寸的选定；

（7）端部支承加劲肋（采用突缘式）的计算。

6.9 图6.63所示为某焊接工字形简支板梁的中间一段，梁截面如图示，梁承受均布荷载，钢材为 Q235。跨中有侧向支承，无整体稳定性问题。梁上翼缘扭转时未受任何约束。梁上均布荷载设计值为 $q=300$kN/m（已包括梁自重）。已知加劲肋①处的弯矩设计值为 $M_x=11500$kN·m，剪力设计值 $V=+1300$kN，加劲肋②处的弯矩设计值小于加劲肋①处。截面惯性矩 $I_x=6.55×10^6$cm⁴。试考虑腹板屈曲后强度，验算此腹板区格的承载力是否合格？（提示：首先应算出加劲肋②所在截面的弯矩和剪力）。

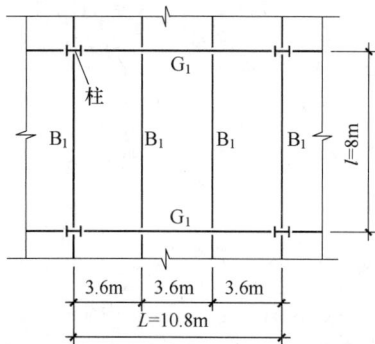

图6.62 习题6.7图

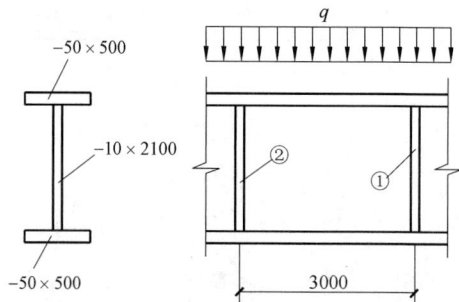

图6.63 习题6.9图

第 7 章 拉弯构件和压弯构件

7.1 概 述

同时承受弯矩和轴心拉力或轴心压力的构件称为拉弯构件或压弯构件（后者亦称梁-柱）。承受节间荷载的简支桁架下弦杆是拉弯构件的典型例子。压弯构件的应用更广泛，例如承受节间荷载的简支桁架上弦杆、单层厂房的框架柱、多层和高层房屋的框架柱等，都是常见的压弯构件，其应用远较拉弯构件和第 5 章中讲述的轴心受压构件广泛。在计算和设计方面，压弯构件较拉弯构件复杂，本章主要讲述压弯构件，兼顾拉弯构件。

压弯构件常采用单轴对称或双轴对称的截面。当弯矩只作用在构件的最大刚度平面内时称为单向压弯构件，在两个主平面内都有弯矩作用的构件称为双向压弯构件。工程结构中大多数压弯构件可按单向压弯构件考虑。

图 7.1 所示为常见的四种单向压弯构件。其中，图 7.1(a) 为偏心受压构件；图 7.1(b) 为同时作用有轴心压力和端弯矩的构件，端弯矩来自相邻构件给予的转动约束，若端弯矩和轴心压力为按比例增加，则也可看作偏心受压构件，此时偏心距 $e = M/N$，是一个常量；图 7.1(c) 为同时承受横向荷载和轴心压力的构件。上述图 7.1(a)、(b) 和 (c) 所示三种构件的端部都有支承，因而两端无垂直于杆轴的相对位移，杆端的剪力仅由弯矩所引起。无侧移框架的柱子属于这一类。图 7.1(d) 为两端有垂直于杆轴的相对位移的构件，杆端剪力由弯矩和轴心压力两者共同产生（图中未示出），有侧移框架的柱子就属于这一类。

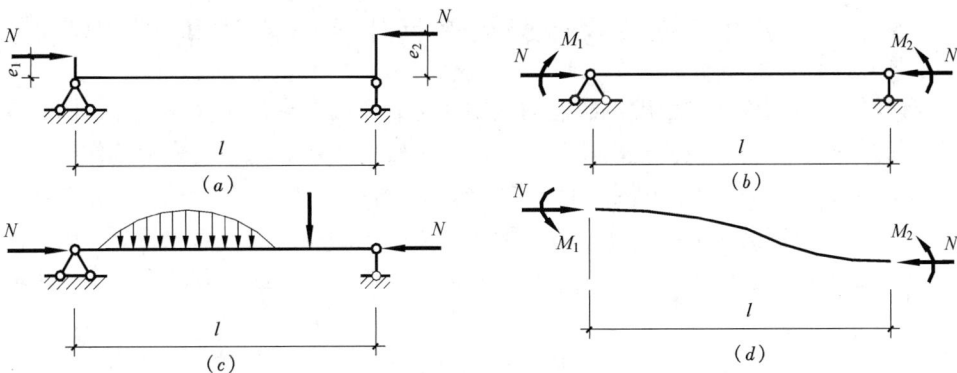

图 7.1 单向压弯构件

图 7.2 所示为单向压弯构件截面的常见形式 ［图 7.2(a) 为焊接和热轧 H 型钢］，当其所受弯矩有正、负两种可能且其大小又较接近时，宜采用双轴对称截面，否则宜用单轴对称截面，两者均应使弯矩作用于截面的最大刚度平面内。在实腹式构件中，弯矩作用平

面内宜有较大的截面高度，使构件有较大的刚度，以抵抗更大的弯矩。在格构式构件中，应使截面的实轴与弯矩作用平面一致，调整其两分肢的间距可使其具有抵抗更大的弯矩的能力。

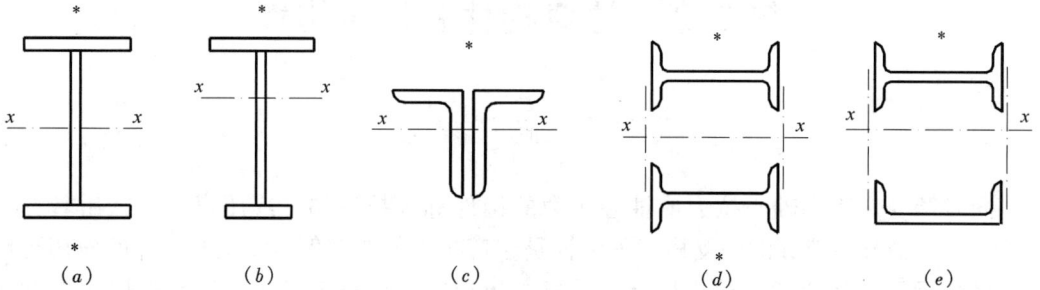

* 一轴心压力的作用点（或弯矩产生的受压侧）

图 7.2　单向压弯构件的常见截面形式

(a) 双轴对称工字形；(b) 加强受压翼缘的单轴对称工字形；(c) 双角钢 T 形；
(d) 双轴对称格构式；(e) 加强受压侧的格构式

对单向压弯构件，根据其到达承载能力极限状态时的破坏形式，应计算其强度、弯矩作用平面内的稳定、弯矩作用平面外的稳定和组成板件的局部稳定。当为格构式构件时，还应计算分肢的稳定。为了保证其正常使用，应验算构件的长细比。对两端支承的压弯构件，当跨间作用有横向荷载时，还应验算其挠度。对拉弯构件，一般只需计算其强度和长细比，不需计算其稳定。但在拉弯构件所受弯矩较大而拉力较小时，由于作用已接近受弯构件，就需要验算其整体稳定性；在拉力和弯矩作用下出现翼缘板受压时，也需验算翼缘板的局部稳定性。这些当由设计人员根据具体情况加以判定。

本章将主要介绍压弯构件的计算，并在最后一节中叙述工程应用最为广泛的一类压弯构件——框架柱的计算长度确定方法。

7.2　拉弯构件和压弯构件的强度计算

拉弯构件和压弯构件的强度承载能力极限状态是截面上出现塑性铰。今以图 7.3 所示矩形截面的单向压弯构件截面上出现塑性铰时，其轴力和弯矩的相关式为例作出说明。

图 7.3 (c) 为截面出现塑性铰时的应力图形。若把受压区应力图形分解成有斜线和无斜线的两部分，使受压区有斜线部分的面积与受拉区的应力图形面积相等，则此两者的合力组成一力偶，其值应等于截面上的弯矩，而受压区中无斜线部分的合力则代表截面上的轴心压力，即：

$$M = \frac{1}{4} f_y bh^2 - \frac{1}{4} f_y b (\alpha h)^2 = \frac{1}{4} f_y bh^2 (1 - \alpha^2)$$

$$N = \alpha bh f_y$$

若把截面的全塑性弯矩和轴力记为：

$$M_p = \frac{1}{4} f_y bh^2 \quad 和 \quad N_p = bh f_y$$

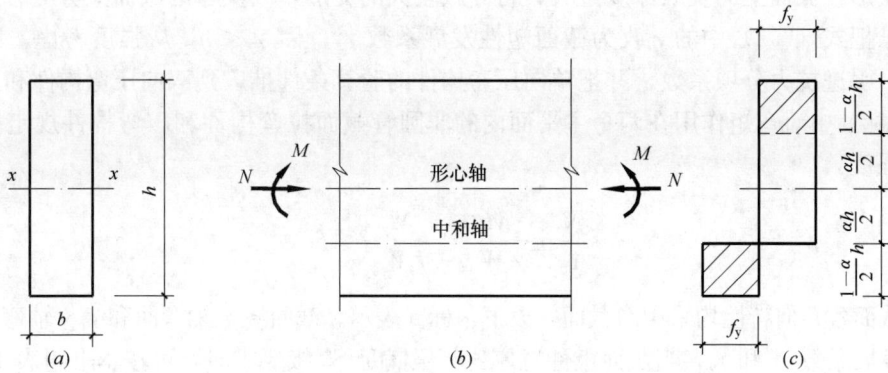

图 7.3　矩形截面单向压弯构件的塑性铰

（a）矩形截面；（b）构件段脱离体；（c）极限状态应力图

把上述 M_p、N_p 的表达式分别代入 M、N 的表达式，并消去 α，即得：

$$\left(\frac{N}{N_p}\right)^2 + \frac{M}{M_p} = 1 \tag{7.1}$$

式（7.1）表示压弯构件矩形截面上出现塑性铰，即到达强度承载能力极限状态时轴力和弯矩的相关式，其曲线为一抛物线，见图 7.4 中最上面一条曲线。

当双轴对称工字形截面绕其强轴 x-x 轴弯曲时，根据上述同样的推导方式，可得到截面出现塑性铰时轴力 N 和弯矩 M 的相关式，其曲线随单个翼缘面积 A_f 与腹板面积 A_w 之比值而变，见图 7.4 中各曲线。相关式的推导，可参阅钢结构的塑性设计有关书籍❶。

从图 7.4 中可见，各相关曲线都位于下式所表示的直线以上

$$\frac{N}{N_p} + \frac{M}{M_p} = 1$$

如采用此直线相关式作为各类截面压弯构件出现塑性铰的相关式，结果将偏于安全。

以 $N_p = Af_y$ 和 $M_p = \eta W_x f_y$ 代入上式，可得：

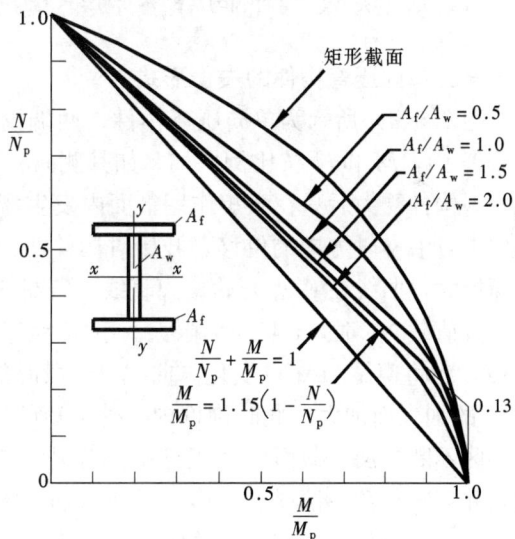

图 7.4　压弯构件截面出现塑性铰时的 N/N_p 和 M/M_p 相关曲线

$$\frac{N}{A} + \frac{M}{\eta W_x} \leqslant f_y \tag{7.2}$$

式中　　η——截面形状系数，对矩形截面取 1.5，对工字形截面取 1.10~1.17。

《钢标》中，对非塑性设计时压弯构件的强度验算条件即根据式（7.2）得来。但考虑

---

❶　例如：日本建筑学会. 钢结构塑性设计指南. 李和华，等. 译. 北京：中国建筑工业出版社，1981：58-60。

到塑性变形在截面上的发展深度过大，将导致较大的变形，以及考虑截面上剪应力的不利影响，已把式（7.2）中的 η 改为截面塑性发展系数 γ_x，因 $\gamma_x < \eta$，从强度考虑，则更偏于安全。引进抗力分项系数，并把单向压弯构件的验算条件推广到双向压弯构件和拉弯构件，《钢标》中对弯矩作用在两个主平面内的非圆管截面拉弯构件和压弯构件规定按下式验算其强度：

$$\frac{N}{A_n} \pm \frac{M_x}{\gamma_x W_{nx}} \pm \frac{M_y}{\gamma_y W_{ny}} \leqslant f \tag{7.3}$$

式中，截面各几何特性均采用净截面，以下角标 n 表示。截面绕 x 轴弯曲和绕 y 轴弯曲的截面塑性发展系数 γ_x 和 γ_y，当截面板件宽厚比等级满足 S3 级要求时，可按本书附表 1.14 采用，不满足 S3 级要求时取 $\gamma = 1.0$。截面板件宽厚比等级按本书附表 1.7 根据受压板件的内力分布情况确定。但还需指出，对需计算疲劳的构件，《钢标》中限制其为弹性阶段工作，不考虑塑性变形在截面上的发展，规定取 $\gamma = 1.0$；对绕虚轴［图 7.2 (d)、(e) 所示 x 轴］弯曲的格构式构件，因仅考虑边缘纤维屈服，也规定取 $\gamma = 1.0$。

圆管截面拉弯构件和压弯构件的截面强度及稳定性计算，本书不作介绍，读者可参阅《钢标》第 8 章的相关规定。

7.3 实腹式单向压弯构件在弯矩作用平面内的稳定性计算

一、单向压弯构件的失稳形式

图 7.5(a) 所示为单向压弯构件，两端铰支，端弯矩 M 作用在构件截面的对称轴平面 yOz 内，M 和 N 按比例增加。如其侧向有足够的支承防止其发生弯矩作用平面外的位移，则构件受力后只在弯矩作用平面内发生弯曲变形。图 7.5(b) 表示其 N-v 曲线，v 为构件中点沿 y 轴方向的位移。开始时构件处于弹性工作阶段，N-v 接近线性变化。当荷载逐渐加大，曲线在 A 点开始偏离直线。若材料为无限弹性，则此曲线为 OAB，在 N 接近于欧拉荷载 N_{Ex} 时，v 趋向无限大。事实上，因钢材为弹塑性材料，其 N-v 曲线不可能为 OAB，而将遵循 OACD 变化。曲线 AC 段时的构件截面虽已进入弹塑性阶段，但 v 仍随着 N 的加大而加大，此时构件内、外力矩的平衡是稳定的。曲线 CD 段时的构件截面中，塑性区不断扩展，截面内力矩已不能与外力矩保持稳定的平衡，因而这个阶段是不稳定的，并在减小荷载情况下位移 v 不断增加。图中的 C 点是由稳定平衡过渡到不稳定平衡的临界点，也是曲线 OACD 的极值点。相应于 C 点的轴力 N_{ux}[❶] 称为极限荷载、破坏荷载或最大荷载。荷载达到 N_{ux} 后，构件即失去弯矩作用平面内的稳定（简称平面内失稳）。

假如构件没有足够的侧向支承，对无初始缺陷的理想构件，当荷载较小时构件不产生沿 x 轴方向的出平面位移 u 和扭转变形 θ，如图 7.5 (c) 中的 OA 线所示；若构件的平面内稳定性较强，则荷载可加到 N_{cr} 后发生侧扭屈曲而破坏。若考虑构件具有初始缺陷，则荷载一经施加，构件即可产生较小的位移 u 和扭转变形 θ，如图 7.5 (c) 中的 OC 线所示。随着荷载的增大，变形 u 和 θ 逐渐加大，待到达某一荷载 N_{uy} 后，变形 u 和 θ 会突然

---

❶ N_{ux} 的下角标 u 表示最大荷载（ultimate load），x 表示对 x 轴屈曲。下文的 N_{uy} 意义相同。

很快增加，而荷载却反而降低，如图 7.5（c）中的 DE 线所示，构件发生侧扭屈曲而破坏（简称平面外失稳）。N_{uy} 是发生侧扭屈曲时的极限荷载。

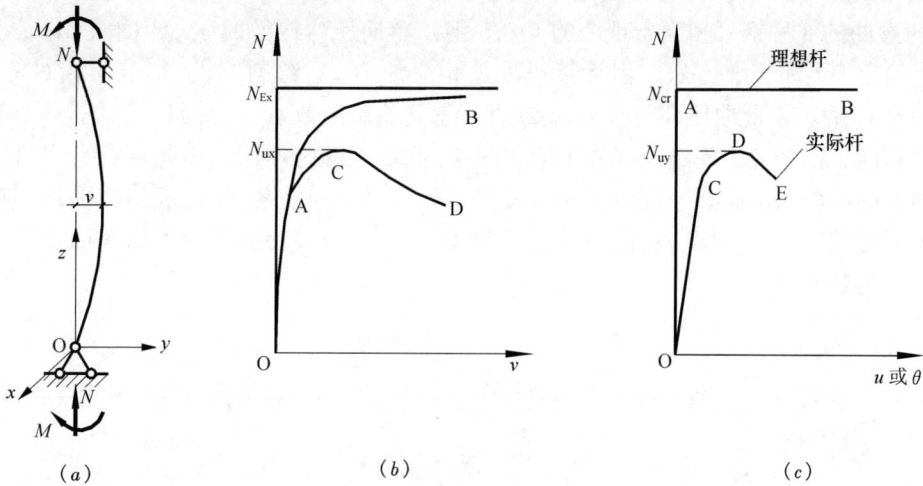

图 7.5　单向压弯构件的轴力-位移曲线

根据上面的介绍，可见对单向压弯构件必须分别验算平面内稳定和平面外稳定两种稳定性，前者为弯曲失稳，后者为弯扭失稳。双向压弯构件则只有弯扭失稳一种可能。本节主要讲述弯矩作用平面内的稳定性计算。平面外的稳定性计算见下文第 7.4 节。

二、平面内稳定性计算的三种常用方法

首先介绍理论比较严密，但应用较为不便的极限荷载计算方法。

根据上面的介绍，弯矩作用平面内极限荷载 N_{ux} 的到达是压弯构件稳定承载能力的极限状态。据此，可建立平面内稳定的计算条件为：

$$\sigma = \frac{N}{A} \leqslant \frac{N_{ux}}{A} \cdot \frac{1}{\gamma_R} = \frac{N_{ux}}{Af_y} \cdot \frac{f_y}{\gamma_R} = \varphi_{bc} \cdot f \text{❶}$$

即

$$\frac{N}{\varphi_{bc}A} \leqslant f \tag{7.4}$$

上式称为压弯构件平面内稳定性验算的单项公式，式中 $\varphi_{bc} = \dfrac{N_{ux}}{Af_y} = \dfrac{\sigma_{ux}}{f_y}$ 为压弯构件平面内

稳定系数，它与构件的截面形状、弯矩与轴心压力的比值（常用相对偏心率 $\varepsilon = \dfrac{M}{N} \cdot \dfrac{A}{W}$ 来

表达）和平面内构件的长细比 λ_x 等有关。

用式（7.4）验算压弯构件的平面内稳定性，概念很明确，问题的关键是要找到极限荷载 N_{ux}，也就是要找到图 7.5（b）中曲线 ACD 的方程而后求此曲线极值。曲线 ACD 的方程或极限荷载 N_{ux} 的求解是一个双重非线性问题（N 与 v 间呈几何非线性，钢材进入弹塑性状态后应力与应变呈物理非线性），无精确的解析解。在计算机问世以前，常需建立

---

❶ φ_{bc} 下角标 bc 表示梁柱（beam-column）。

各种近似的假定方能得到 N_{ux}，著名的耶若克（Jezek）方法[1]就是当时的代表。在计算机使用已普及的今天，应用各种数值计算方法，例如数值积分法[2]等，可以较方便地得到 N_{ux} 的数值解。图 7.6 所示为针对某一特定焊接工字形截面、具有图示残余应力模式和 $l/1000$ 初弯曲的 3 号钢（相当于现今的 Q235 钢）单向压弯构件的 σ_{ux}-λ_x 曲线[3]，是按不同的相对偏心率 ε 和长细比 λ_x，由计算机求得相应的 N_{ux} 后绘制的[4]。知道了相对偏心率 ε 和长细比 λ_x 后，由此曲线即可查得 σ_{ux} 或直接得到稳定系数 φ_{bc}。必须注意的是，当构件截面形状不同、残余应力模式及峰值不同，σ_{ux}-λ_x 曲线也随之不同。因此较难给出可以适用于各种不同截面和不同残余应力模式、又较便于设计人员应用的 φ_{bc} 表格或曲线，这给式（7.4）的使用带来了不便。目前国外采用此法和式（7.4）验算压弯构件平面内稳定的设计标准已为数不多。

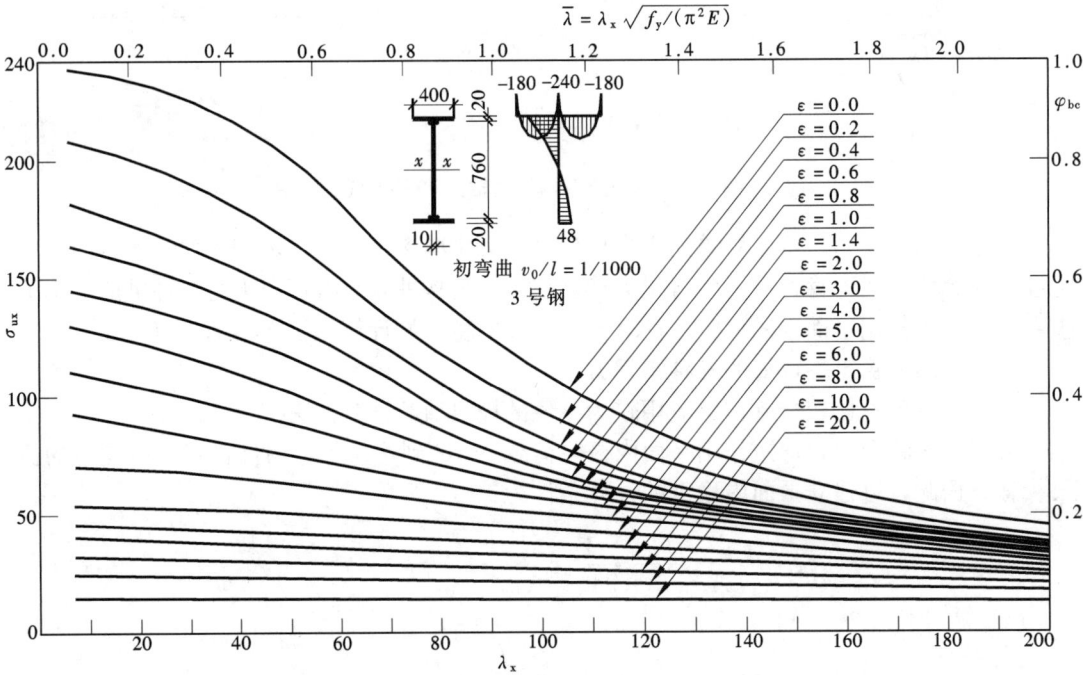

图 7.6　焊接工字形截面单向压弯构件的 σ_{ux}-λ_x 曲线

　　目前各国设计标准中应用较多的压弯构件平面内稳定性验算方法是利用相关式（也称为两项公式），这是一个实用的半经验半理论公式，应用较方便。但公式中的参数在制定标准时仍需利用上述极限荷载所得结果进行验证后确定。

　　还有一个验算方法是构件边缘纤维屈服准则，其实质是以强度计算代替稳定性计算。

---

[1]　例如，书末主要参考资料中有关结构稳定的书籍 [31]、[33] 和钢结构教科书 [9]、[10]。
[2]　例如，书末主要参考资料 [34]。
[3]　李开禧，肖允徽，等. 钢压杆柱子曲线. 重庆建筑工程学院学报，1985（1）：33。
[4]　李开禧，肖允徽. 逆算单元长度法计算单轴失稳时钢压杆的临界力. 重庆建筑工程学院学报，1982（4）：34-44。

《钢标》中，对实腹式压弯构件的平面内稳定性计算采用实用的相关式，而对格构式压弯构件绕虚轴弯曲时的稳定性验算则采用边缘纤维屈服准则。这两个方法在下文将详细说明。

三、边缘纤维屈服准则

今以图 7.7(a) 所示两端有相同偏心距 e 的偏心受压构件作为计算的依据，图 7.7(b) 所示承受端弯矩的压弯构件，若 M_0 与 N 按比例增加，即 $e = M_0/N = $ 常量，则与图 7.7(a) 所示偏心受压构件等价。在第 5 章第 5.5 节中曾讨论初偏心对轴心受压构件弹性稳定性的影响，其计算图形[图 5.13(a)]与图 7.7(a) 相似，但需注意在第 5 章中是把初偏心看成一种缺陷，偏心距 e 是一种次要因素，现在则把 e 看成主要因素。第 5.5 节中解微分方程所得挠度公式在此可直接应用，即由前文式（5.25）得压弯构件中点的最大挠度：

$$v_{\mathrm{m}} = e\left(\sec\frac{kl}{2} - 1\right) = e\left(\sec\frac{\pi}{2}\sqrt{\frac{N}{N_{\mathrm{Ex}}}} - 1\right)$$

其中，$kl = \pi\sqrt{N/N_{\mathrm{Ex}}}$，欧拉临界力 $N_{\mathrm{Ex}} = \pi^2 EA/\lambda_{\mathrm{x}}^2$。

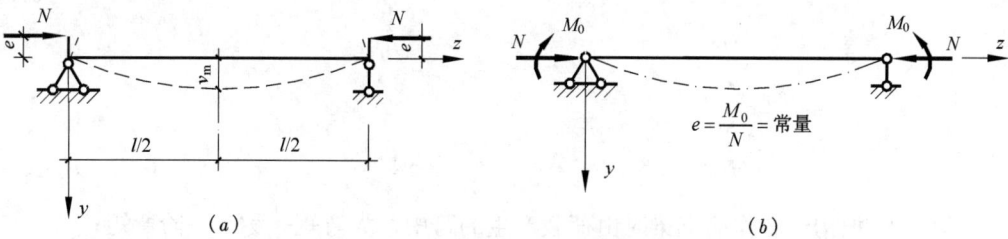

图 7.7　偏心受压构件和压弯构件

在端弯矩 $M_0 = N \cdot e$ 作用下，简支梁中点最大挠度已知为：

$$v_0 = \frac{M_0 l^2}{8EI} = \frac{Nel^2}{8EI} = \frac{e}{2}\left(\frac{kl}{2}\right)^2$$

若取 $\dfrac{kl}{2} = u$，v_{m} 可写为：

$$v_{\mathrm{m}} = v_0 \cdot \frac{2}{u^2}\ (\sec u - 1) = \alpha_{\mathrm{v}} \cdot v_0$$

式中　α_{v}——挠度放大系数。

若把 $\sec u$ 展开成级数：

$$\sec u = 1 + \frac{1}{2!}u^2 + \frac{5}{4!}u^4 + \frac{61}{6!}u^6 + \cdots$$

则

$$\alpha_{\mathrm{v}} = \frac{2}{u^2}(\sec u - 1) = 1 + 1.028\frac{N}{N_{\mathrm{Ex}}} + 1.032\left(\frac{N}{N_{\mathrm{Ex}}}\right)^2 + \cdots$$

$$\approx 1 + \frac{N}{N_{Ex}} + \left(\frac{N}{N_{Ex}}\right)^2 + \cdots = \frac{1}{1 - \dfrac{N}{N_{Ex}}}$$

即考虑轴心压力影响后的挠度放大系数为：

$$\alpha_v \approx \frac{1}{1 - \dfrac{N}{N_{Ex}}} \qquad (7.5)$$

上式在第 5.5 节中也曾导得 [见式 (5.23)]。式 (7.5) 虽然是由偏心压杆导出，但也适用于其他两端简支的压弯构件。研究证明，当 $\dfrac{N}{N_{Ex}} < 0.6$ 时，式 (7.5) 的误差小于 2%[❶]。

在得到最大挠度 v_m 后，压弯构件中的最大弯矩可写成下列普遍式：

$$M_{max} = M_0 + Nv_m = M_0 + \frac{Nv_0}{1 - \dfrac{N}{N_{Ex}}} = \frac{M_0}{1 - \dfrac{N}{N_{Ex}}}\left(1 - \frac{N}{N_{Ex}} + \frac{Nv_0}{M_0}\right)$$

$$= \frac{M_0}{1 - \dfrac{N}{N_{Ex}}}\left(1 + \psi\frac{N}{N_{Ex}}\right) \qquad (7.6)$$

$$= \frac{\beta_{mx}M_0}{1 - \dfrac{N}{N_{Ex}}}$$

式中　M_0——把构件看作简支梁时由荷载产生的跨中最大弯矩，称为一阶弯矩；

　　　Nv_m——轴心压力引起的附加弯矩，称为二阶弯矩。

$$\beta_{mx} = 1 + \psi\frac{N}{N_{Ex}}$$

$$\psi = \frac{N_{Ex}v_0}{M_0} - 1$$

式 (7.6) 中，$\beta_{mx}/(1 - N/N_{Ex})$ 称为弯矩放大系数，也就是通常所谓的 "$P\text{-}\delta$" 效应。

简支梁的最大弯矩 M_0 和最大挠度 v_0 都随荷载而异，因此 ψ 和 β_{mx} 也将随之而异。表 7.1 给出常用荷载情况下的 ψ 和 β_{mx} 值。由于实际工程的压弯构件中，N/N_{Ex} 常很小，《钢标》中对表列项次 1 承受纯弯曲的压弯构件 [图 7.7(b)] 近似取 $\beta_{mx} = 1.0$，并以此为依据确定其他压弯构件的 β_{mx}，因此 β_{mx} 称为等效弯矩系数，亦即为其他压弯构件等效于承受纯弯曲的压弯构件时 β_{mx} 应取之值。

---

❶ 见书末主要参考资料 [30] 第 15 页。

项次	荷载形式	ψ	β_{mx}	《钢标》中采用的简化 β_{mx}[①]
1	$N \xleftarrow{M_0} \qquad \xrightarrow{M_0} N$	0.234	$1+0.234\dfrac{N}{N_{Ex}}$	1.0
2	$N \xleftarrow{\quad q \quad} N$	0.028	$1+0.028\dfrac{N}{N_{Ex}}$	$1-0.18\dfrac{N}{N_{Ex}}$
3	$N \xleftarrow{\quad P \quad} N$	-0.178	$1-0.178\dfrac{N}{N_{Ex}}$	$1-0.36\dfrac{N}{N_{Ex}}$

① $N/N_{Ex}\leqslant0.2$ 时，误差小于 5%。

按式（7.6）求得最大弯矩后，构件的边缘纤维屈服条件为：

$$\frac{N}{A}+\frac{\beta_{mx}M_x}{W_{1x}\left(1-\dfrac{N}{N_{Ex}}\right)}\leqslant f_y \qquad (7.7a)$$

式中　M_x——构件内最大弯矩（一阶弯矩）；

　　　W_{1x}——对受压较大翼缘的毛截面模量。

若进而考虑初始缺陷，可将式（7.7a）改写为：

$$\frac{N}{A}+\frac{\beta_{mx}M_x+Ne^*}{W_{1x}\left(1-\dfrac{N}{N_{Ex}}\right)}\leqslant f_y \qquad (7.7b)$$

式中　Ne^*——考虑构件缺陷的等效偏心弯矩。

当 $M_x=0$，构件为轴心压杆，此时式（7.7b）为：

$$\frac{N}{A}+\frac{Ne^*}{W_{1x}\left(1-\dfrac{N}{N_{Ex}}\right)}\leqslant f_y \qquad (7.7c)$$

式（7.7c）为轴心压杆考虑缺陷时的强度验算式。

轴心压杆的稳定承载能力为：

$$N=\sigma_{cr}A=\varphi_x A f_y$$

式中　φ_x——弯矩作用平面内轴心受压构件的稳定系数，$\varphi_x=\sigma_{cr}/f_y$。

将 $N=\varphi_x A f_y$ 代入式（7.7c），可得：

$$\varphi_x f_y+\frac{\varphi_x A f_y e^*}{W_{1x}\left(1-\dfrac{\varphi_x A f_y}{N_{Ex}}\right)}\leqslant f_y$$

解得：

$$e^*=\left(\frac{1}{\varphi_x}-1\right)\frac{W_{1x}}{A}\left(1-\frac{\varphi_x A f_y}{N_{Ex}}\right)$$

把上式代入式（7.7b），整理后可得：

$$\frac{N}{\varphi_x A}+\frac{\beta_{mx}M_x}{W_{1x}\left(1-\varphi_x\dfrac{N}{N_{Ex}}\right)}\leqslant f_y$$

取 N 和 M_x 为内力设计值，并对 f_y 和 N_{Ex} 考虑抗力分项系数 γ_R，上式可写为：

$$\frac{N}{\varphi_x A f} + \frac{\beta_{mx} M_x}{W_{1x}\left(1 - \varphi_x \dfrac{N}{N'_{Ex}}\right) f} \leqslant 1.0 \tag{7.8}$$

式（7.8）为考虑构件初始缺陷后的边缘纤维屈服准则，式中 $N'_{Ex} = \dfrac{N_{Ex}}{\gamma_R} = \dfrac{\pi^2 EA}{1.1\lambda_x^2}$。前《钢结构设计规范》GBJ 17—88 考虑到格构式压弯构件当绕其虚轴弯曲时，由于空腹和分肢壁厚较小，不宜在分肢腹板上沿壁厚发展塑性变形，故规定其弯矩作用平面内的稳定应按式（7.8）计算。

对上述有初始缺陷压弯构件的边缘纤维屈服准则表达式（7.7b），引入下列符号：

$$\varepsilon = \frac{M_x A}{W_{1x} N} \text{——相对偏心率；} \quad \varepsilon^* = \frac{e^* A}{W_{1x}} \text{——相对初偏心率；}$$

$$\sigma_{Ex} = \frac{N_{Ex}}{A} \text{——欧拉临界应力；} \quad \sigma_0 = \frac{N}{A} \text{——截面平均应力。}$$

则式（7.7b）可改写为：

$$\sigma_0 - \frac{\sigma_0 \sigma_{Ex}}{\sigma_0 - \sigma_{Ex}} (\beta_{mx}\varepsilon + \varepsilon^*) \leqslant f_y$$

去分母后，此式为 σ_0 的二次方程，可得：

$$\sigma_0 = \frac{\sigma_{Ex}(1 + \beta_{mx}\varepsilon + \varepsilon^*) + f_y}{2} - \sqrt{\left[\frac{\sigma_{Ex}(1 + \beta_{mx}\varepsilon + \varepsilon^*) + f_y}{2}\right]^2 - \sigma_{Ex} f_y} \tag{7.9}$$

式（7.9）即为著名的 Perry-Robertson 公式，常为某些国家的标准采用。

四、《钢标》中关于实腹式单向压弯构件平面内稳定的设计规定——相关式

《钢标》中对于实腹式单向压弯构件平面内稳定的计算式规定为：

$$\frac{N}{\varphi_x A f} + \frac{\beta_{mx} M_x}{\gamma_x W_{1x}\left(1 - 0.8 \dfrac{N}{N'_{Ex}}\right) f} \leqslant 1.0 \tag{7.10}$$

式中　　　　　N——构件所受轴心压力设计值；

　　　　　　M_x——构件中的最大弯矩设计值；

　　　　　　φ_x——弯矩作用平面内的轴心受压构件稳定系数；

　　　　　N'_{Ex}——考虑 $\gamma_R = 1.1$ 后的欧拉临界力，$N'_{Ex} = N_{Ex}/1.1$；

　　　　　　W_{1x}——弯矩作用平面内对受压较大翼缘的弹性毛截面模量；

　　　　　　γ_x——截面塑性发展系数；

　　　　　　β_{mx}——等效弯矩系数。

比较《钢标》给出的计算式［即式（7.10）］和式（7.8），差别有两处：一是以 $\gamma_x W_{1x}$ 代替原先的 W_{1x}，这是因为式（7.8）只限于弹性工作阶段，而式（7.10）容许在截面上局部发展塑性变形；二是公式第二项分母中用常系数 0.8 代替原先的参变数 φ_x，0.8 是一个经验的修正系数，无理论推导。式（7.10）来自式（7.8），但引进了经验系数，因而是一个半理论半经验的式。当 $M_x = 0$ 时，公式成为轴心受压构件绕 x 轴弯曲屈曲的稳定性验算式；当 $N = 0$ 时，因弯矩不会因 N 而增大，应取 $\beta_{mx} = 1.0$，公式即为梁的抗弯强度计算式。式（7.10）也就成为平面内稳定性验算中的轴力 N 和弯矩 M 的相关式。

式（7.10）来自弹性阶段的边缘纤维屈服准则，是否能正确反映压弯构件的平面内稳定性，最有力的依据是按极限荷载理论的结果加以校核。我国在制定前《钢结构设计规范》GBJ 17—88 时，曾对 11 种常用截面形式并计及残余应力和初弯曲两种缺陷、考虑长细比 λ_x 从 20 到 200、相对偏心率 ε 从 0.2 到 20，分别进行了极限荷载的数值计算，以其计算结果与上述式（7.10）相比较，发现式（7.10）第二项分母中如采用修正系数 0.8 代替理论公式中的 φ_x，则其结果最为接近，这就是经验修正系数 0.8 的来源。图 7.8[1] 所示为焊接工字形截面压弯构件轴力 N 和弯矩 M 的相关曲线（图中用无量纲表示），实线为按理论的极限荷载值绘制，虚线为按下述相关式绘制：

$$\frac{N}{\varphi_x A}+\frac{M_x}{M_p\left(1-0.8\frac{N}{N_{Ex}}\right)}\leqslant f_y$$

亦即对式（7.10），取 $\beta_{mx}=1.0$、以 M_p（全塑性弯矩）代替 $\gamma_x W_{1x}$、以 N_{Ex} 代替 N'_{Ex} 和等号右边取 f_y 代替 f。实线与虚线符合较好[2]。

《钢标》沿用了上述前《钢结构设计规范》GBJ 17—88 关于实腹式单向压弯构件弯矩作用平面内稳定的计算式（7.10），但对等效弯矩系数 β_{mx} 的取值作了较大调整，以提高精度。《钢标》中对 β_{mx} 取值可分为下列三类六种情况。

（1）无侧移框架柱和两端支承的构件

1）无横向荷载时：

$$\beta_{mx}=0.6+0.4\frac{M_2}{M_1} \tag{7.11}$$

式中，端弯矩 M_1 和 M_2 使构件产生同向曲率（无反弯点）时取同号，使构件产生反向曲率（有反弯点）时取异号，$|M_1|\geqslant|M_2|$，如图 7.9 所示。

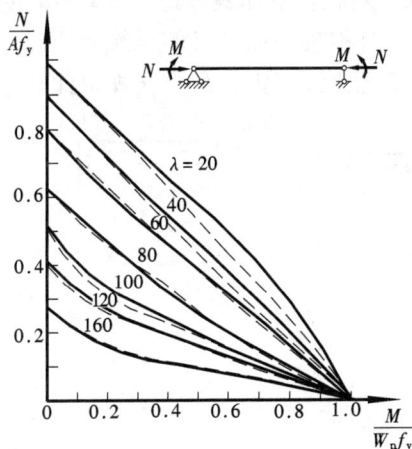

图 7.8　焊接工字形截面压弯构件的
N 和 M 相关曲线

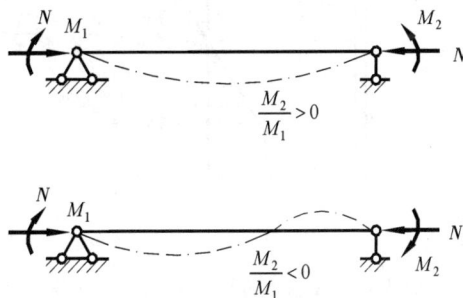

图 7.9　端弯矩 M_1 和 M_2 的符号

---

[1]　引自书末主要参考资料［18］第 190 页。

[2]　对其他截面，当采用 0.8 代替 φ_x 后的比较见书末主要参考资料［49］第 49～51 页。

2）无端弯矩而只有横向荷载作用时：

跨中单个集中荷载：

$$\beta_{\mathrm{mx}} = 1 - 0.36 N / N_{\mathrm{Ex}} \tag{7.12}$$

全跨均布荷载：

$$\beta_{\mathrm{mx}} = 1 - 0.18 N / N_{\mathrm{Ex}} \tag{7.13}$$

3）端弯矩和横向荷载同时作用时：

$$\beta_{\mathrm{mx}} = \frac{\beta_{\mathrm{m1x}} M_1 + \beta_{\mathrm{mqx}} M_{\mathrm{qx}}}{M_{\mathrm{x}}} \tag{7.14}$$

式中　β_{m1x}——按无横向荷载作用时确定的等效弯矩系数，按式（7.11）计算；

　　　　β_{mqx}——按无端弯矩而只有横向荷载作用时确定的等效弯矩系数，当横向荷载为跨中单个集中荷载时按式（7.12）计算，当横向荷载为全跨均布荷载时按式（7.13）计算；

M_1、M_{qx}——分别为端弯矩较大值和横向荷载产生的弯矩最大值❶。

（2）有侧移框架柱

1）有横向荷载的柱脚铰接的单层框架柱和多层框架的底层柱：$\beta_{\mathrm{mx}} = 1.0$；

2）其他框架柱的 β_{mx} 按式（7.12）确定。

（3）自由端作用有弯矩的悬臂柱

$$\beta_{\mathrm{mx}} = 1 - 0.36(1 - m) N / N_{\mathrm{Ex}} \tag{7.15}$$

式中　m——自由端弯矩与固定端弯矩之比值，当弯矩图无反弯点时取正值，有反弯点时取负值。

以上《钢标》规定的等效弯矩系数 β_{mx} 的取值依据，限于篇幅和学时，本书不作介绍，读者可参阅书末主要参考资料［32］等。

关于压弯构件平面内的稳定，除用上述式（7.10）对构件受压翼缘进行计算外，对如图 7.10 所示三种形状的单轴对称截面，当弯矩作用在对称轴平面内且使翼缘受压时，考虑到截面的无翼缘端有可能因拉应力过大而先于受压侧屈服，《钢标》中又规定此时应对

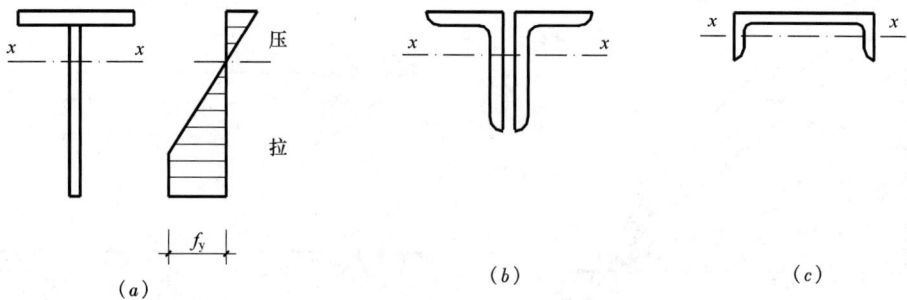

图 7.10　T形截面和槽形截面

（a）焊接 T 形截面及应力图；（b）双角钢 T 形截面；（c）槽形截面

---

❶ 疑《钢标》中的表述有误，作了修改，供参考。

受拉的无翼缘端作下列补充验算：

$$\left| \frac{N}{A} - \frac{\beta_{mx} M_x}{\gamma_{x2} W_{2x} \left(1 - 1.25 \dfrac{N}{N'_{Ex}}\right)} \right| \leqslant f \tag{7.16}$$

式中　γ_{x2}、W_{2x}——分别为对无翼缘端的截面塑性发展系数和弹性毛截面模量。

式（7.16）第二项分母中的 1.25 也是一个经验修正系数。

理论上，式（7.16）是对所有单轴对称截面压弯构件都需应用的补充验算式。但经分析，发现只对截面不对称性较大的 T 形截面和槽形截面，式（7.16）才可能控制计算结果。

7.4　实腹式单向压弯构件在弯矩作用平面外的稳定性计算

在 7.3 节"一"中曾言及，当实腹式单向压弯构件在侧向没有足够的支承时，构件可能发生侧扭屈曲而破坏，其荷载-位移曲线如前文图 7.5（c）所示。由于考虑初始缺陷的侧扭屈曲弹塑性分析过于复杂，目前《钢标》采用的计算式是以理想的屈曲理论为依据的。

根据稳定理论，对图 7.5（a）所示承受均匀弯矩的压弯构件，当截面为双轴对称工字形截面时，构件绕截面强轴弯曲，构件的弹性侧扭屈曲临界力 N_{cr} 可由下式得出：

$$(N_y - N)(N_\omega - N) - \left(\frac{e}{i_0}\right)^2 N^2 = 0 \tag{7.17}$$

$$N_\omega = \frac{1}{i_0^2}\left(\frac{n\pi^2 EI_\omega}{l^2} + GI_t\right) \tag{7.18}$$

式中　N_y——绕截面弱轴弯曲的欧拉临界力，$N_y = n^2 \pi^2 EI_y / l^2$；

　　　N_ω——扭转屈曲临界力；

　　　e——偏心率，$e = M/N$；

　　　i_0——极回转半径，$i_0 = \sqrt{\dfrac{I_x + I_y}{A}} = \sqrt{i_x^2 + i_y^2}$；

　　　n——构件屈曲时的半波数，常取 $n = 1$；

EI_ω、GI_t——分别为截面的翘曲刚度和扭转刚度。

当双轴对称截面的梁承受纯弯曲时，其临界弯矩在第 6 章中已有推导，今引进上述 N_y 和 N_ω 的表达式，该临界弯矩计算式［见式（6.28）］又可写成：

$$M_{cr} = i_0 \sqrt{N_y N_\omega} \tag{7.19}$$

代入式（7.17）并取 $M = Ne$，得：

$$\left(1 - \frac{N}{N_y}\right)\left(1 - \frac{N}{N_\omega}\right) - \left(\frac{M}{M_{cr}}\right)^2 = 0 \tag{7.20}$$

给出 N_ω / N_y 的不同值，可绘出 N/N_y-M/M_{cr} 的相关曲线，如图 7.11 所示。因一般情况下 N_ω 大于 N_y，因而

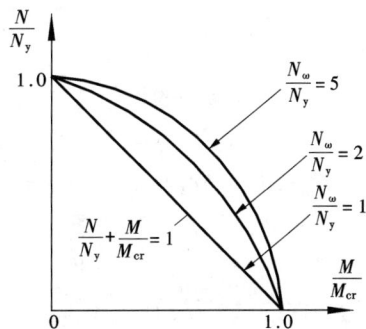

图 7.11　侧扭屈曲时的相关曲线

325

该相关曲线均为向上凸。如采用以下直线式代替式（7.20），显然是偏安全的。

$$\frac{N}{N_y} + \frac{M}{M_{cr}} = 1 \tag{7.21}$$

今以

$$N_y = \varphi_y A f_y$$
$$M_{cr} = \varphi_b W_x f_y$$

并考虑实际荷载情况不一定都是均匀弯曲，故引入侧扭屈曲时的等效弯矩系数 β_{tx}，代入式（7.21），并把 f_y 改为 f，N 和 M 取设计值，即得《钢标》中关于弯矩作用平面外的稳定性计算式：

$$\frac{N}{\varphi_y A f} + \eta \frac{\beta_{tx} M_x}{\varphi_b W_{1x} f} \leqslant 1.0 \tag{7.22}$$

式中　　φ_y——弯矩作用平面外的轴心受压构件稳定系数，注意，当为单轴对称截面时，φ_y 值应按计及扭转效应的换算长细比 λ_{yz} 查取；

φ_b——均匀弯曲时的受弯构件整体稳定系数，对工字形截面和 T 形截面可采用求 φ_b 的近似公式，见第 6 章式(6.38)～式(6.42)；对闭口截面 $\varphi_b = 1.0$；

η——截面影响系数，闭口截面 $\eta = 0.7$，其他截面 $\eta = 1.0$。因闭口截面的抗扭刚度特别大，取 $\eta = 0.7$，实际上这是一个经验修正系数，由对箱形截面侧扭屈曲的理论分析比较后得出；

M_x——所计算构件段范围内的最大弯矩设计值。

等效弯矩系数 β_{tx} 的取值，分下列两类四种情况。

（1）在弯矩作用平面外有侧向支承的构件，应根据两相邻侧向支承点间构件段内的荷载和内力情况确定（与前《钢结构设计规范》GBJ 17—88 规定一致）。

1）无横向荷载作用时：

$$\beta_{tx} = 0.65 + 0.35 \frac{M_2}{M_1} \tag{7.23}$$

2）端弯矩和横向荷载同时作用时：

使构件产生同向曲率，取 $\beta_{tx} = 1.0$；

使构件产生反向曲率，取 $\beta_{tx} = 0.85$。

3）无端弯矩有横向荷载作用时，取 $\beta_{tx} = 1.0$。

（2）弯矩作用平面外为悬臂的构件，取 $\beta_{tx} = 1.0$。

当压弯构件不是处于竖向位置时，横向荷载作用在受压翼缘或受拉翼缘，对侧扭失稳的临界力是有影响的，但式中对此未反映。

式（7.22）虽然导自理想双轴对称截面的弹性侧扭屈曲，但理论分析和试验结果都证实此式可用于弹塑性工作和单轴对称截面。图 7.12 所示为西安冶金建筑学院 1972 年所做的 19 根热轧工字钢和 10 根焊接工字形截面压弯构件的弯扭屈曲试验结果，试验点除一点外均高于图中的直线[1]。图 7.13 所示为双角钢组合截面和焊接 T 形截面等单轴对称截面压弯构件的试验结果[2]，试验点也都在直线之上。理论分析证明，对在弹性阶段失稳的热

---

[1][2]　陈绍蕃教授提出的偏心压杆弯扭屈曲的相关式。见书末主要参考资料 [40] 第一册，第 24～38 页。

轧或焊接工字形截面压弯构件，式（7.22）有较多的安全度，但在弹塑性范围内，则理论分析与式（7.22）较为接近，说明式（7.22）完全可用。

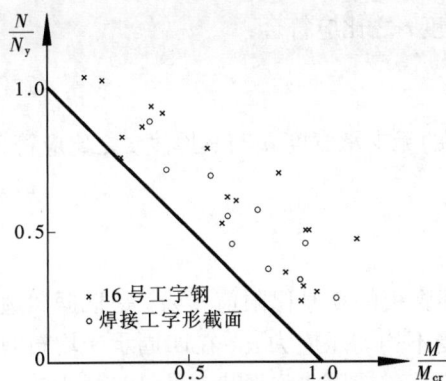

图 7.12　双轴对称工字形截面压弯
构件的弯扭屈曲试验结果

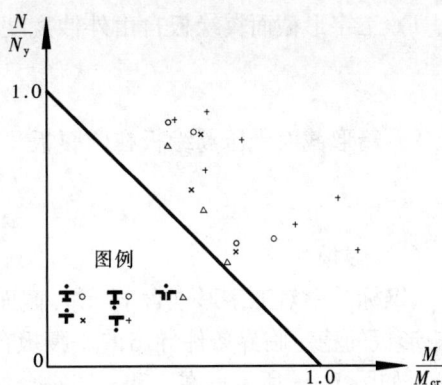

图 7.13　单轴对称截面压弯构件
的弯扭屈曲试验结果

7.5　实腹式双向压弯构件的稳定性计算

《钢标》中对弯矩作用在两个主平面内的双轴对称实腹式工字形（含 H 形）和箱形（闭口）截面的压弯构件，规定其稳定性应按下列两式计算：

$$\frac{N}{\varphi_x Af} + \frac{\beta_{mx} M_x}{\gamma_x W_x \left(1 - 0.8\dfrac{N}{N'_{Ex}}\right)f} + \eta\frac{\beta_{ty} M_y}{\varphi_{by} W_y f} \leqslant 1.0 \tag{7.24}$$

$$\frac{N}{\varphi_y Af} + \eta\frac{\beta_{tx} M_x}{\varphi_{bx} W_x f} + \frac{\beta_{my} M_y}{\gamma_y W_y \left(1 - 0.8\dfrac{N}{N'_{Ey}}\right)f} \leqslant 1.0 \tag{7.25}$$

式中各符号意义只需注意其下角标 x 和 y，角标 x 为对应于截面强轴 x 轴，角标 y 为对应于截面弱轴 y 轴。

可以发现式（7.24）和式（7.25）实质上是单向压弯构件稳定性计算式的推广和组合，不是理论公式而是偏于实用的经验两式。理论计算和试验资料证明上述两式是可行的。

7.6　实腹式压弯构件的局部稳定性计算

一、工字形截面和箱形截面压弯构件的局部稳定

对要求不出现局部失稳的实腹式压弯构件，其腹板高厚比、翼缘板宽厚比应符合压弯构件 S4 级截面的要求。

（1）受压翼缘板

工字形（含 H 形）截面和箱形截面压弯构件的受压翼缘板，受力情况与相应梁的受

压翼缘板相同，因此为保证其局部稳定性，所需的宽厚比限值可直接采用有关梁中的规定，但考虑对梁的塑性变形要求高、其受压翼缘板的宽厚比要求严，对压弯构件的受压翼缘板宽厚比要求可略放宽，因此《钢标》规定（附表 1.7）：

1）工字形截面翼缘板自由外伸宽度 b' 与其厚度 t 之比应符合：

$$\frac{b'}{t} \leqslant 15\varepsilon_k \tag{7.26}$$

2）箱形截面受压翼缘板在两腹板（壁板）间的无支承宽度 b_0 与其厚度 t 之比应符合：

$$\frac{b_0}{t} \leqslant 45\varepsilon_k \tag{7.27}$$

（2）腹板

《钢标》中对工字形（含 H 形）截面压弯构件腹板的高厚比限值 h_0/t_w 是根据四边简支矩形板的稳定临界条件导出的。腹板在纵向承受不均匀压应力 σ，在四周承受均布剪应力 τ，如图 7.14 所示。在 σ 和 τ 的联合作用下，腹板弹性屈曲临界状态的计算式为：

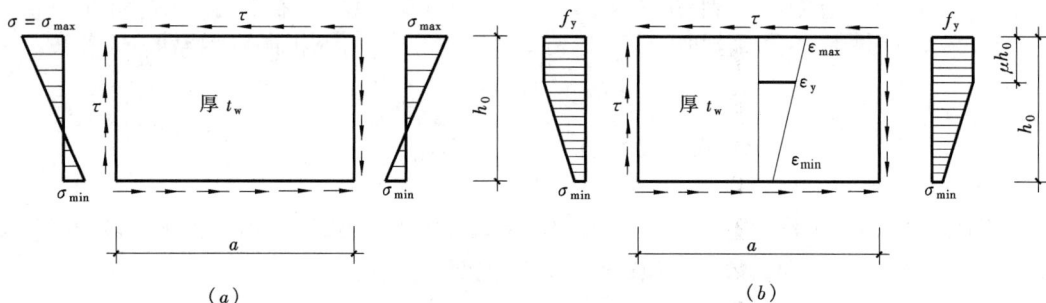

图 7.14　四边简支矩形腹板边缘的应力分布和纵向压应变
(a) 弹性阶段；(b) 弹塑性阶段

$$\left(\frac{\tau}{\tau_0}\right)^2 + \left[1 - \left(\frac{\alpha_0}{2}\right)^5\right]\frac{\sigma}{\sigma_0} + \left(\frac{\alpha_0}{2}\right)^5\left(\frac{\sigma}{\sigma_0}\right)^2 = 1 \tag{7.28}$$

式中　σ、τ——分别为腹板边缘所受的最大压应力和均布剪应力；

　　　α_0——腹板所受压应力的应力梯度［见下文式（7.32）］，$\alpha_0=0$ 时表示承受均布压应力，$\alpha_0=2$ 时表示为纯弯曲正应力；

　　　σ_0、τ_0——分别为正应力和剪应力单独作用时的临界应力。

由式（7.28）可见，压弯构件的腹板由于剪应力的存在，σ 和 τ 联合作用下的临界压应力将有所降低。在 σ 和 τ 联合作用下的弹性阶段临界压应力可表达为：

$$\sigma_{cr} = K_e\frac{\pi^2 E}{12\,(1-v^2)}\left(\frac{t_w}{h_0}\right)^2 \tag{7.29}$$

式中　K_e——弹性屈曲系数。

设定剪应力 τ 后，由式（7.28）可求得不同应力梯度时的临界应力，从而由式（7.29）得出不同梯度时的弹性屈曲系数 K_e。在制定《钢标》时，对压弯构件的腹板，取 τ 为弯曲正应力的 0.3 倍，即取 $\tau=0.15\alpha_0\sigma_{max}=0.15\alpha_0\sigma$。

压弯构件在平面内失稳时，其腹板中的压应力常已达到弹塑性状态，如图 7.14（b）

328

所示，此时的临界应力可写作：

$$\sigma_{cr} = K_p \frac{\pi^2 E}{12 (1-v^2)} \left(\frac{t_w}{h_0}\right)^2 \tag{7.30}$$

式中 K_p——弹塑性屈曲系数，其值的确定比较复杂，此处不予讨论。影响 K_p 值大小的

因素有：τ/σ 的应力比值、应变梯度 $\alpha = \dfrac{\varepsilon_{max} - \varepsilon_{min}}{\varepsilon_{max}}$ 和腹板边缘的最大割线模

量 E_s，其中影响 E_s 的则有腹板上的塑性变形发展深度。

制定《钢标》时，除取 $\tau/\sigma = 0.15\alpha_0$ 外，又取塑性发展深度为 $0.25h_0$。使式（7.30）中的 $\sigma_{cr} = f_y$，可解得并绘出 h_0/t_w 随应力梯度而变化的曲线。为便于应用，《钢标》给出了简化计算式。

《钢标》对 S4 级工字形及 H 形截面压弯构件腹板的高厚比限值规定为（见附表 1.7）：

$$\frac{h_0}{t_w} \leqslant (45 + 25\alpha_0^{1.66})\varepsilon_k \tag{7.31}$$

$$\alpha_0 = \frac{\sigma_{max} - \sigma_{min}}{\sigma_{max}} \tag{7.32a}$$

或[1]

$$\alpha_0 = \frac{h_0}{y_c + i_x^2 \cdot \dfrac{N}{M_x}} \tag{7.32b}$$

式中 σ_{max}——腹板计算高度边缘的最大压应力；

σ_{min}——腹板计算高度另一边缘相应的应力，压应力取正值，拉应力取负值；

y_c——x 轴至 σ_{max} 处的距离。

对式（7.31）如取 $\alpha_0 = 2.0$，即为受弯构件 S4 级截面要求的腹板高厚比限值公式（见表 6.1 或附表 1.7）。

箱形截面压弯构件腹板高厚比限值的规定与工字形截面相同，式（7.31）即箱形截面压弯构件腹板为 S4 级截面的高厚比限值要求。

二、工字形（含 H 形）截面和箱形截面压弯构件腹板屈曲后强度的利用

（1）考虑屈曲后强度的构件承载力计算

H 形、工字形和箱形截面压弯构件的腹板，当其高厚比不能满足上述 S4 级截面要求时，应利用腹板屈曲后强度的概念，以有效截面代替实际截面，按下列式（7.33）～式（7.35）计算构件的承载力。

1）强度计算

---

[1] 由 $\sigma_{max} = N/A + M_x/I_x \cdot y_c$、$\sigma_{min} = N/A - M_x/I_x \cdot y_t$（$y_t$ 为 x 轴至 σ_{min} 处的距离），得应力梯度：

$$\alpha_0 = \frac{\sigma_{max} - \sigma_{min}}{\sigma_{max}} = \frac{(N/A + M_x/I_x \cdot y_c) - (N/A - M_x/I_x \cdot y_t)}{(N/A + M_x/I_x \cdot y_c)} = \frac{M_x/I_x \cdot (y_c + y_t)}{M_x/I_x \cdot [y_c + (I_x/A) \cdot (N/M_x)]}$$

$$= \frac{h_0}{y_c + i_x^2 \cdot N/M_x}$$

对受弯构件，由 $N = 0$、$y_c = h_c$（腹板计算高度范围内的腹板受压区高度），得：

$$\alpha_0 = \frac{\sigma_{max} - \sigma_{min}}{\sigma_{max}} = \frac{h_0}{h_c}$$

$$\frac{N}{A_{ne}} \pm \frac{M_x + Ne}{W_{nex}} \leqslant f \tag{7.33}$$

2）弯矩作用平面内稳定性计算

$$\frac{N}{\varphi_x A_e f} + \frac{\beta_{mx} M_x + Ne}{W_{elx}(1 - 0.8N/N'_{Ex})f} \leqslant 1.0 \tag{7.34}$$

3）弯矩作用平面外稳定性计算

$$\frac{N}{\varphi_y A_e f} + \eta \frac{\beta_{tx} M_x + Ne}{\varphi_b W_{elx} f} \leqslant 1.0 \tag{7.35}$$

式中　A_{ne}、A_e——有效净截面面积和有效毛截面面积；

　　　W_{nex}——有效截面的净截面模量；

　　　W_{elx}——有效截面对较大受压纤维的毛截面模量；

　　　e——有效截面形心至原截面形心的距离。

对非均匀弯曲的压弯构件，构件各个截面的有效面积是不同的，当弯矩效应较大时，取最大弯矩截面处的有效截面计算，结果偏于安全。此时，计算构件在框架平面外的稳定性，可取计算段中间 1/3 范围内弯矩最大截面处的有效截面特性。

（2）有效截面计算❶

构件的有效截面由翼缘板截面、腹板受拉区截面和腹板受压区有效截面组成。

腹板受压区的有效宽度 $h_e = h_{e1} + h_{e2}$ 应取为：

$$h_e = \rho \cdot h_c \tag{7.36}$$

$$\rho = \begin{cases} 1.0, & \lambda_{n,p} \leqslant 0.75 \\ \dfrac{1}{\lambda_{n,p}}\left(1 - \dfrac{0.19}{\lambda_{n,p}}\right), & \lambda_{n,p} > 0.75 \end{cases} \tag{7.37}$$

$$\lambda_{n,p} = \frac{h_w/t_w}{28.1\sqrt{k_\sigma}} \cdot \frac{1}{\varepsilon_k} \tag{7.38}$$

$$k_\sigma = \frac{16}{2 - \alpha_0 + \sqrt{(2 - \alpha_0)^2 + 0.112\alpha_0^2}} \tag{7.39}$$

式中　ρ——有效宽度参数；

　　　h_c——腹板受压区宽度；

　　$\lambda_{n,p}$——正则化宽厚比；

　　　k_σ——屈曲系数；

　　　α_0——腹板所受压应力的应力梯度［按式（7.32）计算］。

腹板受压区有效宽度的分布如图 7.15 所示。

1）当截面全部受压，即 $\alpha_0 \leqslant 1.0$ 时［图 7.15（a）］：

$$h_{e1} = \frac{2h_e}{4 + \alpha_0} \tag{7.40a}$$

$$h_{e2} = h_e - h_{e1} \tag{7.40b}$$

2）当截面部分受拉，即 $\alpha_0 > 1.0$ 时［图 7.15（b）］：

---

❶ 《钢标》中没有明确给出箱形截面腹板有效宽度的取值规定，本书采用与工字形截面腹板一样的规定。

$$h_{e1} = 0.4h_e \qquad (7.41a)$$

$$h_{e2} = 0.6h_e \qquad (7.41b)$$

箱形截面压弯构件翼缘宽厚比超限时，也应按式（7.36）计算其有效宽度，计算时取屈曲系数 $k_\sigma = 4.0$；有效宽度在翼缘两侧均等分布。

当构件腹板高度 h_w 较大时，利用其屈曲后强度常可获得较好经济效果。

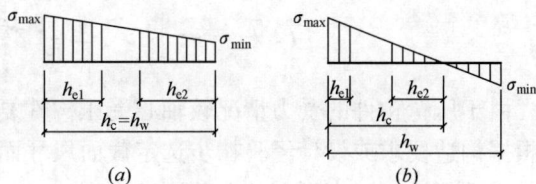

图 7.15　腹板受压区有效宽度的分布
（a）截面全部受压；（b）截面部分受拉

当压弯构件腹板高厚比不满足局部稳定要求（S4 级截面要求）时，也可在腹板两侧成对设置纵向加劲肋，纵向加劲肋每侧的外伸宽度不应小于 $10t_w$，厚度不宜小于 $0.75t_w$。

三、T 形截面压弯构件的局部稳定性❶

T 形截面压弯构件的局部稳定性应满足下列要求：

（1）受压翼缘板

自由外伸宽厚比：
$$\frac{b'}{t} \leqslant 13\varepsilon_k \qquad (7.42)$$

当强度和稳定性计算中取 $\gamma_x = 1.0$ 时，b'/t 可放宽至 $15\varepsilon_k$。

（2）腹板

1）弯矩使腹板自由边受压的压弯构件

当 $\alpha_0 \leqslant 1.0$ 时：
$$\frac{h_w}{t_w} \leqslant 15\varepsilon_k \qquad (7.43)$$

当 $\alpha_0 > 1.0$ 时：
$$\frac{h_w}{t_w} \leqslant 18\varepsilon_k \qquad (7.44)$$

式中 α_0 按式（7.32）计算。

2）弯矩使腹板自由边受拉的压弯构件

热轧剖分 T 型钢：
$$\frac{h_w}{t_w} \leqslant (15 + 0.2\lambda)\varepsilon_k$$

焊接 T 型钢：
$$\frac{h_w}{t_w} \leqslant (13 + 0.17\lambda)\varepsilon_k$$

式中 λ 是构件两方向长细比中的较大值；当 $\lambda < 30$ 时，取 $\lambda = 30$；当 $\lambda > 100$ 时，取 $\lambda = 100$。

当弯矩使 T 形截面腹板自由边受拉时，腹板的工作条件优于 T 形截面轴心受压构件的腹板，上述规定的腹板高厚比采用与 T 形截面轴心受压构件腹板相同的规定（见表 5.4）。当弯矩使截面腹板自由边受压时，腹板的工作条件较不利，故对其高厚比限制较严。

---

❶　《钢标》对 T 形截面压弯构件的局部稳定性没有明确规定（没有给出 T 形截面板件的宽厚比等级及限值），本书这里介绍的是《原规范》中的规定。

7.7 实腹式压弯构件的截面设计

由于压弯构件的受力情况较轴心受压构件复杂，计算中要求满足的条件也较多，通常需根据构造要求或设计经验初步选定截面尺寸而后进行各项验算，不满足要求时则作适当调整后重新计算，直到满足全部要求为止。

对 H 形（工字形）截面，下面将介绍试选截面尺寸的一个近似方法，可作为参考。考虑到截面最终必须满足平面内和平面外的整体稳定条件［即前述式（7.10）和式（7.22）］，因而拟设法从这两个条件求得压弯构件的等效轴心压力，然后按此等效轴心压力作用下的轴心受压构件试选截面：假设构件的长细比为 λ，求得所需截面面积 A，再根据近似回转半径求得所需截面的高度 h 和翼缘板的宽度 b。由 A、h 和 b 即可试选截面。当这三者间出现不协调时，说明假定的长细比 λ 不合适，重新假定 λ 再按上述同样步骤进行修正。这样，把压弯构件转化为轴心受压构件来试选截面，容易得到满意的结果。

由式（7.10）：

$$\frac{N}{\varphi_{x}Af}+\frac{\beta_{mx}M_{x}}{\gamma_{x}W_{1x}\left(1-0.8\dfrac{N}{N'_{Ex}}\right)f}\leqslant 1.0$$

可得等效轴心压力 $N_{x,eq}$ 为[1]：

$$N_{x,eq}=\varphi_{x}Af=N+\frac{\varphi_{x}A}{\gamma_{x}W_{1x}}\cdot\frac{\beta_{mx}M_{x}}{1-0.8\dfrac{N}{N'_{Ex}}}\approx N+2.25\frac{\beta_{mx}M_{x}}{h} \tag{7.45}$$

再由式（7.22）：

$$\frac{N}{\varphi_{y}Af}+\eta\frac{\beta_{tx}M_{x}}{\varphi_{b}W_{1x}f}\leqslant 1.0$$

可得等效轴心压力 $N_{y,eq}$ 为：

$$N_{y,eq}=\varphi_{y}Af=N+\eta\frac{\beta_{tx}\varphi_{y}}{\varphi_{b}}\cdot\frac{A}{W_{1x}}M_{x}\approx N+2.25\frac{\beta_{tx}M_{x}}{h} \tag{7.46}$$

式中 h——弯矩作用平面内的构件截面高度，可按下式试取：

$$h\approx\left(\frac{1}{15}\sim\frac{1}{20}\right)l_{0x}\text{ 且 }h\geqslant\frac{M_{x}}{N} \tag{7.47}$$

式中，l_{0x} 为弯矩作用平面内的计算长度。

等效轴心压力计算式（7.45）和式（7.46）是两个近似公式，它提供了我们可以按轴心受压构件代替按压弯构件来初选工字形（H 形）截面尺寸的一种近似方法[2]。因此，选取截面尺寸的过程中不可避免地仍需修改截面尺寸，不是一蹴而就的。一般情况下，选截面时宜使一块翼缘板的面积占总面积的 $30\%\sim40\%$，宜尽量加大 b 和 h 以加大截面的刚度，但也应注意使板件满足局部稳定性要求。可参阅下面的例题 7.1。

最后，在设计压弯构件时还应注意有关的构造要求。对实腹式柱，当腹板的 $h_0/t_w>$

---

[1][2] 姚谏. 钢结构轴心受压构件和压弯构件截面的直接设计法. 建筑结构，1997（6）：13-18.

80 时，应采用横向加劲肋对腹板予以加强，加劲肋成对配置于腹板两侧，其尺寸与板梁横向加劲肋的要求相同，间距不得大于 $3h_0$。在大型实腹柱中，在受有较大水平力处和运送单元的端部应设置横隔，横隔间距不得大于柱截面较大宽度的 9 倍和 8m。

【例题 7.1】 试设计图 7.16（a）所示压弯构件的焊接工字形截面尺寸。翼缘板为焰切边，截面无削弱，钢材为 Q235B。构件承受轴心压力设计值 $N=1000$kN（标准值 $N_k=720$kN），构件长度中点有一侧向支点并有一横向荷载，设计值为 $F=250$kN（标准值为 $F_k=180$kN），均为静力荷载。

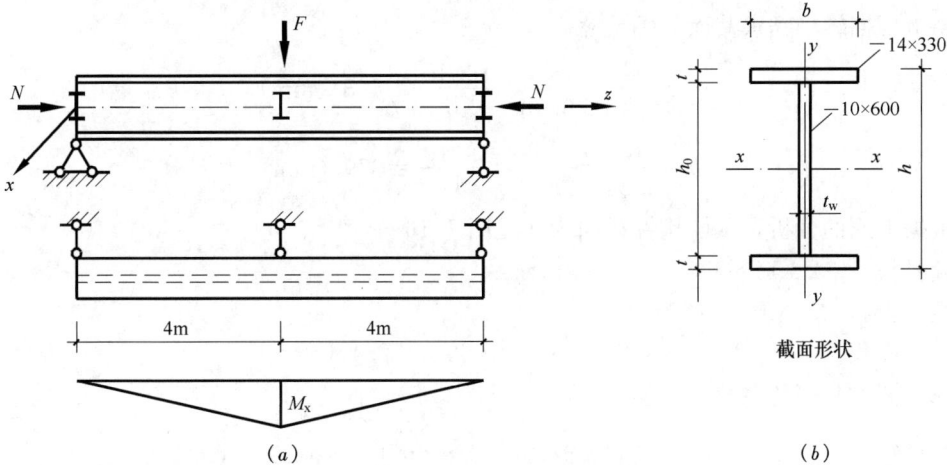

图 7.16　双轴对称焊接工字形截面压弯构件

【解】 钢号修正系数：$\varepsilon_k=1.0$

（1）试选截面

1）求等效轴心压力

$$l_{0x}=8\text{m},\ l_{0y}=4\text{m},\ N=1000\text{kN}$$

最大弯矩设计值：$M_x=\dfrac{1}{4}Fl=\dfrac{1}{4}\times250\times8=500\ (\text{kN}\cdot\text{m})$

构件在两相邻侧向支点间无横向荷载，故 ［式（7.23）］：

$$\beta_{tx}=0.65+0.35\frac{M_2}{M_1}=0.65+0.35\times\frac{0}{500}=0.65$$

在竖向平面内，构件跨中有一集中荷载，故 ［式（7.12）］：

$$\beta_{mx}=1-0.36N/N_{Ex}\approx1.0$$

这里因截面尺寸尚未选取，N_{Ex} 无法求得，故暂近似取 $\beta_{mx}=1.0$。

按式（7.47）试取 $h=550$mm，得：

$$N_{x,eq}=N+2.25\frac{\beta_{mx}M_x}{h}=1000+2.25\times\frac{1.0\times500\times10^3}{550}=3045(\text{kN})$$

$$N_{y,eq}=N+2.25\frac{\beta_{tx}M_x}{h}=1000+2.25\times\frac{0.65\times500\times10^3}{550}=2330(\text{kN})$$

2）试选截面尺寸

按确定轴心受压构件合适长细比的方法，可设：

$\lambda_x = 42$，由 b 类截面查附表 1.19 得 $\varphi_x = 0.891$。

$\lambda_y = 44$，由 b 类截面查附表 1.19 得 $\varphi_y = 0.882$。

Q235 钢：$f = 215 \text{N/mm}^2$（设 $t \leqslant 16 \text{mm}$）

需要的截面面积：

$$A_x \geqslant \frac{N_{x,eq}}{\varphi_x f} = \frac{3045 \times 10^3}{0.891 \times 215} \times 10^{-2} = 159.0 \text{（cm}^2\text{）}$$

$$A_y \geqslant \frac{N_{y,eq}}{\varphi_y f} = \frac{2330 \times 10^3}{0.882 \times 215} \times 10^{-2} = 122.9 \text{（cm}^2\text{）}$$

由近似回转半径求截面外围尺寸：

$$h \geqslant \frac{i_x}{0.43} = \frac{1}{0.43} \times \frac{8 \times 10^3}{42} = 443 \text{（mm）}$$

$$b \geqslant \frac{i_y}{0.24} = \frac{1}{0.24} \times \frac{4 \times 10^3}{44} = 379 \text{（mm）}$$

根据上面的分析，试取构件截面为［见图 7.16 (b)］[1]：

翼缘板： 2—14×330

腹　板： 1—10×600

截面面积： $A = 2 \times 1.4 \times 33 + 1 \times 1.0 \times 60 = 152.4 \text{（cm}^2\text{）}$

（2）截面几何特性及有关参数

惯性矩： $I_x = \frac{1}{12}(33 \times 62.8^3 - 32 \times 60^3) = 105101 \text{（cm}^4\text{）}$

$$I_y = 2 \times \frac{1}{12} \times 1.4 \times 33^3 = 8385 \text{（cm}^4\text{）}$$

截面模量： $W_x = W_{1x} = \frac{I_x}{h/2} = \frac{105101}{62.8/2} = 3347 \text{（cm}^3\text{）}$

回转半径： $i_x = \sqrt{\frac{I_x}{A}} = \sqrt{\frac{105101}{152.4}} = 26.26 \text{（cm）}$

$$i_y = \sqrt{\frac{I_y}{A}} = \sqrt{\frac{8385}{152.4}} = 7.42 \text{（cm）}$$

长细比： $\lambda_x = \frac{l_{0x}}{i_x} = \frac{800}{26.26} = 30.5$

$$\lambda_y = \frac{l_{0y}}{i_y} = \frac{400}{7.42} = 53.9 < [\lambda] = 150，可。$$

轴心受压构件稳定系数（查附表 1.19）：$\varphi_x = 0.934$，$\varphi_y = 0.838$。

受弯构件整体稳定系数［式 (6.38)］：

$$\varphi_b = 1.07 - \frac{\lambda_y^2}{44000} \cdot \frac{1}{\varepsilon_k^2} = 1.07 - \frac{53.9^2}{44000} = 1.004 > 1.0，取 \varphi_b = 1.0。$$

欧拉临界力： $N_{Ex} = \frac{\pi^2 EA}{\lambda_x^2} = \frac{\pi^2 \times 206 \times 10^3 \times 152.4 \times 10^2}{30.5^2} \times 10^{-3} = 33308 \text{（kN）}$

---

❶ 具体选取截面尺寸的方法与步骤，可参阅书末主要参考资料［17］中的例题 7.1。

$$\frac{N}{N_{Ex}} = \frac{1000}{33308} = 0.0300$$

$$N/N'_{Ex} = N/(N_{Ex}/1.1) = 1.1 \times 0.0300 = 0.03300$$

等效弯矩系数：

$$\beta_{tx} = 0.65$$

$$\beta_{mx} = 1 - 0.36N/N_{Ex} = 1 - 0.36 \times 0.0300 = 0.989$$

（3）截面板件的宽厚比等级、局部稳定性及截面塑性发展系数

1）受压翼缘板：

$$\frac{b'}{t} = \frac{b - t_w}{2t} = \frac{330 - 10}{2 \times 14} = 11.4 < 13\varepsilon_k = 13，属 S3 级。$$

2）腹板：

腹板所受压应力的应力梯度 [式（7.32b）]：

$$\alpha_0 = \frac{h_0}{y_c + i_x^2 \cdot \dfrac{N}{M_x}} = \frac{600}{600/2 + 262.6^2 \times \dfrac{1000}{500 \times 10^3}} = 1.37$$

$$\frac{h_0}{t_w} = \frac{600}{10} = 60 < (40 + 18\alpha_0^{1.56})\varepsilon_k = (40 + 18 \times 1.37^{1.56}) \times 1.0 = 69.4^{\boldsymbol{①}}，属 S3 级。因$$

此，局部稳定性满足要求，截面塑性发展系数 $\gamma_x = 1.05$。

（4）强度、稳定性等验算

1）截面强度：

条件：
$$\frac{N}{A_n} + \frac{M_x}{\gamma_x W_{nx}} \leqslant f$$

今
$$\frac{N}{A_n} + \frac{M_x}{\gamma_x W_{nx}} = \frac{1000 \times 10^3}{152.4 \times 10^2} + \frac{500 \times 10^6}{1.05 \times 3347 \times 10^3} = 65.6 + 142.3$$

$$= 207.9（N/mm^2）< f = 215（N/mm^2），可。$$

2）弯矩作用平面内的稳定：

条件：
$$\frac{N}{\varphi_x A f} + \frac{\beta_{mx} M_x}{\gamma_x W_{1x}\left(1 - 0.8\dfrac{N}{N'_{Ex}}\right)f} \leqslant 1.0$$

今
$$\frac{N}{\varphi_x A f} + \frac{\beta_{mx} M_x}{\gamma_x W_{1x}\left(1 - 0.8\dfrac{N}{N'_{Ex}}\right)f}$$

$$= \frac{1000 \times 10^3}{0.934 \times 152.4 \times 10^2 \times 215} + \frac{0.989 \times 500 \times 10^6}{1.05 \times 3347 \times 10^3 \times（1 - 0.8 \times 0.033）\times 215}$$

$$= 0.3268 + 0.6722 = 0.999 < 1.0，可。$$

3）弯矩作用平面外的稳定：

条件：
$$\frac{N}{\varphi_y A f} + \eta\frac{\beta_{tx} M_x}{\varphi_b W_{1x} f} \leqslant 1.0$$

---

❶ 疑《钢标》中工字形截面压弯构件腹板属 S3 级截面的宽厚比限值笔误为 $(40 + 18\alpha_0^{1.5})\varepsilon_k$。

今 $$\frac{N}{\varphi_y A f}+\eta\frac{\beta_{\mathrm{tx}}M_x}{\varphi_b W_{1x}f}=\frac{1000\times10^3}{0.838\times152.4\times10^2\times215}+\frac{0.65\times500\times10^6}{1.0\times3347\times10^3\times215}$$
$$=0.3642+0.4516=0.816<1.0,\ 可。$$

4）由于 $\dfrac{h_0}{t_{\mathrm{w}}}=60<80$，可不设腹板的横向加劲肋。

5）挠度：

$$\frac{v}{l}=\frac{F_{\mathrm{k}}l^2}{48EI_x}\cdot\frac{1}{1-\dfrac{N_{\mathrm{k}}}{N_{\mathrm{Ex}}}}=\frac{180\times10^3\times8000^2}{48\times206\times10^3\times105101\times10^4}\cdot\frac{1}{1-\dfrac{720}{33308}}$$

$$=\frac{1}{902}\cdot\frac{1}{0.978}=\frac{1}{882},\ 可。$$

以上验算全部满足要求，所选截面尺寸合适。

7.8 格构式压弯构件的稳定性计算

一、弯矩绕截面实轴作用的格构式压弯构件

此时，在弯矩作用平面内和平面外的构件稳定性计算与实腹式构件相同，但在计算平面外的稳定性时，应取换算长细比，并取稳定系数 $\varphi_b=1.0$。

二、弯矩绕截面虚轴（记作 x 轴）作用的格构式压弯构件

《钢标》对弯矩作用平面内的稳定采用考虑初始缺陷的边缘纤维屈服准则作为计算依据。这在第 7.3 节之"三"中已有说明。验算条件为：

$$\frac{N}{\varphi_x A f}+\frac{\beta_{\mathrm{mx}}M_x}{W_{1x}\left(1-\dfrac{N}{N'_{\mathrm{Ex}}}\right)f}\leqslant1.0\qquad[来源于式(7.8)]$$

式中，$W_{1x}=\dfrac{I_x}{y_{\mathrm{c}}}$，$I_x$ 为截面对 x 轴的毛截面抵抗矩；y_{c} 为由 x 轴到压力较大分肢的轴线距离或到压力较大分肢腹板外边缘的距离，两者中取其较大者，参阅图 7.17。φ_x 和 N'_{Ex} 应由换算长细比 λ_{0x} 确定。上式来源于式（7.8），但《钢标》作了修改，使适用范围更广。

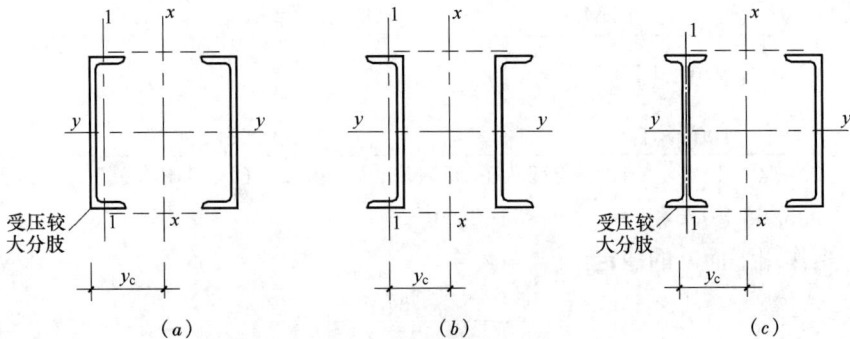

图 7.17　格构式压弯构件截面中 $W_{1x}=\dfrac{I_x}{y_{\mathrm{c}}}$ 的 y_{c} 取值

（a）分肢为槽钢、槽口相对；（b）分肢为槽钢、槽口相背；（c）受压较大分肢为工字钢

格构式压弯构件两分肢受力不等，受压较大分肢上的平均应力大于整体构件截面的平均应力，因而还需对分肢进行稳定性验算。只要受压较大分肢在其两个主轴方向的稳定性得到满足，整个构件在平面外的稳定性也可得到保证，因而就不必对此作专门验算。验算分肢稳定性时，对缀条连接的分肢，其轴心压力应按桁架中的弦杆计算；对缀板连接的分肢，除轴心压力外还应考虑由剪力引起的局部弯矩。

三、弯矩作用在两个主平面内的双肢格构式压弯构件 [图 7.18(a)]

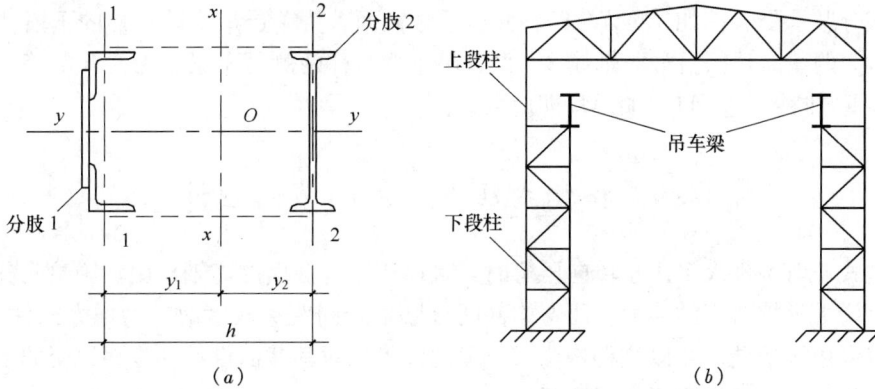

图 7.18 双向弯曲的格构式压弯构件及单层厂房阶形柱下段柱

这种构件的稳定性应按下列规定分两次计算。

(1) 按整体计算

计算式为：

$$\frac{N}{\varphi_x A f} + \frac{\beta_{mx} M_x}{W_{1x}\left(1 - \dfrac{N}{N'_{Ex}}\right)f} + \frac{\beta_{ty} M_y}{W_{1y} f} \leqslant 1.0 \tag{7.48}$$

此式为上述弯矩绕虚轴 x 轴作用格构式压弯构件稳定性计算式的推广，由于构件截面类似箱形，已取整体稳定系数 $\varphi_b = 1.0$。φ_x 和 N'_{Ex} 应按换算长细比确定。

(2) 按分肢计算

计算时首先将构件所受轴心压力 N 和绕虚轴作用的弯矩 M_x 按桁架弦杆那样换算成分肢所受轴心压力 N_1 和 N_2，即：

$$\left. \begin{array}{l} N_1 = N \dfrac{y_2}{h} - \dfrac{M_x}{h} \\[2mm] N_2 = N \dfrac{y_1}{h} + \dfrac{M_x}{h} \end{array} \right\} \tag{7.49}$$

式中　h——两分肢轴线间的距离，$h = y_1 + y_2$；

　　　M_x——绕虚轴 x 作用的弯矩，以使分肢 2 受压为正。

其次，将绕实轴 y 作用的弯矩 M_y 按照与分肢对 y 轴的惯性矩 I_1 和 I_2 成正比、与分肢至 x 轴的距离 y_1 和 y_2 成反比的原则进行分配。这样分配既可以保持平衡，又可保持变形协调。分肢 1 和分肢 2 所承受的弯矩为：

$$
\left.\begin{array}{l}
M_{y1} = \dfrac{I_1/y_1}{I_1/y_1 + I_2/y_2} \cdot M_y \\[3mm]
M_{y2} = \dfrac{I_2/y_2}{I_1/y_1 + I_2/y_2} \cdot M_y
\end{array}\right\} \tag{7.50}
$$

最后根据 N_1 和 M_{y1}、N_2 和 M_{y2} 分别对两个分肢按实腹式单向压弯构件计算其稳定性。

要指出的是：在实际工程中 M_y 如果是只作用在一个分肢的轴线平面内，则此 M_y 应全部由该分肢承受。例如，图 7.18（a）所示柱截面若为单层厂房阶形柱的下段柱［见图 7.18（b）］的截面，因沿分肢轴线 2-2 设置吊车梁，柱两侧吊车梁上因荷载不等，对分肢 2 沿其轴线方向将产生 M_y，此 M_y 即应由该分肢单独承受。

7.9 格构式压弯构件的截面设计

格构式压弯构件大多用于单向压弯时，且使弯矩绕截面的虚轴作用。调整两分肢轴线的距离可增大抵抗弯矩的能力。压弯构件两分肢轴线间距离较大时，为增大构件的刚度，一般都应采用缀条柱。今以这种格构式压弯构件为例对其截面设计的步骤说明如下，其他格构式压弯构件的设计均可参照进行。

（1）按构造要求或凭以往设计经验，确定构件两分肢轴线间或两背面间的距离 b（图 7.19）。例如，取 $b \approx \left(\dfrac{1}{22} \sim \dfrac{1}{15}\right)H$，$H$ 为构件的高度。当为有起重机的单层厂房阶形柱的下段柱［见图 7.18（b）］时，柱截面的宽度常根据厂房在柱列定位轴线间的跨度与起重机桥架的标准跨度等尺寸确定。

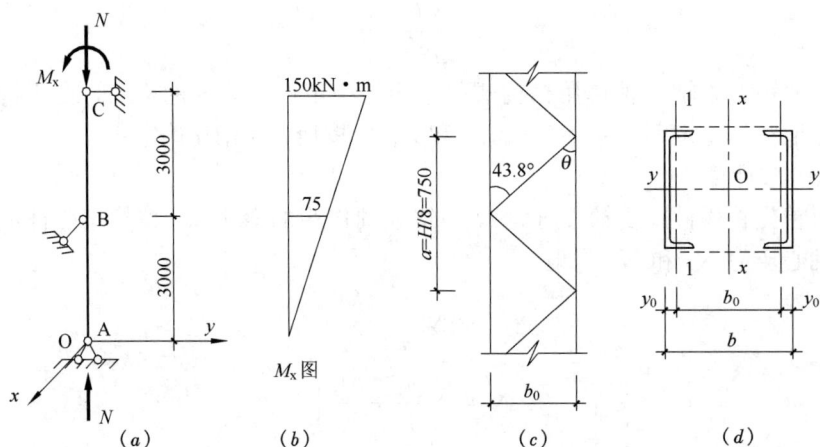

图 7.19 格构式单向压弯缀条柱

（2）由构件所受轴心压力 N 和弯矩 M_x（x 为截面的虚轴）按上述式（7.49），即按求桁架弦杆内力一样求出两分肢所受轴心压力 N_1 和 N_2，然后按轴心受压构件确定两分肢的截面尺寸。

（3）进行缀条设计，包括选定缀条布置形式、确定缀条截面尺寸及其与分肢的连接。

计算格构式压弯构件的缀件时，所用剪力应取构件中的实际最大剪力和按 $V=\dfrac{Af}{85\varepsilon_k}$ 算出的剪力两者中的较大值。

（4）对整个格构式构件进行各项验算。不满足要求时，作适当修正，直到全部满足为止。

与第 5 章所述轴心受压的格构式构件一样，在受有较大水平力处和运送单元的端部应设置横隔，横隔的间距不得大于柱截面较大宽度的 9 倍和 8m。

【例题 7.2】试设计某格构式单向压弯双肢缀条柱。柱高 $H=6\text{m}$，两端铰接，在柱高中点处沿虚轴 x 方向有一侧向支承，截面无削弱。柱顶荷载设计值为：轴心压力 $N=600\text{kN}$，弯矩 $M_x=\pm150\text{kN·m}$，柱底无弯矩，参阅图 7.19（a），静力荷载。钢材为 Q235B。

【解】（1）选定柱截面宽度 b

按构造和刚度要求：

$$b=\left(\frac{1}{22}\sim\frac{1}{15}\right)H=\left(\frac{1}{22}\sim\frac{1}{15}\right)\times6000=273\sim400\ (\text{mm})$$

采用 $b=400\text{mm}$。

（2）确定分肢截面

因柱子承受正、负弯矩且数值相同，故采用双轴对称截面。分肢截面采用热轧槽钢。

设槽钢轴线至其背面距离 $y_0=20\text{mm}$，则两分肢轴线间距离为［见图 7.19（d）］：

$$b_0=b-2y_0=400-2\times20=360\ (\text{mm})$$

分肢中最大轴心压力为：

$$N_1=\frac{N}{2}+\frac{M_x}{b_0}=\frac{600}{2}+\frac{150}{0.36}=716.7\ (\text{kN})$$

1）按分肢绕对称轴 y 轴弯曲屈曲的稳定条件选截面

计算长度：

$$l_{0y}=\frac{H}{2}=\frac{600}{2}=300\ (\text{cm})$$

设分肢长细比 $\lambda_y=32$[❶]，按 b 类截面查得 $\varphi=0.929$。

需要分肢截面面积：

$$A_1=\frac{N_1}{\varphi f}=\frac{716.7\times10^3}{0.929\times215}\times10^{-2}=35.88\ (\text{cm}^2)$$

需要回转半径：

$$i_y=\frac{l_{0y}}{\lambda_y}=\frac{300}{32}=9.38\ (\text{cm})$$

按需要的 A_1 和 i_y 由型钢表（附表 2.5）试选［24b，其截面特性［按图 7.19（d）所示坐标］为：

$$A_1=39.01\text{cm}^2,\ i_y=9.17\text{cm},\ I_1=194\text{cm}^4,\ i_1=2.23\text{cm},\ y_0=2.03\text{cm}$$

---

❶ 按书末主要参考资料［17］第 4 章第 4.3 节介绍的方法求取分肢（热轧槽钢）绕对称轴 y 轴弯曲屈曲的合适长细比 λ_y，其中取相应的参数 $\alpha_y=0.40$（适用于 20 号及以上型号的热轧槽钢）。假定热轧槽钢绕最小刚度轴 1-1 轴弯曲屈曲的合适长细比 λ_1 时，可取相应的参数 $\alpha_1=8.5$。

2）分肢稳定验算

两分肢轴线间距离：$b_0 = b - 2y_0 = 400 - 2 \times 20.3 = 359.4$(mm)

分肢内力：$N_1 = \dfrac{N}{2} + \dfrac{M_x}{b_0} = \dfrac{600}{2} + \dfrac{150 \times 10^3}{359.4} = 717.4$(kN)

采用单缀条体系，布置如图 7.19（c）所示，斜缀条与分肢轴线间夹角为 $\theta = \arctan[b_0/(a/2)] = \arctan(359.4/375) = 43.8°$，不设横缀条。

分肢对 1-1 轴的计算长度 $l_{01} = a = 750$mm［图 7.19(c)］，分肢对 1-1 轴的长细比：

$$\lambda_1 = \frac{l_{01}}{i_1} = \frac{750}{22.3} = 33.6 < [\lambda] = 150，可。$$

分肢对 y 轴的长细比：

$$\lambda_y = \frac{l_{0y}}{i_y} = \frac{300}{9.17} = 32.7 < \lambda_1$$

按 $\lambda_1 = 33.6$ 查附表 1.19（b 类截面），得 $\varphi_1 = 0.923$。

$$\frac{N_1}{\varphi_1 A_1 f} = \frac{717.4 \times 10^3}{0.923 \times 39.01 \times 10^2 \times 215} = 0.927 < 1.0，可。$$

所选分肢截面合适。

（3）缀条设计

柱中剪力：

$$V_{max} = \frac{M_x}{H} = \frac{150}{6} = 25 \ (kN)$$

$$V = \frac{Af}{85\varepsilon_k} = \frac{(2 \times 39.01 \times 10^2) \times 215}{85 \times 1.0} \times 10^{-3} = 19.7 \ (kN)$$

采用较大值 $V_{max} = 25$kN。

一根斜缀条中的内力：

$$N_d = \frac{V_{max}/2}{\sin 43.8°} = \frac{25}{2 \times 0.692} = 18.1 \ (kN)$$

斜缀条长度：

$$l_d = \frac{b_0}{\sin 43.8°} = \frac{359.4}{0.692} = 519 \ (mm)$$

选用斜缀条截面为 $1\angle 45 \times 4$（《原规范》规定的最小角钢），供给：$A_d = 3.486$cm^2，$i_{min} = i_v = 0.89$cm。

长细比：$\lambda_d = \dfrac{l_d}{i_{min}} = \dfrac{51.9}{0.89} = 58.3 < [\lambda] = 150，可。$

按 b 类截面查附表 1.19，得 $\varphi = 0.8165$。

单边连接等边单角钢按轴心受压验算稳定性时，其强度设计值折减系数为［见式（5.51b）］：

$$\eta=0.6+0.0015\lambda=0.6+0.0015\times58.3=0.687$$

斜缀条的稳定性 [见式 (5.51a)]:

$$\frac{N_{\mathrm{d}}}{\eta\varphi A_{\mathrm{d}}f}=\frac{18.1\times10^{3}}{0.687\times0.8165\times3.486\times10^{2}\times215}=0.43<1.0, 可。$$

缀条与分肢的角焊缝连接计算，此处从略。

（4）格构柱的验算

1）整个柱截面几何特性 [图 7.19 (d)]

截面面积：$\qquad A=2A_1=2\times39.01=78.02$ （cm^2）

惯性矩：$\qquad I_{\mathrm{x}}=2$ [194+39.01$\times$(20$-$2.03)^2]$=25582$ （cm^4）

回转半径：$\qquad i_{\mathrm{x}}=\sqrt{\dfrac{I_{\mathrm{x}}}{A}}=\sqrt{\dfrac{25582}{78.02}}=18.11$ （cm）

弹性截面模量：$\qquad W_{1\mathrm{x}}=W_{n\mathrm{x}}=\dfrac{I_{\mathrm{x}}}{y_{\mathrm{c}}}=\dfrac{25582}{20}=1297$ （cm^3）。

2）弯矩作用平面内的稳定

条件：$\qquad\dfrac{N}{\varphi_{\mathrm{x}}Af}+\dfrac{\beta_{\mathrm{mx}}M_{\mathrm{x}}}{W_{1\mathrm{x}}\left(1-\dfrac{N}{N'_{\mathrm{Ex}}}\right)f}\leqslant1.0$

今$\qquad\lambda_{\mathrm{x}}=\dfrac{l_{0\mathrm{x}}}{i_{\mathrm{x}}}=\dfrac{600}{18.11}=33.1$

两斜缀条的截面面积：$\qquad A_{\mathrm{dx}}=2\times3.486=6.972$ （cm^2）

换算长细比：$\qquad\lambda_{0\mathrm{x}}=\sqrt{\lambda_{\mathrm{x}}^{2}+27\dfrac{A}{A_{\mathrm{dx}}}}=\sqrt{33.1^{2}+27\times\dfrac{78.02}{6.972}}=37.4$

由 $\lambda_{0\mathrm{x}}=37.4$ 查附表 1.19 （b 类截面），得 $\varphi_{\mathrm{x}}=0.9084$。

欧拉临界力：$\qquad N_{\mathrm{Ex}}=\dfrac{\pi^{2}EA}{\lambda_{0\mathrm{x}}^{2}}=\dfrac{\pi^{2}\times206\times10^{3}\times78.02\times10^{2}}{37.4^{2}}\times10^{-3}=11340$ （kN）

$$\frac{N}{N'_{\mathrm{Ex}}}=\frac{N}{N_{\mathrm{Ex}}/1.1}=1.1\times\frac{600}{11340}=0.0582$$

等效弯矩系数 [参阅图 7.19 (b) 所示弯矩图：$M_1=150$kN·m、$M_2=0$]:

$$\beta_{\mathrm{mx}}=0.6+0.4\frac{M_2}{M_1}=0.6 \quad[见式 (7.11)]$$

$$\frac{N}{\varphi_{\mathrm{x}}Af}+\frac{\beta_{\mathrm{mx}}M_{\mathrm{x}}}{W_{1\mathrm{x}}\left(1-\dfrac{N}{N'_{\mathrm{Ex}}}\right)f}$$

$$=\frac{600\times10^{3}}{0.9084\times78.02\times10^{2}\times215}+\frac{0.6\times150\times10^{6}}{1297\times10^{3}(1-0.0582)\times215}$$

$$=0.394+0.343=0.74<1.0, 可。$$

3）弯矩作用平面外的稳定——不必计算

4）分肢的稳定——满足要求（见前述）

5）全截面的强度

条件：$\dfrac{N}{A_n}+\dfrac{M_x}{\gamma_x W_{nx}}\leqslant f$（此处 $\gamma_x=1.0$，见附表 1.14）

今 $\dfrac{N}{A_n}+\dfrac{M_x}{\gamma_x W_{nx}}=\dfrac{600\times10^3}{78.02\times10^2}+\dfrac{150\times10^6}{1.0\times1297\times10^3}=76.90+115.65$

$$=192.6\text{（N/mm}^2)<f=215\text{（N/mm}^2)，可。$$

以上验算全部满足要求，所选截面合适。

（5）横隔设置

用 10mm 厚钢板作横隔。间距应不大于柱截面较大宽度的 9 倍和 8m，即不大于 $9\times$ 0.4＝3.6（m）。今柱高为 6m，除柱上、下端各设一道横隔外，在柱高中点再设一道横隔，横隔间距为 3m，满足要求。

7.10 压弯构件和框架柱的计算长度

在压弯构件稳定性计算中，均需涉及构件的长细比，即用到构件的计算长度 l_0（l_{0x} 和 l_{0y}），$l_0=\mu l$，μ 称为计算长度系数。计算长度的概念来自轴心压杆的弹性屈曲，在第 5 章中曾提及，它的物理意义是把不同支承情况的轴心压杆等效为长度等于计算长度的两端铰支轴心压杆，它的几何意义则是代表构件弯曲屈曲后弹性曲线两反弯点间的长度。对压弯构件和框架柱，计算长度是向轴心压杆借用过来的。在框架柱的设计中，目前大多采用按未变形的框架计算简图作一阶弹性分析，在求得各柱中的内力（弯矩、轴心压力和剪力）后，将各柱看作一根单独压弯构件进行计算，此时，在求稳定系数 φ 和欧拉临界力 N_{Ex} 等时就需用到框架柱的计算长度，以考虑与该柱相连各构件所给予的约束影响。这种分析和设计方法，比较简单，称为计算长度法。如在框架分析中采用考虑变形影响和结构整体缺陷的二阶弹性分析方法计算柱中的内力，在计算构件稳定性时就可直接采用构件的几何长度，而不是用计算长度。因此本节内容主要用于一阶弹性分析的框架计算中。

有关单独压弯构件的计算长度，目前均按与轴心受压构件一样根据构件两端的支承情况取用，可参阅第 5 章表 5.1。

尽管单层或多层框架结构实际上都是一个空间结构，但根据其荷载情况及传力路线，设计时常有可能把它看成许多相互联系的平面框架。平面框架柱在框架平面外的计算长度，常取等于阻止框架发生平面外位移的支承点间的距离。这些支承点包括柱的支座、纵向连系梁、单层厂房中的吊车梁、托架和纵向支撑等与平面框架的连接节点。一旦这些平面外的支承点位置确定，则框架柱的平面外计算长度也就确定。本节下面主要介绍框架柱在框架平面内的计算长度取法，分多层（包括单层）等截面框架柱和单层厂房阶形柱两种情况作出说明。

一、多层框架和单层框架等截面柱在框架平面内的计算长度

框架柱因与横梁等其他构件在上、下节点处连接，一根柱子的失稳必然带动相邻构件的变形，因此有关框架柱的稳定性问题就必须把整个框架或框架的一部分作为研究对象，

而不是单独拿出一根柱子来考虑。

（1）无侧移框架和有侧移框架

框架柱在失稳时有两种形态或两种失稳模式。当框架各节点处有侧向支承点，失稳时柱顶无侧移，称为无侧移框架。当框架各节点处无侧向支承点，失稳时柱顶常发生侧移，称为有侧移框架。由图 7.20 所示柱底为刚接的单跨对称框架失稳时的情况，可对这两种框架的区分一目了然。无侧移框架柱的稳定性优于有侧移框架柱，因而两者必须严加区别。

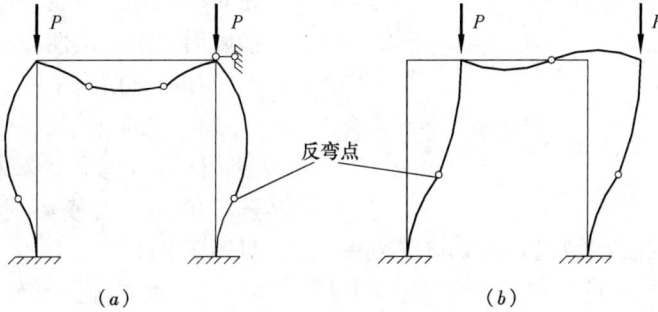

图 7.20　单层单跨对称框架的失稳形态
（a）无侧移框架（对称失稳）；（b）有侧移框架（反对称失稳）

由框架的稳定性分析确定框架柱的计算长度，比较烦琐，常需求解复杂的超越方程（稳定方程）。为了便于设计人员应用，设计标准中常给出框架柱计算长度系数的表格，供设计人员直接查用。《钢标》所给的表格见本书附表 1.23 和附表 1.24，前者用于无侧移框架，后者用于有侧移框架。计算长度系数 μ 与所计算柱上、下两端相连接的横梁线刚度之和与柱线刚度之和的比值 K_1 和 K_2 有关（下角标 1 和 2 分别表示所计算柱的上端节点和下端节点），即：

$$K_1 = \frac{\Sigma \left(\frac{I}{l}\right)_{b1}}{\Sigma \left(\frac{I}{l}\right)_{c1}} \qquad K_2 = \frac{\Sigma \left(\frac{I}{l}\right)_{b2}}{\Sigma \left(\frac{I}{l}\right)_{c2}} \tag{7.51}$$

式中　　$\Sigma \left(\frac{I}{l}\right)_{b1}$——框架平面内交于所计算柱上端节点 1 左、右两梁线刚度 $\frac{I}{l}$ 之和（角标 b 表示梁 beam）；

　　　　$\Sigma \left(\frac{I}{l}\right)_{c1}$——框架平面内交于所计算柱上端节点 1 上、下两柱的线刚度 $\frac{I}{l}$ 之和（角标 c 表示柱 column）；

$\Sigma \left(\frac{I}{l}\right)_{b2}$、$\Sigma \left(\frac{I}{l}\right)_{c2}$——框架平面内交于柱下端节点 2 的相应构件线刚度之和。

得到了 K_1 和 K_2 后，区分无侧移框架和有侧移框架分别查表即可得到 μ 值。查表时要注意：

1）当横梁与柱铰接时，应取该横梁的线刚度为零。

2）对底层框架柱，当柱与基础铰接时，取 $K_2 = 0$（对平板支座，可取 $K_2 = 0.1$）；当

343

柱与基础刚接时，取 $K_2 = 10$。

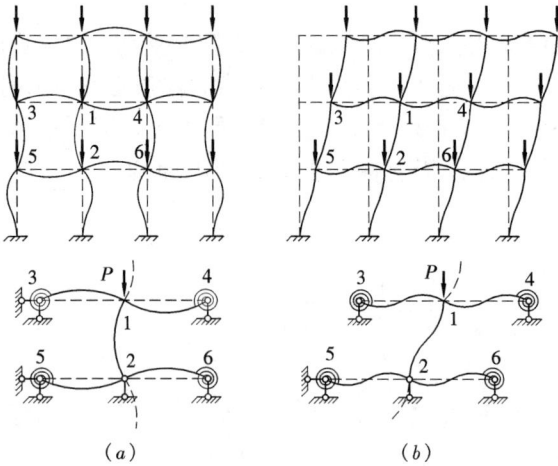

图 7.21 多层框架的失稳形式及其计算简图

(a) 无侧移失稳及计算简图；(b) 有侧移失稳及计算简图

3）对无侧移框架柱，μ 值变化在 0.5～1.0 之间；对有侧移框架柱，μ 值恒大于 1.0。

4）附表 1.23 和附表 1.24 既适用于多层框架，又适用于单层框架。

附表 1.23 和附表 1.24 的 μ 值是在对框架作了一系列基本假定和简化措施后，由稳定性分析得出的[1]。这些假定和简化措施是：

1）只取框架的一部分作为计算模型，即只考虑所计算柱上、下端与其连接的左、右横梁对其的约束作用，见图 7.21。

2）材料为线弹性，横梁与柱为刚性连接。

3）框架只在节点处承受竖向荷载，即不考虑横梁上荷载引起横梁中的主弯矩对柱子失稳的影响。

4）框架中所有柱子同时失稳，即各柱同时到达其临界荷载。

5）当柱子失稳时，相交于同一节点的横梁对柱子提供的约束弯矩，按相交于该节点柱子线刚度之比分配给柱子。

6）在无侧移失稳时，横梁两端的转角大小相等、方向相反，呈单曲率弯曲如图 7.21（a）所示；在有侧移失稳时，横梁两端的转角大小相等且方向相同（均为顺时针向或均为逆时针向），呈双曲率弯曲如图 7.21（b）所示。

7）所有构件均为等截面构件。

8）所有柱子的刚度参数 $h\sqrt{P/EI}$ 均相等（P 为柱子的轴心压力）。

9）横梁中无较大的轴心压力。

了解了这些假设后，对附表 1.23 和附表 1.24 的正确应用是有帮助的。事实上，各框架柱的 μ 值不仅与 K_1 和 K_2 有关，还与框架的荷载情况有关。在实际工程设计中，大多数情况可符合上述假定，从而利用《钢标》中所给表格直接查出 μ 值。但如果所设计的框架与上述基本假定差别很大或各柱的刚度参数 $h\sqrt{P/EI}$ 差别较大时，对用上述查表法求得的 μ 值应进行修正。常见的需修正情况有：

1）无侧移体系中，在利用式（7.51）求 K_1 和 K_2 时，若横梁远端不是刚接而是铰接，这与基本假设不符，因而该横梁的线刚度应乘以修正系数 3/2。若横梁的远端为固定端，根据同样的理由，该横梁的线刚度应乘以修正系数 2。

在有侧移体系中，在利用式（7.51）求 K_1 和 K_2 时，横梁的远端若为铰接，该横梁

---

[1] 见书末主要参考资料 [40] 第一册第 94～120 页。

的线刚度应乘以修正系数 1/2。横梁远端若为固定端，则该横梁的线刚度应乘以修正系数 2/3（来源见结构力学相关书籍）。

2）若横梁中有较大的轴心压力时，横梁的线刚度应乘以折减系数，见附表 1.23 和附表 1.24 表下注[●]。

3）当框架各柱的刚度参数 $h\sqrt{P/EI}$ 差别较大时，或荷载和结构显著不对称时，对有侧移框架按上述由 K_1 和 K_2 查表所得的 μ 值宜进行修正，修正方法可参阅书末主要参考资料［40］或［17］等。

【例题 7.3】试求图 7.22 所示荷载、几何尺寸完全相同，但柱脚分别为铰接和刚接的两单层单跨框架柱的计算长度系数。

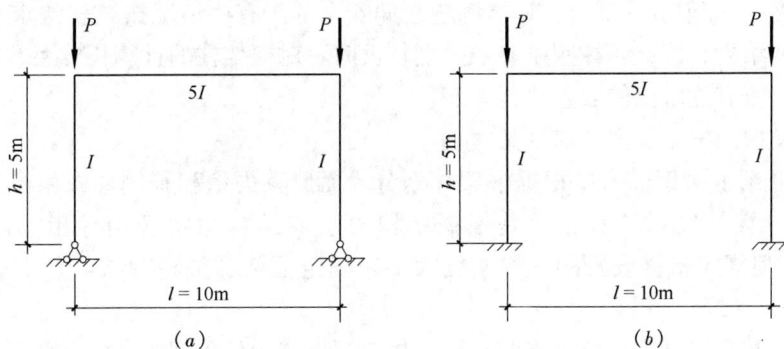

图 7.22　单层单跨对称框架

【解】（1）对图 7.22（a）所示对称框架

为有侧移框架，横梁线刚度 $i_b=\dfrac{5I}{10}=0.5I$，柱子线刚度 $i_c=\dfrac{I}{5}=0.2I$。

$$K_1=\frac{0.5I}{0.2I}=2.5,\quad K_2=0$$

由附表 1.24 查得：

$$\mu=\frac{2.17+2.11}{2}=2.14$$

（2）对图 7.22（b）所示对称框架

为有侧移框架，横梁与柱的线刚度同上：

$$K_1=2.5，但 K_2=10$$

由附表 1.24 查得：$\mu=1.085$。

【例题 7.4】试分析图 7.23 所示框架柱 AB 的计算长度系数。

【解】此框架两柱受力不等，AB 柱受压力 P 而 CD 柱不受力（CD 柱的刚度参数 $h\sqrt{P/EI}=0$）。若不考虑这个情况，机械地利用附表 1.24，按有侧移框架查表求 μ，结

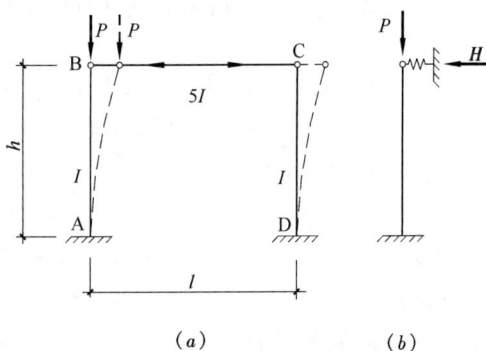

图 7.23　两柱受力不等的
单层单跨框架

[●]　见书末主要参考资料［54］第 44 页。

果为：

$$K_1 = 0（与横梁铰接）$$

$$K_2 = 10（下端固定）$$

查附表 1.24 得 $\mu = 2.03$，相当于 AB 柱为一端固定、一端自由的轴心压杆。

实际情况为当 AB 柱失稳时，必如图 7.23（a）中的虚线所示，通过横梁 BC 使 CD 柱有与 AB 柱相同的柱顶位移。这样，CD 柱犹如顶端受有一水平力的悬臂构件，CD 柱的抗弯刚度将使 AB 柱形成图 7.23（b）所示下端固定、上端有一弹性支承的轴心压杆，其计算长度系数不再是 $\mu = 2.03$，而是 $\mu < 2.03$（具体 μ 值的求法见各结构稳定理论书籍，此处从略）。如取 $\mu = 2.03$，对本例题是偏安全的。有些情况按查表法求 μ 值可能导致偏不安全的结果。因此各柱刚度参数差别较大时，对框架柱的计算长度系数 μ 要进行单独分析，或对查表法求出的 μ 值进行修正。

（2）无支撑纯框架、强支撑框架

上文中介绍了《钢标》中根据框架柱划分为无侧移失稳和有侧移失稳模式而提供的两个框架柱计算长度系数表格，是根据结构力学或结构稳定理论导出。此处将介绍《钢标》中如何规定根据设置的支撑刚度大小来确定框架的失稳模式，从而合理选用上述表格。

任何框架都必须具有抵抗侧移的刚度。如果框架的侧移刚度完全依靠柱子的刚度和节点的刚性提供，则为无支撑的纯框架，此时可按照有侧移失稳模式选用本书附表 1.24 求框架柱的计算长度系数。如果框架的侧移刚度主要或部分依靠支撑体系提供，则为有支撑框架。支撑体系主要包括支撑桁架、剪力墙、电梯井和核心筒等。《钢标》中规定，当支撑系统的侧移刚度足够大、满足式（7.52）要求时，此框架为强支撑框架，使框架以无侧移模式失稳，框架柱的计算长度系数可按本书附表 1.23 选用。

$$S_b \geqslant 4.4\left[\left(1+\frac{100}{f_y}\right)\sum N_{bi} - \sum N_{0i}\right] \tag{7.52}$$

式中　　　S_b——支撑结构层侧移刚度，即施加于结构上的水平力与其产生的层间位移角的比值；

$\sum N_{bi}$、$\sum N_{0i}$——分别为第 i 层层间所有框架柱用无侧移框架柱和有侧移框架柱计算长度算得的各轴心压杆稳定承载力之和。

算例可参阅书末主要参考资料 [17] 等。

二、单层厂房单阶柱在框架平面内的计算长度

图 7.24（a）和（c）分别表示屋架与阶形柱上端铰接和刚接的单层单跨厂房横向框架。下面对阶形柱的上段柱有关参数都记以下标 1，下段柱有关参数都记以下标 2。这样，就可用下列符号来表示有关参数：

I_1、I_2 分别为上、下段柱截面的惯性矩；

H_1、H_2 分别为上、下段柱的高度；

N_1、N_2 分别为上、下段柱的轴心压力；

μ_1、μ_2 分别为上、下段柱的计算长度系数。

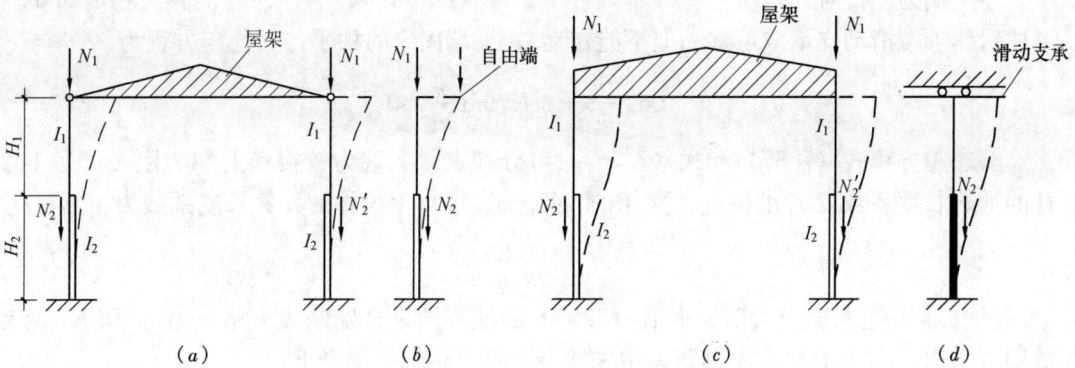

图 7.24 单阶柱的计算长度

(a) 上端铰接的单阶柱；(b) 上端铰接单阶柱的简化模型；

(c) 上端刚接的单阶柱；(d) 上端刚接单阶柱的简化模型

N_1 中主要包括由屋盖传给柱的荷载和上段柱所承受的墙体重量（当用墙架时），还包括上段柱的自重等。N_2 中包括阶形截面处吊车梁传来的起重机竖向荷载和吊车梁自重、下段柱承受的墙体重量、下段柱自重以及由上段柱传来的 N_1。框架左、右两柱所受的轴力 N_1 在对称框架中一般相等，但两柱所受起重机竖向荷载因设计柱子时常考虑桥式起重机上的横行小车及所吊荷载位于所计算柱子一边而使两柱受力不等，因而两柱下段柱所受 N_2 是不相等的。

令上段柱与下段柱线刚度之比为：

$$K_1 = \frac{I_1}{I_2} \cdot \frac{H_2}{H_1} \tag{7.53}$$

使 N_2 与 N_1 之比等于下段柱与上段柱欧拉荷载之比，即：

$$\frac{N_2}{N_1} = \frac{\pi^2 E I_2 / (\mu_2 H_2)^2}{\pi^2 E I_1 / (\mu_1 H_1)^2} = \frac{I_2}{I_1} \cdot \frac{H_1^2}{H_2^2} \cdot \frac{\mu_1^2}{\mu_2^2} \tag{7.54}$$

如记

$$\eta_1 = \frac{\mu_2}{\mu_1} \tag{7.55}$$

则由式（7.54），可得：

$$\eta_1 = \frac{H_1}{H_2} \sqrt{\frac{I_2}{I_1} \cdot \frac{N_1}{N_2}} \tag{7.56}$$

这些都是求阶形柱计算长度系数用的参数。

单层厂房柱的下端一般均设计成与基础刚接，即所谓固定端，而上端则因采用的屋架形式不同可为铰接或为刚接，如图 7.24 所示。当上端为铰接时，若略去左、右两柱 N_2 与 N_2' 不同的影响，在有侧移失稳时可把阶形柱看作下端固定、上端自由的悬臂柱，如图 7.24（b）所示。据此计算模型，按稳定理论可得稳定方程为：

$$\eta_1 K_1 \tan \frac{\pi}{\mu_2} \tan \frac{\pi \eta_1}{\mu_2} - 1 = 0 \tag{7.57}$$

当上端为刚接时，若略去左、右两柱 N_2 与 N_2' 不同的影响，在有侧移失稳时可把阶形柱看作上端滑动支承（可移动但不能转动）、下端固定的柱子，其稳定方程为：

$$\tan \frac{\pi \eta_1}{\mu_2} + \eta_1 K_1 \tan \frac{\pi}{\mu_2} = 0 \tag{7.58}$$

解超越方程式（7.57）和式（7.58），可分别求得上端为铰接和上端为刚接厂房下段柱的计算长度系数 μ_2。求得 μ_2 后，由式（7.55）可得上段柱的计算长度系数为：

$$\mu_1 = \frac{\mu_2}{\eta_1} \tag{7.59}$$

《钢标》中已按式（7.57）和式（7.58）的计算结果分别制成表格，由 η_1 和 K_1 两参数即可求得 μ_2（此表格在本书附表中未摘录，见《钢标》附录 E）。

单层厂房平面框架之间由于厂房纵向构件的联系实际上可起空间作用。若某框架柱因受起重机最大竖向荷载及其他荷载而失稳，此时相邻框架柱因未受或少受起重机竖向荷载而尚未失稳，这些相邻框架可给所计算框架柱的侧向位移以一定的约束，按式（7.57）和式（7.58）所得的下段柱计算长度系数因空间作用可有所减小。《钢标》中规定的折减系数见表 7.2，即按式（7.57）和式（7.58）求得 μ_2 后，应乘以表 7.2 所给折减系数得到采用的 μ_2，再根据折减后的 μ_2 由式（7.59）求 μ_1。这样，既符合厂房工作的实际情况，又可得到经济的效果。

单层厂房阶形柱计算长度的折减系数　　　　　　　　　　表 7.2

厂　房　类　型				折减系数
单跨或多跨	纵向温度区段内一个柱列的柱子数	屋面情况	厂房两侧是否有通长的屋盖纵向水平支撑	
单　跨	等于或少于 6 个	—	—	0.9
	多于 6 个	非大型混凝土屋面板的屋面	无纵向水平支撑	0.9
			有纵向水平支撑	0.8
		大型混凝土屋面板的屋面	—	0.8
多　跨	—	非大型混凝土屋面板的屋面	无纵向水平支撑	0.8
			有纵向水平支撑	0.7
		大型混凝土屋面板的屋面	—	0.7

这里还需指出，在计算 K_1 和 η_1 时，当下段柱为格构式柱，在给定下段柱的惯性矩 I_2 时，应考虑缀件变形的影响。通常为了简单起见，常按柱肢截面算得的惯性矩乘以折减系数 0.9 以考虑此影响。

复 习 思 考 题

7.1　《钢标》中规定在哪几种情况下验算压弯构件或拉弯构件的强度时取截面塑性发展系数 $\gamma_x =$ 1.0，何故？

7.2　考虑二阶效应，按边缘纤维屈服准则计算压弯构件公式中的 $\dfrac{1}{1 - N/N_{Ex}}$ 的物理意义是什么？

有说它是弯矩增大系数，是吗？

7.3 为什么说《钢标》中关于验算实腹式压弯构件在弯矩作用平面内的稳定公式是一个半理论半经验公式？

7.4 《钢标》中关于验算压弯构件在弯矩作用平面外的稳定公式的理论根据是什么？与平面内的稳定公式的理论根据是否协调？

7.5 某压弯构件所选截面验算结果全部通过（包括平面内、外的稳定条件、强度条件和局部稳定条件等）。试问此截面是否一定是最合适和最经济的截面？如不是，则如何才能使既满足各种验算条件，又能使截面为最合适？

7.6 对框架结构设置支撑系统的效果是什么？应如何来设计支撑系统？

习　题

7.1 某单向压弯构件如图 7.25 所示，两端铰支。已知承受轴心压力设计值为 $N=400\text{kN}$；端弯矩设计值 $M_A=100\text{kN} \cdot \text{m}$，$M_B=50\text{kN} \cdot \text{m}$，均为顺时针方向作用在构件端部，非动力荷载。构件长 $l=6.2\text{m}$，在构件两端及跨度中点各有一侧向支承点。构件截面为热轧工字钢 I36a，钢材为 Q235。试验算此构件的稳定性和截面的强度，并说明截面尺寸由何条件控制（提示：φ_b 按附表 1.10 查取）。

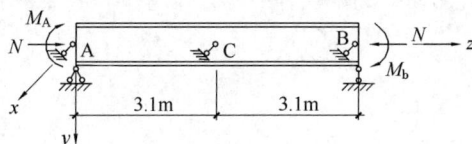

图 7.25　习题 7.1 图

7.2 某钢天窗架的侧柱 AB，高度为 3.0m，两端均视为不动铰支。由屋面节点荷载产生的轴心压力设计值 $N=40\text{kN}$。由风荷载产生均布荷载，向风面为压力，设计值 $q=+3.0\text{kN/m}$；背风面为吸力，设计值 $q'=-3.0\text{kN/m}$。构件截面试用 $2\angle 90 \times 56 \times 6$，长边相连，节点板厚 10mm，如图 7.26 所示。钢材为 Q235。试验算此截面是否合适？截面尺寸由哪个验算条件控制？

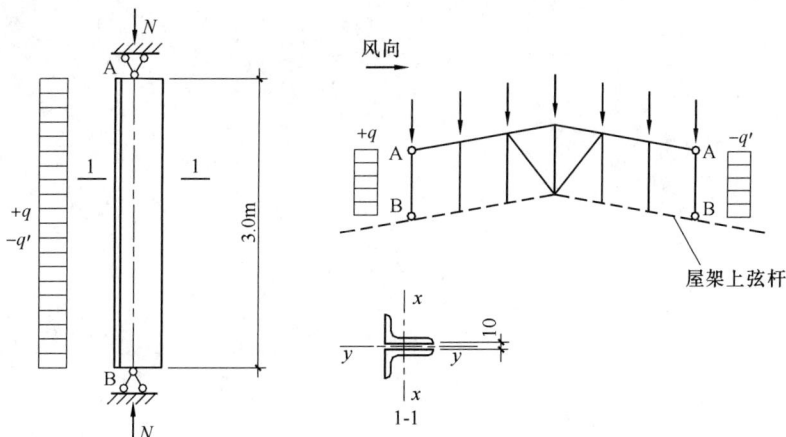

图 7.26　习题 7.2 图

7.3 某下端铰支的单跨对称刚架如图 7.27 所示，跨度 $L=18\text{m}$，高度 $h=8\text{m}$。在刚架平面外，柱子中点和上、下两端均有侧向支承。刚架的横梁上作用有均布荷载标准值 $q_k=46.5\text{kN/m}$，其中永久荷载（包括梁自重）占 30%，静力可变荷载占 70%。已知钢材为 Q235，横梁与柱子的线刚度之比为 5∶1。

柱子为焊接工字形截面，尺寸见图 7.27。不计柱自重，试验算此柱截面是否足够（提示：按一阶弹性分析得到的柱中内力设计值为 $N=603$kN 和 $M=417$kN·m）。

7.4　某用缀条连接的格构式压弯构件，Q235 钢，截面及缀条布置等如图 7.28 所示，承受的荷载设计值为 $N=500$kN 和 $M_x=120$kN·m。在弯矩作用平面内构件上、下端有相对侧移，其计算长度取为 9.0m。在垂直于弯矩作用平面内构件两端均有侧向支承，其计算长度取为构件的高度 6.2m。试验算此构件截面是否足够。

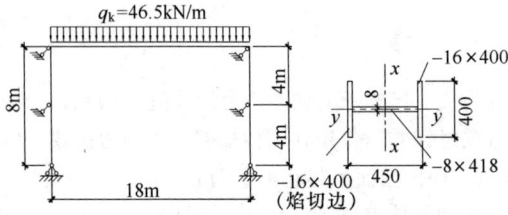

图 7.27　习题 7.3 图　　　　　图 7.28　习题 7.4 图

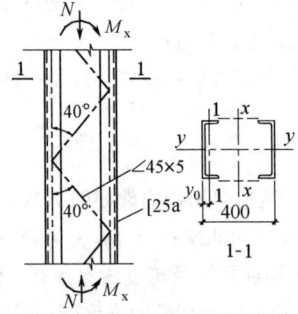

附录 1 《钢结构设计标准》GB 50017—2017 有关表格摘编

钢材的设计用强度指标（N/mm²）

附表 1.1

钢材牌号		钢材厚度或直径（mm）	强度设计值			屈服强度 f_y	抗拉强度 f_u
			抗拉、抗压、抗弯 f	抗剪 f_v	端面承压（刨平顶紧） f_{ce}		
碳素结构钢	Q235	≤16	215	125	320	235	370
		>16，≤40	205	120		225	
		>40，≤100	200	115		215	
低合金高强度结构钢	Q355	≤16	305	175	400	355	470
		>16，≤40	295	170		345	
		>40，≤63	290	165		335	
		>63，≤80	280	160		325	
		>80，≤100	270	155		315	
	Q390	≤16	345	200	415	390	490
		>16，≤40	330	190		380	
		>40，≤63	310	180		360	
		>63，≤100	295	170		340	
	Q420	≤16	375	215	440	420	520
		>16，≤40	355	205		410	
		>40，≤63	320	185		390	
		>63，≤100	305	175		370	
	Q460	≤16	410	235	470	460	550
		>16，≤40	390	225		450	
		>40，≤63	355	205		430	
		>63，≤100	340	195		410	
建筑结构用钢板	Q345GJ	>16，≤50	325	190	415	345	490
		>50，≤100	300	175		335	

注：1. 表中直径指实芯棒材直径，厚度系指计算点的钢材或钢管壁厚度，对轴心受拉和轴心受压构件系指截面中较厚板件的厚度。

2. 冷弯型材和冷弯钢管，其强度设计值应按国家现行有关标准的规定采用。

3. 低合金高强度结构钢的牌号、屈服强度值 f_y，遵循现行国家标准《低合金高强度结构钢》GB/T 1591 的规定。

焊接方法和焊条型号	构件钢材		对接焊缝强度设计值				角焊缝强度设计值	对接焊缝抗拉强度 f_u^w	角焊缝抗拉、抗压和抗剪强度 f_u^f
	牌号	厚度或直径（mm）	抗压 f_c^w	焊缝质量为下列等级时，抗拉 f_t^w		抗剪 f_v^w	抗拉、抗压和抗剪 f_f^w		
				一级、二级	三级				
自动焊、半自动焊和 E43 型焊条手工焊	Q235	≤16	215	215	185	125	160	415	240
		>16，≤40	205	205	175	120			
		>40，≤100	200	200	170	115			
自动焊、半自动焊和 E50、E55 型焊条手工焊	Q355	≤16	305	305	260	175	200	480（E50）540（E55）	280（E50）315（E55）
		>16，≤40	295	295	250	170			
		>40，≤63	290	290	245	165			
		>63，≤80	280	280	240	160			
		>80，≤100	270	270	230	155			
	Q390	≤16	345	345	295	200	200（E50）220（E55）		
		>16，≤40	330	330	280	190			
		>40，≤63	310	310	265	180			
		>63，≤100	295	295	250	170			
自动焊、半自动焊和 E55、E57* 型焊条手工焊	Q420	≤16	375	375	320	215	220（E55）235（E57）	540（E55）570（E57）	315（E55）330（E57）
		>16，≤40	355	355	300	205			
		>40，≤63	320	320	270	185			
		>63，≤100	305	305	260	175			
自动焊、半自动焊和 E55、E57* 型焊条手工焊	Q460	≤16	410	410	350	235	220（E55）235（E57）	540（E55）570（E57）	315（E55）330（E57）
		>16，≤40	390	390	330	225			
		>40，≤63	355	355	300	205			
		>63，≤100	340	340	290	195			
自动焊、半自动焊和 E50、E55 型焊条手工焊	Q345GJ	>16，≤35	310	310	265	180	200	480（E50）540（E55）	280（E50）315（E55）
		>35，≤50	290	290	245	170			
		>50，≤100	285	285	240	165			

注：1. 手工焊用焊条、自动焊和半自动焊所采用的焊丝和焊剂，应保证其熔敷金属的力学性能不低于母材的性能。

2. 焊缝质量等级应符合现行国家标准《钢结构焊接规范》GB 50661 的规定，其检验方法应符合现行国家标准《钢结构工程施工质量验收标准》GB 50205 的规定。其中厚度小于 6mm 钢材的对接焊缝，不应用超声波探伤确定焊缝质量等级。

3. 对接焊缝在受压区的抗弯强度设计值取 f_c^w，在受拉区的抗弯强度设计值取 f_t^w。

4. 表中厚度系指计算点的钢材厚度，对轴心受拉和轴心受压构件系指截面中较厚板件的厚度。

*（1）疑《钢标》选 E60 焊条是依据原国家标准《低合金钢焊条》GB/T 5118—1995，该标准部分内容已被现行国家标准《非合金钢及细晶粒钢焊条》GB/T 5117—2012 代替，并于 2013 年 3 月 1 日实施，供给四种焊条型号：E43、E50、E55 和 E57，没有 E60。

（2）E57 型焊条手工焊的对接焊缝抗拉强度 f_u^w 和角焊缝强度设计值 f_f^w 分别取熔敷金属最小抗拉强度 $f_u^w = 570\text{N/mm}^2$ 和 $f_f^w = 0.41 f_u^w = 0.41 \times 570 \approx 235\text{N/mm}^2$，角焊缝的抗拉、抗压和抗剪强度 $f_u^f = 0.58 f_u^w = 0.58 \times 570 \approx 330\text{N/mm}^2$，供参考。

螺栓的性能等级、锚栓和构件钢材的牌号		强度设计值										高强度螺栓的抗拉强度 $f_{\mathrm{u}}^{\mathrm{b}}$
		普通螺栓						锚栓	承压型连接或网架用高强度螺栓			
		C级螺栓			A级、B级螺栓							
		抗拉 $f_{\mathrm{t}}^{\mathrm{b}}$	抗剪 $f_{\mathrm{v}}^{\mathrm{b}}$	承压 $f_{\mathrm{c}}^{\mathrm{b}}$	抗拉 $f_{\mathrm{t}}^{\mathrm{b}}$	抗剪 $f_{\mathrm{v}}^{\mathrm{b}}$	承压 $f_{\mathrm{c}}^{\mathrm{b}}$	抗拉 $f_{\mathrm{t}}^{\mathrm{a}}$	抗拉 $f_{\mathrm{t}}^{\mathrm{b}}$	抗剪 $f_{\mathrm{v}}^{\mathrm{b}}$	承压 $f_{\mathrm{c}}^{\mathrm{b}}$	
普通螺栓	4.6级、4.8级	170	140	—	—	—	—	—	—	—	—	—
	5.6级	—	—	—	210	190	—	—	—	—	—	—
	8.8级	—	—	—	400	320	—	—	—	—	—	—
锚栓	Q235	—	—	—	—	—	—	140	—	—	—	—
	Q355	—	—	—	—	—	—	180	—	—	—	—
	Q390	—	—	—	—	—	—	185	—	—	—	—
承压型连接高强度螺栓	8.8级	—	—	—	—	—	—	—	400	250	—	830
	10.9级	—	—	—	—	—	—	—	500	310	—	1040
螺栓球节点用高强度螺栓	9.8级	—	—	—	—	—	—	—	385	—	—	—
	10.9级	—	—	—	—	—	—	—	430	—	—	—
构件钢材牌号	Q235	—	—	305	—	—	405	—	—	—	470	—
	Q355	—	—	385	—	—	510	—	—	—	590	—
	Q390	—	—	400	—	—	530	—	—	—	615	—
	Q420	—	—	425	—	—	560	—	—	—	655	—
	Q460	—	—	450	—	—	595	—	—	—	695	—
	Q345GJ	—	—	400	—	—	530	—	—	—	615	—

注：1. A级螺栓用于 $d \leqslant 24\text{mm}$ 和 $L \leqslant 10d$ 或 $L \leqslant 150\text{mm}$（按较小值）的螺栓；B级螺栓用于 $d > 24\text{mm}$ 和 $L > 10d$ 或 $L > 150\text{mm}$（按较小值）的螺栓；d 为公称直径，L 为螺栓公称长度。

2. A级、B级螺栓孔的精度和孔壁表面粗糙度，C级螺栓孔的允许偏差和孔壁表面粗糙度，均应符合现行国家标准《钢结构工程施工质量验收标准》GB 50205 的要求。

3. 用于螺栓球节点网架的高强度螺栓，M12～M36 为 10.9 级，M39～M64 为 9.8 级。

4. 属于下列情况者为Ⅰ类孔：

1）在装配好的构件上按设计孔径钻成的孔；

2）在单个零件和构件上按设计孔径分别用钻模钻成的孔；

3）在单个零件上先钻成或冲成较小的孔径，然后在装配好的构件上再扩钻至设计孔径的孔。

5. 在单个零件上一次冲成和不用钻模钻成设计孔径的孔属于Ⅱ类孔。

（注 4 和 5 摘自《钢标》中表 4.4.7 下的注）

螺栓的有效面积　　　　　　　　　　　　　　　　附表 1.4

螺栓直径 d（mm）	螺距 p（mm）	螺栓有效直径 d_{e}（mm）	螺栓有效面积 A_{e}（mm²）
16	2	14.1236	156.7
18	2.5	15.6545	192.5
20	2.5	17.6545	244.8
22	2.5	19.6545	303.4
24	3	21.1854	352.5

螺栓直径 d (mm)	螺　距 p (mm)	螺栓有效直径 d_e (mm)	螺栓有效面积 A_e (mm^2)
27	3	24.1854	459.4
30	3.5	26.7163	560.6
33	3.5	19.7163	693.6
36	4	32.2472	816.7
39	4	35.2472	975.8
42	4.5	37.7781	1121
45	4.5	40.7781	1306
48	5	43.3090	1473
52	5	47.3090	1758
56	5.5	50.8399	2030
60	5.5	54.8399	2362
64	6	58.3708	2676
68	6	62.3708	3055
72	6	66.3708	3460
76	6	70.3708	3889
80	6	74.3708	4344
85	6	79.3708	4948
90	6	84.3078	5591
95	6	89.3078	6273
100	6	94.3078	6995

注：1. 螺距 p 的取值依据相关国家标准。

2. 螺栓有效面积值系按下式算得（参见现行国家标准《螺纹紧固件应力截面积和承载面积》GB/T 16823.1）：

$$A_e = 0.7854 (d - 0.9382p)^2$$

3. 本表摘自原《钢结构设计规范》GBJ 17—88。

钢材和铸钢件的物理性能指标 　　　　　　　　　　　　　　　附表 1.5

弹性模量 E (N/mm^2)	剪变模量 G (N/mm^2)	线膨胀系数 α （以每℃计）	质量密度 ρ (kg/m^3)
206×10^3	79×10^3	12×10^{-6}	7850

受弯构件的挠度容许值 　　　　　　　　　　　　　　　　　　　附表 1.6

项次	构件类别	挠度容许值	
		$[v_T]$	$[v_Q]$
1	吊车梁和吊车桁架（按自重和起重量最大的一台吊车计算挠度）： 　1）手动起重机和单梁起重机（含悬挂起重机） 　2）轻级工作制桥式起重机 　3）中级工作制桥式起重机 　4）重级工作制桥式起重机	$l/500$ $l/750$ $l/900$ $l/1000$	—
2	手动或电动葫芦的轨道梁	$l/400$	—

项次	构件类别	挠度容许值	
		$[v_T]$	$[v_Q]$
3	有重轨（重量等于或大于 38kg/m）轨道的工作平台梁 有轻轨（重量等于或小于 24kg/m）轨道的工作平台梁	$l/600$ $l/400$	—
4	楼（屋）盖梁或桁架、工作平台梁（第 3 项除外）和平台板： 1）主梁或桁架（包括设有悬挂起重设备的梁和桁架） 2）仅支承压型金属板屋面和冷弯型钢檩条 3）除支承压型金属板屋面和冷弯型钢檩条外，尚有吊顶 4）抹灰顶棚的次梁 5）除第 1）款～第 4）款外的其他梁（包括楼梯梁） 6）屋盖檩条： 　支承压型金属板屋面者 　支承其他屋面材料者 　有吊顶 7）平台板	$l/400$ $l/180$ $l/240$ $l/250$ $l/250$ $l/150$ $l/200$ $l/240$ $l/150$	$l/500$ — — $l/350$ $l/300$ — — — —
5	墙架构件（风荷载不考虑阵风系数）： 1）支柱（水平方向） 2）抗风桁架（作为连续支柱的支承时，水平位移） 3）砌体墙的横梁（水平方向） 4）支承压型金属板的横梁（水平方向） 5）支承其他墙面材料的横梁（水平方向） 6）带有玻璃窗的横梁（竖直和水平方向）	— — — — — $l/200$	$l/400$ $l/1000$ $l/300$ $l/100$ $l/200$ $l/200$

注：1. l 为受弯构件的跨度（对悬臂梁和伸臂梁为悬臂长度的 2 倍）；
2. $[v_T]$ 为永久和可变荷载标准值产生的挠度（如有起拱应减去拱度）的容许值，$[v_Q]$ 为可变荷载标准值产生的挠度的容许值；
3. 当吊车梁或吊车桁架跨度大于 12m 时，其挠度容许值 $[v_T]$ 应乘以 0.9 的系数；
4. 当墙面采用延性材料或与结构采用柔性连接时，墙架构件的支柱水平位移容许值可采用 $l/300$，抗风桁架（作为连续支柱的支承时）水平位移容许值可采用 $l/800$。

压弯和受弯构件的截面板件宽厚比等级及限值　　　　附表 1.7

构件	截面板件宽厚比等级		S1 级	S2 级	S3 级	S4 级	S5 级
压弯构件（框架柱）	H 形截面	翼缘 b'/t	$9\varepsilon_k$	$11\varepsilon_k$	$13\varepsilon_k$	$15\varepsilon_k$	20
		腹板 h_0/t_w	$(33+13\alpha_0^{1.3})\varepsilon_k$	$(38+13\alpha_0^{1.39})\varepsilon_k$	$(40+18\alpha_0^{1.56})\varepsilon_k^*$	$(45+25\alpha_0^{1.66})\varepsilon_k$	250
	箱形截面	壁板（腹板）间翼缘 b_0/t	$30\varepsilon_k$	$35\varepsilon_k$	$40\varepsilon_k$	$45\varepsilon_k$	—
	圆钢管截面	径厚比 D/t	$50\varepsilon_k^2$	$70\varepsilon_k^2$	$90\varepsilon_k^2$	$100\varepsilon_k^2$	—

构件	截面板件宽厚比等级		S1 级	S2 级	S3 级	S4 级	S5 级
受弯构件（梁）	工字形截面	翼缘 b'/t	$9\varepsilon_k$	$11\varepsilon_k$	$13\varepsilon_k$	$15\varepsilon_k$	20
		腹板 h_0/t_w	$65\varepsilon_k$	$72\varepsilon_k$	$93\varepsilon_k$	$124\varepsilon_k$	250
	箱形截面	壁板（腹板）间翼缘 b_0/t	$25\varepsilon_k$	$32\varepsilon_k$	$37\varepsilon_k$	$42\varepsilon_k$	—

注：1. ε_k 为钢号修正系数，其值为 235 与钢材牌号中屈服点数值的比值的平方根。

2. b' 为工字形、H 形截面的翼缘外伸宽度，t、h_0、t_w 分别是翼缘厚度、腹板净高和腹板厚度，对轧制型截面，腹板净高不包括翼缘腹板过渡处圆弧段；对于箱形截面，b_0、t 分别为壁板间的距离和翼缘厚度；D 为圆管截面外径。

3. 箱形截面梁及单向受弯的箱形截面柱，其腹板限值可根据 H 形截面腹板采用。

4. 腹板的宽厚比可通过设置加劲肋减小。

5. 当按国家标准《建筑抗震设计标准》GB/T 50011—2010（2024 年版）第 9.2.14 条第 2 款的规定设计，且 S5 级截面的板件宽厚比小于 S4 级经 ε_σ 修正的板件宽厚比时，可视作 C 类截面，ε_σ 为应力修正因子，$\varepsilon_\sigma = \sqrt{f_y/\sigma_{max}}$。

* 疑《钢标》中笔误为 $(40+18\alpha_0^{1.5})\varepsilon_k$，供参考。

H 型钢或等截面工字形简支梁不需计算整体稳定性的最大 l_1/b_1 值　　　附表 1.8

钢　号	跨中无侧向支承点的梁		跨中受压翼缘有侧向支承点的梁，不论荷载作用于何处
	荷载作用在上翼缘	荷载作用在下翼缘	
Q235	13.0	20.0	16.0
Q355	10.5	16.5	13.0
Q390	10.0	15.5	12.5
Q420	9.5	15.0	12.0

注：1. 其他钢号的梁不需计算整体稳定性的最大 l_1/b_1 值，应取 Q235 钢的数值乘以钢号修正系数 ε_k。

2. 表中对跨中无侧向支承点的梁，l_1 为其跨度；对跨中有侧向支承点的梁，l_1 为受压翼缘侧向支承点间的距离（梁的支座处视为有侧向支承）。b_1 为受压翼缘的宽度。

3. 本表摘自《原规范》。

H 型钢和等截面工字形简支梁的整体稳定等效弯矩系数 β_b　　　附表 1.9

项次	侧向支承	荷　载		$\xi \leqslant 2.0$	$\xi > 2.0$	适用范围
1	跨中无侧向支承	均布荷载作用在	上翼缘	$0.69+0.13\xi$	0.95	H 型钢、双轴对称和加强受压翼缘的单轴对称工字形截面
2			下翼缘	$1.73-0.20\xi$	1.33	
3		集中荷载作用在	上翼缘	$0.73+0.18\xi$	1.09	
4			下翼缘	$2.23-0.28\xi$	1.67	

项次	侧向支承	荷载		$\xi \leqslant 2.0$	$\xi > 2.0$	适用范围
5	跨度中点有一个侧向支承点	均布荷载作用在	上翼缘	1.15		
6			下翼缘	1.40		
7		集中荷载作用在截面高度的任意位置		1.75		H型钢、双轴对称和所有单轴对称工字形截面
8	跨中有不少于两个等距离侧向支承点	任意荷载作用在	上翼缘	1.20		
9			下翼缘	1.40		
10	梁端有弯矩，但跨中无荷载作用			$1.75 - 1.05\left(\dfrac{M_2}{M_1}\right) + 0.3\left(\dfrac{M_2}{M_1}\right)^2$，但$\leqslant 2.3$		

注：1. ξ为参数，$\xi = \dfrac{l_1 t_1}{b_1 h}$，其中$b_1$和$l_1$见附表1.8下的说明。

2. M_1、M_2为梁的端弯矩，使梁产生同向曲率时M_1和M_2取同号，产生反向曲率时取异号，$|M_1| \geqslant |M_2|$。

3. 表中项次3、4和7的集中荷载是指一个或少数几个集中荷载位于跨中央附近的情况，对其他情况的集中荷载，应按表中项次1、2、5、6内的数值采用。

4. 表中项次8、9的β_b，当集中荷载作用在侧向支承点处时，取$\beta_b = 1.20$。

5. 荷载作用在上翼缘系指荷载作用点在翼缘表面，方向指向截面形心；荷载作用在下翼缘系指荷载作用点在翼缘表面，方向背向截面形心。

6. 对$\alpha_b > 0.8$的加强受压翼缘工字形截面，下列情况的β_b值应乘以相应的系数：

项次1：当$\xi \leqslant 1.0$时，乘以0.95。

项次3：当$\xi \leqslant 0.5$时，乘以0.90；当$0.5 < \xi \leqslant 1.0$时，乘以0.95。

热轧工字钢简支梁的整体稳定系数 φ_b　　　　　　　　　附表1.10

项次	荷载情况			工字钢型号	自由长度 l_1（m）								
					2	3	4	5	6	7	8	9	10
1	跨中无侧向支承点的梁	集中荷载作用于	上翼缘	10～20	2.00	1.30	0.99	0.80	0.68	0.58	0.53	0.48	0.43
				22～32	2.40	1.48	1.09	0.86	0.72	0.62	0.54	0.49	0.45
				36～63	2.80	1.60	1.07	0.83	0.68	0.56	0.50	0.45	0.40
2			下翼缘	10～20	3.10	1.95	1.34	1.01	0.82	0.69	0.63	0.57	0.52
				22～40	5.50	2.80	1.84	1.37	1.07	0.86	0.73	0.64	0.56
				45～63	7.30	3.60	2.30	1.62	1.20	0.96	0.80	0.69	0.60
3		均布荷载作用于	上翼缘	10～20	1.70	1.12	0.84	0.68	0.57	0.50	0.45	0.41	0.37
				22～40	2.10	1.30	0.93	0.73	0.60	0.51	0.45	0.40	0.36
				45～63	2.60	1.45	0.97	0.73	0.59	0.50	0.44	0.38	0.35
4			下翼缘	10～20	2.50	1.55	1.08	0.83	0.68	0.56	0.52	0.47	0.42
				22～40	4.00	2.20	1.45	1.10	0.85	0.70	0.60	0.52	0.46
				45～63	5.60	2.80	1.80	1.25	0.95	0.78	0.65	0.55	0.49

项次	荷载情况	工字钢型号	自由长度 l_1（m）								
			2	3	4	5	6	7	8	9	10
5	跨中有侧向支承点的梁（不论荷载作用点在截面高度上的位置）	10～20	2.20	1.39	1.01	0.79	0.66	0.57	0.52	0.47	0.42
		22～40	3.00	1.80	1.24	0.96	0.76	0.65	0.56	0.49	0.43
		45～63	4.00	2.20	1.38	1.01	0.80	0.66	0.56	0.49	0.43

注：1. 同附表1.9的注3、注5。

2. 表中的 φ_b 适用于Q235钢。对其他钢号，表中数值应乘以 ε_k^2。

双轴对称工字形等截面（含H型钢）悬臂梁的整体稳定等效弯矩系数 β_b　附表 **1.11**

项次	荷 载 形 式		$0.6 \leqslant \xi \leqslant 1.24$	$1.24 < \xi \leqslant 1.96$	$1.96 < \xi \leqslant 3.10$
1	自由端一个集中荷载作用在	上翼缘	$0.21+0.67\xi$	$0.27+0.26\xi$	$1.17+0.03\xi$
2		下翼缘	$2.94-0.65\xi$	$2.64-0.40\xi$	$2.15-0.15\xi$
3	均布荷载作用在上翼缘		$0.62+0.82\xi$	$1.25+0.31\xi$	$1.66+0.10\xi$

注：1. 本表是按支承端为固定的情况确定的，当用于由邻跨延伸出来的伸臂梁时，应在构造上采取措施加强支承处的抗扭能力。

2. 表中 ξ 见附表1.9注1。

轴心受压构件的截面分类（板厚 $t<40$mm）　　　　附表 **1.12**

截面形式			对 x 轴	对 y 轴
轧制			a 类	a 类
轧制	$b/h \leqslant 0.8$		a 类	b 类
	$b/h > 0.8$		a* 类	b* 类
轧制等边角钢			a* 类	a* 类
焊接、翼缘为焰切边	焊接		b 类	b 类
轧制				

358

截 面 形 式		对 x 轴	对 y 轴
轧制、焊接（板件宽厚比＞20）	轧制或焊接		
焊接	轧制截面和翼缘为焰切边的焊接截面	b类	b类
格构式	焊接，板件边缘焰切		
焊接，翼缘为轧制或剪切边		b类	c类
焊接，板件边缘轧制或剪切	轧制、焊接（板件宽厚比≤20）	c类	c类

注：1. a* 类含义为 Q235 钢取 b 类，Q355、Q390、Q420 和 Q460 钢取 a 类；b* 类含义为 Q235 钢取 c 类，Q355、Q390、Q420 和 Q460 钢取 b 类。

2. 无对称轴且剪心和形心不重合的截面，其截面分类可按有对称轴的类似截面确定，如不等边角钢采用等边角钢的类别；当无类似截面时，可取 c 类。

轴心受压构件的截面分类（板厚 $t \geqslant 40$mm）　　　　附表 1.13

截 面 形 式			对 x 轴	对 y 轴
	轧制工字形或 H 形截面	$t < 80$mm	b类	c类
		$t \geqslant 80$mm	c类	d类
	焊接工字形截面	翼缘为焰切边	b类	b类
		翼缘为轧制或剪切边	c类	d类
	焊接箱形截面	板件宽厚比＞20	b类	b类
		板件宽厚比≤20	c类	c类

项次	截　面　形　式	γ_x	γ_y
1			1.2
2		1.05	1.05
3		$\gamma_{x1}=1.05$ $\gamma_{x2}=1.2$	1.2
4			1.05
5		1.2	1.2
6		1.15	1.15
7		1.0	1.05
8		1.0	1.0

桁架弦杆和单系腹杆的计算长度 l_0

弯曲方向	弦　杆	腹　　　杆	
		支座斜杆和支座竖杆	其他腹杆
桁架平面内	l	l	$0.8l$
桁架平面外	l_1	l	l
斜平面	—	l	$0.9l$

注：1. l 为构件的几何长度（节点中心距离）；l_1 为桁架弦杆侧向支承点之间的距离。

　　2. 斜平面系指与桁架平面斜交的平面，适用于构件截面两主轴均不在桁架平面内的单角钢腹杆和双角钢十字形截面腹杆。

　　3. 除钢管结构外，无节点板的腹杆计算长度在任意平面内均取其等于几何长度。

受压构件的长细比容许值

构　件　名　称	容许长细比
轴心受压柱、桁架和天窗架中的压杆	150
柱的缀条、吊车梁或吊车桁架以下的柱间支撑	
支撑	200
用以减小受压构件计算长度的杆件	

注：1. 当杆件内力设计值不大于承载能力的 50% 时，轴心受压构件的容许长细比值可取为 200。

　　2. 计算单角钢受压构件的长细比时，应采用角钢的最小回转半径，但计算在交叉点相互连接的交叉杆件平面外的长细比时，可采用与角钢肢边平行轴的回转半径。

　　3. 跨度等于或大于 60m 的桁架，其受压弦杆、端压杆和直接承受动力荷载的受压腹杆的长细比不宜大于 120。

　　4. 验算容许长细比时，可不考虑扭转效应。

受拉构件的容许长细比

构件名称	承受静力荷载或间接承受动力荷载的结构			直接承受动力荷载的结构
	一般建筑结构	对腹杆提供平面外支点的弦杆	有重级工作制起重机的厂房	
桁架的杆件	350	250	250	250
吊车梁或吊车桁架以下柱间支撑	300	—	200	—
除张紧的圆钢外的其他拉杆、支撑、系杆等	400	—	350	—

注：1. 除对腹杆提供平面外支点的弦杆外，承受静力荷载的结构受拉构件，可仅计算竖向平面内的长细比。

　　2. 在直接或间接承受动力荷载的结构中，单角钢受拉构件长细比的计算方法与附表 1.16 注 2 相同。

　　3. 中级、重级工作制吊车桁架下弦杆的长细比不宜超过 200。

　　4. 在设有夹钳或刚性料耙等硬钩起重机的厂房中，支撑的长细比不宜超过 300。

　　5. 受拉构件在永久荷载与风荷载组合作用下受压时，其长细比不宜超过 250。

　　6. 跨度等于或大于 60m 的桁架，其受拉弦杆和腹杆的长细比，承受静力荷载或间接承受动力荷载时不宜超过 300，直接承受动力荷载时不宜超过 250。

a 类截面轴心受压构件的稳定系数 φ

λ/ε_k	0	1	2	3	4	5	6	7	8	9
0	1.000	1.000	1.000	1.000	0.999	0.999	0.998	0.998	0.997	0.996
10	0.995	0.994	0.993	0.992	0.991	0.989	0.988	0.986	0.985	0.983
20	0.981	0.979	0.977	0.976	0.974	0.972	0.970	0.968	0.966	0.964
30	0.963	0.961	0.959	0.957	0.955	0.952	0.950	0.948	0.946	0.944
40	0.941	0.939	0.937	0.934	0.932	0.929	0.927	0.924	0.921	0.919
50	0.916	0.913	0.910	0.907	0.904	0.900	0.897	0.894	0.890	0.886
60	0.883	0.879	0.875	0.871	0.867	0.863	0.858	0.854	0.849	0.844
70	0.839	0.834	0.829	0.824	0.818	0.813	0.807	0.801	0.795	0.789
80	0.783	0.776	0.770	0.763	0.757	0.750	0.743	0.736	0.728	0.721
90	0.714	0.706	0.699	0.691	0.684	0.676	0.668	0.661	0.653	0.645
100	0.638	0.630	0.622	0.615	0.607	0.600	0.592	0.585	0.577	0.570
110	0.563	0.555	0.548	0.541	0.534	0.527	0.520	0.514	0.507	0.500
120	0.494	0.488	0.481	0.475	0.469	0.463	0.457	0.451	0.445	0.440
130	0.434	0.429	0.423	0.418	0.412	0.407	0.402	0.397	0.392	0.387
140	0.383	0.378	0.373	0.369	0.364	0.360	0.356	0.351	0.347	0.343
150	0.339	0.335	0.331	0.327	0.323	0.320	0.316	0.312	0.309	0.305
160	0.302	0.298	0.295	0.292	0.289	0.285	0.282	0.279	0.276	0.273
170	0.207	0.267	0.264	0.262	0.259	0.256	0.253	0.251	0.248	0.246
180	0.243	0.241	0.238	0.236	0.233	0.231	0.229	0.226	0.224	0.222
190	0.220	0.218	0.215	0.213	0.211	0.209	0.207	0.205	0.203	0.201
200	0.199	0.198	0.196	0.194	0.192	0.190	0.189	0.187	0.185	0.183
210	0.182	0.180	0.179	0.177	0.175	0.174	0.172	0.171	0.169	0.168
220	0.166	0.165	0.164	0.162	0.161	0.159	0.158	0.157	0.155	0.154
230	0.153	0.152	0.150	0.149	0.148	0.147	0.146	0.144	0.143	0.142
240	0.141	0.140	0.139	0.138	0.136	0.135	0.134	0.133	0.132	0.131
250	0.130									

b 类截面轴心受压构件的稳定系数 φ

λ/ε_k	0	1	2	3	4	5	6	7	8	9
0	1.000	1.000	1.000	0.999	0.999	0.998	0.997	0.996	0.995	0.994
10	0.992	0.991	0.989	0.987	0.985	0.983	0.981	0.978	0.976	0.973
20	0.970	0.967	0.963	0.960	0.957	0.953	0.950	0.946	0.943	0.939
30	0.936	0.932	0.929	0.925	0.922	0.918	0.914	0.910	0.906	0.903
40	0.899	0.895	0.891	0.887	0.882	0.878	0.874	0.870	0.865	0.861
50	0.856	0.852	0.847	0.842	0.838	0.833	0.828	0.823	0.818	0.813

λ/ε_k	0	1	2	3	4	5	6	7	8	9
60	0.807	0.802	0.797	0.791	0.786	0.780	0.774	0.769	0.763	0.757
70	0.751	0.745	0.739	0.732	0.726	0.720	0.714	0.707	0.701	0.694
80	0.688	0.681	0.675	0.668	0.661	0.655	0.648	0.641	0.635	0.628
90	0.621	0.614	0.608	0.601	0.594	0.588	0.581	0.575	0.568	0.561
100	0.555	0.549	0.542	0.536	0.529	0.523	0.517	0.511	0.505	0.499
110	0.493	0.487	0.481	0.475	0.470	0.464	0.458	0.453	0.447	0.442
120	0.437	0.432	0.426	0.421	0.416	0.411	0.406	0.402	0.397	0.392
130	0.387	0.383	0.378	0.374	0.370	0.365	0.361	0.357	0.353	0.349
140	0.345	0.341	0.337	0.333	0.329	0.326	0.322	0.318	0.315	0.311
150	0.308	0.304	0.301	0.298	0.295	0.291	0.288	0.285	0.282	0.279
160	0.276	0.273	0.270	0.267	0.265	0.262	0.259	0.256	0.254	0.251
170	0.249	0.246	0.244	0.241	0.239	0.236	0.234	0.232	0.229	0.227
180	0.225	0.223	0.220	0.218	0.216	0.214	0.212	0.210	0.208	0.206
190	0.204	0.202	0.200	0.198	0.197	0.195	0.193	0.191	0.190	0.188
200	0.186	0.184	0.183	0.181	0.180	0.178	0.176	0.175	0.173	0.172
210	0.170	0.169	0.167	0.166	0.165	0.163	0.162	0.160	0.159	0.158
220	0.156	0.155	0.154	0.153	0.151	0.150	0.149	0.148	0.146	0.145
230	0.144	0.143	0.142	0.141	0.140	0.138	0.137	0.136	0.135	0.134
240	0.133	0.132	0.131	0.130	0.129	0.128	0.127	0.126	0.125	0.124
250	0.123									

c 类截面轴心受压构件的稳定系数 φ   附表 1.20

λ/ε_k	0	1	2	3	4	5	6	7	8	9
0	1.000	1.000	1.000	0.999	0.999	0.998	0.997	0.996	0.995	0.993
10	0.992	0.990	0.988	0.986	0.983	0.981	0.978	0.976	0.973	0.970
20	0.966	0.959	0.953	0.947	0.940	0.934	0.928	0.921	0.915	0.909
30	0.902	0.896	0.890	0.884	0.877	0.871	0.865	0.858	0.852	0.846
40	0.839	0.833	0.826	0.820	0.814	0.807	0.801	0.794	0.788	0.781
50	0.775	0.768	0.762	0.755	0.748	0.742	0.735	0.729	0.722	0.715
60	0.709	0.702	0.695	0.689	0.682	0.676	0.669	0.662	0.656	0.649
70	0.643	0.636	0.629	0.623	0.616	0.610	0.604	0.597	0.591	0.584
80	0.578	0.572	0.566	0.559	0.553	0.547	0.541	0.535	0.529	0.523
90	0.517	0.511	0.505	0.500	0.494	0.488	0.483	0.477	0.472	0.467
100	0.463	0.458	0.454	0.449	0.445	0.441	0.436	0.432	0.428	0.423
110	0.419	0.415	0.411	0.407	0.403	0.399	0.395	0.391	0.387	0.383
120	0.379	0.375	0.371	0.367	0.364	0.360	0.356	0.353	0.349	0.346
130	0.342	0.339	0.335	0.332	0.328	0.325	0.322	0.319	0.315	0.312
140	0.309	0.306	0.303	0.300	0.297	0.294	0.291	0.288	0.285	0.282
150	0.280	0.277	0.274	0.271	0.269	0.266	0.264	0.261	0.258	0.256

λ/ε_k	0	1	2	3	4	5	6	7	8	9
160	0.254	0.251	0.249	0.246	0.244	0.242	0.239	0.237	0.235	0.233
170	0.230	0.228	0.226	0.224	0.222	0.220	0.218	0.216	0.214	0.212
180	0.210	0.208	0.206	0.205	0.203	0.201	0.199	0.197	0.196	0.194
190	0.192	0.190	0.189	0.187	0.186	0.184	0.182	0.181	0.179	0.178
200	0.176	0.175	0.173	0.172	0.170	0.169	0.168	0.166	0.165	0.163
210	0.162	0.161	0.159	0.158	0.157	0.156	0.154	0.153	0.152	0.151
220	0.150	0.148	0.147	0.146	0.145	0.144	0.143	0.142	0.140	0.139
230	0.138	0.137	0.136	0.135	0.134	0.133	0.132	0.131	0.130	0.129
240	0.128	0.127	0.126	0.125	0.124	0.124	0.123	0.122	0.121	0.120
250	0.119									

d 类截面轴心受压构件的稳定系数 φ　　　　　　附表 1.21

λ/ε_k	0	1	2	3	4	5	6	7	8	9
0	1.000	1.000	0.999	0.999	0.998	0.996	0.994	0.992	0.990	0.987
10	0.984	0.981	0.978	0.974	0.969	0.965	0.960	0.955	0.949	0.944
20	0.937	0.927	0.918	0.909	0.900	0.891	0.883	0.874	0.865	0.857
30	0.848	0.840	0.831	0.823	0.815	0.807	0.799	0.790	0.782	0.774
40	0.766	0.759	0.751	0.743	0.735	0.728	0.720	0.712	0.705	0.697
50	0.690	0.683	0.675	0.668	0.661	0.654	0.646	0.639	0.632	0.625
60	0.618	0.612	0.605	0.598	0.591	0.585	0.578	0.572	0.565	0.559
70	0.552	0.546	0.540	0.534	0.528	0.522	0.516	0.510	0.504	0.498
80	0.493	0.487	0.481	0.476	0.470	0.465	0.460	0.454	0.449	0.444
90	0.439	0.434	0.429	0.424	0.419	0.414	0.410	0.405	0.401	0.397
100	0.394	0.390	0.387	0.383	0.380	0.376	0.373	0.370	0.366	0.363
110	0.359	0.356	0.353	0.350	0.346	0.343	0.340	0.337	0.334	0.331
120	0.328	0.325	0.322	0.319	0.316	0.313	0.310	0.307	0.304	0.301
130	0.299	0.296	0.293	0.290	0.288	0.285	0.282	0.280	0.277	0.275
140	0.272	0.270	0.267	0.265	0.262	0.260	0.258	0.255	0.253	0.251
150	0.248	0.246	0.244	0.242	0.240	0.237	0.235	0.233	0.231	0.229
160	0.227	0.225	0.223	0.221	0.219	0.217	0.215	0.213	0.212	0.210
170	0.208	0.206	0.204	0.203	0.201	0.199	0.197	0.196	0.194	0.192
180	0.191	0.189	0.188	0.186	0.184	0.183	0.181	0.180	0.178	0.177
190	0.176	0.174	0.173	0.171	0.170	0.168	0.167	0.166	0.164	0.163
200	0.162									

注：附表 1.18 至附表 1.21 中的 φ 值系按下列公式算得：

当 $\lambda_n = \dfrac{\lambda}{\pi}\sqrt{\dfrac{f_y}{E}} \leqslant 0.215$ 时：

$$\varphi = 1 - \alpha_1 \lambda_n^2$$

当 $\lambda_n > 0.215$ 时：

$$\varphi = \frac{1}{2\lambda_n^2}\left[(\alpha_2 + \alpha_3\lambda_n + \lambda_n^2) - \sqrt{(\alpha_2 + \alpha_3\lambda_n + \lambda_n^2)^2 - 4\lambda_n^2} \right]$$

式中，α_1、α_2、α_3 为系数，根据附表 1.12 和附表 1.13 的截面分类，按附表 1.22 采用。

附表 1.21 注中公式的系数 α_1、α_2、α_3　　　　　　　　　　　　附表 1.22

截 面 类 别		α_1	α_2	α_3
a 类		0.41	0.986	0.152
b 类		0.65	0.965	0.300
c 类	$\lambda_n \leqslant 1.05$	0.73	0.906	0.595
	$\lambda_n > 1.05$		1.216	0.302
d 类	$\lambda_n \leqslant 1.05$	1.35	0.868	0.915
	$\lambda_n > 1.05$		1.375	0.432

无侧移框架柱的计算长度系数 μ　　　　　　　　　　　　　附表 1.23

K_2 ＼ K_1	0	0.05	0.1	0.2	0.3	0.4	0.5	1	2	3	4	5	$\geqslant 10$
0	1.000	0.990	0.981	0.964	0.949	0.935	0.922	0.875	0.820	0.791	0.773	0.760	0.732
0.05	0.990	0.981	0.971	0.955	0.940	0.926	0.914	0.867	0.814	0.784	0.766	0.754	0.726
0.1	0.981	0.971	0.962	0.946	0.931	0.918	0.906	0.860	0.807	0.778	0.760	0.748	0.721
0.2	0.964	0.955	0.946	0.930	0.916	0.903	0.891	0.846	0.795	0.767	0.749	0.737	0.711
0.3	0.949	0.940	0.931	0.916	0.902	0.889	0.878	0.834	0.784	0.756	0.739	0.728	0.701
0.4	0.935	0.926	0.918	0.903	0.889	0.877	0.866	0.823	0.774	0.747	0.730	0.719	0.693
0.5	0.922	0.914	0.906	0.891	0.878	0.866	0.855	0.813	0.765	0.738	0.721	0.710	0.685
1	0.875	0.867	0.860	0.846	0.834	0.823	0.813	0.774	0.729	0.704	0.688	0.677	0.654
2	0.820	0.814	0.807	0.795	0.784	0.774	0.765	0.729	0.686	0.663	0.648	0.638	0.615
3	0.791	0.784	0.778	0.767	0.756	0.747	0.738	0.704	0.663	0.640	0.625	0.616	0.593
4	0.773	0.766	0.760	0.749	0.739	0.730	0.721	0.688	0.648	0.625	0.611	0.601	0.580
5	0.760	0.754	0.748	0.737	0.728	0.719	0.710	0.677	0.638	0.616	0.601	0.592	0.570
$\geqslant 10$	0.732	0.726	0.721	0.711	0.701	0.693	0.685	0.654	0.615	0.593	0.580	0.570	0.549

注：1. 表中的计算长度系数 μ 值系按下式算得：

$$\left[\left(\frac{\pi}{\mu}\right)^2 + 2(K_1 + K_2) - 4K_1K_2\right]\frac{\pi}{\mu} \cdot \sin\frac{\pi}{\mu} - 2\left[(K_1 + K_2)\left(\frac{\pi}{\mu}\right)^2 + 4K_1K_2\right]\cos\frac{\pi}{\mu} + 8K_1K_2 = 0$$

　　式中，K_1、K_2 分别为相交于柱上端、柱下端的横梁线刚度之和与柱线刚度之和的比值。当梁远端为铰接时，应将横梁线刚度乘以 1.5；当横梁远端为嵌固时，则将横梁线刚度乘以 2.0。

2. 当横梁与柱铰接时，取横梁线刚度为零。

3. 对底层框架柱：当柱与基础铰接时，取 $K_2 = 0$（对平板支座可取 $K_2 = 0.1$）；当柱与基础刚接时，取 $K_2 = 10$。

4. 当与柱刚接的横梁所受轴心压力 N_b 较大时，横梁线刚度应乘以折减系数 α_N：

　　横梁远端与柱刚接和横梁远端与柱铰接时：　　　　$\alpha_N = 1 - N_b/N_{Eb}$

　　横梁远端嵌固时：　　　　　　　　　　　　　　　$\alpha_N = 1 - N_b/(2N_{Eb})$

　　式中，$N_{Eb} = \pi^2 E I_b/l^2$，I_b 为横梁截面惯性矩，l 为横梁长度。

K_2 \\ K_1	0	0.05	0.1	0.2	0.3	0.4	0.5	1	2	3	4	5	$\geqslant 10$
0	∞	6.02	4.46	3.42	3.01	2.78	2.64	2.33	2.17	2.11	2.08	2.07	2.03
0.05	6.02	4.16	3.47	2.86	2.58	2.42	2.31	2.07	1.94	1.90	1.87	1.86	1.83
0.1	4.46	3.47	3.01	2.56	2.33	2.20	2.11	1.90	1.79	1.75	1.73	1.72	1.70
0.2	3.42	2.86	2.56	2.23	2.05	1.94	1.87	1.70	1.60	1.57	1.55	1.54	1.52
0.3	3.01	2.58	2.33	2.05	1.90	1.80	1.74	1.58	1.49	1.46	1.45	1.44	1.42
0.4	2.78	2.42	2.20	1.94	1.80	1.71	1.65	1.50	1.42	1.39	1.37	1.37	1.35
0.5	2.64	2.31	2.11	1.87	1.74	1.65	1.59	1.45	1.37	1.34	1.32	1.32	1.30
1	2.33	2.07	1.90	1.70	1.58	1.50	1.45	1.32	1.24	1.21	1.20	1.19	1.17
2	2.17	1.94	1.79	1.60	1.49	1.42	1.37	1.24	1.16	1.14	1.12	1.12	1.10
3	2.11	1.90	1.75	1.57	1.46	1.39	1.34	1.21	1.14	1.11	1.10	1.09	1.07
4	2.08	1.87	1.73	1.55	1.45	1.37	1.32	1.20	1.12	1.10	1.08	1.08	1.06
5	2.07	1.86	1.72	1.54	1.44	1.37	1.32	1.19	1.12	1.09	1.08	1.07	1.05
$\geqslant 10$	2.03	1.83	1.70	1.52	1.42	1.35	1.30	1.17	1.10	1.07	1.06	1.05	1.03

注：1. 表中的计算长度系数 μ 值系按下式算得：

$$\left[36K_1K_2 - \left(\frac{\pi}{\mu}\right)^2\right]\sin\frac{\pi}{\mu} + 6(K_1 + K_2)\frac{\pi}{\mu} \cdot \cos\frac{\pi}{\mu} = 0$$

式中，K_1、K_2 分别为相交于柱上端、柱下端的横梁线刚度之和与柱线刚度之和的比值。当横梁远端为铰接时，应将横梁线刚度乘以 0.5；当横梁远端为嵌固时，则将横梁线刚度乘以 2/3。

2. 当横梁与柱铰接时，取横梁线刚度为零。

3. 对底层框架柱：当柱与基础铰接时，取 $K_2 = 0$（对平板支座可取 $K_2 = 0.1$）；当柱与基础刚接时，取 $K_2 = 10$。

4. 当与柱刚接的横梁所受轴心压力 N_b 较大时，横梁线刚度应乘以折减系数 α_N：

横梁远端与柱刚接时： $\alpha_N = 1 - N_b/(4N_{Eb})$

横梁远端与柱铰接时： $\alpha_N = 1 - N_b/N_{Eb}$

横梁远端嵌固时： $\alpha_N = 1 - N_b/(2N_{Eb})$

N_{Eb} 的计算式见附表 1.23 注 4。

附录 2 型钢规格及截面特性

热轧等边角钢的规格及截面特性（依据《热轧型钢》GB/T 706—2016 计算）

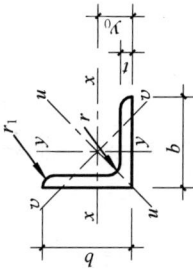

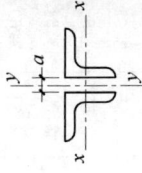

1. 表中双线的左侧为一个角钢的截面特性；
2. 边端圆弧半径 $r_1 = t/3$；
3. $I_u = Ai_u^2$，$I_v = Ai_v^2$。

规格	尺寸 (mm) b	t	r	截面面积 A (cm²)	质量 (kg/m)	重心距 y_0 (cm)	惯性矩 I_x (cm⁴)	截面模量 (cm³) W_{xmax}	W_{xmin}	W_u	回转半径 (cm) i_x	i_u	i_v	双角钢回转半径 i_y (cm) 当间距 a (mm) 为 6	8	10	12	14	16
∠45×3	45	3	5	2.659	2.09	1.22	5.17	4.23	1.58	2.58	1.40	1.76	0.89	2.07	2.14	2.22	2.30	2.38	2.46
4		4		3.486	2.74	1.26	6.65	5.28	2.05	3.32	1.38	1.74	0.89	2.08	2.16	2.24	2.32	2.40	2.48
5		5		4.292	3.37	1.30	8.04	6.18	2.51	4.00	1.37	1.72	0.88	2.11	2.18	2.26	2.34	2.42	2.51
6		6		5.076	3.99	1.33	9.33	7.02	2.95	4.64	1.36	1.70	0.88	2.12	2.20	2.28	2.36	2.44	2.53
∠50×3	50	3	5.5	2.971	2.33	1.34	7.18	5.36	1.96	3.22	1.55	1.96	1.00	2.26	2.33	2.41	2.48	2.56	2.64
4		4		3.897	3.06	1.38	9.26	6.71	2.56	4.16	1.54	1.94	0.99	2.28	2.35	2.43	2.51	2.59	2.67
5		5		4.803	3.77	1.42	11.2	7.89	3.13	5.03	1.53	1.92	0.98	2.30	2.38	2.46	2.53	2.61	2.70
6		6		5.688	4.46	1.46	13.1	8.94	3.68	5.85	1.52	1.91	0.98	2.33	2.40	2.48	2.56	2.64	2.72
∠56×3	56	3	6	3.343	2.62	1.48	10.2	6.89	2.48	4.08	1.75	2.20	1.13	2.50	2.57	2.64	2.72	2.80	2.87
4		4		4.390	3.45	1.53	13.2	8.61	3.24	5.28	1.73	2.18	1.11	2.52	2.59	2.67	2.74	2.82	2.90
5		5		5.415	4.25	1.57	16.0	10.2	3.97	6.42	1.72	2.17	1.10	2.54	2.62	2.69	2.77	2.85	2.93
6		6		6.420	5.04	1.61	18.7	11.6	4.68	7.49	1.71	2.15	1.10	2.56	2.64	2.72	2.79	2.87	2.96
7		7		7.404	5.81	1.64	21.2	12.9	5.32	8.49	1.69	2.13	1.09	2.57	2.65	2.73	2.81	2.89	2.97
8		8		8.367	6.57	1.68	23.6	14.1	6.03	9.44	1.68	2.11	1.09	2.60	2.67	2.75	2.83	2.91	3.00

规格	尺寸 (mm)			截面面积 A (cm²)	质量 (kg/m)	重心距 y_0 (cm)	惯性矩 I_x (cm⁴)	截面模量 (cm³)			回转半径 (cm)			双角钢回转半径 i_y (cm) 当间距 a (mm) 为					
	b	t	r					W_{xmax}	W_{xmin}	W_u	i_x	i_u	i_v	6	8	10	12	14	16
∠60×5	60	5	6.5	5.829	4.58	1.67	19.9	11.9	4.59	7.44	1.85	2.33	1.19	2.70	2.78	2.85	2.93	3.01	3.09
6		6		6.914	5.43	1.70	23.4	13.7	5.41	8.70	1.83	2.31	1.18	2.71	2.79	2.86	2.94	3.02	3.10
7		7		7.977	6.26	1.74	26.4	15.2	6.21	9.88	1.82	2.29	1.17	2.73	2.81	2.89	2.96	3.04	3.12
8		8		9.020	7.08	1.78	29.5	16.6	6.98	11.0	1.81	2.27	1.17	2.76	2.83	2.91	2.99	3.07	3.15
∠63×4	63	4	7	4.978	3.91	1.70	19.0	11.2	4.13	6.78	1.96	2.46	1.26	2.80	2.87	2.95	3.02	3.10	3.18
5		5		6.143	4.82	1.74	23.2	13.3	5.08	8.25	1.94	2.45	1.25	2.82	2.89	2.96	3.04	3.12	3.20
6		6		7.288	5.72	1.78	27.1	15.2	6.00	9.66	1.93	2.43	1.24	2.84	2.91	2.99	3.06	3.14	3.22
7		7		8.412	6.60	1.82	30.9	17.0	6.88	11.0	1.92	2.41	1.23	2.86	2.94	3.01	3.09	3.17	3.25
8		8		9.515	7.47	1.85	34.5	18.6	7.75	12.3	1.90	2.40	1.23	2.87	2.94	3.02	3.10	3.18	3.26
10		10	7	11.66	9.15	1.93	41.1	21.3	9.39	14.6	1.88	2.36	1.22	2.92	2.99	3.07	3.15	3.23	3.31
∠70×4	70	4	8	5.570	4.37	1.86	26.4	14.2	5.14	8.44	2.18	2.74	1.40	3.07	3.14	3.21	3.29	3.36	3.44
5		5		6.875	5.40	1.91	32.2	16.9	6.32	10.3	2.16	2.73	1.39	3.09	3.16	3.24	3.31	3.39	3.47
6		6	8	8.160	6.41	1.95	37.8	19.4	7.48	12.1	2.15	2.71	1.38	3.11	3.19	3.26	3.34	3.41	3.49
7		7		9.424	7.40	1.99	43.1	21.7	8.59	13.8	2.14	2.69	1.38	3.13	3.21	3.28	3.36	3.44	3.52
8		8		10.67	8.37	2.03	48.2	23.7	9.68	15.4	2.12	2.68	1.37	3.15	3.22	3.30	3.38	3.46	3.54
∠75×5	75	5	9	7.412	5.82	2.04	40.0	19.6	7.32	11.9	2.33	2.92	1.50	3.30	3.37	3.45	3.52	3.60	3.67
6		6		8.797	6.91	2.07	47.0	22.7	8.64	14.0	2.31	2.90	1.49	3.31	3.38	3.46	3.53	3.61	3.68
7		7		10.16	7.98	2.11	53.6	25.4	9.93	16.0	2.30	2.89	1.48	3.33	3.40	3.48	3.55	3.63	3.71
8		8		11.50	9.03	2.15	60.0	27.9	11.2	17.9	2.28	2.88	1.47	3.35	3.42	3.50	3.57	3.65	3.73
9		9		12.83	10.1	2.18	66.1	30.3	12.4	19.8	2.27	2.86	1.46	3.36	3.44	3.51	3.59	3.67	3.75
10		10	9	14.13	11.1	2.22	72.0	32.4	13.6	21.5	2.26	2.84	1.46	3.38	3.46	3.54	3.61	3.69	3.77
∠80×5	80	5	9	7.912	6.21	2.15	48.8	22.7	8.34	13.7	2.48	3.13	1.60	3.49	3.56	3.63	3.70	3.78	3.85
6		6		9.397	7.38	2.19	57.4	26.2	9.87	16.1	2.47	3.11	1.59	3.51	3.58	3.65	3.73	3.80	3.88
7		7		10.86	8.53	2.23	65.6	29.4	11.4	18.4	2.46	3.10	1.58	3.53	3.60	3.67	3.75	3.83	3.90
8		8		12.30	9.66	2.27	73.5	32.4	12.8	20.6	2.44	3.08	1.57	3.54	3.62	3.69	3.77	3.84	3.92

続表 → 续表

规格	尺寸 (mm)			截面面积 A (cm²)	质量 (kg/m)	重心距 y₀ (cm)	惯性矩 I_x (cm⁴)	截面模量 (cm³)			回转半径 (cm)			双角钢回转半径 i_y (cm) 当间距 a (mm) 为					
	b	t	r			y_0	I_x	W_{xmax}	W_{xmin}	W_u	i_x	i_u	i_v	6	8	10	12	14	16
∠80×9	80	9	9	13.73	10.8	2.31	81.1	35.1	14.3	22.7	2.43	3.06	1.56	3.57	3.64	3.71	3.79	3.87	3.95
10		10	9	15.13	11.9	2.35	88.4	37.6	15.6	24.8	2.42	3.04	1.56	3.59	3.66	3.74	3.82	3.89	3.97
∠90×6	90	6	10	10.64	8.35	2.44	82.8	33.9	12.6	20.6	2.79	3.51	1.80	3.91	3.98	4.05	4.13	4.20	4.28
7		7		12.30	9.66	2.48	94.8	38.2	14.5	23.6	2.78	3.50	1.78	3.93	4.00	4.08	4.15	4.22	4.30
8		8		13.94	10.9	2.52	106	42.1	16.4	26.6	2.76	3.48	1.78	3.95	4.02	4.09	4.17	4.24	4.32
9		9	10	15.57	12.2	2.56	118	46.1	18.3	29.4	2.75	3.46	1.77	3.97	4.04	4.11	4.19	4.26	4.34
10		10		17.17	13.5	2.59	129	49.6	20.1	32.0	2.74	3.45	1.76	3.98	4.06	4.13	4.21	4.28	4.36
12		12	10	20.31	15.9	2.67	149	55.9	23.6	37.1	2.71	3.41	1.75	4.02	4.09	4.17	4.25	4.32	4.40
∠100×6	100	6	12	11.93	9.37	2.67	115	43.1	15.7	25.7	3.10	3.90	2.00	4.29	4.36	4.43	4.51	4.58	4.65
7		7		13.80	10.8	2.71	132	48.7	18.1	29.6	3.09	3.89	1.99	4.31	4.38	4.46	4.53	4.60	4.68
8		8		15.64	12.3	2.76	148	53.7	20.5	33.2	3.08	3.88	1.98	4.34	4.41	4.48	4.56	4.63	4.71
9		9		17.46	13.7	2.80	164	58.6	22.8	36.8	3.07	3.86	1.97	4.36	4.43	4.51	4.58	4.66	4.73
10		10	12	19.26	15.1	2.84	180	63.2	25.1	40.3	3.05	3.84	1.96	4.38	4.45	4.52	4.60	4.67	4.75
12		12		22.80	17.9	2.91	209	71.8	29.5	46.8	3.03	3.81	1.95	4.41	4.49	4.56	4.64	4.71	4.79
14		14		26.26	20.6	2.99	237	79.1	33.7	52.9	3.00	3.77	1.94	4.45	4.53	4.60	4.68	4.76	4.83
16		16		29.63	23.3	3.06	263	85.8	37.8	58.6	2.98	3.74	1.94	4.49	4.57	4.64	4.72	4.80	4.88
∠110×7	110	7	12	15.20	11.9	2.96	177	59.9	22.1	36.1	3.41	4.30	2.20	4.72	4.79	4.86	4.93	5.00	5.08
8		8		17.24	13.5	3.01	199	66.3	25.0	40.7	3.40	4.28	2.19	4.75	4.82	4.89	4.96	5.03	5.11
10		10	12	21.26	16.7	3.09	242	78.4	30.6	49.4	3.38	4.25	2.17	4.79	4.86	4.93	5.00	5.08	5.15
12		12		25.20	19.8	3.16	283	89.4	36.1	57.6	3.35	4.22	2.15	4.82	4.89	4.96	5.04	5.11	5.19
14		14		29.06	22.8	3.24	321	99.0	41.3	65.3	3.32	4.18	2.14	4.85	4.93	5.00	5.08	5.15	5.23

续表

369

规格	尺寸 (mm)			截面面积 A (cm²)	质量 (kg/m)	重心距 y₀ (cm)	惯性矩 I_x (cm⁴)	截面模量 (cm³)			回转半径 (cm)			双角钢回转半径 i_y (cm) 当间距 a (mm) 为					
	b	t	r					W_{xmax}	W_{xmin}	W_u	i_x	i_u	i_v	6	8	10	12	14	16
∠125×8	125	8	14	19.75	15.5	3.37	297	88.1	32.5	53.3	3.88	4.88	2.50	5.34	5.41	5.48	5.55	5.62	5.70
10		10		24.37	19.1	3.45	362	105	40.0	64.9	3.85	4.85	2.48	5.37	5.44	5.52	5.59	5.66	5.73
12		12		28.91	22.7	3.53	423	120	47.2*	76.0	3.83	4.82	2.46	5.42	5.49	5.56	5.63	5.71	5.78
14		14		33.37	26.2	3.61	482	133	54.2	86.4	3.80	4.78	2.45	5.45	5.52	5.60	5.67	5.75	5.82
16		16		37.74	29.6	3.68	537	146	60.9	96.3	3.77	4.75	2.43	5.48	5.56	5.63	5.70	5.78	5.86
∠140×10	140	10	14	27.37	21.5	3.82	515	135	50.6	82.6	4.34	5.46	2.78	5.98	6.05	6.12	6.19	6.27	6.34
12		12		32.51	25.5	3.90	604	155	59.8	96.9	4.31	5.43	2.77	6.02	6.09	6.16	6.23	6.30	6.38
14		14		37.57	29.5	3.98	689	173	68.8	110	4.28	5.40	2.75	6.05	6.12	6.20	6.27	6.34	6.42
16		16		42.54	33.4	4.06	770	190	77.5	123	4.26	5.36	2.74	6.10	6.17	6.24	6.31	6.39	6.46
∠150×8	150	8	14	23.75	18.6	3.99	521	131	47.4	78.0	4.69	5.90	3.01	6.35	6.42	6.49	6.56	6.63	6.70
10		10		29.37	23.1	4.08	638	156	58.4	95.5	4.66	5.87	2.99	6.40	6.46	6.53	6.60	6.68	6.75
12		12		34.91	27.4	4.15	749	180	69.0	112	4.63	5.84	2.97	6.42	6.49	6.56	6.63	6.71	6.78
14		14		40.37	31.7	4.23	856	202	79.5	128	4.60	5.80	2.95	6.46	6.53	6.60	6.67	6.74	6.82
15		15		43.06	33.8	4.27	907	212	84.6	136	4.59	5.78	2.95	6.48	6.55	6.62	6.69	6.77	6384
16		16		45.74	35.9	4.31	958	222	89.6	143	4.58	5.77	2.94	6.50	6.57	6.64	6.71	6.79	6.86

* 疑《热轧型钢》GB/T 706—2016所给数值有误，表中该 W_{xmax}值是按《热轧型钢》GB/T 706—2016 中所给相应的 I_x、b 和 y_0 计算求得（$W_{xmin} = \dfrac{I_x}{b-y_0}$），供参考。

规格	尺寸(mm) b	t	r	截面面积(cm²) A	质量(kg/m)	重心距(cm) y₀	惯性矩(cm⁴) I_x	W_{xmax}	W_{xmin}	W_u	i_x	i_u	i_v	6	8	10	12	14	16
∠160×10	160	10		31.50	24.7	4.31	780	181	66.7	109	4.98	6.27	3.20	6.79	6.85	6.92	6.99	7.06	7.14
12		12	16	37.44	29.4	4.39	917	209	79.0	129	4.95	6.24	3.18	6.82	6.89	6.96	7.03	7.10	7.17
14		14		43.30	34.0	4.47	1050	235	91.0	147	4.92	6.20	3.16	6.85	6.92	6.99	7.06	7.14	7.21
16		16		49.07	38.5	4.55	1180	258	103	165	4.89	6.17	3.14	6.89	6.96	7.03	7.10	7.17	7.25
∠180×12	180	12		42.24	33.2	4.89	1320	270	101	165	5.59	7.05	3.58	7.63	7.70	7.77	7.84	7.91	7.98
14		14	16	48.90	38.4	4.97	1510	305	116	189	5.56	7.02	3.56	7.66	7.73	7.80	7.87	7.94	8.01
16		16		55.47	43.5	5.05	1700	337	131	212	5.54	6.98	3.55	7.70	7.77	7.84	7.91	7.98	8.06
18		18		61.96	48.6	5.13	1880	366	146	235	5.50	6.94	3.51	7.73	7.80	7.87	7.94	8.01	8.09
∠200×14	200	14		54.64	42.9	5.46	2100	385	145	236	6.20	7.82	3.98	8.46	8.53	8.60	8.67	8.74	8.81
16		16		62.01	48.7	5.54	2370	427	164	266	6.18	7.79	3.96	8.50	8.57	8.64	8.71	8.78	8.85
18		18	18	69.30	54.4	5.62	2620	466	182	294	6.15	7.75	3.94	8.54	8.61	8.68	8.75	8.82	8.89
20		20		76.51	60.1	5.69	2870	504	200	322	6.12	7.72	3.93	8.56	8.63	8.70	8.78	8.85	8.92
24		24		90.66	71.2	5.87	3340	569	236	374	6.07	7.64	3.90	8.66	8.73	8.80	8.87	8.94	9.02
∠250×18	250	18		87.84	69.0	6.84	5270	770	290	473	7.75	9.76	4.97	10.54	10.61	10.67	10.74	10.81	10.88
20		20		97.05	76.2	6.92	5780	835	320	519	7.72	9.73	4.95	10.57	10.64	10.71	10.78	10.85	10.92
22		22		106.2	83.3	7.00	6280	897	349	564	7.69	9.69	4.93	10.60	10.67	10.74	10.81	10.88	10.95
24		24		115.2	90.4	7.07	6770	958	378	608	7.67	9.66	4.92	10.64	10.71	10.78	10.85	10.92	10.99
26		26	24	124.2	97.5	7.15	7240	1013	406	650	7.64	9.62	4.90	10.67	10.74	10.81	10.88	10.95	11.03
28		28		133.0	104	7.22	7700	1066	433	691	7.61	9.58	4.89	10.70	10.77	10.84	10.91	10.98	11.06
30		30		141.8	111	7.30	8160	1118	461	731	7.58	9.55	4.88	10.73	10.80	10.88	10.95	11.02	11.09
32		32		150.5	118	7.37	8600	1167	488	770	7.56	9.51	4.87	10.77	10.84	10.91	10.99	11.06	11.13
35		35		163.4	128	7.48	9240	1235	527	827	7.52	9.46	4.86	10.82	10.89	10.96	11.04	11.11	11.19

（回转半径 i_x, i_u, i_v (cm)；双角钢回转半径 i_y (cm) 当间距 a(mm)为）

热轧不等边角钢的规格及截面特性（依据《热轧型钢》GB/T 706—2016 计算）

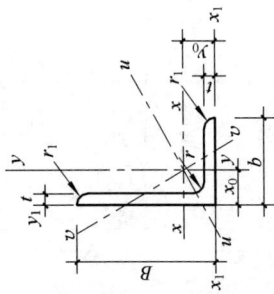

1. 边端圆弧半径 $r_1 = t/3$；
2. $I_u = I_x + I_y - I_v$。

规格	尺寸 (mm) B	b	t	r	截面面积 A (cm²)	质量 (kg/m)	重心距 (cm) x₀	y₀	惯性矩 (cm⁴) Iₓ	I_y	I_v	截面模量 (cm³) W_xmax	W_xmin	W_ymax	W_ymin	回转半径 (cm) iₓ	i_y	i_v	tanθ（θ为 y 轴与 v 轴的夹角）
∠56×36×3	56	36	3	6	2.743	2.15	0.80	1.78	8.88	2.92	1.73	4.99	2.32	3.65	1.05	1.80	1.03	0.79	0.408
4			4	6	3.590	2.82	0.85	1.82	11.5	3.76	2.23	6.29	3.03	4.42	1.37	1.79	1.02	0.79	0.408
5			5		4.415	3.47	0.88	1.87	13.9	4.49	2.67	7.41	3.71	5.10	1.65	1.77	1.01	0.78	0.404
∠63×40×4	63	40	4	7	4.058	3.19	0.92	2.04	16.5	5.23	3.12	8.08	3.87	5.68	1.70	2.02	1.14	0.88	0.398
5			5		4.993	3.92	0.95	2.08	20.0	6.31	3.76	9.62	4.74	6.64	2.07	2.00	1.12	0.87	0.396
6			6		5.908	4.64	0.99	2.12	23.4	7.29	4.34	11.0	5.59	7.36	2.43	1.99*	1.11	0.86	0.393
7			7		6.802	5.34	1.03	2.15	26.5	8.24	4.97	12.3	6.40	8.00	2.78	1.98	1.10	0.86	0.389
∠70×45×4	70	45	4	7.5	4.553	3.57	1.02	2.24	23.2	7.55	4.40	10.3	4.86	7.40	2.17	2.26	1.29	0.98	0.410
5			5		5.609	4.40	1.06	2.28	28.0	9.13	5.40	12.3	5.92	8.61	2.65	2.23	1.28	0.98	0.407
6			6		6.644	5.22	1.09	2.32	32.5	10.6	6.35	14.0	6.95	9.74	3.12	2.21	1.26	0.98	0.404
7			7		7.658	6.01	1.13	2.36	37.2	12.0	7.16	15.8	8.03	10.6	3.57	2.20	1.25	0.97	0.402
∠75×50×5	75	50	5	8	6.126	4.81	1.17	2.40	34.9	12.6	7.41	14.5	6.83	10.8	3.30	2.39	1.44	1.10	0.435
6			6		7.260	5.70	1.21	2.44	41.1	14.7	8.54	16.9	8.12	12.2	3.88	2.38	1.42	1.08	0.435
8			8		9.467	7.43	1.29	2.52	52.4	18.5	10.9	20.8	10.5	14.4	4.99	2.35	1.40	1.07	0.429
10			10		11.59	9.10	1.36	2.60	62.7	22.0	13.1	24.1	12.8	16.2	6.04	2.33	1.38	1.06	0.423

* 疑《热轧型钢》GB/T 706—2016 所给数值有误，表中该值为改正值，供参考。

规格	尺寸(mm) B	b	t	r	截面面积(cm²) A	质量(kg/m)	重心距(cm) x₀	y₀	惯性矩(cm⁴) Ix	Iy	Iv	截面模量(cm³) Wxmax	Wxmin	Wymax	Wymin	回转半径(cm) ix	iy	iv	tanθ (θ为y轴与v轴的夹角)
∠80×50×5	80	50	5	8	6.376	5.00	1.14	2.60	42.0	12.8	7.66	16.1	7.78	11.3	3.32	2.56	1.42	1.10	0.388
6			6		7.560	5.93	1.18	2.65	49.5	15.0	8.85	18.7	9.25	12.7	3.91	2.56	1.41	1.08	0.387
7			7		8.724	6.85	1.21	2.69	56.2	17.0	10.2	20.9	10.6	14.0	4.48	2.54	1.39	1.08	0.384
8			8		9.867	7.75	1.25	2.73	62.8	18.9	11.4	23.0	11.9	15.1	5.03	2.52	1.38	1.07	0.381
∠90×56×5	90	56	5	9	7.212	5.66	1.25	2.91	60.5	18.3	11.0	20.8	9.92	14.7	4.21	2.90	1.59	1.23	0.385
6			6		8.557	6.72	1.29	2.95	71.0	21.4	12.9	24.1	11.7	16.6	4.96	2.88	1.58	1.23	0.384
7			7		9.881	7.76	1.33	3.00	81.0	24.4	14.7	27.0	13.5	18.3	5.70	2.86	1.57	1.22	0.382
8			8		11.18	8.78	1.36	3.04	91.0	27.2	16.3	29.9	15.3	20.0	6.41	2.85	1.56	1.21	0.380
∠100×63×6	100	63	6	10	9.618	7.55	1.43	3.24	99.1	30.9	18.4	30.6	14.6	21.6	6.35	3.21	1.79	1.38	0.394
7			7		11.11	8.72	1.47	3.28	113	35.3	21.0	34.6	16.9	24.0	7.29	3.20	1.78	1.38	0.394
8			8		12.58	9.88	1.50	3.32	127	39.4	23.5	38.4	19.1	26.3	8.21	3.18	1.77	1.37	0.391
10			10		15.47	12.1	1.58	3.40	154	47.1	28.3	45.2	23.3	29.8	9.98	3.15	1.74	1.35	0.387
∠100×80×6	100	80	6	10	10.64	8.35	1.97	2.95	107	61.2	31.7	36.3	15.2	31.1	10.2	3.17	2.40	1.72	0.627
7			7		12.30	9.66	2.01	3.00	123	70.1	36.2	40.9	17.5	34.9	11.7	3.16	2.39	1.72	0.626
8			8		13.94	10.9	2.05	3.04	138	78.6	40.6	45.4	19.8	38.3	13.2	3.14	2.37	1.71	0.625
10			10		17.17	13.5	2.13	3.12	167	94.7	49.1	53.5	24.2	44.4	16.1	3.12	2.35	1.69	0.622
∠110×70×6	110	70	6	10	10.64	8.35	1.57	3.53	133	42.9	25.4	37.8	17.9	27.3	7.90	3.54	2.01	1.54	0.403
7			7		12.30	9.66	1.61	3.57	153	49.0	29.0	42.9	20.6	30.4	9.09	3.53	2.00	1.53	0.402
8			8		13.94	10.9	1.65	3.62	172	54.9	32.5	47.5	23.3	33.3	10.3	3.51	1.98	1.53	0.401
10			10		17.17	13.5	1.72	3.70	208	65.9	39.2	56.3	28.5	38.3	12.5	3.48	1.96	1.51	0.397

规　　格	尺寸 (mm) B	b	t	r	截面面积 (cm²) A	质量 (kg/m)	重心距 (cm) x₀	y₀	惯性矩 (cm⁴) I_x	I_y	I_v	截面模量 (cm³) W_{xmax}	W_{xmin}	W_{ymax}	W_{ymin}	回转半径 (cm) i_x	i_y	i_v	$\tan\theta$ (θ为y轴与v轴的夹角)
∠125×80×7	125	80	7	11	14.10	11.1	1.80	4.01	228	74.4	43.8	56.9	26.9	41.3	12.0	4.02	2.30	1.76	0.408
8			8		15.99	12.6	1.84	4.06	257	83.5	49.2	63.2	30.4	45.4	13.6	4.01	2.28	1.75	0.407
10			10		19.71	15.5	1.92	4.14	312	101	59.5	75.4	37.3	52.4	16.6	3.98	2.26	1.74	0.404
12			12		23.35	18.3	2.00	4.22	364	117	69.4	86.4	44.0	58.3	19.4	3.95	2.24	1.72	0.400
∠140×90×8	140	90	8	12	18.04	14.2	2.04	4.50	366	121	70.8	81.3	38.5	59.3	17.4	4.50	2.59	1.98	0.411
10			10		22.26	17.5	2.12	4.58	446	146*	85.8	97.3	47.3	68.9	21.2	4.47	2.56	1.96	0.409
12			12		26.40	20.7	2.19	4.66	522	170	100	112	55.9	77.5	25.0	4.44	2.54	1.95	0.406
14			14		30.46	23.9	2.27	4.74	594	192	114	125	64.2	84.6	28.5	4.42	2.51	1.94	0.403
∠150×90×8	150	90	8	12	18.84	14.8	1.97	4.92	442	123	74.1	89.8	43.9	62.4	17.5	4.84	2.55	1.98	0.364
10			10		23.26	18.3	2.05	5.01	539	149	89.9	108	54.0	72.7	21.4	4.81	2.53	1.97	0.362
12			12		27.60	21.7	2.12	5.09	632	173	105	124	63.8	63.8	25.1	4.79	2.50	1.95	0.359
14			14		31.86	25.0	2.20	5.17	721	196	120	139	73.3	89.1	28.8	4.76	2.48	19.4	0.356
15			15		33.95	26.7	2.24	5.21	764	207	127	147	78.0	92.4	30.5	4.74	2.47	1.93	0.354
16			16		36.03	28.3	2.27	5.25	806	217	134	154	82.6	95.6	32.3	4.73	2.45	1.93	0.352
∠160×100×10	160	100	10	13	25.32	19.9	2.28	5.24	669	205	122	128	62.1	89.9	26.6	5.14	2.85	2.19	0.390
12			12		30.05	23.6	2.36	5.32	785	239	142	148	73.5	101	31.3	5.11	2.82	2.17	0.388
14			14		34.71	27.2	2.43	5.40	896	271	162	166	84.6	112	35.8	5.08	2.80	2.16	0.385
16			16		39.28	30.8	2.51	5.48	1000	302	183	183	95.3	120	40.2	5.05	2.77	2.16	0.382
∠180×110×10	180	110	10	14	28.37	22.3	2.44	5.89	956	278	167	162	79.0	114	32.5	5.80	3.13	2.42	0.376
12			12		33.71	26.5	2.52	5.98	1120	325	195	188	93.5	129	38.3	5.78	3.10	2.40	0.374
14			14		38.97	30.6	2.59	6.06	1290	370	222	212	108	143	44.0	5.75	3.08	2.39	0.372
16			16		44.14	34.6	2.67	6.14	1440	412	249	235	122	154	49.4	5.72	3.06	2.38	0.369
∠200×125×12	200	125	12	14	37.91	29.8	2.83	6.54	1570	483	286	240	117	171	50.0	6.44	3.57	2.74	0.392
14			14		43.87	34.4	2.91	6.62	1800	551	327	272	135	189	57.4	6.41	3.54	2.73	0.390
16			16		49.74	39.0	2.99	6.70	2020	615	366	302	152	206	64.7	6.38	3.52	2.71	0.388
18			18		55.53	43.6	3.06	6.78	2240	677	405	330	169	221	71.7	6.35	3.49	2.70	0.385

* 疑《热轧型钢》GB/T 706—2016 所给数值有误，表中该值为改正值，供参考。

两个热轧不等边角钢的组合截面特性(依据《热轧型钢》GB/T 706—2016 计算)

y_0—重心距；I—惯性矩；W—截面模量；i—回转半径；a—两角钢背间距离

规格	截面面积 A (cm²)	每米质量 (kg/m)	长边相连 y_0 (cm)	I_x (cm⁴)	W_{xmax} (cm³)	W_{xmin} (cm³)	i_x (cm)	i_y(6)	i_y(8)	i_y(10)	i_y(12)	i_y(14)	i_y(16)	短边相连 y_0 (cm)	I_x (cm⁴)	W_{xmax} (cm³)	W_{xmin} (cm³)	i_x (cm)	i_y(6)	i_y(8)	i_y(10)	i_y(12)	i_y(14)	i_y(16)
2∠56×36×3	5.486	4.31	1.78	17.8	9.98	4.64	1.80	1.51	1.58	1.66	1.74	1.82	1.90	0.80	5.84	7.30	2.10	1.03	2.75	2.83	2.90	2.98	3.06	3.15
4	7.180	5.64	1.82	23.0	12.6	6.08	1.79	1.54	1.61	1.69	1.77	1.86	1.94	0.85	7.52	8.85	2.73	1.02	2.77	2.85	2.93	3.01	3.09	3.17
5	8.830	6.93	1.87	27.8	14.9	7.45	1.77	1.55	1.63	1.71	1.79	1.88	1.96	0.88	8.98	10.2	3.30	1.01	2.80	2.88	2.96	3.04	3.12	3.20
2∠63×40×4	8.115	6.37	2.04	33.0	16.2	7.75	2.02	1.67	1.74	1.82	1.90	1.98	2.06	0.92	10.5	11.4	3.40	1.14	3.09	3.17	3.25	3.32	3.40	3.49
5	9.987	7.84	2.08	40.0	19.2	9.48	2.00	1.68	1.75	1.83	1.91	1.99	2.08	0.95	12.6	13.3	4.14	1.12	3.11	3.19	3.26	3.34	3.42	3.51
6	11.82	9.28	2.12	46.8	22.1	11.2	1.99	1.70	1.78	1.86	1.94	2.02	2.11	0.99	14.6	14.7	4.84	1.11	3.13	3.21	3.29	3.37	3.45	3.53
7	13.60	10.7	2.15	53.0	24.7	12.8	1.98	1.73	1.80	1.88	1.97	2.05	2.14	1.03	16.5	16.0	5.55	1.10	3.15	3.23	3.31	3.39	3.47	3.55
2∠70×45×4	9.107	7.15	2.24	46.4	20.7	9.75	2.26	1.85	1.92	1.99	2.07	2.15	2.23	1.02	15.1	14.8	4.34	1.29	3.40	3.48	3.55	3.63	3.71	3.79
5	11.22	8.81	2.28	56.0	24.6	11.9	2.23	1.87	1.94	2.02	2.10	2.18	2.26	1.06	18.3	17.2	5.31	1.28	3.41	3.49	3.56	3.64	3.72	3.80
6	13.29	10.4	2.32	65.0	28.0	13.9	2.21	1.88	1.95	2.03	2.11	2.19	2.27	1.09	21.2	19.4	6.22	1.26	3.43	3.50	3.58	3.66	3.74	3.82
7	15.32	12.0	2.36	74.4	31.5	16.0	2.20	1.90	1.98	2.05	2.13	2.22	2.30	1.13	24.0	21.2	7.12	1.25	3.45	3.53	3.61	3.69	3.77	3.85
2∠75×50×5	12.25	9.62	2.40	69.8	29.1	13.9	2.39	2.06	2.13	2.21	2.28	2.36	2.44	1.17	25.2	21.5	6.58	1.44	3.61	3.68	3.76	3.84	3.91	3.99
6	14.52	11.4	2.44	82.2	33.7	16.2	2.38	2.07	2.15	2.22	2.30	2.38	2.46	1.21	29.4	24.3	7.76	1.42	3.63	3.71	3.78	3.86	3.94	4.02
8	18.93	14.9	2.52	105	41.6	21.0	2.35	2.12	2.19	2.27	2.35	2.43	2.52	1.29	37.0	28.7	9.97	1.40	3.67	3.75	3.83	3.91	3.99	4.07
10	23.18	18.2	2.60	125	48.2	25.6	2.33	2.16	2.24	2.32	2.40	2.48	2.56	1.36	44.0	32.4	12.1	1.38	3.72	3.80	3.88	3.96	4.04	4.12

注：长边相连 i_y 列及短边相连 i_y 列均为"当 a(mm)为 6、8、10、12、14、16"时的数值。

规格	截面面积 A (cm²)	每米质量 (kg/m)	长边相连					当 a(mm) 为 i_y(cm)						短边相连						当 a(mm) 为 i_y(cm)					
			y_0 (cm)	I_x (cm⁴)	$W_{x\max}$ (cm³)	$W_{x\min}$ (cm³)	i_x (cm)	6	8	10	12	14	16	y_0 (cm)	I_x (cm⁴)	$W_{x\max}$ (cm³)	$W_{x\min}$ (cm³)	i_x (cm)	6	8	10	12	14	16
2∠80×50×5	12.75	10.0	2.60	84.0	32.3	15.6	2.56	2.02	2.09	2.17	2.25	2.32	2.40	1.14	25.6	22.5	6.63	1.42	3.87	3.94	4.02	4.10	4.18	4.26
6	15.12	11.9	2.65	99.0	37.4	18.5	2.56	2.04	2.12	2.19	2.27	2.35	2.43	1.18	30.0	25.4	7.85	1.41	3.91	3.98	4.06	4.14	4.22	4.30
7	17.45	13.7	2.69	112	41.8	21.2	2.54	2.05	2.13	2.20	2.28	2.36	2.44	1.21	34.0	28.1	8.97	1.39	3.92	4.00	4.08	4.16	4.24	4.32
8	19.73	15.5	2.73	126	46.0	23.8	2.52	2.08	2.15	2.23	2.31	2.39	2.47	1.25	37.8	30.2	10.1	1.38	3.94	4.02	4.10	4.18	4.26	4.34
2∠90×56×5	14.42	11.3	2.91	121	41.6	19.9	2.90	2.22	2.29	2.36	2.44	2.52	2.59	1.25	36.6	29.3	8.41	1.59	4.33	4.40	4.48	4.55	4.63	4.71
6	17.11	13.4	2.95	142	48.1	23.5	2.88	2.24	2.31	2.39	2.46	2.54	2.62	1.29	42.8	33.2	9.93	1.58	4.34	4.42	4.49	4.57	4.65	4.73
7	19.76	15.5	3.00	162	54.0	27.0	2.86	2.26	2.34	2.41	2.49	2.57	2.65	1.33	48.8	36.7	11.4	1.57	4.37	4.44	4.52	4.60	4.68	4.76
8	22.37	17.6	3.04	182	59.9	30.5	2.85	2.28	2.35	2.43	2.51	2.58	2.66	1.36	54.4	40.0	12.8	1.56	4.39	4.47	4.54	4.62	4.70	4.78
2∠100×63×6	19.24	15.1	3.24	198	61.2	29.3	3.21	2.49	2.56	2.63	2.71	2.78	2.86	1.43	61.8	43.2	12.7	1.79	4.78	4.85	4.93	5.00	5.08	5.16
7	22.22	17.4	3.28	226	68.9	33.6	3.20	2.51	2.58	2.66	2.73	2.81	2.88	1.47	70.6	48.0	14.6	1.78	4.80	4.88	4.95	5.03	5.11	5.19
8	25.17	19.8	3.32	254	76.5	38.0	3.18	2.52	2.60	2.67	2.75	2.82	2.90	1.50	78.8	52.5	16.4	1.77	4.82	4.89	4.97	5.05	5.13	5.20
10	30.93	24.3	3.40	308	90.6	46.7	3.15	2.56	2.64	2.71	2.79	2.87	2.95	1.58	94.2	59.6	20.0	1.74	4.86	4.94	5.01	5.09	5.17	5.25
2∠100×80×6	21.28	16.7	2.95	214	72.5	30.4	3.17	3.30	3.37	3.44	3.52	3.59	3.67	1.97	122	62.1	20.3	2.40	4.54	4.61	4.69	4.76	4.83	4.91
7	24.60	19.3	3.00	246	82.0	35.1	3.16	3.32	3.39	3.47	3.54	3.61	3.69	2.01	140	69.8	23.4	2.39	4.57	4.64	4.72	4.79	4.87	4.94
8	27.89	21.9	3.04	276	90.8	39.7	3.14	3.34	3.41	3.48	3.56	3.63	3.71	2.05	157	76.7	26.4	2.37	4.58	4.66	4.73	4.81	4.88	4.96
10	34.33	27.0	3.12	334	107	48.5	3.12	3.38	3.45	3.53	3.60	3.68	3.76	2.13	189	88.9	32.3	2.35	4.63	4.70	4.78	4.86	4.93	5.01
2∠110×70×6	21.28	16.7	3.53	266	75.4	35.6	3.54	2.75	2.81	2.89	2.96	3.03	3.11	1.57	85.8	54.6	15.8	2.01	5.22	5.29	5.36	5.44	5.52	5.59
7	24.60	19.3	3.57	306	85.7	41.2	3.53	2.77	2.84	2.91	2.98	3.06	3.13	1.61	98.0	60.9	18.2	2.00	5.24	5.31	5.39	5.46	5.54	5.62
8	27.89	21.9	3.62	344	95.0	46.6	3.51	2.78	2.85	2.92	3.00	3.07	3.15	1.65	110	66.5	20.5	1.98	5.26	5.34	5.41	5.49	5.57	5.64
10	34.33	27.0	3.70	416	112	57.0	3.48	2.81	2.89	2.96	3.04	3.11	3.19	1.72	132	76.6	25.0	1.96	5.30	5.38	5.45	5.53	5.61	5.69

规格	截面面积 A (cm²)	每米质量 (kg/m)	长边相连 y_0 (cm)	I_x (cm⁴)	W_{xmax} (cm³)	W_{xmin} (cm³)	i_x (cm)	i_y(cm) 当 a(mm)为 6	8	10	12	14	16	短边相连 y_0 (cm)	I_x (cm⁴)	W_{xmax} (cm³)	W_{xmin} (cm³)	i_x (cm)	i_y(cm) 当 a(mm)为 6	8	10	12	14	16
2∠125×80×7	28.19	22.1	4.01	456	114	53.7	4.02	3.11	3.18	3.25	3.32	3.40	3.47	1.80	149	82.7	24.0	2.30	5.89	5.97	6.04	6.12	6.19	6.27
8	31.98	25.1	4.06	514	127	60.9	4.01	3.13	3.20	3.27	3.34	3.41	3.49	1.84	167	90.8	27.1	2.28	5.92	6.00	6.07	6.15	6.22	6.30
10	39.42	30.9	4.14	624	151	74.6	3.98	3.17	3.24	3.31	3.38	3.46	3.54	1.92	202	105	33.2	2.26	5.96	6.04	6.11	6.19	6.27	6.34
12	46.70	36.7	4.22	728	173	87.9	3.95	3.21	3.28	3.36	3.43	3.51	3.59	2.00	234	117	39.0	2.24	6.00	6.08	6.15	6.23	6.31	6.39
2∠140×90×8	36.08	28.3	4.50	732	163	77.1	4.50	3.49	3.56	3.63	3.70	3.77	3.84	2.04	242	119	34.8	2.59	6.58	6.65	6.73	6.80	6.88	6.95
10	44.52	35.0	4.58	892	195	94.7	4.47	3.52	3.59	3.66	3.74	3.81	3.88	2.12	292	138	42.4	2.56	6.62	6.69	6.77	6.84	6.92	6.99
12	52.80	41.4	4.66	1040	224	112	4.44	3.56	3.63	3.70	3.77	3.85	3.92	2.19	340	155	49.9	2.54	6.66	6.73	6.81	6.88	6.96	7.04
14	60.91	47.8	4.74	1190	251	128	4.42	3.59	3.66	3.74	3.81	3.89	3.97	2.27	384	169	57.1	2.51	6.70	6.78	6.86	6.93	7.01	7.09
2∠150×90×8	37.68	29.6	4.92	884	180	87.7	4.48	3.41	3.48	3.55	3.62	3.69	3.77	1.97	246	125	35.0	2.55	7.12	7.19	7.27	7.34	7.42	7.49
10	46.52	36.5	5.01	1080	215	108	4.81	3.45	3.52	3.59	3.66	3.74	3.81	2.05	298	145	42.9	2.53	7.16	7.24	7.31	7.39	4.47	7.54
12	55.20	43.3	5.09	1260	248	128	4.79	3.48	3.55	3.62	3.69	3.77	3.84	2.12	346	163	50.3	2.50	7.21	7.29	7.36	7.44	7.51	7.59
14	63.71	50.0	5.17	1440	279	147	4.76	3.52	3.59	3.67	3.74	3.82	3.89	2.20	392	178	57.6	2.48	7.25	7.33	7.40	7.48	7.56	7.64
15	67.90	53.3	5.21	1530	293	156	4.74	3.54	3.61	3.69	3.76	3.84	3.92	2.24	414	185	61.2	2.47	7.27	7.34	7.42	7.50	7.58	7.65
16	72.05	56.6	5.25	1610	307	165	4.73	3.55	3.62	3.70	3.77	3.85	3.93	2.27	434	191	64.5	2.45	7.29	7.37	7.45	7.52	7.60	7.68

规 格	截面面积 A (cm²)	每米质量 (kg/m)	长边相连 y_0 (cm)	I_x (cm⁴)	W_{xmax} (cm³)	W_{xmin} (cm³)	i_x (cm)	i_y (cm) 当 a(mm)为 6	8	10	12	14	16	短边相连 y_0 (cm)	I_x (cm⁴)	W_{xmax} (cm³)	W_{xmin} (cm³)	i_x (cm)	i_y (cm) 当 a(mm)为 6	8	10	12	14	16
2∠160×100×10	50.63	39.7	5.24	1340	255	124	5.14	3.84	3.91	3.98	4.05	4.12	4.20	2.28	410	180	53.1	2.85	7.56	7.63	7.71	7.78	7.86	7.93
12	60.11	47.2	5.32	1570	295	147	5.11	3.88	3.95	4.02	4.09	4.16	4.24	2.36	478	203	62.6	2.82	7.60	7.67	7.74	7.82	7.90	7.97
14	69.42	54.5	5.40	1790	332	169	5.08	3.91	3.98	4.05	4.13	4.20	4.27	2.43	542	223	71.6	2.80	7.64	7.71	7.79	7.86	7.94	8.02
16	78.56	61.7	5.48	2000	365	190	5.05	3.95	4.02	4.09	4.16	4.24	4.32	2.51	604	241	80.6	2.77	7.68	7.75	7.83	7.90	7.98	8.06
2∠180×110×10	56.75	44.5	5.89	1910	325	158	5.80	4.16	4.23	4.29	4.36	4.43	4.50	2.44	556	228	65.0	3.13	8.48	8.56	8.63	8.70	8.78	8.85
12	67.43	52.9	5.98	2240	375	186	5.78	4.19	4.26	4.33	4.40	4.47	4.54	2.52	650	258	76.7	3.10	8.54	8.61	8.68	8.76	8.83	8.91
14	77.94	61.2	6.06	2580	426	216	5.75	4.22	4.29	4.36	4.43	4.51	4.58	2.59	740	286	88.0	3.08	8.57	8.65	8.72	8.80	8.87	8.95
16	88.28	69.3	6.14	2880	469	243	5.72	4.26	4.33	4.41	4.48	4.55	4.63	2.67	824	309	98.9	3.06	8.61	8.69	8.76	8.84	8.92	8.99
2∠200×125×12	75.83	59.5	6.54	3140	480	233	6.44	4.75	4.81	4.88	4.95	5.02	5.09	2.83	966	341	99.9	3.57	9.39	9.47	9.54	9.62	9.69	9.76
14	87.74	68.9	6.62	3600	544	269	6.41	4.78	4.85	4.92	4.99	5.06	5.13	2.91	1100	379	115	3.54	9.43	9.51	9.58	9.65	9.73	9.81
16	99.48	78.1	6.70	4040	603	304	6.38	4.82	4.89	4.96	5.03	5.10	5.17	2.99	1230	411	129	3.52	9.47	9.55	9.62	9.70	9.77	9.85
18	111.1	87.2	6.78	4480	661	339	6.35	4.84	4.91	4.99	5.06	5.13	5.20	3.06	1350	442	143	3.49	9.51	9.59	9.66	9.74	9.81	9.89

附表 2.4

热轧工字钢的规格及截面特性（依据《热轧型钢》GB/T 706—2016 计算）

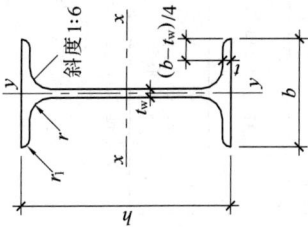

斜度1:6

I—截面惯性矩；
W—截面模量；
S—半截面面积矩；
i—截面回转半径。

型号	尺寸 (mm)						截面面积 A (cm²)	质量 (kg/m)	x-x 轴				y-y 轴		
	h	b	t_w	t	r	r_1			I_x (cm⁴)	W_x (cm³)	S_x (cm³)	i_x (cm)	I_y (cm⁴)	W_y (cm³)	i_y (cm)
10	100	68	4.5	7.6	6.5	3.3	14.33	11.3	245	49.0	28.7	4.14	33.0	9.72	1.52
12	120	74	5.0	8.4	7.0	3.5	17.80	14.0	436	72.7	42.4	4.95	46.9	12.7	1.62
12.6	126	74	5.0	8.4	7.0	3.5	18.10	14.2	488	77.5	45.2	5.20	46.9	12.7	1.61
14	140	80	5.5	9.1	7.5	3.8	21.50	16.9	712	102	59.3	5.76	64.4	16.1	1.73
16	160	88	6.0	9.9	8.0	4.0	26.11	20.5	1130	141	82.1	6.58	93.1	21.2	1.89
18	180	94	6.5	10.7	8.5	4.3	30.74	24.1	1660	185	108	7.36	122	26.0	2.00
20 a	200	100	7.0	11.4	9.0	4.5	35.55	27.9	2370	237	138	8.15	158	31.5	2.12
20 b	200	102	9.0	11.4	9.0	4.5	39.55	31.1	2500	250	148	7.96	169	33.1	2.06
22 a	220	110	7.5	12.3	9.5	4.8	42.10	33.1	3400	309	180	8.99	225	40.9	2.31
22 b	220	112	9.5	12.3	9.5	4.8	46.50	36.5	3570	325	192	8.78	239	42.7	2.27
24 a	240	116	8.0	13.0	10.0	5.0	47.71	37.5	4570	381	222	9.77	280	48.4	2.42
24 b	240	118	10.0	13.0	10.0	5.0	52.51	41.2	4800	400	236	9.57	297	50.4	2.38
25 a	250	116	8.0	13.0	10.0	5.0	48.51	38.1	5020	402	234	10.2	280	48.3	2.40
25 b	250	118	10.0	13.0	10.0	5.0	53.51	42.0	5280	423	249	9.94	309	52.4	2.40
27 a	270	122	8.5	13.7	10.5	5.3	54.52	42.8	6550	485	282	10.9	345	56.6	2.51
27 b	270	124	10.5	13.7	10.5	5.3	59.92	47.0	6870	509	301	10.7	366	58.9	2.47
28 a	280	122	8.5	13.7	10.5	5.3	55.37	43.5	7110	508	296	11.3	345	56.6	2.50
28 b	280	124	10.5	13.7	10.5	5.3	60.97	47.9	7480	534	316	11.1	379	61.2	2.49

型号		尺寸（mm）						截面面积 A（cm²）	质量（kg/m）	x-x轴				y-y轴		
		h	b	t_w	t	r	r_1			I_x（cm⁴）	W_x（cm³）	S_x（cm³）	i_x（cm）	I_y（cm⁴）	W_y（cm³）	i_y（cm）
30	a	300	126	9.0	14.4	11.0	5.5	61.22	48.1	8950	597	349	12.1	400	63.5	2.55
	b		128	11.0				67.22	52.8	9400	627	371	11.8	422	65.9	2.50
	c		130	13.0				73.22	57.5	9850	657	394	11.6	445	68.5	2.46
32	a	320	130	9.5	15.0	11.5	5.8	67.12	52.7	11100	692	405	12.8	460	70.8	2.62
	b		132	11.5				73.52	57.7	11600	726	431	12.6	502	76.0	2.61
	c		134	13.5				79.92	62.7	12200	760	457	12.3	544	81.2	2.61
36	a	360	136	10.0	15.8	12.0	6.0	76.44	60.0	15800	875	515	14.4	552	81.2	2.69
	b		138	12.0				83.64	65.7	16500	919	547	14.1	582	84.3	2.64
	c		140	14.0				90.84	71.3	17300	962	580	13.8	612	87.4	2.60
40	a	400	142	10.5	16.5	12.5	6.3	86.07	67.6	21700	1090	638	15.9	660	93.2	2.77
	b		144	12.5				94.07	73.8	22800	1140	678	15.6	692	96.2	2.71
	c		146	14.5				102.1	80.1	23900	1190	718	15.2	727	99.6	2.65
45	a	450	150	11.5	18.0	13.5	6.8	102.4	80.4	32200	1430	846	17.7	855	114	2.89
	b		152	13.5				111.4	87.4	33800	1500	896	17.4	894	118	2.84
	c		154	15.5				120.4	94.5	35300	1570	947	17.1	938	122	2.79
50	a	500	158	12.0	20.0	14.0	7.0	119.2	93.6	46500	1860	1095	19.7	1120	142	3.07
	b		160	14.0				129.2	101	48600	1940	1158	19.4	1170	146	3.01
	c		162	16.0				139.2	109	50600	2020*	1220	19.0	1220	151	2.96
55	a	550	166	12.5	21.0	14.5	7.3	134.1	105	62900	2290	1348	21.6	1370	164	3.19
	b		168	14.5				145.1	114	65600	2390	1424	21.2	1420	170	3.14
	c		170	16.5				156.1	123	68400	2490	1500	20.9	1480	175	3.08
56	a	560	166	12.5	21.0	14.5	7.3	135.4	106	65600	2340	1382	22.0	1370	165	3.18
	b		168	14.5				146.6	115	68500	2450	1461	21.6	1490	174	3.16
	c		170	16.5				157.8	124	71400	2550	1539	21.3	1560	183	3.16
63	a	630	176	13.0	22.0	15.0	7.5	154.6	121	93900	2980	1764	24.6	1700	193	3.31
	b		178	15.0				167.2	131	98100	3110*	1863	24.2	1810	204	3.29
	c		180	17.0				179.8	141	102000	3240*	1962	23.8	1920	214	3.27

注：《热轧型钢》GB/T 706—2016 中未提供列 S_x 值，表中所列 S_x 值系按下式计算求得，供计算最大剪应力时参考采用：

$$S_x = \frac{1}{8} t_w h^2 + \frac{1}{2} t(b-t_w)(h-t) + 0.577(r^2 - r_1^2)\left(\frac{h}{2} - t\right)$$

* 疑《热轧型钢》GB/T 706—2016 中所给数值有误，本书表中这3个 W_x 值分别按《热轧型钢》GB/T 706—2016 中所给相应的 I_x 和 h 计算求得（$W_x=2I_x/h$），供参考。

热轧槽钢的规格及截面特性（依据《热轧型钢》GB/T 706—2016 计算）

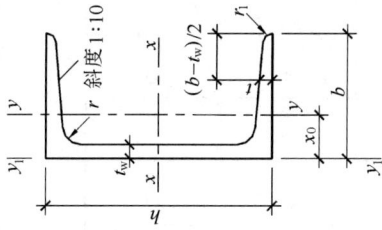

I—截面惯性矩；
W—截面模量；
S—半截面面积矩；
i—截面回转半径。

| 型号 | 尺寸 (mm) | | | | | | 截面面积 A (cm²) | 质量 (kg/m) | x-x 轴 | | | | y-y 轴 | | | | y_1-y_1 I_{y1} (cm⁴) | 重心距 x_0 (cm) |
	h	b	t_w	t	r	r_1			I_x (cm⁴)	W_x (cm³)	S_x (cm³)	i_x (cm)	I_y (cm⁴)	W_{ymin} (cm³)	W_{ymax} (cm³)	i_y (cm)		
5	50	37	4.5	7.0	7.0	3.5	6.925	5.44	26.0	10.4	6.5	1.94	8.3	3.55	6.15	1.10	20.9	1.35
6.3	63	40	4.8	7.5	7.5	3.8	8.446	6.63	50.8	16.1	10.0	2.45	11.9	4.50	8.75	1.19	28.4	1.36
6.5	65	40	4.3	7.5	7.5	3.8	8.292	6.51	55.2	17.0	10.3	2.54	12.0	4.59	8.70	1.19	28.3	1.38
8	80	43	5.0	8.0	8.0	4.0	10.24	8.04	101	25.3	15.5	3.15	16.6	5.79	11.6	1.27	37.4	1.43
10	100	48	5.3	8.5	8.5	4.2	12.74	10.0	198	39.7	24.0	3.95	25.6	7.80	16.8	1.41	54.9	1.52
12	120	53	5.5	9.0	9.0	4.5	15.36	12.1	346	57.7	34.7	4.75	37.4	10.2	23.1	1.56	77.7	1.62
12.6	126	53	5.5	9.0	9.0	4.5	15.69	12.3	391	62.1	37.0	4.95	38.0	10.2	23.9	1.57	77.1	1.59
14 a	140	58	6.0	9.5	9.5	4.8	18.51	14.5	564	80.5	48.3	5.52	53.2	13.0	31.1	1.70	107	1.71
14 b		60	8.0				21.31	16.7	609	87.1	53.2	5.35	61.1	14.1	36.6	1.69	121	1.67
16 a	160	63	6.5	10.0	10.0	5.0	21.95	17.2	866	108	65.0	6.28	73.3	16.3	40.7	1.83	144	1.80
16 b		65	8.5				25.15	19.8	935	117	71.4	6.10	83.4	17.6	47.7	1.82	161	1.75

型号		尺寸 (mm)						截面面积 A (cm²)	质量 (kg/m)	x-x轴				y-y轴				y₁-y₁	重心距 x₀ (cm)
		h	b	t_w	t	r	r_1			I_x (cm⁴)	W_x (cm³)	S_x (cm³)	i_x (cm)	I_y (cm⁴)	W_{ymin} (cm³)	W_{ymax} (cm³)	i_y (cm)	I_{y1} (cm⁴)	
18	a	180	68	7.0	10.5	10.5	5.2	25.69	20.2	1270	141	84.9	7.04	98.6	20.0	52.4	1.96	190	1.88
	b		70	9.0				29.29	23.0	1370	152	93.0	6.84	111	21.5	60.3	1.95	210	1.84
20	a	200	73	7.0	11.0	11.0	5.5	28.83	22.6	1780	178	106.3	7.86	128	24.2	63.7	2.11	244	2.01
	b		75	9.0				32.83	25.8	1910	191	116.3	7.64	144	25.9	73.8	2.09	268	1.95
22	a	220	77	7.0	11.5	11.5	5.8	31.83	25.0	2390	218	129.6	8.67	158	28.2	75.2	2.23	298	2.10
	b		79	9.0				36.23	28.5	2570	234	141.7	8.42	176	30.0	86.7	2.21	326	2.03
24	a	240	78	7.0	12.0	12.0	6.0	34.21	26.9	3050	254	151.5	9.45	174	30.5	82.9	2.25	325	2.10
	b		80	9.0				39.01	30.6	3280	274	165.9	9.17	194	32.5	95.6	2.23	355	2.03
	c		82	11.0				43.81	34.4	3510	293	180.3	8.96	213	34.4	106.5	2.21	388	2.00
25	a	250	78	7.0	12.0	12.0	6.0	34.91	27.4	3370	270	160.2	9.82	176	30.7	85.0	2.24	322	2.07
	b		80	9.0				39.91	31.3	3530	282	175.8	9.41	196	32.6	99.0	2.22	353	1.98
	c		82	11.0				44.91	35.3	3690	295	191.5	9.07	218	34.7*	114	2.21	384	1.92
27	a	270	82	7.5	12.5	12.5	6.2	39.27	30.8	4360	323	193.1	10.5	216	35.5	101.4	2.34	393	2.13
	b		84	9.5				44.67	35.1	4690	347	211.4	10.3	239	37.7	116.0	2.31	428	2.06
	c		86	11.5				50.07	39.3	5020	372	229.6	10.1	261	39.8	128.6	2.28	467	2.03

* 疑《热轧型钢》GB/T 706—2016 中所给数值有误，本书表中该 W_{ymin} 值是按《热轧型钢》GB/T 706—2016 中所给相应的 I_y、b 和 x_0 计算求得 $\left(W_{ymin}=\dfrac{I_y}{b-x_0}\right)$，供参考。

| 型号 | | 尺寸 (mm) | | | | | | 截面面积 A (cm²) | 质量 (kg/m) | x-x轴 | | | | y-y轴 | | | | y₁-y₁ | 重心距 |
		h	b	t_w	t	r	r_1			I_x (cm⁴)	W_x (cm³)	S_x (cm³)	i_x (cm)	I_y (cm⁴)	W_{ymin} (cm³)	W_{ymax} (cm³)	i_y (cm)	I_{y1} (cm⁴)	x_0 (cm)
28	a	280	82	7.5	12.5	12.5	6.2	40.02	31.4	4760	340	203.1	10.9	218	35.7	104	2.33	388	2.10
	b		84	9.5				45.62	35.8	5130	366	222.7	10.6	242	37.9	120	2.30	428	2.02
	c		86	11.5				51.22	40.2	5500	393	242.3	10.4	268	40.3	137	2.29	463	1.95
30	a	300	85	7.5	13.5	13.5	6.8	43.89	34.5	6050	403	240.5	11.7	260	41.1	119.8	2.43	467	2.17
	b		87	9.5				49.89	39.2	6500	433	263.0	11.4	289	44.0	135.7	2.41	515	2.13
	c		89	11.5				55.89	43.9	6950	463	285.5	11.2	316	46.4	151.2	2.38	560	2.09
32	a	320	88	8.0	14.0	14.0	7.0	48.50	38.1	7600	475	281.0	12.5	305	46.5	136	2.50	552	2.24
	b		90	10.0				54.90	43.1	8140	509	306.6	12.2	336	49.1	156	2.47	593	2.16
	c		92	12.0				61.30	48.1	8690	543	332.2	11.9	374	52.6	179	2.47	643	2.09
36	a	360	96	9.0	16.0	16.0	8.0	60.89	47.8	11900	660	395.9	14.0	455	63.5	186	2.73	818	2.44
	b		98	11.0				68.09	53.5	12700	703	428.3	13.6	497	66.9	210	2.70	880	2.37
	c		100	13.0				75.29	59.1	13400	746	460.7	13.4	536	70.0	229	2.67	948	2.34
40	a	400	100	10.5	18.0	18.0	9.0	75.04	58.9	17600	879	532.7	15.3	592	78.8	238	2.81	1070	2.49
	b		102	12.5				83.04	65.2	18600	932	572.7	15.0	640	82.5	262	2.78	1140	2.44
	c		104	14.5				91.04	71.5	19700	986	612.7	14.7	688	86.2	284	2.75	1220	2.42

注:《热轧型钢》GB/T 706—2016 中未提供 S_x 值,表中所列 S_x 值系按下式计算求得,供计算截面最大剪应力时参考采用:

$$S_x \approx \frac{1}{8} t_w h^2 + \frac{1}{2} t(b - t_w)(h - t) + 0.339(r^2 - r_1^2)\left(\frac{h}{2} - t\right)$$

建筑用热轧 H 型钢截面尺寸和截面特性

（摘自《建筑用热轧 H 型钢和剖分 T 型钢》JG/T 581－2023）

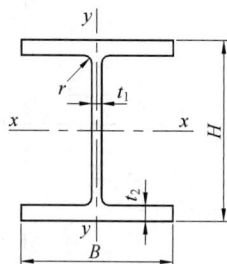

规 格	截面尺寸（mm）					截面面积（cm²）	理论质量（kg/m）	截面特性					
								惯性矩（cm⁴）		回转半径（cm）		截面模量（cm³）	
	H	B	t_1	t_2	r			I_x	I_y	i_x	i_y	W_x	W_y
JH100×50×4×5.5	97	49	4	5.5	8	9.38	7.36	143	10.9	3.91	1.08	29.6	4.46
JH100×100×6×8	100	100	6	8	8	21.59	16.95	378	134	4.18	2.49	75.6	26.7
JH125×125×6.5×9	125	125	6.5	9	8	30.00	23.55	839	293	5.29	3.13	134	46.9
JH150×75×5×7	150	75	5	7	8	17.85	14.01	666	49	6.11	1.66	88.8	13.2
JH150×100×6×9	148	100	6	9	8	26.35	20.68	1002	150	6.17	2.39	135	30.1
JH150×150×7×10	150	150	7	10	8	39.65	31.12	1623	563	6.40	3.77	216	75.1
JH175×175×7.5×11	175	175	7.5	11	13	51.43	40.37	2895	984	7.50	4.37	331	112
JH200×100×5.5×8	200	100	5.5	8	8	26.67	20.94	1806	134	8.23	2.24	181	26.7
JH200×150×6×9	194	150	6	9	8	38.11	29.92	2625	507	8.30	3.65	271	67.6
JH200×200×8×12	200	200	8	12	13	63.53	49.87	4716	1602	8.62	5.02	472	160
JH250×125×6×9	250	125	6	9	8	36.97	29.02	3965	294	10.36	2.82	317	47.0
JH250×175×7×11*	244	175	7	11	13	55.49	43.56	6037	984	10.43	4.21	495	112
JH250×250×9×14	250	250	9	14	13	91.43	71.77	10748	3648	10.84	6.32	860	292
JH300×150×6.5×9	300	150	6.5	9	13	46.78	36.72	7209	508	12.41	3.29	481	67.7
JH300×200×8×12	294	200	8	12	13	71.05	55.77	11114	1602	12.51	4.75	756	160
JH300×300×10×15	300	300	10	15	13	118.45	92.98	20186	6753	13.05	7.55	1346	450
JH350×175×6×14	356	174	6	14	13	69.85	54.83	16395	1230	15.32	4.20	921	141
JH350×175×7×11	350	175	7	11	13	62.91	49.38	13500	984	14.65	3.96	771	112
JH350×175×10×21	372	178	10	21	13	109.21	85.73	26430	1978	15.56	4.26	1421	222
JH350×250×9×14*	340	250	9	14	13	99.53	78.13	21228	3649	14.60	6.05	1249	292
JH350×350×12×19	350	350	12	19	13	171.89	134.93	39846	13583	15.23	8.89	2277	776
JH350×350×26×40	357	320	26	40	13	329.47	258.63	69526	21890	14.53	8.15	3895	1368
JH400×150×8×13	400	150	8	13	13	70.37	55.24	18587	734	16.25	3.23	929	97.8
JH400×200×8×13	400	200	8	13	13	83.37	65.45	23456	1736	16.77	4.56	1173	174
JH400×300×10×16	390	300	10	16	13	133.25	104.60	37864	7204	16.86	7.35	1942	480
JH400×300×26×40	380	316	26	40	13	332.25	260.82	79560	21084	15.47	7.97	4187	1334
JH400×400×13×21	400	400	13	21	22	218.69	171.67	66621	22413	17.45	10.12	3331	1121

* 《建筑用热轧 H 型钢和剖分 T 型钢》JG/T 581－2023 中所给这两个截面的 I_x、I_y、i_x、i_y 和 W_x 数值有误，按
《热轧 H 型钢和剖分 T 型钢》GB/T 11263－2024 中给出的计算公式做了更正。

规格	截面尺寸（mm）					截面面积（cm²）	理论质量（kg/m）	截面特性					
								惯性矩（cm⁴）		回转半径（cm）		截面模量（cm³）	
	H	B	t_1	t_2	r			I_x	I_y	i_x	i_y	W_x	W_y
JH400×400×26×40	400	402	26	40	13	406.25	318.91	112085	43360	16.61	10.33	5604	2157
JH450×200×9×14	450	200	9	14	13	95.43	74.91	32887	1870	18.56	4.43	1462	187
JH450×300×11×18	440	300	11	18	13	153.89	120.80	54731	8106	18.86	7.26	2488	540
JH450×300×26×40	438	316	26	40	13	347.33	272.65	110839	21093	17.86	7.79	5061	1335
JH450×450×30×30	466	460	30	30	13	399.25	313.41	148685	48764	19.30	11.05	6381	2120
JH500×200×10×16	500	200	10	16	13	112.25	88.12	46811	2138	20.42	4.36	1872	214
JH500×300×11×18	488	300	11	18	13	159.17	124.95	68859	8106	20.80	7.14	2822	540
JH500×300×26×40	508	292	26	40	13	346.33	271.87	145855	16664	20.52	6.94	5742	1141
JH500×450×26×40	486	456	26	40	18	473.14	371.41	197499	63280	20.43	11.56	8128	2775
JH500×500×20×32	516	500	20	32	18	413.18	324.35	204439	66703	22.24	12.71	7924	2668
JH550×200×10×16	550	200	10	16	13	117.25002	92.04	58172	2139	22.27	4.27	2115	214
JH550×300×34×56	540	300	34	56	13	482.97002	379.13	220514	25346	21.37	7.24	8167	1690
JH550×500×26×40	580	476	26	40	18	513.58	403.16	306877	71982	24.44	11.84	10582	3024
JH600×300×12×20	588	300	12	20	13	187.21002	146.96	114350	9009	24.71	6.94	3889	601
JH600×350×26×40	580	322	26	40	13	389.05002	305.40	216103	22334	23.57	7.58	7452	1387
JH600×400×26×40	580	390	26	40	13	443.45002	348.11	255833	39623	24.02	9.45	8822	2032
JH650×450×26×40	630	456	26	40	18	510.58	400.81	356043	63301	26.41	11.13	11303	2776
JH650×450×30×48	646	460	30	48	18	609.38	478.36	439278	78003	26.85	11.31	13600	3391
JH700×300×13×24	700	300	13	24	18	231.54	181.76	197489	10815	29.21	6.83	5643	721
JH700×300×26×40	690	313	26	40	18	411.78	323.25	316517	20541	27.72	7.06	9174	1312
JH700×500×26×40	690	476	26	40	18	542.18	425.61	454426	71998	28.95	11.52	13172	3025
JH750×500×26×40	740	476	26	40	18	555.18	435.82	532233	72005	30.96	11.39	14385	3025
JH750×500×30×48	756	480	30	48	18	661.58	519.34	653169	88632	31.42	11.57	17280	3693
JH800×300×14×26	800	300	14	26	18	263.50	206.85	286359	11721	32.97	6.67	7159	781
JH800×300×30×48	815	306	30	48	18	512.24	402.11	529041	23094	32.14	6.71	12983	1509
JH800×450×26×40	799	446	26	40	18	546.52	429.02	598387	59258	33.09	10.41	14978	2657
JH850×450×34×56	831	454	34	56	18	755.72	593.24	873670	87586	34.00	10.77	21027	3858
JH900×300×16×28	900	300	16	28	18	305.82	240.07	404490	12633	36.37	6.43	8989	842
JH900×300×30×48	893	306	30	48	18	535.64	420.48	655836	23112	34.99	6.57	14688	1511
JH900×350×30×48	893	338	30	48	18	566.36	444.59	710732	31081	35.42	7.41	15918	1839
JH900×450×30×48	893	450	30	48	18	673.88	529.00	902868	73090	36.60	10.41	20221	3248
JH950×350×38×64	925	346	38	64	22	749.89	588.67	989052	44572	36.32	7.71	21385	2576
JH1000×300×26×40	1008	310	26	40	22	493.43	387.34	763194	20011	39.33	6.37	15143	1291
JH1000×400×26×40	1008	406	26	40	22	570.23	447.63	943205	44766	40.67	8.86	18714	2205
JH1000×450×38×64	990	436	38	64	22	889.79	698.49	1408622	88826	39.79	9.99	28457	4075
JH1050×300×34×56	1040	318	34	56	22	675.83	530.53	1098253	30338	40.31	6.70	21120	1908
JH1050×400×34×56	1040	414	34	56	22	783.35	614.93	1358801	66552	41.65	9.22	26131	3215
JH1100×400×26×40	1108	406	26	40	22	596.23	468.04	1172764	44780	44.35	8.67	21169	2206
JH1150×400×34×56	1140	414	34	56	25	818.56	642.57	1685006	66593	45.37	9.02	29562	3217
JH1200×400×40×48	1210	422	40	48	25	856.08	672.02	1845435	60752	46.43	8.42	30503	2879

热轧 H 型钢截面尺寸和截面特性（部分）

附表 2.7

（摘自《热轧 H 型钢和剖分 T 型钢》GB/T 11263—2024）

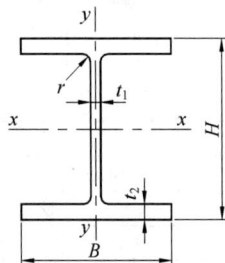

型号 （高度×宽度） （mm）	截面尺寸（mm）					截面 面积 （cm²）	理论 质量 （kg/m）	截面特性					
								惯性矩 （cm⁴）		回转半径 （cm）		截面模量 （cm³）	
	H	B	t_1	t_2	r			I_x	I_y	i_x	i_y	W_x	W_y
H100×50	95	48	3.2	4.5	8	7.621	5.98	115	8.39	3.88	1.05	24.2	3.50
	100	50	5	7	8	11.85	9.30	187	14.8	3.98	1.12	37.5	5.91
H100×100	96	99	4.5	6	8	16.21	12.7	272	97.2	4.10	2.45	56.7	19.6
H125×60	118	58	3.2	4.5	8	9.257	7.27	218	14.7	4.85	1.26	37.0	5.08
	120	59	4	5.5	8	11.40	8.95	271	19.0	4.88	1.29	45.2	6.43
	125	60	6	8	8	16.69	13.1	409	29.1	4.95	1.32	65.5	9.71
H125×125	119	123	4.5	6	8	20.12	15.8	532	186	5.14	3.04	89.5	30.3
H150×75	145	73	3.2	4.5	8	11.47	9.00	416	29.3	6.02	1.60	57.3	8.02
	147	74	4	5.5	8	14.13	11.1	516	37.3	6.04	1.62	70.1	10.1
	148	74.5	4.5	6	8	15.61	12.3	569	41.6	6.04	1.63	76.9	11.2
H150×100	139	97	3.2	4.5	8	13.44	10.5	476	68.6	5.95	2.26	68.4	14.1
	142	99	4.5	6	8	18.28	14.3	654	97.2	5.98	2.31	92.1	19.6
	150	100	6	10	8	28.35	22.3	1110	167	6.27	2.43	148	33.4
H150×150	144	148	5	7	8	27.77	21.8	1090	378	6.26	3.69	151	51.1
	147	149	6	8.5	8	33.68	26.4	1350	469	6.33	3.73	183	63.0
H175×90	168	88	3.2	4.5	8	13.56	10.6	670	51.2	7.03	1.94	79.7	11.6
	171	89	4	6	8	17.59	13.8	894	70.7	7.13	2.00	105	15.9
	175	90	5	8	8	22.90	18.0	1210	97.5	7.26	2.06	138	21.7
H175×175	167	173	5	7	13	33.32	26.2	1780	605	7.31	4.26	213	69.9
	172	175	6.5	9.5	13	44.65	35.0	2470	850	7.44	4.36	287	97.1
H200×100	193	98	3.2	4.5	8	15.26	12.0	994	70.7	8.07	2.15	103	14.4
	196	99	4	6	8	19.79	15.5	1320	97.2	8.18	2.22	135	19.6
	198	99	4.5	7	8	22.69	17.8	1540	113	8.25	2.24	156	22.9
H200×150	188	149	4.5	6	8	26.35	20.7	1730	331	8.09	3.54	184	44.4
	200	152	8	12	8	51.11	40.1	3630	703	8.43	3.71	363	92.5

型号 （高度×宽度） （mm）	截面尺寸（mm）					截面面积 （cm²）	理论质量 （kg/m）	截面特性					
								惯性矩 （cm⁴）		回转半径 （cm）		截面模量 （cm³）	
	H	B	t_1	t_2	r			I_x	I_y	i_x	i_y	W_x	W_y
H200×200	192	198	6	8	13	43.69	34.3	3060	1040	8.37	4.87	319	105
	200	204	12	12	13	71.53	56.2	4980	1700	8.35	4.88	498	167
	208	201	9	16	13	81.61	64.1	6460	2170	8.89	5.15	621	216
H250×125	244	124	4.5	6	8	25.87	20.3	2650	191	10.1	2.72	217	30.8
	248	124	5	8	8	31.99	25.1	3450	255	10.4	2.82	278	41.1
H250×150	250	150	4.5	6	13	30.16	23.7	3380	338	10.6	3.35	270	45.1
	254	152.5	7	8	13	42.51	33.4	4670	474	10.5	3.34	368	62.2
	260	153.5	8	11	13	54.26	42.6	6330	665	10.8	3.50	487	86.6
H250×175	238	173	4.5	8	13	39.12	30.7	4240	691	10.4	4.20	356	79.9
	248	176	8	13	13	64.97	51.0	7220	1180	10.5	4.27	583	134
H250×250	244	252	11	11	13	81.31	63.8	8700	2940	10.3	6.01	713	233
	250	255	14	14	13	103.9	81.6	11400	3880	10.5	6.11	912	304
	262	252	11	20	13	126.7	99.4	16000	5340	11.2	6.49	1220	424
H300×125	299	123	6	8	13	38.11	29.9	5580	249	12.1	2.56	373	40.5
	303	124	7	10	13	46.06	36.2	6930	319	12.3	2.63	457	51.5
H300×150	294	148	4.5	6	13	31.90	25.0	4800	325	12.3	3.19	327	43.9
	298	149	5.5	8	13	40.80	32.0	6320	442	12.4	3.29	424	59.3
	304	151	7	11	13	54.41	42.7	8720	633	12.7	3.41	574	83.8
H300×175	300	175	4.5	6	13	35.41	27.8	5720	537	12.7	3.89	382	61.3
	304	176.5	6	8	13	46.97	36.9	7670	734	12.8	3.95	505	83.2
	308	177.5	7	10	13	57.11	44.8	9570	934	12.9	4.04	621	105
H300×200	286	198	6	8	13	49.33	38.7	7360	1040	12.2	4.58	515	105
	298	201	9	14	13	82.03	64.4	13100	1900	12.6	4.81	878	189
	300	202	10	15	13	89.05	69.9	14200	2060	12.6	4.81	947	204
H300×250	298	249	8	14	13	92.77	72.8	15600	3600	13.0	6.23	1050	289
	300	250	9	15	13	100.8	79.1	17000	3910	13.0	6.23	1130	313
H300×300	294	302	12	12	13	106.3	83.5	16600	5510	12.5	7.20	1130	365
	300	305	15	15	13	133.5	105	21300	7100	12.6	7.30	1420	466
	310	310	20	20	13	179.5	141	29600	9950	12.9	7.45	1910	642
	320	304	14	25	13	191.3	150	35700	11700	13.7	7.83	2230	771
H350×150	350	125	6	10	13	46.25	36.3	9410	327	14.3	2.66	537	52.3
	350	150	6	11	13	54.13	42.5	11600	620	14.7	3.38	664	82.7
	354	152	8	13	13	67.21	52.8	14200	763	14.5	3.37	804	100

型号 （高度×宽度） （mm）	截面尺寸（mm）					截面 面积 （cm²）	理论 质量 （kg/m）	截面特性					
								惯性矩 （cm⁴）		回转半径 （cm）		截面模量 （cm³）	
	H	B	t_1	t_2	r			I_x	I_y	i_x	i_y	W_x	W_y
H350×175	340	173	4.5	6	13	36.97	29.0	7490	518	14.2	3.74	441	59.9
	346	174	6	9	13	52.45	41.2	11000	791	14.5	3.88	638	91.0
H350×200	350	201	9	11	13	75.19	59.0	15700	1490	14.5	4.45	899	148
	354	201	9	13	13	83.23	65.3	18200	1760	14.8	4.60	1030	175
H350×250	350	252	11	19	13	131.5	103	29400	5070	14.9	6.21	1680	403
H350×300	348	299	9	16.5	13	128.5	101	29800	7350	15.2	7.57	1710	492
	350	300	10	17.5	13	138.0	108	32000	7880	15.2	7.56	1830	525
	360	303	13	22.5	13	178.8	140	42600	10400	15.4	7.64	2370	689
H350×350	338	351	13	13	13	133.3	105	27700	9380	14.4	8.39	1640	534
	344	348	10	16	13	144.0	113	32800	11200	15.1	8.84	1910	646
	344	354	16	16	13	164.7	129	34900	11800	14.6	8.48	2030	669
	350	357	19	19	13	196.4	154	42300	14400	14.7	8.57	2420	808
	364	353	15	26	13	231.8	182	56700	19100	15.6	9.07	3110	1080
	370	355	17	29	13	260.4	204	64600	21600	15.8	9.12	3490	1220
	390	359	21	39	13	347.0	272	92300	30100	16.3	9.31	4730	1680
H400×150	390	148	6	8	13	47.57	37.3	11700	434	15.7	3.02	602	58.6
H400×200	390	198	6	8	13	55.57	43.6	14700	1040	16.2	4.32	752	105
	396	199	7	11	13	71.41	56.1	19800	1450	16.6	4.50	999	145
	406	202	10	16	13	103.5	81.2	29400	2200	16.9	4.61	1450	218
	412	203	11	19	13	119.7	94.0	35100	2650	17.1	4.71	1700	262
H400×250	402	251	10	14	13	109.1	85.7	31300	3690	16.9	5.82	1560	294
	410	252	11	18	13	133.3	105	40200	4810	17.4	6.00	1960	381
H400×300	400	302	12	21	13	171.3	134	50600	9650	17.2	7.51	2530	639
	410	305	15	26	13	213.8	168	64700	12300	17.4	7.59	3160	807
	420	308	18	31	13	256.9	202	79700	15100	17.6	7.67	3800	982
H400×350	400	350	12	21	22	194.1	152	58700	15000	17.4	8.80	2930	858
	470	373	35	56	22	547.2	430	195000	48600	18.9	9.42	8290	2610
	510	383	45	76	22	747.4	587	295000	71500	19.9	9.78	11600	3730
H400×400	388	402	15	15	22	178.5	140	49000	16300	16.6	9.55	2520	809
	394	398	11	18	22	186.8	147	56100	18900	17.3	10.1	2850	951
	394	405	18	18	22	214.4	168	59700	20000	16.7	9.65	3030	985
	400	408	21	21	22	250.7	197	70900	23800	16.8	9.75	3540	1170
	414	405	18	28	22	295.4	232	92800	31000	17.7	10.2	4480	1530

型号 （高度×宽度） （mm）	截面尺寸（mm）					截面 面积 （cm²）	理论 质量 （kg/m）	截面特性					
								惯性矩 （cm⁴）		回转半径 （cm）		截面模量 （cm³）	
	H	B	t_1	t_2	r			I_x	I_y	i_x	i_y	W_x	W_y
H400×400	428	407	20	35	22	360.7	283	119000	39400	18.2	10.4	5570	1930
	458	417	30	50	22	528.6	415	187000	60500	18.8	10.7	8170	2900
	498	432	45	70	22	770.1	604	298000	94400	19.7	11.1	12000	4370
	518	437	50	80	22	882.4	693	359000	112000	20.2	11.3	13900	5110
	538	442	55	90	22	996.7	782	427000	130000	20.7	11.4	15900	5890
	558	452	65	100	22	1141	896	508000	155000	21.1	11.6	18200	6850
H450×150	446	150	7	12	13	66.99	52.6	22000	677	18.1	3.18	985	90.3
	450	151	8	14	13	77.49	60.8	25700	806	18.2	3.22	1140	107
	456	154	11	17	13	100.2	78.7	32800	1040	18.1	3.22	1440	135
H450×200	446	199	8	12	13	82.97	65.1	28100	1580	18.4	4.36	1260	159
	460	203	12	19	13	129.2	101	45700	2660	18.8	4.53	1990	262
H450×250	450	252	11	16	13	128.1	101	45300	4270	18.8	5.78	2010	339
	460	254	13	21	13	162.5	128	60000	5740	19.2	5.95	2610	452
H450×300	450	304	15	23	13	201.9	158	72600	10800	19.0	7.31	3230	709
	460	306	17	28	13	241.5	190	90000	13400	19.3	7.45	3910	875
H450×350	450	350	12	23	13	210.9	166	80600	16400	19.6	8.83	3580	940
	454	354	16	25	13	243.1	191	90900	18500	19.3	8.72	4000	1050
H450×400	454	400	13	22	22	233.5	183	91300	23500	19.8	10.0	4020	1170
	460	402	15	25	22	266.7	209	105000	27100	19.9	10.1	4590	1350
	470	405	18	30	22	321.0	252	130000	33200	20.1	10.2	5520	1640
H450×450	446	450	20	20	22	265.4	208	94500	30400	18.9	10.7	4240	1350
	466	460	30	30	22	402.0	316	150000	48800	19.3	11.0	6430	2120
	486	456	26	40	22	474.5	372	198000	63300	20.4	11.5	8150	2780
H475×150	470	150	7	13	13	71.53	56.2	26200	733	19.1	3.20	1110	97.8
	475	151.5	8.5	15.5	13	86.16	67.6	31700	901	19.2	3.23	1330	119
	482	153.5	10.5	19	13	106.4	83.5	39600	1150	19.3	3.29	1640	150
H500×150	492	150	7	12	13	70.21	55.1	27500	677	19.8	3.11	1120	90.3
	500	152	9	16	13	92.21	72.4	37000	940	20.0	3.19	1480	124
	504	153	10	18	13	103.3	81.1	41900	1080	20.1	3.23	1660	141
H500×200	496	199	9	14	13	99.29	77.9	40800	1840	20.3	4.31	1650	185
	506	201	11	19	13	129.3	102	55500	2580	20.7	4.46	2190	256
	510	202	12	21	13	142.5	112	61800	2890	20.8	4.51	2420	286

型号 （高度×宽度） （mm）	截面尺寸（mm）					截面 面积 （cm²）	理论 质量 （kg/m）	截面特性					
								惯性矩 （cm⁴）		回转半径 （cm）		截面模量 （cm³）	
	H	B	t_1	t_2	r			I_x	I_y	i_x	i_y	W_x	W_y
H500×250	500	252	12	16	13	138.3	109	58300	4280	20.5	5.56	2330	339
	510	254	14	21	13	173.7	136	76500	5750	21.0	5.75	3000	453
H500×300	482	300	11	15	13	141.2	111	58300	6760	20.3	6.92	2420	450
	496	301	12	22	13	188.1	148	84400	10000	21.2	7.29	3400	665
	500	303	14	24	13	210.2	165	93900	11100	21.1	7.28	3760	735
	502	310	20	25	13	246.9	194	104000	12400	20.6	7.10	4160	803
H500×350	492	346	12	20	13	194.1	152	87100	13800	21.2	8.44	3540	799
	500	350	16	24	13	241.8	190	108000	17200	21.2	8.43	4330	981
	508	352	18	28	13	279.9	220	128000	20400	21.4	8.53	5050	1160
H500×400	502	407	20	25	22	298.1	234	133000	28100	21.1	9.72	5310	1380
	512	412	25	30	22	364.4	286	165000	35000	21.3	9.81	6450	1700
	522	417	30	35	22	431.7	339	198000	42400	21.4	9.91	7600	2030
H500×475	492	465	15	20	22	258.0	202	117000	33500	21.3	11.4	4770	1440
	502	465	15	25	22	304.5	239	146000	41900	21.9	11.7	5810	1800
	502	470	20	25	22	329.6	259	151000	43300	21.4	11.5	6020	1840
H500×500	490	490	15	20	22	267.7	210	122000	39200	21.3	12.1	4970	1600
	500	500	25	25	22	366.7	288	162000	52200	21.0	11.9	6490	2090
	514	500	25	32	22	436.7	343	207000	66700	21.8	12.4	806060	2670
H550×200	546	199	9	14	13	103.8	81.5	50800	1840	22.1	4.21	1860	185
	554	204	14	18	13	147.4	116	69900	2560	21.8	4.17	2520	251
H550×250	554	255	14	18	13	165.8	130	83100	4990	22.4	5.49	3000	391
	562	257	16	22	13	197.4	155	102000	6240	22.7	5.62	3630	486
	570	259	18	26	13	229.4	180	122000	7560	23.0	5.74	4260	583
H550×300	544	300	11	15	13	148.0	116	76400	6760	22.7	6.76	2810	450
	550	300	11	18	13	166.0	130	89800	8110	23.3	6.99	3270	540
H550×350	558	353	14	20	13	215.2	169	119000	14700	23.6	8.26	4280	831
	558	354	15	20	13	220.8	173	121000	14800	23.4	8.19	4330	836
H550×400	562	401	14	22	22	253.1	199	147593	23662	24.15	9.67	5252	1180
	574	403	16	28	22	312.7	245	190000	30600	24.6	9.89	6600	1520
	594	409	22	38	22	429.0	337	269000	43400	25.0	10.1	9050	2120
H550×450	550	465	15	25	22	311.7	245	178000	41900	23.9	11.6	6490	1800
	570	470	20	35	22	433.2	340	259000	60600	24.5	11.8	9090	2580
	580	476	26	40	22	515.0	404	308000	72000	24.4	11.8	10600	3020

型号 （高度×宽度） （mm）	截面尺寸（mm）					截面 面积 （cm²）	理论 质量 （kg/m）	截面特性					
								惯性矩 （cm⁴）		回转半径 （cm）		截面模量 （cm³）	
	H	B	t_1	t_2	r			I_x	I_y	i_x	i_y	W_x	W_y
H600×200	596	199	10	15	13	117.8	92.4	66600	1980	23.8	4.10	2240	199
	600	200	11	17	13	131.7	103	75600	2270	24.0	4.16	2520	227
	606	201	12	20	13	149.8	118	88300	2720	24.3	4.26	2910	270
	616	204	15	25	13	188.4	148	113000	3550	24.5	4.34	3670	349
	622	205	16	28	13	206.8	162	127000	4040	24.7	4.42	4070	394
H600×250	592	248	10	18	13	146.3	115	89000	4580	24.7	5.60	3010	369
	600	250	12	22	13	178.2	140	110000	5740	24.9	5.68	3670	459
	606	252	14	25	13	205.3	161	128000	6680	24.9	5.71	4210	530
H600×300	582	300	12	17	13	169.2	133	98900	7660	24.2	6.73	3400	511
	594	302	14	23	13	217.1	170	134000	10600	24.8	6.98	4500	700
	600	304	16	26	13	247.2	194	153000	12200	24.9	7.02	5110	802
H600×350	596	352	15	19	18	220.2	173	135000	13800	24.8	7.92	4540	786
	606	352	15	24	18	255.4	201	167000	17500	25.6	8.27	5510	992
H600×450	600	450	20	25	22	339.2	266	217000	38000	25.3	10.6	7230	1690
	630	456	26	40	22	512.0	402	357000	63300	26.4	11.1	11330	2780
	646	460	30	48	22	610.8	479	440000	78000	26.8	11.3	13600	3390
H625×200	625	198.5	13.5	17.5	13	150.6	118	88500	2300	24.2	3.90	2830	231
	630	200	15	20	13	170.0	133	101000	2690	24.4	3.97	3220	268
	638	202	17	24	13	198.7	156	122000	3320	24.8	4.09	3820	329
	646	203	18	28	13	221.3	174	141000	3930	25.2	4.22	4350	388
H650×250	646	249	11	20	13	167.7	132	119000	5150	26.7	5.54	3690	414
	650	250	12	22	13	184.2	145	132000	5740	26.8	5.58	4060	459
	654	251	13	24	13	200.7	158	145000	6340	26.9	5.62	4430	505
H650×300	646	299	12	18	18	183.6	144	131000	8030	26.7	6.61	4070	537
	650	300	13	20	18	202.1	159	146000	9010	26.9	6.68	4500	601
	654	301	14	22	18	220.6	173	161000	10000	27.0	6.74	4930	666
H650×350	654	353	16	22	18	255.7	201	188000	16200	27.1	7.95	5750	915
	660	355	18	25	18	290.1	228	216000	18700	27.3	8.02	6530	1050
	666	357	20	28	18	324.7	255	244000	21300	27.4	8.10	7320	1190
H650×400	644	398	13	17	22	218.8	172	161000	17900	27.2	9.04	5010	898
	650	400	15	20	22	255.7	201	191000	21400	27.3	9.14	5870	1070
	674	402	17	32	22	365.1	287	301000	34700	28.7	9.75	8940	1730

型号 （高度×宽度） （mm）	截面尺寸（mm）					截面 面积 （cm²）	理论 质量 （kg/m）	截面特性					
								惯性矩 （cm⁴）		回转半径 （cm）		截面模量 （cm³）	
	H	B	t_1	t_2	r			I_x	I_y	i_x	i_y	W_x	W_y
H650×450	660	468	18	25	22	348.0	273	274000	42700	28.1	11.1	8300	1830
	680	470	20	35	22	455.2	357	384000	60600	29.0	11.5	11300	2580
	690	476	26	40	22	543.6	427	456000	72000	29.0	11.5	13200	3030
H700×250	700	250	12	22	18	191.5	150	158000	5740	28.7	5.48	4500	459
	704	251	13	24	18	208.5	164	173000	6340	28.8	5.51	4910	505
H700×300	692	300	13	20	18	207.5	163	168000	9020	28.5	6.59	4870	601
	716	304	17	32	18	308.2	242	270000	15000	29.6	6.98	7540	988
H700×350	700	350	13	20	18	228.6	179	196000	14300	29.3	7.91	5600	818
	710	353	16	25	18	284.9	224	248000	18400	29.5	8.03	7000	1040
	720	355	18	30	18	334.6	263	300000	22400	29.9	8.18	8330	1260
H700×400	700	401	17	25	18	313.8	246	270000	26900	29.3	9.26	7720	1340
	710	402	18	30	18	361.0	283	323000	32500	29.9	9.49	9100	1620
	720	406	22	35	18	430.0	338	387000	39100	30.0	9.54	10700	1930
H700×450	698	464	14	19	18	271.5	213	240000	31700	29.7	10.8	6870	1360
	740	476	26	40	18	555.2	436	532000	72000	31.0	11.4	14400	3030
	756	480	30	48	18	661.6	519	653000	88600	31.4	11.6	17300	3690
H750×250	746	249	13	23	18	208.3	164	190000	5930	30.2	5.34	5100	477
	750	250	14	25	18	225.8	177	208000	6530	30.3	5.38	5540	522
	754	251	15	27	18	243.3	191	225000	7140	30.4	5.42	5980	569
H750×300	734	299	12	16	18	182.7	143	161000	7140	29.7	6.25	4390	478
	742	300	13	20	18	214.0	168	197000	9020	30.4	6.49	5320	601
	750	300	13	24	18	238.0	187	231000	10800	31.1	6.74	6150	721
	758	303	16	28	18	284.8	224	276000	13000	31.1	6.76	7270	859
	798	317	30	48	18	517.7	406	518000	25700	31.6	7.04	13000	1620
H750×350	742	354	18	20	18	270.7	213	240000	14800	29.8	7.40	6460	838
	752	356	20	25	18	321.2	252	296000	18900	30.4	7.66	7880	1060
	762	358	22	30	18	372.0	292	355000	23000	30.9	7.86	9310	1290
H750×400	750	402	18	25	18	329.8	259	319000	27100	31.1	9.07	8510	1350
	760	402	18	30	18	370.0	290	376000	32500	31.9	9.38	9900	1620
	770	406	22	35	18	441.0	346	450000	39100	32.0	9.42	11700	1930
H750×450	799	446	26	40	18	546.5	429	598000	59300	33.1	10.4	15000	2660
	831	454	34	56	18	755.7	593	874000	87600	34.0	10.8	21000	3860

型号 （高度×宽度） （mm）	截面尺寸（mm）					截面面积 （cm²）	理论质量 （kg/m）	截面特性					
								惯性矩 （cm⁴）		回转半径 （cm）		截面模量 （cm³）	
	H	B	t_1	t_2	r			I_x	I_y	i_x	i_y	W_x	W_y
H800×300	792	300	14	22	18	239.5	188	248000	9920	32.2	6.44	6270	661
	820	306	20	36	18	372.7	293	412000	17200	33.3	6.80	10100	1130
H800×350	796	349	14	22	18	261.6	205	284000	15600	32.9	7.72	7120	894
	800	350	15	24	18	283.6	223	310000	17200	33.1	7.78	7750	981
	808	355	20	28	18	352.0	276	377000	20900	32.7	7.71	9340	1180
H800×400	804	400	16	28	18	346.5	272	397000	29900	33.8	9.29	9870	1490
	814	404	20	33	18	419.0	329	480000	36300	33.9	9.31	11800	1800
	824	409	25	38	18	500.6	393	571000	43400	33.8	9.31	13900	2120
H850×300	834	298	14	19	18	227.5	179	251000	8400	33.2	6.08	6020	564
	842	299	15	23	18	259.7	204	298000	10300	33.9	6.29	7080	687
	850	300	16	27	18	292.1	229	346000	12200	34.4	6.46	8140	812
	858	301	17	31	18	324.7	255	395000	14100	34.9	6.60	9210	939
H850×350	847	322	14	25	18	275.4	216	335000	13900	34.9	7.11	7920	865
	893	338	30	48	18	566.4	445	711000	31100	35.4	7.41	15900	1840
	925	346	38	64	18	748.5	588	987000	44600	36.3	7.72	21300	2580
H850×400	847	404	22	25	18	380.1	298	438000	27600	34.0	8.51	10400	1360
	857	407	25	30	18	446.2	350	528000	33800	34.4	8.71	12300	1660
	867	412	30	35	18	530.3	416	630000	41000	34.5	8.79	14500	1990
H850×450	869	441	21	36	18	487.7	383	644000	51500	36.3	10.3	14800	2340
	893	450	30	48	18	673.9	529	903000	73100	36.6	10.4	20200	3250
	935	459	39	69	18	947.0	743	1360000	112000	37.9	10.9	29100	4860
H900×300	890	299	15	23	18	266.9	210	339000	10300	35.6	6.20	7610	687
	912	302	18	34	18	360.1	283	491000	15700	36.9	6.59	10800	1040
H900×350	890	349	15	23	18	289.9	228	382000	16300	36.3	7.50	8580	935
	900	350	16	28	18	333.8	262	458000	20000	37.0	7.75	10200	1150
	936	359	25	46	18	544.1	427	785000	35600	38.0	8.09	16800	1980
H900×400	868	395	14	19	22	270.5	212	344000	19500	35.7	8.50	7930	989
	900	400	19	35	22	441.9	347	622000	37400	37.5	9.20	13800	1870
	922	410	25	46	22	588.9	462	850000	53000	38.0	9.48	18400	2580
H900×460	872	460	15	21	22	321.9	253	428000	34100	36.5	10.3	9820	1480
	900	465	20	35	22	495.7	389	711000	58700	37.9	10.9	15800	2530
	922	470	25	46	22	644.1	506	956000	79700	38.5	11.1	20700	3390

型号 （高度×宽度） （mm）	截面尺寸（mm）					截面 面积 （cm²）	理论 质量 （kg/m）	截面特性					
								惯性矩 （cm⁴）		回转半径 （cm）		截面模量 （cm³）	
	H	B	t_1	t_2	r			I_x	I_y	i_x	i_y	W_x	W_y
H1000×300	970	297	16	21	18	276.0	217	393000	9210	37.8	5.78	8110	620
	980	298	17	26	18	315.5	248	472000	11500	38.7	6.04	9630	772
	990	298	17	31	18	345.3	271	544000	13700	39.7	6.30	11000	921
	1000	300	19	36	18	395.1	310	634000	16300	40.1	6.41	12700	1080
	1008	302	21	40	18	439.3	345	712000	18400	40.3	6.48	14100	1220
	1028	309	28	50	18	571.6	449	932000	24800	40.4	6.58	18100	1600
H1000×380	980	375	14	26	18	327.7	257	543000	22900	40.7	8.36	11100	1220
	1000	380	19	36	18	452.7	355	768000	33000	41.2	8.54	15400	1740
	1020	386	25	46	18	589.9	463	1020000	44200	41.5	8.66	19900	2290
H1000×460	984	460	16	28	18	408.9	321	701000	45500	41.4	10.5	14300	1980
	1000	463	19	36	18	512.5	402	907000	59600	42.1	10.8	18100	2570
	1040	475	31	56	18	822.5	646	1500000	100000	42.7	11.0	28900	4220
H1050×380	1030	375	14	26	22	336.1	264	610000	22900	42.6	8.25	11900	1220
	1050	380	19	36	22	463.6	364	861000	33000	43.1	8.44	16400	1740
	1070	386	25	46	22	603.8	474	1140000	44200	43.4	8.56	21200	2290
H1050×460	1034	460	16	28	22	418.2	328	786000	45500	43.4	10.4	15200	1980
	1050	463	19	36	22	523.3	411	1020000	59600	44.0	10.7	19300	2580
	1090	475	31	56	22	839.3	659	1670000	100000	44.7	10.9	30700	4220
H1100×380	1084	377	16	28	22	379.8	298	744000	25000	44.3	8.12	13700	1330
	1100	380	19	36	22	473.1	371	957000	33000	45.0	8.35	17400	1740
	1120	386	25	46	22	616.3	484	1260000	44200	45.2	8.47	22500	2290
H1100×460	1084	460	16	28	22	426.2	335	874000	45500	45.3	10.3	16100	1980
	1100	463	19	36	22	532.8	418	1130000	59600	46.0	10.6	20500	2580
	1140	475	31	56	22	854.8	671	1860000	100000	46.6	10.8	32600	4220
H1200×400	1186	399	19	29	22	449.9	353	1010000	30800	47.5	8.27	17100	1540
	1200	400	20	36	22	517.8	406	1230000	38500	48.7	8.62	20500	1920
	1208	402	22	40	22	573.9	451	1370000	43400	48.9	8.70	22700	2160
	1218	406	26	45	22	662.8	520	1580000	50400	48.8	8.72	26000	2480
	1228	408	28	50	22	728.0	571	1760000	56800	49.2	8.83	28700	2790
	1238	411	31	55	22	805.9	633	1970000	63900	49.4	8.91	31800	3110
	1248	416	36	60	22	909.4	714	2210000	72500	49.3	8.93	35400	3480

注：1. 本表摘自《热轧 H 型钢和剖分 T 型钢》GB/T 11263—2024 附录 A 表 A.1 中型号小于 1200×450 的截面，
其中与附表 2.6 相同的 32 个截面没有摘录；

2. 按《热轧 H 型钢和剖分 T 型钢》GB/T 11263—2024 附录 D 中计算式，对表中一些数据作了校正。

$i_x=0.30h$ $i_y=0.30b$ $i_v=0.195h$	$i_x=0.21h$ $i_y=0.21b$	$i_x=0.43h$ $i_y=0.24b$
等边 $i_x=0.30h$ $i_y=0.215b$	$i_x=0.39h$ $i_y=0.20b$	$i_x=0.39h$ $i_y=0.39b$
长边相连 $i_x=0.32h$ $i_y=0.20b$	$i_x=0.38h$ $i_y=0.29b$	$i_x=0.26h$ $i_y=0.24b$
短边相连 $i_x=0.28h$ $i_y=0.24b$	$i_x=0.38h$ $i_y=0.20b$	$i_x=0.29h$ $i_y=0.29b$
$i_x=0.21h$ $i_y=0.21b$ $i_v=0.185h$	$i=0.35(d-t)$ $i=0.32d,\ \dfrac{d}{t}=10$ 时 $i=0.34d,\ \dfrac{d}{t}=30\sim40$	$i=0.25d$
$i_x=0.43h$ $i_y=0.43b$	$i_x=0.44b$ $i_y=0.38h$	$i_x=0.50b_0$ $i_y=0.39h$

主 要 参 考 资 料

[1] 中华人民共和国住房和城乡建设部. 建筑结构可靠性设计统一标准：GB 50068—2018[S]. 北京：中国建筑工业出版社，2019.

[2] 中华人民共和国住房和城乡建设部. 建筑结构荷载规范：GB 50009—2012[S]. 北京：中国建筑工业出版社，2012.

[3] 中华人民共和国住房和城乡建设部. 钢结构设计标准：GB 50017—2017[S]. 北京：中国建筑工业出版社，2018.

[4] 中华人民共和国住房和城乡建设部. 钢结构工程施工质量验收标准：GB 50205—2020[S]. 北京：中国计划出版社，2020.

[5] 中华人民共和国国家质量监督检验检疫总局. 碳素结构钢：GB/T 700—2006[S]. 北京：中国标准出版社，2007.

[6] 国家市场监督管理总局. 低合金高强度结构钢：GB/T 1591—2018[S]. 北京：中国质检出版社，2018.

[7] 国家市场监督管理总局. 建筑结构用钢板：GB/T 19879—2023[S]. 北京：中国标准出版社，2023.

[8] 陈绍蕃. 钢结构[M]. 北京：中国建筑工业出版社，1988.

[9] 王国周，瞿履谦. 钢结构—原理与设计[M]. 北京：清华大学出版社，1993.

[10] 欧阳可庆. 钢结构[M]. 北京：中国建筑工业出版社，1991.

[11] 钟善桐. 钢结构[M]. 北京：中国建筑工业出版社，1988.

[12] 工程结构教材选编小组. 钢结构[M]. 北京：中国工业出版社，1961.

[13] 西安冶金建筑学院，重庆建筑工程学院，哈尔滨建筑工程学院，等. 钢结构[M]. 北京：中国建筑工业出版社，1980.

[14] 赵熙元. 建筑钢结构设计手册[M]. 北京：中国冶金工业出版社，1995.

[15] 赵熙元. 钢结构材料手册[M]. 北京：中国建筑工业出版社，1994.

[16] 罗邦富，魏明钟，沈祖炎，等. 钢结构设计手册[M]. 2版. 北京：中国建筑工业出版社，1989.

[17] 姚谏，夏志斌，金晖. 钢结构设计——方法与例题[M]. 3版. 北京：中国建筑工业出版社，2024.

[18] 魏明钟. 钢结构设计新规范应用讲评[M]. 北京：中国建筑工业出版社，1991.

[19] 陈绍蕃. 钢结构设计原理[M]. 2版. 北京：科学出版社，1998.

[20] 陈绍蕃. 钢结构[M]. 北京：中国建筑工业出版社，1992.

[21] SALMON, C G. JOHNSON J E. Steel Structures—Design and Behavior[M]. 4th ed. New York：Harper & Collins College Publishers，1996.

[22] TRAHAIR N S, BRADFORD M A. The Behavior and Design of Steel Structures[M]. 2nd ed. London：Chapman & Hall，1988.

[23] McCORMAC J C. Structural Steel Design, LRFD Method[M]. New York：Harper & Row，1989.

[24] 高梨晃一，福岛晓果. 最新铁骨构造[M]. 3版. 东京：森北出版株式会社，1988.

[25] 滕本盛久. 铁骨の构造设计[M]. 2版. 东京：技报堂，1982.

[26] 美国钢结构学会. 钢结构细部设计[M]. 水利电力部郑州机械设计研究所，译. 北京：中国建筑工业出版社，1987.

[27] 陈骥. 钢结构稳定理论与设计[M]. 2版. 北京：科学出版社，2003.

[28] BEEDLE L S. Stability of Metal Structures—A World View[Z]. 2nd Edition. 美国结构稳定研究委员会(SSRC)编印，1991.

[29] 欧洲建筑钢结构协会. 钢结构稳定手册[Z]. 李德兹，等. 译. 哈尔滨建筑工程学院，冶金部北京钢铁设计研究总院编印(内部资料)，1980.

[30] TIMOSHENKO S P, GERE J M. Theory of Elastic Stability[M]. 2nd ed. New York：McGraw Hill Book Company. Inc. ，1961.

[31] 夏志斌，潘有昌. 结构稳定理论[M]. 北京：高等教育出版社，1989.

[32] 陈绍蕃. 钢结构稳定设计指南[M]. 2版. 北京：中国建筑工业出版社，2004.

[33] F. 柏拉希. 金属结构的屈曲强度[M]. 同济大学钢木结构教研室，译. 北京：科学出版社，1965.

[34] 吕烈武，沈世钊，沈祖炎，等. 钢结构构件稳定理论[M]. 北京：中国建筑工业出版社，1983.

[35] 北京钢铁设计研究总院，钢结构设计规范国家标准管理组. 钢结构设计规范(GBJ 17—88)全国学习研讨班系统讲义[Z]. 1992(内部资料).

[36] 北京钢铁设计研究总院，钢结构设计规范国家标准管理组. 钢结构设计规范(GBJ 17—88)内容讲解及计算示例[Z]. 1988(内部资料).

[37] 王光煜. 钢结构缺陷及其处理[M]. 上海：同济大学出版社，1988.

[38] Joint of Committee of the WRC and ASCE. Plastic Design Steel，A Guide and Commentary[M]. 2nd ed. New York：ASCE，1971.

[39] 中国建筑标准设计研究院. 梯形钢屋架：05G511[S]. 2005.

[40] 全国钢结构标准技术委员会. 钢结构研究论文报告选集[Z]. 1982(第一册，内部资料)，1983(第二册，内部资料).

[41] ECCS. European Recommendations for Steel Construction[Z]. 1978.

[42] ISO/TC167/SC1. "Steel Structures，Materials and Design" Committee Draft 10721[Z]. 1992.

[43] AISC. Specifications for the Design，Fabrication and Erection of Structural Steel for Buildings with Commentary[Z]. 1978.

[44] AISC. Manual of Steel Construction. Load and Resistance Factor Design[Z]. 1986.

[45] AISC. Manual of Steel Construction. Allowable Stress Design and Plastic Design[Z]. 1989.

[46] AISC. Load and Resistance Factor Design Specification for Structural Steel Buildings[Z]. 1993.

[47] British Standards Institution. Structural Use of Steelwork in Buildings—Part 1. Code of Practice for Design—Rolled and Welded Sections：BS 5950-1：2000[S]. 2001.

[48] CEN. Eurocode 3：Design of Steel Structures—Part 1-1：General Rules and Rules for Building：EN 1993-1-1：2005[S]. 2005.

[49] 中华人民共和国冶金工业部. 钢结构设计规范条文说明：GBJ 17—88[S]. 北京：中国计划出版社，1989.

[50] 中华人民共和国建设部. 钢结构设计规范：GBJ 17—88[S]. 北京：中国计划出版社，1989.

[51] HORNE M R. Plastic Theory of Structures[M]. 2nd ed. Oxford：Pergamon Press，1979.

[52] McGINLEY T J. Steel Structures，Practical Design Studies[M]. London：Spon，1981.

[53] 《钢结构设计规范》编制组. 《钢结构设计规范》应用讲评[M]. 北京：中国计划出版社，2003.

[54] 《钢结构设计规范》编制组. 《钢结构设计规范》专题指南[M]. 北京：中国计划出版社，2003.

[55] 中华人民共和国建设部. 钢结构设计规范：GB 50017—2003[S]. 北京：中国计划出版社，2003.

［56］ 中华人民共和国住房和城乡建设部. 工程结构通用规范：GB 55001—2021［S］. 北京：中国建筑工业出版社，2021.

［57］ 中华人民共和国住房和城乡建设部. 钢结构通用规范：GB 55006—2021［S］. 北京：中国建筑工业出版社，2021.

［58］ 中华人民共和国国家质量监督检验检疫总局. 结构钢 第1部分：热轧产品一般交货技术条件：GB/T 34560.1—2017［S］. 北京：中国标准出版社，2018.

［59］ 中华人民共和国国家质量监督检验检疫总局. 结构钢 第2部分：一般用途结构钢交货技术条件 GB/T 34560.2—2017［S］. 北京：中国标准出版社，2018.

［60］ 中华人民共和国国家质量监督检验检疫总局. 结构钢 第3部分：细晶粒结构钢交货技术条件：GB/T 34560.3—2018［S］. 北京：中国标准出版社，2019.

［61］ 中华人民共和国国家质量监督检验检疫总局. 结构钢 第4部分：淬火加回火高屈服强度结构钢板交货技术条件：GB/T 34560.4—2017［S］. 北京：中国标准出版社，2018.

［62］ 中华人民共和国国家质量监督检验检疫总局. 结构钢 第5部分：耐大气腐蚀结构钢交货技术条件：GB/T 34560.5—2017［S］. 北京：中国标准出版社，2018.

［63］ 中华人民共和国国家质量监督检验检疫总局. 结构钢 第6部分：抗震型建筑结构钢交货技术条件：GB/T 34560.6—2017［S］. 北京：中国标准出版社，2018.

［64］ 湖南大学，天津大学，同济大学，等. 土木工程材料［M］. 2版. 北京：中国建筑工业出版社，2011.